自动控制原理

喻晓红　葛一楠　唐毅谦　编著

清华大学出版社
北　京

内 容 简 介

本书系统、全面地介绍了自动控制的基础理论与应用。全书共9章，主要内容有：自动控制系统的基本概念和结构、微分方程、传递函数、结构图模型、连续系统时域分析、复数域分析与校正、频域分析方法与校正、离散控制基础、状态空间分析和设计方法、非线性控制理论等。本书以经典控制、现代控制理论为主，兼顾理论联系实际，并给出一些工程应用内容。各章均给出了相应的习题，并给出了部分实验实例。

为配合国家卓越工程师培养创新型应用人才的培养目标，同时配合国家工程教育专业认证培养学生解决复杂工程问题的能力的培养要求，本书突出控制理论的工程实践指导性。本书在进行理论内容讲解的基础上，引入实际的机床导轨伺服控制系统实验平台，分章逐步地对该系统进行分析与设计，大大强化了本书的理论与工程实践的结合性。本书可作为高等院校和职业技术学院的自动化、电气工程及其自动化、机械工程及其自动化、仪器仪表、电子、通信、机电一体化等本、专科专业的相关课程的教材，也可作为广大从事自动控制系统设计的技术人员的参考书。

图书在版编目(CIP)数据

自动控制原理/喻晓红，葛一楠，唐毅谦编著．—北京：清华大学出版社，2021.6
ISBN 978-7-302-58074-4

Ⅰ．①自…　Ⅱ．①喻…　②葛…　③唐…　Ⅲ．①自动控制理论　Ⅳ．①TP13

中国版本图书馆CIP数据核字(2021)第079266号

责任编辑：许　龙
封面设计：傅瑞学
责任校对：赵丽敏
责任印制：沈　露

出版发行：清华大学出版社
网　　址：http://www.tup.com.cn，http://www.wqbook.com
地　　址：北京清华大学学研大厦A座　　**邮　　编**：100084
社 总 机：010-62770175　　**邮　　购**：010-62786544
投稿与读者服务：010-62776969，c-service@tup.tsinghua.edu.cn
质量反馈：010-62772015，zhiliang@tup.tsinghua.edu.cn
印 装 者：三河市龙大印装有限公司
经　　销：全国新华书店
开　　本：185mm×260mm　　**印　　张**：20.5　　**字　　数**：499千字
版　　次：2021年6月第1版　　**印　　次**：2021年6月第1次印刷
定　　价：58.00元

产品编号：091156-01

前言

FOREWORD

自动控制技术已广泛应用于生活、生产制造、航空航天、智能制造、智慧农业、机器人等领域，为国民经济发展及人类社会进步提供了重要的技术支持。自动控制原理是自动控制技术的重要基础理论，是学习控制理论的入门基石。它是主要讲授自动控制系统的基本概念、原理、方法的一门课程。自动控制原理包括经典控制理论和现代控制理论两大部分，本书全面系统地介绍了经典理论时域、复数域、频域分析方法、现代理论的状态空间分析法，以及离散控制理论基础和非线性控制理论。

本书共分 9 章。第 1 章主要介绍自动控制理论的发展概况、控制系统的基本概念、组成、典型结构及对控制系统的基本要求；第 2 章主要介绍连续系统的数学模型的建立，包括微分方程、传递函数、结构图、信号流图等；第 3 章主要介绍系统的时间域分析；第 4 章介绍系统的根轨迹分析与设计；第 5 章介绍系统的频率域分析与校正设计；第 6 章介绍数字离散控制基础；第 7 章和第 8 章介绍状态空间分析和设计方法；第 9 章对非线性系统分析进行相应介绍。

为配合国家自动化、电气工程及其自动化专业、机械工程及其自动化专业等“卓越工程师教育”培养学生“具有扎实的工程基础知识和本专业的基本理论知识，了解本专业的发展现状和趋势，具有信息获取和职业发展学习能力，具有扎实的理论基础，同时能综合应用学科理论知识分析和解决工程实际问题的能力，能够进行工程设计，并具有运行和维护能力；具有较强的创新意识和进行产品开发和设计、技术改造与创新的初步能力”的培养目标，本书突出强调自动控制理论课程的基础性及理论的工程实践指导性。

基于国家正在进行的工程教育专业认证要求“以学生为中心，以学习成果作为导向并对课程加以持续改进”的理念，重点培养具有解决复杂工程问题能力的创新型人才等目标，全书经典控制理论及离散控制理论部分贯穿了一个机床导轨伺服控制系统实例。依据自主研制的机床导轨伺服控制实验台，从分析系统原理到建立模型，并分别使用时间域、复数域、频率域以及离散域分析方法对本系统进行了细致分析及设计，从而在一个实际的复杂工程问题实例中全方位展示了自动控制系统工程应用问题的建立及解决方法，能让读者把自动控制原理与工程实际结合起来，对本课程有更好的理解。

本书作者结合多年的教学与科研工作经验，立足基础性、系统性、实用性、工程性，叙述简洁、层次分明，做到理论与应用并重，在立足传统控制的基础上对现代控制也作了重要的介绍。为便于学生更好地理解书中的基本知识和概念，每章还附有思考与练习题。该教材获得成都大学立项建设教材资助，全书由葛一楠统筹安排并编写全书各章节机床导轨相关知识的全部内容及 MATLAB 的仿真内容；喻晓红统稿并编写第 1、2、6、7、8、9 章及附录；唐毅谦编写第 1、2、3、4、5 章部分内容及习题，并对全书进行审定；樊云与张玉编写第 3、4、5 章；谢虹完成与本书相对应的机床导轨伺服控制系统实验平台的制作以及参数的确定与部分相关内容编写。本书在四川大学黄家英教授的指导下编写完成，黄教授从本书结构到具体内容上都提出了很多宝贵的意见，并对全部书稿进行了总审，在此表示深深的敬意及谢意！

本书参考、吸取了大量国内出版的教材、论文的长处，在此一并表示感谢。由于编者水平有限，书中难免存在缺漏或不妥之处，敬请读者批评指正。

编　者

2021 年 2 月于成都大学

目录

CONTENTS

* 本节为拓展知识,用二维码形式展现。

* 本小节为拓展知识,用二维码形式展现。

* 本章为拓展知识,用二维码形式展现。

第1章

绪　论

自动控制是社会生产力发展到一定阶段的产物，是人类社会进步的一个象征。当前自动控制技术几乎已经渗透到社会生产、生活的各个方面。除了在宇宙飞船系统、导弹制导系统、机器人系统等先进技术领域发挥重要的作用以外，也在当代工业控制技术，如制造工业、航天工业、过程控制工业等各方面都起到极其重要的作用，是推动科学技术和社会发展的重要因素。

本章从控制理论的发展历程出发，以工程实例为引导，介绍自动控制系统的基本概念、基本方式、结构组成、系统分类以及对控制系统的基本要求，使读者对本课程有一个初步的认识。

1.1　历史的回顾

控制理论与技术是在人们认识自然与改造自然的历史中发展起来的。具有反馈控制原理的控制装置在古代就已经出现，如两三千年前古埃及的计时器"水钟"、公元1086—1089年中国的苏颂等人发明并建成的"水运仪象台"等。另外，我国古代的指南车、木马流牛、铜壶滴漏等装置都是早期的具有控制功能的装置。然而作为工业应用的自动化技术学科的萌芽应该是第一次工业革命的产物。

1788年，瓦特(Watt)为控制蒸汽机速度而设计的离心式飞锤速度调节器引发了自动控制理论大研究。以离心式飞锤速度调节器构建的蒸汽动力装置为开端的自动化初级阶段的到来成为产业革命的动力之源，但是很快在多数调速系统中出现了振荡问题。随后麦克斯韦(Maxwell)、劳斯(Routh)、赫尔维茨(Hurwitz)、李雅普诺夫(Lyapunov)等人在19世纪后期至20世纪初期先后提出了系统稳定性判据，为控制理论打下了坚实的基础。20世纪20年代以后，随着电子技术与通信技术的发展，针对电子器件使用频率特性来表述的特点，以及随后爆发的第二次世界大战对更多的伺服控制系统提出了更多高性能的需求，奈奎斯特(Nyquist)及伯德(Bode)先后提出了系统的频域稳定判据及频率对数坐标分析方法，为工程技术人员提供了一种切实可行的线性闭环系统的频率分析设计方法。1942 年哈里斯(Harris)引入了传递函数的概念,1948 年伊凡思(Evans)提出并完善了根轨迹方法。至此基于传递函数在复数域(根轨迹法)或频率域(频域法)进行讨论的方法逐渐趋于成熟,从而形成了经典控制理论。

20 世纪 60 年代以来,随着空间技术的发展,对自动控制系统的要求越来越高,控制系统也变得越来越复杂,经典控制理论的局限性也就突显出来了。例如,它只适用于线性定常系统,仅适用于单输入单输出(SISO)系统,对系统性能的要求大多是令人满意的,但它并不是某种意义上的最佳系统。同时,这一时期计算机技术的迅速发展为控制理论的新方法提供了有力的工具,因此,利用状态变量、基于时域分析的现代控制理论应运而生,从而使控制理论的应用可扩展至更为复杂的非线性系统、多输入多输出(MIMO)系统,满足了对复杂系统提出的更高精确度、更低生产成本的要求。庞特里亚金(Понтрягин)在 1956 年提出了极大值原理,同年贝尔曼(Bellman)创立了动态规划,1959 年卡尔曼(Kalman)提出了著名的"卡尔曼滤波器",并于次年提出了能控性及能观测性的概念。他们的理论在当时统称为"现代控制理论"。

随着微型计算机技术的快速发展及其与控制理论的相互渗透,控制对象越来越复杂,并且控制对象的数学模型很难精确地获得,控制理论在后期的发展及研究热点主要集中在非线性控制、预测控制、内模控制、自适应控制、计算机网络为背景的离散控制以及各种智能控制方法与鲁棒控制理念上。

现代控制理论的应用甚至已扩充到非工程系统,如生物系统、生工系统、经济系统、社会经济系统等,为社会的发展与进步提供了不可或缺的理论支持。

1.2 自动控制系统的基本概念

自动控制是指在没有人直接参与的情况下,利用外加的设备或装置使整个生产过程或工作机械自动地按预定规律运行,或使其某个参数按预定的要求变化。如工业加热炉的温度控制、无人驾驶飞机按预定的飞行航线完成的自动升降及飞行控制、导弹的发射和制导控制以及空间飞行器的姿态控制等。

下面以瓦特发明的蒸汽机飞锤速度调节为例,来展示一下自动控制系统工作的基本原理以及一些基本的术语。蒸汽机调速系统的工作原理如图 1.1 所示。它是一个与蒸汽机轴相连的机械装置,当蒸汽机启动后,通过圆锥齿轮将蒸汽机的转动传至离心调速器的转轴上,带动连杆机构上的两个钢球绕转轴转动,钢球的惯性令其做离心运动,而弹簧则为两个钢球提供向心力。钢球的离心运动带动套筒上下运动,通过杠杆将套筒的运动传递到蒸汽阀门上,调节阀门的开度,达到控制蒸汽流量从而调节蒸汽机转速的目的。例如,当由于蒸汽机的负载减轻或蒸汽温度升高等原因导致蒸汽机转速升高时,飞锤的转速也升高,离心力增加,飞锤升高,带动套筒上升,汽阀连接器(此处为杠杆)开大蒸汽阀门,从而提高蒸汽机的速度直至达到期望的速度为止。

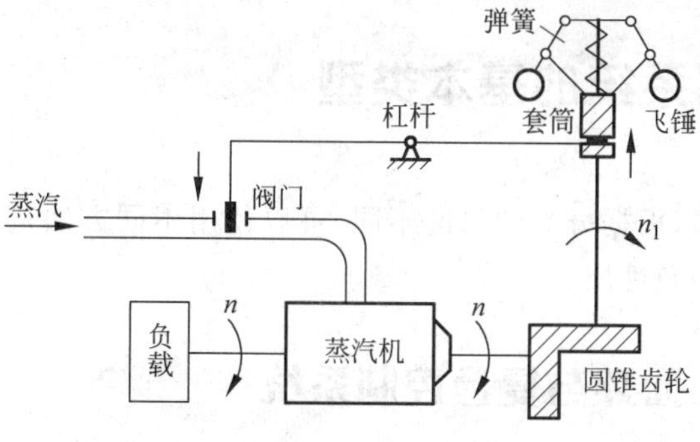

图 1.1 蒸汽机调速原理图

这是一个速度控制系统,自动控制理论研究的对象正是"系统"。系统是个很广的范畴,一部机器、一条生产线、一个生物体、一个社会、一个经济体等都可以称为系统。我们把**系统**定义为:为完成某种任务或实现某种功能,由若干元部件有机组合的一个整体。

所谓**自动控制系统**就是在没有人参与的情况下,由被控对象和控制器按一定方式连接起来,以完成某种自动控制任务的有机整体。

图 1.2 为该系统的职能方块图,简称方块图或方框图,它可以清楚地表示各个组成部分的作用、相互连接关系以及信息传递的路线和流向。蒸汽机是**被控对象**,实际的输出转速为**被控量**,它是表示蒸汽机实际转速的信息,称为系统的输出信号,简称**输出**。期望转速是一种控制信息,为系统的**输入量**。一般将从系统外部施加到系统上的信号称为**输入信号**。施加在系统上的输入信号通常有两类:一类是在控制系统中希望被控信号再现的恒定或随时间变化的输入信号,称为**参考输入信号**或**期望输入信号**;另一类是干扰系统被控量达到期望值的输入信号,称为**扰动输入信号**。在这里套筒装置将期望转速转化为期望的位移信息以方便与反馈回来的位移信息进行比较,一般来说,将这类装置称为给定装置,它的功能是给出与期望的被控量相对应的系统的参考输入信号(也称**给定值信号**)。实际转速信息由飞锤测出并以位移的方式返回到输入端再输入到系统中去,这种由输出端返回到输入端的传递方式称为信息的反馈。反馈到输入端的信号称为反馈信号,简称为**反馈**。飞锤在这里被称为测量元件或反馈装置,其功能是检测被控制的物理量并用作反馈信号或供系统显示用。反馈信号在输入端与输入信号相比较,比较的结果称为偏差信号,**偏差**等于参考输入信号减去反馈信号。杠杆机构根据偏差信号,调节控制蒸汽机蒸汽的阀门开度,为本系统的控制器,阀门为本系统的执行机构。执行机构的功能是执行控制作用并推动受控对象,使被控量能按照预定的规律变化。

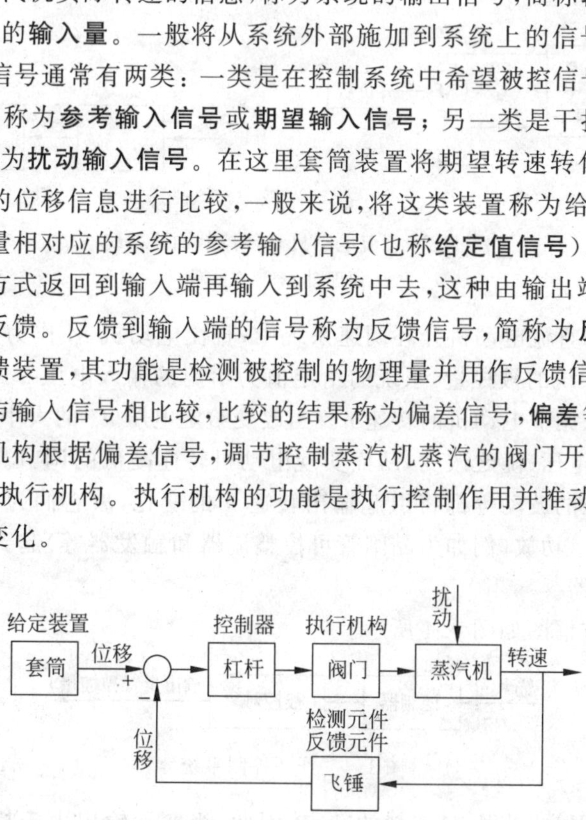

图 1.2 蒸汽机系统方框图

1.3 自动控制系统的基本类型

控制系统种类繁多，根据分类的目的不同，可以使用不同方法进行分类，下面介绍几种常见的控制系统的类型及性质。

1.3.1 开环、闭环与复合控制系统

根据控制系统的结构及控制方式，可把控制系统分为开环、闭环及复合控制系统。其中，开环控制、闭环控制为最基本的两种控制方式。

1. 开环控制系统

系统的输出量对控制作用没有影响的系统，称为开环控制系统，开环控制系统的输入对输出具有正向控制作用，但没有输出对输入的反向联系过程，即系统不需要对输出量进行测量，也不需要将输出量反馈到系统的输入端与输入量进行比较。例如常见的洗衣机控制、数控机床控制即为开环控制。图 1.3 所示的直流电动机开环调速系统就是一个开环控制的实例。

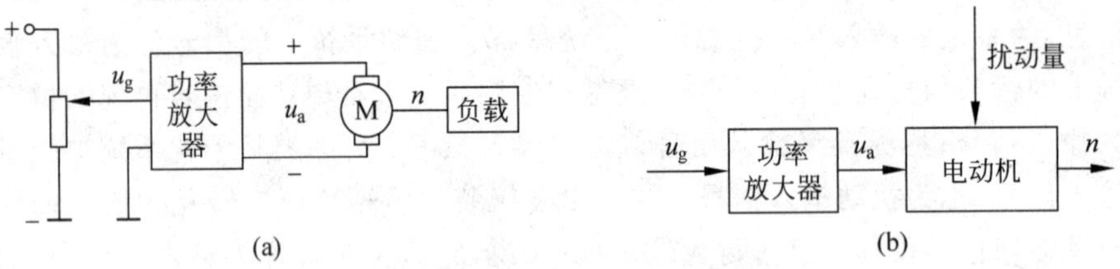

图 1.3 直流电动机开环控制调速系统

(a) 原理图；(b) 方框图

在图 1.3 所示的直流电动机开环调速系统中，直流电动机 M 作为系统的被控对象，电动机的转速 n 作为系统的被控量，系统的给定值为给定的输入电压 u_g，系统通过改变电动机电枢两端的电压来调节电动机的转速 n。当改变给定电压 u_g 的大小时，功放的输出电压 u_a（即电动机的电枢电压）随之改变，从而实现电动机转速高低的调节。而电动机负载电流的改变以及电网电压的波动等都将引起输出转速 n 的变化，故它们为系统的扰动信号，或称扰动量。在功能上，功放（例如为晶闸管可控整流器和触发器等）起到控制电动机转速的作用，为系统的控制器。

开环控制系统方框图如图 1.4 所示。

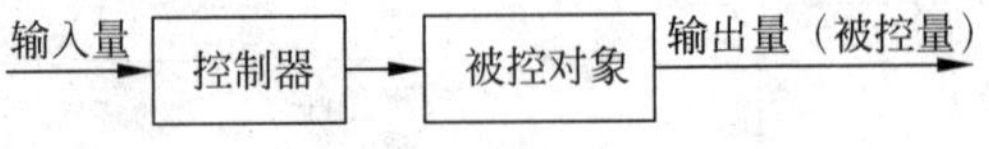

图 1.4 开环控制系统

由于不具有利用输出来影响控制的特点，因此，当实际输出由于扰动而偏离期望输出时，系统本身不可能具有自行纠偏的能力。但开环控制系统具有结构简单的特点，且不存在

复杂的系统稳定性问题，只要受控对象稳定，开环控制系统就能稳定地工作；开环控制的精度取决于系统的校准精度和各组成元件性能参数及外界条件的稳定程度，还取决于对扰动采取补偿措施的效果。因此，开环控制系统常用于对系统精度要求不高，或预知期望输出且扰动很小或扰动虽大但预知其变化规律从而能够加以补偿的场合。

2. 闭环控制系统

如果系统的被控量直接或间接地参与控制，这种系统称为闭环控制系统，也称为反馈控制系统。闭环控制系统中，不仅输入对输出具有正向控制作用，输出对输入还具有反馈联系，即系统需要对输出量进行测量，并将输出量反馈到系统的输入端与输入量进行比较从而形成一个闭合的回路，故称为闭环控制系统。例如，前面所述的蒸汽机飞锤速度调节系统以及本书各章节讨论的机床导轨伺服控制系统都是闭环控制系统。将图 1.3 所示的直流电动机开环调速系统增加一个测速装置（测速发电机 TG）反向连接至输入端形成了闭环，就构建成了一个直流电动机闭环调速系统，其原理图如图 1.5 所示。

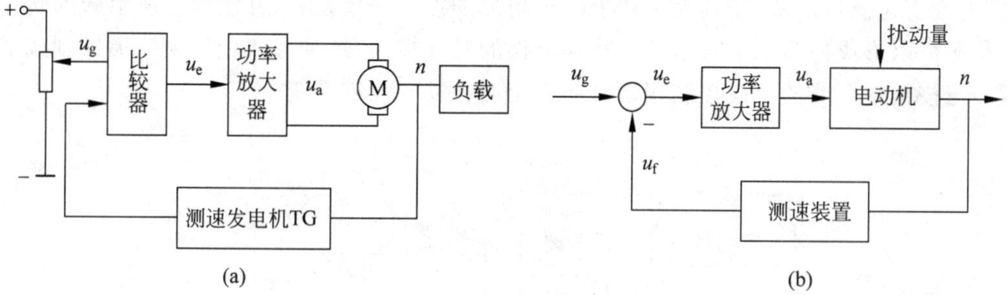

图 1.5　直流电动机闭环控制调速系统

(a) 原理图；(b) 方框图

在图 1.5 所示的直流电动机闭环控制调速系统中，由测速发电机 TG 对电动机的输出量转速 n 进行检测产生反馈电压 u_f，并将其反馈至输入端与给定电压 u_g 相比较得到偏差信息 u_e（$u_e=u_g-u_f$），并根据偏差的信息（包括偏差的极性和大小）作用在功放上，通过功放的输出使作用在电动机两端的电枢电压 u_a 改变，从而引起电动机的输出转速 n 进行相应的调节，以达到消除偏差或使偏差减小到容许范围的目的，最终保持系统转速的恒定。这种连接极性的反馈称为负反馈。

闭环控制系统方框图如图 1.6 所示。

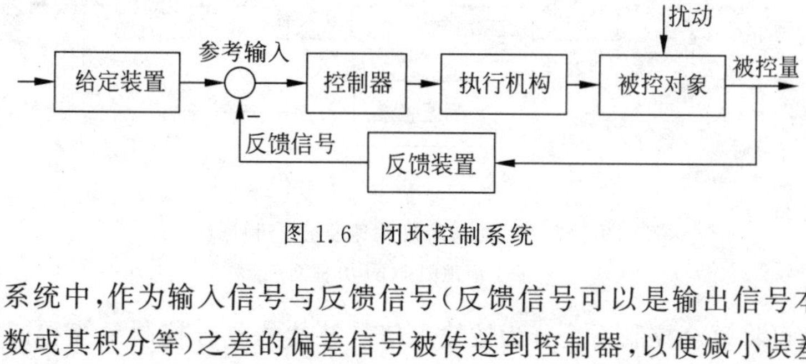

图 1.6　闭环控制系统

闭环控制系统中，作为输入信号与反馈信号（反馈信号可以是输出信号本身，也可以是输出信号的导数或其积分等）之差的偏差信号被传送到控制器，以便减小误差，并且使系统的输出达到期望的值。可见，闭环控制是按照偏差进行控制的，其特点是不论什么原因使被控制量偏离期望值而产生偏差时，必定会产生一个相应的控制作用去减小或消除这个偏差，从而使被控制量与期望值趋于一致。

闭环控制系统的实质是反馈控制，即可以利用输出来影响控制作用，所以是闭式控制方式。因此，当实际输出由于扰动而偏离期望输出时，闭环控制系统本身就具有自行纠偏的能力，它具有抗扰动能力强的优点。因此可采用精度不高、价格比较低的元件来构成精确的控制系统。但闭环系统的组成一般比较复杂，且当参数调配不当时，可能引发系统出现持续振荡甚至发散的不稳定现象。闭环控制系统常用于实际输出不难测得，而扰动较大且不能预知其变化规律或不可测的场合，尤其是期望输出不能预知时只能采用闭环控制系统。

3. 复合控制系统

为了发挥开环控制与闭环控制的优点，将两种控制方式结合起来，从而构成的一种新的控制方式叫做复合控制。

若图 1.5 所述直流电动机转速的变化主要是由负载干扰引起的，则可以设法将负载引起的电流变化测量出来，按其大小产生一个附加的控制作用，用以补偿由它所引起的转速变化，从而可以形成如图 1.7 所示的按扰动补偿的开环控制（这种方式也称为顺馈控制或前馈控制）与按偏差调节的反馈控制相结合的直流调速复合控制系统。

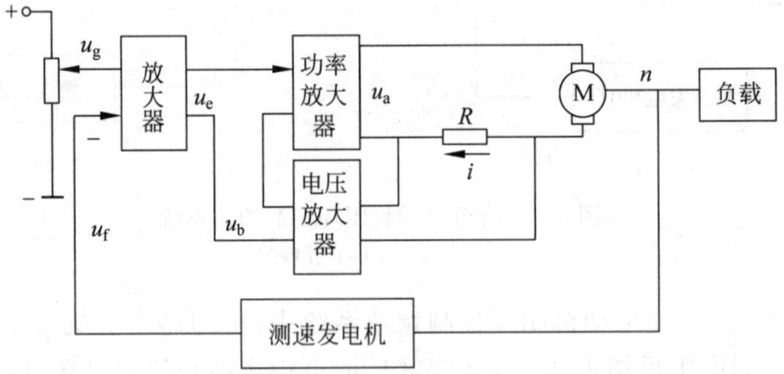

(a)

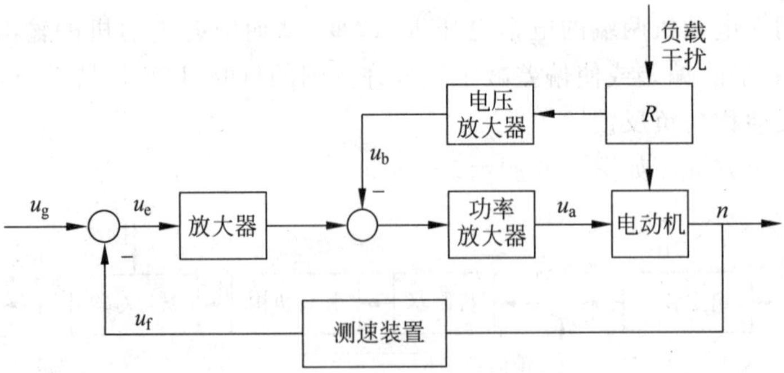

(b)

图 1.7　直流电动机调速复合控制系统

(a) 原理图；(b) 方框图

一般来讲，可将复合控制系统分为按输入信号补偿的复合控制系统和按扰动信号补偿的复合控制系统。带有负反馈的闭环起主要的调节作用。顺馈控制部分，可以按输入量进行控制或按扰动量进行控制(当扰动量可测量时)。图 1.8(a)所示为一类按输入信号补偿的复合控制系统,图 1.8(b)所示为一类按扰动信号补偿的复合控制系统。

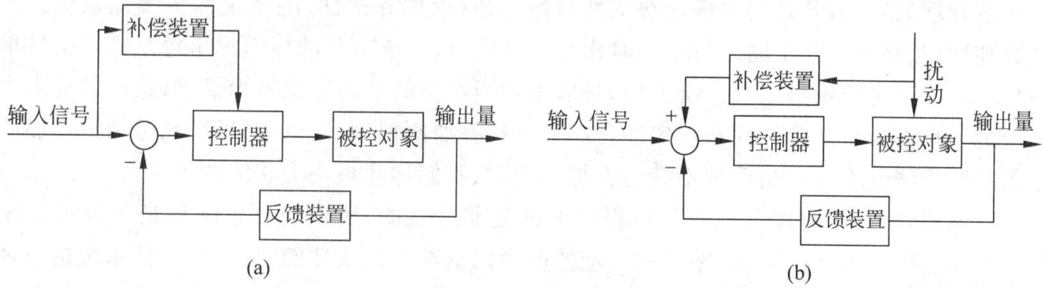

图 1.8 复合控制系统

(a) 按输入补偿的复合控制系统;(b) 按扰动补偿的复合控制系统

复合控制最大的特点是控制精度高,但结构较复杂。需要注意的是,顺馈的补偿控制只能针对可测量的已知扰动,而且由于各种扰动的补偿装置之间并不都是相容的,所以补偿控制只能应对可测的部分的主要扰动。对于多种扰动、多种因素引起的输出量变化,不可能采用逐一补偿的方法来应对。因此在构建自动控制系统时,闭环的反馈控制应是控制的主要控制方法,而开环的补偿控制作为辅助的控制方式。

1.3.2 连续系统与离散系统

控制系统中存在各种形式的信号,根据通过系统的信号的时间连续性,可将自动控制系统分为连续控制系统与离散控制系统。

1. 连续控制系统

如果通过系统各处的信号均为连续信号,则这种系统称为**连续控制系统**。所谓连续信号,是指信号随着时间作连续变化,即对于任意的时间点,都可以给出确定的值的信号。连续信号的幅值可以是连续的,也可以是离散的,即只取某些规定的值。对于时间和幅值都是连续的信号又称为模拟信号。例如,直流电机调速系统就是连续控制系统。

2. 离散控制系统

如果通过系统的信号只要有一处是离散信号,这种系统就称为**离散控制系统**或**数字控制系统**。所谓离散信号,是指信号在时间上是离散的,只在某些不连续的规定瞬时给出函数值,而在其他时间上没有定义。离散信号的幅值可以是连续的,也可以是离散的。若离散信号的幅值是连续的,则又可称为采样信号。如果离散信号的幅值也被限定为某些离散值,即信号取值时间和幅值都是离散的,则又称为数字信号。例如,计算机控制系统的输入、输出信号就是数字信号,因此计算机控制系统即是一种离散控制系统(数字控制系统)。

1.3.3 线性系统与非线性系统

根据系统的特性可将自动控制系统分为线性控制系统(简称线性系统)与非线性控制系统(简称非线性系统)。

按数学的观点，凡是由线性函数(包括线性微分方程、线性差分方程和线性代数方程)描述的系统称为线性系统，而由非线性函数描述的系统则称为非线性系统。

按物理的观点，凡是同时满足叠加性与均匀性(也称齐次性)的系统称为线性系统。所谓叠加性，是指当有几个输入信号同时作用于系统时，系统的总的输出等于每个输入信号单独作用时所产生的输出之和。所谓均匀性，是指当系统的输入变化多少倍时，系统的输出也相应地变化多少倍。叠加性和均匀性合起来也称叠加原理，所以也可以说，凡是满足叠加原理的系统为线性系统。当系统不满足叠加原理时，我们称此系统为非线性系统。

应该说，所有的物理系统在某种程度上都是非线性的，所以线性系统只是一种理想模型。但很多实际系统的输入、输出在一定的范围内基本上是线性的，可以用线性系统这一理想模型来描述。同时，线性系统理论经过长期的研究，目前已经形成了一套比较完善的分析和设计方法，并且在实践中已经获得了相当广泛的应用，所以对于非本质的非线性系统，常常是使用线性化的方法将其近似为线性系统来进行讨论。而对于本质非线性的系统，由于难以用纯粹的数学方法处理，目前尚无解决各类非线性系统的通用方法。

1.3.4 定常控制系统与时变控制系统

根据系统是否含有随时间变化的参数，自动控制系统可分为定常系统与时变系统两大类。如果控制系统的结构、参数在系统运行过程中不随时间变化，则称为定常系统或时不变系统；否则，称为时变系统。在数学上，如果描述系统运动的微分或差分方程，其系数均为常数而非时间的函数，则该系统称为定常系统或时不变系统；否则，称为时变系统。

对于定常系统，系统的响应特性只取决于输入信号的形状和系统的特性，而与输入信号施加的时刻无关。而对于时变系统，系统的响应特性不仅取决于输入信号的形状和系统的特性，而且与输入信号施加的时刻有关。

1.3.5 恒值控制系统、随动控制系统和程序控制系统

根据参考输入信号的特性，可把自动控制系统分为恒值(定值)控制系统、随动(伺服)控制系统和程序控制系统。

恒值控制是指输入信号为某个恒定不变的常数。对这类系统的要求是系统的被控量应尽可能地保持在期望值附近；系统面临的主要问题是存在使被控量偏离期望值的扰动；控制的任务是增强系统的抗扰动能力，使扰动作用于系统时，被控量能尽快地恢复到期望值上。例如，前面所述的蒸汽机飞锤速度调节系统、直流电动机闭环控制系统等都是恒值控制系统。

随动控制是指输入信号是随时间任意变化的函数。对这类系统的要求是系统的输出信号紧紧跟随输入信号的变化；系统面临的主要矛盾是被控对象和执行机构因惯性等因素的影响，使得系统的输出信号不能紧紧跟随输入信号的变化；控制的任务是提高系统的跟踪能力，使系统的输出信号能跟随难于预知的输入信号的变化。如果被控量是机械位置或是其导数时，这类系统也称为伺服控制系统。例如，火炮自动瞄准系统、雷达自动跟踪系统、船舶驾驶的舵角位置跟踪系统等都是随动控制系统的应用实例。

程序控制是指输入信号按照预先知道的函数变化。系统的控制输入信号不是某个恒定不变的常值，而是事先确定的运动规律，编成程序装在输入装置中，即输入信号是事先确定的程序信号，控制的任务是使被控对象的被控量按照要求的程序动作。例如热处理炉温度控制系统中的升温、保温、降温等过程都是按照预先设定的规律进行的，又如机械加工的数控机床也是典型的程序控制系统。

1.4　控制系统示例

1.4.1　机床导轨的伺服控制系统

伺服控制系统是一种带反馈的动态控制系统，其中，输出量一般是机械量，例如机械位移、速度或加速度。反馈装置将输出量变换成与输入量相同的信号，得到给定量与输出量的差，即偏差信号。控制系统按照偏差的性质(大小及符号)进行控制，控制目的是减少偏差或最终消除偏差，使得系统的输出量能准确地表现输入量的变化。

由于系统的输出量是机械量，故其输出常常以机械位移和旋转运动的形式表现出来，故称之为伺服系统(servo system)或伺服机构(servo mechanism)。

伺服系统已经广泛应用于军事和民用工业。例如，在机械制造工业中的各类数控机床，冶金工业轧钢机的压下装置，造纸工业中纸张卷筒之间的同步协调运转，仪器仪表工业中的电位差计、*XY* 记录仪，交通运输业中大型海轮的自动舵以及飞机上的自动驾驶仪都广泛装备着各种各样的伺服系统。伺服系统在军事上的应用更为普遍，例如跟踪雷达天线的控制、坦克炮塔在行驶中的控制、火炮群的引导、导弹的制导等。

1.4.2　机床导轨的伺服控制系统的基本原理

机床导轨作为机床工件平移或刀具进给中的重要环节，对精度、快速性和低速运动的平稳性都有较高的要求。图 1.9 及图 1.10 简单描述了机床导轨的机械机构，其中轴Ⅰ由伺服电动机硬轴连接减速器组成，$M(t)$为电动机的驱动力矩(单位为 N·m)，$\theta(t)$为电动机轴的转动的角度(单位为 rad)，z_1 和 z_2 构成机械减速器，轴Ⅱ硬轴带动丝杠将旋转运动转变成直线运动。

机床导轨伺服控制系统原理图如图 1.10 所示。

图 1.10 中，电位器 BP_1、BP_2 接到同一电源 E 两端，其滑臂分别与输入导轨、输出导轨相连，以组成位置的给定和位置的反馈。当人为地通过输入导轨带动电位器 BP_1 的滑臂移动一段距离 $x_i(t)$时，这时输出导轨的位移 $x_o(t)\neq x_i(t)$，而电位器滑臂输出电压又正比于滑臂的位移即 $u_i(t)\propto x_i(t)$，$u_f(t)\propto x_o(t)$，因 $u_i(t)\neq u_f(t)$，偏差 $u_e(t)=u_i(t)-u_f(t)\neq 0$，该信号经放大器放大后送往直流伺服电动机的电枢两端，以推动伺服电动机作相应的旋转，经蜗轮蜗杆减速后，由旋转运动变为直线运动，进而带动机床导轨作平移运动，在带动机床导轨平移运动的同时，通过与机床导轨连接的 BP_2 以同样的方向移动一段距离，直到 $x_o(t)=x_i(t)$，$u_i(t)=u_f(t)$或 $u_e(t)=0$ 时，电机停止转动。

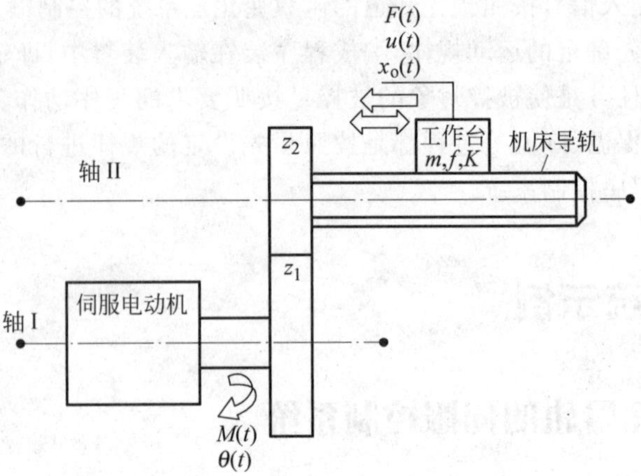

图 1.9 机床导轨的机械系统示意图

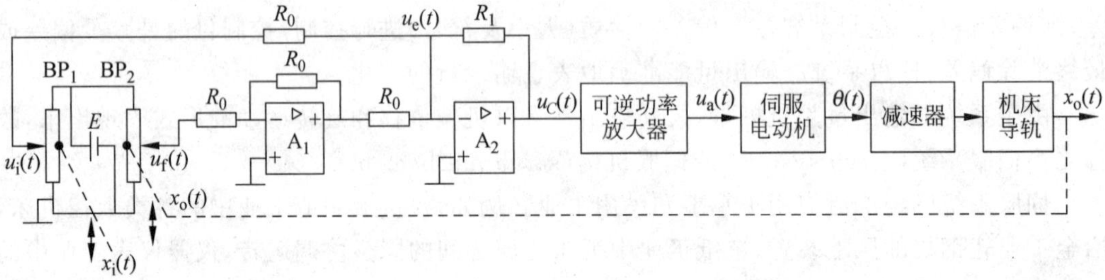

图 1.10 机床导轨伺服控制系统原理图

为了满足机床导轨伺服控制系统的速度控制要求，可引入由测速发电机引回的速度反馈以保证系统具有良好的速度控制性能。

1.5 对控制系统性能的基本要求

动态系统对输入的响应过程可分为两个阶段：暂态响应过程（过渡过程）和稳态响应过程，因此对控制系统的基本性能要求主要从稳定性、暂态性能和稳态性能三个方面来考虑。

1. 稳定性

所谓稳定性是指控制系统偏离平衡状态后，能自动恢复到平衡状态的能力。稳定性是控制系统最基本的性能，是系统能够工作的前提条件。当系统受到扰动后，其状态偏离了平衡状态，当此扰动撤销后，如果系统的输出响应在随后所有时间内能够最终回复到原来的平衡状态，则系统是稳定的；否则，系统不稳定。

2. 暂态性能

系统的暂态过程具有如图 1.11 所示的几种基本形态：被控量单调上升过程（非周期过程）、被控量衰减振荡过程、被控制量等幅振荡过程及被控量发散振荡过程。其中图 1.11(a)单调上升渐进趋向稳态值的过程及图 1.11(b)衰减振荡过程为稳定系统的暂态响应过程，

图 1.11(c)等幅振荡过程为临界稳定系统暂态过程,图 1.11(d)发散振荡过程为不稳定系统暂态过程。对稳定系统提出的暂态性能要求主要体现在快速性和相对稳定性方面。

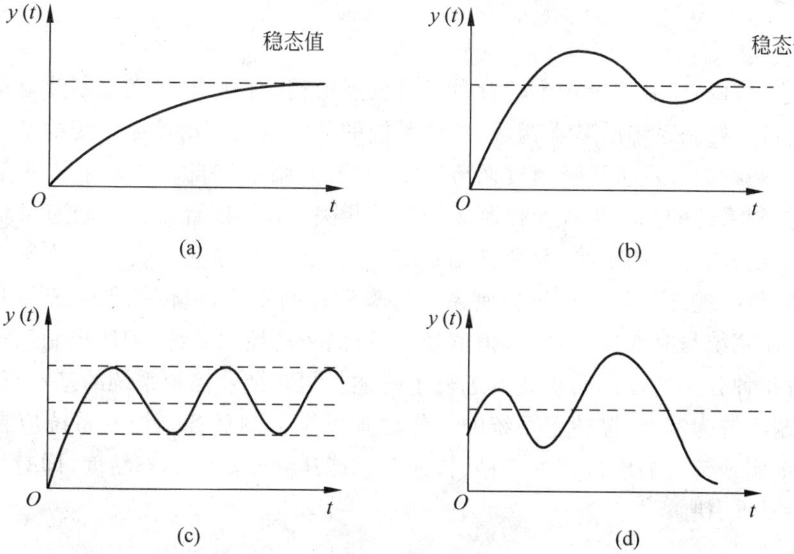

图 1.11 自动控制系统的动态过程

(a) 被控量单调上升过程;(b) 被控量衰减振荡过程;(c) 被控量等幅振荡过程;(d) 被控量发散振荡过程

1) 快速性

快速性是对暂态过程的快慢提出的要求。一般来说,为了提高生产效率,系统应有足够的快速性,即过渡响应的时间要短。但过渡时间太短,系统冲击会很大,容易损坏设备,影响使用寿命;反之,过渡时间太长,则会影响生产效率。

2) 相对稳定性

相对稳定性也称平稳性,是对系统暂态响应过程中被控量围绕给定值摆动或振荡情况的一种评价,是系统相对稳定性能的体现。一个稳定的系统,这种振荡不但应该是逐渐衰减的,振荡的幅度和频率也不应太大,即系统的平稳性能要好。系统平稳性能的好坏不仅影响设备的使用寿命,而且也会影响系统响应的快速性。

3. 稳态性能

在暂态响应过程结束后,系统进入稳态过程。系统的稳态过程的基本要求就是在稳态时系统输出量应尽可能地维持在期望值上(对于恒值控制系统)或是准确地跟踪上输入信号的变化(对于随动控制系统)。因此系统的稳态性能是要求系统输出的实际值与期望值之差(被称为稳态误差)应很小,即系统应具有较高的控制精度或控制的准确性能。

总之,对自动控制系统的基本要求可以概括为稳、准、快三个字,即系统的稳定性、准确性和快速性。需要指出的是,同一个系统,对于稳、准、快三方面的性能常常是相互制约的。若欲提高系统的快速性,可能会使系统的振荡幅值增大从而使系统的平稳性变差;或若欲改善系统的稳定性又可能会使系统的暂态响应过程变慢,快速性变差,或导致系统的稳态误差增大,降低系统的准确性。而不同的控制系统对于稳、准、快三项基本要求的具体要求则会各有所偏重。因此,应依照具体工程应用情况兼顾几方面的要求,合理解决矛盾,当实际系统的各项性能要求出现矛盾时,往往需要牺牲某些性能以确保主要性能指标的满足。

本章小结

本章简述了自动控制理论产生的背景以及发展历程，对系统、自动控制及自动控制系统的基本概念、自动控制系统的基本构成、控制系统的分类以及自动控制系统的基本要求作了基本介绍。以瓦特的蒸汽机飞锤速度调节系统为例，介绍了该自动控制系统的工作原理并引申出自动控制系统的基本组成及控制系统中的相关术语；以直流电机调速系统为例介绍了开环控制系统、闭环控制系统、复合控制系统的系统结构、方框图表示以及各控制结构的特点；自动控制系统还可分为连续控制系统与离散控制系统，线性控制系统与非线性控制系统，定常控制系统与时变控制系统，恒值控制系统、随动控制系统、程序控制系统等多种分类形式，并对每种分类的控制系统特点进行了阐述。同时结合控制系统的基本概念，以机床导轨伺服控制系统为实例，描述了系统的工作原理以及控制任务。控制系统应在稳定的前提下尽可能地实现暂态响应过程的平稳、快速并且能达到较高的稳态精度，即对控制系统的基本要求是稳、准、快。

习题

1-1　列举生活中开环控制系统和闭环控制系统的例子，并说明该实例的工作原理及特点。

1-2　分别画出汽车速度控制和方位控制的原理方框图，指出被控对象和被控量。

1-3　一个炉温控制系统如图 1.12 所示，简述该系统的工作原理，并指出主要变量及各个环节的构成，画出控制系统方框图。

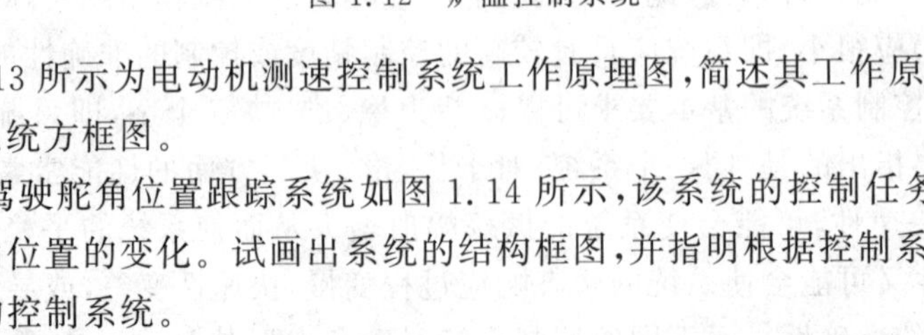

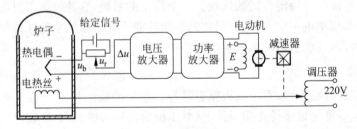

图 1.12　炉温控制系统

1-4　图 1.13 所示为电动机测速控制系统工作原理图，简述其工作原理，说明各个部件的作用并画出系统方框图。

1-5　船舶驾驶舵角位置跟踪系统如图 1.14 所示，该系统的控制任务是使船舶舵角位置跟踪操纵杆角位置的变化。试画出系统的结构框图，并指明根据控制系统的分类，该系统属于何种类型的控制系统。

1-6　一个液位自动控制系统原理图如图 1.15 所示，试阐述系统的工作原理，画出系统方框图，并说明被控对象、被控量和干扰量。

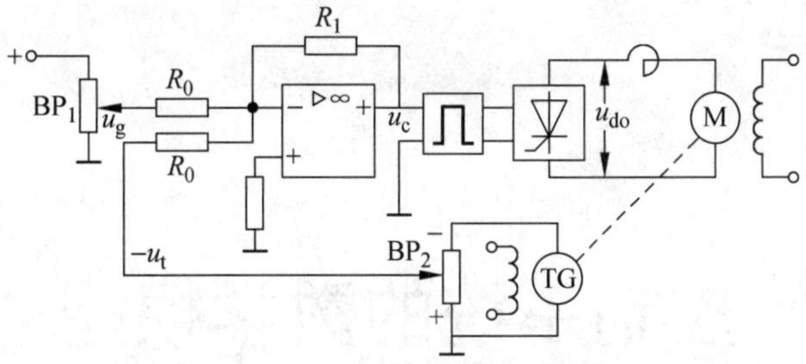

图 1.13 电动机测速控制系统

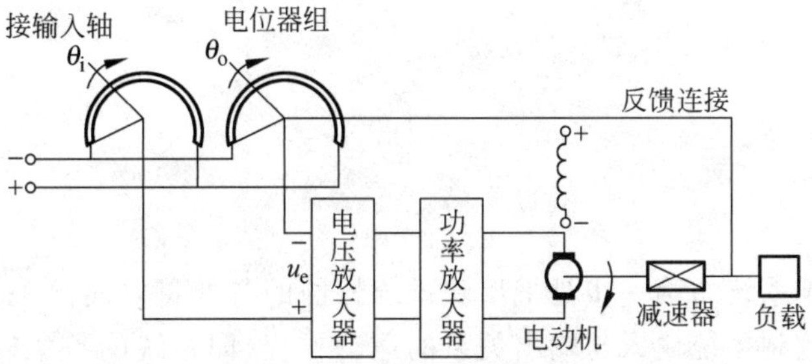

图 1.14 驾驶舵角位置跟踪系统

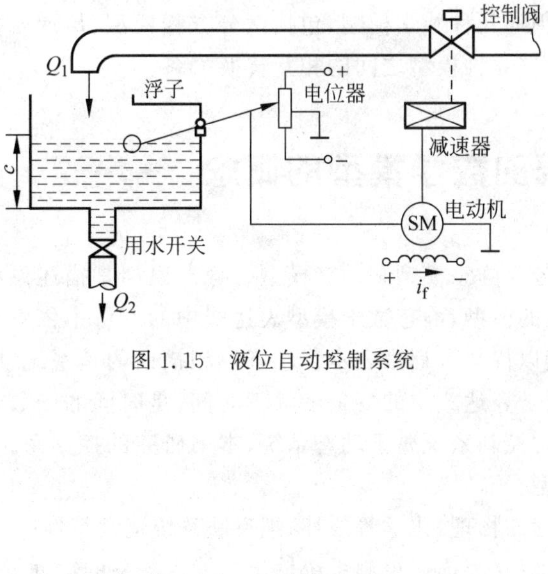

图 1.15 液位自动控制系统

第2章

控制系统的数学模型

分析、设计控制系统的第一步是把反映系统特性的各变量之间的关系用数学方程加以描述，从而建立起控制系统输入与输出关系的运动方程(即系统的数学模型)。常用的数学模型有微分方程模型、传递函数模型、结构图模型、信号流图模型、频率特性模型、差分方程模型以及状态空间描述模型等。本章首先介绍控制系统数学模型的概念，然后阐述分析、设计连续控制系统中常用的几种数学模型，包括微分方程模型、传递函数模型、结构图模型以及信号流图模型，以及这几种模型之间的相互转换关系。

2.1 控制系统的数学模型的概念

系统的数学模型分为静态模型和动态模型。静态模型是描述系统静态(工作状态不变或缓慢变化过程)特性的模型，静态数学模型表达式中的变量不依赖于时间，是输入与输出之间的稳态关系，一般以代数方程来表示。动态模型描述的是系统动态或瞬态特性的数学模型，动态数学模型数学表达式中的变量依赖于时间，是时间的函数，动态数学模型一般以微分方程来表示。自动控制系统属于动态系统，本书研究的控制系统数学模型主要是指控制系统的动态数学模型。

根据系统运动过程的物理、化学等规律，把反映系统运动特性的各变量之间的关系用数学方程加以描述，从而建立起描述控制系统输出与输入关系的运动方程，称之为控制系统的动态数学模型，简称系统的数学模型。

描述系统运动的微分方程可以写成两种基本的形式：采用系统外部变量(输入量和输出量)表示的一元 n 阶微分方程；采用系统内部变量(状态变量)表示的 n 元一阶微分方程组。采用外部变量表示的数学模型称为系统的输入输出模型，采用内部变量表示的系统的微分方程组称为系统的状态空间模型。本章先讨论系统的输入输出模型，将在第 7 章讨论系统的状态空间模型。

2.1.1　系统的数学模型的建立方法

在自动控制的分析和设计中，建立合理的数学模型是一项至关重要的工作，将直接关系到控制系统能否实现给定的任务。所谓合理的数学模型，是指所建立的数学模型既具有准确性又具有简化性。一般应根据系统的实际结构参数及要求的计算精度，略去一些次要因素，使模型既能准确反映系统的动态本质，又能简化分析计算的工作。

建立系统的数学模型简称为建模。系统建模有两大类方法：一是机理分析建模方法，称为分析法；二是实验建模方法，称为系统辨识。

机理分析建模是通过对系统内在机理的分析，运用各种物理、化学等定律，推导出描述系统运动的数学表达式。采用机理分析建模必须清楚地了解系统的内部结构，即通常所说的"白箱"建模方法。机理分析建模得到的模型展示了系统的内在结构与联系，较好地描述了系统的特性。但是当系统结构比较复杂时，所得到的机理模型往往比较复杂，难以满足实时控制的要求。此外，机理分析建模总是基于许多简化和假设，所以机理建模与实际系统之间总是存在建模误差。

实验建模是利用系统输入、输出的实验数据或正常运行的数据，构造数学模型的实验建模方法，即系统辨识。因为这种建模方法只依赖于系统的输入输出关系，即使不了解系统内部机理，也可以建立模型，所以也称之为"黑箱"建模方法。这种方法是基于建模对象的实验数据或者系统正常运行的数据，所以，建模对象必须已经知道，并且能进行实验。但是辨识得到的模型仅仅只能反映系统的输入输出特性，不能反映系统的内在信息，因此实验建模难以描述系统的本质。

本书重点介绍机理分析建模方法。

2.1.2　线性定常系统和线性时变系统

控制系统如按照数学模型分类，可以分为线性和非线性系统，定常系统和时变系统。

如果描述系统的数学模型是线性微分方程，则称该系统为线性系统。线性系统最重要的特性是满足叠加原理，叠加原理包括相加性及均匀性(或称齐次性)。叠加原理表明，两个不同的作用函数同时作用于系统时的输出响应，等于两个作用函数单独作用的输出响应之和。这样在线性系统的研究中，如果系统在多个输入作用下，可将线性系统对于几个输入量同时作用的响应一个一个地处理，然后对每一个输入量响应的结果进行叠加。如果描述系统的数学模型是非线性微分方程，则该系统称为非线性系统。非线性系统不满足叠加原理。

如果描述连续系统运动的微分方程(描述离散系统的基本运动方程为差分方程，将在第6章讨论)，其系数均为常数而非时间的函数，则该系统为定常系统或时不变系统。经典控制理论主要研究连续的线性定常系统。如果描述连续系统运动的微分方程，其中有一项或多项的系数为时间的函数，称为时变系统。宇宙飞船控制系统就是时变控制的一个例子(宇宙飞船的质量随着燃料的消耗而变化)。

可以用线性定常(常系数)微分方程描述的系统称为线性定常系统。如果描述系统的微分方程的系数是时间的函数，则这类系统为线性时变系统。

2.2 控制系统的时域数学模型

2.2.1 系统的微分方程描述

控制系统属于动态系统,描述连续系统运动的基本方程为微分方程。微分方程是一种描述系统输入量、输入量的各阶导数与输出量以及输出量的各阶导数之间的关系的方程式。建立微分方程的一般步骤为:首先分析系统的工作原理及各变量间的关系,确定系统的输入量和输出量;然后根据描述系统运动特性的基本定律(如机械、电气、热力、液压、能量等定律)列写系统各元件的运动方程,一般从系统的输入端开始依次列写,在列写元件运动方程时,需考虑两相接元件间的负载效应;最后在由上述方程构成的方程组中,消去中间变量,获取只包含系统输入、输出变量及其各阶导数的微分方程,并将其化为标准的形式。即,一般将与输入有关的各项放在等号右边,与输出有关的各项放在等号左边,并且分别按降幂排列,最后将系数表示为反映系统动态特性的参数,如时间常数等。

下面以一个简单的系统为例,讨论基于机理分析建立数学模型的基本方法。

例 2.1 建立图 2.1 所示的 *RLC* 串联网络的微分方程模型。

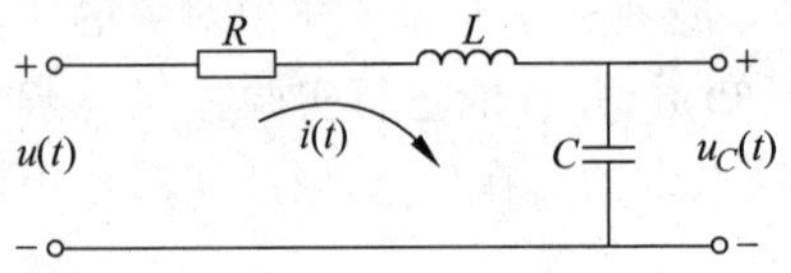

图 2.1 *RLC* 串联网络

解 确定该系统的输入量为电源电压 $u(t)$,输出量为电容器的端电压 $u_C(t)$,建立下列微分方程组:

$$Ri(t)+L\frac{\mathrm{d}i(t)}{\mathrm{d}t}+u_C(t)=u(t) \qquad (2.1)$$

$$u_C(t)=\frac{1}{C}\int i(t)\mathrm{d}t \qquad (2.2)$$

由式(2.2)可得 $i(t)=C\frac{\mathrm{d}u_C(t)}{\mathrm{d}t}$,代入式(2.1)可得系统的微分方程为

$$LC\frac{\mathrm{d}^2u_C(t)}{\mathrm{d}t^2}+RC\frac{\mathrm{d}u_C(t)}{\mathrm{d}t}+u_C(t)=u(t) \qquad (2.3)$$

例 2.2 建立图 2.2 所示的弹簧-质量-阻尼器系统的微分方程模型。

解 确定该系统的输入量为外力 $F(t)$,输出量为质量模块的位移 $y(t)$。

因为物体受到的力为外力 $F(t)$、弹簧拉力 $F_K(t)$和阻尼器的阻尼力 $F_f(t)$的合力,根据牛顿第二定律得

$$F(t)-F_K(t)-F_f(t)=ma$$

由于弹簧拉力与物体的位移成正比,阻尼器的阻尼力与物体的运动速度成正比,可得

$$F(t)-Ky(t)-f\frac{\mathrm{d}y(t)}{\mathrm{d}t}=m\frac{\mathrm{d}^2y(t)}{\mathrm{d}t^2} \qquad (2.4)$$

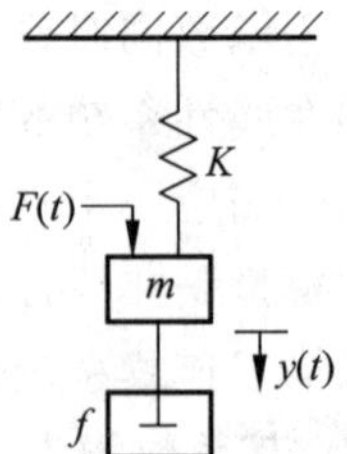

图 2.2 弹簧-质量-阻尼器系统

式中,m 为物体的质量;K 为弹簧的弹性系数;f 为阻尼器的黏性摩擦系数。

整理得系统的微分方程为

$$m\frac{\mathrm{d}^2y(t)}{\mathrm{d}t^2}+f\frac{\mathrm{d}y(t)}{\mathrm{d}t}+Ky(t)=F(t) \tag{2.5}$$

例 2.3　列写图 2.3 所示的二级 RC 滤波电路的微分方程。

解　确定该系统的输入量为电源电压 $u_\mathrm{i}(t)$，输出量为电容器的端电压 $u_\mathrm{o}(t)$，建立下列的微分方程组：

$$R_1i_1(t)+u_{C1}(t)=u_\mathrm{i}(t) \tag{2.6}$$

$$R_2i_2(t)+u_\mathrm{o}(t)=u_{C1}(t) \tag{2.7}$$

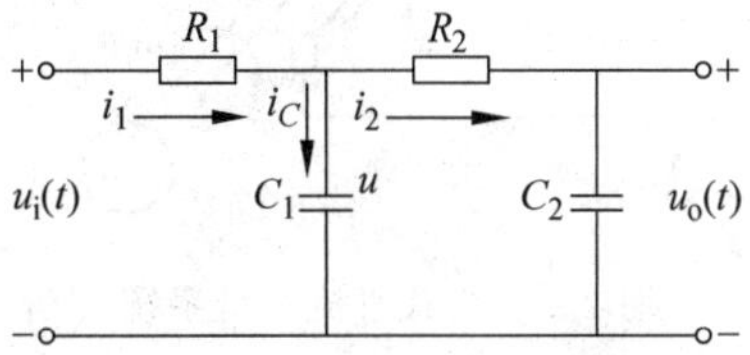

图 2.3　二级 RC 滤波电路

因为

$$i_1(t)-i_2(t)=C_1\frac{\mathrm{d}u_{C1}(t)}{\mathrm{d}t} \tag{2.8}$$

所以

$$i_2(t)=C_2\frac{\mathrm{d}u_\mathrm{o}(t)}{\mathrm{d}t} \tag{2.9}$$

将式(2.9)代入式(2.8)得

$$i_1(t)=C_1\frac{\mathrm{d}u_{C1}(t)}{\mathrm{d}t}+C_2\frac{\mathrm{d}u_\mathrm{o}(t)}{\mathrm{d}t} \tag{2.10}$$

将式(2.9)和式(2.10)代入式(2.6)和式(2.7)得

$$R_1C_1\frac{\mathrm{d}u_{C1}(t)}{\mathrm{d}t}+R_1C_2\frac{\mathrm{d}u_\mathrm{o}(t)}{\mathrm{d}t}+u_{C1}(t)=u_\mathrm{i}(t) \tag{2.11}$$

$$R_2C_2\frac{\mathrm{d}u_\mathrm{o}(t)}{\mathrm{d}t}+u_\mathrm{o}(t)=u_{C1}(t) \tag{2.12}$$

将式(2.12)代入式(2.11)得

$$R_1C_1R_2C_2\frac{\mathrm{d}u_\mathrm{o}^2(t)}{\mathrm{d}t^2}+R_1C_1\frac{\mathrm{d}u_\mathrm{o}(t)}{\mathrm{d}t}+R_1C_2\frac{\mathrm{d}u_\mathrm{o}(t)}{\mathrm{d}t}+R_2C_2\frac{\mathrm{d}u_\mathrm{o}(t)}{\mathrm{d}t}+u_\mathrm{o}(t)=u_\mathrm{i}(t)$$

$$R_1C_1R_2C_2\frac{\mathrm{d}u_\mathrm{o}^2(t)}{\mathrm{d}t^2}+(R_1C_1+R_1C_2+R_2C_2)\frac{\mathrm{d}u_\mathrm{o}(t)}{\mathrm{d}t}+u_\mathrm{o}(t)=u_\mathrm{i}(t) \tag{2.13}$$

令 $T_1=R_1C_1, T_2=R_2C_2, T_{12}=R_1C_2$ 为电路的时间常数，则系统的微分方程可描述为

$$T_1T_2\frac{\mathrm{d}u_\mathrm{o}^2(t)}{\mathrm{d}t^2}+(T_1+T_{12}+T_2)\frac{\mathrm{d}u_\mathrm{o}(t)}{\mathrm{d}t}+u_\mathrm{o}(t)=u_\mathrm{i}(t) \tag{2.14}$$

由于直流电动机具有良好的起动、制动性能，并且可在宽范围内进行平滑调速，因而在轧钢机、矿井卷扬机、挖掘机、海洋钻机、金属切削机床、机器人、计算机磁盘器以及高层电梯等需要高性能可控电气传动领域或伺服系统中得到了广泛应用。直流他励电动机的控制可分为两种类型：电枢控制和磁场控制。磁场控制的直流电动机，通过改变励磁电流的大小即减弱磁通来平滑调速(简称调磁调速)，通常其调速范围不大而且在额定转速以上作小范围升速。电枢控制的直流电动机，保持励磁恒定，通过改变电枢电压的大小来进行调速(简称调压调速)，其调速范围可以很宽，是电气传动领域常用的调节方式。下面介绍一个电枢控制的直流电动机调速系统数学模型的建立过程。

例 2.4　建立如图 2.4 所示直流电动机的数学模型。其中，惯性负载的转动惯量为 J，阻尼器的黏性摩擦系数为 f。

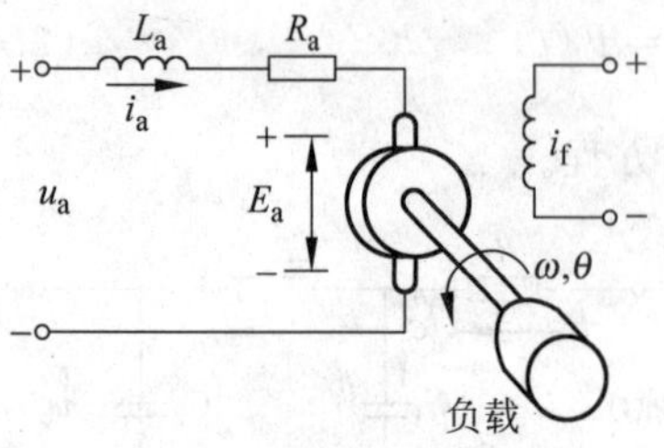

图 2.4 带载直流电机系统

解 系统的输入量为电枢电压 $u_a(t)$，输出量为电动机输出轴角速度 $\omega(t)$。由基尔霍夫定律，直流电动机电枢回路的运动方程为

$$L_a \frac{di_a(t)}{dt} + R_a i_a(t) + E_a(t) = u_a(t) \tag{2.15}$$

式中，$E_a(t)$为电动机的反电势，与输出角速度 $\omega(t)$成正比，即

$$E_a(t) = C_e\omega(t) \tag{2.16}$$

式中，C_e 为比例系数。

电枢电流 $i_a(t)$在恒定外磁场中产生的电磁力矩为

$$M(t) = C_m i_a(t) \tag{2.17}$$

式中，C_m 为比例系数。

当电动机空载时，即 $M_c=0$，由机械转动的牛顿定律可得

$$J\frac{d\omega(t)}{dt} = M(t) - f\omega(t) \tag{2.18}$$

由式(2.15)～式(2.18)，消去中间变量 $i_a(t)$，求得以 $u_a(t)$为输入变量和以 $\omega(t)$为输出变量时直流电动机的空载运动方程为

$$L_aJ\frac{d^2\omega(t)}{dt^2} + (L_a f + R_a J)\frac{d\omega(t)}{dt} + (R_a f + C_m C_e)\omega(t) = C_m u_a(t) \tag{2.19}$$

若忽略电枢回路的电感 L_a 时，则直流电动机空载时的运动方程可简化为

$$L_aJ\frac{d^2\omega(t)}{dt^2} + (R_a f + C_m C_e)\omega(t) = C_m u_a(t) \tag{2.20}$$

若进一步忽略电动机输出轴的黏性摩擦，即令 $f=0$，则式(2.20)变为

$$L_aJ\frac{d^2\omega(t)}{dt^2} + C_m C_e\omega(t) = C_m u_a(t) \tag{2.21}$$

若记 $JR_a/C_mC_e = T_m$，$1/C_e = K_1$，则由式(2.21)求得直流电动机空载且输出轴不存在黏性摩擦时的简化运动方程的标准形式为

$$(T_m p + 1)\omega = K_1 u_a \tag{2.22}$$

式中，T_m 为电动机的机电时间常数，s。

直流电动机输出轴带负载，即负载力矩 $M_c(t)\neq 0$ 时，根据牛顿定律，机械转动系统的力矩平衡关系式为

$$J\frac{d\omega(t)}{dt} = M(t) - f\omega(t) - M_c(t) \tag{2.23}$$

在式(2.15)～式(2.17)及式(2.19)中消去中间变量 $i_a(t)$，求得以 $u_a(t)$为输入变量和以 $\omega(t)$为输出变量时直流电动机的带载运动方程为

$$L_aJ\frac{d^2\omega(t)}{dt^2} + (L_a f + R_a J)\frac{d\omega(t)}{dt} + (R_a f + C_m C_e)\omega(t) = C_m u_a(t) - L_a\frac{dM_c(t)}{dt} - R_a M_c(t) \tag{2.24}$$

当忽略 L_a 和 f 时，由式(2.24)写出具有标准形式的带载直流电动机的简化运动方

程为

$$T_m \frac{d\omega(t)}{dt} + \omega(t) = K_1 u_a(t) - K_2 M_c(t) \tag{2.25}$$

式中，$K_2 = R_a / C_m C_e$。

若以电动机输出转角 θ 为输出变量时，由式(2.24)求得这时的系统简化运动方程为

$$p(T_m p + 1)\theta = K_1 u_a - K_2 M_l \tag{2.26}$$

由上面的典型系统的微分方程模型可以看出，很多系统虽然具有不同的物理特性，但却具有相同形式的数学模型。如上面三个实例，都可以用二阶线性微分方程来描述。

系统的微分方程描述系统的输入输出特性，因此，微分方程的类型与系统的特性有关。一般的连续时间系统都可以用微分方程来描述，线性系统可以用线性微分方程描述，而非线性系统则要用非线性微分方程描述。

描述线性定常系统的微分方程一般可以表示为

$$a_n y^{(n)}(t) + a_{n-1} y^{(n-1)}(t) + \cdots + a_1 \dot{y}(t) + a_0 y(t) = b_m u^{(m)}(t) + \cdots + b_1 \dot{u}(t) + b_0 u(t) \tag{2.27}$$

2.2.2　机床导轨的伺服控制系统的运动描述

根据1.4节所描述的机床导轨伺服控制系统，可得系统的原理方框图如图2.5所示。

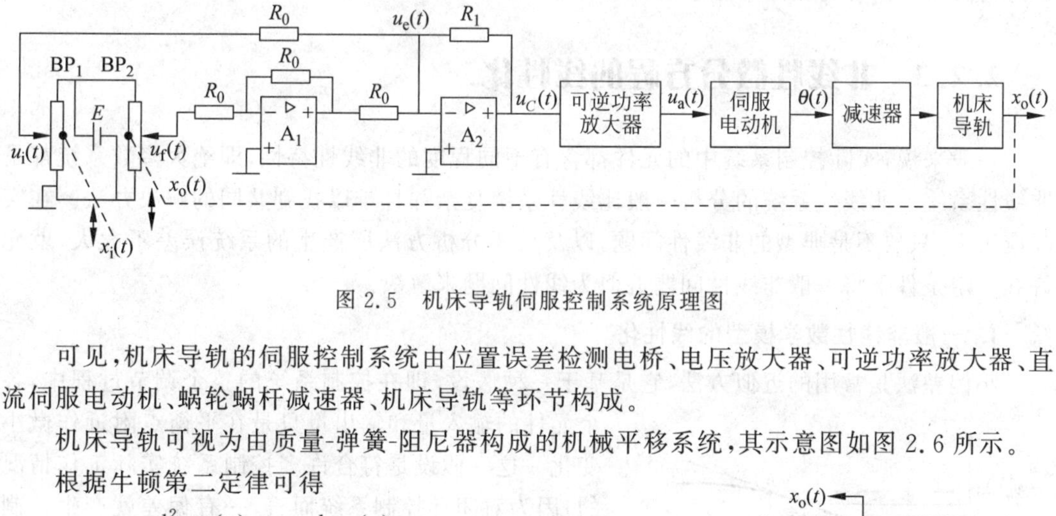

图2.5　机床导轨伺服控制系统原理图

可见，机床导轨的伺服控制系统由位置误差检测电桥、电压放大器、可逆功率放大器、直流伺服电动机、蜗轮蜗杆减速器、机床导轨等环节构成。

机床导轨可视为由质量-弹簧-阻尼器构成的机械平移系统，其示意图如图2.6所示。

根据牛顿第二定律可得

$$m \frac{d^2 x_o(t)}{dt^2} + f \frac{dx_o(t)}{dt} + Kx_o(t) = F(t) \tag{2.28}$$

式中，m 为导轨工作台质量，kg；$F(t)$为外驱动力，N；$x_o(t)$为导轨工作台直线位移，m；K 为弹簧弹性系数，N/m；f 为阻尼器黏性摩擦系数，N·s/m。

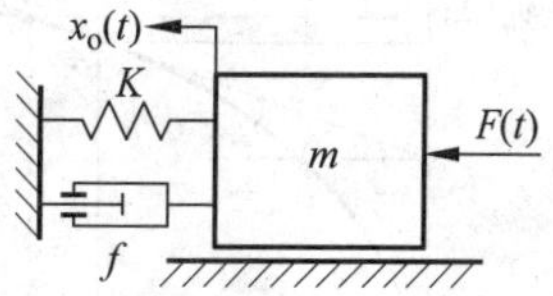

图2.6　导轨机械平移系统

为了建立机床导轨数学模型，将导轨上的质量 m、黏性摩擦系数 f 和弹性系数 K 等效折算到伺服电动机的驱动轴上，可得总的等效转动惯量、等效黏性摩擦系数、等效弹性摩擦系数，其中，总的等效转动惯量为

$$J_{\alpha}=J_1+J_2\left(\frac{z_1}{z_2}\right)^2+m\left(\frac{z_1}{z_2}\right)^2\left(\frac{L}{2\pi}\right)^2 \tag{2.29}$$

式中,J_{α} 为折算到电动机轴上的等效转动惯量;J_1 是轴Ⅰ的转动惯量;$J_2\left(\frac{z_1}{z_2}\right)^2$ 是轴Ⅱ等效折算到轴Ⅰ的转动惯量;$m\left(\frac{z_1}{z_2}\right)^2\left(\frac{L}{2\pi}\right)^2$ 是工作台质量折算到轴Ⅰ上的转动惯量。

等效黏性摩擦系数为

$$f'=\left(\frac{z_1}{z_2}\right)^2\left(\frac{L}{2\pi}\right)^2 f \tag{2.30}$$

等效弹性摩擦系数为

$$K_{\alpha}=\frac{1}{\dfrac{1}{K_1}+\dfrac{z_2}{z_1}\left(\dfrac{1}{K_2}+\dfrac{1}{K}\right)} \tag{2.31}$$

描述机床导轨的微分方程为

$$J_{\alpha}\frac{\mathrm{d}^2x_{\mathrm{o}}(t)}{\mathrm{d}t^2}+f'\frac{\mathrm{d}x_{\mathrm{o}}(t)}{\mathrm{d}t}+K_{\alpha}x_{\mathrm{o}}(t)=\frac{z_1}{z_2}\cdot\frac{L}{2\pi}K_{\alpha}\theta(t) \tag{2.32}$$

式中,L 为丝杠的导程(输出轴旋转一周工作平台直线运动的行程);$\theta(t)$为伺服电动机的转角;K_1 为轴Ⅰ的弹性系数;K_2 为轴Ⅱ的弹性系数;K 为丝杠和工作台的弹性系数;f 为丝杠和工作台的黏性摩擦系数。

2.2.3　非线性微分方程的线性化

一般来说,实际控制系统中的元件都含有不同程度的非线性特性,即绝大多数系统都是非线性系统。非线性系统的分析一般比线性系统复杂并且难以找到共同的解决办法。在实际应用中,只要不是典型的非线性问题,以及只要分析方法所产生的系统误差不太大,就允许在一定条件下将一般非线性问题近似为线性问题来解决。

1. 一般非线性数学模型的线性化

小偏差法是常用的近似方法,它是基于一种假设,即在控制系统的整个调节过程中,各个元件的输入量和输出量只是在平衡点附近作微小变化。这一假设是符合许多控制系统实际工作情况的,因为对闭环控制系统而言,一有偏差就产生控制作用来减小或消除偏差,所以各元件只能工作在平衡点附近。小偏差法是指当系统在自动调节状态的小偏差范围内运行(即在系统平衡点附近工作)时,可以用平衡点的切线来取代原来连续变化函数的非线性特性。工程上常用的方法是将非线性函数在平衡点附近展开成泰勒级数,去掉高次项以得到线性函数。小偏差法的示意图如图 2.7 所示。

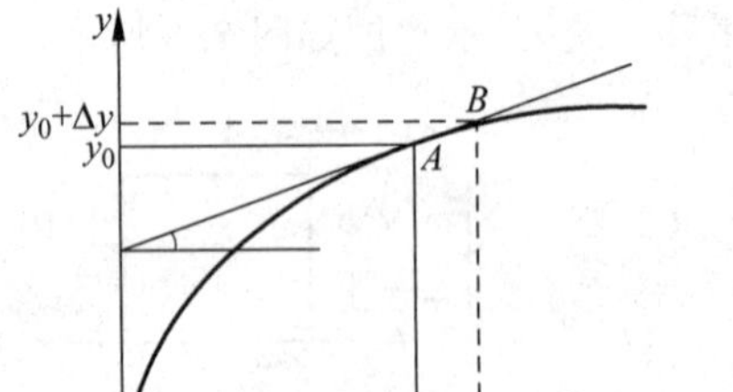

图 2.7　小偏差法示意图

不失一般性,考虑一个非线性系统,当系统有一个自变量时,设系统的输入量为 r,则系

统的输出 $y=f(r)$。

设系统原来运行于某平衡点(静态工作点)A 点：$r=r_0$，$y=y_0$且 $y_0=f(r_0)$。

系统工作点变到 B 点时，有

$$r=r_0+\Delta r,\quad y=y_0+\Delta y$$

若函数在(r_0,y_0)点连续可微，在 A 点展开成泰勒级数，即

$$\begin{aligned}y=f(r)&=f(r_0)+\left[\frac{\mathrm{d}f(r)}{\mathrm{d}r}\right]_{r=r_0}(r-r_0)+\\&\quad\frac{1}{2!}\left[\frac{\mathrm{d}^2 f(r)}{\mathrm{d}r^2}\right]_{r=r_0}(r-r_0)^2+\cdots+\frac{1}{n!}\left[\frac{\mathrm{d}^n f(r)}{\mathrm{d}r^n}\right]_{r=r_0}(r-r_0)^n+\cdots\\&=y_0+\left(\frac{\mathrm{d}y}{\mathrm{d}r}\right)_{r=r_0}(r-r_0)+\frac{1}{2!}\left(\frac{\mathrm{d}^2 y}{\mathrm{d}r^2}\right)_{r=r_0}(r-r_0)^2+\cdots+\\&\quad\frac{1}{n!}\left[\frac{\mathrm{d}^n f(r)}{\mathrm{d}r^n}\right]_{r=r_0}(r-r_0)^n+\cdots\end{aligned}\tag{2.33}$$

略去二次及高次项，有

$$y-y_0=\left[\frac{\mathrm{d}f(r)}{\mathrm{d}r}\right]_{r=r_0}(r-r_0)=K(r-r_0)$$

或记为

$$\Delta y=K\Delta r\tag{2.34}$$

其中

$$K=\left[\frac{\mathrm{d}f(r)}{\mathrm{d}r}\right]_{r=r_0}$$

当系统有两个自变量时，设系统的输入量为 r_1、r_2，则系统的输出 $y=f(r_1,r_2)$。系统的静态工作点为 $y_0=f(r_{10},r_{20})$，在 $y_0=f(r_{10},r_{20})$点附近展开成泰勒级数，即

$$\begin{aligned}y=f(r_{10},r_{20})&+\left[\frac{\partial f}{\partial r_1}(r_1-r_{10})+\frac{\partial f}{\partial r_2}(r_2-r_{20})\right]+\\&\frac{1}{2!}\left[\frac{\partial^2 f}{\partial r_1^2}(r_1-r_{10})^2+\frac{\partial^2 f}{\partial r_2^2}(r_2-r_{20})^2\right]+\cdots+\\&\frac{1}{n!}\left[\frac{\partial^n f}{\partial r_1^n}(r_1-r_{10})^n+\frac{\partial^n f}{\partial r_2^n}(r_2-r_{20})^n\right]+\cdots\end{aligned}\tag{2.35}$$

略去二次及高次项，有

$$y-y_0=\frac{\partial f}{\partial r_1}(r_1-r_{10})+\frac{\partial f}{\partial r_2}(r_2-r_{20})$$

或记为

$$\Delta y=K_1\Delta r_1+K_2\Delta r_2\tag{2.36}$$

其中

$$K_1=\left.\frac{\partial y}{\partial r_1}\right|_{\substack{r_1=r_{10}\\r_2=r_{20}}},\quad K_2=\left.\frac{\partial y}{\partial r_2}\right|_{\substack{r_1=r_{10}\\r_2=r_{20}}}$$

由式(2.33)和式(2.36)可见，近似以后的函数变化与自变量变化呈线性比例关系。

2. 关于线性化的几点说明

(1) 线性化方程中的参数与选择的工作点有关，因此，在进行线性化时，应首先确定系统的静态工作点。

(2) 实际运行情况是在某个平衡点附近，且变量只能在小范围内变化。

(3) 若非线性特性是不连续的，不能采用上述方法。

(4) 线性化以后得到的微分方程是增量微分方程。

2.3　传递函数

拉氏变换理论在现代科学技术各个领域中都得到了广泛应用。在经典控制理论中，拉氏变换是用以分析线性系统的运动方程，即求解高阶常系数线性微分方程的数学工具。应用拉氏变换可将实域中的微分、积分运算转换为复数域内的代数运算，且在转换过程中，还可将初始条件的影响考虑进去，因此，基于拉氏变换法分析线性控制系统时，可同时得出响应过程的暂态分量和稳态分量，这给线性控制系统的分析和设计带来了很大的方便。

传递函数是基于拉氏变换引入的描述线性定常系统或线性元件的输入输出关系的常用函数，传递函数的概念仅仅适用于线性定常系统或线性元件。

2.3.1　传递函数的定义

线性定常单输入单输出连续系统的传递函数定义为：在零初始条件下，系统输出量的拉氏变换与输入量的拉氏变换之比。

设线性定常系统的微分方程为

$$\begin{aligned}&a_n y^{(n)}(t)+a_{n-1}y^{(n-1)}(t)+\cdots+a_1\dot{y}(t)+a_0 y(t)\\&=b_m u^{(m)}(t)+b_{m-1}u^{(m-1)}(t)+\cdots+b_1\dot{u}(t)+b_0 u(t)\end{aligned}\tag{2.37}$$

并设输入及输出量的初始条件均为零(即 $u(t)$ 和 $y(t)$ 及其各阶导数在 $t=0$ 时刻的值均为零)，对式(2.37)两端取拉氏变换得

$$(a_n s^n+a_{n-1}s^{n-1}+\cdots+a_1 s+a_0)Y(s)=(b_m s^m+b_{m-1}s^{m-1}+\cdots+b_1 s+b_0)U(s)$$

得任意的线性单变量系统的传递函数为

$$G(s)=\frac{Y(s)}{U(s)}=\frac{b_m s^m+b_{m-1}s^{m-1}+\cdots+b_1 s+b_0}{a_n s^n+a_{n-1}s^{n-1}+\cdots+a_1 s+a_0}\tag{2.38}$$

下面举例说明线性定常系统与元件的传递函数的求取。

例 2.5　试求图 2.1 所示系统的传递函数。

解　由例 2.1 可得该系统的微分方程模型为

$$LC\frac{\mathrm{d}^2 u_C(t)}{\mathrm{d}t^2}+RC\frac{\mathrm{d}u_C(t)}{\mathrm{d}t}+u_C(t)=u(t)$$

在零初始条件下，上式方程两端取拉氏变换，可得

$$(LCs^2+RCs+1)U_C(s)=U(s)$$

即系统的传递函数为

$$G(s)=\frac{U_C(s)}{U(s)}=\frac{1}{LCs^2+RCs+1} \tag{2.39}$$

例 2.6　试求图 2.2 所示系统的传递函数。

解　由例 2.2 可得系统的微分方程为

$$m\frac{\mathrm{d}^2y(t)}{\mathrm{d}t^2}+f\frac{\mathrm{d}y(t)}{\mathrm{d}t}+Ky(t)=F(t)$$

方程在零初始条件下,上式两端求取拉氏变换得

$$(ms^2+fs+K)Y(s)=F(s)$$

即系统的传递函数为

$$G(s)=\frac{Y(s)}{F(s)}=\frac{1}{ms^2+fs+K} \tag{2.40}$$

从式(2.39)和式(2.40)可以看出,这两个物理性质不同的系统具有相同形式的传递函数,我们称它们为相似系统,而在相似系统的传递函数中占有相同位置的物理量称为相似量,如质量 m 与电感 L、黏性阻尼系数 f 和电阻 R、弹簧弹性系数 k 和电容的倒数 $1/C$、外力 F 与输入电压 u、位移 y 与电量 q 等。

相似系统可以互相模拟,利用相似系统的概念可以用一个易于实现的系统来模拟相对复杂的系统,实现仿真研究,这对系统的实验研究具有很重要的意义。

从上面的实例可以看出,传递函数具有如下性质。

(1) 线性定常系统的传递函数是一种数学模型,它是与系统的微分方程一一对应的在复数域描述系统运动特性的数学模型。不能将传递函数简单地理解为输入与输出之间的比例关系,它实质上表达了系统对输入进行的运算和转换的动态过程,而将处理的结果以输出的形式传递出来。

(2) 传递函数是表征线性系统或元件自身的一种固有属性,与输入量的大小和性质无关,且不能具体表达系统或元件的物理结构。

(3) 传递函数是在零初始条件下定义的,因而它不能反映在非零初始条件下系统的运动情况,即传递函数只表达了系统的零状态解部分。

(4) 传递函数一般为复变量 s 的有理分式,传递函数中各项的系数及 s 的方次完全取决于系统本身的结构和参数。物理上可实现的系统的传递函数通常为 s 的真有理分式(C 分母多项式的阶次不小于分子多项式的阶次),即 $n\geqslant m$,并且所有的系数均为实数。

(5) 传递函数只能表示一个输入对一个输出的关系,对于多输入多输出系统,则应采用传递函数阵来表示变量之间的关系。

(6) 传递函数与脉冲响应一一对应,它们之间是拉氏变换与反变换的关系。

2.3.2　传递函数的表达形式

传递函数一般是复变函数,通常有如下三种表达形式。

1. 有理分式表达形式

有理分式的表达形式为

$$G(s)=\frac{b_0s^m+b_1s^{m-1}+\cdots+b_{m-1}s+b_m}{a_0s^n+a_1s^{n-1}+\cdots+a_{n-1}s+a_n}=\frac{N(s)}{D(s)} \tag{2.41}$$

式中,传递函数的分母多项式 $D(s)$ 称为系统的特征多项式,$D(s)=0$ 称为系统的特征方程,$D(s)=0$ 的根称为系统的特征根或极点。分母多项式 $D(s)=0$ 的阶次 n 定义为系统的阶次。对于实际的物理系统,多项式 $D(s)$、$N(s)$所有的系数均为实数,且分母阶次总是大于或等于分子多项式的阶次,即 $n\geqslant m$。

2. 零、极点表达形式

将传递函数的分子、分母多项式变为首 1 的多项式,在复数范围内因式分解,可得

$$G(s)=\frac{b_0s^m+b_1s^{m-1}+\cdots+b_{m-1}s+b_m}{a_0s^n+a_1s^{n-1}+\cdots+a_{n-1}s+a_n}=K_g\frac{(s-z_1)\cdots(s-z_m)}{(s-p_1)\cdots(s-p_n)}=K_g\frac{\prod\limits_{i=1}^{m}(s-z_i)}{\prod\limits_{j=1}^{n}(s-p_j)} \tag{2.42}$$

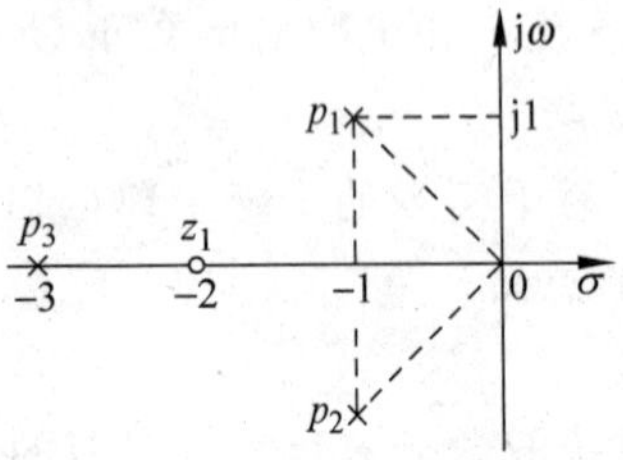

图 2.8 零、极点图

式中,$z_i(i=1,2,\cdots,m)$ 称为系统的零点;$p_j(j=1,2,\cdots,n)$ 称为系统的极点;K_g 称为系统的根轨迹放大系数或根轨迹增益。零、极点既可以是实数,也可以是复数,将它们表示在复平面上,形成的图称为传递函数的零、极点分布图。在零、极点图上,用"×"表示极点,用"○"表示零点。例如,传递函数 $G(s)=\frac{s+2}{(s+3)(s^2+2s+2)}$ 的零、极点图如图 2.8 所示。

可见传递函数一旦确定,传递函数零、极点和 K_g 唯一确定,反之亦然。因此传递函数可用零极点和传递系数等价表示。

3. 时间常数表达式

将传递函数的分子、分母多项式变为尾 1 的多项式形式,在实数范围内进行因式分解,可得

$$\begin{aligned}G(s)&=\frac{b_0s^m+b_1s^{m-1}+\cdots+b_{m-1}s+b_m}{a_0s^n+a_1s^{n-1}+\cdots+a_{n-1}s+a_n}\\&=K\frac{(\tau_1s+1)(\tau_2^2s^2+2\zeta\tau_2s+1)\cdots(\tau_is+1)}{s^\nu(T_1s+1)(T_2^2s^2+2\zeta T_2s+1)\cdots(T_js+1)}\end{aligned} \tag{2.43}$$

式中,$G(s)|_{s=0}=\frac{b_m}{a_n}=K$,称为系统的放大系数;$T_j$、$\tau_i$ 为系统的时间常数;ν 为积分环节个数。

对比式(2.42)及式(2.43)可得,系统时间常数与对应的零、极点互为倒数关系,即

$$z_i=-\frac{1}{\tau_i},\quad i=1,2,\cdots,m;\quad p_j=-\frac{1}{T_j},\quad j=1,2,\cdots,n$$

放大系数 K 与根轨迹增益 K_g 的转换关系为

$$K=K_g\frac{\prod_{i=1}^{m}(-z_i)}{\prod_{j=1}^{n}(-p_j)}\quad 或\quad K_g=K\frac{\prod_{i=1}^{m}\tau_i}{\prod_{j=1}^{n}T_j}$$

2.3.3　典型环节的传递函数

由传递函数的时间常数表达式(2.43)可以看出来，系统的传递函数可划分为六个基本单元，通常称它们为系统的六个典型环节，这些典型环节分别为比例环节、惯性环节、积分环节、微分环节、振荡环节以及时滞环节。而各类线性定常系统均可视为由这些典型环节组合而成。掌握这些典型环节的特点和性质，对于分析研究各类控制系统非常重要，下面简单介绍这些典型环节的特点。

1. 比例环节

比例环节的微分方程为

$$y(t)=Kr(t),\quad t\geqslant 0$$

式中，K 为比例系数或增益，为一个常数。

当输入为单位阶跃信号时，$r(t)=1(t)$，$y(t)=K$，其响应曲线如图2.9(a)所示。可见，系统的输出量与输入量成正比，其传递函数为

$$G(s)=\frac{Y(s)}{R(s)}=K \tag{2.44}$$

在控制系统中，比例环节是一种常见的基本单元，如控制系统的分压器、理想放大器、无变形无间隙的齿轮传动、感应式变送器及无弹性变形的杠杆等。图2.9(b)所示的比例调节器即为一例。

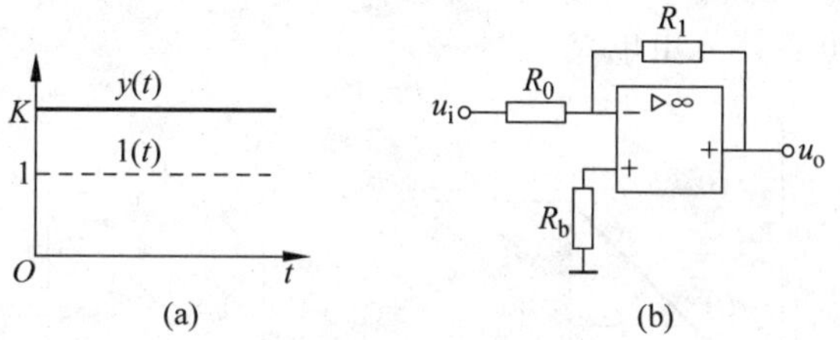

图2.9　比例环节

(a) 单位阶跃响应曲线；(b) 比例调节器 $\frac{U_o(s)}{U_i(s)}=-\frac{R_1}{R_0}$

2. 惯性环节

惯性环节的动态方程是一个一阶微分方程，即

$$T\frac{dy(t)}{dt}+y(t)=r(t)$$

其传递函数为

$$G(s)=\frac{Y(s)}{R(s)}=\frac{1}{Ts+1} \tag{2.45}$$

式中，T 为惯性环节的时间常数。

图 2.10(a)所示为惯性环节的单位阶跃响应曲线，该响应曲线按指数规律变化，逐渐趋于稳态值，呈现出惯性的特点，故称为惯性环节。图 2.10(b)所示为具有惯性环节的一阶电路系统。

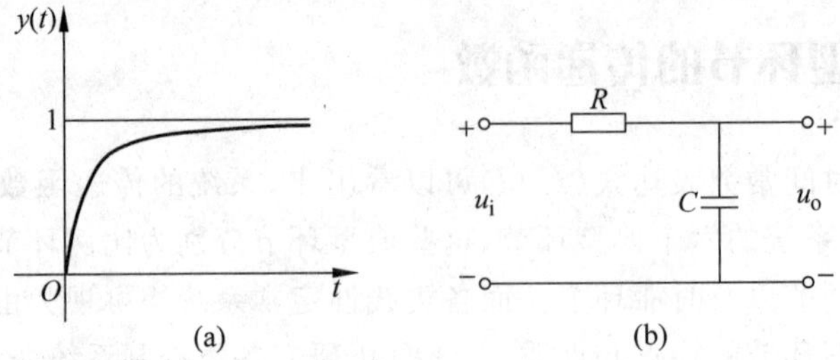

图 2.10 惯性环节

(a) 单位阶跃响应；(b) 惯性环节电路

3. 积分环节

积分环节的动态方程为

$$y(t)=\frac{1}{T_i}\int_0^t r(\tau)\mathrm{d}\tau, \quad t \geqslant 0$$

其传递函数为

$$G(s)=\frac{Y(s)}{R(s)}=\frac{1}{T_i s} \tag{2.46}$$

积分环节的单位阶跃响应曲线如图 2.11 所示。由图 2.11(a)可见，积分环节的前段时间阶跃响应是随时间而线性增长的，增长的速度为$\frac{1}{T_i}$。积分作用的强弱由积分时间常数 T_i 决定，T_i 越小，积分作用越强，积分停止，输出维持不变，故积分环节具有记忆功能。图 2.11(b)所示为具有积分环节的电容器充电电路。

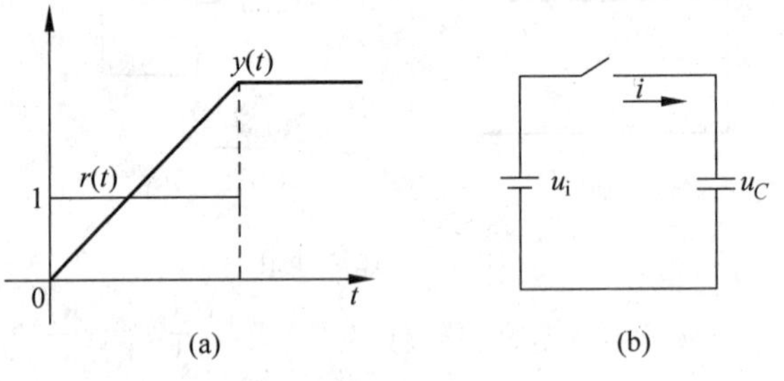

图 2.11 积分环节

(a) 单位阶跃响应曲线；(b) 电容器充电电路

4. 微分环节

理想微分环节的特征输出量正比于输入量的微分，其动态方程为

$$y(t)=T_d\frac{\mathrm{d}r(t)}{\mathrm{d}t}$$

其传递函数为

$$G(s)=\frac{Y(s)}{R(s)}=T_{d}s \tag{2.47}$$

式中，T_d 为微分时间常数。

图 2.12(a)所示为理想微分环节单位阶跃响应曲线，由于其传递函数不是真有理函数，因此工程实际中难以实现。工程上往往采用近似的微分环节，例如图 2.12(b)所示的 RC 电路即为一例。

$$G(s)=\frac{U_2(s)}{U_1(s)}=\frac{R}{R+1/(Cs)}=\frac{RCs}{1+RCs}=\frac{Ts}{1+Ts}$$

式中，$T=RC$ 为电路的时间常数，通常 T 很小。当 $T\ll1$ 时，$G(s)\approx Ts$，故该电路为一个具有惯性的近似微分环节。

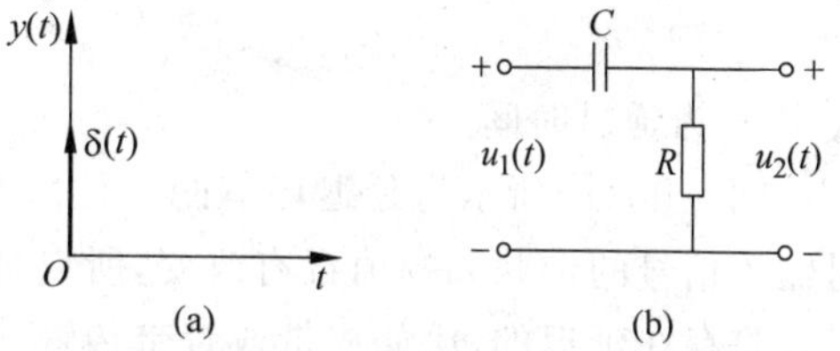

图 2.12　微分环节

(a) 单位阶跃响应曲线；(b) RC 网络

当环节的传递函数 $G(s)=\dfrac{Y(s)}{R(s)}=1+Ts$ 时，该环节称为一阶微分环节。

当环节的传递函数 $G(s)=\dfrac{Y(s)}{R(s)}=T^2s^2+2\zeta Ts+1=s^2+2\zeta\omega_n s+\omega_n^2$ 时，该环节称为二阶微分环节，其中 ω_n 为无阻尼自然振荡角频率，ζ 为阻尼比。

5. 二阶振荡环节

二阶振荡环节的动态方程为

$$T^2\frac{d^2y(t)}{dt^2}+2\zeta T\frac{dy(t)}{dt}+y(t)=r(t)$$

其传递函数为

$$G(s)=\frac{Y(s)}{R(s)}=\frac{1}{T^2s^2+2\zeta Ts+1}=\frac{\omega_n^2}{s^2+2\zeta\omega_n s+\omega_n^2} \tag{2.48}$$

式中，$\omega_n=\dfrac{1}{T}$ 为无阻尼自然振荡角频率；ζ 为阻尼比。

图 2.13(a)所示为二阶振荡环节的单位阶跃响应曲线，由图可见，它的响应特性具有衰减振荡的特点，故称为二阶振荡环节。图 2.13(b)所示的 RLC 电路即为具有二阶振荡环节的系统。

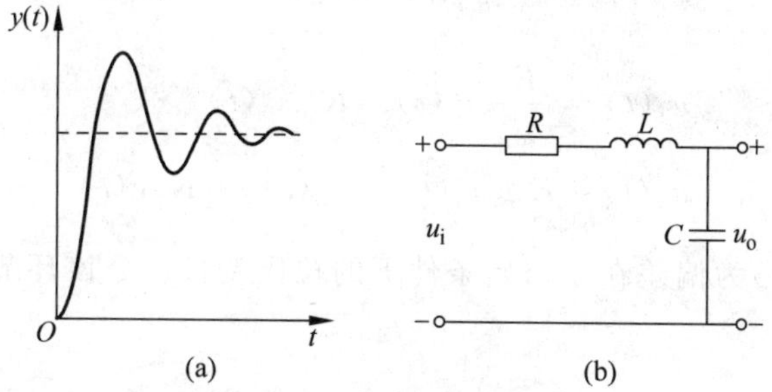

图 2.13　二阶振荡环节

(a) 单位阶跃响应曲线；(b) RLC 电路

6. 时滞环节(延迟环节)

延迟环节是输入信号加入以后,输出信号要延迟一段时间 τ 后才重现输入信号,其动态方程为

$$y(t)=r(t-\tau)$$

其传递函数为

$$G(s)=\frac{Y(s)}{R(s)}=e^{-\tau s} \tag{2.49}$$

式中,τ 为延迟时间。

图 2.14(a)所示为延迟环节的单位阶跃响应,由图可见,输出仅在时间上滞后输入,但对输入信号的形状和幅值没有改变,所以延迟环节也称为纯滞后环节。在实际生产中,很多场合是存在延迟的,比如皮带或管带传输、管道反应和管道混合等过程。图 2.14(b)所示的带式运输机就是一例时滞系统。

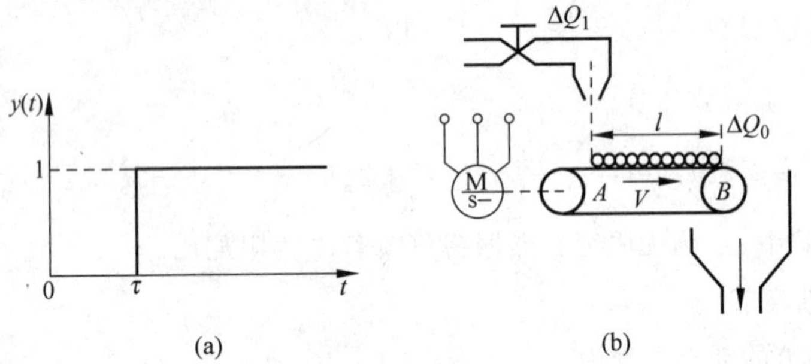

图 2.14　延迟环节

(a) 单位阶跃响应;(b) 带式运输机系统

2.3.4　机床导轨的伺服控制系统的传递函数

1. 位置误差检测电桥的传递函数

根据图 2.5 所示的机床导轨伺服控制系统原理图来分析位置误差检测电桥的传递函数,假设运算放大器的输入阻抗很大,忽略负载效应和滑线电阻器的非线性,则位置误差检测电桥环节可看成比例环节。设滑线电阻器最大行程为 x_{max},由分压可得

$$u_i(t)=\frac{E}{x_{max}}x_i(t)=K_p x_i(t)$$

$$u_f(t)=\frac{E}{x_{max}}x_o(t)=K_p x_o(t)$$

$$u_e(t)=K_p[x_i(t)-x_o(t)]=K_p e(t)$$

式中,$K_p=\frac{E}{x_{max}}$;$e(t)$为偏差在零初始条件下的拉氏变换。令该环节传递函数为 $G_1(s)$,则有

$$G_1(s)=\frac{U_e(s)}{X_i(s)-X_o(s)}=\frac{U_e(s)}{E(s)}=K_p \tag{2.50}$$

2. 电压放大器和可逆功率放大器的传递函数

电压放大器和可逆功率放大器均可看成比例环节，其中 $u_C(t)=K_c u_e(t)$，两端取拉氏变换，令电压放大器的传递函数为 $G_2(s)$，则有

$$G_2(s)=\frac{U_C(s)}{U_e(s)}=K_c \tag{2.51}$$

又有 $u_a(t)=K_s u_C(t)$，两端取拉氏变换，令可逆功率放大器的传递函数为 $G_3(s)$，则有

$$G_3(s)=\frac{U_a(s)}{U_C(s)}=K_s \tag{2.52}$$

3. 伺服电动机的传递函数

伺服电动机的输入有两个，一个是加入到电枢两端的直流电压 $u_a(t)$，另一个是由负载转矩引起的扰动输入 $M_L(t)$。根据线性系统满足叠加原理的基本概念，可分别建立 $u_a(t)$ 引起的传递函数和 $M_L(t)$ 引起的传递函数，若以角位移 $\theta(t)$ 作为输出，因为 $\theta(t)=\int\omega(t)\mathrm{d}t$，两端取拉氏变换则有 $\Theta(s)=\frac{1}{s}\Omega(s)$。

若令 $u_a(t)$输入引起 $\theta(t)$变化的传递函数为 $G_{41}(s)$，则有

$$G_{41}(s)=\frac{\Theta(s)}{U_a(s)}=\frac{C_m}{s[(L_a s+R_a)(J_\alpha s+f')+C_m C_e]} \tag{2.53}$$

若令 $M_L(t)$输入引起的 $\theta(t)$变化的传递函数为 $G_{42}(s)$，则有

$$G_{42}(s)=\frac{\Theta(s)}{M_L(s)}=\frac{-(L_a s+R_a)}{s[(L_a s+R_a)(J_\alpha s+f')+C_m C_e]} \tag{2.54}$$

总的来讲，根据叠加原理有

$$\Theta(s)=G_{41}(s)U_a(s)+G_{42}(s)M_L(s) \tag{2.55}$$

4. 机床导轨的传递函数

描述机床导轨的微分方程为

$$J_\alpha\frac{\mathrm{d}^2x_o(t)}{\mathrm{d}t^2}+f'\frac{\mathrm{d}x_o(t)}{\mathrm{d}t}+K_\alpha x_o(t)=\frac{z_1}{z_2}\frac{L}{2\pi}K_\alpha\theta(t) \tag{2.56}$$

在零初始条件下式(2.56)两边取拉氏变换，令该环节传递函数为 $G_5(s)$，则有

$$G_5(s)=\frac{X_o(s)}{\Theta(s)}=\frac{\frac{z_1}{z_2}\cdot\frac{L}{2\pi}K_\alpha}{J_\alpha s^2+f's+K_\alpha}=\frac{z_1}{z_2}\cdot\frac{L}{2\pi}\cdot\frac{\omega_n^2}{s^2+2\zeta\omega_n s+\omega_n^2} \tag{2.57}$$

式中，ω_n 为系统固有频率，$\omega_n=\sqrt{K_\alpha/J_\alpha}$；$\zeta$ 为系统的阻尼比，$\zeta=f'/(2\sqrt{K_\alpha J_\alpha})$。

由于实际系统中黏性摩擦系数和弹性系数均很小可忽略不计，这样机床导轨的传递函数(即指输入量为电动机轴的角位移和输出量为导轨工作台直线运行距离 $x_o(t)$之间的函数)可看成一个比例环节，由此可得

$$x_o(t)=\frac{z_1}{z_2}\cdot\frac{L}{2\pi}\theta(t) \tag{2.58}$$

2.4 结构图

在控制系统分析与设计中，常将各元件在系统中的功能及各部分之间的联系用图形来表示，即控制系统的数学模型的图形表示方法，本节与下一节介绍的结构图与信号流图都是控制系统的图形化数学模型。结构图不仅适用于线性控制系统，而且适用于非线性控制系统。信号流图符号简单，易于绘制，但是它只适用于线性系统。

2.4.1 结构图的建立

结构图又称方框图或方块图，具有形象和直观的特点。系统结构图是系统中各元件功能和信号流向的图解，它清楚表明了各元件的相互关系和信号的传递关系。构成结构图的基本符号有四种，即信号线、引出点、相加点及方框图单元。

图 2.15(a)所示为结构图组成单元的信号线，箭头表示信号传递的方向，线上表示所对应的变量。

图 2.15(b)所示为结构图组成单元的引出点(测量点)，它表示把一个信号分两路引出，同一位置引出的信号数值和性质完全相同。

图 2.15(c)所示为结构图组成单元的相加点(比较点或综合点)，它表示两个或两个以上信号的代数和。"+"表示流入的信号相加，"−"表示信号相减。

图 2.15(d)所示为结构图组成单元的方框图单元，它表示对输入信号进行的数学变换。对于线性定常系统或元件，通常在方框中写入其传递函数或频率特性。系统输出的象函数等于输入的象函数乘以方框中的传递函数或者频率特性。

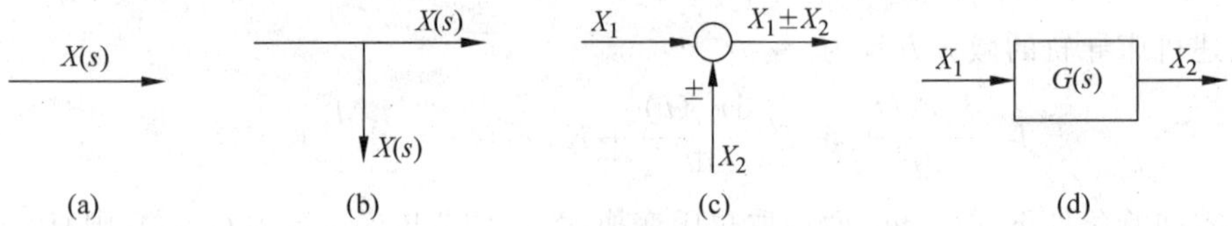

图 2.15 结构图的基本符号

(a) 信号线；(b) 引出点；(c) 比较点；(d) 方框图单元

在建立了控制系统功能图的基础上，对每个功能方框的输入输出关系明确以后，即可通过拉氏变换得到每个功能方框的传递函数，用每个功能方框的传递函数取代原功能方框，功能框图就变成了控制系统的动态结构图。

绘制系统的动态结构图的步骤如下：考虑负载效应，建立控制系统各元部件的原始方程；对各元部件的微分方程进行拉氏变换，设初始条件为零，考虑信号之间的因果关系，写出其对应的传递函数，并画出相应环节单元和相加点单元；从与系统输入量有关的相加点开始，依据信号的流向，把各元部件的结构图连接起来，置系统的输出量于右端，便可绘出系统的结构图。

例 2.7　试绘制如图 2.16 所示的二级 RC 电路的结构图。

解　可将该系统划分为若干个无负载效应的环节，各环节建立微分方程如下：

$$\begin{cases} u_i(t)=R_1 i_1(t)+u(t) \\ i_1(t)-i_2(t)=i(t) \\ i(t)=C_1\dfrac{du(t)}{dt} \\ u(t)=R_2 i_2(t)+u_o(t) \\ i_2(t)=C_2\dfrac{du_o(t)}{dt} \end{cases}$$

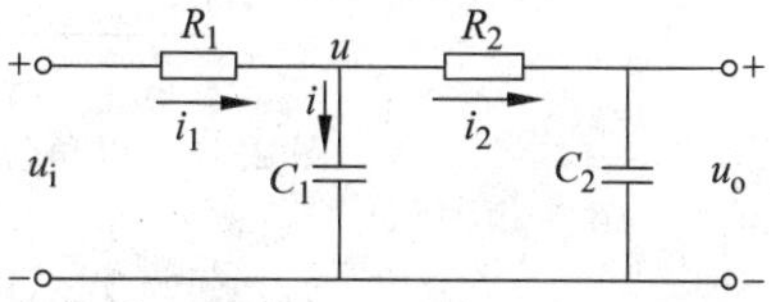

图 2.16　二级 RC 电路图

然后，对上述各方程取拉氏变换并令初始条件等于零，可得各环节的传递函数为

$$\begin{cases} [U_i(s)-U(s)]\dfrac{1}{R_1}=I_1(s) \\ I_1(s)-I_2(s)=I(s) \\ I(s)\times\dfrac{1}{C_1 s}=U(s) \\ [U(s)-U_o(s)]\times\dfrac{1}{R_2}=I_2(s) \\ I_2(s)\times\dfrac{1}{C_2 s}=U_o(s) \end{cases}$$

于是可绘制各环节的结构图，分别如图 2.17(a)～(e)所示。将各环节的结构图按照信号的传递关系连接起来，即可得系统的结构图如图 2.17(f)所示。

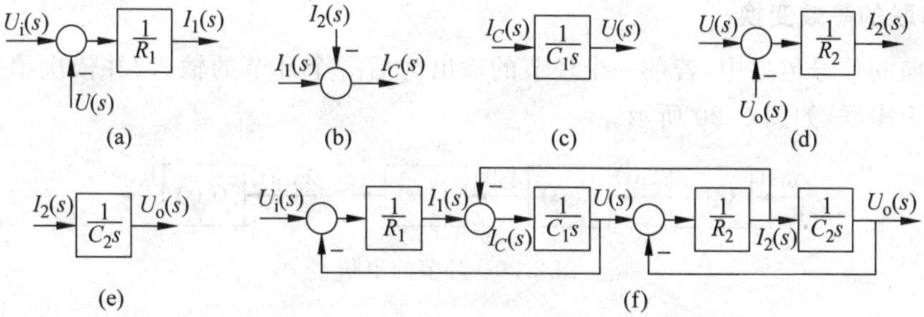

图 2.17　二级 RC 电路的另一种形式结构图

2.4.2　机床导轨的伺服控制系统结构图

由前面的分析可知，机床导轨伺服控制系统分别由位置误差检测环节、电压放大环节、可逆功率放大环节、直流伺服电动机环节和机床导轨环节等构成。

其中，伺服电动机以角位移为输出的结构图如图 2.18 所示。

由系统的工作原理图以及各环节传递函数可得机床导轨伺服控制系统的结构图如图 2.19 所示。

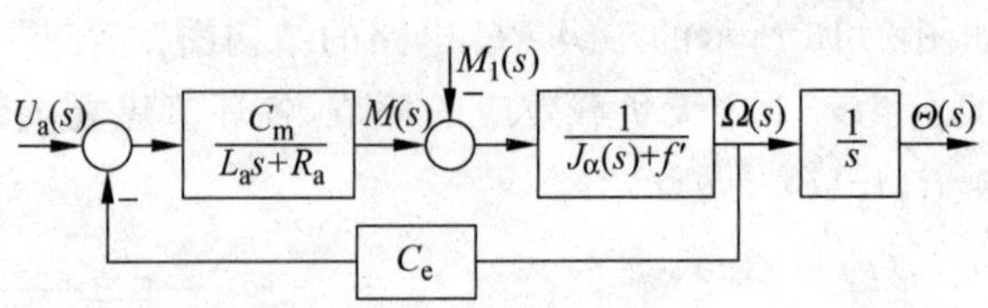

图 2.18 以角位移为输出量时的伺服直流电动机结构图

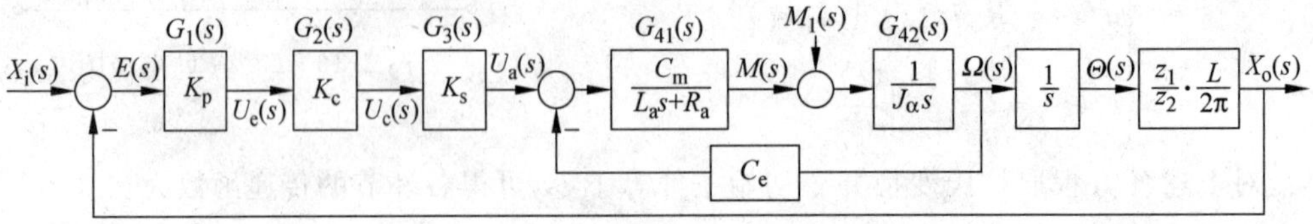

图 2.19 机床导轨伺服控制系统结构图

2.4.3 结构图的等效变换

为了便于系统分析与设计，常常需要对系统的结构图作等效变换，或者通过变换使系统的结构图简化以便求出系统的总传递函数。所谓等效变换，是指变换前后总的输入输出关系保持不变。

结构图的等效变换有两种方式：环节的合并和信号引出点或相加点的变位。与环节结构图的三种基本连接方式(串联、并联、反馈)相对应，环节的合并对应有串联等效、并联等效和反馈等效变换。

1. 串联的等效变换

在单向的信号传递中，若前一个环节的输出为后一个环节的输入，并依次串接，这种连接方式称为串联，如图 2.20 所示。

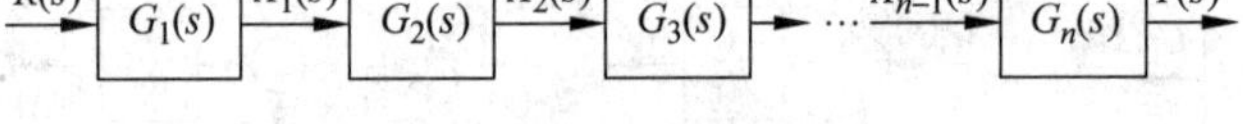

图 2.20 环节的串联

n 个环节串联后总的传递函数为

$$G(s)=\frac{Y(s)}{R(s)}=\frac{X_1(s)}{R(s)}\cdot\frac{X_2(s)}{X_1(s)}\cdot\cdots\cdot\frac{Y(s)}{X_{n-1}(s)}=G_1(s)G_2(s)\cdots G_n(s) \tag{2.59}$$

即环节串联后总的传递函数等于串联的各个环节传递函数的乘积。

需要说明的是，划分环节时，必须考虑环节的单向性，只有在前一环节的输出量不受后一环节影响时(即无负载效应)，才可以将它们串联起来。

2. 并联的等效变换

若多个环节的输入端连接在一起，而总的输出为各个环节输出的代数和时，这种连接方式称为并联，如图 2.21 所示。

n 个环节并联后总的传递函数为

$$
\begin{aligned}
G(s)=\frac{Y(s)}{R(s)}&=\frac{Y_1(s)+Y_2(s)+\cdots+Y_n(s)}{R(s)}\\
&=\frac{G_1(s)R(s)+G_2(s)R(s)+\cdots+G_n(s)R(s)}{R(s)}\\
&=G_1(s)+G_2(s)+\cdots+G_n(s)
\end{aligned}
\tag{2.60}
$$

可见，多个并联环节的等效传递函数等于各并联环节传递函数的代数和。

3. 反馈的等效变换

自动控制系统为反馈控制系统，因此反馈连接是自动控制系统的重要连接方式。一般的反馈连接如图 2.22 所示。反馈连接后，信号的传递形成了闭合回路。通常，把由信号输入点到信号输出点的通道称为前向通道，把输出信号反馈到输入点的通道称为反馈通道。

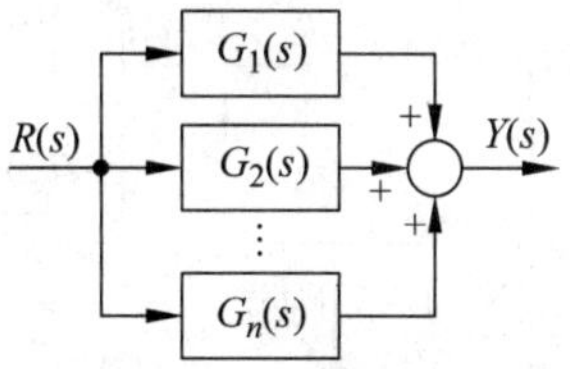

图 2.21　环节的并联

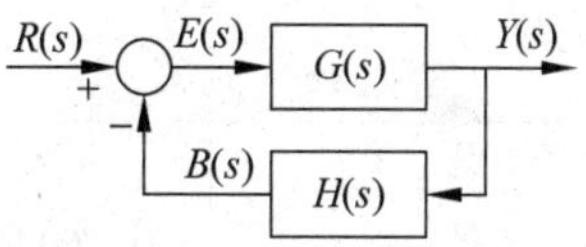

图 2.22　环节的反馈

由图 2.22 可知

$$Y(s)=G(s)E(s)=G(s)[R(s)\pm H(s)Y(s)]$$

移项整理得反馈连接的等效传递函数为

$$\Phi(s)=\frac{Y(s)}{R(s)}=\frac{G(s)}{1\mp G(s)H(s)} \tag{2.61}$$

式中，分母部分的“+”号对应负反馈系统，“−”号对应正反馈系统。其中，$G(s)$称为前向通道传递函数，$H(s)$称为反馈通道传递函数，$G(s)H(s)$称为开环传递函数。当 $H(s)=1$ 时，称为单位反馈系统。

4. 方框图的简化与信号引出点和相加点的变位

除了前面介绍的串联、并联和反馈连接可以简化为一个等效环节外，方框图的简化与等效变换还包括信号引出点及相加点前后移动的规则，交换或合并相加点的规则以及相加点的负号可以在支路上移动等规则，如表 2.1 所示。

表 2.1　方框图的等效变换

变换特点	原结构图	等价结构图
1. 串联等价变换 $Y(s)=G_2(s)G_1(s)R(s)$	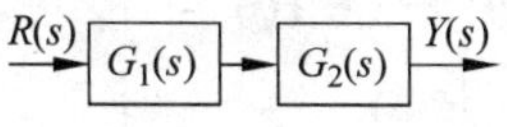	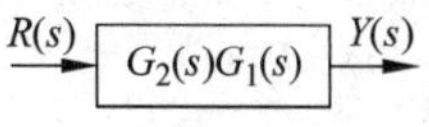
2. 并联等价变换 $Y(s)=G_1(s)R(s)\pm G_2(s)R(s)$ $=[G_1(s)\pm G_2(s)]R(s)$	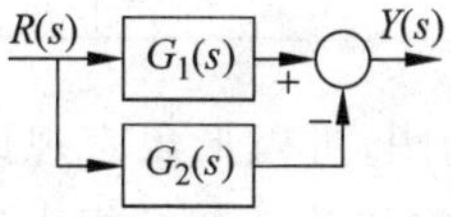	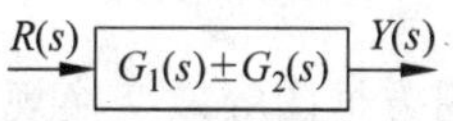

续表

变换特点	原结构图	等价结构图
3. 反馈等价变换 $Y(s)=\dfrac{G(s)}{1+G(s)H(s)}R(s)$	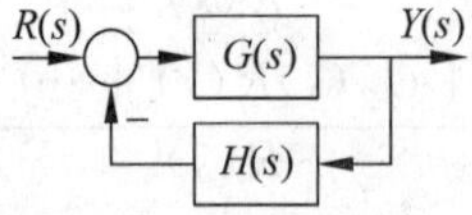	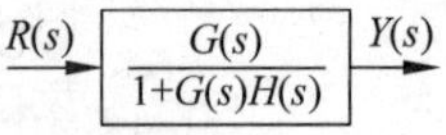
4. 等效为单位反馈系统 $Y(s)=\dfrac{G(s)H(s)}{1+G(s)H(s)}\cdot\dfrac{1}{H(s)}R(s)$	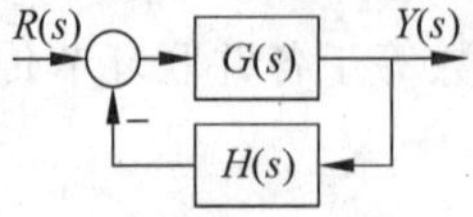	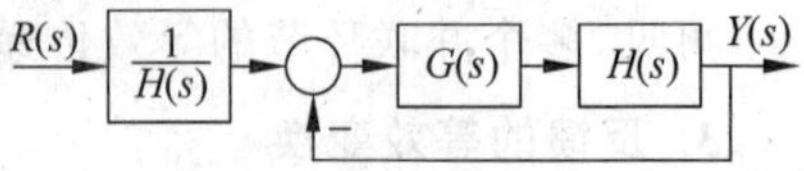
5. 负号可在支路上移动 $E(s)=R(s)-H(s)Y(s)$ $=R(s)+(-1)H(s)Y(s)$ $=R(s)+[-H(s)]Y(s)$	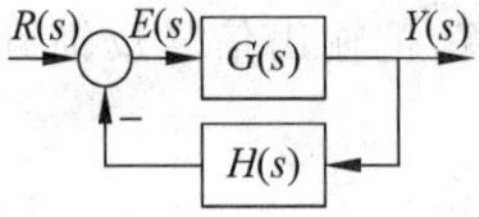	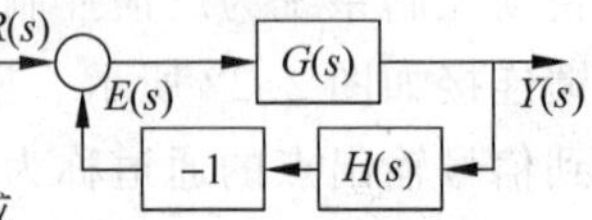 或 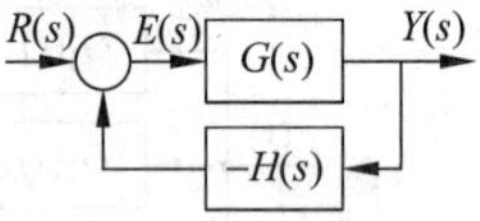
6. 交换或合并相加点 $Y(s)=E_1(s)+V_2(s)$ $=R(s)-V_1(s)+V_2(s)$ $=R(s)+V_2(s)-V_1(s)$	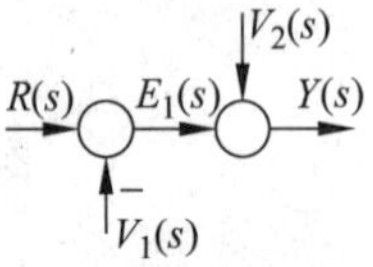	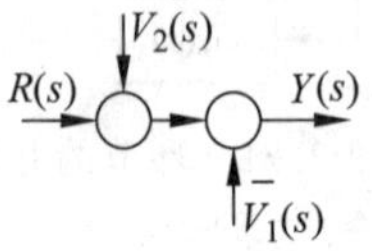 或 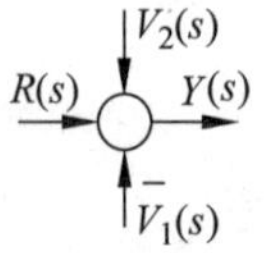
7. 引出点前移 $Y(s)=G(s)R(s)$	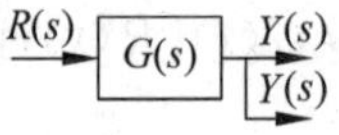	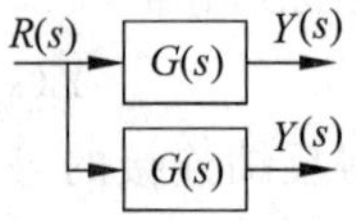
8. 引出点后移 $R(s)=\dfrac{1}{G(s)}G(s)R(s)$	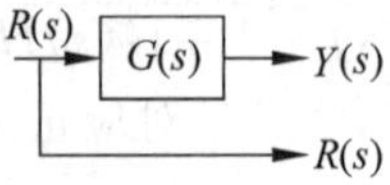	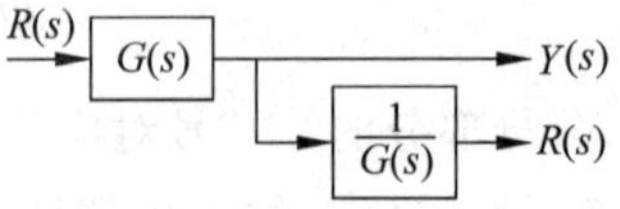
9. 相加点前移 $Y(s)=G(s)R(s)-B(s)$ $=G(s)\left[R(s)-\dfrac{1}{G(s)}B(s)\right]$	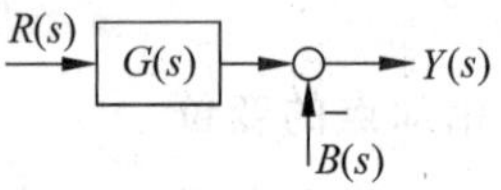	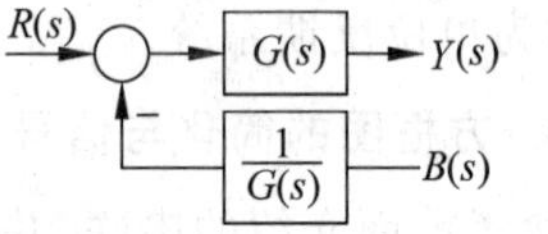
10. 相加点后移 $Y(s)=G(s)[R(s)-B(s)]$ $=G(s)R(s)-G(s)B(s)$	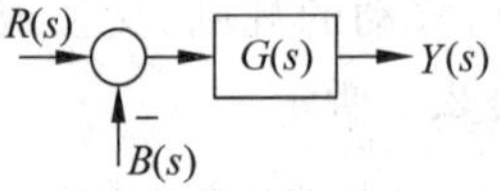	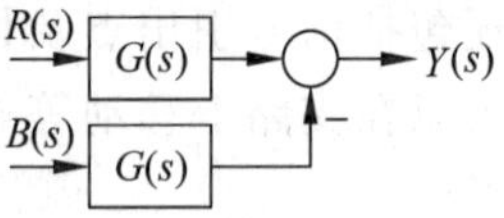
11. 引出点移到相加点之前 $Y(s)=R_1(s)-R_2(s)$	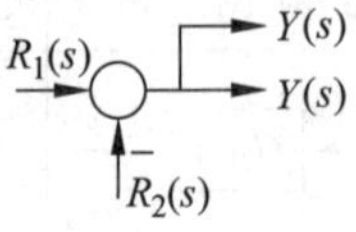	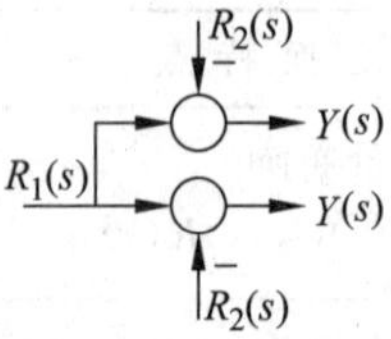

应用方框图等效变换规则简化结构图，可以形象直观地导出系统的传递函数。简化的基本思路是：解除交叉，由里往外逐步应用等效变换规则进行化简，反复合并串联、并联方

框，由里向外一个一个消除反馈回路，最终消除所有反馈回路。化简的方案通常不止一个，理论上只要满足化简规则均是可行的，但应注意观察选择一个较简便的方案。

例 2.8 试化简例 2.7 所建立的二级 RC 网络的结构图，并求闭环传递函数。

解 例 2.6 建立如图 2.23(a)所示的系统结构图。满足表 2.1 规则结构图的等效变换规则的方案不止一个，在实际化简时应仔细观察结构图，以选择一个最简便的方案，现以一种方案为例说明一般过程。

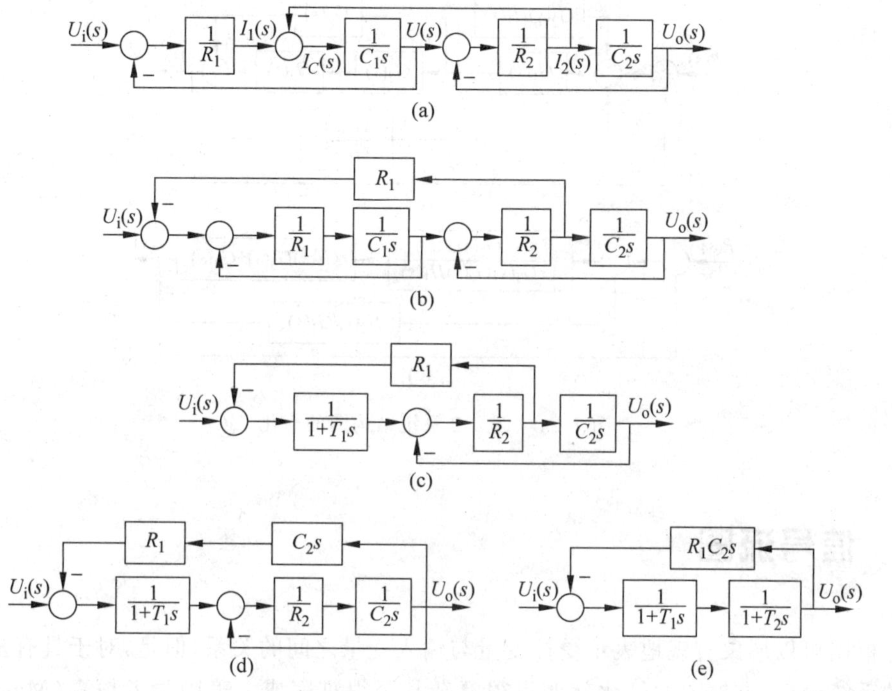

图 2.23 例 2.8 系统结构图的简化

系统的闭环传递函数为

$$\Phi(s)=\frac{U_o(s)}{U_i(s)}=\frac{\dfrac{1}{(1+T_1 s)(1+T_2 s)}}{1+\dfrac{R_1 C_2 s}{(1+T_1 s)(1+T_2 s)}}=\frac{1}{(1+T_1 s)(1+T_2 s)+R_1 C_2 s}$$

式中，$T_1=R_1 C_1$，$T_2=R_2 C_2$。

例 2.9 试化简图 2.24(a)所示的结构图，并求其传递函数。

系统的闭环传递函数为

$$\Phi(s)=\frac{Y(s)}{R(s)}=\frac{\dfrac{G_1(s)}{1+G_1(s)G_2(s)H_1(s)}(G_2(s)G_3(s)+G_4(s))}{1+\dfrac{G_1(s)}{G_1(s)G_2(s)H_1(s)}(G_2(s)G_3(s)+G_4(s))\left(\dfrac{H_2(s)}{G_1(s)}+1\right)}$$

$$=\frac{G_1(s)(G_2(s)G_3(s)+G_4(s))}{1+G_1(s)G_2(s)H_1(s)+(G_2(s)G_3(s)+G_4(s))H_2(s)+G_1(s)(G_2(s)G_3(s)+G_4(s))}$$

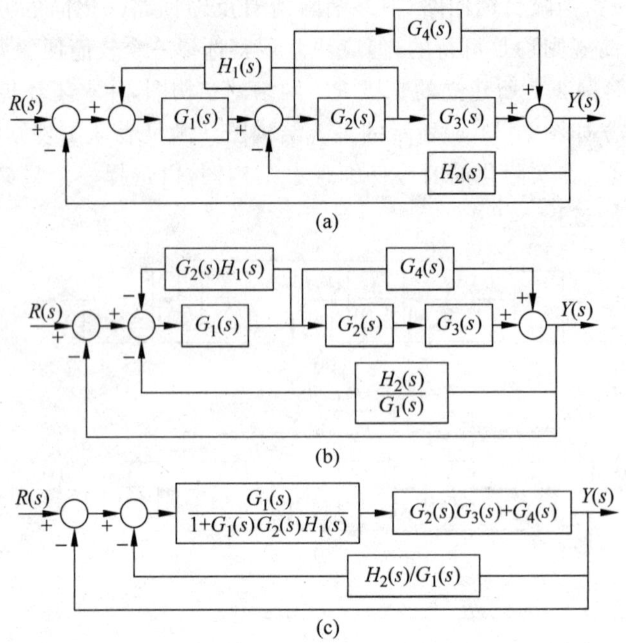

图 2.24　例 2.9 系统结构图的简化

2.5　信号流图

方框图可以形象直观地表示受控变量与输入变量之间的关系，但是，对于具有复杂关联关系的系统而言，方框图的简化就变得很复杂甚至很难完成。美国学者梅森(Mason)提出了用信号流图来描述信号从系统上的一个点到另一点的流动情况，进而提出的梅森增益公式解决了复杂系统信号流图的化简问题。信号流图是表示线性方程变量间关系的一种图示方法，将信号流图用于控制理论中，不必求解方程就可得到各变量之间的关系，既直观又形象。当系统方框图比较复杂时，可以将它转化为信号流图，并可据此采用梅森增益公式求出系统的传递函数。

2.5.1　信号流图的定义

信号流图是表达线性代数方程组结构的一种图，由节点及连接节点的有向线段构成。在信号流图中，用“∘”表示变量或是信号，称为节点。连接两个节点的具有单一方向的线段称为支路。

例如，考虑如下简单的线性关系式：

$$x_i = a_{ij} x_j$$

这里，变量 x_i 和 x_j 可以是时间函数、复变函数；a_{ij} 是变量 x_j 映射到 x_i 的数学运算，称为传输函数。如果 x_i 和 x_j 是复变量 s 的函数，称 a_{ij} 为传递函数 $A_{ij}(s)$，即上式写为

$$X_i(s)=A_{ij}(s)X_j(s)$$

变量 x_i 和 x_j 用节点“∘”来表示，从 x_j 指向 x_i 的有向线段表示支路，传输函数标注在支路上方或是近旁，支路上箭头表示信号的流向，信号只能单方向流动。信号流图的线性表示如图 2.25 所示。

图 2.25　信号流图的线性表示

例如，有如下的线性方程组：

$$\begin{cases} x_1=x_1 \\ x_2=ax_1+dx_2+ex_3 \\ x_3=bx_2+fx_5 \\ x_4=cx_3 \\ x_5=x_5 \end{cases}$$

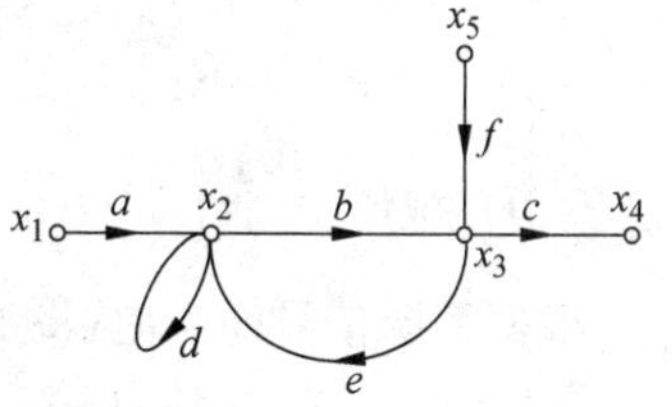

图 2.26　线性方程组的信号流图

其对应的信号流图如图 2.26 所示。

在信号流图中，支路起着乘法器的作用，图中每个节点所代表的变量值等于该节点的各条输入支路的增益与相应的输入端变量乘积之代数和。

2.5.2　信号流图的常用术语

(1) 源节点(源点)：只有输出支路的输入节点，表示系统的输入变量。

(2) 汇节点(汇点)：只有输入支路的输出节点，表示系统的输出变量。

(3) 混合节点：既有输入支路又有输出支路的节点，表示系统内部的中间变量。

(4) 前向通路：信号从输入节点到输出节点的所有传递通路，每个节点在一条通路中最多只能被通过一次。

(5) 环路(回路)：如果通路的起点和终点为同一个节点，并且不与其他节点相交多于一次，则这样的封闭通路称为环路或回路。

(6) 互不接触回路：两个或两个以上无公共节点或支路的环路。

(7) 前向通路增益：前向通路中各支路传输增益(含符号)的乘积，通常用 P_k 来表示。

(8) 环路(回路)增益：环路中各支路传输增益(含符号)的乘积，通常用 L_i 来表示。

2.5.3　系统的信号流图及绘制方法

控制系统信号流图的绘制方法主要有两种：一是根据系统的微分方程绘制信号流图；二是根据信号流图与结构图之间的对应关系，由系统结构图转换而来。

1. 由微分方程绘制信号流图

首先根据系统的工作原理确定系统的输入量、输出量和信号的传递流程以及流程中的各有关变量，并按因果关系改写系统的代数方程组；然后用节点表示各变量，按照信号的传

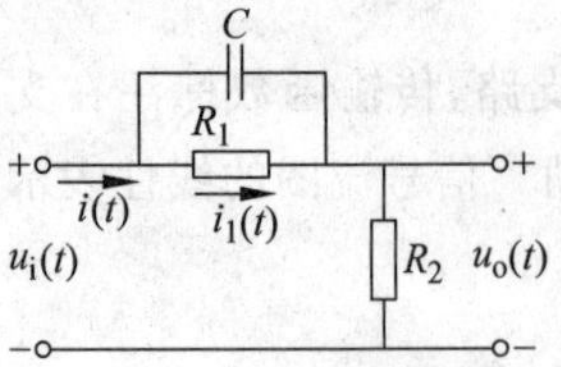

图 2.27 RC 电路图

递关系从左往右依次排列，输入节点排在最左端，输出节点排在最右端，用支路表示信号的传递方向和相应的增益值；最后根据信号的传递关系，用支路将节点连接起来便可得系统的信号流图。下面以图 2.27 所示的无源网络电路图为例，绘制系统的信号流图。

设电容电压的初始值为 $u_C(0)$，则可列写网络的微分方程及其拉氏变换表达式如下：

$$\begin{cases} i_1(t)R_1 + u_o(t) = u_i(t) \\ u_o(t) = i(t)R_2 \\ i_1(t)R_1 = \dfrac{1}{C}\displaystyle\int_{-\infty}^{t}(i - i_1)\mathrm{d}t \end{cases} \quad 和 \quad \begin{cases} I_1(s)R_1 + U_o(s) = U_i(s) \\ U_o(s) = I(s)R_2 \\ I_1(s)R_1 = \dfrac{1}{Cs}[I(s) - I_1(s)] + \dfrac{u_C(0)}{s} \end{cases}$$

根据系统信号的流向，将上述复数域的代数方程组改写成下列因果关系表达式：

$$\begin{cases} I_1(s) = [U_i(s) - U_o(s)]/R_1 \\ U_o(s) = I(s)R_2 \\ I(s) = (1 + R_1Cs)I_1(s) - Cu_C(0) \end{cases}$$

根据因果关系用相应的支路将各节点连接起来，则可得该系统的信号流图如图 2.28 所示。

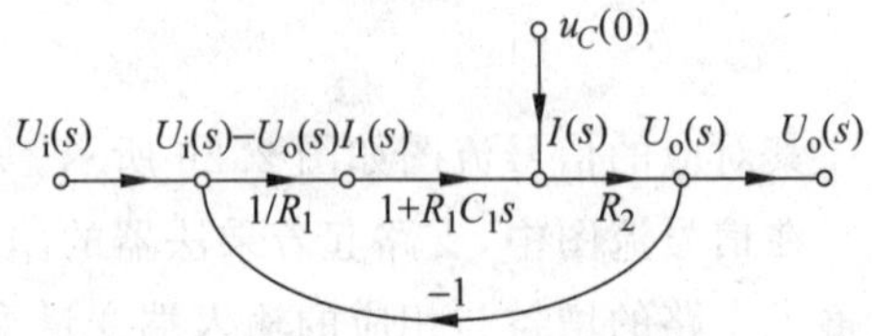

图 2.28 RC 无源网络的信号流图

2. 将结构图转化为信号流图

结构图与信号流图之间的对应关系为：结构图中的信号线对应于信号流图中的节点；结构图中的方框对应于信号流图的支路；结构图中环节的传递函数对应于信号流图中的支路传输增益；结构图中的引出点在信号流图中用节点表示，从同一个位置引出来的信号均从该节点引出；结构图中的相加点在信号流图中用节点表示。因为在结构图中进入相加点的信号和从相加点出来的信号是不同的，因此在转换时应特别注意：结构图中的相加点表示对作用在其上的信号进行代数求和（包括相加及相减），而信号流图中的节点只表示对进入该节点的信号进行算术相加，故当结构图上的相加点处为相减运算时，在该对应的信号流图中的相应支路增益应乘以“-1”。结构图与信号流图之间的对应关系如图 2.29 所示。

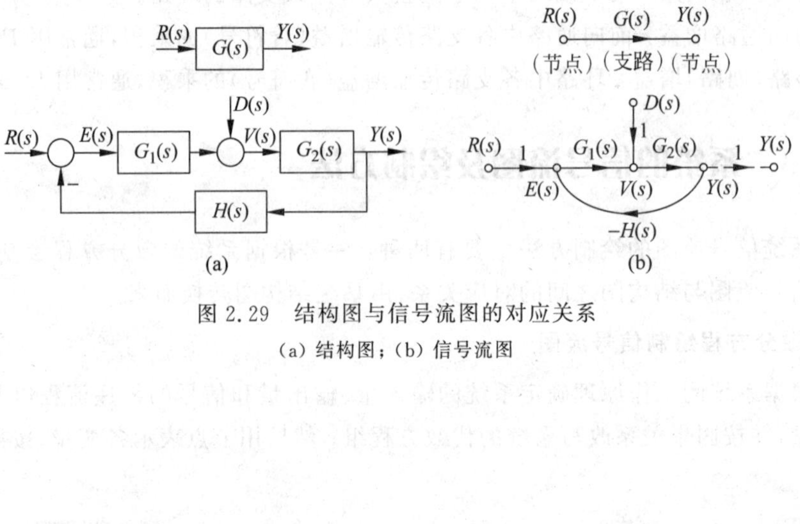

图 2.29 结构图与信号流图的对应关系

(a) 结构图；(b) 信号流图

按照上述对应关系，根据结构图各信号线设置节点，各变量之间连接通道的环节传递函数设置支路和支路传输增益，然后将各节点连接起来便可得到系统的信号流图。注意：除输入节点和输出节点外，支路传输增益为1的两端节点可合并为一个节点；如果在结构图中的相加点的前面有引出点的，则需在引出点和相加点后各设置一个节点，以表示两个不同的变量；如果有相加点之前没有引出点时，则只需在相加点后设置一个节点。

例 2.10 作出图 2.30 所示结构图的信号流图。

解 根据信号流图与结构图的对应关系(见图 2.30)，容易画出系统的信号流图如图 2.31 所示。

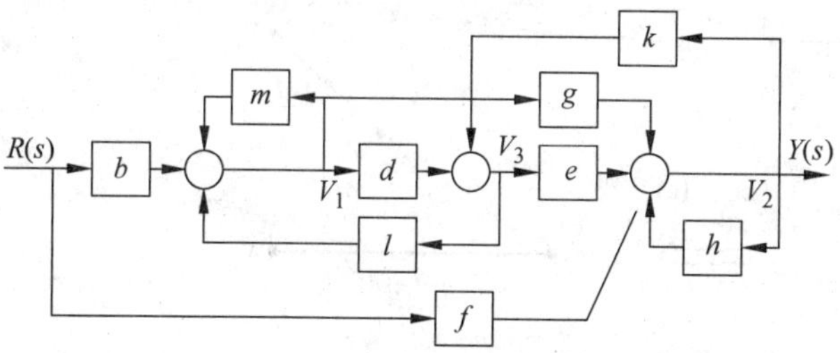

图 2.30 例 2.10 的结构图

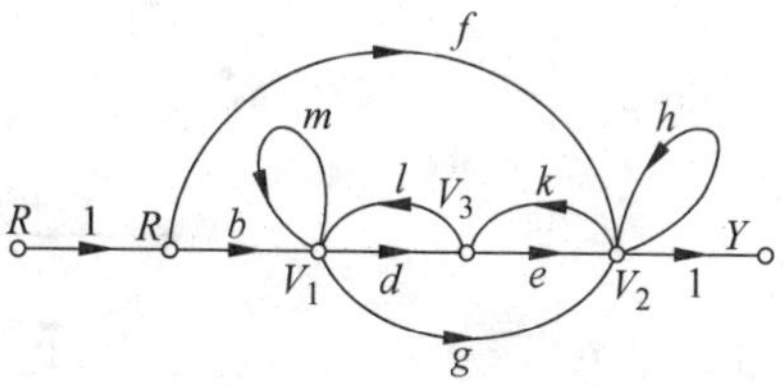

图 2.31 例 2.10 的信号流图

2.5.4 信号流图的变换法则与简化

信号流图经过简化，也可以得到只剩下输入节点和输出节点的信号流图。在简化过程中，输入节点和输出节点之间的一些节点都被陆续消去，这与用迭代法来消元求解代数方程组一样。

(1) 加法法则：n 个同方向并联支路的总传输，等于各个支路传输之和，如图 2.32(a)所示。

(2) 乘法法则：n 个同方向串联支路的总传输，等于各个支路传输之积，如图 2.32(b)所示。

(3) 混合节点可以通过移动支路的方法消去，如图 2.32(c)所示。

(4) 回环可根据反馈连接的规则化为等效支路，如图 2.32(d)所示。

2.5.5 梅森增益公式

控制系统的信号流图和结构图一样，也可通过等效变换，将一个复杂的信号流图逐步化简，从而得到系统的传递函数。然而对于复杂的系统，其化简过程还是比较麻烦的。在实际中往往只采用上述简易变换规则进行简单的化简，而主要是应用梅森增益公式。梅森增益公式是美国学者梅森于 1956 年发表的一篇论文中提出来的一个求取信号流图总传输增益的公式，主要解决了复杂系统信号流图的化简问题。梅森增益公式的应用只需要通过观察和简单的计算而不必进行繁琐的化简工作便可得出系统中任意两个变量之间的传递函数。由于结构图与信号流图在表示线性系统数学模型时的等效性(即它们之间是可以相互转换

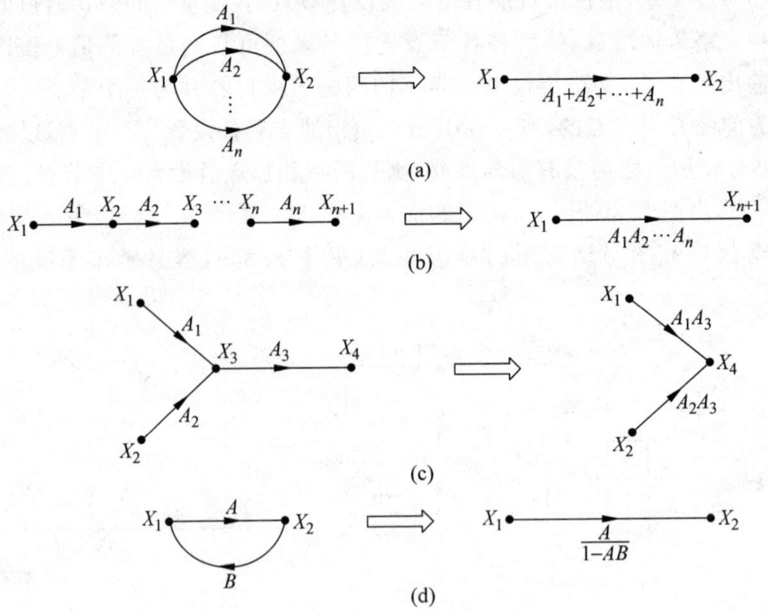

图 2.32　信号流图简化规则

的)，因此梅森增益公式既适用于信号流图，也适用于线性系统的结构图。

给定系统的信号流图之后，即可确定信号流图中输入变量与输出变量之间的关系，即两个节点之间的总增益或总传输。梅森增益公式可以对复杂的信号流图直接求出系统输出与输入的总增益，或是系统的传递函数。

输入与输出两个节点间的总传输(或叫总增益)可用下面的梅森增益公式来求取：

$$G=\frac{1}{\Delta}\sum_{k=1}^{N}P_k\Delta_k \tag{2.62}$$

式中，Δ 为信号流图的特征式，$\Delta=1-$(所有不同回路增益之和)$+$(所有两个互不接触回路增益乘积之和)$-$(所有三个互不接触回路乘积之和)$+\cdots=1-\sum\limits_{m}L_{m1}+\sum\limits_{m}L_{m2}-\sum\limits_{m}L_{m3}+\cdots+(-1)^r\sum L_{mr}+\cdots$，$L_{mr}$ 为 r 个互不接触回路中第 m 种可能组合的增益乘积；P_k 为第k 条前向通路的增益；N 为前向通道的总数；Δ_k 为与第k 条前向通道不接触的那部分信号流图的 Δ，称为第 k 条前面通道的余因子式。

例 2.11　利用梅森增益公式求如图 2.33 所示系统的传递函数 $Y(s)/R(s)$。

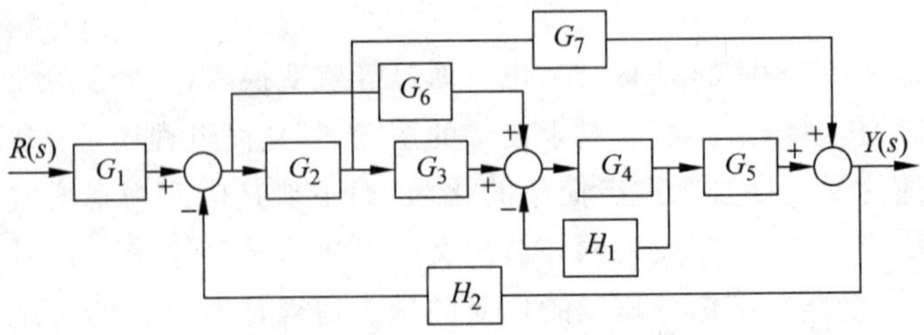

图 2.33　例 2.11 的结构图

解 绘制该系统的信号流图,如图 2.34 所示。

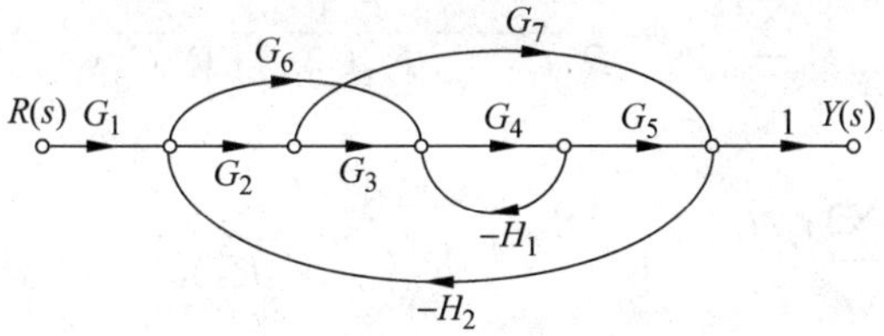

图 2.34 例 2.11 的信号流图

该系统中有四个独立回路:

$$L_1=-G_4H_1$$
$$L_2=-G_2G_7H_2$$
$$L_5=-G_6G_5G_4H_2$$
$$L_4=-G_2G_3G_4G_5H_2$$

互不接触的回路有一个 L_1L_2,特征式为

$$\Delta=1-(L_1+L_2+L_3+L_4)+L_1L_2$$

该系统的前向通道有 3 个:

$$P_1=G_1G_2G_3G_4G_5,\quad \Delta_1=1$$
$$P_2=G_1G_6G_4G_5,\quad \Delta_2=1$$
$$P_3=G_1G_2G_7,\quad \Delta_3=1-L_1$$

由梅森增益公式,系统的闭环传递函数为

$$\begin{aligned}\frac{Y(s)}{R(s)}&=\frac{1}{\Delta}(P_1\Delta_1+P_2\Delta_2+P_3\Delta_3)\\&=\frac{G_1G_2G_3G_4G_5+G_1G_6G_4G_3+G_1G_2G_7(1+G_4H_1)}{1+G_4H_1+G_2G_7H_2+G_6G_4G_5H_2+G_2G_3G_4G_5H_2+G_4H_1G_2G_7H_2}\end{aligned}$$

例 2.12 利用梅森增益公式求如图 2.35 所示系统的传递函数 $Y(s)/R(s)$。

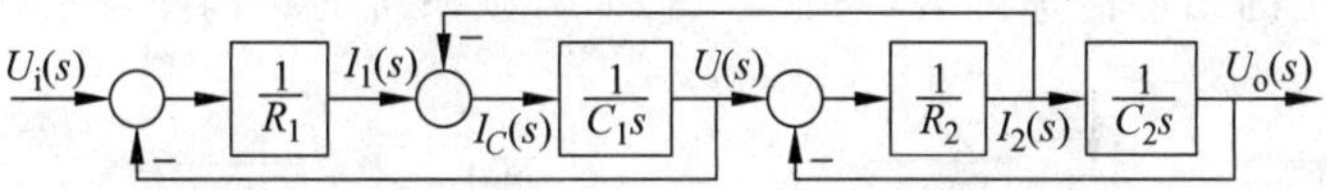

图 2.35 例 2.12 的结构图

解 绘制该系统的信号流图如图 2.36 所示。

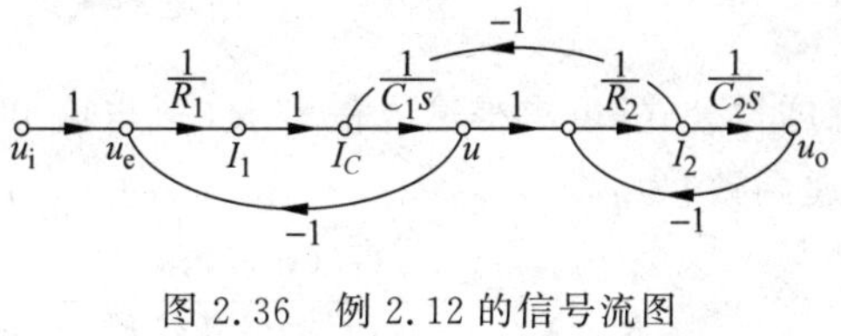

图 2.36 例 2.12 的信号流图

由图 2.36 可知,系统有一个前向通道:

$$P_1=\frac{1}{R_1C_1R_2C_2s^2}$$

有三个回路：

$$\sum L_a=\frac{-1}{R_1C_1s}+\frac{-1}{R_2C_2s}+\frac{-1}{R_2C_1s}$$

有两个互不接触回路：

$$\sum L_bL_c=\frac{-1}{R_1C_1s}\times\frac{-1}{R_2C_2s}=\frac{1}{R_1R_2C_1C_2s^2}$$

所以有

$$\Delta=1+\frac{1}{R_1C_1s}+\frac{1}{R_2C_2s}+\frac{1}{R_2C_1s}+\frac{1}{R_1R_2C_1C_2s^2}$$

因为三个回路都与前向通路接触，则有

$$\Delta_1=1$$

所以由梅森增益公式，系统总的传递函数为

$$\frac{U_o(s)}{U_i(s)}=\frac{1}{\Delta}\sum_{k=1}^{1}P_k\Delta_k=\frac{1}{R_1R_2C_1C_2s^2+(R_1C_1+R_2C_2+R_1C_2)s+1}$$

2.6 反馈控制系统的传递函数

自动控制系统在工作过程中一般受到参考输入和扰动输入两类输入信号的作用，参考输入通常作用于控制装置的输入端，而干扰输入可作用于系统的多个元部件或是混杂在输入信号中，但最常见的主要作用于受控对象上，所以一般可认为系统的干扰信号作用于控制对象上。反馈控制系统的一般结构如图 2.37 所示。

图 2.37 中，参考输入为 $R(s)$，干扰输入为 $D(s)$，系统输出为 $Y(s)$；一般 $G_1(s)$为控制器传递函数，$G_2(s)$为受控对象传递函数。反馈控制系统的主要传递函数有下列 3 个。

1. 输入信号作用下的闭环传递函数

为了求取系统的闭环传递函数，可令 $D(s)=0$，则系统的结构图等效如图 2.38 所示。

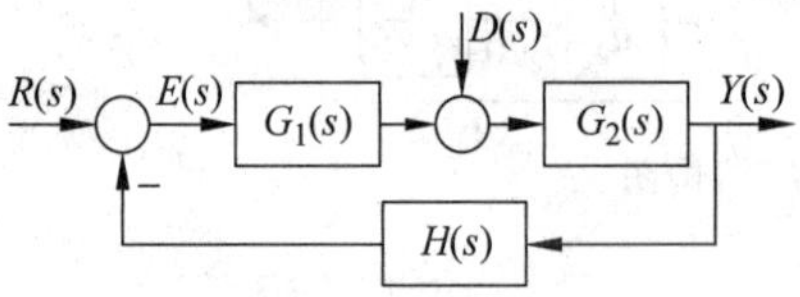

图 2.37 反馈控制系统

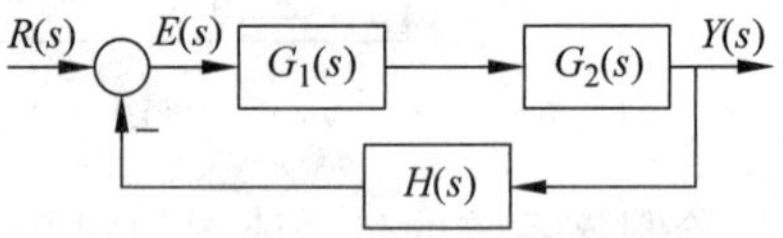

图 2.38 参考输入下的结构图

应用等效变换或梅森增益公式，可求得输入信号 $R(s)$与输出信号 $Y(s)$之间的闭环系统传递函数（简称闭环传递函数）为

$$\Phi(s)=\frac{Y(s)}{R(s)}=\frac{G_1(s)G_2(s)}{1+G_1(s)G_2(s)H(s)} \tag{2.63}$$

所以，输入信号作用下系统的输出响应为

$$Y(s)=\Phi(s)R(s)=\frac{G_1(s)G_2(s)}{1+G_1(s)G_2(s)H(s)}R(s)=\frac{G_1(s)G_2(s)}{1+G_k(s)}R(s) \tag{2.64}$$

式中，$G_k(s)=G_1(s)G_2(s)H(s)$为闭环系统的开环传递函数。开环传递函数为当主反馈通道断开时（相当于开环）从输入信号$R(s)$到反馈信号$B(s)$之间的传递函数，它等于前向通道传递函数$G_1(s)G_2(s)$与反馈通道传递函数$H(s)$的乘积。$1+G_1(s)G_2(s)H(s)=0$称为系统的闭环特征方程。

2. 扰动信号作用下的闭环传递函数

为了求取扰动作用下的闭环传递函数，令$R(s)=0$，则结构图变为图2.39所示，由结构图简化规则，系统在扰动作用下的闭环传递函数为

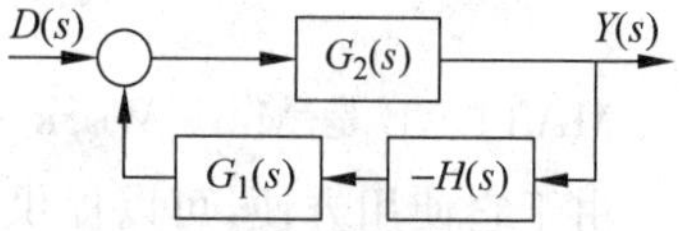

图2.39　扰动作用下的结构图

$$\Phi_d(s)=\frac{Y(s)}{D(s)}=\frac{G_2(s)}{1+G_1(s)G_2(s)H(s)} \tag{2.65}$$

所以，扰动信号作用下系统的输出响应为

$$Y(s)=\Phi_d(s)D(s)=\frac{G_2(s)}{1+G_1(s)G_2(s)H(s)}D(s)=\frac{G_2(s)}{1+G_k(s)}D(s) \tag{2.66}$$

对于线性系统，可根据叠加原理求出在输入和扰动共同作用下，系统的输出为

$$\begin{aligned}Y(s)&=\Phi(s)R(s)+\Phi_d(s)D(s)\\&=\frac{G_1(s)G_2(s)}{1+G_1(s)G_2(s)H(s)}R(s)+\frac{G_2(s)}{1+G_1(s)G_2(s)H(s)}D(s)\end{aligned} \tag{2.67}$$

3. 闭环系统的误差传递函数

在控制系统分析中，$E(s)$是分析系统性能的一个重要变量，称为误差信号。以误差信号$E(s)$作为输出量定义的传递函数称为系统的误差传递函数。

为了求取系统参考输入下的误差传递函数，令$d(t)=0$，即$D(s)=0$，则系统的结构图变为如图2.40所示。

由系统的结构图2.40可以得到输入作用下的误差传递函数为

$$\Phi_e(s)=\frac{E(s)}{R(s)}=\frac{1}{1+G_1(s)G_2(s)H(s)} \tag{2.68}$$

为了求取扰动作用下的误差传递函数，令$r(t)=0$，即$R(s)=0$，则结构图变为图2.41所示。

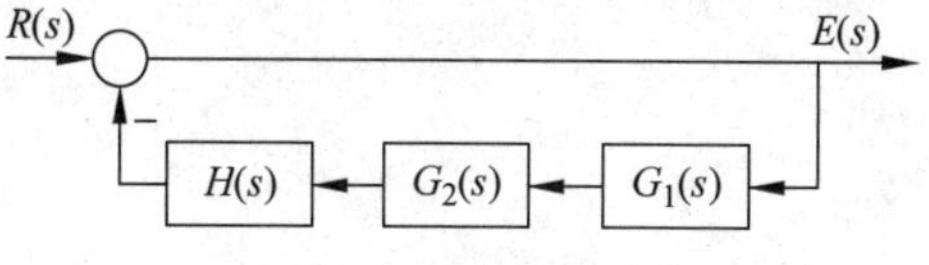

图2.40　参考输入作用下误差输出结构图

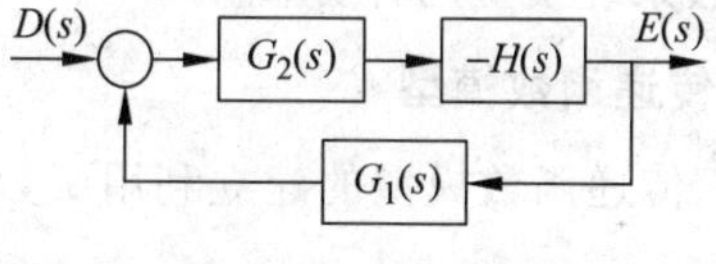

图2.41　扰动作用下误差输出结构图

由系统的结构图可以得到扰动作用下的误差传递函数为

$$\Phi_{ed}(s)=\frac{E(s)}{D(s)}=-\frac{G_2(s)H(s)}{1+G_1(s)G_2(s)H(s)} \tag{2.69}$$

所以，系统在参考输入和扰动作用下的误差信号为

$$\begin{aligned}E(s)&=\Phi_e(s)R(s)+\Phi_{ed}(s)D(s)\\&=\frac{1}{1+G_1(s)G_2(s)H(s)}R(s)-\frac{G_2(s)H(s)}{1+G_1(s)G_2(s)H(s)}D(s)\end{aligned} \tag{2.70}$$

2.7 MATLAB 软件介绍及 Simulink 系统建模方法

2.7.1 MATLAB 软件介绍

MATLAB 是 Math Works 公司于 1982 年推出的一套高性能的数值计算和可视化软件。由于它使用方便，可以提供数值计算、图形绘制、数据处理和图像处理等方面的丰富功能，目前它已成为国际上流行的一种计算软件。其强大的扩展功能为各个领域的应用提供了基础，由各个领域的专家相继推出了许多 MATLAB 工具箱(即一些专用的应用程序集)，其中与控制理论有关的工具箱包括控制系统(control system)、多变量系统分析与综合(mu-analysis and synthesis)、多变量频域设计(multivariable frequency design)、系统辨识(system identification)、最优化(optimization)、非线性控制系统设计(nonlinear control design)、鲁棒控制(robust control)、模糊控制(fuzzy control)以及神经网络(neural network)等工具箱。

MATLAB 语言具有很强的矩阵处理功能和图形处理功能，它以复数矩阵作为基本变量单元，矩阵的元素用括号内的部分来表示。在方括号内用分号表示矩阵的换行，逗号或空格表示同一行元素之间的分隔。函数的调用也很方便，其典型的调用格式为：

[返回变量列表]＝function name(输入变量列表)

它允许在函数调用时返回多个变量，而一个函数又可由多种格式来调用。

2.7.2 控制系统数学模型的种类

在 MATLAB 中，可由四种数学模型来表示系统，分别为：传递函数模型，零、极点增益模型，状态空间模型以及 Simulink 结构图模型。其中，前三种模型每种分别有连续系统模型和离散系统模型两种类型。

1. 传递函数模型

(1) 传递函数模型的建立利用函数 tf ()

```
sys=tf(num,den)        %建立连续系统的传递函数模型
```

其中，num 和 den 分别为传递函数的分子和分母多项式的系数(行)向量，按 s 的降幂排列；返回的变量 sys 为一个传递函数的有理分式模型(简称 tf 模型)。

例 2.13 建立传递函数 $G(s)=\dfrac{s-1}{s^2-2s+7}$ 的 tf 模型。

解 在 MATLAB 命令窗口输入：

```
>>num=[1,-1];den=[1,-2,7];
>>G=tf(num,den)
```

运行结果为

```
Transfer function:
     s - 1
-------------
s^2 - 2 s + 7
```

对于一个分子或分母有多项式乘积的复杂形式，要求获取系统传递函数的模型时，可使用 MATLAB 提供的 conv(　)函数，conv(　)函数可实现多项式的乘积，并允许多级嵌套。

其调用格式为

```
C=conv(A,B)
```

例如，给定两个多项式 $A(s)=s+3$ 和 $B(s)=10s^2+20s+3$，求 $C(s)=A(s)B(s)$，可先构造多项式 $A(s)$和 $B(s)$，然后再调用 conv(　)函数来求 $C(s)$，其实现语句为：

```
>>A =[1,3]; B =[10,20,3];
>>C = conv(A,B)
```

其输出格式为

```
C = 10   50   63   9
```

即得出的 $C(s)$多项式为 $C(s)=10s^3+50s^2+63s+9$。

对于 conv(　)函数多级嵌套，例如 $G(s)=4(s+2)(s+3)(s+4)$可由下列语句来输入：

```
>>G=4 * conv([1,2],conv([1,3],[1,4]))
```

有了多项式的输入，系统的传递函数在 MATLAB 下可由其分子和分母多项式唯一地确定出来。

例 2.14　建立系统传递函数 $G(s)=\dfrac{(s+1)(s^2+2s+6)^2}{s^2(s+3)(s^3+2s^2+3s+4)}$的 tf 模型。

解　系统 tf 模型可输入下列语句来实现：

```
>>num=conv([1,1],conv([1,2,6],[1,2,6]));
>>den=conv([1,0,0],conv([1,3],[1,2,3,4]));
>>G=tf(num,den)
```

运行结果为

```
Transfer function:
s^5+5s^4+20s^3+40s^2+60s
------------------------------------
s^6+5s^5+9s^4+13s^3+12s^2
```

(2) 零、极点增益模型的建立可利用函数 zpk ()

```
sys=zpk(z,p,k)          % 建立连续系统的零、极点增益模型
```

其中，z 为系统的零点；p 为系统的极点；k 为系统根轨迹增益。

传递函数在复平面上的零、极点图，采用 pzmap()函数来完成，零点用“o”表示，极点用

“x”表示，其调用格式为

```
pzmap(sys)或[p,z]=pzmap(num,den)
```

例 2.15 建立控制系统传递函数 $G(s)=\dfrac{6(s+1)(s+2)(s+3)}{(s+4)(s+5)(s+6+j)(s+6-j)}$ 的 zpk 模型。

解 在 MATLAB 工作空间中输入：

```
>>kg=6;z=[-1;-2;-3];p=[-4;-5;-6+i;-6-i]; %输入零、极点形式的传递函数模型
>>g=zpk(z,p,kg)                          %转换为零、极点形式的传递函数对象
>>pzmap(g)                               %零、极点图(图 2.42)
```

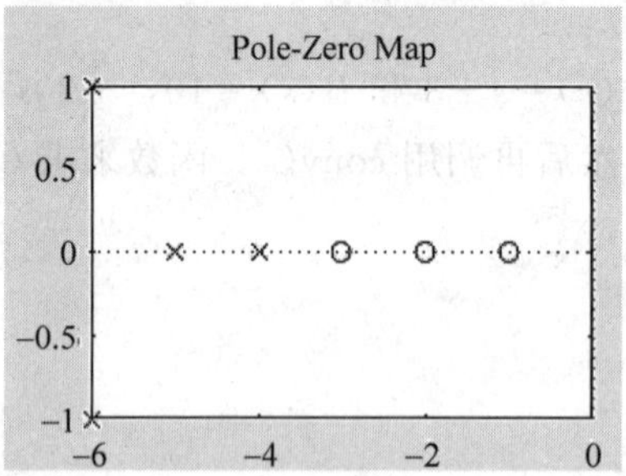

图 2.42 零、极点图

运行结果为

```
Transfer function:

Zero/pole/gain:
6 (s+1) (s+2) (s+3)
----------------------------
(s+4) (s+5) (s^2 + 12s + 37)
```

2. 应用 Simulink 创建系统结构图，并求闭环系统的传递函数

在 Simulink 环境中建立系统结构图模型，并为结构图取名，例如取名为 mod，并保存该文件。然后在 MATLAB 的命令窗口中输入以下命令，即可得到系统模型及化简后的系统传递函数：

```
[a,b,c,d]=linmod2('mod')
[num,den]=ss2tf(a,b,c,d) 或  G=tf(ss(a,b,c,d))
```

例 2.16 应用 Simulink 创建如图 2.43 所示结构的控制系统，并求其闭环传递函数。

解 在 Simulink 下创建系统框图模型如图 2.44 所示，将该模型文件命名为 model1 并保存。

执行如下命令：

```
>> [a,b,c,d]=linmod2('model1');
>> [num,den]=ss2tf(a,b,c,d);
>> sys=tf(num,den);
```

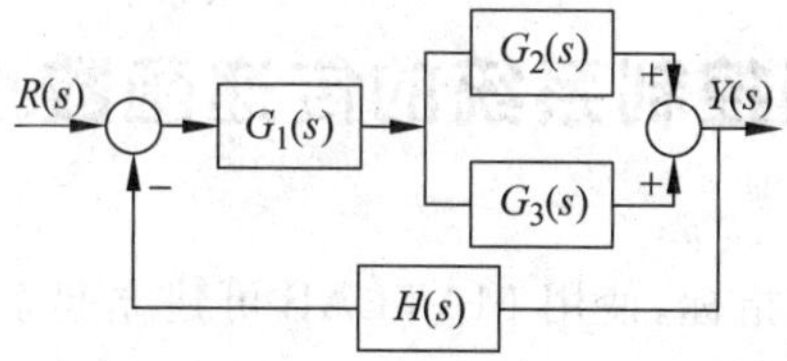

图 2.43　闭环控制系统结构图

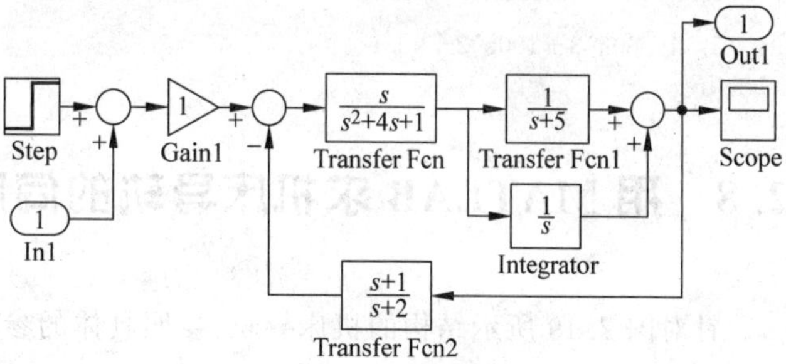

图 2.44　Simulink 下例 2.16 所示系统的模型

运行结果为

```
Transfer function:
3.553e-015 s^3 + 2 s^2 + 9 s + 10
-----------------------------------------
s^4 + 11 s^3 + 41 s^2 + 54 s + 15
```

3. 控制系统的串-并联

一般来说，应用分析法或实验法易于建立简单系统或环节的数学模型，而自动控制系统可视为由若干环节(或子系统)按照一定方式连接起来的组合系统。连接的基本方式有串联、并联和反馈连接。在 MATLAB 的控制系统工具箱中提供了一组函数，使我们可以方便地根据子系统(或环节)的传递函数和各子系统之间的连接方式，求得控制系统的传递函数。

(1) 串联连接：sys=sys2 * sys1　或 sys=series(sys1,sys2)；

(2) 并联连接：sys=sys2+sys1　或　sys=parallel(sys1,sys2)；

(3) 反馈连接：sys=feedback(sys1,sys2,sign)。

例 2.17　闭环反馈系统的结构图如图 2.45 所示，被控对象 $G_2(s)$和控制部分 $G_1(s)$以及测量环节 $H(s)$的传递函数分别为 $G_1(s)=\frac{\text{num1}}{\text{den1}}=\frac{s+1}{s+2}$，$G_2(s)=\frac{\text{num2}}{\text{den2}}=\frac{1}{5s^2}$，$H(s)=\frac{\text{numh}}{\text{denh}}=\frac{1}{s+10}$，试求系统闭环传递函数。

解　在 MATLAB 工作空间中输入：

```
>>num2=[1];den2=[5 0 0];
>>num1=[1 1];den1=[1 2];
>>numh=[1];denh=[1 10];
>>g1=tf(num1,den1);
>>g2=tf(num2,den2);
>>h=tf(numh,denh);
>>[num,den]=feedback(g1 * g2,h,-1);
>>printsys(num,den)
```

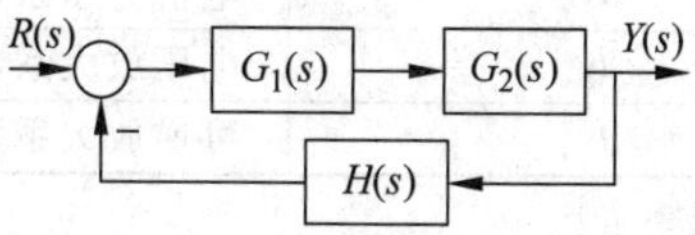

图 2.45　典型闭环控制系统结构图

运行结果为

```
num/den=
s^2+11s+10
```

```
-----------------------------
5s^4+60s^3+100s^2+s+1
```

2.8 用 MATLAB 求机床导轨的伺服控制系统的传递函数

针对图 2.19 所示结构的机床导轨，参照具体的参数指标，使用 MATLAB 可建立起系统的传递函数。系统的主要技术参数如表 2.2 所示。

表 2.2 系统主要技术参数

系统中的参数	技术参数	量值	单位
$u_a(t)$	电枢输入电压	0～200	V
R_a	电枢电阻	0.432	Ω
$M(t)$	额定电磁转矩	0.796	N·m
$n(t)$	额定转速	3 000	r/min
C_m	转矩系数	0.032 9	N·m/A
L_a	电枢电感	0.782	mH
J_1	电机转子惯量	4.38×10^{-4}	$kg\cdot m^2$
C_e	反电势系数	0.02	V/(rad/s)
$x_i(t)$	输入位置	0～0.6	m
$x_o(t)$	输出位置	0～0.6	m
$e(t)$	位置的偏差	—	m
$F_1(t)$	阻力	—	N
$M_1'(t)$	折算到电机轴上的阻力矩	—	N·m
$F(t)$	机床导轨的驱动力	—	N
J_α	总转动惯量	6.38×10^{-4}	$kg\cdot m^2$
$\theta(t)$	电机轴的角位移	0～2π	rad
m	机床导轨工作台质量	5	kg
L	机床导轨的导程	6	mm
J_2	轴Ⅱ的转动惯量	2×10^{-4}	$kg\cdot m^2$
K_p	电桥分压系数	0～1	—
K_c	电压放大系数	0～1 000	—
K_s	可逆放大系数	0～22	—

查表 2.2，计算得

$$J_\alpha = J_1 + J_2\left(\frac{z_1}{z_2}\right)^2 + m\left(\frac{z_1}{z_2}\right)^2\left(\frac{L}{2\pi}\right)^2 = 6.381\,8\times10^{-4}\,\mathrm{kg\cdot m^2}$$

$$\frac{z_1}{z_2}\cdot\frac{L}{2\pi} = 0.001\,9$$

令

$$K = K_p K_c K_s$$

应用 MATLAB 可编写出求取图 2.19 所示机床导轨伺服控制系统的传递函数的程序

如下：

```
>>Kp=1
>>Kc=1000
>>Ks=1
>>t=0
>>G1=Kp;G2=Kc;G3=Ks;
>>K=G1 * G2 * G3
>>G41=tf(0.0392,[0.000782,0.432]);
>>G42=tf(1,[0.0006318,0]);
>>G5=tf(0.0019,[1,0]);
>>GM=feedback(G41 * G42,0.02);
>>GM1=K * GM * G5;
>>G=feedback(GM1,1);
```

可得系统的开环传递函数为

$$G_k(s)=\frac{0.7448}{4.991\times10^{-7}s^3+0.0002757s^2+0.000784s}$$

系统的闭环传递函数为

$$\Phi(s)=\frac{0.7448}{4.991\times10^{-7}s^3+0.0002757s^2+0.000784s+0.3724}$$

本章小结

本章主要讨论了线性系统数学模型的多种形式以及建立方法。描述动态系统的数学模型在经典控制理论中常使用的有微分方程模型、传递函数模型、结构图模型以及信号流图模型、频率特性模型、差分方程模型及状态空间模型；每种数学模型之间是可以两两相互转换的。本章具体讨论的内容主要包括：微分方程模型的建立，非线性微分方程的线性化，传递函数的基本概念以及建立方法，零、极点的基本概念典型环节的传递函数，系统结构图的建立以及结构图的简化，系统信号流图的建立与简化、梅森增益公式求取闭环系统传递函数，反馈控制系统的闭环传递函数等。传递函数是经典控制理论的基础，因此熟练掌握传递函数的概念、表达形式并获取系统的传递函数是本章学习的一个重点。同时，本章分节讨论了机床导轨伺服控制系统的微分方程、传递函数以及结构图模型的建立，获取了导轨系统的传递函数。另外，还介绍了在 MATLAB 中建立系统模型获取传递函数的方法。

习题

2-1　下列方程中，$r(t)$和 $y(t)$分别为系统的输入和输出，试判断各方程所描述系统的类型(线性或非线性，定常或时变)。

(1) $2t\frac{d^2y(t)}{dt^2}+3\frac{dy(t)}{dt}+5y(t)=r(t)$；

(2) $2\dfrac{\mathrm{d}^2 y(t)}{\mathrm{d}t^2}+3\dfrac{\mathrm{d}y(t)}{\mathrm{d}t}+5\int_0^t y(\tau)\mathrm{d}\tau=\dfrac{\mathrm{d}r(t)}{\mathrm{d}t}+2r(t)$；

(3) $\dfrac{\mathrm{d}^2 y(t)}{\mathrm{d}t^2}+3\dfrac{\mathrm{d}y(t)}{\mathrm{d}t}+4y^2(t)=2r^2(t)$；

(4) $y(t)=\begin{cases}0, & -1\leqslant r(t)\leqslant 1\\ 2r(t), & |r(t)|>1\end{cases}$；

(5) $y(t)=5+r(t)\cos\omega t$。

2-2 列写图 2.46 所示 RLC 电路网络的输入输出微分方程，并求其传递函数$\dfrac{U_\mathrm{o}(s)}{U_\mathrm{i}(s)}$。

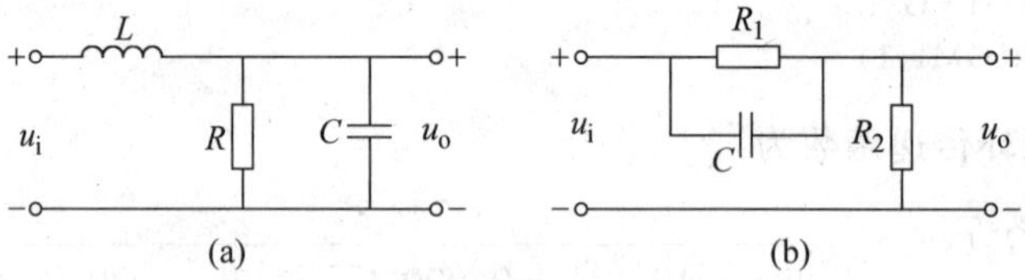

图 2.46 RLC 电路图

2-3 求图 2.47 所示有源电路网络的传递函数$\dfrac{U_\mathrm{o}(s)}{U_\mathrm{i}(s)}$。

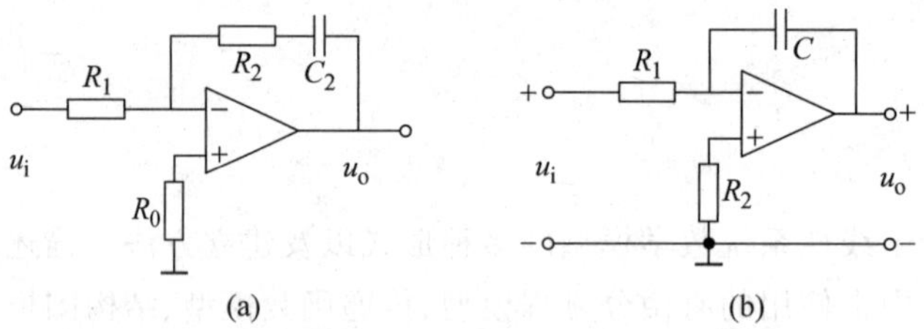

图 2.47 有源电路网络

2-4 已知系统的传递函数为$\dfrac{Y(s)}{R(s)}=\dfrac{2}{s^2+3s+2}$，且初始条件为 $y(0)=-1, y'(0)=0$。试求阶跃输入 $r(t)=1(t)$作用时，系统的输出响应 $y(t)$。

2-5 已知控制系统在零初始条件下，由单位阶跃输入信号所产生的输出响应为

$$y(t)=1+\mathrm{e}^{-t}-2\mathrm{e}^{-2t}$$

试求该系统的传递函数及其零、极点。

2-6 零初始条件下，设某一系统在单位脉冲 $\delta(t)$ 作用下的响应函数为 $h(t)=5\mathrm{e}^{-2t}+10\mathrm{e}^{-5t}$，

(1) 根据传递函数的定义，求该系统的传递函数；

(2) 求该系统的微分方程模型。

2-7 试证明图 2.48(a)所示电气网络与图 2.48(b)所示的机械系统具有相同的传递函数。

2-8 图 2.49 所示为装在小车上的倒立摆系统，该系统与空间飞行器在发射过程中空间助推器姿态控制的模型一致。姿态控制的任务是，保持空间助推器在垂直位置。显然若不外施控制，该系统是不稳定的，倒立的摆随时都可能倒下来。为了简化讨论，假设摆的质

量 m 集中在杆顶(摆杆无质量)，而且只作为二维问题来处理，即摆只在图示的平面上运动。小车质量为 M，作用在小车上的外施控制力为 u。试求该系统的微分方程数学模型及系统的传递函数。

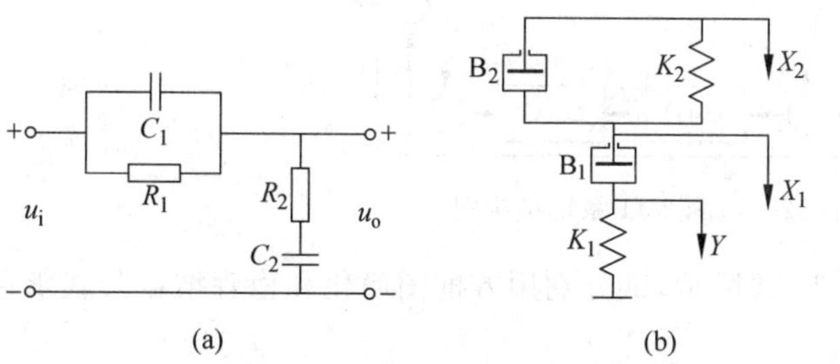

图 2.48　习题 2-7 系统原理图

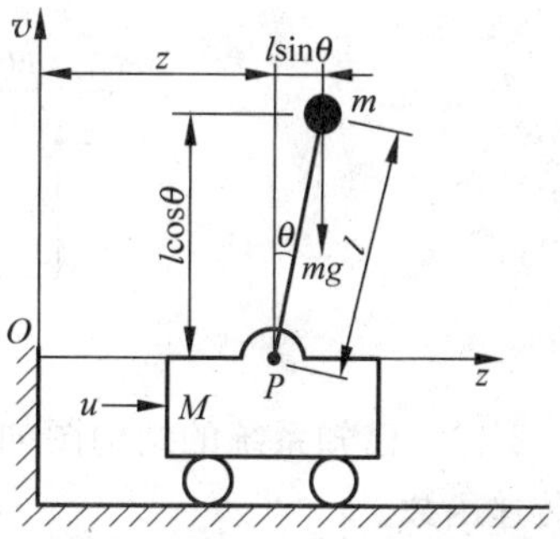

图 2.49　小车倒立摆系统

2-9　简化图 2.50 所示系统的结构图，并求其传递函数$\dfrac{Y(s)}{R(s)}$。

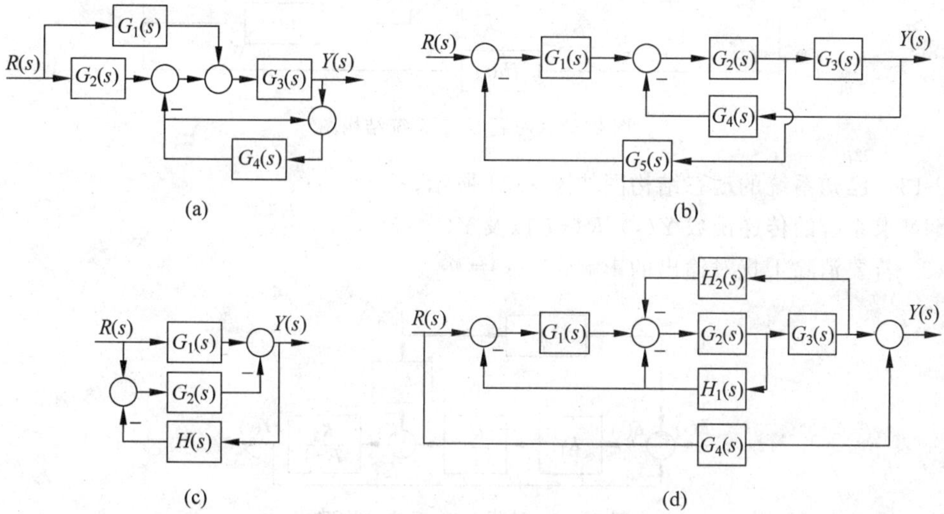

图 2.50　习题 2-9 系统结构图

2-10　已知系统的信号流图如图 2.51 所示，试用梅森增益公式求出各系统的闭环传递函数。

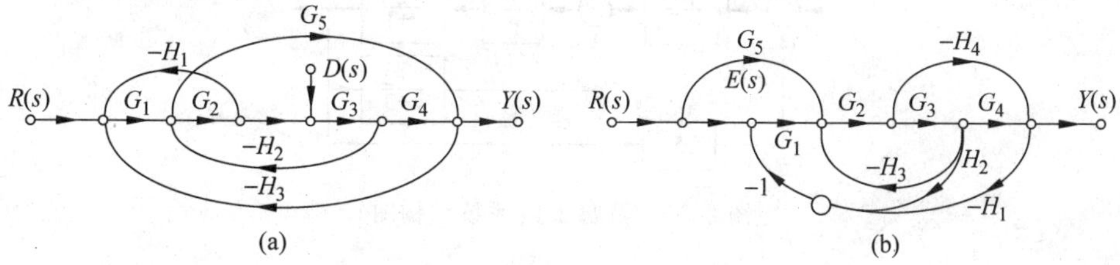

图 2.51　习题 2-10 系统信号流图

2-11 已知系统的结构图如图 2.52 所示，试画出系统的信号流图，并用梅森增益公式求出系统的闭环传递函数。

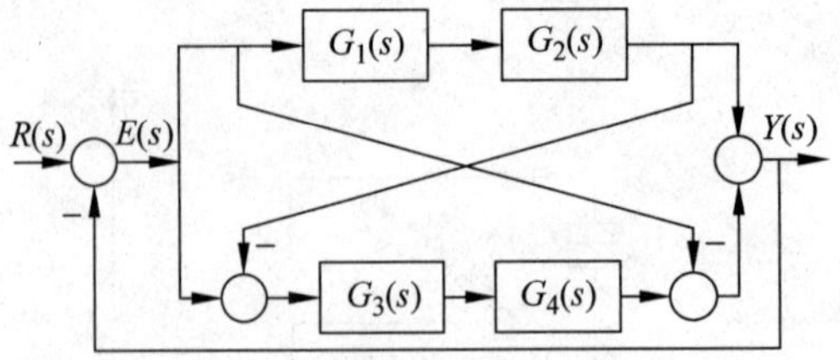

图 2.52 习题 2-11 系统结构图

2-12 已知系统的结构图如图 2.53 所示，试分别用方框图简化和梅森增益公式求系统的传递函数。

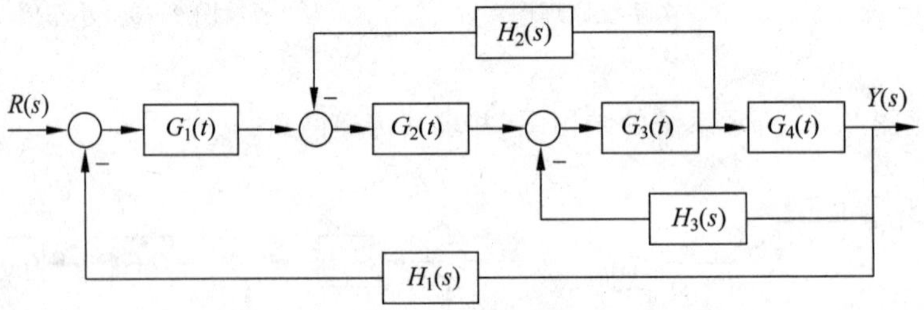

图 2.53 习题 2-12 系统结构图

2-13 已知系统的动态结构图如图 2.54 所示，

(1) 求系统的传递函数 $Y(s)/R(s)$ 以及 $Y(s)/D(s)$；

(2) 若要消除干扰对输出的影响，$G_0(s)=$？

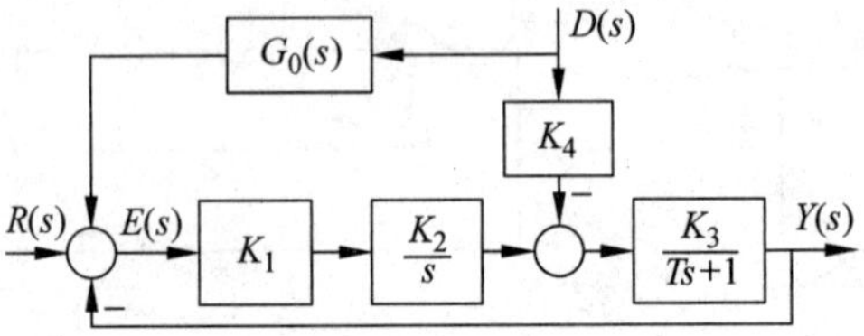

图 2.54 习题 2-13 系统结构图

2-14 图 2.55 所示为控制系统的控制框图，试用 MATLAB 求出该系统的闭环传递函数 $Y(s)/R(s)$。

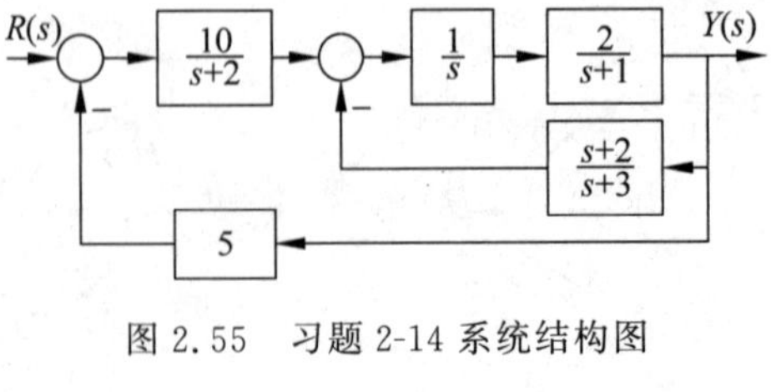

图 2.55 习题 2-14 系统结构图

第3章

时域法

数学模型的建立为控制系统的分析做好了准备，从这一章开始就将对系统进行理论分析和综合设计。理论分析是在系统结构和参数已知的情况下，研究系统在外部输入信号作用下系统输出变量的运动规律，以及系统特性和结构参数之间的关系，从而掌握系统的基本性能，即稳定性、快速性和准确性，并通过指标的定量计算来评价系统性能的优劣。系统的综合设计则是根据生产工艺过程的技术要求，采用某种方法设计出一个能满足技术要求的控制系统。当系统的某些性能指标没有达到要求时，可以通过控制器常用的PID控制规律来改善系统的性能，以满足工程设计的要求。

3.1 引言

经典控制理论有三种基本分析方法，即时域法、根轨迹法和频域法，我们将分别在第3～5章进行讨论。本章介绍的是时域法，它是一种直接的分析方法，即通过拉氏变换来求解系统的微分方程，得到输出变量的时间响应曲线，以此来分析控制系统在典型输入信号作用下的动态品质和稳态性能，所以时域法具有直观、准确的优点，尤其适用于低阶系统。

稳定性是系统正常工作的首要条件，其完全由系统自身的结构和参数决定，与系统的外界输入无关。任何一个自动控制系统都必须是稳定的，或者说不稳定的系统是无法正常工作的，所以对系统的分析首先要判定稳定性，只有在稳定的前提下，才需进行准确性和快速性的分析。快速性是系统的动态性能，当输入量发生变化时反映了系统从一个稳态到另一个稳态的中间的过渡过程的运行情况。我们用平稳性和快速性指标进行描述。准确性是系统的控制精度，通常用稳态响应过程中输出量的期望值与实际值之差来度量，这个误差称为系统的稳态误差。稳态误差与输入信号有关，按输入信号的类型分为跟踪稳态误差和扰动稳态误差，应用叠加原理将这两部分稳态误差加在一起，就可得到系统的稳态误差。

3.2　控制系统的时域响应

对于一个 n 阶线性定常系统，在任意输入信号 $r(t)$ 作用下，系统的输出变量 $y(t)$ 的数学模型可用下列的微分方程来描述：

$$a_0\frac{\mathrm{d}^n y(t)}{\mathrm{d}t^n}+a_1\frac{\mathrm{d}^{n-1}y(t)}{\mathrm{d}t^{n-1}}+\cdots+a_n y(t)=b_0\frac{\mathrm{d}^m r(t)}{\mathrm{d}t^m}+b_1\frac{\mathrm{d}^{m-1}r(t)}{\mathrm{d}t^{m-1}}+\cdots+b_m r(t) \tag{3.1}$$

该微分方程的解，就是控制系统的时域响应，即输出变量 $y(t)$ 随时间变化的规律。

由线性微分方程的理论可知，方程的解是由两部分组成的，即其对应的齐次方程通解 $y_1(t)$ 和非齐次方程的一个特解 $y_2(t)$，故系统的输出 $y(t)$ 可以表示为

$$y(t)=y_1(t)+y_2(t) \tag{3.2}$$

而从控制理论的角度来看，通解 $y_1(t)$ 对应的是系统响应的动态分量，它是指从 $t=0$ 开始到进入稳态之前的这一段过程，可以采用动态性能指标（如稳定性、快速性、平稳性等）来衡量；特解 $y_2(t)$ 对应的是系统响应的稳态分量，是指当时间 $t\to\infty$ 时系统的输出，可以用稳态性能指标（如稳态误差）来衡量。所以时域分析法就是在系统稳定的前提下，从动态性能和稳态性能这两个方面来对系统进行分析研究，然后通过性能指标对系统进行评价。

3.3　时域性能指标

为了研究系统的时域响应，首先必须了解输入信号的形式。然而对于大多数的自动控制系统来讲，输入信号是无法预料的，它具有很大的随机性。为了便于理论分析和实验研究，以及对各系统的性能进行比较，常选择一些经常遇到的典型信号，并加以理想化。

3.3.1　典型输入信号

1. 阶跃函数

阶跃函数信号在实际系统中很多，如负荷的突然增大或减小、流量阀等的突然开大或关小等都可以近似看成阶跃函数的形式，其数学表达式为

$$r(t)=\begin{cases}0, & t<0\\ 1, & t\geqslant 0\end{cases} \tag{3.3}$$

它表示一个在 $t=0$ 时出现的、幅值为 1 的阶跃变化函数，如图 3.1 所示，称为单位阶跃函数，记作 $1(t)$。

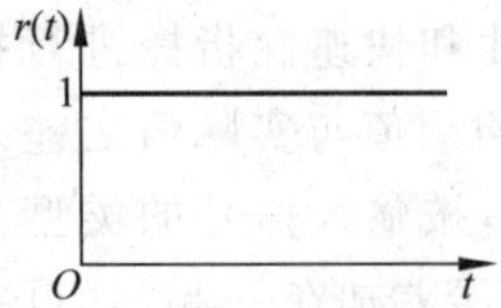

图 3.1　阶跃函数

幅值为 A 的阶跃函数可表示为 $r(t)=A\cdot 1(t)$。

2. 斜坡函数（又称为等速度函数）

斜坡函数的数学表达式为

$$r(t)=\begin{cases}0, & t<0\\ t, & t\geqslant 0\end{cases} \tag{3.4}$$

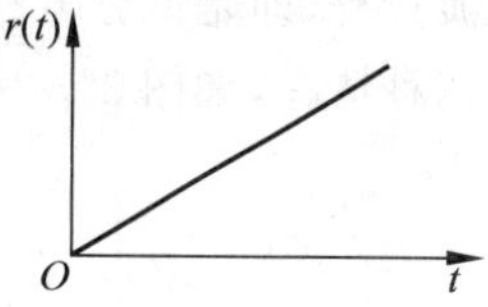

图 3.2 斜坡函数

它表示一个从 $t=0$ 时刻开始，输出随时间以恒定速度增加的函数，如图 3.2 所示，称做单位斜坡函数。

幅值为 A 的斜坡函数可表示为 $r(t)=At$。

斜坡函数等于阶跃函数对时间的积分，反之阶跃函数等于斜坡函数对时间的导数。

3. 抛物线函数（又称为等加速度函数）

抛物线函数的数学表达式为

$$r(t)=\begin{cases}0, & t<0\\ \dfrac{1}{2}t^2, & t\geqslant 0\end{cases} \tag{3.5}$$

图 3.3 抛物线函数

它表示一个从 $t=0$ 时刻开始，输出随时间以恒定加速度增加的函数，其曲线如图 3.3 所示，称为单位抛物线函数。幅值为 A 的抛物线函数可表示为 $r(t)=\dfrac{A}{2}t^2$。

抛物线函数是斜坡函数对时间的积分。

4. 脉冲函数

脉冲函数的数学表达式为

$$r(t)=\delta(t)=\begin{cases}\infty, & t=0\\ 0, & t\neq 0\end{cases} \tag{3.6}$$

它的曲线如图 3.4 所示，其面积为 1，即 $\int_{-\infty}^{+\infty} r(t)\mathrm{d}t=1$，称为单位脉冲函数，记作 $\delta(t)$。强度为 A 的脉冲函数可表示为 $A\delta(t)$。

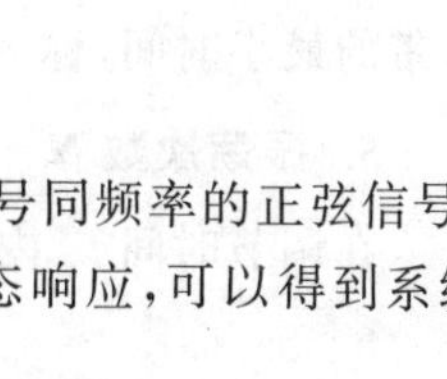

图 3.4 脉冲函数

5. 正弦函数

正弦函数的数学表达式为

$$r(t)=\begin{cases}0, & t<0\\ A\sin\omega t, & t\geqslant 0\end{cases} \tag{3.7}$$

式中，A 为振幅；ω 为角频率。正弦函数为周期函数。

当正弦信号作用于线性系统时，系统输出的稳态分量是和输入信号同频率的正弦信号，仅仅是幅值和初相位不同。根据系统对不同频率正弦输入信号的稳态响应，可以得到系统性能的全部信息。

由以上分析可知，控制系统在输入信号作用下，其输出响应包含动态分量 $y_1(t)$ 和稳态分量 $y_2(t)$，对于同一个系统，输入信号不同，其系统的输出响应曲线也不同，为了便于各系统之间的性能比较，规定以单位阶跃响应来计算系统的性能指标。

3.3.2 动态性能指标

动态性能指标描述的是系统在单位阶跃信号作用下，其输出响应从初始状态到稳态的过渡过程,即是微分方程的通解。在系统稳定的条件下,其单位阶跃响应曲线有振荡和非振荡两种情况,如图 3.5 所示。

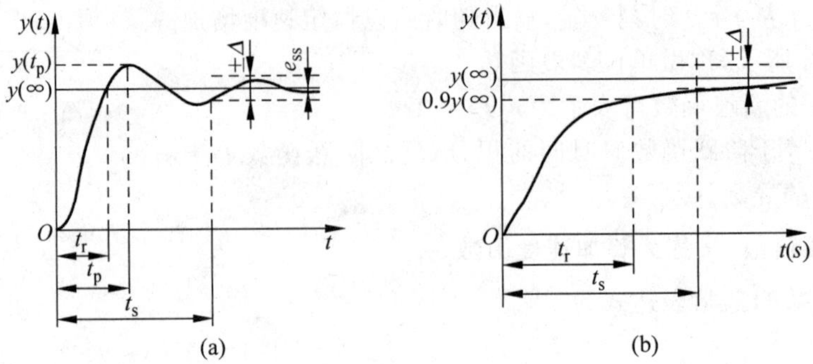

图 3.5　典型系统的单位阶跃响应

1. 上升时间 t_r

对于衰减振荡的系统响应：上升时间 t_r 是指从零时刻开始到首次到达稳态值的时间,即阶跃响应曲线从 $t=0$ 开始第一次上升到稳态值所需要的时间,如图 3.5(a)所示。

对于非振荡的系统响应,上升时间 t_r 是指从零时刻开始到达稳态值的 90%的时间,如图 3.5(b)所示。

2. 峰值时间 t_p

从零时刻开始到达最大值的时间,即阶跃响应曲线从 $t=0$ 开始上升到第一个峰值所需要的时间,如图 3.5(a)所示。

3. 超调量 σ_p

阶跃响应曲线的最大峰值与稳态值的差与稳态值之比,如图 3.5(a)所示,即

$$\sigma_p = \frac{y(t_p) - y(\infty)}{y(\infty)} \times 100\% \tag{3.8}$$

4. 调节时间 t_s

阶跃响应曲线进入容许的误差带 $\pm\Delta$(一般取稳态值的 ±5%或 ±2%)并不再超出该误差带的最小时间,称为调节时间(或过渡过程时间),如图 3.5 所示。

5. 振荡次数 N

在调节时间 t_s 内响应曲线围绕其稳定值振荡的次数。

3.3.3　稳态性能指标

稳态性能指标描述的是系统在单位阶跃信号作用下,当时间 t 趋于无穷时系统的输出响应,即微分方程的特解 $y_2(t)$,它表征了系统输出量最终复现输入量的程度,采用稳态误差 e_{ss} 来衡量,其定义为当时间 t 趋于无穷时,系统输出响应的期望值与实际值之差,即 $e_{ss} = \lim\limits_{t\to\infty}[r(t) - y(t)]$。

3.4　时域分析法

控制系统的时域分析法是在系统的结构和参数已知的情况下，即数学模型已经建立的基础上进行的分析，主要研究系统的运动规律，以及系统特性和结构参数之间的关系。

稳定是系统能够正常运行的首要条件，所以首先要研究系统的稳定性，在系统稳定的前提下，再研究系统的快速性和准确性。

3.4.1　稳定性分析

1. 稳定性的概念

若控制系统在足够小的初始偏差作用下，其过渡过程随时间的推移，逐渐衰减并趋于零，即具有恢复原平衡状态的能力，则称这个系统稳定；否则，称这个系统不稳定。

可以通过图3.6来直观地描述稳定性的概念，图中位置 a 和位置 b 的两个小球都可以是静止不动的，所以它们都是平衡点。但在位置 a 处的小球，如受到小扰动，其位置会发生变化，扰动消除后，经过一段时间后，它能自动回到原来的平衡状态，所以位置 a 是稳定的；而在位置 b 的小球，一旦受到小扰动后也会偏离原来的平衡状态，但当扰动消除后，它就永远无法自动回到原来的平衡位置，所以位置 b 是不稳定的。

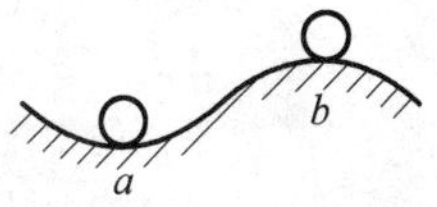

图3.6　稳定性示意图

2. 稳定的充分必要条件

稳定性是控制系统最基本的性质，是指系统在偏离平衡状态后自动恢复平衡状态的能力，所以是其自身的固有特性，仅取决于系统的结构与参数，而与外界输入信号无关，故通常通过分析系统的零输入响应，或者脉冲响应来分析系统的稳定性。

由式(3.1) n 阶线性定常系统的微分方程形式的数学模型进行拉氏变换，得到

$$Y(s)=\frac{M(s)}{D(s)}R(s)+\frac{N(s)}{D(s)} \tag{3.9}$$

式中，$D(s)=a_0s^n+a_1s^{n-1}+\cdots+a_n$；$M(s)=b_0s^m+b_1s^{m-1}+\cdots+b_m$；$N(s)$为与初始条件 $y^{(i)}(0^-)(i=0,1,2,\cdots,n-1)$ 有关的多项式。

取 $R(s)=0$，若特征方程有 q 个实根 p_i，r 个共轭复根 $\sigma_k\pm j\omega_{dk}$，其中 $\sigma_k=-\zeta_k\omega_k$，$\omega_{dk}=\omega_k\sqrt{1-\zeta_k^2}$，则系统的输出响应为

$$Y(s)=\frac{N(s)}{D(s)}=\frac{N(s)}{\prod\limits_{i=1}^{q}(s-p_i)\prod\limits_{k=1}^{r}(s^2+2\zeta_k\omega_k s+\omega_k^2)}$$

$$=\sum_{i=1}^{q}\frac{A_i}{s-p_i}+\sum_{k=1}^{r}\frac{B_k(s+\zeta_k\omega_k)+C_k\omega_k\sqrt{1-\zeta_k^2}}{s^2+2\zeta_k\omega_k s+\omega_k^2}$$

在初始状态下，系统的时间响应(即零输入响应)为

$$y(t)=L^{-1}[Y(s)]=\sum_{i=1}^{q}A_i e^{p_i t}+\sum_{k=1}^{r}e^{\sigma_k t}(B_k\cos\omega_{dk}t+C_k\sin\omega_{dk}t) \tag{3.10}$$

式中，系数 A_i、B_k 和 C_k 由系统结构参数决定。

由式(3.10)可以看出：

(1) 若 p_i、σ_k 均为负值，即特征方程根的实部小于 0，则有 $\lim_{t\to\infty} y(t)=0$，故当所有的特征根的实部都为负时，系统是稳定的。

(2) 若 p_i、σ_k 中有一个或多个为正值，则有 $\lim_{t\to\infty} y(t)=\infty$，故当特征根有一个或多个根具有正实部时，系统是不稳定的。

(3) 若 p_i、σ_k 中有一个为零，而其他根的实部均为负，则有 $\lim_{t\to\infty} y(t)$ 为常数，故当特征根中有一个为零，而其他极点均为负实部时，系统是临界稳定的。

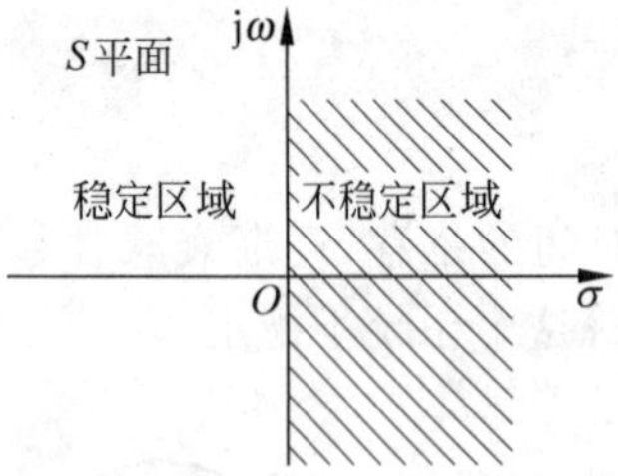

图 3.7　复平面的稳定区域

综上所述，系统稳定的充分必要条件是系统特征根的实部均小于零，或系统的特征根均在 S 复平面的左半平面，如图 3.7 所示。

3. 稳定性判别——劳斯判据

由稳定的充要条件可知要判别系统的稳定性，首先必须求解特征方程的根，但当特征方程是三阶或三阶以上时，根的求解是非常困难的，甚至是不可能的，但我们可以通过数学理论中方程根与系数之间的关系，通过特征方程的系数来了解根在 S 右半平面的分布情况，从而判定系统的稳定性，这就是劳斯判据。

(1) 劳斯判据

设 n 阶线性定常系统的特征方程为

$$D(s)=a_0s^n+a_1s^{n-1}+\cdots+a_n=0 \tag{3.11}$$

将其系数排成劳斯表：

$$\begin{array}{cccccc}
s^n & a_0 & a_2 & a_4 & a_6 & \cdots \\
s^{n-1} & a_1 & a_3 & a_5 & a_7 & \cdots \\
s^{n-2} & b_1 & b_2 & b_3 & b_4 & \cdots \\
s^{n-3} & c_1 & c_2 & c_3 & c_4 & \cdots \\
\vdots & \vdots & \vdots & \vdots & \vdots & \vdots \\
s^2 & f_1 & f_2 & f_3 & f_4 & \cdots \\
s^1 & g_1 & g_2 & g_3 & g_4 & \cdots \\
s^0 & h_1 & h_2 & h_3 & h_4 & \cdots
\end{array} \tag{3.12}$$

其中

$$b_1=\frac{\begin{vmatrix} a_0 & a_2 \\ a_1 & a_3 \end{vmatrix}}{-a_1},\quad b_2=\frac{\begin{vmatrix} a_0 & a_4 \\ a_1 & a_5 \end{vmatrix}}{-a_1},\quad b_3=\frac{\begin{vmatrix} a_0 & a_6 \\ a_1 & a_7 \end{vmatrix}}{-a_1},\quad b_4=\frac{\begin{vmatrix} a_0 & a_8 \\ a_1 & a_9 \end{vmatrix}}{-a_1},\quad \cdots$$

$$c_1=\frac{\begin{vmatrix} a_1 & a_3 \\ b_1 & b_2 \end{vmatrix}}{-b_1},\quad c_2=\frac{\begin{vmatrix} a_1 & a_5 \\ b_1 & b_3 \end{vmatrix}}{-b_1},\quad c_3=\frac{\begin{vmatrix} a_1 & a_7 \\ b_1 & b_4 \end{vmatrix}}{-b_1},\quad c_4=\frac{\begin{vmatrix} a_1 & a_9 \\ b_1 & b_5 \end{vmatrix}}{-b_1},\quad \cdots$$

$$\vdots$$

由数学理论可知：若劳斯表中第一列的元素均大于零，则表示系统所有的特征根全部在 S 的左半平面，从而可判断系统是稳定的；如果劳斯表中第一列的元素出现零，或者小于零，则表示系统有纯虚根或者有正根，由此可判断系统是不稳定的，第一列元素符号变化的次数，就是 S 右半平面的根的个数。

例 3.1　已知三阶线性定常系统的特征方程为 $a_0s^3+a_1s^2+a_2s+a_3=0$，试判断系统的稳定性。

解　列劳斯表为

$$
\begin{array}{lcc}
s^3 & a_0 & a_2 \\
s^2 & a_1 & a_3 \\
s^1 & \dfrac{a_1a_2-a_0a_3}{a_1} & \\
s^0 & a_3 &
\end{array}
$$

故得出三阶线性定常系统稳定的充要条件为各系数均大于零，且 $a_1a_2>a_0a_3$，即两内项之积大于两外项之积。

例 3.2　已知系统特征方程 $s^3-4s^2+6=0$，试判断系统的稳定性。

解　列劳斯表为

$$
\begin{array}{lcc}
s^3 & 1 & 0 \\
s^2 & -4 & 6 \\
s^1 & 1.5 & \\
s^0 & 6 &
\end{array}
$$

劳斯表中第一列元素符号改变两次，系统有 2 个右半平面的根，系统不稳定。

注意：特征方程缺项时必须用 0 来补全，此时系统肯定是不稳定的，但要知道究竟有几个根造成的系统不稳定，仍需列劳斯表来确定。

(2) 劳斯判据的两种特殊情况

用劳斯判据判定系统的稳定性需要列劳斯表，劳斯表中的元素从第三行开始要进行计算，计算时它们都是用第一列的元素来作分母，而分母是不允许为 0 的，如果第一列元素出现了 0 该如何处理呢？若劳斯表的第一列出现了“0”元素，则系统是不稳定的，究竟是不稳定还是临界稳定，还需要根据不同情况继续列劳斯表作进一步判断，这就是劳斯判据的两种特殊情况。

第一种特殊情况：劳斯表中某一行的第一个元素为零，而该行的其他元素并不为零。

处理办法：用一个很小的正数 ε 来代替 0 的位置，然后继续排劳斯表。

例 3.3　已知系统的特征方程为 $D(s)=s^4+3s^3+s^2+3s+1=0$，试判别系统的稳定性。

解　首先列劳斯表为

$$
\begin{array}{lccc}
s^4 & 1 & 1 & 1 \\
s^3 & 3 & 3 & 0 \\
s^2 & 0(\varepsilon) & 1 & \\
s^1 & 3-\dfrac{3}{\varepsilon} & & \\
s^0 & 1 & &
\end{array}
$$

由于 $\varepsilon>0, 3-\frac{3}{\varepsilon}<0$，可见劳斯表中的第一列元素符号变化了 2 次，所以系统是不稳定的，有 2 个特征根在 S 右半平面。

第二种特殊情况：劳斯表中某一行的元素全为零。

解决办法：用全 0 这一行的上一行构成辅助多项式，将辅助多项式对变量 s 求导，得到一个新的多项式，然后用这个新多项式的系数来代替全 0 的这一行元素后再继续排劳斯表。

出现这种情况表示在 S 平面内存在一些关于原点对称的根。这些根可能是一对大小相等、符号相反的实根；或者为一对共轭纯虚根；或者为实部符号相反、虚部数值相等的一对共轭复数根；或者上述几类根同时存在，因此系统肯定是不稳定的。而这些关于原点对称的根，可以通过求解辅助方程（令辅助多项式为零所得方程）来获得。

例 3.4 已知系统的特征方程为 $D(s)=s^6+s^5-2s^4-3s^3-7s^2-4s-4=0$，试用劳斯稳定判据判别系统的稳定性。

解 首先列劳斯表为

$$\begin{array}{lllll} s^6 & 1 & -2 & -7 & -4 \\ s^5 & 1 & -3 & -4 & \\ s^4 & 1 & -3 & -4 & \\ s^3 & 0 & 0 & 0 & \end{array}$$

表中出现全零行。根据前述分析，说明系统存在大小相等、关于原点对称的实根或共轭复数根。为继续列写劳斯表并求出这些根，可用全零行的上一行元素作为系数构造一个辅助多项式，并对辅助多项式求导得，以导数的系数取代全零行的各元素，然后继续列写劳斯表如下：

$$\begin{array}{lllll} s^6 & 1 & -2 & -7 & -4 \\ s^5 & 1 & -3 & -4 & \\ s^4 & 1 & -3 & -4 & \rightarrow F(s)=s^4-3s^2-4 \\ s^3 & 4 & -6 & & \leftarrow F'(s)=4s^3-6s \\ s^2 & -3 & -8 & & \text{(各元素均乘以 2)} \\ s^1 & -50 & & & \\ s^0 & -8 & & & \end{array}$$

因劳斯表第一列元素符号变化 1 次，故系统是不稳定的，有 1 个特征根在右半 S 平面。求解辅助方程 $s^4-3s^2-4=0$ 可得系统有对称于原点的特征根 $s_{1,2}=\pm 2, s_{3,4}=\pm \mathrm{j}$。

(3) 劳斯判据的推广应用

劳斯判据不仅能够用来判别系统的稳定性，还可以用来分析系统参数对系统稳定性的影响，以及系统的相对稳定性问题。

① 系统参数对系统稳定性的影响

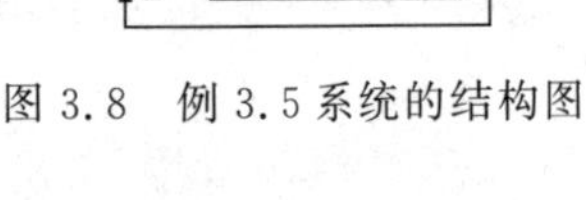

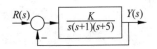

图 3.8 例 3.5 系统的结构图

例 3.5 系统结构图如图 3.8 所示，试确定系统稳定时 K 的取值范围。

解 系统的闭环传递函数为 $\frac{Y(s)}{R(s)}=\frac{K}{s^3+6s^2+5s+K}$，

其特征方程式为 $D(s)=s^3+6s^2+5s+K=0$。

列劳斯表为

$$\begin{array}{lcc} s^3 & 1 & 5 \\ s^2 & 6 & K \\ s^1 & \dfrac{30-K}{6} & 0 \\ s^0 & K & \end{array}$$

根据劳斯判据知道，要使系统稳定，应有 $K>0$，且 $30-K>0$，故 K 的取值范围为 $0<K<30$。

例 3.6　系统结构图如图 3.9 所示，试分析参数 K_1、K_2、K_3 和 T 对系统稳定性的影响。

解　系统的闭环传递函数为 $\dfrac{Y(s)}{R(s)}=\dfrac{K_1K_2K_3}{Ts^3+s^2+K_1K_2K_3}$，其特征方程为 $D(s)=Ts^3+s^2+K_1K_2K_3=0$。

由于特征方程缺项，由稳定的必要条件可知，不论参数 K_1、K_2、K_3 和 T 取何值，系统总是不稳定的，故称其为结构不稳定系统。

欲使系统稳定，则必须改变系统的结构。假如在原系统的前向通道中引入一个比例微分环节，如图 3.10 所示。改变结构后系统的闭环传递函数为

$$\frac{Y(s)}{R(s)}=\frac{K_1K_2K_3(\tau s+1)}{s^2(Ts+1)+K_1K_2K_3(\tau s+1)},$$

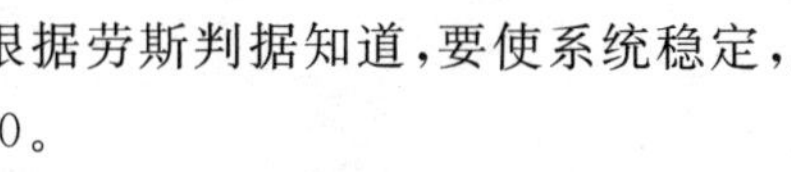

图 3.9　例 3.6 系统的结构图

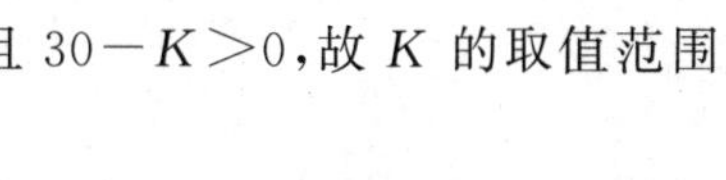

图 3.10　例 3.6 系统改变后的结构图

特征方程为 $D(s)=Ts^3+s^2+K_1K_2K_3\tau s+K_1K_2K_3=0$。

列劳斯表为

$$\begin{array}{lcc} s^3 & T & K_1K_2K_3\tau \\ s^2 & 1 & K_1K_2K_3 \\ s^1 & K_1K_2K_3\tau-K_1K_2K_3T & \\ s^0 & K_1K_2K_3 & \end{array}$$

系统稳定的充分必要条件为 $T>0$，$K_1K_2K_3>0$ 及 $\tau>T$。

由此可见，对于结构不稳定系统，改变系统结构后，只要选配适当的参数就可使系统稳定。

② 相对稳定性和稳定裕量

相对稳定性即系统的特征根不仅要全部位于 S 左半平面，而且还要与虚轴有一定的距离，称之为稳定裕量。

为了能应用上述的代数判据，通常将 S 平面的虚轴左移一个距离 δ，得到的复平面 S_1，即令 $s_1=s+\delta$ 或 $s=s_1-\delta$ 得到以 s_1 为变量的新特征方程式 $D(s_1)=0$，再利用劳斯判据判

别根的分布情况，若新特征方程式的所有根均在 S_1 平面的左半平面，则说明原系统不但稳定，而且所有特征根均位于 $-\delta$ 的左侧，δ 称为系统的稳定裕量。

例 3.7 检验特征方程式 $2s^3+10s^2+13s+4=0$ 是否有根在 S 右半平面，以及有几个根在 $s=-1$ 垂线的右边。

解 第一步，首先判断系统的稳定性。

列劳斯表为

$$\begin{array}{lll} s^3 & 2 & 13 \\ s^2 & 10 & 4 \\ s^1 & 12.2 & \\ s^0 & 4 & \end{array}$$

由劳斯判据知，系统稳定，所有特征根均在 S 的左半平面。

第二步，确定系统的相对稳定性。

令 $s=s_1-1$ 代入 $D(s)$ 得 s_1 的特征方程式为 $D_1(s)=2s_1^3+4s_1^2-s_1-1=0$。

再列劳斯表为

$$\begin{array}{lll} s_1^3 & 2 & -1 \\ s_1^2 & 4 & -1 \\ s_1^1 & -\frac{1}{2} & \\ s_1^0 & -1 & \end{array}$$

劳斯表中第一列元素符号改变 1 次，表示系统有 1 个根在 S_1 右半平面，也就是有 1 个根在 $s=-1$ 垂线的右边(虚轴的左边)，系统的稳定裕量不到 1。

4. 利用 MATLAB 判定系统的稳定性

在计算机没有出现前，人们只能借助于数学研究，通过分析法来研究系统的稳定性，在计算机飞速发展的今天，很容易通过控制软件来求解高阶特征方程的根，从而判定系统的稳定性。

在 MATLAB 中很容易求得闭环系统特征方程所有的根，由根的分布情况判定系统的稳定性。

例 3.8 系统的特征方程为 $D(s)=0.01s^6+1.1s^5+20.35s^4+110.5s^3+325.2s^2+384s+120=0$，试用 MATLAB 判断系统的稳定性。

解 输入 MATLAB 命令如下：

```
den=[0.01 1.1 20.35 110.5 325.2 384 120];    %输入特征方程
Roots(den)                                     %求解特征方程的根
```

运行上述命令后可得到系统的特征根为

```
ans =
  -88.3314
  -15.1400
  -2.2633 + 2.6891i
  -2.2633 - 2.6891i
```

```
-1.5259
-0.4760
```

由此可见该系统的 6 个根都在 S 的左半平面，所以可判定系统是稳定的。

3.4.2 动态特性分析

稳定是系统能够正常工作的前提，对于稳定的系统，我们还需要有较好的动态性能和稳态性能，一般要求系统能够快速地跟踪输入信号的变化，而且跟踪精度要高。对于一个实际的控制系统，其数学模型一般都比较复杂，而且往往还是高阶系统，分析难度很大。在工程上通常采用简单实用的方法，抓住主要因素忽略一些次要因素，对高阶系统进行降阶处理，这种近似方法在实际应用中具有重要的意义。因此首先研究低阶系统的运行规律，找出系统响应特性的变化规律及其与系统参数之间的准确关系，然后将所得结果推广至高阶系统。

1. 一阶系统的时域分析

(1) 数学模型

能够用一阶微分方程描述的系统称为一阶系统，一阶系统的典型结构图如图 3.11 所示，其微分方程和传递函数分别为

$$T\frac{\mathrm{d}y(t)}{\mathrm{d}t}+y(t)=r(t) \tag{3.13}$$

$$\Phi(s)=\frac{Y(s)}{R(s)}=\frac{1}{Ts+1} \tag{3.14}$$

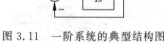

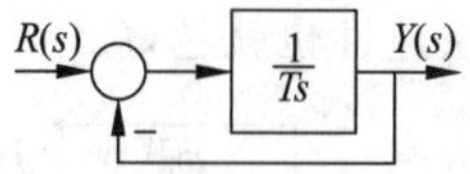

图 3.11 一阶系统的典型结构图

其中，T 为一阶系统的时间常数。

(2) 单位阶跃响应

输入信号 $r(t)=1(t)$，其拉氏变换为

$$R(s)=\frac{1}{s}$$

输出的象函数为

$$Y(s)=\Phi(s)R(s)=\frac{1}{Ts+1}\cdot\frac{1}{s}=\frac{1}{s}-\frac{T}{Ts+1}=\frac{1}{s}-\frac{1}{s+\frac{1}{T}}$$

对上式进行拉氏反变换得单位阶跃响应为

$$y(t)=1-\mathrm{e}^{-\frac{t}{T}},\quad t\geqslant 0 \tag{3.15}$$

其零极点分布及单位阶跃响应如图 3.12 所示。

由此可见，一阶系统的单位阶跃响应为非周期响应，系统无振荡、无超调，是稳定的。

(3) 性能指标

① 超调量 $\sigma_{\mathrm{p}}=0$。

② 上升时间 t_{r}。由上升时间的定义得 $y(t_{\mathrm{r}})=1-\mathrm{e}^{-\frac{t_{\mathrm{r}}}{T}}=90\%$，解之得上升时间为

$$t_{\mathrm{r}}=T\ln 10=2.3T \tag{3.16}$$

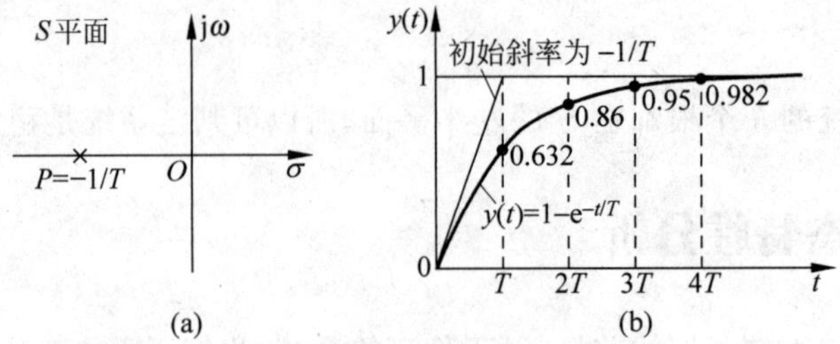

图 3.12 一阶系统的零极点分布和单位阶跃响应曲线

(a) 零极点分布；(b) 单位阶跃响应曲线

③ 调节时间 t_s。由调节时间的定义知 $|y(t_s)-y(\infty)|\leqslant\Delta\times y(\infty)$，即 $|1-e^{-\frac{t_s}{T}}-1|=e^{-\frac{t_s}{T}}\leqslant\Delta$。解之得 $t_s\geqslant T\ln\frac{1}{\Delta}$，取调节时间为

$$t_s=\begin{cases}3T, & \Delta=\pm5\%\\4T, & \Delta=\pm2\%\end{cases} \tag{3.17}$$

从一阶系统的性能指标可知，时间常数 T 越小，闭环极点离虚轴就越远，调节时间 t_s 越小，快速性也就越好。

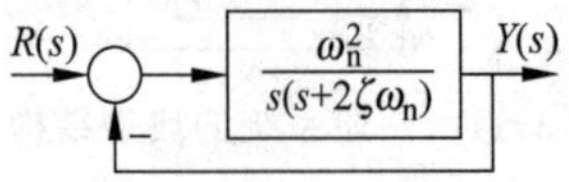

图 3.13 二阶系统的典型结构图

2. 二阶系统的时域分析

(1) 数学模型

能够用二阶微分方程描述的系统称为二阶系统，二阶系统的典型结构图如图 3.13 所示，其微分方程和传递函数分别为

$$T^2\frac{d^2y(t)}{dt^2}+2\zeta T\frac{dy(t)}{dt}+y(t)=r(t) \tag{3.18}$$

$$\Phi(s)=\frac{Y(s)}{R(s)}=\frac{\omega_n^2}{s^2+2\zeta\omega_n s+\omega_n^2}=\frac{1}{T^2s^2+2\zeta Ts+1} \tag{3.19}$$

式中，ζ 为系统的阻尼比；ω_n 为系统的无阻尼自然振荡角频率；T 为系统振荡周期。

(2) 单位阶跃响应

由式(3.19)可知典型二阶系统的特征方程为

$$D(s)=s^2+2\zeta\omega_n s+\omega_n^2=0$$

其特征根为

$$s_{1,2}=-\zeta\omega_n\pm\sqrt{\zeta^2-1}\,\omega_n$$

由此可见，特征根的分布情况与阻尼比 ζ 有关，根据 ζ 值的不同，下面分五种情况进行分析。

① $\zeta=0$，无阻尼状态

由式(3.19)可知，$\Phi(s)=\frac{Y(s)}{R(s)}=\frac{\omega_n^2}{s^2+2\zeta\omega_n s+\omega_n^2}=\frac{\omega_n^2}{s^2+\omega_n^2}$，闭环极点 $s_{1,2}=\pm j\omega_n$，如图 3.14(a)所示。

$$Y(s)=\Phi(s)\cdot R(s)=\frac{\omega_n^2}{s^2+\omega_n^2}\cdot\frac{1}{s}=\frac{1}{s}-\frac{s}{s^2+\omega_n^2}$$

对其进行拉氏反变换得到系统的单位阶跃响应为

$$y(t)=1-\cos\omega_n t,\quad t\geqslant 0 \tag{3.20}$$

由此可知，系统的阶跃响应为等幅振荡，故称为无阻尼状态，如图 3.15(a)所示，振荡角频率为 ω_n，所以 ω_n 称为无阻尼自然振荡角频率。

② $0<\zeta<1$，欠阻尼状态

由式(3.19)可知，$\Phi(s)=\frac{\omega_n^2}{s^2+2\zeta\omega_n s+\omega_n^2}$，闭环极点 $s_{1,2}=-\zeta\omega_n\pm j\omega_n\sqrt{1-\zeta^2}$ 为一对负实部的共轭复根，如图 3.14(b)所示。

$$\begin{aligned}Y(s)=\Phi(s)\cdot R(s)&=\frac{\omega_n^2}{s^2+2\zeta\omega_n s+\omega_n^2}\cdot\frac{1}{s}=\frac{1}{s}-\frac{s+2\zeta\omega_n}{s^2+2\zeta\omega_n s+\omega_n^2}\\&=\frac{1}{s}-\frac{s+\zeta\omega_n+\zeta\omega_n}{(s+\zeta\omega_n)^2+(1-\zeta^2)\omega_n^2}\\&=\frac{1}{s}-\frac{s+\zeta\omega_n}{(s+\zeta\omega_n)^2+(1-\zeta^2)\omega_n^2}-\frac{\zeta}{\sqrt{1-\zeta^2}}\cdot\frac{\omega_n\sqrt{1-\zeta^2}}{(s+\zeta\omega_n)^2+\omega_n^2(1-\zeta^2)}\\&=\frac{1}{s}-\frac{s+\zeta\omega_n}{(s+\zeta\omega_n)^2+\omega_d^2}-\frac{\zeta}{\sqrt{1-\zeta^2}}\cdot\frac{\omega_d}{(s+\zeta\omega_n)^2+\omega_d^2}\end{aligned}$$

其中，$\omega_d=\omega_n\sqrt{1-\zeta^2}$ 称为阻尼振荡角频率。

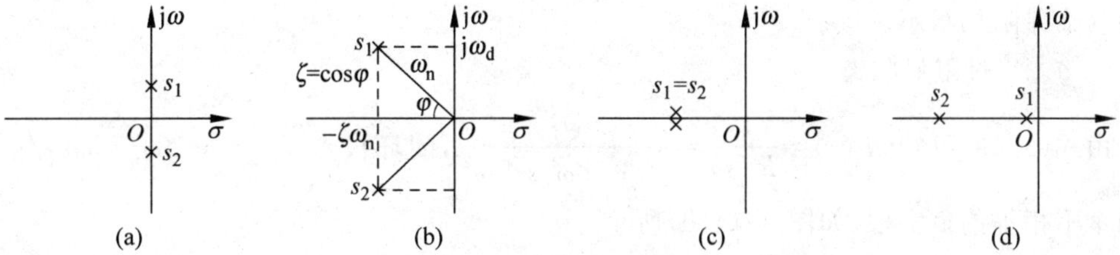

图 3.14　典型二阶系统的闭环极点分布图

(a) 无阻尼；(b) 欠阻尼；(c) 临界阻尼；(d) 过阻尼

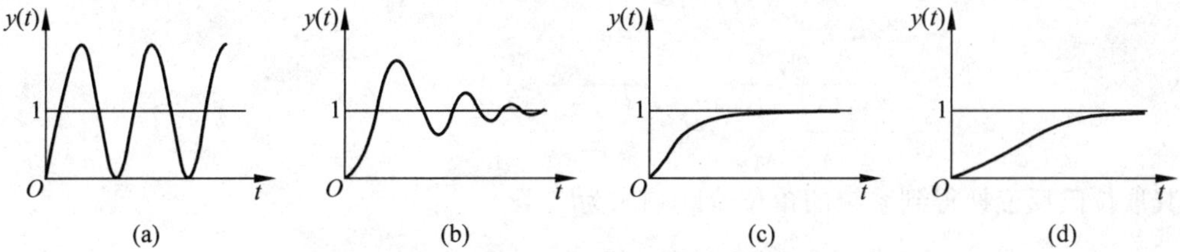

图 3.15　典型二阶系统的单位阶跃响应

(a) 无阻尼；(b) 欠阻尼；(c) 临界阻尼；(d) 过阻尼

对其取拉氏反变换得到系统的单位阶跃响应为

$$y(t)=1-e^{-\zeta\omega_n t}\cos\omega_d t-\frac{\zeta}{\sqrt{1-\zeta^2}}e^{-\zeta\omega_n t}\sin\omega_d t=1-e^{-\zeta\omega_n t}\left(\cos\omega_d t+\frac{\zeta}{\sqrt{1-\zeta^2}}\sin\omega_d t\right)$$

$$=1-\frac{e^{-\zeta\omega_n t}}{\sqrt{1-\zeta^2}}(\sqrt{1-\zeta^2}\cos\omega_d t+\zeta\sin\omega_d t)$$

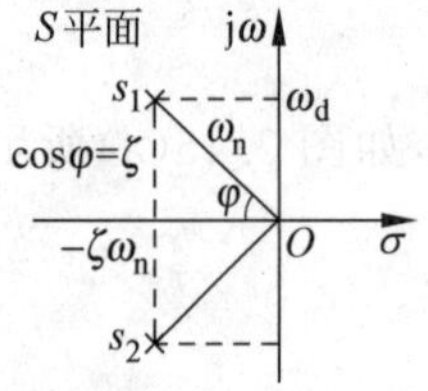

图 3.16 极点位置与阻尼角的关系

令 $\sin\varphi=\sqrt{1-\zeta^2}$，$\cos\varphi=\zeta$，则有

$$y(t)=1-\frac{e^{-\zeta\omega_n t}}{\sqrt{1-\zeta^2}}\sin(\omega_d t+\varphi) \qquad (3.21)$$

其中，φ 称为阻尼角，极点位置与阻尼角之间的关系如图 3.16 所示。其单位阶跃响应为衰减振荡曲线，故称为欠阻尼状态，如图 3.15(b)所示。

③ $\zeta=1$，临界阻尼状态

由式(3.19)可知，$\Phi(s)=\frac{Y(s)}{R(s)}=\frac{\omega_n^2}{s^2+2\zeta\omega_n s+\omega_n^2}=\frac{\omega_n^2}{s^2+2\omega_n s+\omega_n^2}$，闭环极点 $s_{1,2}=-\omega_n$，为两个相等的负实根，如图 3.14(c)所示。

$$Y(s)=\Phi(s)R(s)=\frac{\omega_n^2}{s^2+2\omega_n s+\omega_n^2}\cdot\frac{1}{s}=\frac{\omega_n^2}{s(s+\omega_n)^2}$$

$$=\frac{1}{s}-\frac{1}{s+\omega_n}-\frac{\omega_n}{(s+\omega_n)^2}$$

对其取拉氏反变换得到系统的单位阶跃响应为

$$y(t)=1-e^{-\omega_n t}-\omega_n t e^{-\omega_n t}=1-(1+\omega_n t)e^{-\omega_n t} \qquad (3.22)$$

单位阶跃响应为单调上升的曲线，如图 3.15(c)所示，由于它是振荡与单调过程的分界，所以称为临界阻尼状态。

④ $\zeta>1$，过阻尼状态

由式(3.19)可知，$\Phi(s)=\frac{Y(s)}{R(s)}=\frac{\omega_n^2}{s^2+2\zeta\omega_n s+\omega_n^2}$，闭环极点 $s_{1,2}=-\zeta\omega_n\pm\omega_n\sqrt{\zeta^2-1}$ 为两个不相等的负实根，如图 3.14(d)所示。

$$Y(s)=\frac{\omega_n^2}{(s-s_1)(s-s_2)}\cdot\frac{1}{s}=\frac{\frac{\omega_n^2}{s_1 s_2}}{s}-\frac{\frac{\omega_n^2}{s_1(s_2-s_1)}}{s-s_1}+\frac{\frac{\omega_n^2}{s_2(s_2-s_1)}}{s-s_2}$$

$$=\frac{1}{s}+\frac{\frac{\omega_n^2}{s_1(s_1-s_2)}}{s-s_1}+\frac{\frac{\omega_n^2}{s_2(s_2-s_1)}}{s-s_2}$$

对其取拉氏反变换得到系统的单位阶跃响应为

$$y(t)=1+\frac{\omega_n^2}{s_1(s_1-s_2)}e^{s_1 t}+\frac{\omega_n^2}{s_2(s_2-s_1)}e^{s_2 t}$$

而 $s_1=-\zeta\omega_n+\omega_n\sqrt{\zeta^2-1}$，$s_2=-\zeta\omega_n-\omega_n\sqrt{\zeta^2-1}$

$$s_1(s_1-s_2)=(-\zeta\omega_n+\omega_n\sqrt{\zeta^2-1})\times 2\omega_n\sqrt{\zeta^2-1}=2\omega_n^2\sqrt{\zeta^2-1}(-\zeta+\sqrt{\zeta^2-1})$$

$$s_2(s_2-s_1)=(-\zeta\omega_n-\omega_n\sqrt{\zeta^2-1})\times(-2\omega_n\sqrt{\zeta^2-1})=2\omega_n^2\sqrt{\zeta^2-1}(\zeta+\sqrt{\zeta^2-1})$$

所以有

$$y(t)=1-\frac{1}{2\sqrt{\zeta^2-1}}\left[\frac{1}{\zeta-\sqrt{\zeta^2-1}}e^{s_1t}-\frac{1}{\zeta+\sqrt{\zeta^2-1}}e^{s_2t}\right] \tag{3.23}$$

当 $\zeta\gg 1$ 时，$y(t)\approx 1-e^{s_1t}=1-e^{(-\zeta\omega_n+\omega_n\sqrt{\zeta^2-1})t}$

当 $\zeta>1.25$ 时，系统的过渡过程时间可近似为 $t_s=(3\sim 4)\frac{1}{s_1}$。

过阻尼时的单位阶跃响应是非振荡的曲线，如图 3.15(d)所示，由于它比临界阻尼状态惯性更大，响应过程更迟缓，所以称其为过阻尼状态。

⑤ $\zeta<0$，负阻尼状态

由式(3.19)可知，$\Phi(s)=\frac{Y(s)}{R(s)}=\frac{\omega_n^2}{s^2+2\zeta\omega_n s+\omega_n^2}$，闭环极点为 $s_{1,2}=-\zeta\omega_n\pm\omega_n\sqrt{\zeta^2-1}$，它具有正实部的根，不论是单调还是振荡，都是发散的，属于不稳定系统。

综上所述可知，二阶系统的单位阶跃响应主要取决于特征根的分布，与系统的阻尼比 ζ 有关，如表 3.1 所示。

表 3.1 二阶系统闭环极点与单位阶跃响应的关系

ζ 值	阻尼状态	闭环极点的分布情况	系统的单位阶跃响应
$\zeta=0$	无阻尼	两个共轭纯虚根	等幅振荡
$0<\zeta<1$	欠阻尼	两个负实部的共轭复数根	衰减振荡
$\zeta=1$	临界阻尼	两个相等的负实根	单调上升
$\zeta>1$	过阻尼	两个不相等的负实根	单调上升(比 $\zeta=1$ 慢)
$\zeta<0$	负阻尼	两个正实部根	振荡发散

(3) 性能指标

由式(3.21)～式(3.23)可绘制在不同阻尼比时二阶典型系统的单位阶跃响应曲线，如图 3.17 所示。由图可知，当 $\zeta\geqslant 1$ 时，系统工作在临界阻尼或过阻尼状态，动态响应较慢，ζ 值越大，系统的响应就越迟缓，故大多数系统都设计成欠阻尼系统。

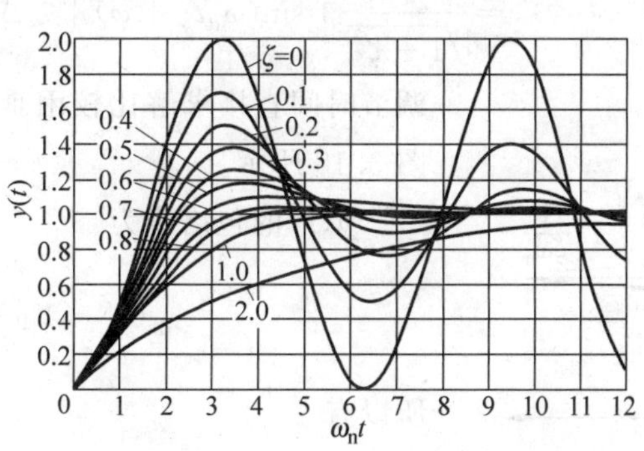

图 3.17 二阶系统单位阶跃响应曲线

典型二阶系统欠阻尼状态下的性能指标如图 3.5(a)所示，推导求解如下。

① 上升时间 t_r

$$y(t_r)=1-\frac{e^{-\zeta\omega_n t_r}}{\sqrt{1-\zeta^2}}\sin(\omega_d t_r+\varphi)=1$$

解之可得上升时间为

$$t_r=\frac{\pi-\varphi}{\omega_d} \tag{3.24}$$

式中，阻尼角 $\varphi=\arccos\zeta$；阻尼振荡频率 $\omega_d=\omega_n\sqrt{1-\zeta^2}$。

② 峰值时间 t_p

由式(3.21)对其求导，并令 $\left.\frac{dy(t)}{dt}\right|_{t=t_p}=0$，解得峰值时间为

$$t_p=\frac{\pi}{\omega_d} \tag{3.25}$$

其中

$$\omega_d=\omega_n\sqrt{1-\zeta^2}$$

由曲线可知，当 ζ 一定时，ω_n 越大，t_p 越小，反应越快；当 ω_n 一定时，ζ 越小，t_p 越小。

③ 超调量 σ_p

$$y_{max}=y(t_p)=1-\frac{e^{-\zeta\omega_n t_p}}{\sqrt{1-\zeta^2}}\sin(\omega_d t_p+\varphi)=1-\frac{e^{-\zeta\omega_n\frac{\pi}{\sqrt{1-\zeta^2}\omega_n}}}{\sqrt{1-\zeta^2}}\sin\left(\omega_d\frac{\pi}{\omega_d}+\varphi\right)$$

$$=1+\frac{e^{-\frac{\zeta\pi}{\sqrt{1-\zeta^2}}}}{\sqrt{1-\zeta^2}}\sin\varphi=1+e^{-\frac{\zeta\pi}{\sqrt{1-\zeta^2}}}$$

解之得到系统的超调量为

$$\sigma_p=\frac{y(t_p)-y(\infty)}{y(\infty)}\times 100\%=e^{-\frac{\zeta\pi}{\sqrt{1-\zeta^2}}}\times 100\% \tag{3.26}$$

④ 调节时间 t_s

$$|y(t_s)-y(\infty)|=\frac{e^{-\zeta\omega_n t_s}}{\sqrt{1-\zeta^2}}|\sin(\omega_d t_s+\varphi)|\leqslant\Delta\times y(\infty)$$

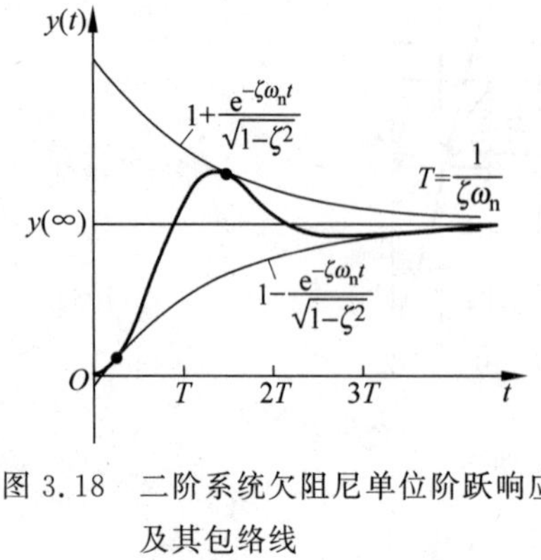

图 3.18 二阶系统欠阻尼单位阶跃响应及其包络线

调节时间直接求解比较困难，可根据包络线求解，如图 3.18 所示。

$y(t)$的包络线为

$$y_b(t)=1\pm\frac{e^{-\zeta\omega_n t}}{\sqrt{1-\zeta^2}}$$

所以有

$$|y_b(t_s)-y(\infty)|=\Delta\times y(\infty)$$

即$|y_b(t_s)-1|=\Delta$，其中 $\Delta=5\%$或 2%，则

$$t_s=\frac{1}{\zeta\omega_n}\ln\frac{1}{\Delta\sqrt{1-\zeta^2}}$$

$$t_s=\frac{1}{\zeta\omega_n}\ln\frac{20}{\sqrt{1-\zeta^2}}\approx\frac{3}{\zeta\omega_n},\quad 当\ \Delta=5\%\ 时$$

$$t_s=\frac{1}{\zeta\omega_n}\ln\frac{50}{\sqrt{1-\zeta^2}}\approx\frac{4}{\zeta\omega_n},\quad 当\ \Delta=2\%\ 时$$

所以调节时间 t_s 为

$$t_s=\frac{3\sim 4}{\zeta\omega_n}\tag{3.27}$$

⑤ 振荡次数 N

$$N=\frac{t_s}{T_d}=\frac{t_s}{2\pi/\omega_d}=\frac{\omega_d t_s}{2\pi}\tag{3.28}$$

对于欠阻尼状态的二阶系统，极点的阻尼比(阻尼角)决定响应的平稳性；阻尼比(阻尼角)一定时，极点与虚轴的距离决定响应的快速性。ζ 值增加将减少系统的振荡，超调量减小，但上升时间、调节时间将加大，因此 ζ 值在 0.4～0.8 之间较为适宜，此时系统响应的快速性和平稳性都比较好，一般将 $\zeta=0.707$ 时称为最佳阻尼比。当自然频率 ω_n 增加时，系统的响应速度加快，但是系统响应的峰值保持不变，即超调量由阻尼比 ζ 唯一确定。

小结：综上所述，二阶典型系统的动态响应特性取决于系统的极点分布。若极点是共轭复数，则动态响应是衰减振荡的，振荡的频率取决于极点的虚部，衰减的速度取决于极点的负实部；若极点是共轭纯虚数，则动态响应为等幅振荡，振荡的频率仍由极点的虚部决定；若极点为负实数，则动态响应为非周期的，极点离虚轴越近，对应的时间常数便越大，系统响应的速度就越慢。

例 3.9　已知系统的结构如图 3.19 所示，单位阶跃响应的超调量 $\sigma_p=16.3\%$，峰值时间 $t_p=1s$，试求：

(1) 系统的开环传递函数；

(2) 系统的闭环传递函数；

(3) 根据已知性能指标确定参数 K 和 τ，同时确定在此 K 和 τ 数值下系统的上升时间和调节时间；

(4) 确定闭环系统的单位阶响应 $y(t)$。

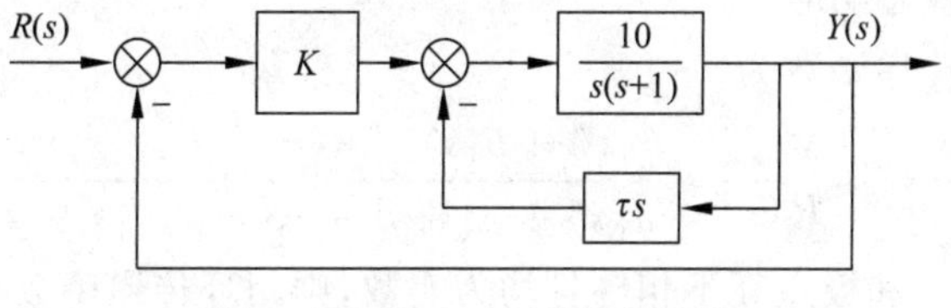

图 3.19　例 3.9 系统的结构图

解　(1) 由题可得，系统的开环函数为

$$G(s)=\frac{K\dfrac{10}{s(s+1)}}{1+\dfrac{10\tau s}{s(s+1)}}=\frac{10K}{s(s+1+10\tau)}$$

(2) 系统的闭环传递函数为

$$\Phi(s)=\frac{G(s)}{1+G(s)}=\frac{10K}{s^2+(1+10\tau)s+10K}$$

(3) 令

$$\sigma_{\mathrm{p}}=\mathrm{e}^{\frac{-\zeta\pi}{\sqrt{1-\zeta^2}}}=16.3\%$$

得出 $\zeta=0.5$,可见系统工作在欠阻尼状态。

再由 $t_{\mathrm{p}}=\dfrac{\pi}{\omega_{\mathrm{n}}\sqrt{1-\zeta^2}}=1$

得出 $\omega_{\mathrm{n}}=3.628\mathrm{rad/s}$。

对比系统闭环传递函数 $\Phi(s)$的表达式可得

$$10K=\omega_{\mathrm{n}}^2=13.16$$

$$1+10\tau=2\zeta\omega_{\mathrm{n}}=2\times 0.5\times 3.628=3.628$$

解得 $K=1.316$,$\tau=0.2628$

由此可得系统的上升时间为

$$t_{\mathrm{r}}=\frac{\pi-\beta}{\omega_{\mathrm{n}}\sqrt{1-\zeta^2}}=\frac{\pi-\arccos\zeta}{\omega_{\mathrm{n}}\sqrt{1-\zeta^2}}=0.666\mathrm{s}$$

调整时间 $t_{\mathrm{s}}=\dfrac{3}{\zeta\omega_{\mathrm{n}}}=1.654\mathrm{s}\quad(\Delta=\pm 5\%)$

$t_{\mathrm{s}}=\dfrac{4}{\zeta\omega_{\mathrm{n}}}=2.205\mathrm{s}\quad(\Delta=\pm 2\%)$

(4) 闭环系统的单位阶跃响应输出为

$$y(t)=1-\frac{\mathrm{e}^{-\zeta\omega_{\mathrm{n}}t}}{\sqrt{1-\zeta^2}}\sin(\omega_{\mathrm{d}}t+\varphi)=1-1.155\mathrm{e}^{-1.814t}\sin(3.142t+60^\circ)$$

其中

$$\omega_{\mathrm{d}}=\omega_{\mathrm{n}}\sqrt{1-\zeta^2}=3.142,\quad \varphi=\arccos\zeta=60^\circ$$

3. 高阶系统的时域分析

(1) 高阶系统的瞬态响应

n 阶系统的闭环传递函数为

$$\Phi(s)=\frac{Y(s)}{R(s)}=\frac{b_0s^m+b_1s^{m-1}+\cdots+b_{m-1}s+b_m}{a_0s^n+a_1s^{n-1}+\cdots+a_{n-1}s+a_n}\tag{3.29}$$

假设所有闭环零点和极点互不相等且均为实数,则闭环传递函数可表示为零极点形式

$$\Phi(s)=\frac{K\prod_{j=1}^{m}(s-z_j)}{\prod_{i=1}^{n}(s-p_i)}\tag{3.30}$$

当输入为单位阶跃函数 $r(t)=1(t)$,即 $R(s)=\dfrac{1}{s}$时,则系统的输出为

$$Y(s)=\frac{K\prod_{j=1}^{m}(s-z_j)}{\prod_{i=1}^{n}(s-p_i)}\cdot\frac{1}{s}=\frac{A_0}{s}+\sum_{i=1}^{n}\frac{A_i}{s-p_i} \tag{3.31}$$

故单位阶跃响应为

$$y(t)=A_0+\sum_{i=1}^{n}A_i e^{p_i t} \tag{3.32}$$

当极点中还包含共轭复极点时，则系统的输出为

$$\begin{aligned}Y(s)&=\frac{K\prod_{j=1}^{m}(s-z_j)}{s\prod_{i=1}^{q}(s-p_i)\prod_{k=1}^{r}(s^2+2\zeta_k\omega_k s+\omega_k^2)}\\&=\frac{A_0}{s}+\sum_{i=1}^{q}\frac{A_i}{s-p_i}+\sum_{k=1}^{r}\frac{B_k(s+\zeta_k\omega_k)+C_k\omega_k\sqrt{1-\zeta_k^2}}{s^2+2\zeta_k\omega_k s+\omega_k^2}\end{aligned} \tag{3.33}$$

进行拉氏反变换可得系统的单位阶跃响应为

$$\begin{aligned}y(t)=&A_0+\sum_{i=1}^{q}A_i e^{p_i t}+\sum_{k=1}^{r}B_k e^{-\zeta_k\omega_k t}\cos\omega_k\sqrt{1-\zeta_k^2}\,t+\\&\sum_{k=1}^{r}C_k e^{-\zeta_k\omega_k t}\sin\omega_k\sqrt{1-\zeta_k^2}\,t\end{aligned} \tag{3.34}$$

由此可见，高阶系统的响应可看成是若干个一阶系统和若干个二阶系统的组合，其响应的快慢与闭环极点离虚轴的距离有关。闭环极点离虚轴越远，式(3.34)中对应的动态分量衰减就越快，在系统的单位阶跃响应达到最大值和稳态值时几乎衰减完毕，因此对上升时间、超调量影响不大；反之，那些离虚轴近的极点，对应分量衰减缓慢，所以系统的动态性能指标主要取决于这些极点所对应的分量。因此，一般可将相对远离虚轴的极点所引起的分量忽略不计，而保留那些离虚轴较近的极点所引起的分量，这些分量对系统的动态特性将起主导作用，这些极点通常称为主导极点。

(2) 高阶系统的降阶

① 主导极点

在整个响应过程中起着主要的决定性作用的闭环极点，我们称之为主导极点。工程上往往只用主导极点估算系统的动态特性，即用低阶系统来估算高阶系统的动态性能，其误差取决于系统非主导零极点对系统性能影响的大小，若主导极点的主导性越强，非主导零极点的影响便越弱，估算造成的误差就越小，而系统非主导零极点的影响可直接通过计算机仿真来分析计算。工程上通常认为只要该极点与虚轴距离是其他零、极点与虚轴距离的4～5倍以上，可视为其他零、极点远离虚轴。

② 偶极子

将一对靠得很近的闭环零、极点称为偶极子。工程上，当某极点和某零点之间的距离比它们的模值小一个数量级时，就可认为这对零极点为偶极子。

闭环传递函数中，如果零、极点数值上相近，则可将该零点和极点一起消掉，称之为偶极

子相消。在进行偶极子相消时，应注意保持系统的放大倍数不变，以免影响系统的稳态特性，即消掉的是该极点对应的时间常数的表达形式。

例 3.10 设某单位反馈系统的开环传递函数为 $G(s)=\dfrac{10}{s(s+4.28)(s+2.22)}$。试求：

(1) 系统极点的分布并判断系统是否存在主导极点；

(2) 按主导极点法对系统进行降阶处理，并估算系统的动态性能；

(3) 计算系统的单位阶跃响应，并分析降阶处理所造成的误差以及非主导极点对系统响应特性的影响。

解 (1) 系统极点的分布

系统的闭环传递函数为

$$\Phi(s)=\frac{G(s)}{1+G(s)}=\frac{10}{s(s+4.28)(s+2.22)+10}=\frac{10}{(s+5)(s^2+1.5s+2)}$$

于是可求得系统极点为 $p_1=-5$，$p_{2,3}=-0.75\pm \mathrm{j}1.2$，相应的系统极点分布如图 3.20(a) 所示。由图可见，p_1 远离虚轴，这些极点的实部之比为 $\dfrac{\mathrm{Re}p_1}{\mathrm{Re}p_{2,3}}=\dfrac{5}{0.75}=6.67$，故 p_1 的影响可忽略不计，而共轭复极点 $p_{2,3}$ 可视为系统的闭环主导极点。

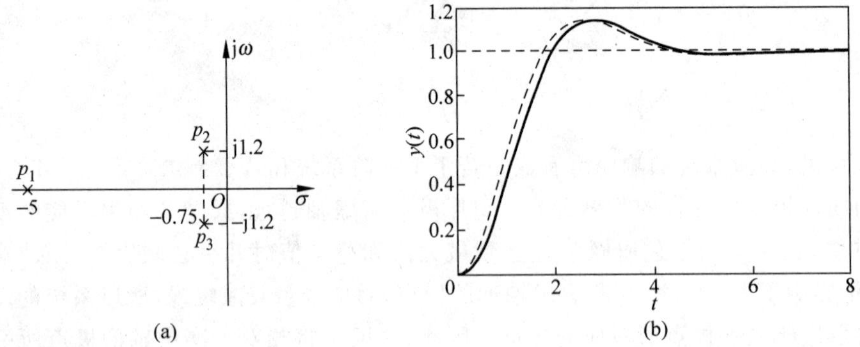

图 3.20 例 3.10 系统的闭环极点分布及降阶前后的单位阶跃响应曲线

(a) 闭环极点分布图；(b) 单位阶跃响应曲线

(2) 动态性能的估算

忽略非主导极点 p_1 的影响，将系统降阶为主导极点所对应的二阶系统来处理。于是有

$$\Phi(s)=\frac{10}{5(s/5+1)(s^2+1.5s+2)}\approx\frac{2}{s^2+1.5s+2}$$

故 $2\zeta\omega_n=1.5$，$\omega_n^2=2$，解之得 $\zeta=0.53$，$\omega_n=1.41$。

根据二阶典型系统性能指标表达式可估算该系统的暂态性能为

$$\sigma_p=\mathrm{e}^{-\zeta\pi/\sqrt{1-\zeta^2}}=14\%,\quad t_p=\frac{\pi}{\omega_n\sqrt{1-\zeta^2}}=2.62\mathrm{s},\quad t_s=\frac{3}{\zeta\omega_n}=4\mathrm{s}(\text{取 }\Delta=5\%)$$

(3) 系统的单位阶跃响应与非主导极点的影响

系统的单位阶跃响应为

$$y(t)=r_0+r_1\mathrm{e}^{-5t}+A\mathrm{e}^{-0.75t}\cos(1.2t+\theta)$$

其中

$$r_0=\lim_{s\to 0}s\Phi(s)\frac{1}{s}=\lim_{s\to 0}\Phi(s)=1$$

$$r_1=\lim_{s\to -5}(s+5)\Phi(s)\frac{1}{s}=-0.1$$

$$A=2\lim_{s\to -0.75+\mathrm{j}1.2}\left|(s+0.75-\mathrm{j}1.2)\Phi(s)\frac{1}{s}\right|=1.33$$

$$\theta=\angle\left[(s+0.75-\mathrm{j}1.2)\Phi(s)\frac{1}{s}\right]\bigg|_{s=-0.75+\mathrm{j}1.2}=-227.8°$$

相应的单位阶跃响应曲线如图 3.20(b)中的实线所示。

若按主导极点法对该系统进行降阶处理，则系统的近似单位阶跃响应为

$$y'(t)=1-1.18\mathrm{e}^{-0.75t}\sin(1.2t+58°)$$

相应的近似单位阶跃响应曲线如图 3.20(b)中的虚线所示。

由图 3.20 可见，由于非主导极点 p_1 远离虚轴，其等效时间常数很小，对应的动态响应分量迅速地衰减，因而非主导极点影响的主要表现在响应曲线的起始部分，它对超调量以及响应曲线中后段的影响非常小。

4. 用 MATLAB 分析系统的快速性

MATLAB 提供了非常丰富的函数，以供分析系统的性能指标。

(1) 单位阶跃响应函数：y=step(sys,t)；

(2) 单位脉冲响应函数：y=impule(sys,t)；

(3) 任意输入响应函数：y=lsim(sys,u,t,x0)。

当不带输出 y 时，各函数可直接绘制响应曲线。其中，sys 为系统的传递函数；t 为可设定的仿真时间；u 为输入函数；x0 为设定的初始状态，默认为 0。

例 3.11 已知单位反馈系统的开环传递函数为 $G(s)=\dfrac{10}{s(s+2)}$，求系统的单位阶跃响应曲线和单位脉冲响应曲线，并对单位阶跃响应求其性能指标。

解 在 MATLAB 窗口输入如下命令：

```
z=[];
p=[0,-2];
k=10;
g=zpk(z,p,k)                                          % 获取开环传递函数
G=feedback(g,1)                                       % 获取闭环传递函数
yss=1;                                                % 阶跃响应稳态值
t=0:0.1:10
[y1,t]=step(G,t);
[y2,t]=impulse(G,t);
[ym,i]=max(y1)                                        % 找到输出最大值
Mp=(ym-yss)/yss                                       % Mp 为超调量
j=100;while y1(j)<1+0.05&y1(j)>1-0.05;j=j-1;end       % 判断调节时间到达的区间
ts=t(j)                                               % 调节时间
tp=t(i)                                               % 峰值时间
subplot(1,2,1);plot(t,y1);grid
subplot(1,2,2);plot(t,y2);grid
```

运行程序结果如下：

```
ym = 1.3469
i =11
Mp =0.3469
ts =2.5000
tp =1
```

该系统的单位阶跃响应曲线和单位脉冲响应曲线如图 3.21 所示，用鼠标指向曲线上任何一点，也可以读取该点对应的时间和幅值，从而得到系统的性能指标。

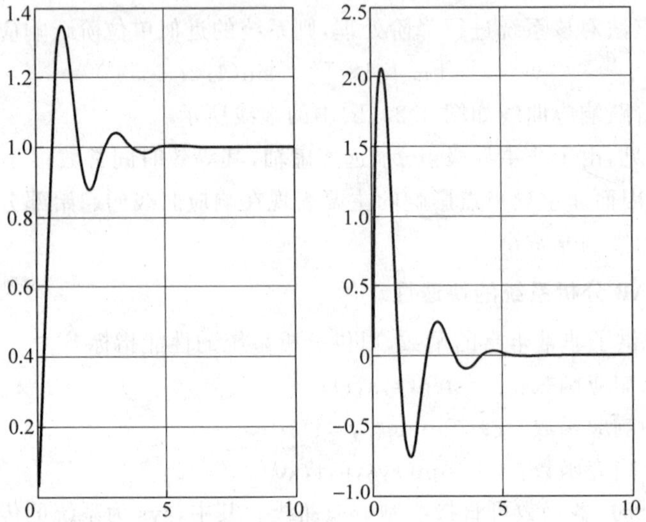

图 3.21　例 3.11 系统输出的单位脉冲响应和单位阶跃响应曲线

3.4.3　稳态特性分析

稳态特性分析是研究一个稳定的线性控制系统，当动态过程结束后的稳态响应精度问题，一般用稳态误差来度量，即输出量的期望值与实际值之差。显然稳态误差越小，系统的控制精度就越高。理想的情况是希望系统的输出量实际值等于它的期望值，使稳态误差等于零，以实现精确地控制，但对于一个实际的控制系统来说，稳态误差总是难以避免的。影响系统稳态误差的因素很多，大体上可分为两类：一类是元器件的非线性因素（如静摩擦、间隙、不灵敏区等）以及产品质量（如放大器的零点漂移、元件的老化等）引起的稳态误差，这通常称为结构性稳定误差；另一类是线性控制系统的结构、参数以及输入信号的形式和大小所引起的稳态误差，称为原理性稳态误差。下面我们主要讨论线性控制系统的原理性稳态误差（简称系统的稳态误差）的变化规律及其计算方法。

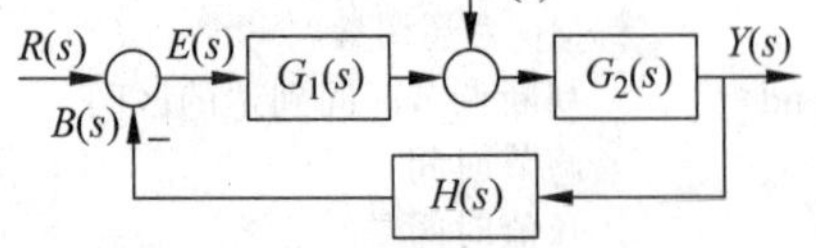

图 3.22　控制系统的结构图

1. 误差的定义

对应一个实际的控制系统，其典型结构如图 3.22 所示。由图可见，参考输入信号 $r(t)$ 决定着系统输出的期望值，但它的量纲和量级与输出实际值 $y(t)$ 的量纲和量级通常是不一样的，这样就无法进行比较。一般来说，控制系统的参考输入信号是小功率的弱信号，而且往往是电信号；而输出是大功率的强信号，而且往往是非电信号（如转速、温度、流量、压力等）。因此系统误差的分析和计算，必须将它们折算到具有相同量纲和相同量级的同一端来进行，折算的方式有两种，即折算到输入端或折算到输出端，相应的系统误差的定义也有两种。

(1) 按折算到输入端来定义

由图 3.22 可知，输出的期望值就是参考输入信号 $r(t)$，而经折算后输出的实际值为 $y(t)$ 的测量值 $b(t)$，故这时的系统误差 $e(t)$ 定义为 $r(t)$ 与 $b(t)$ 之差，即

$$e(t)=r(t)-b(t) \tag{3.35}$$

或

$$E(s)=R(s)-B(s),\quad B(s)=H(s)Y(s) \tag{3.36}$$

(2) 按折算到输出端来定义

若将系统的结构图即图 3.22 化为等效的单位反馈系统的结构形式，如图 3.23 所示。由图可见，这时输出的期望值为 $r(t)$，经折算后的值为 $r'(t)$，而输出的实际值就是输出信号 $y(t)$ 本身，这时系统误差定义为 $r'(t)$ 与 $y(t)$ 之差，即

$$e'(t)=r'(t)-y(t) \tag{3.37}$$

或

$$E'(s)=R'(s)-Y(s),\quad R'(s)=\frac{1}{H(s)}R(s) \tag{3.38}$$

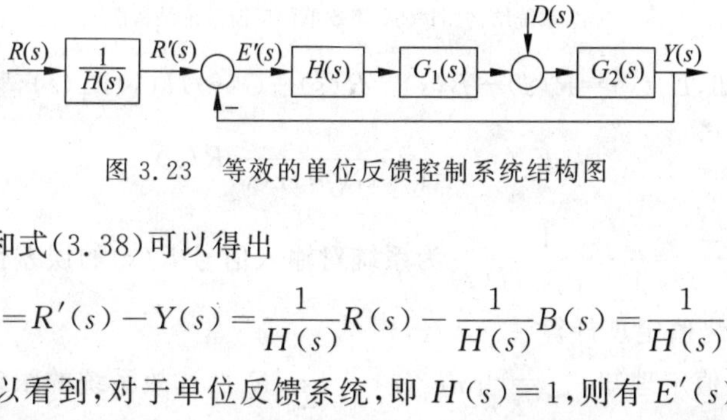

图 3.23　等效的单位反馈控制系统结构图

比较式(3.36)和式(3.38)可以得出

$$E'(s)=R'(s)-Y(s)=\frac{1}{H(s)}R(s)-\frac{1}{H(s)}B(s)=\frac{1}{H(s)}E(s) \tag{3.39}$$

由式(3.39)可以看到，对于单位反馈系统，即 $H(s)=1$，则有 $E'(s)=E(s)$，$R'(s)=R(s)$，可见两种误差定义方式之间存在内在的联系。对于单位反馈系统，这两种误差定义是一致的。而对于非单位反馈系统，若按折算到输入端来定义系统误差的优点是在结构图中有一个量 $E(s)$ 与之对应，如图 3.22 所示，在实际系统中，它是可量测的，且便于进行理论分析；而按折算到输出端来定义的优点是物理意义明确，故通常将它作为系统误差的基本定义，即系统误差为输出的期望值 $r'(t)$ 与实际值 $y(t)$ 之差，但其缺点是在实际系统中没有一个物理量与之对应，使得误差值难以直接量测。在工程上，通常采用按折算到输入端的定义方式进行跟踪稳态误差的分析和计算。

误差 $e(t)$ 与系统输出响应 $y(t)$ 一样，也包含动态分量 $e_{st}(t)$ 和稳态分量 $e_{ss}(t)$ 两个部分，即 $e(t)=e_{st}(t)+e_{ss}(t)$，动态分量 $e_{st}(t)$ 称为动态误差，稳态分量 $e_{ss}(t)$ 称为稳态误差。对于一个稳定的系统，动态分量会随着时间的推移逐渐消失，而我们主要关心的是控制系统平稳以后的误差，即系统误差响应的稳态分量——稳态误差，故稳态误差为

$$e_{ss}=\lim_{t\to\infty}e(t) \tag{3.40}$$

控制系统的输入信号可分为两种类型：参考输入信号和扰动信号，相应地控制系统的稳态误差可分为跟踪稳态误差和扰动稳态误差两个部分。跟踪稳态误差是不考虑扰动作用而仅由参考输入信号所引起的稳态误差，扰动稳态误差是不考虑参考输入信号而仅由扰动作用所引起的稳态误差。实际系统的输入信号往往既有参考输入信号又有扰动作用，应用叠加原理将分别求得的跟踪稳态误差和扰动稳态误差叠加在一起，便可得到该控制系统的稳态误差，只是注意讨论的前提条件是系统必须是稳定的，因为不稳定的系统不存在稳态响应，就更谈不上稳态误差的问题。下面分别讨论两种输入信号作用下的稳态误差，即跟踪稳态误差和扰动稳态误差。

2. 跟踪稳态误差

当不考虑扰动作用（即令 $D(s)=0$）时，系统跟踪期望输入量的稳态误差称为跟踪稳态误差 $E_r(s)$。由图 3.22 得到期望输入作用下的系统结构图如图 3.24(a)所示，其等效的单位反馈系统结构图如图 3.24(b)所示，其中 $G(s)=G_1(s)G_2(s)$。

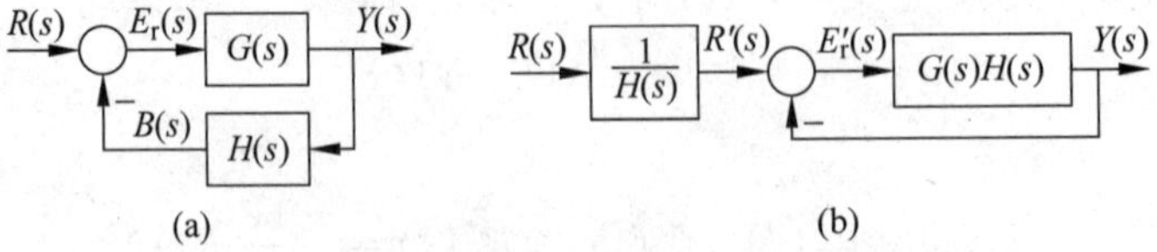

图 3.24 期望输入作用下的系统结构图

(a) 系统结构图；(b) 等效单位反馈系统结构图

由图 3.24 可知，$E_r(s)=R(s)-B(s)=R(s)-G(s)H(s)E_r(s)$，整理后得

$$E_r(s)=\frac{1}{1+G(s)H(s)}R(s) \tag{3.41}$$

定义：$\Phi_{er}(s)=\dfrac{E_r(s)}{R(s)}=\dfrac{1}{1+G(s)H(s)}$为系统对输入信号 $R(s)$的误差传递函数。

(1) 拉普拉斯终值定理计算法

由拉普拉斯终值定理知 $e_{ssr}=\lim\limits_{t\to\infty}e_r(t)=\lim\limits_{s\to 0}sE_r(s)$，故系统的跟踪稳态误差为

$$e_{ssr}=\lim_{s\to 0}s\frac{1}{1+G(s)H(s)}R(s) \tag{3.42}$$

从上式得出两点结论：①稳态误差与系统输入信号 $r(t)$的形式有关；②稳态误差与系统的结构及参数有关。

例 3.12 系统结构图如图 3.25 所示，当输入 $r(t)=4t$ 时，求系统的稳态误差 e_{ss}。

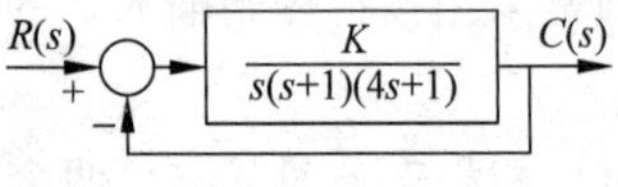

图 3.25 例 3.12 系统的结构图

解 系统只有在稳定的条件下计算稳态误差才有意义，所以应首先判别系统的稳定性。

由图 3.25 得出系统的特征方程为

$$D(s)=4s^3+5s^2+s+K=0$$

列劳斯表为

$$\begin{array}{lcc} s^3 & 4 & 1 \\ s^2 & 5 & K \\ s^1 & \dfrac{5-4K}{5} & 0 \\ s^0 & K & \end{array}$$

由劳斯判据知,系统稳定的条件为 $0<K<\dfrac{5}{4}$。

由式(3.41)知系统的误差函数为

$$E(s)=\frac{1}{1+G(s)H(s)}R(s)=\frac{s(s+1)(4s+1)}{4s^3+5s^2+s+K}\cdot\frac{4}{s^2}$$

由终值定理求得稳态误差为

$$e_{ss}=\lim_{s\to 0}sE(s)=\lim_{s\to 0}s\ \frac{s(s+1)(4s+1)}{4s^3+5s^2+s+K}\cdot\frac{4}{s^2}=\frac{4}{K}$$

计算结果表明,稳定误差的大小与系统的放大倍数 K 有关,即 K 越大,稳定误差 e_{ss} 越小。要减小稳态误差,则应增大放大倍数 K。而从稳定性分析得出,使系统稳定的 K 值应小于 5/4,可见系统的稳态误差和稳定性对放大倍数 K 的要求常常是矛盾的。

(2) 静态误差系数法

大多数系统的输入信号可以用典型的阶跃函数、斜坡函数和抛物线函数以及它们的线性组合来表示,如果 $R(s)$ 取上述的典型信号为输入信号,则可由拉普拉斯终值定理推导出在工程上常用的计算稳态误差的误差系数法。

在研究误差系数法之前,先介绍一种系统的分类方法,即根据开环传递函数中包含的积分环节的个数划分系统类型,它体现了系统跟踪典型输入信号的能力,采用这种分类方法,就可以根据系统输入信号的形式及系统类型,迅速判断系统是否存在稳态误差。

① 系统的类型

设系统的开环传递函数为

$$G(s)H(s)=\frac{K(\tau_1 s+1)(\tau_2 s+1)\cdots(\tau_m s+1)}{s^{\nu}(T_1 s+1)(T_2 s+1)\cdots(T_{n-\nu}s+1)},\quad n\geqslant m \tag{3.43}$$

则按其所含有的积分环节的个数 ν 来进行分类,即把 $\nu=0,1,2,\cdots$ 的系统分别称为 0 型,Ⅰ型,Ⅱ型,…系统。

② 静态阶跃误差系数 K_p

当系统的输入为阶跃信号 $r(t)=R\cdot 1(t)$ 时,R 为阶跃信号的幅值,则 $R(s)=\dfrac{R}{s}$。

由式(3.42) 终值定理有

$$e_{ss}=\lim_{s\to 0}s\ \frac{1}{1+G(s)H(s)}\cdot\frac{R}{s}=\frac{R}{1+\lim\limits_{s\to 0}G(s)H(s)}=\frac{R}{1+K_p} \tag{3.44}$$

令

$$K_p=\lim_{s\to 0}G(s)H(s) \tag{3.45}$$

K_p 定义为系统的静态阶跃(位置)误差系数。

对于 0 型系统，$K_p=\lim\limits_{s\to 0}\dfrac{K(\tau_1 s+1)(\tau_2 s+1)\cdots(\tau_m s+1)}{(T_1 s+1)(T_2 s+1)\cdots(T_n s+1)}=K, e_{ss}=\dfrac{R}{1+K_p}=\dfrac{R}{1+K}$；

对于Ⅰ型及高于Ⅰ型以上的系统，$K_p=\lim\limits_{s\to 0}\dfrac{K(\tau_1 s+1)(\tau_2 s+1)\cdots(\tau_m s+1)}{s^{\nu}(T_1 s+1)(T_2 s+1)\cdots(T_n s+1)}=\infty$，$e_{ss}=0$。

③ 静态斜坡误差系数 K_v

当系统的输入为斜坡信号 $r(t)=Rt\cdot 1(t)$ 时，$R(s)=\dfrac{R}{s^2}$，由式(3.42)终值定理有

$$e_{ss}=\lim_{s\to 0}s\cdot\frac{1}{1+G(s)H(s)}\cdot\frac{R}{s^2}=\frac{R}{\lim\limits_{s\to 0}sG(s)H(s)}=\frac{R}{K_v} \tag{3.46}$$

令

$$K_v=\lim_{s\to 0}sG(s)H(s) \tag{3.47}$$

K_v 定义为系统的静态斜坡(速度)误差系数。

对于 0 型系统，$K_v=\lim\limits_{s\to 0}s\dfrac{K(\tau_1 s+1)(\tau_2 s+1)\cdots(\tau_m s+1)}{(T_1 s+1)(T_2 s+1)\cdots(T_n s+1)}=0, e_{ss}=\dfrac{R}{K_v}=\infty$；

对于Ⅰ型系统，$K_v=\lim\limits_{s\to 0}s\dfrac{K(\tau_1 s+1)(\tau_2 s+1)\cdots(\tau_m s+1)}{s(T_1 s+1)(T_2 s+1)\cdots(T_n s+1)}=K, e_{ss}=\dfrac{R}{K_v}=\dfrac{R}{K}$；

对于Ⅱ型及Ⅱ型以上系统，$K_v=\lim\limits_{s\to 0}s\dfrac{K(\tau_1 s+1)(\tau_2 s+1)\cdots(\tau_m s+1)}{s^{\nu}(T_1 s+1)(T_2 s+1)\cdots(T_n s+1)}=\infty, e_{ss}=\dfrac{R}{K_v}=0$。

④ 静态抛物线误差系数 K_a

当系统输入为抛物线信号 $r(t)=\dfrac{R}{2}t^2\cdot 1(t)$ 时，$R(s)=\dfrac{R}{s^3}$，由式(3.42)终值定理有

$$e_{ss}=\lim_{s\to 0}s\frac{1}{1+G(s)H(s)}\cdot\frac{R}{s^3}=\frac{R}{\lim\limits_{s\to 0}s^2G(s)H(s)}=\frac{R}{K_a} \tag{3.48}$$

令

$$K_a=\lim_{s\to 0}s^2G(s)H(s) \tag{3.49}$$

K_a 定义为系统的静态抛物线(加速度)误差系数。

对于 0 型系统，$K_a=\lim\limits_{s\to 0}s^2\dfrac{K(\tau_1 s+1)(\tau_2 s+1)\cdots(\tau_m s+1)}{(T_1 s+1)(T_2 s+1)\cdots(T_n s+1)}=0, e_{ss}=\dfrac{R}{K_a}=\infty$；

对于Ⅰ型系统，$K_a=\lim\limits_{s\to 0}s^2\dfrac{K(\tau_1 s+1)(\tau_2 s+1)\cdots(\tau_m s+1)}{s(T_1 s+1)(T_2 s+1)\cdots(T_n s+1)}=0, e_{ss}=\dfrac{R}{K_a}=\infty$；

对于Ⅱ型系统，$K_a=\lim\limits_{s\to 0}s^2\dfrac{K(\tau_1 s+1)(\tau_2 s+1)\cdots(\tau_m s+1)}{s^2(T_1 s+1)(T_2 s+1)\cdots(T_n s+1)}=K, e_{ss}=\dfrac{R}{K_a}=\dfrac{R}{K}$；

对于Ⅲ型及Ⅲ型以上系统，$K_a=\lim\limits_{s\to 0}s^2\dfrac{K(\tau_1 s+1)(\tau_2 s+1)\cdots(\tau_m s+1)}{s^3(T_1 s+1)(T_2 s+1)\cdots(T_n s+1)}=\infty, e_{ss}=\dfrac{R}{K_a}=0$。

由式(3.44)～式(3.49)可求得在典型输入信号作用下各型系统的跟踪稳态误差和相应的误差系数值，如表 3.2 所示。

表 3.2　各种典型输入信号作用下各型系统的跟踪稳态误差一览表

系统类型 ν	误差系数			跟踪稳态误差		
	K_p	K_v	K_a	阶跃输入时 $e_{ss}=\frac{R}{1+K_p}$	斜坡输入时 $e_{ss}=\frac{R}{K_v}$	抛物线输入时 $e_{ss}=\frac{R}{K_a}$
0 型	K	0	0	$\frac{R}{1+K}$	∞	∞
Ⅰ型	∞	K	0	0	$\frac{R}{K}$	∞
Ⅱ型	∞	∞	K	0	0	$\frac{R}{K}$
Ⅲ型	∞	∞	∞	0	0	0

例 3.13　系统结构图如图 3.26 所示，当输入信号 $r(t)=2t+t^2$ 时，试求系统的稳态误差 e_{ss}。

解　第一步，判别系统的稳定性。

由开环传递函数知闭环特征方程为 $D(s)=0.1s^3+s^2+20s+20=0$，根据劳斯判据知闭环系统稳定。

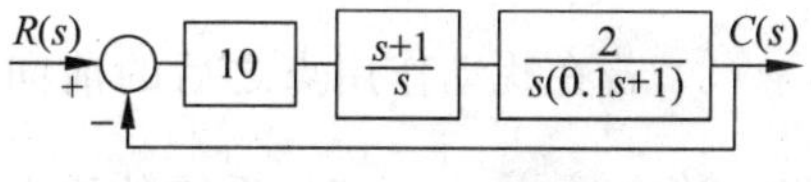

图 3.26　例 3.13 系统的结构图

第二步，求稳态误差 e_{ss}。

因为系统为Ⅱ型系统，根据线性系统的叠加性，当 $r_1(t)=2t$ 时，有

$$K_v=\infty,\quad e_{ss1}=\frac{2}{K_v}=0$$

当 $r_2(t)=t^2$ 时，有

$$K_a=20,\quad e_{ss2}=\frac{2}{K_a}=0.1$$

故系统的稳态误差为

$$e_{ss}=e_{ss1}+e_{ss2}=0.1$$

3. 扰动稳态误差

控制系统在外部扰动作用下的稳态误差(即令 $R(s)=0$)，称为扰动稳态误差 $E_d(s)$。扰动稳态误差的大小反映了系统抗干扰的能力，由图 3.22 可知扰动稳态误差 $e_{ssd}(t)=-b(t)$，所以有

$$E_d(s)=-B(s)=-H(s)Y(s)=-H(s)\frac{G_2(s)}{1+G_1(s)G_2(s)H(s)}D(s)$$

$$=-\frac{G_2(s)H(s)}{1+G_1(s)G_2(s)H(s)}D(s)$$

由拉普拉斯终值定理得扰动稳态误差为

$$e_{ssd}(s)=\lim_{s\to 0}sE_d(s)=\lim_{s\to 0}s\frac{-G_2(s)H(s)}{1+G_1(s)G_2(s)H(s)}D(s) \tag{3.50}$$

定义 $\Phi_{ed}(s)=\frac{E_d(s)}{D(s)}=-\frac{G_2(s)H(s)}{1+G_1(s)G_2(s)H(s)}$ 为系统对扰动的误差传递函数。若

$G_1(s)G_2(s)H(s) \gg 1$，则上式可近似为

$$e_{ssd} = \lim_{s\to 0} s \frac{-G_2(s)H(s)}{1+G_1(s)G_2(s)H(s)} D(s) \approx \lim_{s\to 0} s \frac{-1}{G_1(s)} D(s) \tag{3.51}$$

由式(3.51)可知，干扰信号作用下产生的稳态误差 e_{ssd}，除了与干扰信号的形式有关外，还与干扰作用点之前(干扰点与误差点之间)的传递函数的结构及参数有关，但与干扰作用点之后的传递函数关系不大。

例 3.14 设控制系统的结构图如图 3.22 所示，图中受控对象的传递函数 $G_2(s)=\frac{1}{s+1}$，检测和反馈装置的传递函数 $H(s)=2.5$，控制器的传递函数为 $G_1(s)=\frac{20}{0.05s+1}$，$r(t)=d(t)=1(t)(t\geqslant 0)$。试求：

(1) 系统的稳态误差；

(2) 若在扰动作用点之前引入一个积分环节，即改变控制器的传递函数，使之变成为 $G_1'(s)=\frac{20}{s(0.05s+1)}$时，系统的稳态误差有何变化；

(3) 若在扰动作用点之后的前向通道中引入一个积分环节，即使受控对象的传递函数变为 $G_2'(s)=\frac{1}{s(s+1)}$时，系统的稳态误差又有何变化。

解 由图 3.22 可知系统的跟踪稳态误差和扰动稳态误差的变化规律不同，所以需要分别进行计算。

(1) 求原系统的稳态误差。

应用劳斯判据易于判断系统是稳定的，因而存在稳态误差的求解问题。

① 跟踪稳态误差的计算。由图 3.22 可得系统的开环传递函数为

$$G_k(s) = G_1(s)G_2(s)H(s) = \frac{20}{0.05s+1} \times \frac{1}{s+1} \times 2.5 = \frac{50}{(0.05s+1)(s+1)}$$

于是

$$K_p = \lim_{s\to 0} G_k(s) = \lim_{s\to 0} \frac{50}{(0.05s+1)(s+1)} = 50$$

应用误差系数法则可求得系统的跟踪稳态误差为

$$e_{ssr} = \frac{1}{1+K_p} = \frac{1}{1+50} = 0.0196$$

② 扰动稳态误差的计算。由图 3.22 可得系统的扰动误差传递函数为

$$\frac{E_d(s)}{D(s)} = -\frac{G_2(s)H(s)}{1+G_k(s)} = -\frac{\frac{1}{s+1}\times 2.5}{1+\frac{50}{(0.05s+1)(s+1)}} = -\frac{2.5(0.05s+1)}{(0.05s+1)(s+1)+50}$$

而 $D(s)=\frac{1}{s}$，故

$$E_d(s) = -\frac{2.5(0.05s+1)}{(0.05s+1)(s+1)+50} \times \frac{1}{s}$$

由拉普拉斯终值定理得

$$e_{ssd}(s)=\lim_{s\to 0}sE_d(s)=\lim_{s\to 0}s\left[-\frac{2.5(0.05s+1)}{(0.05s+1)(s+1)+50}\times\frac{1}{s}\right]=-0.049$$

系统的稳态误差为

$$e_{ss}=e_{ssr}+e_{ssd}=0.0196+(-0.049)=-0.0294$$

由以上分析可见，不管对参考输入还是扰动作用而言，系统都为 0 型，可以有静差地跟踪阶跃信号。

(2) 在扰动作用点之前引入一个积分环节，即 $G'_1(s)=\dfrac{20}{s(0.05s+1)}$，计算稳态误差。

① 跟踪稳态误差的计算。由图 3.22 可得系统的开环传递函数为

$$G'_k(s)=G'_1(s)G_2(s)H(s)=\frac{20}{s(0.05s+1)}\times\frac{1}{s+1}\times 2.5=\frac{50}{s(0.05s+1)(s+1)}$$

于是，有 $K_p=\lim\limits_{s\to 0}G'_k(s)=\lim\limits_{s\to 0}\dfrac{50}{s(0.05s+1)(s+1)}=\infty$，应用误差系数法则可求得系统的跟踪稳态误差为

$$e_{ssr}=\frac{1}{1+K_p}=0$$

② 扰动稳态误差的计算。由图 3.22 可得系统的扰动误差传递函数为

$$\frac{E'_d(s)}{D(s)}=-\frac{G_2(s)H(s)}{1+G'_k(s)}=-\frac{\dfrac{1}{s+1}\times 2.5}{1+\dfrac{50}{s(0.05s+1)(s+1)}}=-\frac{2.5s(0.05s+1)}{s(0.05s+1)(s+1)+50}$$

而 $D(s)=\dfrac{1}{s}$，故

$$E'_d(s)=-\frac{2.5s(0.05s+1)}{s(0.05s+1)(s+1)+50}\times\frac{1}{s}$$

$$e_{ssd}(s)=\lim_{s\to 0}sE'_d(s)=\lim_{s\to 0}s\left[-\frac{2.5s(0.05s+1)}{s(0.05s+1)(s+1)+50}\times\frac{1}{s}\right]=0$$

系统的稳态误差为

$$e_{ss}=e_{ssr}+e_{ssd}=0+0=0$$

由以上分析可见，若在扰动作用点之前引入一个积分环节，不管对参考输入还是扰动作用而言，系统都变为Ⅰ型，可以无静差地跟踪阶跃信号。

(3) 在扰动作用点之后引入一个积分环节，即 $G'_2(s)=\dfrac{1}{s(s+1)}$，计算稳态误差。

① 跟踪稳态误差的计算。由图 3.22 可得系统的开环传递函数为

$$G''_k(s)=G_1(s)G'_2(s)H(s)=\frac{20}{0.05s+1}\times\frac{1}{s(s+1)}\times 2.5=\frac{50}{s(0.05s+1)(s+1)}$$

于是，有 $K_p=\lim\limits_{s\to 0}G''_k(s)=\lim\limits_{s\to 0}\dfrac{50}{s(0.05s+1)(s+1)}=\infty$，应用误差系数法则可求得系统的跟踪稳态误差为

$$e_{ssr}=\frac{1}{1+K_p}=0$$

② 扰动稳态误差的计算。由图 3.22 可得系统的扰动误差传递函数为

$$\frac{E''_{\mathrm{d}}(s)}{D(s)}=-\frac{G'_2(s)H(s)}{1+G''_{\mathrm{k}}(s)}=-\frac{\frac{1}{s(s+1)}\times 2.5}{1+\frac{50}{s(0.05s+1)(s+1)}}=-\frac{2.5(0.05s+1)}{s(0.05s+1)(s+1)+50}$$

而 $D(s)=\frac{1}{s}$,故

$$E''_{\mathrm{d}}(s)=-\frac{2.5(0.05s+1)}{s(0.05s+1)(s+1)+50}\times\frac{1}{s}$$

$$e_{\mathrm{ssd}}(s)=\lim_{s\to 0}sE''_{\mathrm{d}}(s)=\lim_{s\to 0}s\left[-\frac{2.5(0.05s+1)}{s(0.05s+1)(s+1)+50}\times\frac{1}{s}\right]=-0.05$$

由此可见,在扰动作用点之后加入积分环节,可以消除由阶跃参考输入产生的稳态误差,但对阶跃扰动产生的稳态误差影响不大。

所以同一控制系统,对于参考输入信号和扰动作用,其系统类型不一定相同。对于参考输入信号,系统类型取决于开环传递函数所含积分环节的个数;而对于扰动作用来说,系统类型取决于扰动作用点之前的前向通道所含积分环节的个数和主反馈通道所含积分环节的个数之和,而与扰动作用点之后的前向通道所含积分环节的个数无关。所以为了既能提高系统的稳态跟踪精度,又能改善抗扰动的稳态性能,应将尽可能多的积分环节和增益设置在偏差信号与扰动作用点之间的前向通道上。

4. 提高系统准确性的方法

由以上分析可知:增大系统的放大倍数 K,可以降低稳态误差,但不能消除稳态误差;增加积分环节的个数,即提高系统的型别,可以消除稳态误差。但这两种方法都会影响系统的动态特性,甚至造成系统不稳定,所以必须保证系统在稳定的情况下来兼顾准确性和快速性,即稳态误差和动态性能。如果在系统中加入顺馈控制,则可以解决这个矛盾,即使系统既有较高的稳态精度又有较好的动态快速性。

顺馈控制是在反馈控制的基础上引入输入补偿的方法。所谓补偿,是指作用于控制对象的控制信号中,除了偏差信号外,还引入与扰动或与给定量有关的补偿信号,以提高系统的控制精度,减小误差。

(1) 按给定信号进行补偿

按给定信号进行补偿的系统结构图如图 3.27 所示,图中 $G_{\mathrm{cr}}(s)$ 为前馈装置的传递函数。由图可知,系统的输出表达式为 $Y(s)=\frac{G_1(s)G_2(s)+G_2(s)G_{\mathrm{cr}}(s)}{1+G_1(s)G_2(s)}R(s)$

控制系统中给定量通过补偿校正装置,对系统进行开环控制,以减小给定信号引起的稳态误差,这时系统的稳态误差为

$$E(s)=R(s)-Y(s)=R(s)\left[1-\frac{G_1(s)G_2(s)+G_2(s)G_{\mathrm{cr}}(s)}{1+G_1(s)G_2(s)}\right]=\frac{1-G_2(s)G_{\mathrm{cr}}(s)}{1+G_1(s)G_2(s)}R(s)$$

若 $1-G_2(s)G_{\mathrm{cr}}(s)=0$,即

$$G_{\mathrm{cr}}(s)=\frac{1}{G_2(s)} \tag{3.52}$$

此时,$E(s)=0$,则 $Y(s)=R(s)$,表示系统的输出量在任何时刻都无误差地复现输入量,即

系统的输出 $y(t)$始终等于其输入 $r(t)$，这种误差完全补偿的作用称为全补偿。

(2) 按干扰信号进行补偿

按干扰信号进行补偿的系统结构图如图 3.28 所示，图中，$D(s)$为可测扰动，$G_1(s)$为控制器的传递函数，$G_2(s)$为受控对象的传递函数，$H(s)$为反馈通道的传递函数，$G_d(s)$为扰动固有通道的传递函数，$G_{cd}(s)$为扰动补偿装置的传递函数。由图 3.28 可得系统的输出响应为

$$Y(s)=\frac{G_1(s)G_2(s)}{1+G_1(s)G_2(s)H(s)}R(s)+\frac{[G_d(s)+G_{cd}(s)G_1(s)]G_2(s)}{1+G_1(s)G_2(s)H(s)}D(s)$$

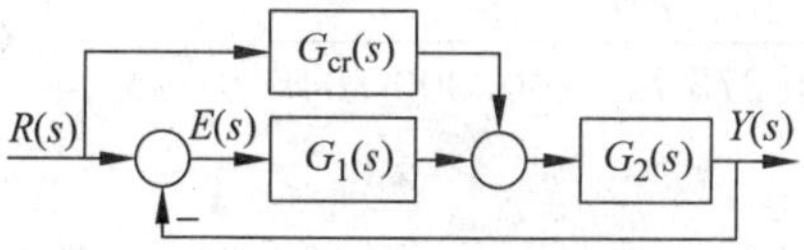

图 3.27 按输入补偿的复合控制结构图

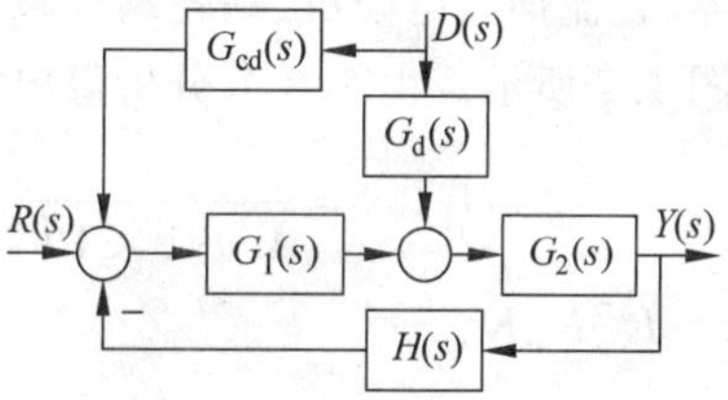

图 3.28 按扰动补偿的复合控制结构图

令 $R(s)=0$，则在扰动作用下系统的误差 $E_d(s)$等于由扰动所引起的输出变化量 $Y_d(s)$的反号，即

$$E_d(s)=-Y_d(s)=-\frac{[G_d(s)+G_{cd}(s)G_1(s)]G_2(s)}{1+G_1(s)G_2(s)H(s)}D(s)$$

要使 $E_d(s)=0$，则 $G_d(s)+G_{cd}(s)G_1(s)=0$，即

$$G_{cd}(s)=-\frac{G_d(s)}{G_1(s)} \tag{3.53}$$

此时就可实现完全补偿。这表明在满足扰动全补偿条件下，扰动对系统输出的影响完全被顺馈控制所补偿，使输出不受扰动的影响。

3.5 线性系统的基本控制规律

通过前面对控制系统的分析，我们知道动态响应的快速性与平稳性对系统参数的要求往往是矛盾的，系统响应的动态性能和稳定性与稳态性能对系统参数的要求也往往是矛盾的。例如增大开环增益，可以提高系统的稳态性能和响应速度，但往往会导致动态性能的恶化甚至使系统不稳定，这就是说，只依靠调整一个参数——开环增益，难以兼顾动态与稳态性能等多方面的要求。因此在实际系统设计中，为了使控制系统能够稳定地工作并具有良好的动态与稳态性能，通常是在反馈控制的基础上，设置能提供满意控制信号的控制器，或者添加一些装置，以改善系统的性能。

PID 控制律及其实现

3.6 时域法的应用

下面通过一个具体的实例来阐述时域法的应用,加深对系统的分析与系统的综合的理解。

已知一个典型的机床导轨伺服控制系统,它由位置误差检测电桥、电压放大器、可逆功率放大器、直流伺服电动机、蜗轮蜗杆减速器和机床导轨以及测速发电机等环节构成,其原理图如图 1.7 所示。由 2.8 节分析得出它的开环传递函数为

$$G_k(s)=\frac{7.448\times 10^{-5}K}{4.991\times 10^{-7}s^3+0.000\,275\,7s^2+0.000\,784s} \tag{3.78}$$

其中,$K=K_pK_cK_s$。

3.6.1 机床导轨伺服控制系统的理论分析

1. 稳定性分析

由式(3.78)得出机床导轨伺服控制系统的开环传递函数为

$$G_k(s)=\frac{7.448K}{0.049s^3+27.57s^2+78.4s} \tag{3.79}$$

式中,$K=K_pK_cK_s$,其闭环特征方程为 $0.049s^3+27.57s^2+78.4s+7.448K=0$。

为了分析稳定性与放大系数 K 之间的关系,列写劳斯表为

$$\begin{matrix} s^3 & 0.049 & 78.4 \\ s^2 & 27.57 & 7.448K \\ s^1 & a_1 & 0 \\ s^0 & a_0 & \end{matrix}$$

其中

$$a_1=-\frac{1}{27.57}\begin{pmatrix}0.049 & 7.84\\ 27.57 & 7.448K\end{pmatrix}=-\frac{0.365K-2\,161.5}{27\,057}$$

$$a_0=-\frac{1}{a_1}\begin{pmatrix}27.57 & 7.448K\\ a_1 & 0\end{pmatrix}=7.448K$$

根据劳斯判据的充分必要条件,所列劳斯表的第一列元素必须大于零可得

$$\begin{cases}-\dfrac{0.365K-2\,161.5}{27.57}>0\\ 7.448K>0\end{cases}$$

解之得 $0<K<5\,921$,表明 K 在此区域内取值时系统是稳定的。

2. 快速性分析

(1) 以主导极点来近似分析系统的动态性能

由上面分析知放大系数 K 的稳定范围为 $0<K<5\,921$,现以 $K=1\,000$ 来分析系统的快速

性，即求系统在单位阶跃输入时的峰值时间 t_p、超调量 σ_p、调节时间 t_s 等动态性能指标。

由式(3.79)得系统的开环传递函数为

$$G_k(s)=\frac{7.448K}{0.049s^3+27.57s^2+78.4s}=\frac{152K}{s^3+562.6s^2+1\,600s} \tag{3.80}$$

由 MATLAB 求根函数 roots 可求得开环传递函数的三个根(极点)，其求根的 MATLAB 程序如下：

```
MATLAB 程序 kroot1.m
P=[1  562.6  1600  0]          %输入多项式
R=roots(P)
```

运行结果为

```
P =
  1.0e+003 *
    0.0010    0.5626    1.6000         0
R =
         0
 -559.7415
   -2.8585
```

故求得的三个根分别为 $s_1=0$、$s_2=-2.86$、$s_3=-559.74$。由式(3.80)得到开环传递函数的零极点形式为

$$G_k(s)=\frac{152K}{s(s+2.86)(s+559.74)} \tag{3.81}$$

将其改写成时间常数形式的表达式为

$$G_k(s)=\frac{0.095K}{s(0.35s+1)(0.000\,178s+1)} \tag{3.82}$$

开环极点中，$s_3=-559.74$ 远离虚轴(相应的时间常数 $T_3=0.000\,178$，很小)可忽略不计，故系统的开环传递函数可化简为

$$G_k(s)\approx\frac{0.095K}{s(0.35s+1)}=\frac{0.271\,4K}{s(s+2.68)} \tag{3.83}$$

将 $K=1\,000$ 代入式(3.83)得开环传递函数为

$$G_k(s)=\frac{271.4}{s(s+2.86)} \tag{3.84}$$

相应的闭环传递函数为

$$\Phi(s)=\frac{G_k(s)}{1+G_k(s)}=\frac{271.4}{s^2+2.86s+271.4} \tag{3.85}$$

将其与典型二阶系统 $\frac{\omega_n^2}{s+2\zeta\omega_n s+\omega_n^2}$ 进行比较得

$$\omega_n=\sqrt{271.4}=16.5(\text{rad/s})$$

$$\zeta=\frac{2.86}{2\omega_n}=0.086\,7$$

于是，按典型二阶系统动态性能估算得

峰值时间 $t_p = \frac{\pi}{\omega_n\sqrt{1-\zeta^2}} = 0.19(s)$ (3.86)

超调量 $\sigma_p = e^{-\pi\xi/\sqrt{1-\zeta^2}} = 76.1\%$ (3.87)

调节时间 $t_s = \frac{3}{\zeta\omega_n} = 2.09(s)(\Delta = 5\%)$ (3.88)

(2) 应用MATLAB进行快速性分析

对于二阶以上的系统,没有解析解法,只有借助于计算机辅助求解来获取系统的峰值时间、超调量及调节时间等动态性能指标。下面以机床导轨伺服系统为例,用MATLAB程序来求解系统的单位阶跃响应动态指标。

由式(3.80)得到系统的闭环传递函数为

$$\Phi(s) = \frac{152K}{s^3 + 562.6s^2 + 1\,600s + 152K} \tag{3.89}$$

当 $K=1\,000$ 时,其闭环传递函数为

$$\Phi(s) = \frac{152\,000}{s^3 + 562.6s^2 + 1\,600s + 152\,000} \tag{3.90}$$

求解闭环传递函数动态性能的MATLAB程序如下:

```
num=152000;
den=[1, 562.6, 1600, 152000]
g=tf(num,den)                                   %获取传递函数
yss=1;                                          %阶跃响应稳态值
t=0:0.1:10
[yout,t]=step(g)
[y1,i]=max(yout)                                %找到输出最大值
Mp=(y1-yss)/yss                                 %Mp为超调量
j=100;while yout(j)<1+0.05&yout(j)>1-0.05;j-1;end   %判断调节时间到达的区间
ts=t(j)                                         %调节时间
tp=t(i)                                         %峰值时间
plot(t,yout)
```

运行MATLAB程序可得单位阶跃响应如图3.35所示,并求得超调量 $\sigma_p = 79.62\%$,峰值时间 $t_p = 0.19$s,调节时间 $t_s = 1.888\,2$s。与将系统近似成典型二阶系统的性能指标(式(3.86)~式(3.88))进行比较,可见参数有一定的差别,但差别不大。

3. 准确性分析

由式(3.81)知,开环传递函数中含有一个积分环节,为Ⅰ型系统。即系统能无静差地跟踪阶跃信号,有差地跟踪斜坡信号,不能跟踪抛物线信号。

系统的阶跃误差系数为

$$K_p = \lim_{s\to 0} G_k(s) = \infty$$

系统的斜坡误差系数为

$$K_v = \lim_{s\to 0} sG_k(s) = 0.094\,95K$$

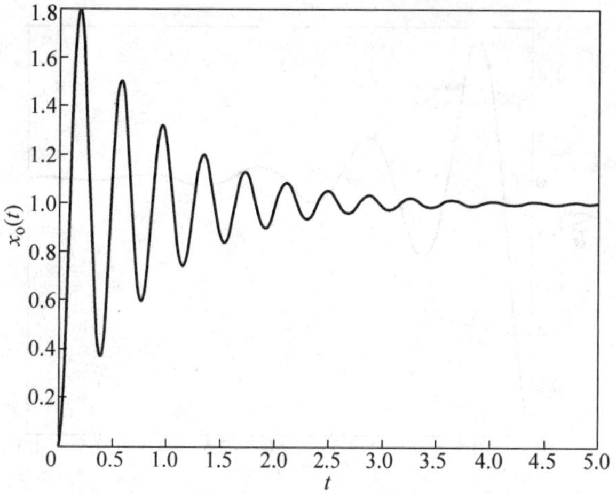

图 3.35　$K=1\ 000$ 时系统的单位阶跃响应

系统的抛物线误差系数为

$$K_{a}=\lim_{s\to 0}s^{2}G_{k}(s)=0$$

由此可得系统在跟踪单位斜坡信号时的稳态误差为

$$e_{ssr}=\frac{1}{K_{v}}=\frac{1}{0.094\ 95K}$$

当 $K=1\ 000$ 时，得

$$e_{ssr}=0.01$$

也就是说，系统在斜坡信号的作用下输入位置与输出位置始终保持着 0.01 的差值。

3.6.2　机床导轨伺服控制系统的 Simulink 分析

首先根据图 2.19 按 Simulink 的输入方法逐块输入并按图连接各个环节，可得机床导轨伺服控制系统的 Simulink 状态的系统图如图 3.36 所示。现通过仿真模型分析系统三个方面的性能。

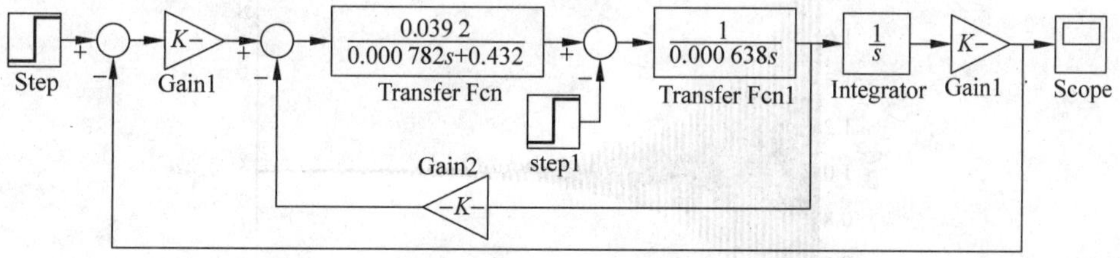

图 3.36　Simulink 状态下机床导轨伺服控制系统

1. 放大系数 *K* 对系统的影响

由稳定性分析知，$0<K<5\ 921.9$ 时系统是稳定的。我们可以在 $K=200$，$K=500$，$K=5\ 800$ 时分别观察其单位阶跃响应曲线如图 3.37～图 3.39 所示(时间起始点设为 $t=1\text{s}$)。

由图 3.37～图 3.39 可见：增大放大倍数 K 使动态响应的快速性增加，但对平稳性不利，振荡次数也增多。

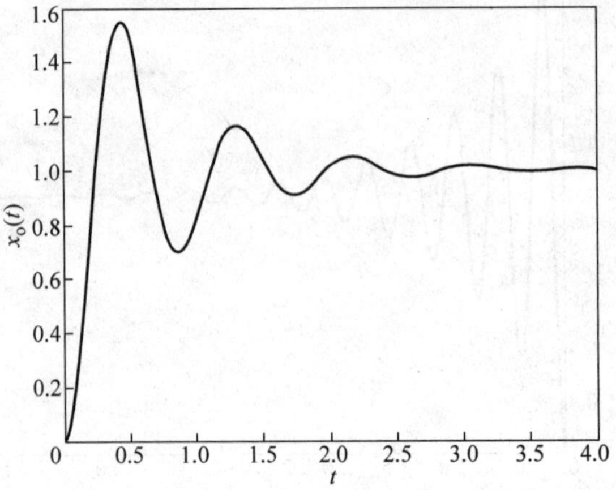

图 3.37 $K=200$ 时的阶跃响应

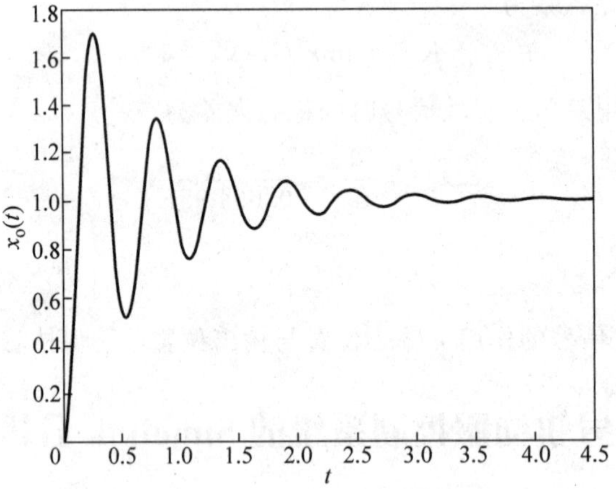

图 3.38 $K=500$ 时的阶跃响应

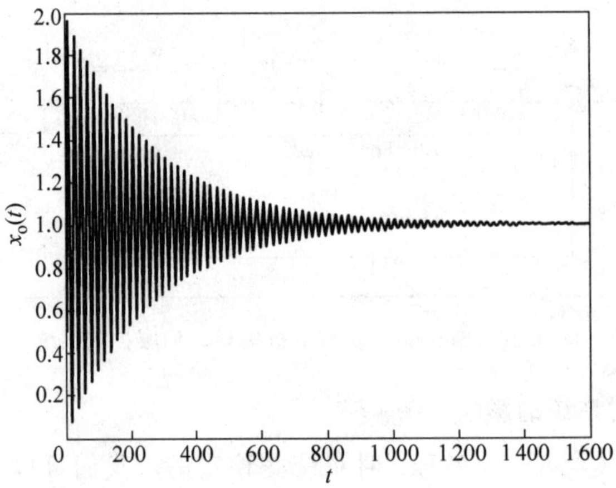

图 3.39 $K=5\ 800$ 时的阶跃响应

2. 在系统中添加开环零点对系统的影响

从前面的分析知系统的开环传递函数为

$$G_{\mathrm{k}}(s)=\frac{152K}{s(s+2.86)(s+559.74)}$$

它有三个极点：$s_1=0, s_2=-2.86, s_3=-559.74$，现取 $K=500$，并保持不变，在 Simulink 下机床导轨伺服结构图如图 3.40 所示，观察在不同的位置添加零点对系统的影响。

(1) 设开环零点 $z_0=-300$，即 $s_3<z_0<s_2$，则开环传递函数为

$$G_{\mathrm{k}}(s)=\frac{76\,000(s+300)}{s(s+2.86)(s+559.74)}$$

其仿真的单位阶跃响应为衰减振荡，如图 3.41 所示。

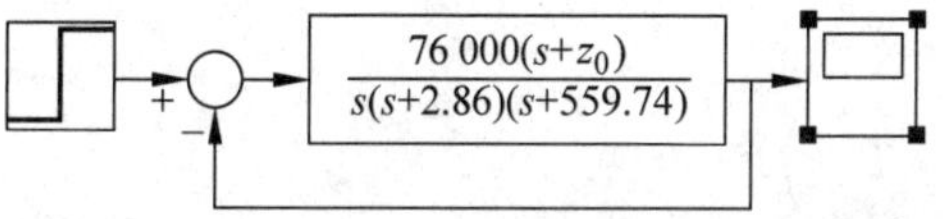

图 3.40 添加开环零点的机床导轨伺服结构图

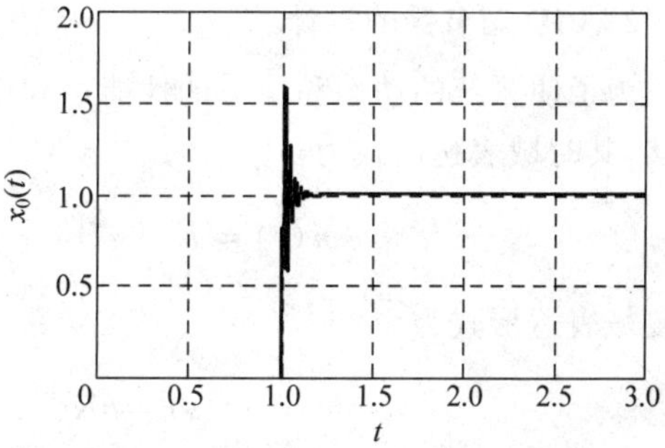

图 3.41 添加开环零点 $z_0=-300$ 时的阶跃响应

(2) 设开环零点 $z_0=-100$，即人为添加的零点处于$(-559.74, -2.86)$区间内，其仿真的单位阶跃响应为衰减振荡，如图 3.42 所示。

(3) 设开环零点 $z_0=-1.5$，其位于 $s_2<z_0<s_1$，其系统阶跃响应已没有振荡了，如图 3.43 所示。

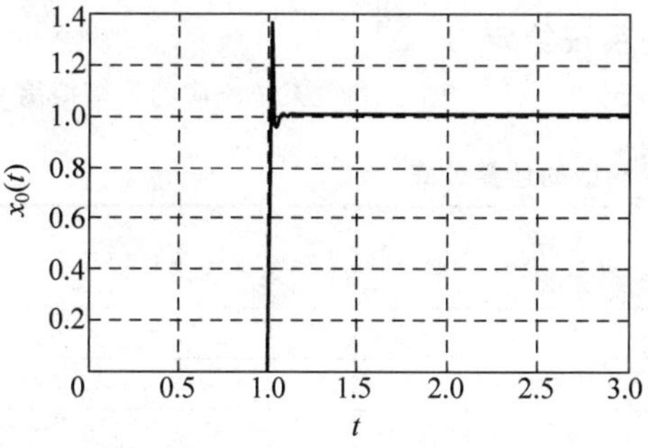

图 3.42 添加开环零点 $z_0=-100$ 时的阶跃响应

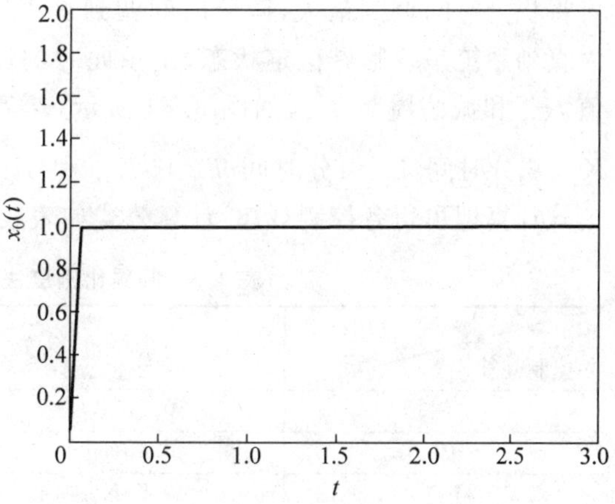

图 3.43 加入 $z_0=-1.5$ 的开环零点的阶跃响应

由以上比较可知，当添加零点更靠近虚轴时，对系统影响逐渐增大。添加合适的零点后有抑制超调、减小振荡、增强稳定性的作用。

3.6.3 PID调节器的设计实例

下面以机床导轨伺服控制系统的工程综合为例进行分析应用。

1. 系统性能指标要求

在单位阶跃输入下(≤150mm)要求系统的指标达到以下要求:

(1) 系统输出的超调量 $\sigma_p \leqslant 5\%$;

(2) 调节时间 $t_s \leqslant 3s$;

(3) 振荡次数 $N<1$;

(4) 在 10mm/s 斜坡信号输入时跟踪误差<0.1mm。

2. PID调节器的设计

为了使系统的动态和稳态的性能达到设计指标要求,采用工程上使用最广泛的PID调节器,其时域表达形式为

$$u(t)=\dddot{K}_p\left[e(t)+\frac{1}{T_i}\int e(t)\mathrm{d}t+T_d\frac{\mathrm{d}e(t)}{\mathrm{d}t}\right]$$

其复域表达形式为

$$U(s)=b\dddot{K}_p\left(1+\frac{1}{T_i s}+T_d s\right)E(s)$$

式中,$e(t)$、$E(s)$为控制系统的偏差;$u(t)$、$U(s)$为控制系统调节器的输出;$\dddot{K}_p$ 为比例系数;T_i 为积分时间,s;T_d 为微分时间,s。

在PID调节设计中,如何整定 $\dddot{K}_p$、T_i、T_d 是设计的关键。现采用工程整定方法之一的扩充临界比例度法,并结合Simulink仿真来整定比例系数 $\dddot{K}_p$、积分时间 T_i、微分时间 T_d。

具体作法是:PID调节器中仅有比例控制(若现场调节,可将积分时间调到最大,微分时间调到最小),将 $\dddot{K}_p$ 逐渐增大直到系统呈现临界稳定状态,记录此时的比例增益的临界值 K_{cr} 和振荡周期 T_{cr},如图3.44所示,然后根据比例系数 $\dddot{K}_p$、积分时间 T_i、微分时间 T_d 与 K_{cr} 和 T_{cr} 的关系按给定公式计算即可得各控制规律,计算公式如表3.3所示。

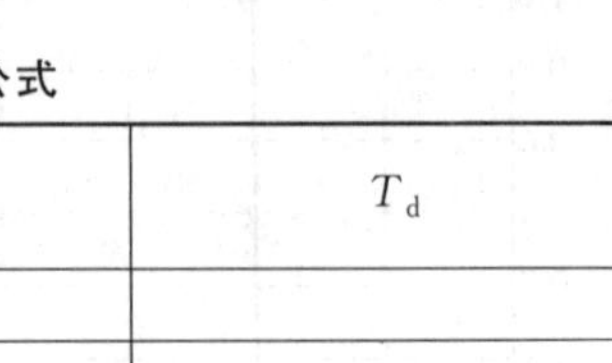

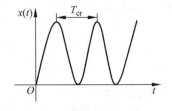

图3.44 系统响应的等幅振荡

表3.3 临界比例度法控制器参数的计算公式

参数 / 控制规律	$\dddot{K}_p$	T_i	T_d
P	$0.5K_{cr}$		
PI	$0.45K_{cr}$	$0.85T_{cr}$	
PD	$0.56K_{cr}$		$0.1T_{cr}$
PID	$0.6K_{cr}$	$0.5T_{cr}$	$0.125T_{cr}$

在初次整定参数时,可用Simulink仿真的方法来获取初步的 $\dddot{K}_p$、T_i、T_d,然后再进行整定,方法如下。

(1) 建立 Simulink 仿真模型

机床导轨伺服控制系统 Simulink 仿真结构图如图 3.45 所示。

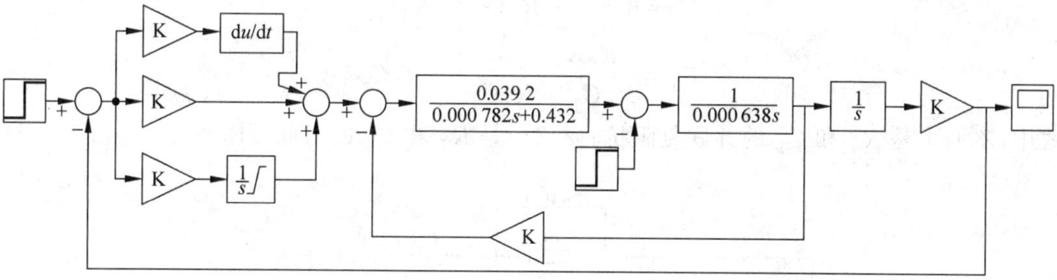

图 3.45 机床导轨伺服控制系统 Simulink 仿真结构图

调整比例系数 K_p，使系统达到临界点。系统临界稳定时有 $K_{cr}=5\,921.2$，$T_{cr}=0.16s$。由表 3.3 可计算出 $\dddot{K}_p=3\,552.7$，$K_i=44\,408.75(T_i=0.08s)$，$K_d=71.05(T_d=0.02s)$，仿真得阶跃幅值为 10cm 时的响应如图 3.46 所示。

适当减小积分放大倍数，加大微分作用，当 $\dddot{K}_p=3\,552.7$，$K_i=28\,000$，$K_d=150$ 时，其阶跃响应如图 3.47 所示，可以看到系统响应已达到要求。

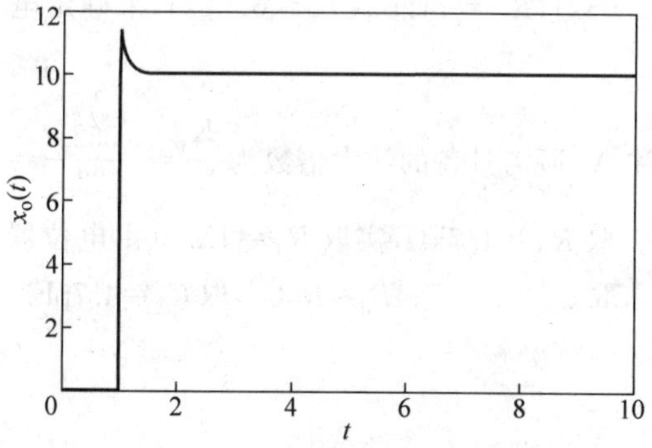

图 3.46 阶跃响应图

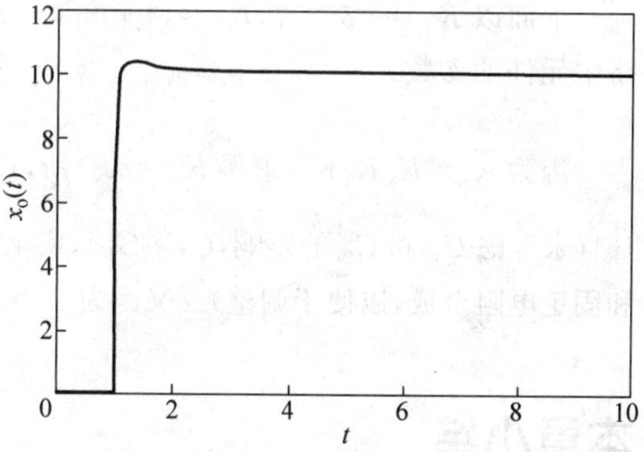

图 3.47 阶跃响应图

(2) 位置测量电桥及 PID 控制器的工程实现

由图 3.48 知，两部分电路分别由两个滑线电阻器 BP_1 和 BP_2，桥路电源 $E(+24V)$，两个运算放大器 A_1 和 A_2（由 LF353 构成），电阻 R_0 4 个，R_1 1 个，以及两个电容 C_1 和 C_2 构成。利用复阻抗分析知其电路关系为

$$U_c(s)=-\frac{Z_2(s)}{Z_1(s)}(U_i(s)-U_f(s))$$

$$Z_1(s)=\frac{R_0}{1+R_0C_1s}$$

$$Z_2(s)=R_1+\frac{1}{C_2s}$$

$$G_c(s)=\dddot{K}_p\left(1+\frac{1}{T_is}+T_ds\right)$$

$$\ddot{K}_{\mathrm{p}}=-\left(\frac{R_1}{R_0}+\frac{C_1}{C_2}\right)$$

$$T_{\mathrm{i}}=R_0C_1+R_1C_2\approx R_1C_2$$

$$T_{\mathrm{d}}=\frac{R_0R_1C_1C_2}{R_0C_1+R_1C_2}\approx R_0C_1$$

式中，$Z_1(s)$ 是 R_0 和 C_1 的并联复阻抗；$Z_2(s)$是 R_1 和 C_2 的串联复阻抗。

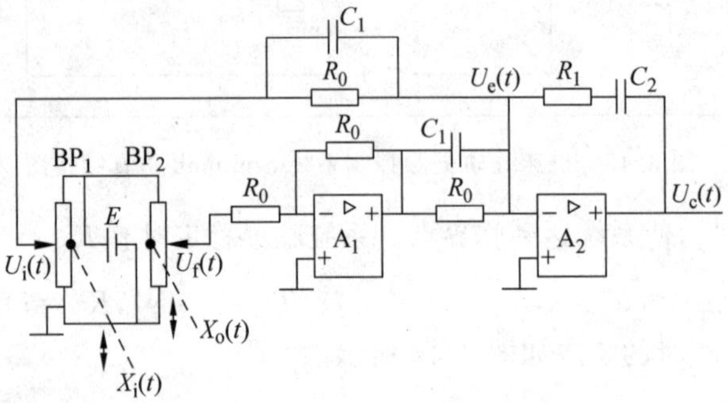

图 3.48 位置测量电桥及 PID 控制器电路图

下面以 $\ddot{K}_{\mathrm{p}}=3\,552.7$，$K_{\mathrm{i}}=44\,408.75$($T_{\mathrm{i}}=0.08\mathrm{s}$)，$K_{\mathrm{d}}=71.05$($T_{\mathrm{d}}=0.02\mathrm{s}$)，来确定电路中元件的参数。

因为 $\ddot{K}_{\mathrm{p}}=K_{\mathrm{p}}K_{\mathrm{c}}K_{\mathrm{s}}$，求得 $K_{\mathrm{s}}=22$。所以 A_1 和 A_2 所需具备的放大倍数为$\frac{\ddot{K}_{\mathrm{p}}}{K_{\mathrm{s}}}=\frac{3\,552.7}{22}=161$(未考虑 C_1 和 C_2 的影响，$C_2\gg C_1$)，实取 200。取 $R_0=4.7\mathrm{k}\Omega$，实取 $R_1=1\mathrm{M}\Omega$(由电位器和固定电阻合成，以便于调整)。又因为 $T_{\mathrm{i}}\approx R_1C_2$，取 $C_2=100\mathrm{pF}$；$T_{\mathrm{d}}\approx R_0C_1$，取 $C_1=4.7\mathrm{pF}$。

本章小结

时域法是对线性控制系统的运动规律进行分析和研究，主要包括时域分析法和时域综合法两大部分。首先由线性控制系统的时域响应是由动态分量和稳态分量两部分组成引入评价系统优劣的动态性能指标和稳态性能指标，以及常见的五个典型输入信号，在此基础上进行时域分析法的阐述，从稳定性、动态特性和稳态特性三个方面对系统进行了分析。稳定性是在推导出系统稳定的充分必要条件后，由数学理论中方程的根与其系数之间的关系阐述劳斯表的排列以及劳斯判据和劳斯判据的两种特殊情况的处理，在此基础上介绍了劳斯判据的应用，即相对稳定性和参数对稳定性的影响等。动态特性主要针对一阶系统和二阶系统的单位阶跃响应进行分析，从快速性和平稳性两个方面进行分析，阐述了性能指标的求解方法；对于高阶系统，则采用主导极点进行降阶处理的方法，以及采用 MATLAB 软件命令和 Simulink 仿真模型的方法对系统进行性能分析。稳态特性由稳态误差进行评价，主要分析由两种输入信号引出的跟踪稳态误差和扰动稳态误差的定义和求解，以及减小稳态误差的方法。时域综合法则是通过控制器的比例积分微分以及它们的组合来改善系统的性能，介绍了控制律的硬件实现方法，即采用有源网络或无源网络的分析方法。最后针对一个实际的机械导轨运动控制系统，采用时域法进行分析和综合，从而验证理论分析方法的可行性和在工程上应用时具体的实施步骤和方法。

习题

3-1　已知单位反馈系统的开环传递函数如下：

(1) $G_1(s)=\dfrac{K(s+1)}{s(s-1)(s+5)}$；

(2) $G_2(s)=\dfrac{11.25}{(s+0.5)(s+1)(s+2)}$。

试确定系统的稳定性，并求系统稳定时 K 的取值范围。

3-2　已知系统的特征方程如下：

(1) $s^3+20s^2+9s+100=0$；

(2) $3s^4+10s^3+5s^2+s+2=0$；

(3) $s^4+2s^3+s^2-2s+1=0$；

(4) $s^5+2s^4+s^3+2s^2+4s+5=0$；

(5) $s^5+2s^4+3s^3+6s^2-4s-8=0$。

试用劳斯判据分析系统的稳定性。若不稳定时，试确定系统在右半 S 平面的特征根的个数。

3-3　已知系统的特征方程为 $126s^3+219s^2+258s+85=0$，问其中有多少根的实部落在开区间(0，−1)内？

3-4　分析如图 3.49 所示的两个系统，引入与不引入反馈时系统的稳定性。

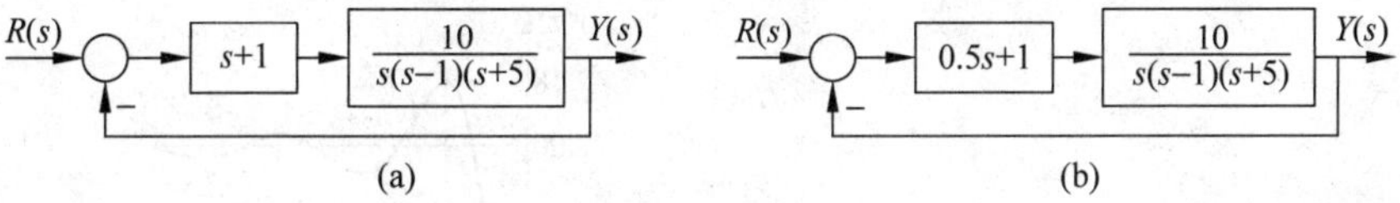

图 3.49　习题 3-4 系统结构图

3-5　已知控制系统的单位阶跃响应如下：

(1) $y(t)=1-1.2\mathrm{e}^{-10t}+0.2\mathrm{e}^{-60t}$；

(2) $y(t)=10-12.5\mathrm{e}^{-1.2t}\sin(1.6t+53.1°)$。

试求：(1) 系统的闭环传递函数和阻尼比 ζ 以及自然频率 ω_n；

(2) 系统的各项暂态性能指标。

3-6　若温度计具有典型的一阶系统特性。试问：

(1) 当环境温度为 0℃时用温度计测量容器内水的温度，经 48s 后温度计才指示出实际水温的 98%，若要它指示出实际水温的 99%尚需多长时间？

(2) 如果给容器加热使水温以 10℃/min 的速度匀速上升，试问温度计的稳态指示误差有多大？

3-7　一阶系统结构图如图 3.50 所示，要求系统闭环增益 $K_\Phi=2$，调节时间 $t_s\leqslant 0.4$s

($\Delta=\pm5\%$)。试确定参数 K_1、K_2 的值。

3-8　机器人控制系统结构图如图 3.51 所示。试确定参数 K_1、K_2 值，使系统阶跃响应的峰值时间 $t_p=0.5s$，超调量 $\sigma_p=2\%$。

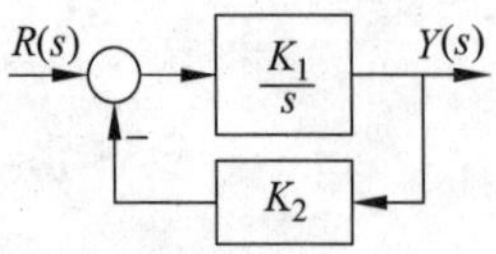

图 3.50　习题 3-7 系统结构图

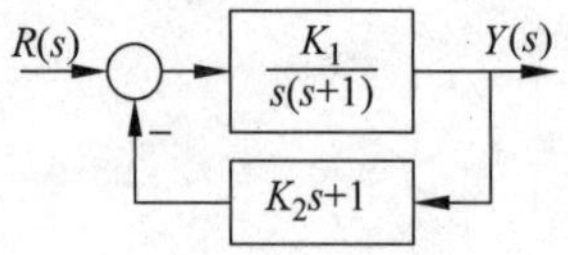

图 3.51　习题 3-8 机器人控制系统结构图

3-9　设角速度指示随动系统结构图如图 3.52 所示。若要求系统单位阶跃响应无超调，且调节时间尽可能短，问开环增益 K 应取何值，调节时间 t_s 是多少？

3-10　设某二阶规范系统的单位阶跃响应曲线如图 3.53 所示。试确定系统的阻尼比和无阻尼自然振荡频率，以及系统的开环传递函数。

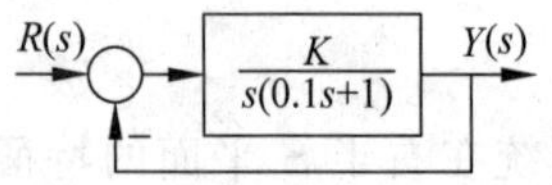

图 3.52　习题 3-9 系统结构图

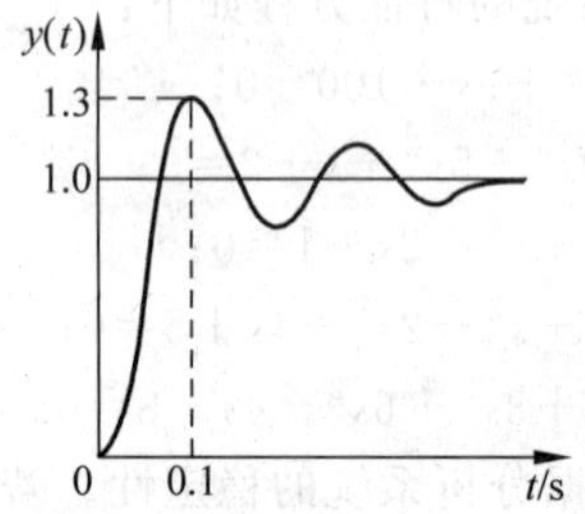

图 3.53　习题 3-10 某二阶规范系统的单位阶跃响应曲线

3-11　系统的结构图和单位阶跃响应曲线如图 3.54 所示。试确定参数 K_1、K_2 和 a 的值，以及系统的各项暂态性能指标。

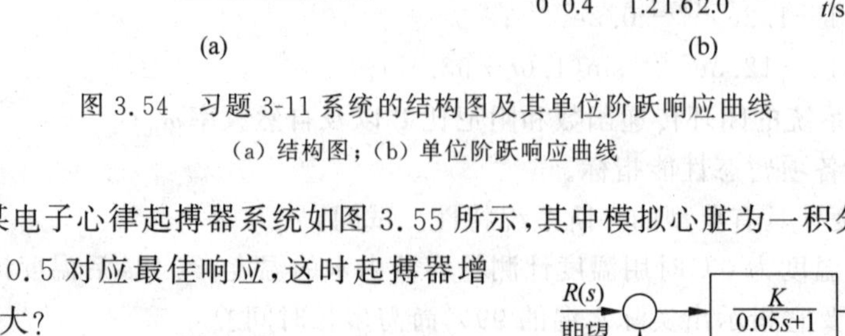

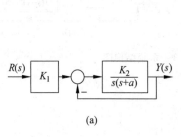

(a)　(b)

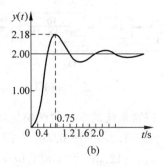

图 3.54　习题 3-11 系统的结构图及其单位阶跃响应曲线

(a) 结构图；(b) 单位阶跃响应曲线

3-12　设某电子心律起搏器系统如图 3.55 所示，其中模拟心脏为一积分器。试求：

(1) 若 $\zeta=0.5$ 对应最佳响应，这时起搏器增益 K 应取为多大？

(2) 若期望心速为 60 次/min，突然接通起搏器 1s 后实际心速为多少？瞬时最大心速可达多高？

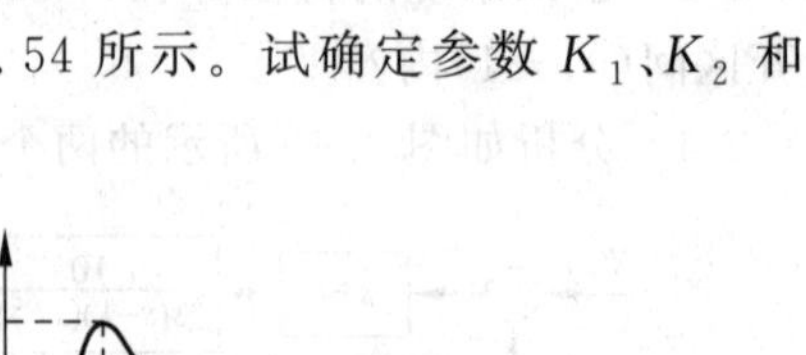

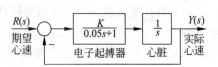

图 3.55　习题 3-12 电子心律起搏器系统结构图

3-13 某记录仪位置随动系统的结构图如图 3.56 所示，该系统正常工作在欠阻尼状态。如果在安装时出现以下差错：

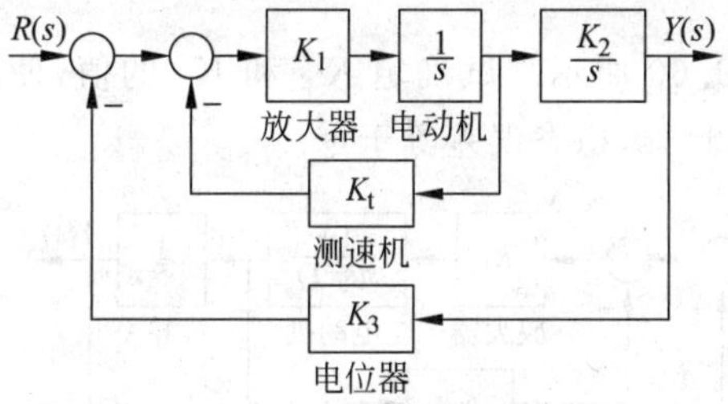

图 3.56 习题 3-13 记录仪位置随动系统结构图

(1) 把测速反馈极性接反了，系统将产生什么现象？

(2) 测速反馈的极性连接正确，但把电位器的反馈极性接反了，系统又将产生什么现象？试用闭环极点的不同分布来进行分析，并概略地绘制系统的单位阶跃响应曲线。

3-14 已知单位反馈系统的开环传递函数 $G(s)$ 或闭环传递函数 $\Phi(s)$ 如下：

(1) $G(s)=\dfrac{10}{(0.1s+1)(0.5s+1)}$；

(2) $G(s)=\dfrac{7(s+1)}{s(s+4)(s^2+2s+2)}$；

(3) $G(s)=\dfrac{8(0.5s+1)}{s^2(0.1s+1)}$；

(4) $G(s)=\dfrac{10(10s+1)}{s^2(5s+1)(s+4)}$；

(5) $\Phi(s)=\dfrac{s+10}{5s^2+2s+10}$；

(6) $\Phi(s)=\dfrac{s+1}{s^3+2s^2+3s+7}$。

当输入信号分别为 $1(t)$、t 和 t^2 时，试求系统的 K_p、K_v、K_a 值以及相应的跟踪稳态(终值)误差。

3-15 设控制系统的结构图如图 3.57 所示。试确定对参考输入信号 $r(t)$ 和扰动信号 $d(t)$ 而言，它们分别是几型系统？

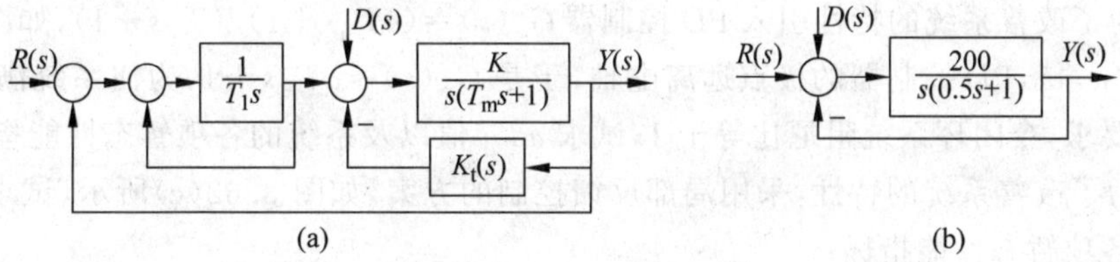

图 3.57 习题 3-15 系统结构图

3-16 系统结构图如图 3.58 所示，试求局部反馈加入前、后系统的静态位置误差系数、静态速度误差系数和静态加速度误差系数。

3-17 设控制系统的结构图如图 3.59 所示，试求：

(1) 当 $r(t)=a\cdot 1(t)$ 和 $d(t)=b\cdot 1(t)$ 时系统的稳态误差；

(2) 当 $r(t)=at$ 和 $d(t)=b\cdot 1(t)$ 时系统的稳态误差；

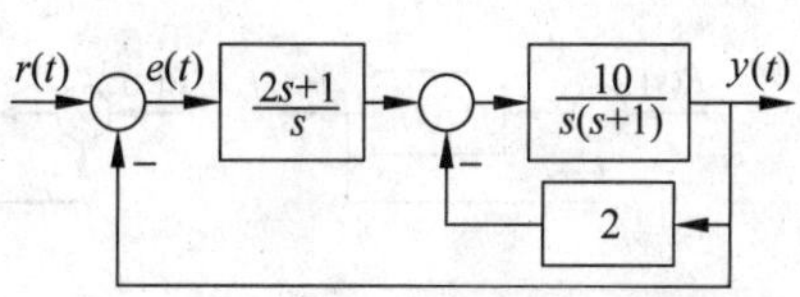

图 3.58 习题 3-16 系统的结构图

(3) 由于暂态性能的制约使系统的开环增益值受到限制，为了减少系统的稳态误差应如何配置 K_1 和 K_2 的值？

3-18 模拟计算机的一个子系统结构图如图 3.60 所示。试确定 K_1 和 K_t 的值，使系统的单位阶跃响应的超调量小于 5%，调节时间小于 1s，稳态误差等于零。

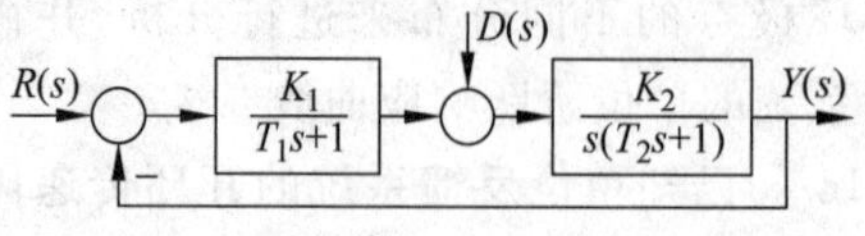

图 3.59 习题 3-17 系统的结构图

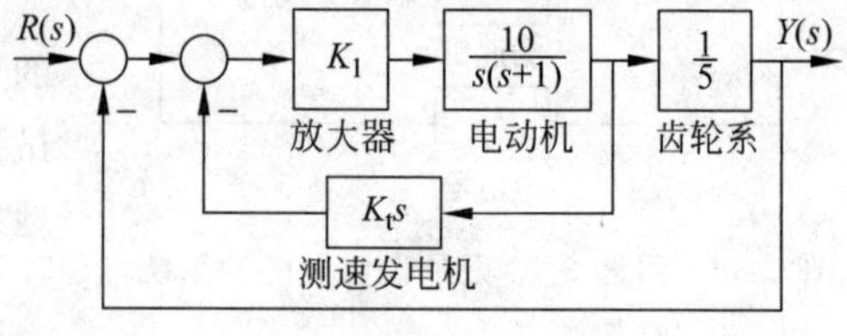

图 3.60 习题 3-18 模拟计算机子系统结构图

3-19 设某小功率位置随动系统的结构图如图 3.61 所示，试求：

(1) 当局部反馈装置的传递函数 $G_c(s)=K_ts$ 时，若要求系统响应的超调量 $\sigma_p=20\%$，调节时间 $t_s=1s$，参数 K_1 和 K_t 应如何调整？

(2) 在上述的 K_1 与 K_t 下，系统的误差系数 K_p、K_v 和 K_a 的值，并求系统跟踪单位斜坡输入信号的稳态误差；

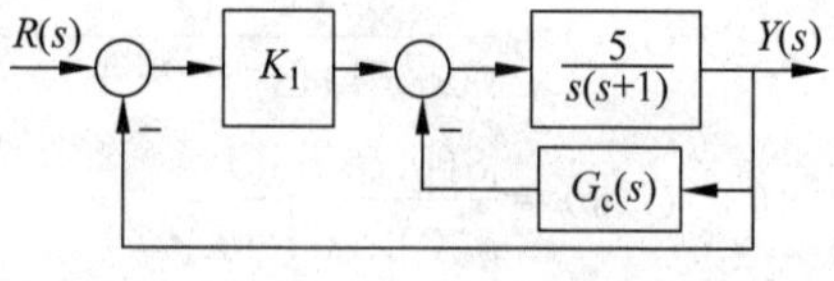

图 3.61 习题 3-19 小功率位置随动系统结构图

(3) 在上述的 K_1 值下若不加局部反馈回路时系统的暂态与稳态性能，并与(1)、(2)两项的结果进行比较，分析说明引入局部反馈装置对系统性能的影响；

(4) 若引入的局部反馈装置为 $G_c(s)=K_t$，而其他的条件保持不变，这时系统为几型系统？其 K_p、K_v 和 K_a 值各为多少，并与第(2)项的结果进行分析比较。

3-20 设控制系统的结构图如图 3.62 所示，图中受控对象的传递函数为 $G(s)=14.4/[s(0.1s+1)]$。生产工艺过程要求系统的单位阶跃响应无超调且反应迅速。试求：

(1) 图 3.62(a)所示的原系统能否满足要求？并求相应的特征参数 ζ 和 ω_n 以及系统的暂态性能；

(2) 为了改善系统的特性引入 PD 控制器 $G_c(s)=(\alpha T_ds+1)/(T_ds+1)$，如图 3.62(b)所示，通常 $\alpha\gg1$，PD 控制器的极点远离虚轴，于是 $G_c(s)\approx\alpha T_ds+1$，为使系统满足生产工艺过程的要求，令闭环系统阻尼比等于 1，试求 αT_d 值以及系统的各项暂态性能指标；

(3) 为了改善系统的特性，采用局部反馈控制的方案，如图 3.62(c)所示，试求 K_t 值以及系统的各项暂态性能指标；

(4) 计算图 3.62(b)和(c)两个系统跟踪单位斜坡输入信号的稳态误差；

(5) 列表分析对比 PD 控制和局部反馈控制两种方案，当 $\alpha T_d=K_t$ 时它们对系统性能的影响。您认为应选用哪种方案较为合适并说明理由。

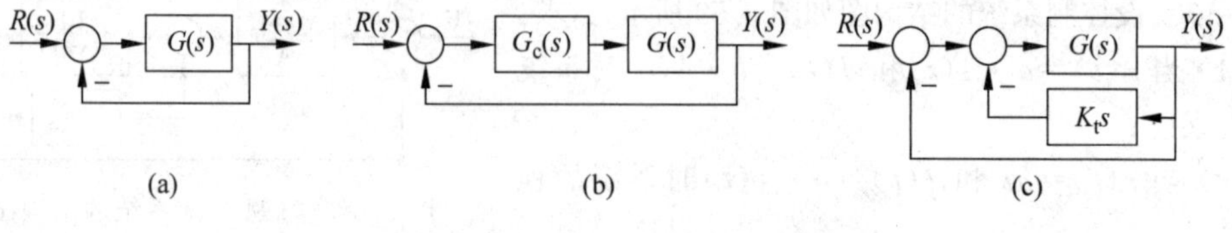

图 3.62 习题 3-20 系统结构图

第4章

根 轨 迹 法

根轨迹法是经典控制理论的两大代表性方法之一，它采用图解方法，通过较简单的开环传递函数来绘制闭环系统特征根的轨迹。该方法是一种几何方法，形象直观、简单实用，是分析现代控制系统的一种有效的方法，它既解决了时域法计算工作量大的问题，同时又能直观地看出参数变化对系统性能的影响以及变化的趋势，特别适用于高阶系统的研究，所以在工程上得到了广泛的应用。

本章主要介绍根轨迹法的基本原理和绘制根轨迹的基本规则，在此基础上，通过绘制出的根轨迹曲线来分析和综合控制系统。

4.1 引言

由第 3 章时域法的研究可知，自动控制系统的基本性能取决于零、极点的分布，而闭环零点是由前向通道传递函数的零点和反馈通道传递函数的极点组成，它们不难确定，因此分析和综合控制系统的关键就在于确定系统极点的分布。

我们知道闭环极点的求取在没有计算机的时代是非常困难的，特别是当系统是三阶以上时，求解几乎是不可能的，而且当参数改变时，又需要重新进行计算，不便于系统的分析。1948 年 W. R. Evans 提出：可以根据系统的开环传递函数来分析参数对闭环极点的影响，由此根轨迹法应运而生。根轨迹法是一种图解法，它根据系统开环传递函数的零、极点分布，依照一些简单的绘制规则，画出系统闭环极点的运动轨迹，既避免了复杂的数学运算，又形象直观地看到了参数变化对闭环极点分布的影响。该方法方便实用，因而深受工程技术人员的欢迎。

4.2 根轨迹法的基本概念

所谓根轨迹，就是当系统的参数变化时，特征方程的根即闭环极点在 S 平面变化所描绘出来的轨迹。为了说明根轨迹法的基本概念，我们以图 4.1 所示的二阶系统为例，分析根

轨迹增益 K 从 0 变化到∞时，闭环特征根在 S 平面移动的轨迹。

例 4.1　已知单位反馈系统的结构图如图 4.1 所示，试分析系统的性能。

解　系统的开环传递函数为 $G(s)=\dfrac{K}{s(s+1)}$，它有两个开环极点：$p_1=0$，$p_2=-1$，没有零点。

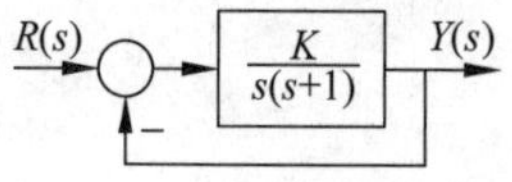

图 4.1　二阶系统结构图

其闭环传递函数为

$$\Phi(s)=\frac{Y(s)}{R(s)}=\frac{G(s)}{1+G(s)}=\frac{K}{s^2+s+K}$$

其特征方程为

$$D(s)=s^2+s+K=0$$

特征根为 $s_{1,2}=\dfrac{-1\pm\sqrt{1-4K}}{2}$。

当 $K=0$ 时，$s_{1,2}=0,-1$，与开环极点重合；当 $0<K<\dfrac{1}{4}$ 时，$s_{1,2}$ 为两个负实根；当 $K=\dfrac{1}{4}$ 时，$s_1=s_2=-\dfrac{1}{2}$，即两个负实根重合在一起；当 $K>\dfrac{1}{4}$ 时，$s_{1,2}$ 为共轭复根。

由此画出了闭环特征根随开环增益 K 从 0 到∞变化时的根轨迹，如图 4.2(a)所示，利用绘制的根轨迹来分析和综合系统的性能。

(1) 分析法

稳定性：由图 4.2(a)可见，所有的根轨迹全部位于 S 左半平面，故闭环系统对所有的 K 值都是稳定的。

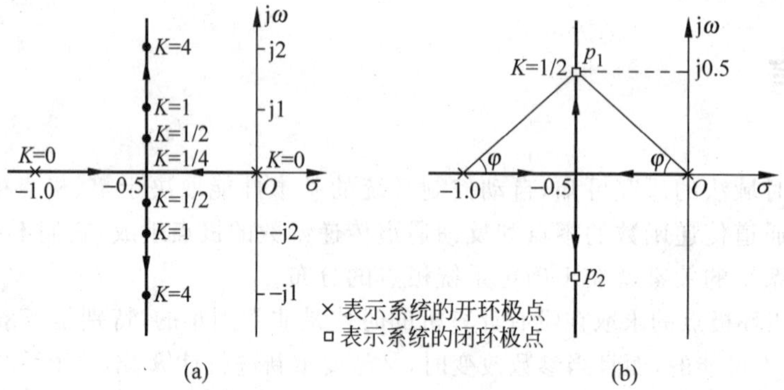

图 4.2　例 4.1 的根轨迹图

(a) 根轨迹曲线；(b) 当 $K=1/2$ 时由根轨迹确定闭环极点的分布

准确性：开环传递函数有一个位于坐标原点的极点→Ⅰ型系统→阶跃响应的稳态误差为 0。

快速性：$0<K\leqslant\dfrac{1}{4}$ 时，特征根为实根，属于过阻尼系统，响应为非振荡型；$K>\dfrac{1}{4}$ 时，特征根为共轭复根，属于欠阻尼系统，响应为衰减振荡。

当可调参数 K 改变时，根轨迹曲线显示了闭环极点的变化情况及其趋势。当开环增益 K 由 0 增大至 0.25 时，系统闭环极点由开环极点处出发沿负实轴从相反方向朝(−0.5，j0)点移动，它们均为负实根，系统响应处于过阻尼状态，且随着 K 的增大，系统响应的速度将逐步加快；当 $K=0.25$ 时，两个负实极点在$(-0.5,\mathrm{j}0)$点重合，系统处于临界阻尼状态；当 $K>0.25$ 时，极点将进入复平面，成为具有负实部的共轭复根，此时系统处于欠阻尼状态，动态响应为阻尼振荡，且随着 K 的不断增大，阻尼比将不断地减小，阻尼振荡频率将不断地提高，可见从根轨迹曲线可以清晰地看出参数 K 对系统性能的影响。

(2) 综合法

从根轨迹曲线可以看出系统动态性能随 K 的变化趋势，设计者可以根据对系统性能的要求，合理地选择参数，将系统的闭环极点配置到期望的位置上，从而获得满意的系统性能。

例如，假设生产工艺过程要求系统的超调量为 $\sigma_p=4.3\%$，求 K 值应该为多少？

由式(3.26)可知，超调量 $\sigma_p=\mathrm{e}^{-\frac{\zeta\pi}{\sqrt{1-\zeta^2}}}=4.3\%$，则可求得系统的阻尼比为 $\zeta=0.707$，相应的阻尼角 $\varphi=\arccos 0.707=45°$，在根轨迹图上作与负实轴夹角 φ 为 45°的等阻尼比线，如图 4.2(b)所示，它和根轨迹相交于 p_1 点，该点的 K 值为 0.5，它就是满足生产工艺过程要求时参数 K 的设计值。

4.2.1 根轨迹方程

对于一般的控制系统，其结构图如图 4.3 所示，由图可得系统的开环传递函数为 $G_k(s)=G(s)H(s)$，闭环传递函数为

$$\Phi(s)=\frac{G(s)}{1+G(s)H(s)}=\frac{G(s)}{1+G_k(s)}$$

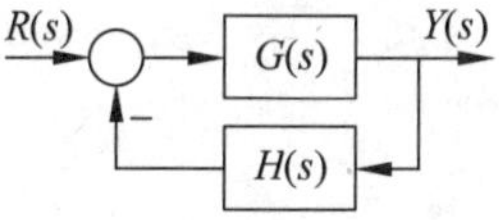

图 4.3 控制系统的结构图

于是系统的特征方程为

$$1+G_k(s)=0$$

或者

$$G_k(s)=-1 \tag{4.1}$$

写成模和辐角的形式即得到根轨迹的幅值方程和辐角方程分别为

$$|G_k(s)|=1 \tag{4.2}$$

$$\angle G_k(s)=\pm 180°(2k+1), \quad k=0,1,2,\cdots \tag{4.3}$$

将根轨迹方程用零极点形式表达为

$$G_k(s)=\frac{K_g\prod_{j=1}^{m}(s-z_{oj})}{\prod_{i=1}^{n}(s-p_{oi})}=-1, \quad n\geqslant m \tag{4.4}$$

式中，z_{oj} 和 p_{oi} 分别为系统的开环零点和开环极点；K_g 为根轨迹增益。则其零极点形式的幅值方程和辐角方程分别为

$$|G_k(s)|=\left|\frac{K_g\prod_{j=1}^{m}(s-z_{oj})}{\prod_{i=1}^{n}(s-p_{oi})}\right|=1 \quad 或 \quad K_g=\frac{\prod_{i=1}^{n}|(s-p_{oi})|}{\prod_{j=1}^{m}|(s-z_{oj})|} \tag{4.5}$$

$$\angle G_k(s)=\sum_{j=1}^{m}\angle(s-z_{oj})-\sum_{i=1}^{n}\angle(s-p_{oi})=(2l+1)\pi, \quad l=0,\pm 1,\pm 2,\cdots \tag{4.6}$$

实际绘制根轨迹时，可用辐角方程来确定某点是否为根轨迹上的点，用幅值方程来确定该点对应的根轨迹增益 K_g。

4.2.2 根轨迹方程的几何意义

1. 辐角方程的几何意义

由复变函数理论可知，辐角$\angle(s-a)$表示的是由点 a 引向点 s 的向量的辐角，如图 4.4 所示，故辐角方程中 $\sum_{j=1}^{m}\angle(s-z_{oj})-\sum_{i=1}^{n}\angle(s-p_{oi})$ 表示的是从系统的各开环零点 z_{oj} 引向点 s 的向量的辐角之和与从各开环极点 p_{oi} 引向点 s 的向量的辐角之和的差值。如果这个差值恰好等于$\pm(2l+1)\pi$，即合成向量指向正左方，那么该点 s 必在系统的根轨迹上，否则就不在根轨迹上，这就是辐角方程的几何意义。

2. 幅值方程的几何意义

从各开环极点 p_{oi} 引向根轨迹上点 s 的向量的长度的乘积除以从各开环零点 z_{oj} 引向该点 s 的向量的长度的乘积，所得的商就是根轨迹上点 s 所对应的根轨迹增益值 K_g。

例如，在图 4.5 中，如果 s_0 是根轨迹上的点，则 s_0 应同时满足辐角方程和幅值方程，即

$$\begin{aligned}\angle G_k(s_0)&=\angle(s_0-z_1)-\sum_{i=1}^{3}\angle(s_0-p_i)\\&=\beta_1-(\alpha_1+\alpha_2+\alpha_3)=(2l+1)\pi,\quad l=0,\pm1,\pm2,\cdots\end{aligned}$$

$$K_g=\frac{\prod_{i=1}^{n}|s_0-p_i|}{\prod_{j=1}^{m}|s_0-z_j|}=\frac{a_1a_2a_3}{b_1}$$

注意：辐角方程和幅值方程是系统根轨迹上的点应同时满足的两个条件。

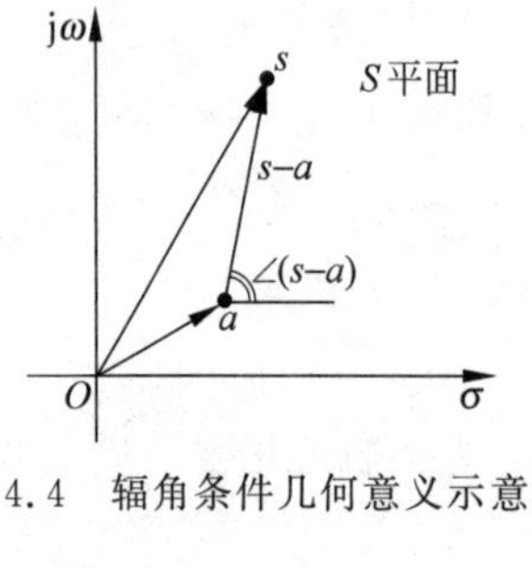

图 4.4 辐角条件几何意义示意图

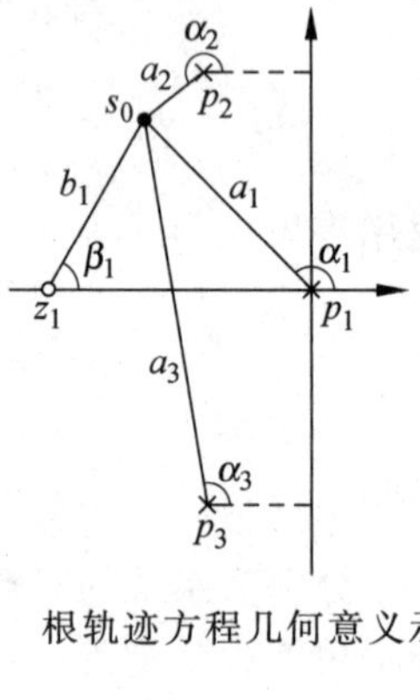

图 4.5 根轨迹方程几何意义示意图

4.3 绘制根轨迹的基本规则

绘制根轨迹的基本依据是辐角方程和幅值方程，由此推导出一些规则，应用这些规则，可以快速地绘制出系统的根轨迹，再通过根轨迹曲线即可进行系统的分析和综合。根据根

轨迹方程导出的以 K_g 为参变量的根轨迹绘制规则如下。

规则 1　根轨迹的对称性：根轨迹是连续的，且对称于实轴。

线性定常系统特征方程的系数是常数或可变参数 K_g 的函数，根据根对系数的连续依赖性，当 K_g 从 0 至∞连续变化时，相应的特征方程的根也将连续地改变，故系统的根轨迹是连续的。而且系统的特征方程或传递函数的分子多项式与分母多项式都是实系数的，于是系统的开环和闭环零极点总是实数或共轭复数，它们在 S 平面上的分布是关于实轴对称的，故系统根轨迹也是对称于实轴的。根据这个特点绘制时，只需画出 S 上半平面的根轨迹，而下半平面部分则可按照对称关系绘制出来。

规则 2　根轨迹的起点和终点：根轨迹起始于开环极点，终止于开环零点。

由式(4.4)根轨迹方程

$$G_k(s)=K_g\frac{\prod_{j=1}^{m}(s-z_{oj})}{\prod_{i=1}^{n}(s-p_{oi})}=-1$$

可得闭环系统的特征方程为

$$K_g\prod_{j=1}^{m}(s-z_{oj})+\prod_{i=1}^{n}(s-p_{oi})=0$$

式中，$0\leqslant K_g<\infty$。

当 $K_g=0$ 时，根轨迹的位置便是根轨迹的起点，这时特征方程变成 $\prod_{i=1}^{n}(s-p_{oi})=0$，这说明 $K_g=0$ 时的闭环极点与开环极点相重合，故系统的根轨迹起始于开环极点。

当 $K_g\to\infty$ 时，根轨迹的位置便是根轨迹的终点，将特征方程改写为 $\prod_{j=1}^{m}(s-z_{oj})+\frac{1}{K_g}\prod_{i=1}^{n}(s-p_{oi})=0$，这时特征方程变成 $\prod_{j=1}^{m}(s-z_{oj})=0$，这说明 $K_g\to\infty$ 时的闭环极点与开环零点相重合，故系统的根轨迹终止于开环零点。

规则 3　根轨迹的分支数：等于 $\max\{n,m\}$，即 n、m 中的较大者。

当 $n\geqslant m$ 时，有 m 条根轨迹终止于 m 个开环零点，剩下的 $n-m$ 条根轨迹将趋于无穷远处。

当 $n<m$ 时，有 n 条根轨迹终止于 n 个开环零点，剩下的 $m-n$ 条根轨迹将起始于无穷远处。

通常控制系统的传递函数为有理复变函数，若将有限数值的零极点称为有限零极点，而将位于无穷远处的零极点称为无限零极点，复变函数理论指出，若计及无穷远处的零点与极点，则有理复变函数的零点总数与极点总数相等。因此对于一般控制系统的开环传递函数，通常 $n\geqslant m$，即有限零点个数不会超过有限极点个数，那么有 n 个有限极点出发，就有 n 条根轨迹分支，其中 m 条分支终止于 m 个开环有限零点 而另外 $n-m$ 条分支将终止于 $n-m$ 个开环无限零点。

下面将看到在绘制其他可变参数的根轨迹时，可能会出现其等效开环传递函数为 $m\geqslant n$ 的情况，这表明该系统的特征方程为 m 次的，因而有 m 条根轨迹分支，它们终止于 n 个开环有限零点，其中 n 条分支起始于 n 个开环有限极点，而另外 $m-n$ 条分支则起始于 $m-n$

个开环无限极点。

因此系统的根轨迹是从开环极点出发，终止于开环零点的，根轨迹的分支数为 $\max(n,m)$。其中有 $|n-m|$ 条根轨迹分支将趋于或起始于无穷远处。

规则 4 根轨迹的渐近线：有 $|n-m|$ 条分支沿着渐近线趋于(或起始于)无穷远，渐近线与正实轴的夹角为

$$\varphi_a=\frac{(2k+1)\pi}{n-m},\quad k=0,\pm 1,\pm 2,\cdots \tag{4.7}$$

与实轴的交点坐标为

$$\sigma_a=\frac{\sum_{i=1}^{n}p_{oi}-\sum_{j=1}^{m}z_{oj}}{n-m} \tag{4.8}$$

注意：渐近线的交点总在实轴上，即 σ_a 必为实数。共轭复数零、极点的虚部相互抵消，所以计算时只须代入开环零、极点的实部。

规则 5 实轴上的根轨迹：实轴上若有根轨迹分布的线段，则该线段右侧的开环有限零极点个数之和必为奇数。

证明 在图 4.6 的实轴上任取一试探点 s_0，它属于根轨迹的充分必要条件是系统所有的开环零极点引向该点的辐角之和满足辐角条件(即为 π 的奇数倍)。分析开环零极点的分布对辐角条件的影响可以看到：每对开环共轭复极点或复零点到实轴上任一点(包括 s_0)所引向量的辐角之和均为 $2k\pi$，故点 s_0 是否满足辐角条件不受这些开环共轭复数零极点的影响；试探点 s_0 左侧的开环零极点到 s_0 所引向量的辐角均为零，因此点 s_0 是否满足辐角条件只取决于 s_0 右侧的开环实数零极点。而这些开环实数零极点到 s_0 所引向量的辐角均为 π，若试探点 s_0 右侧的开环实数零极点个数之和为奇数，相应地它们之差也必为奇数，则 s_0 点满足辐角条件，故它所在的那一段实轴上有根轨迹；否则，便没有根轨迹。

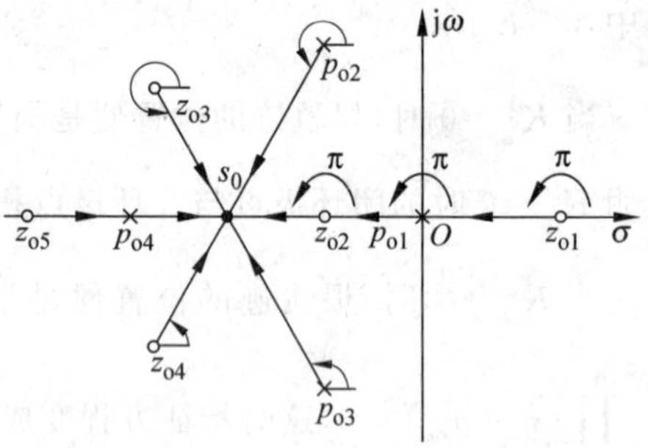

图 4.6 开环零极点分布对辐角条件的影响

因此实轴上若有根轨迹分布的线段，则该线段右侧的开环有限实数零极点个数之和必为奇数。由于开环复数零极点总是共轭成双的，故上述结论也可以笼统地说该线段右侧的开环有限零极点个数之和必为奇数，从而结论得证。

规则 6 根轨迹的出射角和入射角。根轨迹从开环复极点 p_{ol} 出发的出射角为

$$\theta_{p_{ol}}=\pm 180^\circ(2k+1)+\sum_{j=1}^{m}\angle(p_{ol}-z_{oj})-\sum_{i=1,i\neq l}^{n}\angle(p_{ol}-p_{oi}) \tag{4.9}$$

到达开环复零点 z_{ol} 的入射角为

$$\theta_{z_{ol}}=\pm 180^\circ(2k+1)-\sum_{j=1,j\neq l}^{m}\angle(z_{ol}-z_{oj})+\sum_{i=1}^{n}\angle(z_{ol}-p_{oi}) \tag{4.10}$$

证明 所谓出射角是指从开环复极点出发的根轨迹其切线的方向角(即切线与正实轴的夹角)。而到达开环复零点的根轨迹，其切线的方向角即为入射角。它们的推证方法是相类似的，现以开环复极点 p_{ol} 的出射角为例推证如下。

在紧靠开环复极点 p_{ol} 的根轨迹分支上取一点 s_1，由于 s_1 无限接近 p_{ol}，故除 p_{ol} 外所有的开环零极点到点 s_1 所引向量的辐角与到 p_{ol} 所引向量的辐角可视为相等。而 p_{ol} 到点 s_1 所引向量的辐角，即为该开环复极点的出射角 $\theta_{p_{ol}}$。于是，根据辐角条件则可得

$$\sum_{j=1}^{m}\angle(p_{ol}-z_{oj})-\left[\sum_{i=1,i\neq l}^{n}\angle(p_{ol}-p_{oi})+\theta_{p_{ol}}\right]=\pm 180^\circ(2k+1)$$

故出射角为

$$\theta_{p_{ol}}=\pm 180^\circ(2k+1)+\sum_{j=1}^{m}\angle(p_{ol}-z_{oj})-\sum_{i=1,i\neq l}^{n}\angle(p_{ol}-p_{oi})$$

从而得证。

例 4.2　设单回路负反馈系统的开环传递函数为 $G_k(s)=\dfrac{K_g}{s(s^2+2s+2)}$，试绘制系统的根轨迹。

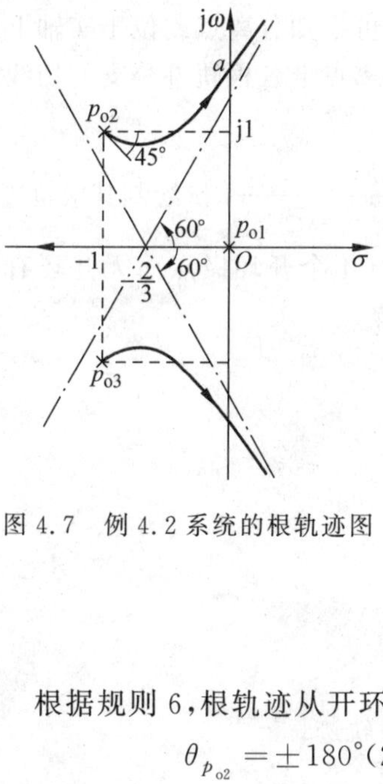

图 4.7　例 4.2 系统的根轨迹图

解　将系统的开环传递函数改写成下列零极点的规范表示形式：

$$G_k(s)=\frac{K_g}{s[(s+1)^2+1]}=\frac{K_g}{s(s+1-j)(s+1+j)}$$

相应的开环零极点分布如图 4.7 所示。

根据规则 5，在整个负实轴上均有根轨迹。

根据规则 2、规则 3 和规则 4，由于 $n=3,m=0$，故起始于开环极点的 3 条根轨迹分支均沿着渐近线趋于无穷远。由式(4.7)得渐近线的倾角分别为

$$\varphi_a=\pm\frac{(2k+1)\pi}{n-m}=\pm 60^\circ,180^\circ,\quad k=0,1$$

由式(4.8)得渐近线与实轴交点的坐标为

$$\sigma_a=\frac{\sum p_{oj}-\sum z_{oi}}{n-m}=-\frac{2}{3}$$

根据规则 6，根轨迹从开环复极点 $p_{o2}=-1+j$ 出发的出射角为

$$\begin{aligned}\theta_{p_{o2}}&=\pm 180^\circ(2k+1)-[\angle(p_{o2}-p_{o1})+\angle(p_{o2}-p_{o3})]\\&=\pm 180^\circ(2k+1)-(135^\circ+90^\circ)=-45^\circ\end{aligned}$$

根据镜像对称性可知，互为共轭的开环复极点(或复零点)对，它们的出射角(或入射角)互为反号，因此开环复极点 $p_{o3}=-1-j$ 的出射角为 $\theta_{p_{o3}}=45^\circ$。

由此则可绘制系统的概略根轨迹曲线如图 4.7 所示。

规则 7　根轨迹与虚轴的交点及临界增益值，可用劳斯判据法或特征方程分解法来确定。

根轨迹若与虚轴相交，这意味着在闭环极点中存在有纯虚根，因而系统处于临界稳定状态。计算交点的坐标及相应的临界增益值有以下两种方法。

一是劳斯判据法。令劳斯表第一列包含可变参数 K_g(或 K)的某一行的元素全为零，则可确定临界增益值，并将此值代入辅助方程，便可解出交点的坐标值。

二是特征方程分解法。即令 $s=j\omega$ 代入特征方程中，并将其分解为实部方程和虚部方

程，然后联立求解这两个方程，便可求得交点的坐标及临界增益值。

一般来说，后一种方法只适用于低阶系统，因为对于高阶系统，将涉及求解高阶代数方程的问题，较为麻烦。

规则 8 根轨迹的分离点。根轨迹的分离点是在根轨迹上且满足下列任一方程的解：

(1) $\frac{\mathrm{d}G_k(s)}{\mathrm{d}s}=0$ 或 $\frac{\mathrm{d}G'_k(s)}{\mathrm{d}s}=0$ （式中，$G_k(s)=K_g G'_k(s)$） (4.11)

(2) $\frac{\mathrm{d}K_g}{\mathrm{d}s}=0$ （式中，K_g 满足系统的特征方程） (4.12)

(3) $\sum_{i=1}^{n}\frac{1}{d-p_{oi}}=\sum_{j=1}^{m}\frac{1}{d-z_{oj}}$ （式中，d 为分离点的坐标） (4.13)

两条或两条以上根轨迹分支在 S 平面上某处相遇后又分开的点，叫做根轨迹的分离点（或汇合点，为了简化统称为分离点）。根轨迹存在分离点，这意味着闭环系统特征方程存在重根，重根的重数就是从该分离点离开的根轨迹分支数。一个系统的根轨迹可能没有分离点，也可能不止一个。由于闭环极点必为实数或共轭复数，故可推知分离点或位于实轴上或以共轭复数形式出现在复平面上，由辐角条件可以推证，在分离点上各根轨迹分支的切线之间的夹角相等。

例 4.3 设系统的开环传递函数为 $G(s)H(s)=\frac{K}{s(s+4)(s^2+4s+20)}$，试绘制其根轨迹。

解 (1) 开环极点，$p_1=0$，$p_2=-4$，$p_{3,4}=-2\pm\mathrm{j}4$，它有 4 个开环极点而无开环有限零点，故系统的 4 条根轨迹分支均沿渐近线趋于开环无限零点。

由式(4.7)得渐近线与实轴的交点坐标为

$$\sigma_a=\frac{-4-2-2}{4}=-2$$

由式(4.8)得渐近线的倾角分别为

$$\varphi_a=\frac{\pm(2k+1)\pi}{4}=\begin{cases}\pm\frac{\pi}{4}\\ \pm\frac{3\pi}{4}\end{cases}$$

(2) 根据规则 5 可知，在负实轴的 $-4\leqslant s\leqslant 0$ 线段上有根轨迹。

(3) 根据规则 8 确定根轨迹的分离点。

① 若按式(4.12)求解，由系统的特征方程 $1+G(s)H(s)=0$ 可得

$$K=-(s^2+4s)(s^2+4s+20)$$

将上式对 s 求导，并令

$$\frac{\mathrm{d}K}{\mathrm{d}s}=-[(s+4)(s^2+4s+20)+(s^2+4s)(2s+4)]=-4(s+2)(s^2+4s+10)=0$$

则可求得其解为 $s_1=-2$，$s_{2,3}=-2\pm\mathrm{j}\sqrt{6}$，经检验它们均在根轨迹上，故都是分离点。

② 若按式(4.13) $\sum_{i=1}^{n}\frac{1}{d-p_i}=\sum_{j=1}^{m}\frac{1}{d-z_j}$ 求解，由于系统无开环有限零点，故可取

$$\sum_{j=1}^{m}\frac{1}{d-z_j}=0$$

于是有

$$\sum_{i=1}^{n}\frac{1}{d-p_i}=\frac{1}{d}+\frac{1}{d+4}+\frac{1}{d+2-\mathrm{j}4}+\frac{1}{d+2+\mathrm{j}4}=\sum_{j=1}^{m}\frac{1}{d-z_j}=0$$

经整理和化简后可得

$$(d+2)(d^2+4d+10)=0$$

同样可求得分离点为

$$d_1=-2,\quad d_{2,3}=-2\pm\mathrm{j}\sqrt{6}$$

③ 若按式(4.11)求解，则

$$(s^4+8s^3+36s^2+80s)'=4s^3+24s^2+72s+80=4(s+2)(s^2+4s+10)=0$$

$$s_1=-2,\quad s_{2,3}=-2\pm\mathrm{j}\sqrt{6}$$

三种方法均可求出分离点 d，再将分离点代入式(4.5)即可求出对应点的根轨迹增益 K 值为

$$K_1=64,\quad K_2=K_3=100$$

(4) 根据规则 6 可知，开环复极点 $p_3=-2+\mathrm{j}4$ 的出射角为

$$\begin{aligned}\theta_{p3}&=\pm180°-\angle p_3-\angle(p_3+4)-\angle(p_3-p_4)\\&=\pm180°-116.57°-63.43°-90°=-90°\end{aligned}$$

(5) 根据规则 7 采用劳斯判据法或特征方程分解法来确定根轨迹与虚轴的交点。

① 采用特征方程分解法。

由 $1+G(s)H(s)=0$ 可得系统的特征方程为

$$D(s)=s(s+4)(s^2+4s+20)+K=s^4+8s^3+36s^2+80s+K=0$$

将 $s=\mathrm{j}\omega$ 代入特征方程得

$$D(\mathrm{j}\omega)=\omega^4-\mathrm{j}8\omega^3-36\omega^2+\mathrm{j}80\omega+K=0$$

令

$$\begin{cases}\omega^4-36\omega^2+K=0\\-8\omega^3+80\omega=0\end{cases}$$

得出与虚轴的交点为

$$\begin{cases}\omega=0, & K=0\\\omega=\sqrt{10}, & K=260\end{cases}$$

② 采用劳斯判据法。

列劳斯表为

$$\begin{array}{llll}s^4 & 1 & 36 & K\\s^3 & 8 & 80 & \\s^2 & 26 & K & \\s^1 & \dfrac{13\times80-4K}{13} & & \\s^0 & K & & \end{array}$$

令第 1 列 s^1 行的元素等于零，即 $\dfrac{13\times80-4K}{13}=0$，便可求得根轨迹与虚轴交点对应的临界根轨迹增益为 $K=\dfrac{80\times13}{4}=260$。

根据 s^2 行的元素构造辅助方程 $A(s)=26s^2+K=26s^2+260=0$，并进行求解，则可求得根轨迹与虚轴交点的坐标为 $s_{1,2}=\pm j\sqrt{10}$。

两种方法均可求出根轨迹与虚轴的交点为 $\pm j\sqrt{10}$ 及对应的 K 为 260。由上述分析可绘制出根轨迹图如图 4.8 所示。

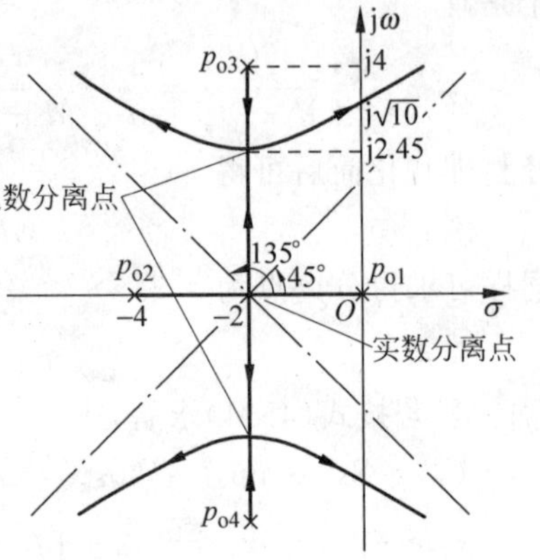

图 4.8　例 4.3 系统的根轨迹图

规则 9　闭环极点的和与积。当 $n-m\geqslant 2$ 时，有

$$\sum_{l=1}^{n} P_l=\sum_{j=1}^{n} p_{oj} \tag{4.14}$$

当 $\nu\geqslant 1$ 时，有

$$\prod_{l=1}^{n} p_l=(-1)^{n-m}K_g\prod_{i=1}^{m} z_{oi} \tag{4.15}$$

式中，p_l 为系统的闭环极点；z_{oi} 和 p_{oj} 为开环零点和开环极点；ν 为系统类型（或无差度）；n 和 m 为开环传递函数的分母和分子多项式的次数。

4.4　广义根轨迹

常规根轨迹的绘制规则是以负反馈系统的根轨迹增益 K_g 为可变参数给出的。但是在实际系统中，可能研究其他参数变化（如开环零点、开环极点、时间常数等）对系统特征根的影响，或研究正反馈系统参数变化的根轨迹等，这些根轨迹统称为广义根轨迹。如果引入等效开环传递函数的概念，那么广义根轨迹的绘制方法和常规根轨迹绘制方法完全相同。

4.4.1　参数根轨迹

以非 K_g 为可变参数的根轨迹称为参数根轨迹，可以研究系统的开环零点、极点、时间常数等对系统性能的影响。对于参数根轨迹的绘制可采用等效传递函数的原则，将参数根轨迹问题的系统特征方程进行预处理，即由系统的闭环特征方程求出所研究参数类似 K_g 位置的等效开环传递函数，则常规根轨迹绘制的所有规则均适用于参数根轨迹的绘制。

特征方程的预处理：设系统的可变参数为 X，其可能变化范围取为 0～∞。首先，将系统的特征方程改写成下列形式：

$$A(s)+XB(s)=0 \tag{4.16}$$

式中，$A(s)$为特征方程中与 X 无关的 s 多项式；$B(s)$为与 X 相关的 s 多项式，且它本身不含可变参数 X。

然后，用 $A(s)$去除式(4.16)的两侧，于是可得

$$1+X\frac{B(s)}{A(s)}=0\quad 或\quad X\frac{B(s)}{A(s)}=-1 \tag{4.17}$$

若令系统的等效开环传递函数为

$$G_k(s)=X\frac{B(s)}{A(s)} \tag{4.18}$$

则参数根轨迹的根轨迹方程式(4.17)就与常规根轨迹的根轨迹方程式(4.4)完全一致。

注意：绘制参数根轨迹时所依据的是式(4.18)等效开环传递函数，它并不是实际系统的开环传递函数，因而只能保证在系统特征方程、根轨迹以及闭环极点方面它们是等价的，而在其他方面与原系统并不等价，例如等效开环传递函数的开环零点并不是实际系统的开环零点。因此系统的闭环零点必须根据原系统的结构图或开环传递函数来确定。

例 4.4　已知系统的开环传递函数为 $G(s)=\dfrac{20}{(s+4)(s+b)}$，试绘制开环极点 b 从 0→∞ 变化时系统的根轨迹。

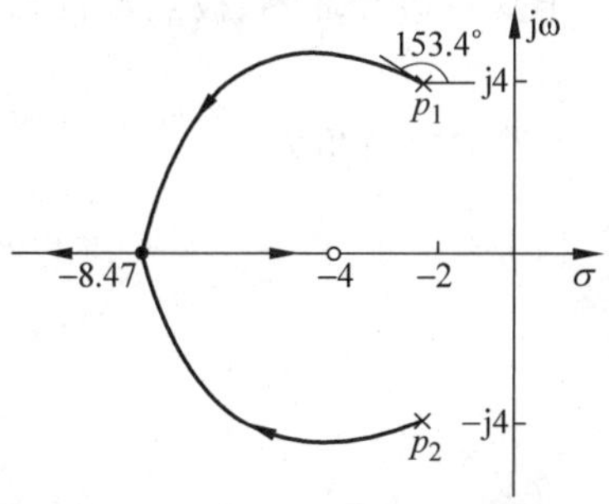

图 4.9　例 4.4 的参数根轨迹图

解　系统的特征方程为

$$D(s)=(s+4)(s+b)+20=0$$

将特征方程预处理为

$$D(s)=s(s+4)+b(s+4)+20=0$$

则等效的开环传递函数为

$$G_{\mathrm{k}}(s)=\frac{b(s+4)}{s(s+4)+20}=\frac{b(s+4)}{(s+2+\mathrm{j}4)(s+2-\mathrm{j}4)}$$

此时开环极点 b 已处于类似于根轨迹增益 K_g 的位置，按常规根轨迹绘制法即可绘制出参数根轨迹如图 4.9 所示。

4.4.2　零度根轨迹

在复杂的控制系统中，有时由于对象本身的特性或为了满足系统某种性能的要求，可能含有正反馈的内回路，为了确定内回路的零极点分布，需要绘制正反馈系统的根轨迹；另外在非最小相位系统中，由于受控对象(如飞机、导弹等)本身的特性等原因，使得传递函数的分子或分母的最高次幂项系数为负的。为了解决这两方面的工程实际问题，提出了零度根轨迹的绘制问题，现以图 4.10 所示的正反馈系统为例，说明零度根轨迹的特点。

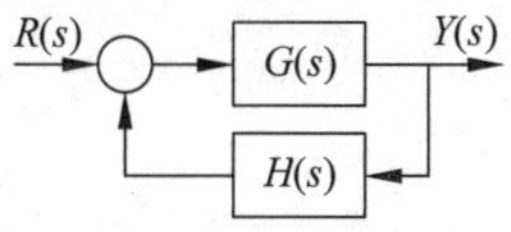

图 4.10　正反馈系统结构图

由图 4.10 可得正反馈系统的闭环传递函数为 $\Phi(s)=\dfrac{G(s)}{1-G(s)H(s)}$，系统的特征方程为 $D(s)=1-G(s)H(s)=0$ 或 $G(s)H(s)=1$。其幅值方程为

$$|G(s)H(s)|=\frac{K\prod_{j=1}^{m}|s-z_{oj}|}{\prod_{i=1}^{n}|s-p_{oi}|}=1 \tag{4.19}$$

辐角方程为

$$\angle G(s)H(s)=\sum_{j=1}^{m}\angle(s-z_{oj})-\sum_{i=1}^{n}\angle(s-p_{oi})=\pm 2k\pi,\quad k=0,1,2,\cdots \tag{4.20}$$

将式(4.19)和式(4.20)与常规根轨迹的幅值方程(4.5)和辐角方程(4.6)对比可知，它们的幅值方程完全相同，仅辐角方程有所改变，即正反馈系统的根轨迹遵循 $2k\pi$ 的辐角条

件，而负反馈系统的根轨迹遵循$(2k+1)\pi$的辐角条件，所以有时称负反馈系统的根轨迹为180°根轨迹，而把正反馈系统的根轨迹称为零度根轨迹。

既然零度根轨迹与常规根轨迹只是辐角方程不同，所以只要在常规根轨迹的绘制规则中修改那些与辐角方程有关的部分，就可以用来绘制零度根轨迹了，需要修改的规则有如下三个。

根据规则4(根轨迹的渐近线)，当开环极点数大于开环零点数时，有$n-m$条根轨迹趋于无穷远处，渐近线与实轴正方向的夹角为

$$\varphi_{\mathrm{a}}=\frac{2k\pi}{n-m},\quad k=0,\pm1,\pm2,\cdots \tag{4.21}$$

根据规则5(实轴上的根轨迹)，实轴上的根轨迹区段位于其右边开环零、极点数目总和为偶数的区域。

根据规则6(根轨迹的出射角和入射角)，开环极点$p_{\mathrm{o}i}$出发的出射角为

$$\theta_{p_{\mathrm{o}i}}=\mp2k\pi+\sum_{j=1}^{m}\angle(p_{\mathrm{o}i}-z_{\mathrm{o}j})-\sum_{\substack{l=1\\l\neq i}}^{n}\angle(p_{\mathrm{o}i}-p_{\mathrm{o}l}) \tag{4.22}$$

终止于开环零点$z_{\mathrm{o}j}$的入射角为

$$\theta_{z_{\mathrm{o}j}}=\pm2k\pi-\sum_{\substack{l=1\\l\neq j}}^{m}\angle(z_{\mathrm{o}j}-z_{\mathrm{o}l})+\sum_{i=1}^{n}\angle(z_{\mathrm{o}j}-p_{\mathrm{o}i}) \tag{4.23}$$

绘制零度根轨迹的其他规则与常规根轨迹的规则完全相同。

例4.5 设单回路正反馈系统的开环传递函数为$G_{\mathrm{k}}(s)=\dfrac{K_{\mathrm{g}}}{s(s^2+2s+2)}$，试回答下列问题：

(1) 绘制系统的根轨迹；

(2) 分析闭环系统的稳定性。

解 (1) 绘制系统的根轨迹。

由于该系统为正反馈系统，故用零度根轨迹法来绘制。

首先将开环传递函数改写成下列零极点的规范表示形式：

$$G_{\mathrm{k}}(s)=\frac{K_{\mathrm{g}}}{s[(s+1)^2+1]}=\frac{K_{\mathrm{g}}}{s(s+1-\mathrm{j})(s+1+\mathrm{j})}$$

相应的开环零极点分布如图4.11所示。

根据规则5，在正实轴的$0\leqslant s<\infty$区间上有根轨迹。

根据规则2、规则3和规则4，由于没有开环零点，起始于开环极点的3条根轨迹分支均沿着渐近线趋于无穷远，渐近线的倾角分别为

$$\varphi_{\mathrm{a}}=\pm\frac{2k\pi}{n-m}=0°,\pm120°,\quad k=0,1$$

渐近线与实轴交点的坐标为

$$\sigma_{\mathrm{a}}=\frac{\sum p_{\mathrm{o}j}-\sum z_{\mathrm{o}i}}{n-m}=-\frac{2}{3}$$

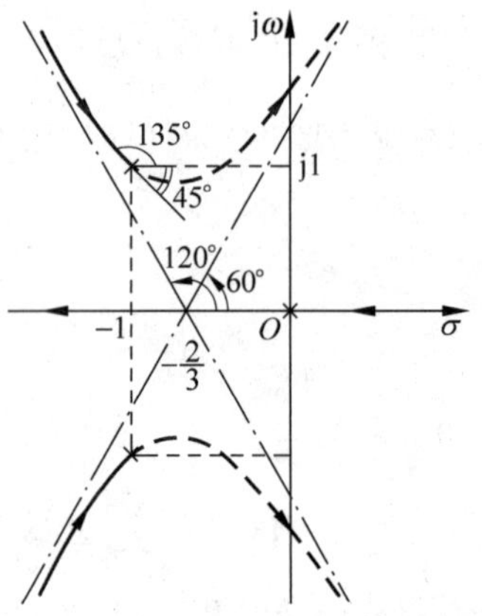

图4.11 例4.5系统的根轨迹图

根据规则6，根轨迹从开环复极点$p_{\mathrm{o}2}=-1+\mathrm{j}$出发的出射角为$\theta_{p_{\mathrm{o}2}}=-[\angle p_{\mathrm{o}2}+\angle(p_{\mathrm{o}2}-p_{\mathrm{o}3})]=-(135°+90°)=$

$-225°$(或 $135°$)。

根据规则 9,因 $n-m=3$,故 $\sum p_{ol}=\sum p_{oj}$,即闭环极点之和为一常数。于是随着 K_g 值的增大,实轴上的根轨迹分支向右方向移动,复平面上的根轨迹分支必将向左方向移动。

根据以上信息则可绘制正反馈系统的概略根轨迹如图 4.11 的实线所示。为了便于与 180°根轨迹相比较,图 4.11 中的零度根轨迹是按补根轨迹(即增益为负的,$-\infty \leqslant K_g^* \leqslant 0$)来标示其箭头的方向。这样一来无论是 180°根轨迹还是 0°根轨迹,箭头均统一指向增益增大的方向。

(2) 分析闭环系统的稳定性。

由图 4.11 可见,无论怎样调节系统的参数,在正实轴上总是存在闭环极点,故该系统是一个结构性不稳定系统,不能单独使用。通常是将它作为负反馈系统的一个内回路,而整个系统的稳定性由外回路来保证。

讨论:例 4.5 系统的开环传递函数与例 4.2 系统的相同,它们的根轨迹如图 4.11 所示。图中虚线所示的为例 4.2 系统的根轨迹,实线所示的为例 4.5 系统的根轨迹,将它们组合在一起则为系统的完整根轨迹。分析比较例 4.5 和例 4.2 系统的根轨迹可以看到,虽然它们的开环零极点相同,但是由于反馈极性的不同,使得分别按 180°根轨迹法和 0°根轨迹法绘制的两个系统的根轨迹形状差别很大。这说明,180°根轨迹法和 0°根轨迹法是两类反馈性质不同的系统根轨迹的绘制方法,根轨迹形状的显著差异正是两类反馈性质不同的反映。

4.5 根轨迹的分析法

利用根轨迹分析系统,首先是由系统的开环传递函数绘制出系统的根轨迹,然后再由根轨迹分析系统的稳定性、动态特性和稳态特性。

设系统的闭环传递函数为

$$\Phi(s)=\frac{Y(s)}{R(s)}=\frac{K^*\prod_{j=1}^{m}(s-z_j)}{\prod_{i=1}^{n}(s-s_i)} \tag{4.24}$$

式中,K^* 为系统的根轨迹增益;z_j 为闭环传递函数的零点;s_i 为闭环传递函数的极点。它们可以是实数,也可以是共轭复数。通过拉氏反变换可得到系统的单位阶跃响应为

$$y(t)=A_0+\sum_{i=1}^{n}A_i e^{s_i t} \tag{4.25}$$

由此可见,系统的单位阶跃响应是由闭环极点 s_i 及系数 A_i 共同决定的,而系数 A_i 又与闭环零、极点的分布有关。

4.5.1 由根轨迹确定系统的闭环极点

根轨迹是利用开环传递函数绘制的闭环根的轨迹,是系统根轨迹增益 K^* 从 0 变化到

∞时的闭环特征根的轨迹，对于某一增益下的闭环极点，可由幅值条件试探法确定。

例 4.6 已知单位负反馈系统的开环传递函数为 $G(s)=\dfrac{K(s+4)}{s(s+2)}$，试回答下列问题：

(1) 试画出系统的根轨迹；

(2) 求系统具有最小阻尼比时的闭环极点，对应的 K 值及性能指标；

(3) 若要求系统的阻尼比为 0.866，求闭环极点；

(4) 求 $K=1$ 时的闭环极点。

解 (1) 画出的根轨迹如图 4.12 所示，两分离点的坐标分别为 −1.172 和 −6.83，对应的 K 值分别为 0.343 和 11.66。

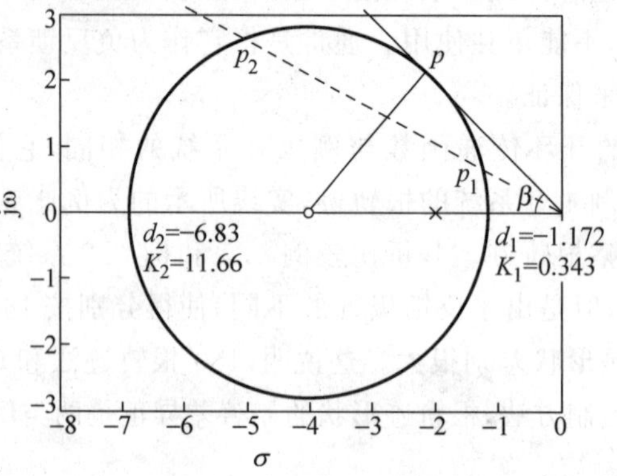

图 4.12 例 4.6 的系统根轨迹图

(2) 过原点作圆的切线，与根轨迹交于 p 点，得到最小阻尼比线，阻尼角为 β，连接切点 p 和圆心形成等腰直角三角形，可见 $\beta=45°$，$\zeta=\cos\beta=0.707$，对应的闭环极点为 $p=-2\pm$ j2，该点的 K 值为

$$K=\left|\frac{s(s+2)}{s+4}\right|_{s=-2+\mathrm{j}2}=2$$

超调量为

$$\sigma_{\mathrm{p}}=\exp(-\zeta\pi/\sqrt{1-\zeta^2})=4.4\%$$

调节时间为

$$t_{\mathrm{s}}=\frac{3\sim 4}{\zeta\omega_{\mathrm{n}}}=\frac{3\sim 4}{2}=1.5\sim 2$$

(3) 若要求系统的阻尼比为 0.866，根据阻尼比的要求，作出等阻尼比线交根轨迹于 p_1、p_2 两点，p_1 点对应的闭环极点为

$$s_1=-1.32+\mathrm{j}0.658,\quad K_1=\left|\frac{s(s+2)}{s+4}\right|_{s=s_1}=0.5$$

(4) 求 $K=1$ 时的闭环极点，可采用试探法。

$$s_1=-1.74+\mathrm{j}1.69,\quad K_1=\left|\frac{s(s+2)}{s+4}\right|_{s=s_1}=1.46>1$$

$$s_2=-1.43+\mathrm{j}1.17,\quad K_2=\left|\frac{s(s+2)}{s+4}\right|_{s=s_1}=0.855<1$$

$$s_3=-1.52+\mathrm{j}1.34,\quad K_3=\left|\frac{s(s+2)}{s+4}\right|_{s=s_1}=1.02\approx 1$$

4.5.2 用主导极点来估算系统的性能

对于一个实际的控制系统，首先要求系统必须是稳定的，即所有的闭环极点全部位于 S 的左半平面。在稳定的前提下，希望它的输出尽可能快地跟踪输入信号的变化，即应使每个瞬态分量 $e^{s_i t}$ 衰减得快，故闭环极点应该远离虚轴，以满足动态过程的快速性；且要求响应的超调量小，振荡次数少，即应使主导极点位于 S 平面与负实轴成±45°夹角线附近，其对应的阻尼比 $\zeta=0.707$；且希望系数 A_i 要小，使动态过程尽快衰减。

例 4.7 设单位负反馈系统的开环传递函数为 $G(s)H(s)=\dfrac{1.05}{s(s+1)(s+2)}$，试求：(1)采用根轨迹法分析系统的稳定性；(2)系统的闭环极点；(3)系统的单位阶跃响应、超调量和调节时间。

解 要采用根轨迹法分析系统的性能，首先要绘制系统的根轨迹，为此构造一个增益可变的系统的开环传递函数为 $G(s)H(s)=\dfrac{K}{s(s+1)(s+2)}$，根据各规则绘制出 K 从 0 至∞的根轨迹如图 4.13 所示。

(1) 试采用根轨迹法分析系统的稳定性。

从根轨迹图可知：当 $0<K<0.385$ 时，特征值为负实根，系统的响应为单调衰减；

当 $0.385<K<6$ 时，系统的主导极点为共轭复根，系统的响应为衰减振荡；

当 $6<K<\infty$ 时，系统是不稳定的。

显然系统的稳定区域是 $0<K<6$。本例中，$K=1.05$，所以系统是稳定的。

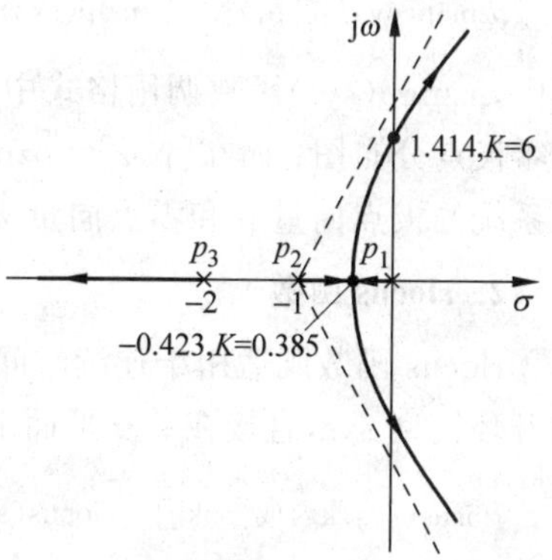

图 4.13　例 4.7 的系统根轨迹图

(2) 求系统的闭环极点。

在 $K=1.05$ 时，系统的主导极点为共轭复根，用试探法求得系统的主导极点为 $s_{1,2}=-0.33\pm \mathrm{j}0.58$，根据规则 9 的根之和的关系得到系统的另外一个闭环极点为 $s_3=-2.34$。

(3) 求系统的单位阶跃响应、超调量和调节时间。

由上面求出的 3 个闭环特征根可知系统的闭环传递函数为

$$\Phi(s)=\frac{1.05}{(s+2.34)(s+0.33+\mathrm{j}0.58)(s+0.33-\mathrm{j}0.58)}$$

根据主导极点的概念可将三阶系统近似为如下的二阶系统：

$$\Phi(s)=\frac{1.05/2.34}{(s+0.33+\mathrm{j}0.58)(s+0.33-\mathrm{j}0.58)}=\frac{0.4487}{s^2+0.66s+0.4487}$$

由 $2\zeta\omega_n=0.66$，$\omega_n^2=0.4487$，得到 $\zeta=0.49$，$\omega_n=0.67$。故系统的单位阶跃响应为

$$y(t)=1-1.147e^{-0.33t}\sin(0.58t+60.36°)$$

由式(3.26)得系统的超调量为

$$\sigma_{\mathrm{p}}=\mathrm{e}^{-\zeta\pi/\sqrt{1-\zeta^2}}\times 100\%=17.12\%$$

由式(3.27)得系统的调节时间为

$$t_{\mathrm{s}}=\frac{3\sim 4}{\zeta\omega_{\mathrm{n}}}=9.08\sim 12.1(\mathrm{s})$$

4.5.3 利用 MATLAB 软件绘制根轨迹法

利用 MATLAB 软件绘制系统根轨迹是十分方便的。MATLAB 控制系统工具箱提供了许多函数,它们在绘制根轨迹时所依据的是系统的开环传递函数,其功能和基本调用格式如下:

pzmap(num,den)%绘制系统的零、极点图;

rlocus(num,den)%绘制系统的根轨迹图;

rlocfind(num,den)%确定系统根轨迹上某些点的增益。

其中,num 为开环传递函数的分子多项式,den 为开环传递函数的分母多项式。

1. pzmap 函数

pzmap 函数的功能是绘制系统 sys 的零极点分布图,在图上以符号 x 表示极点,以 o 表示零点,函数调用的格式为

```
pzmap(sys)或[p,z]= pzmap(sys)
```

其中,pzmap(sys)函数调用格式中不带输出变量,命令执行后将在图形窗口中绘制出系统的零极点分布图;而在[p,z]=pzmap(sys)函数调用格式中带有输出变量,命令执行后将显示系统的极点向量 p 和零点向量 z,而不绘制零极点分布图。

2. rlocus 函数

rlocus 函数既适用于连续时间系统,也适用于离散时间系统。函数的功能是根据系统的开环模型 sys,直接在 s 复平面上绘制闭环系统的根轨迹。函数调用的基本格式为:

```
rlocus(sys,kg)或[r,kg]=rlocus(sys)
```

其中,sys 为控制系统的开环传递函数;kg 为用户指定的开环根轨迹增益向量;如果用户不指定 kg 向量,则该函数会自动选择根轨迹增益向量。如果在函数的调用中不返回任何参数,即采用 rlocus(sys,kg)格式,则该命令执行后将在图形窗口中自动地绘制出闭环系统的根轨迹曲线。

3. rlocfind 函数

rlocfind 函数既适用于线性连续系统,也适用于线性离散系统。函数的功能是求取系统根轨迹上指定点的开环根轨迹增益,和在该增益下系统的所有闭环极点。函数调用的基本格式为

```
[kg,p]=rlocfind(sys)
```

在图形窗口中已经有绘制的系统根轨迹的条件下,当这个函数启动起来后,将在根轨迹图上出现要求用户使用鼠标定位的提示,用户可以用鼠标左键单击根轨迹上所关心的点,则

可得到两个返回变量 kg 和 p。其中,kg 变量为根轨迹上所指定点的根轨迹增益,p 变量为在该增益下系统的所有闭环极点。此外,命令执行后,还自动地将该增益下所有的闭环极点直接在根轨迹曲线上显示出来。

如果开环模型 sys 所表示的是系统的等效开环传递函数,并用所关心的系统可变参数来置换 kg,则以上两个函数也适用于处理参数根轨迹问题。

4. sgrid 函数

sgrid 函数的功能是在连续系统的根轨迹或零极点分布图中绘制由等 ζ(即等阻尼比)线和等 ω_n(即等自然频率)线所构成的网格线,在系统分析和综合中,运用这些等 ζ 线和等 ω_n 线,可以方便地确定闭环主导极点的位置,或具有该 ζ 和 ω_n 值的闭环极点分布。函数调用的格式为

```
sgrid 或 sgrid(z,Wn)
```

其中,在左边的调用格式中,阻尼比向量 z 和无阻尼自然振荡频率向量 Wn 自动地确定,阻尼比向量 z 从 0 变化至 1,步长为 0.1,自然频率向量 Wn 从 0 变化至 10;在右边的调用格式中向量 z 和 Wn 可由用户根据需要来定义。

4.6　根轨迹的综合法

上节研究的根轨迹分析法是在系统结构和参数已知的情况下,研究系统的运动规律以及系统特性与结构、参数之间的关系。而根轨迹的综合法是分析法的逆问题,是系统设计的主要技术性部分,它根据生产工艺过程或某项任务对控制系统的要求,来设计一个能满足技术要求的控制系统,因此首先应根据性能指标确定期望的闭环极点在复平面上的位置,然后再绘制出未校正系统的根轨迹图,通过观察根轨迹和期望的闭环极点之间的位置关系,来确定综合方案。

如果根轨迹通过或者接近期望极点,说明系统在该点的 K 值已能满足系统的动态性能,这时只需考察该点的 K 值能否满足稳态误差的要求;如果根轨迹没有通过期望的闭环极点,说明仅仅通过调整 K 值是不可能满足动态性能指标的,这时就必须改变系统的根轨迹形状,即通过添加附加装置来实现,使改变后的根轨迹穿过或者接近期望的闭环极点,来满足系统性能指标的要求,这就是根轨迹校正,即根轨迹的综合法。所添加的装置称为校正装置,校正装置常用的连接方式是串联在系统的前向通道上,如图 4.14 所示,称为串联校正。

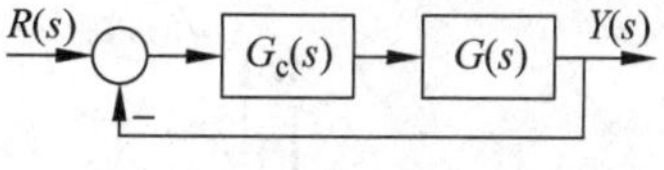

图 4.14　串联校正

由此可见,根轨迹综合法的核心就是对系统根轨迹进行整形,使系统的主导极点位于期望的根轨迹位置,使系统满足性能指标的要求。

4.6.1　根轨迹形状的改变

系统根轨迹的形状取决于开环零极点的分布,而系统的响应特性取决于闭环零极点。

所以可以通过校正装置添加的零极点，来改变系统开环零极点的分布，以达到改变根轨迹形状的目的。

1. 添加开环零点对根轨迹的影响

设控制系统的开环传递函数为 $G_k(s)=\dfrac{K_g}{s^2(s-p_o)}$，其中 $p_o<0$，则可绘制系统的根轨迹如图 4.15(a)所示，由图可见该系统为结构性不稳定的。

若在开环极点 p_o 的右侧添加一个开环负实零点 z_{o1}，则系统的根轨迹将变成图 4.15(b)所示的曲线 1；若添加的开环实零点 z_{o2} 更靠近虚轴，则系统的根轨迹为图 4.15(b)所示的曲线 2。由此可见，添加开环零点将使系统根轨迹的主要分支向左偏移，而且添加的开环零点离虚轴越近，零点的作用便越强，根轨迹向左偏移得就越多。这有利于改善系统的稳定性和动态特性。若添加的是一对具有负实部的开环共轭复零点 z_{o3} 和 z_{o4}，则系统的根轨迹将终止于该对共轭零点，如图 4.15(c)中的实线部分所示，可见上述结论同样有效。

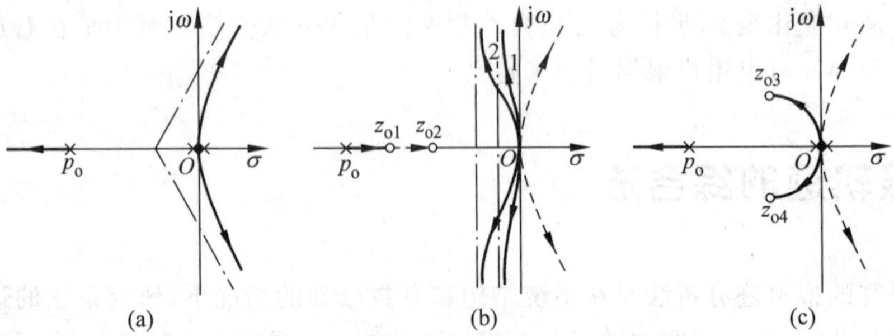

图 4.15　添加开环零点对根轨迹形状的影响

综上所述，添加开环零点，就是在开环传递函数中引入一个比例微分环节，开环零点离虚轴越近，微分的作用就越强，就可以有效地改善系统的动态特性，使系统的阶跃响应不仅具有较快的响应速度，而且响应的平稳性也较好，超调量较小。

2. 添加开环极点对根轨迹的影响

设控制系统的开环传递函数为 $G_k(s)=\dfrac{k_g}{s(s+a)}$，其中 $a>0$，于是可绘制系统的根轨迹如图 4.16(a)所示。如果添加一个开环负实极点 p_o，则系统根轨迹的形状将向右弯曲，如图 4.16(b)所示。由图可见，添加开环极点将使根轨迹的主要分支向右偏移(例如取 $a=1$，

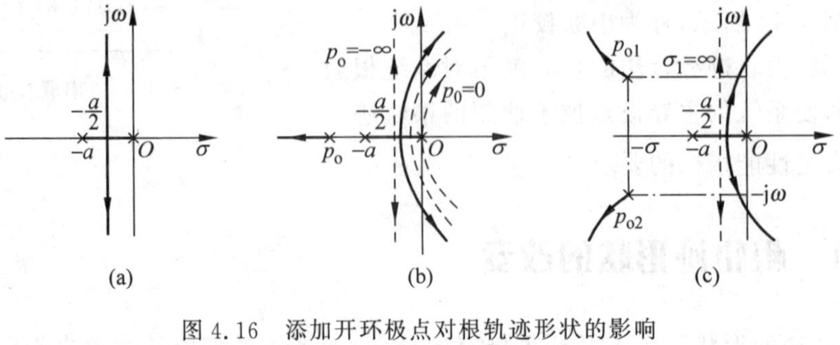

图 4.16　添加开环极点对根轨迹形状的影响

$p_o=-2$，则根轨迹渐近线的倾角由原来的$\pm 90°$向右偏转至$\pm 60°$，分离点由原来的-0.5向右移至-0.422；与分离点相对应的开环增益，由原来的0.25减少到0.19)，而且添加的开环极点越靠近虚轴，即$|p_o|$越小，根轨迹主要分支向右偏移得就越明显，当p_o右移至原点时，则系统将变为结构性不稳定的，它们的根轨迹如图4.16(b)中的虚线所示。如果添加的是一对具有负实部的开环共轭复极点p_{o1}和p_{o2}，系统的根轨迹如图4.16(c)所示，由此可见上述结论同样有效。

综上所述，添加开环极点将使根轨迹的主要分支向右移，这对系统的稳定性和动态特性往往是不利的，添加开环负实极点p_o，就是在开环传递函数中添加一个以$1/(-p_o)$为时间常数的惯性环节，开环极点离虚轴越近，其时间常数便越大，因而对系统的动态特性往往就越不利，但是若用惯性环节来滤波，则它有利于抑制系统的高频扰动信号。

4.6.2 串联校正

串联校正是利用校正装置的零极点来改变系统开环零极点的分布，以达到改变根轨迹形状的目的。当系统的性能指标以最大超调量上升时间等时域指标表示时，采用根轨迹综合法比较方便，且能直接研究参数变化对系统动态响应的影响。如图4.14所示，它有三种方式：超前校正、迟后校正和迟后-超前校正。

超前、迟后、迟后-超前校正

4.7 根轨迹法的应用

由式(3.81)可知机床导轨伺服控制系统的开环传递函数为$G_k(s)=\dfrac{152K}{s(s+2.86)(s+559.74)}$，下面采用根轨迹法来分析该系统的性能。

4.7.1 利用MATLAB绘制实际系统的根轨迹

由式(3.81)可知，机床导轨伺服控制系统的开环传递函数为

$$G_k(s)=\frac{152K}{s(s+2.86)(s+559.74)}$$

将开环传递函数变形为零极点表达式，即

$$G_k(s)=\frac{K_g}{s(s+2.86)(s+559.74)} \tag{4.34}$$

1. 在坐标图上标注所有的零极点

(1) 根据规则4，标注实轴根轨迹为$[-\infty,-559.74]$和$[-2.86,0]$。

(2) 根据规则 2 和规则 3 以及规则 4，系统有 3 个开环极点即 $n=3$，没有开环零点即 $m=0$，所以系统的 3 条根轨迹分支均沿着其对应的渐近线趋于无穷零点，这些渐近线的倾角分别为

$$\varphi_a=\frac{180°(2k+1)}{n-m}=\frac{180°(2k+1)}{3}=\pm 60°,180°,\quad k=0,1,2 \tag{4.35}$$

渐近线与实轴交点为

$$\sigma_a=\frac{\sum p_i-\sum z_i}{n-m}=-187.5 \tag{4.36}$$

2. 求根轨迹的分离点

由规则 8 可选用 $\frac{\mathrm{d}K_g}{\mathrm{d}s}=0$ 来求解分离点，因为 $1+G_k(s)=0$ 为特征方程的根，所以有

$$K_g=-s(s+2.86)(s+559.74)=-s^3-562.68s^2-1\,600.85s$$

$$\frac{\mathrm{d}K_g}{\mathrm{d}s}=-3s^2-1\,125.2s-1\,600.85 \tag{4.37}$$

使用如下 MATLAB 程序：

```
P=[-3,-1125.2,-1600.85]
R=roots[p]
```

解之得

$s_1=-1.428$, $s_2=-373.6$(舍去)

分离点为

$s=-1.428$

3. 求根轨迹与虚轴的交点

由规则 7，可根据劳斯判据，先求得临界时间 K_g，然后求解，由系统的特征方程 $1+G_k(s)=0$ 可得系统闭环特征方程为

$$s^3+562.6s^2+1\,600.85s+K_g=0 \tag{4.38}$$

列写劳斯表为

s^3	1	1 600.85
s^2	562.6	K_g
s^1	a_1	
s^0	a_0	

其中

$$a_1=-\frac{\begin{vmatrix}1 & 1\,600.85\\ 562.6 & K_g\end{vmatrix}}{562.6}=-\frac{K_g-900\,638}{562.6} \tag{4.39}$$

$$a_0=K_g$$

由劳斯判据稳定的条件，即第一列所有元素大于零，所以临界稳定的 $K_g=900\,638$。

这样，劳斯表 s^1 行的元素全为零。于是由辅助方程 $A(s)=562.6s^2+900\,638=0$ 解得根轨迹与虚轴交点的坐标为 $s=\pm j40$，这样就能作出根轨迹曲线如图 4.30(a)所示，由于虚轴附近的根轨迹曲线太小不清楚，故对其局部进行放大，如图 4.30(b)所示。

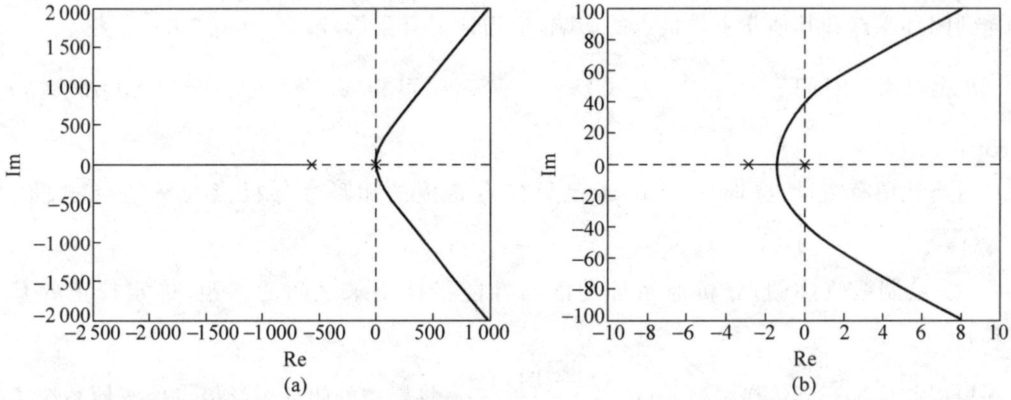

图 4.30　机床导轨伺服控制系统的根轨迹图

(a) 系统完整根轨迹图；(b) 虚轴附近的局部根轨迹图

4.7.2　根轨迹综合法的应用

1. 机床导轨伺服控制系统性能指标要求

在单位阶跃输入下(≤150mm)要求系统的指标达到：

系统输出的超调量　　$\sigma\%\leqslant 5\%$

调节时间　　$t_s\leqslant 1s$

振荡次数　　$N<1$

在 10mm/s 速度信号输入时跟踪误差<0.05mm

2. 固有系统的分析与近似

机床导轨伺服控制系统的开环传递函数为

$$G_o(s)=\frac{0.095K}{s(0.35s+1)(0.001\,78s+1)}$$

斜坡误差系数 $K_v=\lim\limits_{s\to 0}sG_k(s)=0.095K$，则跟踪稳态误差为 $e_{ss}=\dfrac{10}{K_v}$。系统要求在 10mm/s 斜坡信号输入时跟踪误差<0.05mm，即 $e_{ss}=\dfrac{10}{K_v}=\dfrac{10}{0.095K}<0.05$，解之得 $K>2\,105$。取 $K=2\,500$，则系统的开环传递函数为

$$G_o(s)=\frac{237.5}{s(0.35s+1)(0.001\,78s+1)}$$

为了突出主要问题，忽略远离虚轴的开环极点，由主导极点构成的开环传递函数为

$$G_o(s)\approx\frac{237.5}{s(0.35s+1)}=\frac{781.4}{s(s+2.86)}$$

3. 超前校正的设计

(1) 根据动态性能指标确定期望的闭环主导极点位置。

根据对超调量 σ_p 的要求,可得 $\sigma_p = e^{-\zeta\pi/\sqrt{1-\zeta^2}} \leqslant 5\%$,则 $\zeta \geqslant \dfrac{\ln(1/\sigma_p)}{\sqrt{\pi^2+\ln^2(1/\sigma_p)}} = 0.69$,考虑到闭环零点和其他非主导极点的影响,适当地留有裕量,选取 $\zeta = 0.707$。

根据对调节时间 t_s 的要求,由式 $t_s = \dfrac{4}{\zeta\omega_n} \leqslant 1\text{s}$,可得 $\omega_n \geqslant 4/(\zeta t_s) = 4/(0.707\times 1) = 5.65\text{rad/s}$。

适当地留有裕量,选取 $\omega_n = 6$,于是可确定希望的闭环主导极点为 $p_{1,2} = -\zeta\omega_n \pm j\omega_n\sqrt{1-\zeta^2} = -4.24 \pm j4.24$。

(2) 绘制根轨迹图,分析原系统性能与性能指标要求之间的差距,确定校正的基本形式。

根据原系统开环传递函数 $G(s) = \dfrac{781.4}{s(s+2.86)}$,将期望的闭环主导极点位于原系统根轨迹的左侧,使期望的根轨迹向左偏移,故应加入超前校正装置对系统进行超前校正,校正后系统的开环传递函数变为 $G_k(s) = G_c(s)G_o(s) = K_d\dfrac{s-z_d}{s-p_d}\dfrac{781.4}{s(s+2.86)} = \dfrac{K_g(s-z_d)}{s(s+2)(s-p_d)}$,其中 $K_g = 781.4K_d$。

(3) 综合超前校正装置。

根据辐角条件 $\varphi_k = -180°$,即有 $\varphi_d - \angle s - \angle(s+2.86) = -180°$,为使校正后系统的根轨迹能通过期望闭环主导极点 $p_1 = -4.24 + j4.24$,将 $s = p_1$ 代入并进行计算:由式(4.28)可求得超前校正装置所需提供的超前角为 $\varphi_d = 63°$。

由于超前校正主要是改善系统的动态性能,对提高开环增益的作用不大,故工程上往往主要根据 φ_d 来确定校正装置的零极点分布,然后再利用幅值条件来检查系统的开环增益值是否满足要求。

由图 4.18 的几何作图法可近似求得其值为 $z_d = -4.9$,$p_d = -13.1$。

根据幅值条件可求得主导极点 p_1 处的开环根轨迹增益为

$$K_g = \left|\frac{s(s+2.86)(s+13.1)}{s+4.9}\right|_{s=p_1} = \frac{5.99\times 4.46\times 9.8}{4.3} = 60.88$$

相应的校正装置增益为 $K_{gd} = K_g/781.4 = 0.078$,$K_d = K_{gd}(-z_d)(-p_d) = 0.03$。

由式(4.29)便可求得校正后系统的开环增益为 $K = \dfrac{K_g(-z_d)}{2.86(-p_d)} = \dfrac{784.1\times 4.9}{2.86\times 13.1} = 157.7$,系统为Ⅰ型,故 $K_v = K = 157.7$,满足稳态性能指标的要求。

于是超前校正装置的传递函数 $G_d(s) = 0.078\dfrac{s+4.9}{s+13.1}$,校正后系统的开环传递函数为 $G_k(s) = \dfrac{60.88(s+4.9)}{s(s+2.86)(s+13.1)}$。

(4) 校验。

编制 MATLAB 仿真程序如下

```
GK=tf([60.88,298.3],[1,15.96,37.5,0])
figure(1)
rlocus(GK)
G=GK/(1+GK)
figure(2)
[y,t]=step(G)
plot(t,y)
```

运行程序后得到校正后系统的根轨迹曲线如图 4.31 所示,对应的单位阶跃响应如图 4.32 所示。由图可见通过添加超前校正装置,使根轨迹曲线向左弯曲,改善了系统的稳定性和动态性能,显然系统已能满足性能指标的要求了。

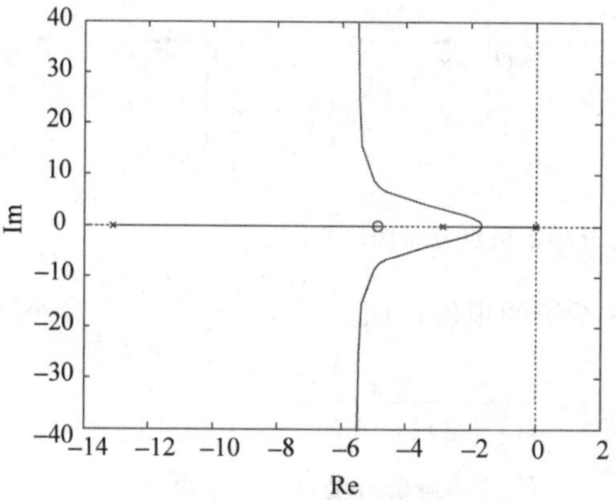

图 4.31 校正后系统的根轨迹图

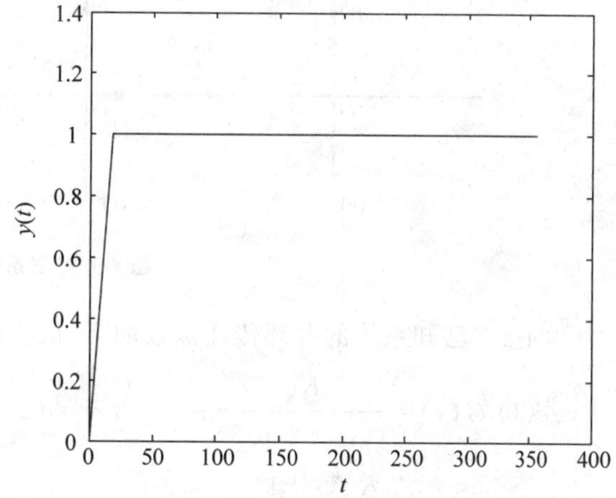

图 4.32 校正后系统的单位阶跃响应

本章小结

根轨迹法首先从根轨迹与根轨迹方程入手介绍了根轨迹的几何意义和幅值方程、辐角方程的使用方法,阐述了绘制常规根轨迹(180°根轨迹)曲线的九大规则。在此基础上介绍了广义根轨迹,特别是参数根轨迹和正反馈根轨迹(0°根轨迹)如何通过特征方程等效转化为与常规根轨迹方程相似的结构,以便于利用常规根轨迹的规则进行绘图。最后介绍了利用 MATLAB 软件命令来绘制精确的根轨迹曲线以及关键点的求取和系统性能之间的关系。

根据绘制的根轨迹曲线,采用分析法和综合法对系统进行了分析研究和设计,分析了零极点对根轨迹形状的改变规律,以及如何添加零极点来校正系统,使之在保证稳定性的前提下最大限度地满足系统的动态性能和稳态特性。最后通过一个实际的机床导轨伺服控制系统采用根轨迹法进行分析和设计,使学生能更好地理解根轨迹分析法和根轨迹综合法的具体应用,并用 MATLAB 对结果进行了仿真研究,验证了系统设计的合理性。

习题

4-1 已知系统的开环零极点分布如图 4.33 所示，试绘制各系统的概略根轨迹图。

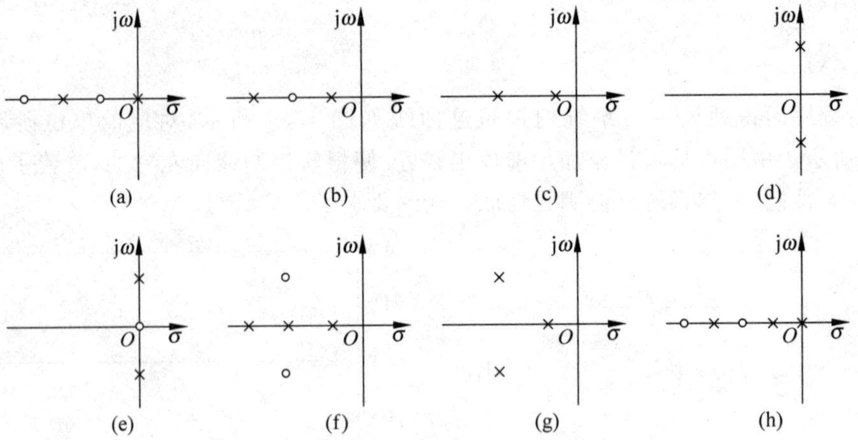

图 4.33 习题 4-1 控制系统的开环零极点分布图

4-2 已知系统的开环传递函数如下，试绘制各系统的根轨迹图。

(1) $G(s)=\dfrac{K_g}{s(s^2+2s+3)}$； (2) $G(s)=\dfrac{K_g}{s(s+3)(s^2+2s+2)}$；

(3) $G(s)=\dfrac{K_g(s+1)}{s^2(s+3.6)}$； (4) $G(s)=\dfrac{K_g(s^2+6s+25)}{s(s^2+8s+25)}$。

4-3 设单位反馈系统的开环传递函数为

$$G(s)=\frac{K}{s(0.01s+1)(0.02s+1)}$$

试回答下列问题：

(1) 绘制系统的根轨迹图；

(2) 确定系统的临界开环增益；

(3) 当系统的暂态响应为欠阻尼、临界阻尼或过阻尼时，分别求其开环增益的取值范围。

4-4 已知单位反馈系统的开环传递函数为

$$G(s)=\frac{K_o}{s(s+2)}$$

若要求系统的性能满足 $\sigma_p\leqslant 5\%$，$t_s\leqslant 8\text{s}$，试求开环增益的取值范围。

4-5 设系统的开环传递函数如下，其中 a 和 b 为可变参量，试绘制各系统的根轨迹图。

(1) $G(s)=\dfrac{30(s+a)}{s(s+10)}$； (2) $G(s)=\dfrac{100}{s[(s+10)+100b]}$。

4-6　设单位反馈系统的开环传递函数为

$$G(s)=\frac{1\,000(1+T_{\mathrm{d}}s)}{s(1+0.1s)(1+0.001s)}$$

当微分时间常数 T_{d} 可变时，试绘制系统的根轨迹图。

4-7　设某单位负反馈系统的开环传递函数为

$$G(s)=\frac{K_{\mathrm{g}}(s+1)}{s^2(s+2)(s+4)}$$

安装时不慎将反馈的极性接反了，变成正反馈系统。试分别绘制负反馈系统和正反馈系统的根轨迹图；并以系统的稳定性为例，分析说明反馈极性接反了的后果。

4-8　已知系统的开环传递函数为

$$G(s)=\frac{K_{\mathrm{g}}(s+1)}{s(s-3)}$$

试回答下列问题：

(1) 绘制负反馈系统的根轨迹图；

(2) 用根轨迹法确定当 $K_{\mathrm{g}}=10$ 时系统的闭环极点。

4-9　设非最小相位负反馈系统的开环传递函数为

$$G(s)=\frac{K_{\mathrm{g}}(1-s)}{s(s+2)}$$

试绘制系统的根轨迹图，并求使系统产生重根和纯虚根时对应的 K_{g} 值。

4-10　某记录仪位置随动系统结构图如图 4.34 所示。如果在安装时出现以下差错：(1)把测速反馈的极性接反了；(2)测速反馈的极性是正确的，但把位置反馈的极性接反了。试问它们的后果如何？习题 3-13 是用时域分析法来讨论的，现要求将它视为多回路系统，用根轨迹法来分析讨论。

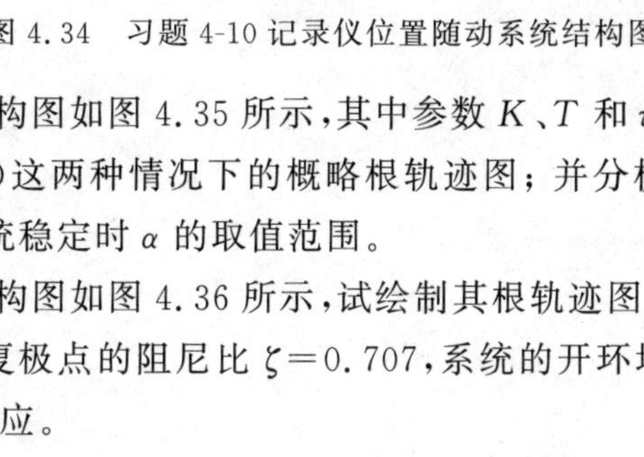

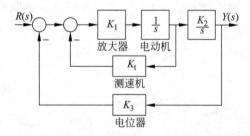

图 4.34　习题 4-10 记录仪位置随动系统结构图

4-11　已知系统的结构图如图 4.35 所示，其中参数 K、T 和 τ 均为正。分别绘制 $\alpha>0$（负反馈）和 $\alpha<0$（正反馈）这两种情况下的概略根轨迹图；并分析说明在何种情况下系统才能稳定，同时确定使系统稳定时 α 的取值范围。

4-12　已知系统的结构图如图 4.36 所示，试绘制其根轨迹图；若要求系统的动态响应为衰减振荡的，而且闭环复极点的阻尼比 $\zeta=0.707$，系统的开环增益应调整为何值？并计算这时系统的单位阶跃响应。

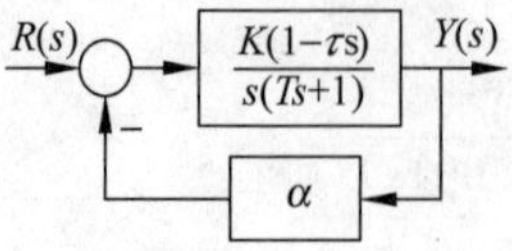

图 4.35 习题 4-11 系统结构图

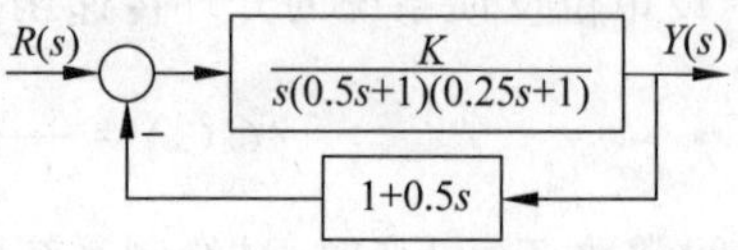

图 4.36 习题 4-12 系统结构图

4-13 设控制系统的结构图如图 4.37 所示。试分别绘制当 $H(s)=1$ 和 $H(s)=1+2s$ 时系统的根轨迹图，并说明添加开环零点对系统特性的影响。

4-14 某位置随动系统的结构图如图 4.38 所示。试对其进行串联校正，使系统具有下列性能指标：超调量 $\sigma_p \leqslant 20\%$，调节时间 $t_s \leqslant 2s$(取 $\Delta=5\%$)。

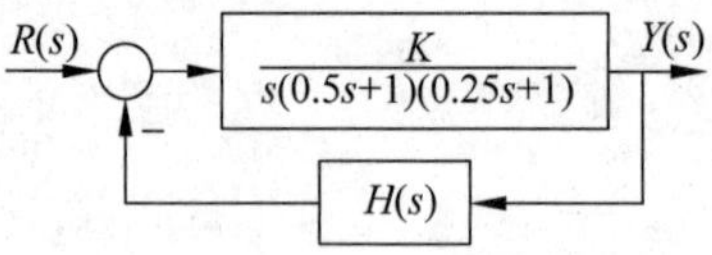

图 4.37 习题 4-13 系统结构图

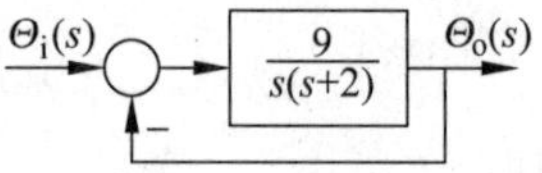

图 4.38 习题 4-14 位置随动系统结构图

4-15 某直流调速系统的结构图如图 4.39 所示，其中 $K_s=44$，$T_s=0.001\,67s$，$K_e=0.192\,5V\cdot min/r$，$T_m=0.075s$，$T_a=0.017s$，$\alpha=0.011\,58V\cdot min/r$。试对系统进行迟后校正使之满足 $\sigma_p \leqslant 10\%$，$t_s \leqslant 0.5s$(取 $\Delta=2\%$)，并求出校正装置的传递函数。

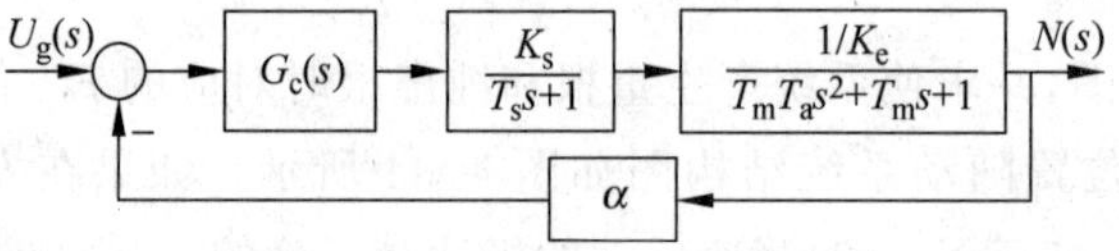

图 4.39 习题 4-15 直流调速系统结构图

4-16 若习题 4-15 对系统的性能指标要求提高为：$\sigma_p \leqslant 10\%$，$t_s \leqslant 0.2s$(取 $\Delta \leqslant 2\%$)，跟踪单位阶跃输入信号的稳态误差小于 2%。试对系统进行串联校正，并求出校正装置的传递函数。

第5章

频 域 法

频域法是分析和综合控制系统的一种工程实用方法,它是一种图解法,不需要求解系统的微分方程,而是直接根据绘制的频率特性曲线来研究系统的性能。由于频率特性具有明确的物理意义,很容易和系统的结构、参数联系起来,它既可由传递函数得到,也可通过实验的方法测得,这对于难以直接建立数学模型的系统具有重要的意义,因而广为工程界所采用。根据它在系统分析和综合中的应用,将频域法分为两部分:频率响应分析法和频率响应综合法。

5.1 引言

频域法起源于通信学科,其基本思想是把控制系统中的各个变量看成信号,而这些信号又是由许多不同频率的正弦信号合成的,各个变量的运动就是系统对各个频率信号响应的叠加。这种观察问题和处理问题的方法至今仍然在实际中得到广泛的应用。

频域法之所以能够广为应用,经久不衰,是由于它具有许多突出的优点:第一,这种方法具有鲜明的物理意义。一个控制系统的运动就是信号沿各个相关环节传递和变换的过程,每个信号含有不同频率的正弦分量,这些不同频率的正弦信号在不同环节或不同系统的传递和变换的过程中,其振幅和相位的变化规律不一样,从而产生不同形式的运动,可见这种方法易于理解,并能启发人们找出影响系统特性的主要因素以及改善系统特性的基本途径;第二,可以用实验方法测出系统的频率特性,并求得其传递函数以及其他形式的数学模型,这在工程上很有实用价值,特别是对于一些难以用分析法建模的复杂系统更有意义;第三,它是一种图解法,形象直观,计算量小,深受工程技术人员欢迎。因此频率响应法具有重要的理论意义和工程实用价值,它不仅适用于单变量系统,而且可推广至多输入多输出系统,形成多变量频域法,还可以推广至某一类非线性系统,形成非线性系统的描述函数法。

频域法也存在一定的局限性,首先它只适用于线性定常系统,对于时变系统则不能直接应用这种方法,对于非线性系统尽管可以将它推广并形成描述函数法,但这只是一种近似的方法；其次频率响应法的简便和实用性，是以它的工程近似性为代价的，即应用这种方法所得的结果往往是近似的，但是这种既简便快捷，又能反映系统主要特性的近似方法，对于大多数实际系统的初步分析或综合来说是很适用的，若再配合计算机仿真和实验调试，完全可以满足实际的需要，这也是工程实用方法的一个基本特点。

5.2 频率特性

5.2.1 频率特性的基本概念

系统的频率响应是指输入为正弦信号作用下的系统的稳态响应。

假设线性定常系统如图 5.1 所示，其输入信号为 $R(s)$，输出信号 $Y(s)$，传递函数为 $G(s)$，则有

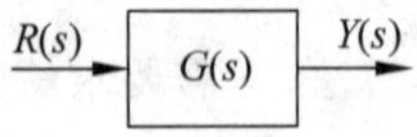

图 5.1 线性定常系统

$$G(s)=\frac{Y(s)}{R(s)}=\frac{b_0 s^m+b_1 s^{m-1}+\cdots+b_{m-1}s+b_m}{s^n+a_1 s^{n-1}+\cdots+a_{n-1}s+a_n},\quad n\geqslant m$$

假设系统稳定，且有 n 个不同的极点 p_i，则传递函数 $G(s)$ 可表示成零极点形式：

$$G(s)=\frac{b_0 s^m+b_1 s^{m-1}+\cdots+b_{m-1}s+b_m}{s^n+a_1 s^{n-1}+\cdots+a_{n-1}s+a_n}=\frac{M(s)}{\prod\limits_{i=1}^{n}(s-p_i)}$$

若输入一个正弦信号 $r(t)=A\sin\omega t$，其拉氏变换为 $R(s)=A\dfrac{\omega}{s^2+\omega^2}$，则系统的输出 $Y(s)$ 为

$$Y(s)=G(s)R(s)=\frac{M(s)}{\prod\limits_{i=1}^{n}(s-p_i)}\cdot\frac{A\omega}{s^2+\omega^2}$$

将其用部分分式展开得

$$Y(s)=\sum_{i=1}^{n}\frac{c_i}{s-p_i}+\frac{a_1}{s+\mathrm{j}\omega}+\frac{a_2}{s-\mathrm{j}\omega}$$

式中，$a_1,a_2,c_1,c_2,\cdots,c_n$ 为待定系数，由留数定理求得各系数为

$$a_1=\lim_{s\to-\mathrm{j}\omega}(s+\mathrm{j}\omega)G(s)\frac{A\omega}{s^2+\omega^2}=-\frac{A}{2\mathrm{j}}G(-\mathrm{j}\omega)$$

$$a_2=\lim_{s\to\mathrm{j}\omega}(s-\mathrm{j}\omega)G(s)\frac{A\omega}{s^2+\omega^2}=\frac{A}{2\mathrm{j}}G(\mathrm{j}\omega)$$

$$c_i=\lim_{s\to-p_i}(s+p_i)G(s)\cdot\frac{A\omega}{s^2+\omega^2}$$

由拉氏反变换得出系统的输出响应为

$$y(t)=\sum_{i=1}^{n}c_i\mathrm{e}^{-p_i t}+a_1\mathrm{e}^{-\mathrm{j}\omega t}+a_2\mathrm{e}^{\mathrm{j}\omega t}$$

对于稳定的系统，当 $t\to\infty$ 时，$\mathrm{e}^{-p_i t}(i=1,2,\cdots,n)$ 均随时间衰减至零，此时系统响应的

稳态值为

$$y_{ss}(t)=a_1\mathrm{e}^{-\mathrm{j}\omega t}+a_2\mathrm{e}^{\mathrm{j}\omega t}$$

式中，a_1 和 a_2 为共轭复数，可表示为

$$a_1=-\frac{A}{2\mathrm{j}}G(-\mathrm{j}\omega)=-\frac{A}{2\mathrm{j}}\left|G(\mathrm{j}\omega)\right|\mathrm{e}^{-\mathrm{j}\angle G(\mathrm{j}\omega)}$$

$$a_2=\frac{A}{2\mathrm{j}}G(\mathrm{j}\omega)=\frac{A}{2\mathrm{j}}\left|G(\mathrm{j}\omega)\right|\mathrm{e}^{\mathrm{j}\angle G(\mathrm{j}\omega)}$$

则系统的稳态响应为

$$\begin{aligned}y_{ss}(t)&=\frac{-A}{2\mathrm{j}}\left|G(\mathrm{j}\omega)\right|\mathrm{e}^{-\mathrm{j}\angle G(\mathrm{j}\omega)}\cdot\mathrm{e}^{-\mathrm{j}\omega t}+\frac{A}{2\mathrm{j}}\left|G(\mathrm{j}\omega)\right|\mathrm{e}^{\mathrm{j}\angle G(\mathrm{j}\omega)}\cdot\mathrm{e}^{\mathrm{j}\omega t}\\&=A\left|G(\mathrm{j}\omega)\right|\frac{\mathrm{e}^{\mathrm{j}[\omega t+\angle G(\mathrm{j}\omega)]}-\mathrm{e}^{-\mathrm{j}[\omega t+\angle G(\mathrm{j}\omega)]}}{2\mathrm{j}}=A\left|G(\mathrm{j}\omega)\right|\sin[\omega t+\angle G(\mathrm{j}\omega)]\\&=C\sin(\omega t+\varphi)\end{aligned}$$

其中

$$C=A\left|G(\mathrm{j}\omega)\right|,\quad \varphi=\angle G(\mathrm{j}\omega)$$

由此可见，线性定常系统在正弦信号作用下，系统的稳态输出将是与输入信号同频率的正弦信号，仅仅是幅值和相位发生了变化，幅值 $A\left|G(\mathrm{j}\omega)\right|$ 和相位 $\angle G(\mathrm{j}\omega)$ 均是频率 ω 的函数。

定义　线性定常系统在正弦信号作用下，稳态输出的复变量与输入的复变量之比称为系统的频率特性，记为 $G(\mathrm{j}\omega)$，即 $G(\mathrm{j}\omega)=\frac{\dot{Y}_{ss}}{\dot{R}}=\frac{Y(\mathrm{j}\omega)}{R(\mathrm{j}\omega)}$；稳态输出与输入的幅值之比称为系统的幅频特性，记为 $A(\omega)$，即 $A(\omega)=\frac{Y}{R}=\left|G(\mathrm{j}\omega)\right|$；稳态输出与输入的相位差称为系统的相频特性，记为 $\varphi(\omega)$，即 $\varphi(\omega)=\angle G(\mathrm{j}\omega)$。

频率特性还可表示为

$$G(\mathrm{j}\omega)=P(\omega)+\mathrm{j}Q(\omega)。$$

式中，$P(\omega)$ 为 $G(\mathrm{j}\omega)$ 的实部，称为实频特性；$Q(\omega)$ 为 $G(\mathrm{j}\omega)$ 的虚部，称为虚频特性。显然有

$$\begin{cases}P(\omega)=A(\omega)\cos\varphi(\omega)\\Q(\omega)=A(\omega)\sin\varphi(\omega)\\A(\omega)=\sqrt{P^2(\omega)+Q^2(\omega)}\\\varphi(\omega)=\arctan\dfrac{Q(\omega)}{P(\omega)}\end{cases}$$

需要指出，当输入为非正弦的周期信号时，其输入可利用傅里叶级数展开成一系列的正弦波的叠加，则其输出为相应的正弦波的叠加，此时系统的频率特性可定义为系统输出量的傅里叶变换与输入量的傅里叶变换之比。

5.2.2　频率特性的求取

由频率特性的概念知，频率特性表示了系统或环节对不同频率正弦信号的跟踪或复现能力，是线性系统在正弦输入信号作用下的稳态输出与输入之比，所以频率特性又叫正弦传递函数，它和传递函数、微分方程一样能反映系统的运动规律，因而它是线性系统的又一形

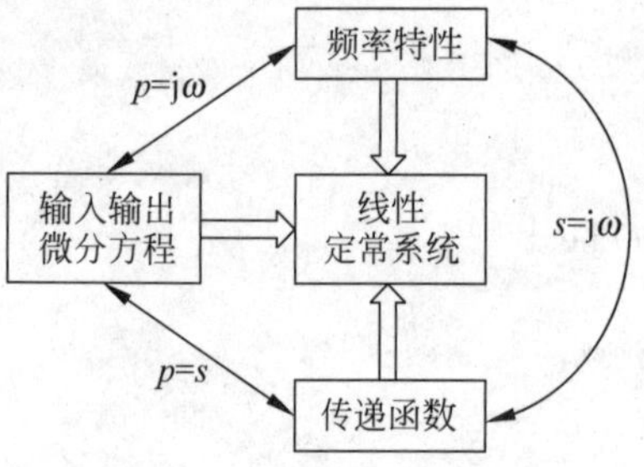

图 5.2 三种描述法之间的关系

式的数学模型，三种描述方法之间的关系如图 5.2 所示。由于频率特性 $G(j\omega)$ 是传递函数的一种特例，即将传递函数中的复变量 s 换成纯虚数 $j\omega$ 就得到系统的频率特性，即 $G(j\omega)=G(s)\big|_{s=j\omega}$。

例 5.1 已知系统的传递函数为 $G(s)=\dfrac{1}{Ts+1}$，求其频率特性。

解 令 $s=j\omega$ 得系统的幅相频率特性为

$$G(j\omega)=\frac{1}{1+j\omega T}=\frac{1}{\sqrt{1+(\omega T)^2}}e^{-j\arctan\omega T}$$

或表示成实部和虚部形式为

$$G(j\omega)=\frac{1}{1+j\omega T}=\frac{1}{1+\omega^2T^2}-j\frac{\omega T}{1+\omega^2T^2}$$

故系统的幅频特性为

$$A(\omega)=\frac{1}{\sqrt{1+(\omega T)^2}}$$

相频特性为

$$\varphi(\omega)=-\arctan\omega T$$

实频特性为

$$P(\omega)=\frac{1}{1+\omega^2T^2}$$

虚频特性为

$$Q(\omega)=-\frac{T\omega}{1+\omega^2T^2}$$

5.2.3 频率特性的图示方法

频率特性是一个复变函数，它可以用频率特性函数式来表示，也可以用图形来表示。

1. 幅相频率特性图(又称奈奎斯特图或极坐标图)

以频率 ω 为参变量，绘制幅值与相角的关系图形，就是系统的幅相频率特性曲线图(又称极坐标图)。由于幅频特性为频率 ω 的偶函数，相频特性为 ω 的奇函数，则 ω 从 0 变化至 $+\infty$，和从 0 变化至 $-\infty$ 这两段曲线是关于实轴对称的，因此一般只绘制 ω 从 0 变化至 $+\infty$ 段的幅相频率特性曲线，并且在曲线中用箭头表示 ω 增大时幅相频率特性曲线的变化方向。

例如，画出例 5.1 系统的幅相频率特性曲线。

对于某一确定的 ω，必有一幅值和一相角与之对应，而相角是从正实轴开始计量，逆时针方向转过的角度为正，顺时针方向转过的角度则为负。

当 $\omega=0$ 时，$A(0)=1$，$\varphi(0)=0°$；

当 $\omega=1/T$ 时，$A(1/T)=1/\sqrt{2}$，$\varphi(1/T)=-45°$；

当 $\omega=+\infty$ 时，$A(\infty)=0$，$\varphi(\infty)=-90°$。

可见，当频率 ω 从 0 变化至 $+\infty$ 时，相应的向量矢端所描绘出的曲线，就是该系统当 $0\leqslant\omega<\infty$ 时的幅相频率特性曲线，如图 5.3 中的实线所示。同理，可绘制当 $-\infty<\omega\leqslant 0$ 时的幅相频率特性曲线如图 5.3 中的虚线所示。由于奈奎斯特在这个领域做出了卓越的贡献，故幅相频率特性图又叫做奈奎斯特图（简称奈氏图）。可以证明，当 ω 从 $-\infty$ 变化至 $+\infty$ 时，一阶系统的幅相频率特性曲线为一个圆，圆心为（1/2，j0），圆的半径为 1/2。

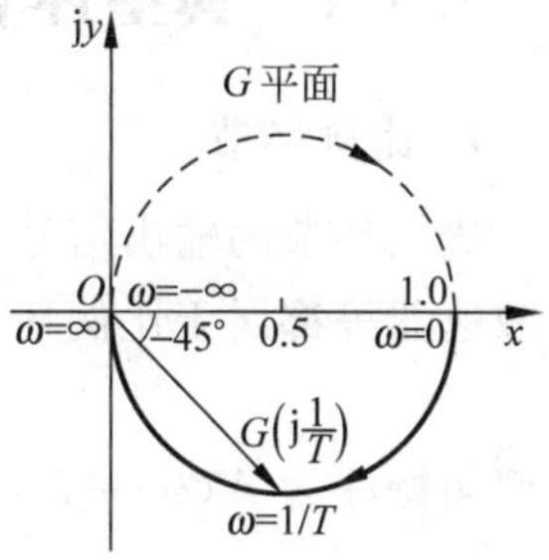

图 5.3　幅相频率特性曲线

2. 对数频率特性图（又称伯德图）

将系统的频率特性 $G(\mathrm{j}\omega)=A(\omega)\mathrm{e}^{\mathrm{j}\varphi(\omega)}$ 表示在对数坐标系中，分别绘制系统的对数幅频特性曲线和对数相频特性曲线，称为对数频率特性图。由于这种图示方法最早是由伯德提出的，故对数频率特性图又叫作伯德图。

幅频特性的纵坐标以 $L(\omega)=20\lg A(\omega)$ 线性分度，单位是分贝（dB），如图 5.4(a)所示，采用这种方式后，可以将各环节幅值的乘除运算转化为加减运算，使绘图过程简化；相频特性的纵坐标以 $\varphi(\omega)$ 线性分度，单位是度(°)或弧度(rad)。

虽然伯德图的幅值和相位是分开绘制的，但其横坐标均为角频率 ω，采用对数分度，即以 $\lg\omega$ 为横坐标，单位是 rad/s，为了使用方便，仍标以频率 ω 的值，如图 5.4(b)所示。

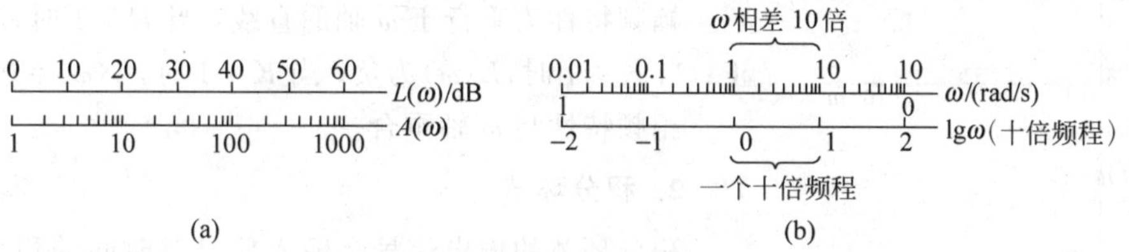

图 5.4　伯德图坐标分度的特点

(a) 对数幅频特性曲线纵坐标的分度；(b) 横坐标的对数分度

由图 5.4(b)可见，采用对数分度后，所能表示的频率范围扩宽了，当频率每变化十倍时，称为十倍频程(dec)，坐标间隔距离变化一个单位长度，这样就可以在一幅图上把系统的低频、中频以及高频特性清晰地展现出来，虽然采用对数分度后，对 ω 来说是不均匀的，但对 $\lg\omega$ 来说则是均匀的，使绘图非常方便。

伯德图即对数频率特性图，以其绘图方便快捷而在工程上得到了广泛的应用。

5.3 系统的开环频率特性

系统的频率特性可视为由典型环节的频率特性组合而成的，其一般表达式为

$$G(\mathrm{j}\omega)=G(s)\mid_{s=\mathrm{j}\omega}=\frac{K\prod\limits_{i=1}^{m_1}(1+T_i s)\prod\limits_{l=1}^{m_2}\left[1+2\zeta_l s/\omega_{\mathrm{n}l}+(s/\omega_{\mathrm{n}l})^2\right]}{s^{\nu}\prod\limits_{k=1}^{n_1}(1+T_k s)\prod\limits_{r=1}^{n_2}\left[1+2\zeta_r s/\omega_{\mathrm{n}r}+(s/\omega_{\mathrm{n}r})^2\right]}\mathrm{e}^{-\tau s}\mid_{s=\mathrm{j}\omega}\tag{5.1}$$

为了绘制和研究实际系统的频率特性，首先应当熟悉各个典型环节的频率特性。由

式(5.1)可知，一般控制系统所包含的典型环节有比例、积分、微分、惯性、一阶微分、振荡、二阶微分以及时滞等。

5.3.1 典型环节的频率特性

1. 比例环节

比例环节的输出信号与输入信号之间是比例关系，如控制系统中的放大器、机械系统中的减速器等都属于比例环节，它的传递函数为 $G(s)=K$，其频率特性为

$$G(\mathrm{j}\omega)=G(s)\big|_{s=\mathrm{j}\omega}=K \tag{5.2}$$

故幅频特性为 $A(\omega)=K$，$L(\omega)=20\lg K$，相频特性为 $\varphi(\omega)=0$。

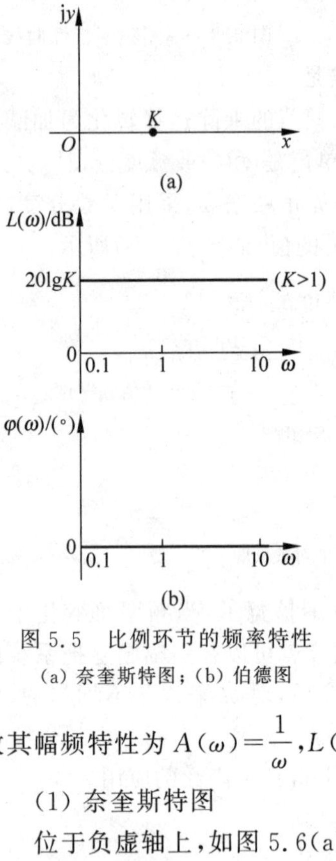

图 5.5 比例环节的频率特性
(a) 奈奎斯特图；(b) 伯德图

由此可见，比例环节的频率特性与频率无关，其幅值为一常数，而相角等于零，即系统的输出与输入是同相位的。该环节在系统中起比例放大或缩小的作用。

(1) 奈奎斯特图

为实轴上坐标为 K 的一点，如图 5.5(a)所示。

(2) 伯德图

伯德图如图 5.5(b)所示。

幅频特性为平行于 ω 轴的直线：当 $K>1$ 时，$L(\omega)$为正；当 $K<1$ 时，$L(\omega)$为负；当 $K=1$ 时，$L(\omega)=0$。

相频特性与 ω 轴重合。

2. 积分环节

积分环节的输出信号是输入信号对时间的积分，如电动机的角速度与转角之间的关系等，它的传递函数 $G(s)=\frac{1}{s}$，其频率特性为

$$G(\mathrm{j}\omega)=G(s)\big|_{s=\mathrm{j}\omega}=\frac{1}{\mathrm{j}\omega}=\frac{1}{\omega}\mathrm{e}^{-\mathrm{j}\frac{\pi}{2}} \tag{5.3}$$

故其幅频特性为 $A(\omega)=\frac{1}{\omega}$，$L(\omega)=20\lg A(\omega)=-20\lg\omega$；相频特性为 $\varphi(\omega)=-\frac{\pi}{2}$。

(1) 奈奎斯特图

位于负虚轴上，如图 5.6(a)中实线所示。

(2) 伯德图

幅频特性是一条直线，斜率为-20dB/dec，与零分贝线交于 $\omega=1$ 处，如图 5.6(b)中实线所示。

相频特性是一条平行于 ω 轴的直线，它在整个频率范围内恒为迟后 90°，如图 5.6(c)中的实线所示。

推广到 ν 阶积分环节，其传递函数为 $G(s)=\frac{1}{s^{\nu}}$，频率特性为

$$G(\mathrm{j}\omega)=G(s)\big|_{s=\mathrm{j}\omega}=\frac{1}{(\mathrm{j}\omega)^{\nu}}=\frac{1}{\omega^{\nu}}\mathrm{e}^{-\mathrm{j}\nu\frac{\pi}{2}} \tag{5.4}$$

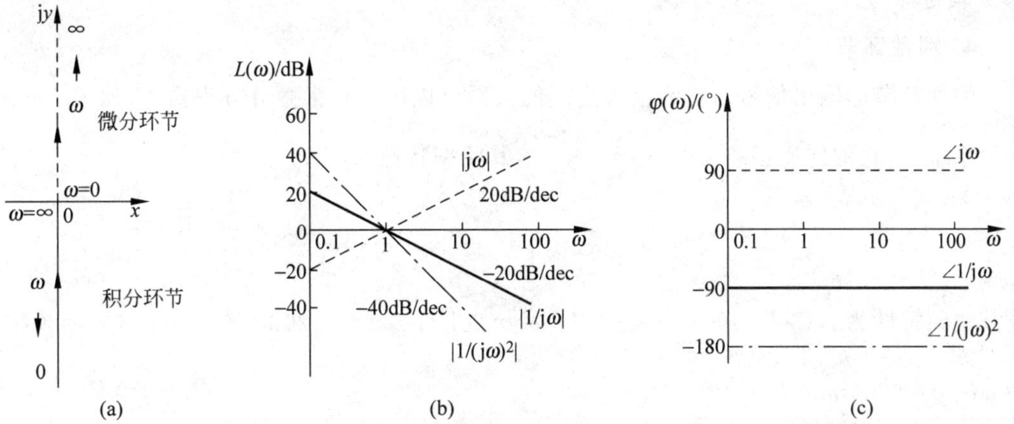

图 5.6 积分和微分环节的频率特性

(a) 奈奎斯特图；(b) 对数幅频曲线；(c) 对数相频曲线

于是其幅频特性为 $A(\omega)=\dfrac{1}{\omega^{\nu}}$，$L(\omega)=20\lg A(\omega)=-20\nu\lg\omega$；相频特性为 $\varphi(\omega)=-\nu 90°$。故 ν 阶积分环节的对数幅频曲线是一直线，其斜率为 -20νdB/dec，与零分贝线相交于 $\omega=1$ 处；而对数相频特性恒为迟后 $\nu 90°$。例如当 $\nu=2$ 时，二阶积分环节的对数幅频曲线、对数相频曲线分别如图 5.6(b)、(c)中的点划线所示。

3. 微分环节

微分环节的输出信号是输入信号对时间的微分，在实际系统中，没有一个元件真正具有微分环节的特性，但是在主要的频率特性范围内，一些元件可以近似看作微分环节，如速率陀螺和测速发电机等，它的传递函数为 $G(s)=s$，其频率特性为

$$G(\mathrm{j}\omega)=G(s)\big|_{s=\mathrm{j}\omega}=\mathrm{j}\omega=\omega\mathrm{e}^{\mathrm{j}\frac{\pi}{2}} \tag{5.5}$$

故幅频特性为 $A(\omega)=\omega$，$L(\omega)=20\lg A(\omega)=20\lg\omega$；相频特性为 $\varphi(\omega)=\dfrac{\pi}{2}$。

(1) 奈奎斯特图

位于正虚轴上，如图 5.6(a)中虚线所示。

(2) 伯德图

幅频特性是一直线，斜率为 +20dB/dec，与零分贝线交于 $\omega=1$ 处，如图 5.6(b)中虚线所示。

相频特性是一条平行于 ω 轴的直线，它在整个频率范围内恒为超前 90°，如图 5.6(c)中的虚线所示。

推广到 ν 阶微分环节，其传递函数为 $G(s)=s^{\nu}$，频率特性为

$$G(\mathrm{j}\omega)=G(s)\big|_{s=\mathrm{j}\omega}=(\mathrm{j}\omega)^{\nu}=\omega^{\nu}\mathrm{e}^{\mathrm{j}\nu\frac{\pi}{2}} \tag{5.6}$$

于是其幅频特性为 $A(\omega)=\omega^{\nu}$，$L(\omega)=20\lg A(\omega)=20\nu\lg\omega$；相频特性 $\varphi(\omega)=\nu 90°$。故 ν 阶微分环节的对数幅频曲线是一直线，其斜率为 $+20\nu$dB/dec，与零分贝线相交于 $\omega=1$ 处；而对数相频特性恒为超前 $\nu 90°$。

由此可见，微分环节的传递函数是积分环节传递函数的倒数，所以微分环节的奈奎斯特图是积分环节的逆奈奎斯特图，其对数频率特性曲线与积分环节的对数频率特性曲线是关

于 ω 轴对称的。

4. 惯性环节

惯性环节的输出信号与输入信号之间的关系可以用一阶常微分方程描述，如 RC 网络、一阶系统等，它的传递函数为 $G(s)=\dfrac{1}{Ts+1}$，其频率特性为

$$G(\mathrm{j}\omega)=G(s)\mid_{s=\mathrm{j}\omega}=\frac{1}{\mathrm{j}\omega T+1}=\frac{1}{\sqrt{(\omega T)^2+1}}\mathrm{e}^{-\mathrm{j}\arctan\omega T} \tag{5.7}$$

故其幅频特性为 $A(\omega)=\dfrac{1}{\sqrt{(\omega T)^2+1}}$，$L(\omega)=20\lg A(\omega)=-20\lg\sqrt{(\omega T)^2+1}$；相频特性为 $\varphi(\omega)=-\arctan\omega T$。

(1) 奈奎斯特图

这是一个以(0.5,j0)为圆心、以 0.5 为半径的圆，如图 5.7(a)所示。

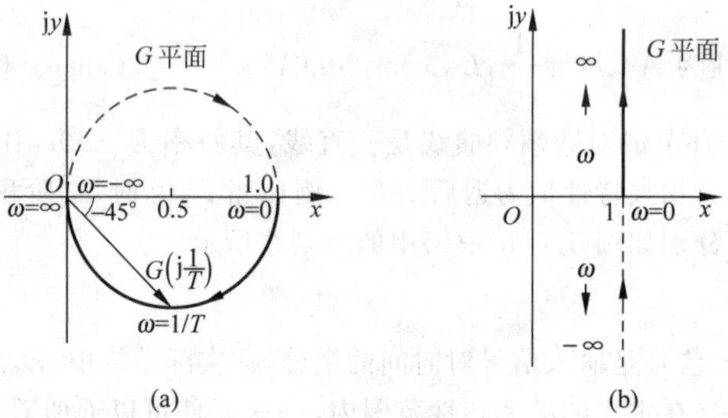

图 5.7　惯性环节和一阶微分环节的奈奎斯特图

(a) 惯性环节；(b) 一阶微分环节

(2) 伯德图

① 幅频特性曲线

在低频段，即 $\omega T\ll1$ 时，对数幅频特性可近似为 $L(\omega)=-20\lg\sqrt{(\omega T)^2+1}\approx-20\lg1=0$。这说明在低频段，惯性环节可近似视为比例系数为 1 的比例环节，相应的对数幅频特性曲线可用零分贝水平线的低频渐近线来近似。

在高频段，即 $\omega T\gg1$ 时，对数幅频特性可近似为 $L(\omega)=-20\lg\sqrt{(\omega T)^2+1}\approx-20\lg\omega T$。这说明在高频段，惯性环节可近似视为比例系数为 $1/T$ 的积分环节，相应的对数幅频特性曲线可用斜率为 −20dB/dec 的高频渐近线来近似。

当 $\omega T=1$ 时，两条渐近线在此相交，相交点的频率 $\omega=1/T$ 称为惯性环节的交接频率或转折频率。由渐近线所构成的折线形对数幅频特性曲线，称为惯性环节的对数渐近幅频特性曲线，如图 5.8(a)中的点划线所示。

幅频特性渐近线是由直线段所构成的折线，简便且易于绘制，但会产生误差。对于低频段 $\left(0<\omega\leqslant\dfrac{1}{T}\right)$，误差值为

$$\Delta L(\omega)=-20\lg\sqrt{\omega^2T^2+1}-20\lg1=-20\lg\sqrt{\omega^2T^2+1}$$

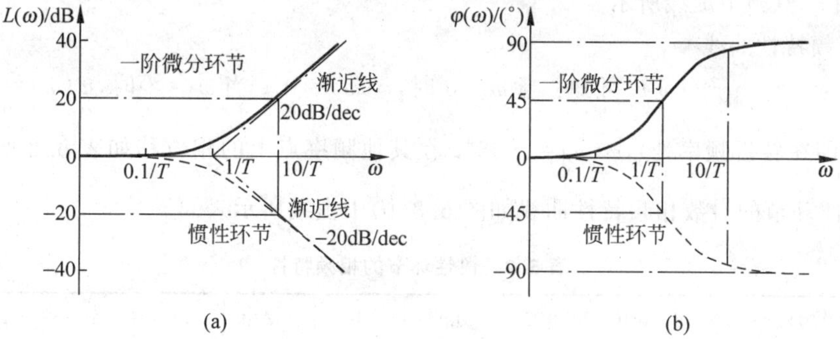

图 5.8 惯性环节和一阶微分环节的伯德图

(a) 对数幅频曲线；(b) 对数相频曲线

对于高频段$\left(\frac{1}{T}<\omega\leqslant\infty\right)$，误差值为

$$\Delta L(\omega)=-20\lg\sqrt{\omega^2T^2+1}+20\lg\omega T$$

当 ω 为不同值时，可计算相应的误差的大小，如表 5.1 所示。

表 5.1 惯性环节对数渐近线幅频特性误差修正表

ωT	0.1	0.25	0.5	1	2	4	10
$\Delta L(\omega)$	−0.04	−0.26	−0.97	−3.01	−0.97	−0.26	−0.04

由表 5.1 可见，误差的最大值产生在转折频率 $\omega=\frac{1}{T}$处，其值为−3.01dB；在低于或高于转折频率的一个倍频程处，其误差为−0.97dB；在低于或高于转折频率的十倍频程处，其误差为−0.04dB。可见误差的分布对称于转折频率，于是可绘制惯性环节对数渐近幅频特性的误差修正曲线如图 5.9 所示。

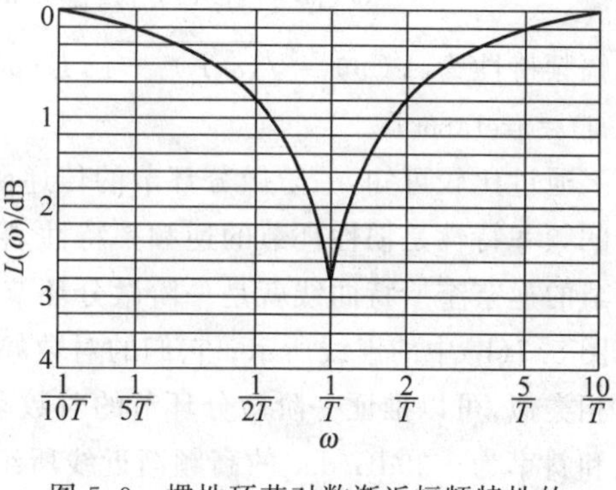

图 5.9 惯性环节对数渐近幅频特性的误差修正曲线

在工程上希望能快速地确定系统频率特性的基本形状，而计算或绘图的工作量很少，特别是在对系统进行初步分析或综合时，所以对数渐近幅频特性曲线具有这方面的优点，因而在工程上得到了广泛的应用。

绘制惯性环节的对数渐近幅频特性曲线非常简便，只要先确定转折频率，然后从该点向左作零分贝水平线的低频渐近线，向右作斜率为−20dB/dec 的高频渐近线，便可得到惯性环节的对数渐近幅频曲线。它与准确的对数幅频曲线很接近，如果需要绘制惯性环节的准确对数幅频特性曲线，可以对渐近幅频曲线的误差进行修正，即在转折频率处引入一个−3.01dB 的修正点；在低于或高于转折频率一个倍频程处各引入一个−0.97dB 的修正点；在低于或高于转折频率十倍频程处其修正量约为−0.04dB；然后用一条光滑的曲线将这些点连接起来，便可得惯性环节的对数幅频特性曲线,如图 5.8(a)中虚线所示。

② 相频特性曲线

由 $\varphi(\omega)=-\arctan\omega T$ 可知:当 $\omega=0$ 时,$\varphi(\omega)=0°$;当 $\omega=\infty$ 时,$\varphi(\omega)=-90°$;当 $\omega=\dfrac{1}{T}$ 时(即在转折频率处),$\varphi(\omega)=-45°$;在其他频率点上的相位移如表 5.2 所示。于是可绘制惯性环节的对数相频特性曲线如图 5.8(b)中虚线所示。

表 5.2 惯性环节的相频特性

ωT	0.01	0.05	0.1	0.2	0.5	1	2	5	10	20	100
$\varphi(\omega)/(°)$	−0.6	−2.9	−5.7	−11.3	−26.6	−45	−63.4	−78.7	−84.3	−87.1	−89.4

综上可知,惯性环节的低频段幅频特性 $L(\omega)\approx 0$(即 $A(\omega)\approx 1$),相位迟后 $\varphi(\omega)\approx 0$;随着频率的提高,幅值将越来越小,而相位迟后则越来越大,当频率趋于无穷大时,幅值将衰减至零,而相位迟后可达 90°。这说明,惯性环节可以较好地复现低频信号,而对高频信号则加以抑制,或者说惯性环节具有低通滤波器的特性。因此,惯性环节可以很好地跟踪恒定或变化缓慢的输入信号。若输入信号变化较快或含有较多的谐波分量时,其中低频分量可以较好地在输出响应中复现出来;而高频分量的幅值将受到衰减,相位将产生迟后,结果使得输出响应的波形比起输入则显得迟钝和平缓。

5. 一阶微分环节

一阶微分环节的输出信号取决于输入信号及其一阶微分,在实际系统中具有精确一阶微分环节特性的元件是不存在的,不过有些元件可以近似看作一阶微分环节,如超前校正网络等。

一阶微分环节的传递函数为 $G(s)=Ts+1$,其频率特性为

$$G(\mathrm{j}\omega)=G(s)\big|_{s=\mathrm{j}\omega}=\mathrm{j}\omega T+1=\sqrt{(\omega T)^2+1}\,\mathrm{e}^{\mathrm{j}\arctan\omega T} \tag{5.8}$$

故幅频特性为 $A(\omega)=\sqrt{(\omega T)^2+1}$,$L(\omega)=20\lg A(\omega)=20\lg\sqrt{(\omega T)^2+1}$;相频特性为 $\varphi(\omega)=\arctan\omega T$。

通过比较可知,一阶微分环节的传递函数是惯性环节传递函数的倒数,因此一阶微分环节的频率特性是惯性环节的逆频率特性,它们的幅值互为倒数,而相角相差一负号,故惯性环节的逆奈奎斯特曲线就是一阶微分环节的奈奎斯特曲线,一阶微分环节的奈奎斯特曲线如图 5.7(b)中的虚线所示;它们的对数幅频特性和对数相频特性只差一个负号,与惯性环节相类似,可以推证一阶微分环节的对数渐近幅频特性曲线是由零分贝水平线的低频渐近线和斜率为 +20dB/dec 的高频渐近线所组成的,两条渐近线相交点的频率为 $\omega=1/T$,称为一阶微分环节的转折频率或交接频率,而转折频率在数值上等于零点的模,如果它们的转折频率相等,则一阶微分环节的伯德图与惯性环节的伯德图是关于 ω 轴对称的,如图 5.8 中实线所示。

6. 振荡环节

振荡环节是指输出信号和输入信号之间的关系可以用二阶常微分方程来描述的元件或系统,如果阻尼比 $0<\zeta<1$,则包含振荡环节,如电路中的 RLC 网络等。

振荡环节的传递函数为$G(s)=\dfrac{1}{T^2s^2+2\zeta Ts+1}=\dfrac{\omega_n^2}{s^2+2\zeta\omega_n s+\omega_n^2}$,则其频率特性为

$$G(j\omega)=G(s)\big|_{s=j\omega}=\frac{1}{\left[1-\left(\frac{\omega}{\omega_n}\right)^2\right]+j2\zeta\frac{\omega}{\omega_n}}=A(\omega)e^{j\varphi(\omega)} \tag{5.9}$$

故振荡环节的幅频特性为

$$A(\omega)=\frac{1}{\sqrt{\left[1-\left(\frac{\omega}{\omega_n}\right)^2\right]^2+4\zeta^2\left(\frac{\omega}{\omega_n}\right)^2}} \tag{5.10}$$

$$L(\omega)=20\lg A(\omega)=-20\lg\sqrt{\left[1-\left(\frac{\omega}{\omega_n}\right)^2\right]^2+4\zeta^2\left(\frac{\omega}{\omega_n}\right)^2}$$

相频特性为

$$\varphi(\omega)=-\arctan\frac{2\zeta\frac{\omega}{\omega_n}}{1-\left(\frac{\omega}{\omega_n}\right)^2} \tag{5.11}$$

式中,T 为二阶振荡环节的时间常数;$\omega_n=\dfrac{1}{T}$,为无阻尼自然振荡频率;ζ 为阻尼比。当 $\zeta\geqslant1$ 时,振荡环节可化为两个一阶惯性环节的乘积,其绘制方法按惯性环节进行,故下面只讨论欠阻尼($0\leqslant\zeta<1$)的情况,即其极点为一对共轭复数的情况。

(1) 奈奎斯特图

由式(5.10)和式(5.11)可知:

当 $\omega=0$ 时,为起点,$A(0)=1,\varphi(0)=0°$;

当 $\omega\to\infty$时,为终点,$A(\infty)=0,\varphi(\infty)=-180°$;

当 $\omega=\omega_n$ 时,为特殊点,$A(\omega_n)=\dfrac{1}{2\zeta},\varphi(\omega_n)=-90°$。即曲线与虚轴的交点为$-j\dfrac{1}{2\zeta}$。于是可绘制当 ζ 为不同值时的奈奎斯特曲线如图 5.10 所示。由图可见,奈奎斯特曲线与阻尼比 ζ 密切相关,当 ω 从 0 开始逐渐增大时,相频特性 $\varphi(\omega)$单调减小,而幅频特性 $A(\omega)$则从 0 开始先增大后减小,在 ω_n 附近可达到很大的数值,这是振荡环节频率特性的一个特点。

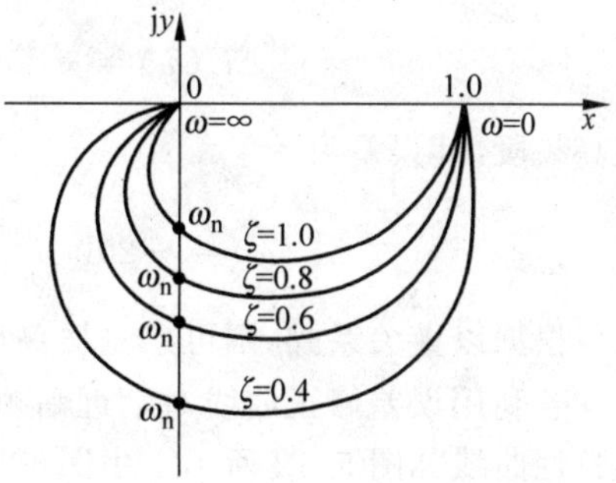

图 5.10 振荡环节的奈奎斯特图

为了分析幅频特性 $A(\omega)$的变化趋势,需要求其极值,即令$\dfrac{dA(\omega)}{d\omega}=0$,则可以求得谐振频率为

$$\omega_r=\omega_n\sqrt{1-2\zeta^2},\quad 0\leqslant\zeta\leqslant0.707 \tag{5.12}$$

将式(5.12)代入式(5.10)中,则可得到谐振峰值为

$$M_r=A(\omega_r)=\frac{1}{2\zeta\sqrt{1-\zeta^2}} \tag{5.13}$$

当 $\zeta=0.707$ 时,$M_r=1$。

由此可见，当 $0<\zeta\leqslant 0.707$ 时，幅频特性 $A(\omega)$ 会出现峰值，谐振频率 ω_r 略低于无阻尼自然振荡频率 ω_n 和阻尼振荡频率 ω_d。由于 $\frac{dM_r}{d\zeta}<0$，所以 ω_r、M_r 均为阻尼比 ζ 的减函数。且当 $0<\omega<\omega_r$ 时，$A(\omega)$ 单调增加；当 $\omega_r<\omega<\infty$ 时，$A(\omega)$ 单调减小。当 $\zeta>0.707$ 时，ω_r 为虚函数，说明 ω_r、M_r 不存在，系统将不产生谐振。振荡环节的幅频特性曲线如图 5.11 所示。

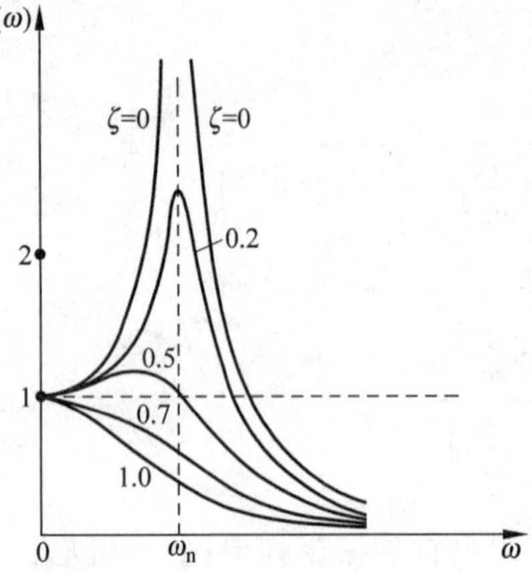

图 5.11 振荡环节的幅频特性

(2) 伯德图

① 幅频特性

由式(5.10)可知：

当 $\frac{\omega}{\omega_n}\ll 1$ 时，略去 $2\zeta\frac{\omega}{\omega_n}$ 和 $\frac{\omega^2}{\omega_n^2}$，可近似表示为 $L(\omega)\approx -20\lg 1=0$。这说明，在低频段，振荡环节可近似视为比例系数为 1 的比例环节，相应的对数幅频曲线可用 0dB 水平线的低频渐近线来近似。

当 $\frac{\omega}{\omega_n}\gg 1$ 时，可略去 $2\zeta\frac{\omega}{\omega_n}$ 和 1，可近似表示为 $L(\omega)\approx -20\lg\frac{\omega^2}{\omega_n^2}=-40\lg\frac{\omega}{\omega_n}$。这表明振荡环节的高频渐近线，是一条斜率为 −40dB/dec 的直线。

当 $\frac{\omega}{\omega_n}=1$ 时，两条渐近线相交，于是称相交点频率 ω_n 为振荡环节的交接频率或转折频率，其值等于该环节复极点的模。

由渐近线所构成的幅频特性曲线，称为振荡环节的对数渐近幅频特性曲线。它的绘制很方便，只要以 ω_n 为转折频率，向左画一条零分贝的水平线为低频渐近线，向右画一条斜率为 −40dB/dec 的直线为高频渐近线，则可得振荡环节的对数渐近幅频曲线，如图 5.12 所示。这种曲线特别适合于对系统进行初步分析或综合时使用。

渐近曲线所造成的误差主要发生在转折频率 ω_n 的附近，在低频段，其误差为

$$\Delta L(\omega)=-20\lg\sqrt{\left[1-\left(\frac{\omega}{\omega_n}\right)^2\right]^2+4\zeta^2\left(\frac{\omega}{\omega_n}\right)^2}$$

在高频段，其误差为

$$\Delta L(\omega)=-20\lg\sqrt{\left[1-\left(\frac{\omega}{\omega_n}\right)^2\right]^2+4\zeta^2\left(\frac{\omega}{\omega_n}\right)^2}+40\lg\frac{\omega}{\omega_n}$$

根据以上关系式，则可绘制振荡环节对数幅频特性的误差修正曲线如图 5.13 所示。

若利用误差修正曲线对渐近幅频特性曲线加以修正，则可得到振荡环节的准确对数幅频特性曲线如图 5.12 所示。由图可见，当 ζ 比较小时，在 $\omega=\omega_n$ 的附近将出现谐振峰值。

在转折频率即 $\omega=\omega_n=\frac{1}{T}$ 处，误差为 $\Delta L(\omega)=20\lg\frac{1}{2\zeta}$。

由式(5.12)可知，系统出现谐振峰值时的谐振频率为 $\omega_r=\omega_n\sqrt{1-2\zeta^2}$，对应的谐振峰值为 $L_r=20\lg\frac{1}{2\zeta\sqrt{1-\zeta^2}}$。

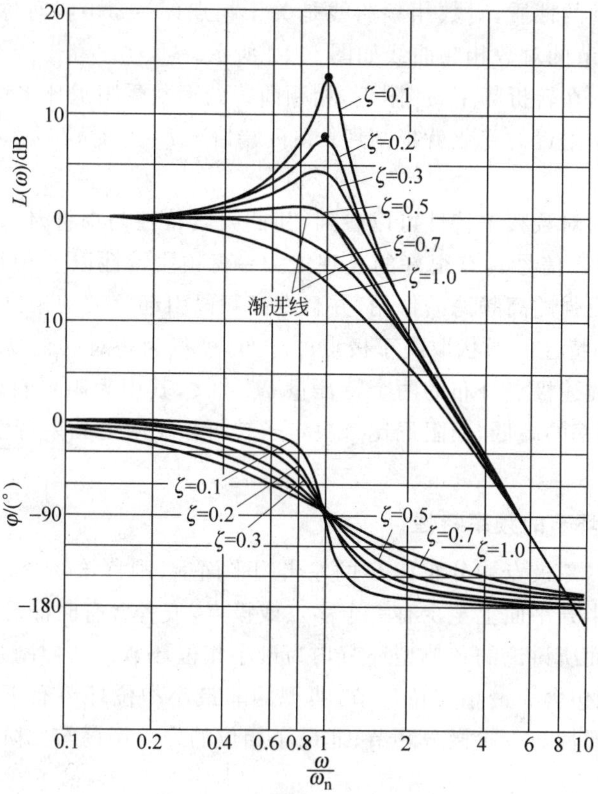

图 5.12 振荡环节的伯德图

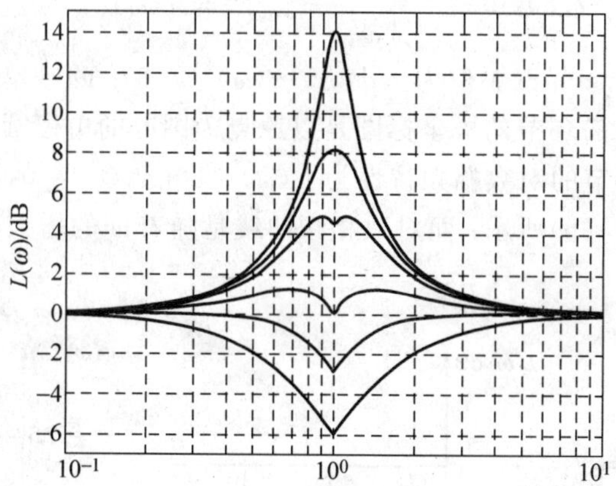

图 5.13 振荡环节幅频渐近线的误差修正曲线

这说明振荡环节对于输入信号中频率接近 ω_n 的那些谐波分量的增益特别大,因而在输出信号中这些谐波分量的影响将突出地表现出来,所以在实际应用中应该避开这个频率值造成的危害。

② 相频特性

由式(5.11)可知:

当 $\omega=0$ 时,$\varphi(0)=0°$;当 $\omega\to\infty$ 时,$\varphi(\infty)=-180°$;当 $\omega=\omega_n$ 时,$\varphi(\omega_n)=-90°$。

根据反正切函数的性质，对数相频曲线是关于拐点($\omega=\omega_n$)斜对称的。于是以 ζ 为参变量，可绘制振荡环节的对数相频曲线如图 5.12 所示。

由图 5.12 可见，在转折频率 ω_n 附近，相频曲线的形状受阻尼比 ζ 的影响较大，ζ 越小，相频曲线在转折频率附近的变化就越剧烈；在极端情况 $\zeta=0$ 时，在 ω_n 处，相频曲线将由 0°向下跳变至 −180°。

分析振荡环节的对数频率特性可以看到，其低频段特性与惯性环节的低频段特性相类似，说明它对低频输入信号具有很好的复现能力；高频段特性以 −40dB/dec 斜率下降，因而具有比惯性环节更强的高频滤波作用，并且在高频段引起较大的相位迟后，最大相位差可达 −180°；对数频率特性的形状取决于极点的分布，极点为一对共轭复数，因而在转折频率附近将出现谐振。描述极点分布的两个特征量 ω_n 和 ζ，其中无阻尼自然振荡频率(即极点的模)决定了转折频率的高低，而阻尼比 ζ 决定了转折频率附近频率特性曲线的形状和谐振峰值的大小。

7. 非最小相位环节的频率特性

如果传递函数的零极点均分布在 S 的左半闭平面上，则称该系统(或环节)为最小相位系统；如果在 S 右半开平面上至少有一个零点或极点，或者含有时滞环节，则称该系统为非最小相位系统。前面所讨论的各典型环节均为最小相位环节。在控制系统中除了包含最小相位环节外，还可能包含非最小相位环节，典型的非最小相位环节有下列五种：时滞环节、非最小相位的一阶惯性与一阶微分环节、非最小相位的二阶振荡与二阶微分环节。

(1) 时滞环节

时滞环节的传递函数为 $G(s)=\mathrm{e}^{-\tau s}$，其中 τ 为滞后时间。于是该环节的频率特性为

$$G(\mathrm{j}\omega)=\mathrm{e}^{-\tau s}\Big|_{s=\mathrm{j}\omega}=\mathrm{e}^{-\mathrm{j}\omega\tau}=A(\omega)\mathrm{e}^{\mathrm{j}\varphi(\omega)} \tag{5.14}$$

式中，$A(\omega)=1$；$\varphi(\omega)=-\omega\tau$(单位为 rad)，或 $\varphi(\omega)=-57.3\omega\tau$(单位为(°))。

① 奈奎斯特图：时滞环节的极坐标图是以原点为圆心的单位圆，如图 5.14(a)所示。

② 伯德图：时滞环节的对数幅频特性为 $L(\omega)=20\lg A(\omega)=0$，即它的对数幅频曲线为 0dB 的水平线，如图 5.14(b)所示；而对数相频曲线是随着 ω 的增大，相位滞后越来越大，如图 5.14(c)所示。

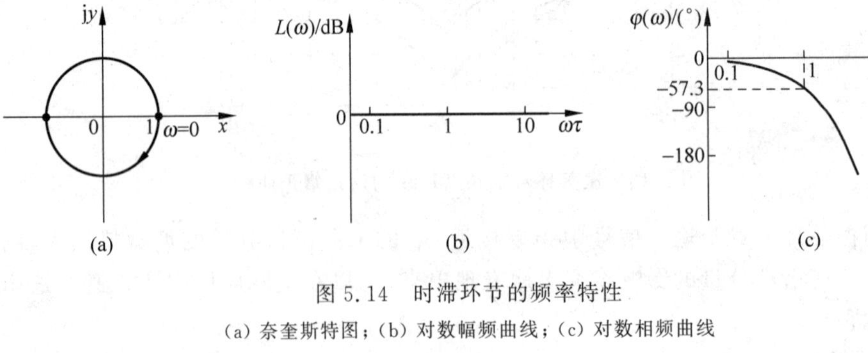

图 5.14　时滞环节的频率特性

(a) 奈奎斯特图；(b) 对数幅频曲线；(c) 对数相频曲线

(2) 非最小相位一阶惯性环节的频率特性

非最小相位一阶惯性环节的结构图如图 5.15 所示，其传递函数为 $G(s)=1/(Ts-1)$，

其极点 $p=1/T$ 分布在右半 S 平面上，因而该环节为非最小相位系统。由于特征方程的系数出现负值，所以系统是不稳定的，于是非最小相位一阶惯性环节的频率特性为

$$G(\mathrm{j}\omega)=G(s)_{s=\mathrm{j}\omega}=\frac{1}{\mathrm{j}\omega T-1}=A(\omega)\mathrm{e}^{\mathrm{j}\varphi(\omega)} \tag{5.15}$$

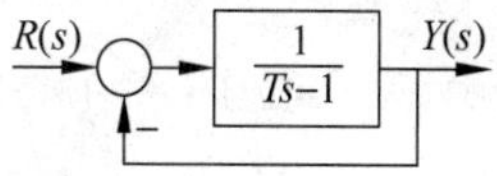

图 5.15　非最小相位一阶惯性环节的结构图

式中，$A(\omega)=\dfrac{1}{\sqrt{\omega^2T^2+1}}$；$\varphi(\omega)=-\arctan\omega T/(-1)$。相应的频率特性曲线如图 5.16 所示。将其频率特性与最小相位系统的惯性环节的频率特性相比较可以看到，它们的幅频特性完全一样，所不同的是相频特性。当 ω 由 0 变化至∞时，惯性环节的相角是从 0°变化至 −90°，而非最小相位一阶惯性环节的相角则从 −180°变化至 −90°。

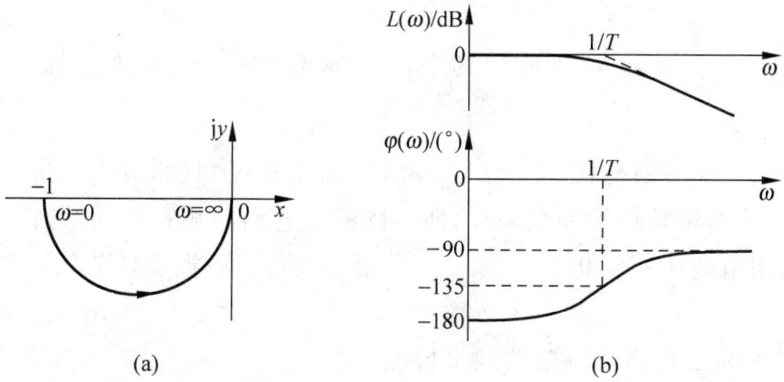

图 5.16　非最小相位一阶惯性环节的频率特性曲线

(a) 奈奎斯特图；(b) 伯德图

(3) 非最小相位一阶微分环节的频率特性

该环节的传递函数为 $G(s)=Ts-1$，相应的频率特性为

$$G(\mathrm{j}\omega)=G(s)_{s=\mathrm{j}\omega}=\mathrm{j}\omega T-1=A(\omega)\mathrm{e}^{\mathrm{j}\varphi(\omega)} \tag{5.16}$$

式中，幅频特性 $A(\omega)=\sqrt{\omega^2T^2+1}$；相频特性 $\varphi(\omega)=\arctan\dfrac{\omega T}{-1}$。

可见非最小相位一阶微分环节的传递函数是非最小相位一阶惯性环节的倒数，因而非最小相位一阶微分环节的奈奎斯特图为非最小相位一阶惯性环节的逆奈奎斯特图，而其伯德图与非最小相位一阶惯性环节的伯德图是关于 ω 轴对称的。

(4) 非最小相位二阶振荡环节的频率特性

该环节的传递函数为

$$G(s)=\frac{1}{T^2s^2+2\zeta Ts+1}=\frac{\omega_n^2}{s^2+2\zeta\omega_n s+\omega_n^2},$$

其频率特性为

$$G(\mathrm{j}\omega)=\frac{1}{(\mathrm{j}\omega)^2+\mathrm{j}2\zeta\omega_n\omega+\omega_n^2}=A(\omega)\mathrm{e}^{\mathrm{j}\varphi(\omega)} \tag{5.17}$$

其中

$$A(\omega)=\frac{1}{\sqrt{[1-(\omega/\omega_n)^2]^2+4\zeta^2(\omega/\omega_n)^2}} \tag{5.18}$$

$$\varphi(\omega) = -\arctan\{2\zeta(\omega/\omega_n)/[1-(\omega/\omega_n)^2]\} \tag{5.19}$$

式中，$\omega_n = 1/T$；$-1<\zeta<0$。于是可绘制非最小相位二阶振荡环节的频率特性曲线如图5.17所示。

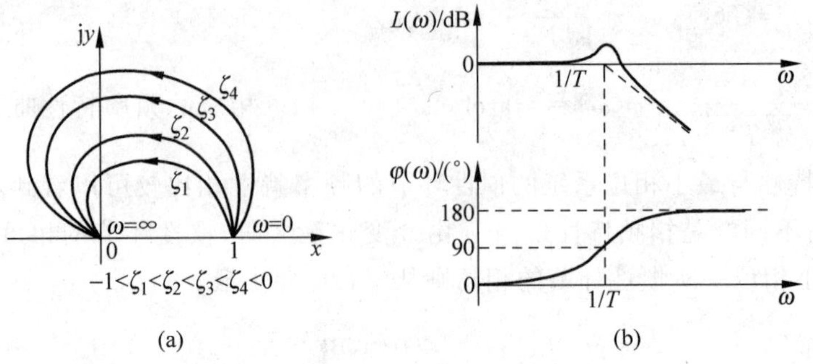

图5.17 非最小相位二阶振荡环节的频率特性曲线

(a) 奈奎斯特图；(b) 伯德图

将式(5.18)、式(5.19)与式(5.10)、式(5.11)相比较可知，非最小相位二阶振荡环节与最小相位振荡环节的幅频特性完全一样，所不同的是它们的相频特性。当ω从0变化至∞时，振荡环节的相角是从0°变化至$-180°$，而非最小相位二阶振荡环节的相角则是从0°变化至$+180°$。

(5) 非最小相位二阶微分环节的频率特性

该环节的传递函数为$G(s)=T^2s^2+2\zeta Ts+1$，其频率特性为

$$G(j\omega) = G(s)_{s=j\omega} = (j\omega)^2 + j2\zeta\omega_n\omega + \omega_n^2 \tag{5.20}$$

由此可见，式(5.20)是式(5.17)的倒数，因此非最小相位二阶微分环节的奈奎斯特图是非最小相位二阶振荡环节的逆奈奎斯特图；如果它们的转折频率相等，则其对数频率特性曲线与非最小相位二阶振荡环节的对数频率特性曲线是关于ω轴对称的。

5.3.2 开环频率特性的绘制

在实际中，绘制控制系统的频率特性有两种方法，即计算机绘制法和工程实用绘制法。计算机绘制法是采用MATLAB等软件通过命令进行绘制，这种方法准确、快速、方便，在实际中得到了广泛的应用。但作为控制工程师还必须掌握工程实用绘制法，因为工程上实用的绘制方法可以快速地画出控制系统的概略频率特性曲线，既能反映系统频率特性的基本性质和特点，又易于绘制、计算量小。有助于从频率特性角度描述和考察系统的概貌，进行初步分析或方案比较，探索解决问题的途径，有助于理解、检验和利用计算机绘制的频率特性图。

1. 伯德图的绘制

控制系统的频率特性可视为是由典型环节频率特性组合而成的，对于n个环节串联的系统，其开环传递函数为$G(s)=G_1(s)G_2(s)\cdots G_n(s)$，其频率特性为

$$\begin{aligned} G(j\omega) &= G_1(j\omega)G_2(j\omega)\cdots G_n(j\omega) \\ &= A_1(\omega)e^{j\varphi_1(\omega)}A_2(\omega)e^{j\varphi_2(\omega)}\cdots A_n(\omega)e^{j\varphi_n(\omega)} \end{aligned}$$

$$=\prod_{i=1}^{n}A_i(\omega)\mathrm{e}^{\mathrm{j}\sum_{i=1}^{n}\varphi_i(\omega)} \tag{5.21}$$

其开环对数幅频特性为

$$L(\omega)=20\lg A(\omega)=20\lg\left[\prod_{i=1}^{n}A_i(\omega)\right]=\sum_{i=1}^{n}20\lg A_i(\omega)=\sum_{i=1}^{n}L_i(\omega) \tag{5.22}$$

开环相频特性为

$$\varphi(\omega)=\angle G(\mathrm{j}\omega)=\sum_{i=1}^{n}\varphi_i(\omega) \tag{5.23}$$

由此看出，系统的开环对数幅频特性 $L(\omega)$ 等于各个串联环节对数幅频特性之和，系统的开环相频特性 $\varphi(\omega)$ 等于各个环节相频特性之和。

例 5.2　设控制系统的传递函数为 $G(s)=\dfrac{300}{s(s+10)}$，试绘制其伯德图。

解　首先将系统的传递函数改写成时间常数形式，并将其分解成典型环节传递函数的相乘，于是有

$$G(s)=\frac{30}{s(0.1s+1)}=30\,\frac{1}{s}\,\frac{1}{0.1s+1}=G_1(s)G_2(s)G_3(s)$$

其中，$G_1(s)=30$ 为比例环节，$K=30$，$20\lg K=29.5$，幅频特性是一条平行于 ω 轴、高度为 29.5dB 的直线，如图 5.18 中的虚线 $L(G_1)$；相频特性为 0°，见图 5.18 中的虚线 $\varphi(G_1)$。

$G_2(s)=\dfrac{1}{s}$ 为积分环节，其幅频特性以 −20dB/dec 的斜率过(−1，j0)点，见图 5.18 中的虚线 $L(G_2)$；相频特性为 −90°，如图 5.18 中的虚线 $\varphi(G_2)$。

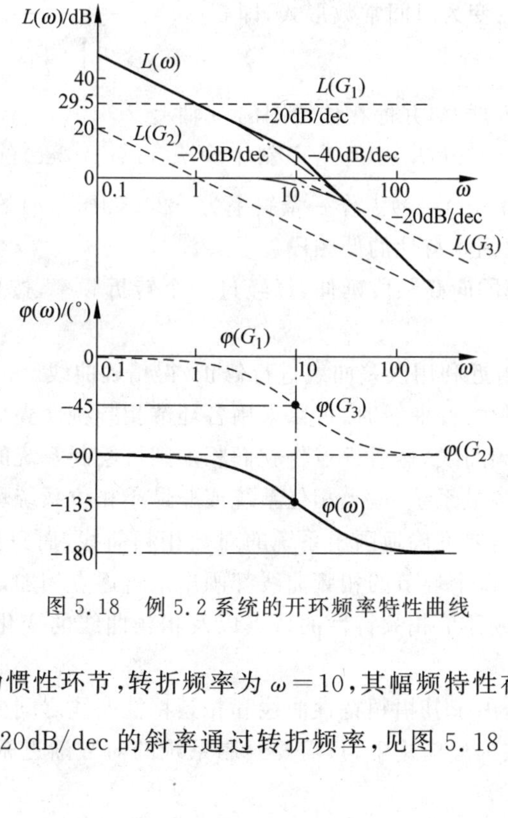

图 5.18　例 5.2 系统的开环频率特性曲线

$G_3(s)=\dfrac{1}{0.1s+1}$ 为惯性环节，转折频率为 $\omega=10$，其幅频特性在转折频率之前是 0dB，在转折频率之后是以 −20dB/dec 的斜率通过转折频率，见图 5.18 中的虚线 $L(G_3)$；相频

特性是一条在 0°～－90°区间变化且在转折频率处为－45°的曲线，见图 5.18 中的虚线 $\varphi(G_3)$。

将幅频特性的三条线叠加起来，即

$$L(\omega)=20\lg A(\omega)=20\lg\left[\prod_{i=1}^{3}A_i(\omega)\right]=L_1(\omega)+L_2(\omega)+L_3(\omega)$$

就得到系统的对数幅频特性曲线 $L(\omega)$，如图 5.18 中的实线 $L(\omega)$所示。

将相频特性的三条线叠加起来，即

$$\varphi(\omega)=\angle G(\mathrm{j}\omega)=\sum_{i=1}^{3}\varphi_i(\omega)=\varphi_1(\omega)+\varphi_2(\omega)+\varphi_3(\omega)$$

就得到系统的对数相频特性曲线 $\varphi(\omega)$，如图 5.18 中的实线 $\varphi(\omega)$所示。

由此可见，首先绘制各个典型环节的伯德图如图 5.18 中的虚线所示，然后将各典型环节的伯德图中幅频特性曲线和相频特性曲线分别相加，则可得到系统的伯德图，即对数幅频特性曲线和对数相频特性曲线如图 5.18 中的实线所示。

虽然例 5.2 的作图方法已经比较简单，但是每次都要将各组成环节的伯德图都画出来再进行相加，仍嫌不便，工程上常用更简便的方法来绘制系统的对数幅频曲线，其基本思路是：为了快捷地对系统进行初步分析或综合，在实际工作中往往只需要绘制系统的对数渐近幅频曲线，而各典型环节，除了比例、积分和微分环节外，其对数渐近幅频曲线的低频渐近线均为零分贝线，故各环节对数渐近幅频曲线相加，实际上只需对转折频率后的高频段进行，转折频率在数值上等于零极点的模，如果需要绘制准确的幅频特性曲线，只需对渐近幅频曲线进行误差修正，因此绘制系统伯德图的一般步骤可归纳如下：

(1) 将开环传递函数变为时间常数形式，即 $G(s)=\dfrac{K\prod\limits_{j=1}^{m}(\tau_j s+1)}{s^{\nu}\prod\limits_{i=1}^{n-\nu}(T_i s+1)}$。

(2) 求各环节的转折频率，并标在伯德图的 ω 轴上。

(3) 过$(\omega=1, L(\omega)=20\lg K)$点作一条斜率为$-20\nu$(dB/dec)的直线，直到第一个转折频率；或者过$(\omega=\sqrt[\nu]{K}, L(\omega)=0)$点作一条斜率为$-20\nu$(dB/dec)的直线，直到第一个转折频率，以上直线作为对数幅频特性的低频段。

(4) 从 $L(\omega)$的低频段向高频段延伸，每经过一个转折频率，按典型环节性质改变一次渐近线的斜率。

(5) 在各转折频率附近利用误差曲线进行修正，得精确曲线。

绘制系统的对数相频特性曲线时，可以采用各环节相频特性叠加的方法进行绘制，即画出各组成环节的对数相频曲线，然后逐点将它们相加则可绘制系统的对数相频曲线。

以上绘制步骤对于各类系统、最小相位系统或非最小相位系统均适用。

在工程上往往并不需要准确地画出系统的对数相频曲线，而只要求能快捷地勾画出它的大致形状，这时不必将每个环节的相频曲线都画出来再逐点相加，而可直接根据若干重要频率点的相角值和各组成环节相频特性的特点以及相频曲线的变化范围，便可概略地绘制系统的对数相频曲线。

对于最小相位系统，由于其幅频特性曲线和相频特性曲线之间变化趋势一致，它们具有确定的对应关系，所以在工程应用中，只需要绘制系统的对数渐近幅频曲线，即可用来分析系统的性能了。

例 5.3　已知系统开环传递函数为 $G(s)=\dfrac{1\,000(s+2)}{s(s+10)(s+0.4)(s+20)}$，试绘制系统的伯德图。

解　(1) 首先将其化成时间常数形式，即

$$G(s)=\frac{25(0.5s+1)}{s(0.1s+1)(2.5s+1)(0.05s+1)}$$

可见系统是由 6 个典型环节组成的，分别是比例、积分、一阶微分和 3 个惯性环节。

(2) 然后求各个典型环节的转折频率，并标在伯德图的 ω 轴上。转折频率分别为 $\omega_1=0.4$，$\omega_2=2$，$\omega_3=10$，$\omega_4=20$。

(3) 从低频段开始绘制。由 $K=25$，得 $20\lg K=20\lg 25\approx 28$，因此过(1,28)点作一条斜率为 -20dB/dec 的直线，直到第一个转折频率。

(4) 从 $L(\omega)$ 的低频段向高频段延伸，每经过一个转折频率，按环节性质改变一次渐近线的斜率，从而得到系统的对数幅频特性渐近线如图 5.19(a)中的实线所示。

(5) 如果需要精确曲线，则可在各转折频率附近利用误差曲线进行修正即可。

开环相频特性曲线可根据各转折频率处的相角值和各组成环节相角特性的特点，以及各段幅频特性渐近线粗略地绘制出来，如图 5.19(b)中的实线所示。

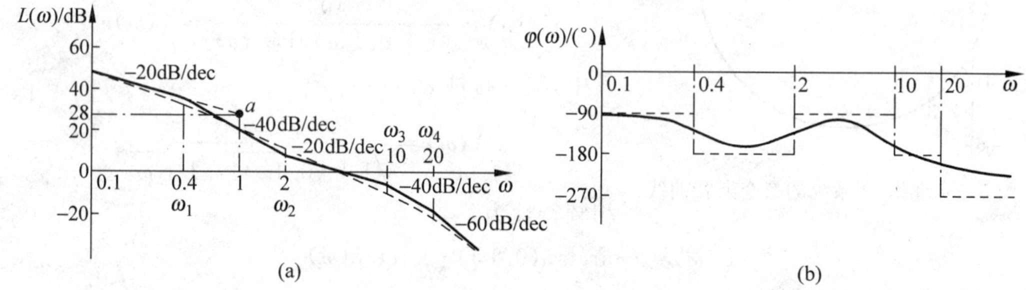

图 5.19　例 5.3 系统的伯德图

(a) 对数幅频曲线；(b) 对数相频曲线

2. 奈奎斯特图的绘制

控制系统频率特性 $G(j\omega)$ 的奈奎斯特图，就是极坐标图，是当 ω 从 0 变化至 ∞ 时，表示在极坐标上的幅值与相角的关系图像，在图形上的每一点表示在特定频率 ω 下向量 $G(j\omega)$ 的端点，它在实轴和虚轴上的投影，即为 $G(j\omega)$ 的实部和虚部。与使用伯德图相比较，采用极坐标图的优点是：它可在一幅图上全面地表示出系统在整个频率范围内的频率响应特性(包括幅频特性与相频特性)，因而在控制系统中，特别是在理论研究方面得到了广泛的应用。其不足之处是，不能清晰地表示出各个环节对系统频率特性的具体影响。

奈奎斯特图常用的绘制方法有三种，即直接计算法、伯德图法和应用 MATLAB 等计算机软件绘制法。其中伯德图法是利用对数频率特性易于绘制的优点，先画系统的伯德图，并从图上获得在不同频率 ω 下的幅值和相角数据，然后利用这些数据则可绘制系统的奈奎斯特图。这种方法易于掌握，不再赘述。而应用 MATLAB 软件绘制法只需要熟悉命令即可，所以这里着重介绍直接计算法。

直接计算法：在 ω 的取值范围内，给定一系列 ω 值，分别计算对应的幅值和相角，或实部和虚部，然后根据这些数据即可绘制系统的奈奎斯特图。在实际应用中往往并不要求绘制准确的奈奎斯特曲线，而只需要绘制奈奎斯特曲线的概略形状，它能反映频率特性的特征点，如曲线的起点、终点和与坐标轴的交点，以及随着 ω 增大曲线的总体变化趋势就足够了。

例 5.4 已知系统开环传递函数为 $G(s)=\dfrac{10}{(s+1)(0.1s+1)}$，试绘制系统的奈奎斯特图。

解法一 系统的开环频率特性为

$$G(\mathrm{j}\omega)H(\mathrm{j}\omega)=\frac{10}{(1+\mathrm{j}\omega)(1+\mathrm{j}0.1\omega)}$$

$$=\frac{10(1-0.1^2\omega^2)}{(1+\omega^2)(1+0.1^2\omega^2)}-\mathrm{j}\,\frac{10\times 1.1\omega}{(1+\omega^2)(1+0.1\omega^2)}$$

由 ω 从 $0\to\infty$ 变化时，找几个特殊点：

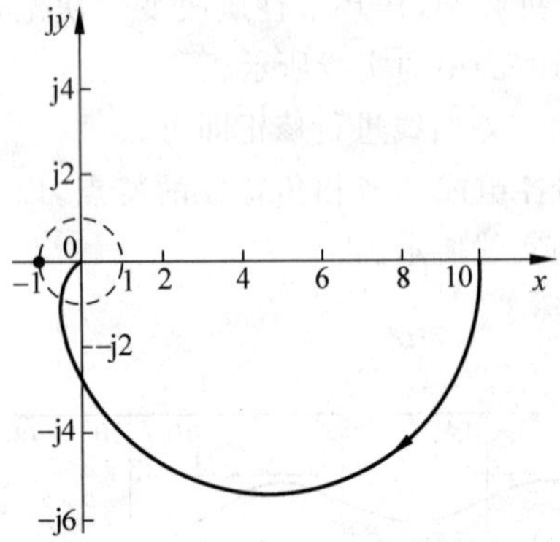

图 5.20 例 5.4 系统的奈奎斯特曲线

起始点：$\omega=0, G(\mathrm{j}\omega)=10-\mathrm{j}0$；

终止点：$\omega=\infty, G(\mathrm{j}\omega)=-0-\mathrm{j}0$；

与虚轴交点：$\omega=\sqrt{10}, G(\mathrm{j}\omega)=0-\mathrm{j}2.87$。

绘制的奈奎斯特曲线如图 5.20 所示。

解法二 系统的频率特性为

$$G(\mathrm{j}\omega)=\frac{10}{(1+0.1\mathrm{j}\omega)(1+\mathrm{j}\omega)}=A(\omega)\mathrm{e}^{\mathrm{j}\varphi(\omega)}$$

其中，幅频特性为

$$A(\omega)=\frac{10}{\sqrt{1+(0.1\omega)^2}\sqrt{1+\omega^2}}$$

相频特性为

$$\varphi(\omega)=-\arctan(0.1\omega)-\arctan(\omega)$$

也可以画出奈奎斯特图。

例 5.5 已知系统开环传递函数为 $G(s)=\dfrac{10}{s(s+1)}$，试绘制系统的奈奎斯特图。

解 系统的频率特性为

$$G(\mathrm{j}\omega)=\frac{10}{\mathrm{j}\omega(1+\mathrm{j}\omega)}=A(\omega)\mathrm{e}^{\mathrm{j}\varphi(\omega)}$$

其中

$$A(\omega)=\frac{10}{\omega\sqrt{1+\omega^2}},\quad \varphi(\omega)=-90^\circ-\arctan(\omega)$$

也可化成实频和虚频形式，即

$$G(\mathrm{j}\omega)=\frac{10}{\mathrm{j}\omega(1+\mathrm{j}\omega)}\times\frac{1-\mathrm{j}\omega}{1-\mathrm{j}\omega}=\frac{-10}{1+\omega^2}-\mathrm{j}\,\frac{10}{\omega+\omega^3}$$

当 $\omega=0^+$ 时，$G(\mathrm{j}0^+)=-10-\mathrm{j}\infty=\infty\angle-90^\circ$；

当 $\omega\to\infty$ 时，$G(\mathrm{j}\infty)=0\angle-180^\circ$。

绘制的奈奎斯特曲线如图 5.21 所示。

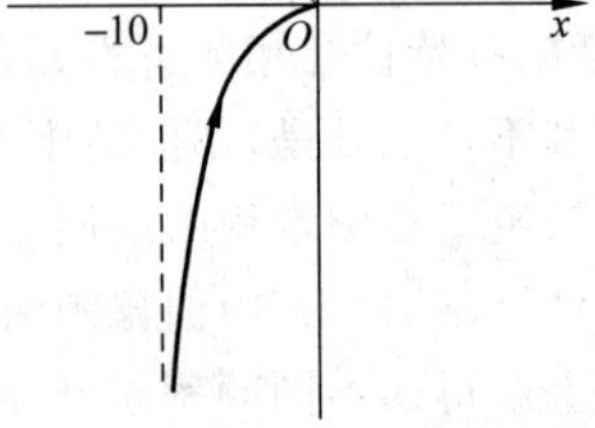

图 5.21 例 5.5 系统的奈奎斯特曲线

例 5.6 已知系统开环传递函数为$G(s)=\dfrac{10}{s^2(s+1)}$,试绘制系统的奈奎斯特图。

解 系统的频率特性为

$$G(\mathrm{j}\omega)=\frac{10}{(\mathrm{j}\omega)^2(1+\mathrm{j}\omega)}=A(\omega)\mathrm{e}^{\mathrm{j}\varphi(\omega)}$$
$$=-\frac{1}{\omega^2(1+\omega^2)}+\mathrm{j}\frac{1}{\omega(1+\omega^2)}$$

其中

$$A(\omega)=\frac{10}{\omega^2\sqrt{1+\omega^2}},\quad \varphi(\omega)=-180^\circ-\arctan\omega$$

当$\omega=0^+$时,$G(\mathrm{j}0^+)=\infty\angle-180^\circ$;当$\omega\to\infty$时,$G(\mathrm{j}\infty)=0\angle-270^\circ$。

绘制的奈奎斯特曲线如图 5.22 所示。

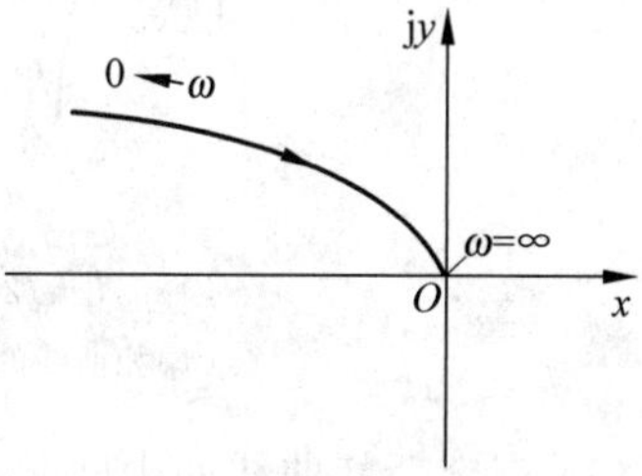

图 5.22 例 5.6 系统的奈奎斯特曲线

综上所述,可得出绘制奈奎斯特图的一般规律如下。

设系统为最小相位系统,其开环频率特性为

$$G(\mathrm{j}\omega)=\frac{K}{(\mathrm{j}\omega)^\nu}\cdot\frac{\prod_i^m(1+\mathrm{j}\omega\tau_i)}{\prod_j^{n-\nu}(1+\mathrm{j}\omega T_j)} \tag{5.24}$$

(1) 奈奎斯特图的起点

当$\omega\to0$时,

$$\lim_{\omega\to0}G(\mathrm{j}\omega)=\frac{K}{(\mathrm{j}\omega)^\nu}=\begin{cases}K, & \nu=0\\ \text{幅值}\infty,\text{相角}-\dfrac{\pi}{2}\nu, & \nu>0\end{cases} \tag{5.25}$$

由式(5.25)可知,不同的ν值可使奈奎斯特曲线的起点来自极坐标轴的 4 个方向,如图 5.23(a)所示。也就是说,$G(\mathrm{j}\omega)$曲线的起点只与系统的K和ν有关,根据开环传递函数积分环节ν的数目,即开环系统的型别,可确定奈奎斯特曲线的起点:

① 0 型系统:$\nu=0$,$G(\mathrm{j}\omega)$曲线的起点始于点$K\angle0^\circ$;

② Ⅰ型系统:$\nu=1$,$G(\mathrm{j}\omega)$曲线的起点始于相角为-90°的无穷远处;

③ Ⅱ型系统:$\nu=2$,$G(\mathrm{j}\omega)$曲线的起点始于相角为-180°的无穷远处;

④ Ⅲ型系统:$\nu=3$,$G(\mathrm{j}\omega)$曲线的起点始于相角为-270°的无穷远处。

(2) 奈奎斯特曲线的终点

当$\omega\to\infty$时,

$$\lim_{\omega\to\infty}G(\mathrm{j}\omega)=\begin{cases}K\dfrac{\prod_i^m\tau_i}{\prod_j^{n-\nu}T_j}, & n=m\\ \text{幅值}0,\text{相角}-\dfrac{\pi}{2}(n-m), & n>m\end{cases} \tag{5.26}$$

由式(5.26)可知，当 ω 趋于 ∞ 时，奈奎斯特曲线收敛于坐标原点(当 $n>m$ 时)，或实轴上某一有限值点(当 $n=m$ 时)；而曲线趋近的方向由式(5.26)决定。如果 $n>m$，则奈奎斯特曲线 $G(\mathrm{j}\omega)$ 将沿顺时针方向收敛于坐标原点，而且当 $\omega\to\infty$ 时，$G(\mathrm{j}\omega)$ 曲线将与实轴或虚轴相切；当 $n-m=1$ 时，$G(\mathrm{j}\omega)$ 曲线在原点与负虚轴相切；当 $n-m=2$ 时，$G(\mathrm{j}\omega)$ 曲线在原点与负实轴相切；当 $n-m=3$ 时，$G(\mathrm{j}\omega)$ 曲线在原点与正虚轴相切，如图 5.23(b)所示。

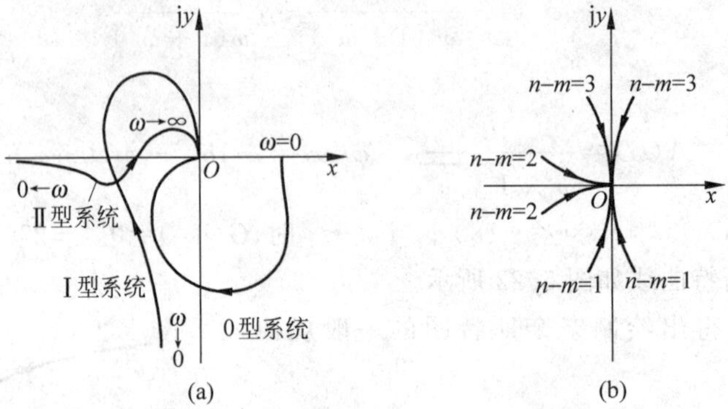

图 5.23 各型最小相位系统的奈奎斯特图

(a) 幅相曲线的概略图及其低频部分；(b) 幅相曲线的高频部分

(3) 奈奎斯特曲线的中间部分

奈奎斯特曲线的中间部分的形状与零极点的分布有关。分析式(5.24)可知，若传递函数无零点，则频率特性的幅值和相角都将随着 ω 的增大而不断地减小，因而 $G(\mathrm{j}\omega)$ 曲线将沿同一方向单调地变化而不会出现复杂的形状；若传递函数有零点，则 $G(\mathrm{j}\omega)$ 曲线的某个部分将可能出现凹凸形状。所以奈奎斯特曲线形状的复杂程度与传递函数的零极点分布有关。

根据以上特点 不难绘制各种类型最小相位系统的粗略奈奎斯特曲线。对于非最小相位系统，其奈奎斯特曲线的形状没有一般的规律可循，但是绘制的方法与上述最小相位系统的绘制方法类似。

3. 含有时滞环节的频率特性图的绘制

由式(5.14)可知，时滞系统的频率特性为 $G(\mathrm{j}\omega)=\mathrm{e}^{-\mathrm{j}\omega\tau}=A(\omega)\mathrm{e}^{\mathrm{j}\varphi(\omega)}$，其幅频特性 $A(\omega)=1$，相频特性 $\varphi(\omega)=-57.3\omega\tau(°)$。由此可见，时滞环节的存在并不影响伯德图的幅频特性，它仅仅使系统的相频特性增加一项随 ω 线性增大的迟后相角分量 $57.3\omega\tau$；但对奈奎斯特图来说，则是随着频率 ω 的提高，幅值不断地减小，相角迟后越来越多，呈现为一条对数螺旋线。

当系统开环传递函数中含有时滞环节时，它是超越函数而不是有理分式。

例 5.7 已知时滞系统的传递函数为 $G(s)=\dfrac{10}{s+1}\mathrm{e}^{-0.5s}$，试绘制系统的奈奎斯特图。

解 其频率特性为

$$G(\mathrm{j}\omega)=\frac{10}{\sqrt{\omega^2+1}}\mathrm{e}^{\mathrm{j}\varphi(\omega)}$$

其幅频特性为

$$A(\omega)=\frac{10}{\sqrt{\omega^2+1}}$$

相频特性为

$$\varphi(\omega)=-\arctan\omega-57.3\times0.5\omega$$

绘制的奈奎斯特曲线如图 5.24 所示，图中实线所示的为时滞系统的奈奎斯特曲线，而虚线所示的为没有时滞环节时系统的奈奎斯特曲线。

由此可见，含有时滞环节的系统，使相角迟后随频率 ω 增加而增大，所以它们都属于非最小相位系统。

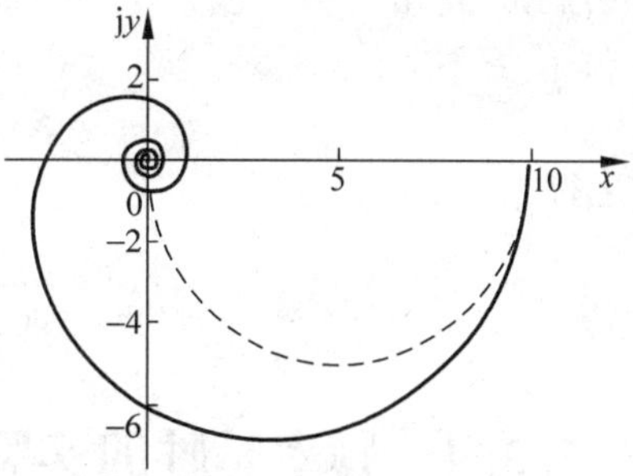

图 5.24　含有时滞环节的奈奎斯特图

5.3.3　由伯德图确定传递函数

最小相位系统的开环幅频特性和相频特性是直接关联的，也即一个幅频特性只能有一个相频特性与之对应，反之亦然。因此，对于最小相位系统，只要根据其对数幅频特性曲线就能确定系统的开环传递函数。而对于非最小相位系统，仅根据其对数幅频特性曲线是无法确定系统的开环传递函数的，需同时给出幅频和相频特性曲线，才能确定传递函数。

例 5.8　某最小相位系统的对数幅频特性的渐近线如图 5.25 所示，确定该系统的传递函数。

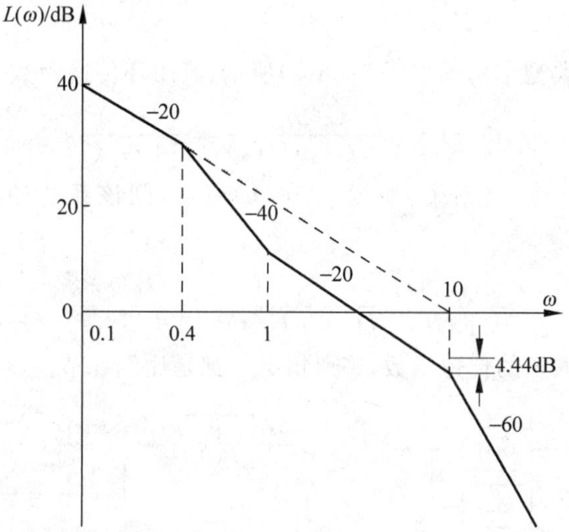

图 5.25　例 5.8 的伯德图

解　由图 5.25 可知其低频段是 −20dB/dec 的直线，所以系统含有 1 个积分环节。根据渐近线在各转折频率处的斜率变化，写出系统的传递函数为

$$G(s)=\frac{K(s+1)}{s\left(\frac{1}{0.4}s+1\right)\left(\frac{1}{100}s^2+2\zeta\frac{1}{10}s+1\right)}$$

由低频线的延长线与 ω 轴交于 10 得出 $K=\omega=10$。由 $\omega=10$ 处渐近线与幅频特性的误差

为 4.44dB 得出

$$20\lg\frac{1}{2\zeta}=4.44$$

解之得 $\zeta=0.3$，故

$$G(s)=\frac{10(s+1)}{s(2.5s+1)(0.01s^2+0.06s+1)}$$

5.3.4 频率特性的实验确定法

对于稳定的线性系统，可以根据实验得到的频率特性曲线来确定系统的传递函数。基本方法是将正弦波发生器产生的一系列频率可调的正弦波作用于被测系统，然后观察并记录下系统稳态输出响应的幅值和相角，根据测得的实验数据绘制出伯德图，最后用一组斜率为 $-n20$dB/dec($n=0,\pm1,\pm2,\cdots$)的直线逼近伯德图，从而得到渐近线，并按 5.3.3 节的方法写出系统的传递函数。如果实验曲线有峰值，则被测系统包含有振荡环节或二阶微分环节，应按峰值确定这个环节的阻尼系数 ζ。再根据实验用对数相频曲线校核并修改传递函数表达式，直到其对数相频曲线和实验曲线基本吻合为止。

具体的操作过程通过实验环节来阐述完成。

5.4 系统的闭环频率特性

反馈控制系统的典型结构图如图 5.26(a)所示，其闭环传递函数为

$$\Phi(s)=\frac{G(s)}{1+G(s)H(s)}=\frac{G(s)}{1+G_k(s)} \tag{5.27}$$

若将其化成等效的单位反馈系统，如图 5.26(b)所示，则该系统的闭环传递函数又可以写成

$$\Phi(s)=\frac{G(s)H(s)}{1+G(s)H(s)}\cdot\frac{1}{H(s)}=\frac{G_k(s)}{1+G_k(s)}\cdot\frac{1}{H(s)} \tag{5.28}$$

式中，$H(s)$为主反馈通道的传递函数，一般情况下都是比例环节。

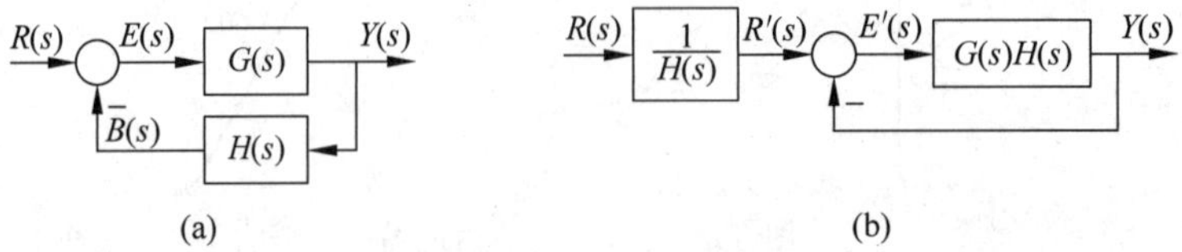

图 5.26 反馈控制系统结构图

(a) 系统结构图；(b) 等效单位反馈系统结构图

比较式(5.27)和式(5.28)可以看到，闭环传递函数可以看成是一个开环传递函数 $G_k(s)$的单位反馈系统与一个比例环节 $\frac{1}{H(s)}$ 的串联。所以，下面研究闭环系统频率特性时，可以只针对单位反馈系统进行，这样就使问题大大简化。然而由式(5.28)可知闭环频率

特性中涉及加(减)乘除运算而非常不方便。在工程应用中,广泛使用较易绘制的开环频率特性来分析和综合闭环控制系统。

5.4.1 单位反馈系统的闭环频率特性

设系统的开环频率特性为 $G(\mathrm{j}\omega)$,则其闭环频率特性为

$$\Phi(\mathrm{j}\omega)=\frac{G(\mathrm{j}\omega)}{1+G(\mathrm{j}\omega)} \tag{5.29}$$

由式(5.29)可知,要绘制控制系统的闭环频率特性图是相当费事的,因为它涉及加(或减)以及乘除运算,虽然采用对数坐标可使乘除运算很方便,但是对加(或减)运算则不方便,因此在控制工程中,广泛使用较易绘制的开环频率特性来分析或综合闭环控制系统,这是频率响应法的一个特点。下面介绍利用易于获取的开环频率特性来绘制系统的闭环频率特性图的基本思路。

对于单位反馈系统,在任一给定频率 ω 下,其开环频率特性 $G(\mathrm{j}\omega)$的值为一复数,可用复数平面(简称 G 平面)上从原点出发的一个向量来表示,设该向量为 $\overrightarrow{Oa}$,如图 5.27 所示,由点 $b(-1,\mathrm{j}0)$到点 a 的向量 $\overrightarrow{ba}$ 所表示的是向量 $1+G(\mathrm{j}\omega)$,故向量 $\overrightarrow{Oa}$ 与 $\overrightarrow{ba}$ 之比,则为在频率 ω 下系统的闭环频率特性值,即

$$\Phi(\mathrm{j}\omega)=\frac{G(\mathrm{j}\omega)}{1+G(\mathrm{j}\omega)}=\frac{\overrightarrow{Oa}}{\overrightarrow{ba}}=\left|\frac{\overrightarrow{Oa}}{\overrightarrow{ba}}\right|\angle(\varphi-\theta) \tag{5.30}$$

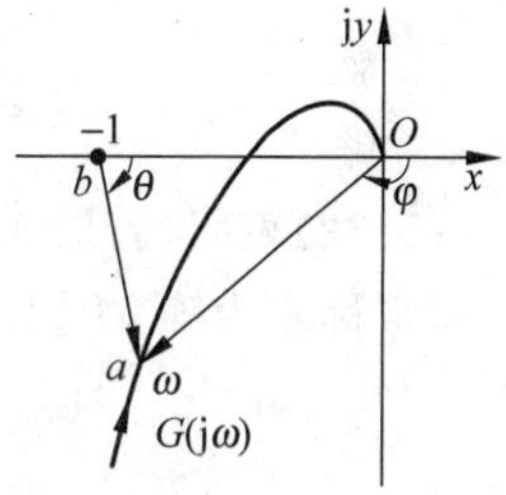

图 5.27 由奈奎斯特图确定闭环频率特性

式(5.30)表明,向量 $\overrightarrow{Oa}$ 与 $\overrightarrow{ba}$ 的长度之比为该频率 ω 下的闭环幅频特性值,$\overrightarrow{Oa}$ 与 $\overrightarrow{ba}$ 的辐角之差为该 ω 下的闭环相频特性值。

这就是说,对于单位反馈系统的开环频率特性上的任一点,可唯一确定与之对应的闭环频率特性值,若将 G 平面上的任一点都视为 $G(\mathrm{j}\omega)$的某一给定值,则该点必与系统的闭环频率特性的某个确定值相对应,如果在 G 平面上绘制闭环频率特性的等幅值轨迹和等相角轨迹,只要将系统的开环频率特性曲线 $G(\mathrm{j}\omega)$画在布满等值线的 G 平面上,根据 $G(\mathrm{j}\omega)$与等值线交点对应的频率、幅值和相角值,则可绘制系统的闭环频率特性。

由此可见,采用这种思路绘制闭环频率特性较为简便,如果在极坐标图上进行,可得到等 M 圆图和等 N 圆图,如果在对数坐标图上进行,可得到尼科尔斯图。由于系统的开环伯德图绘制较为方便,故在控制工程中使用较多的是尼科尔斯图,而且它可应用计算机软件来绘制。

5.4.2 等 M 圆图与等 N 圆图

在 G 平面上的某一点,设单位反馈系统的开环频率特性在该点的坐标为 $G(\mathrm{j}\omega)=x+\mathrm{j}y$,与该点相对应的闭环频率特性的坐标设为 $\Phi(\mathrm{j}\omega)=M\mathrm{e}^{\mathrm{j}\alpha}$。在 G 平面上绘制闭环频率特性的等幅值轨迹(即等 M 圆)和等相角轨迹(即等 N 圆)。根据开环幅相曲线 $G(\mathrm{j}\omega)$与等 M 圆的交点的数据,则可绘制系统的闭环幅频特性曲线;根据 $G(\mathrm{j}\omega)$与等 N 圆的交点的数

据，便可绘制系统的闭环相频特性曲线。

1. 等 *M* 圆图

在 G 平面上的某一点，由式(5.29) 可得单位反馈系统的闭环频率特性为

$$\Phi(\mathrm{j}\omega)=\frac{G(\mathrm{j}\omega)}{1+G(\mathrm{j}\omega)}=\frac{x+\mathrm{j}y}{1+x+\mathrm{j}y}=\frac{x(1+x)+y^2+\mathrm{j}y}{(1+x)^2+y^2}=M\mathrm{e}^{\mathrm{j}\alpha} \tag{5.31}$$

于是闭环频率特性的幅值为

$$M=\left|\frac{G(\mathrm{j}\omega)}{1+G(\mathrm{j}\omega)}\right|=\frac{\sqrt{x^2+y^2}}{\sqrt{(x+1)^2+y^2}}$$

将上式展开并经整理后则可化为

$$(1-M^2)x^2+(1-M^2)y^2-2M^2x=M^2$$

则有

$$\begin{cases}\left(x+\dfrac{M^2}{M^2-1}\right)^2+y^2=\dfrac{M^2}{(M^2-1)^2}, & M\neq 1\\ x=-\dfrac{1}{2}, & M=1\end{cases} \tag{5.32}$$

式(5.32)表明，若取 M 为不同常数时，则闭环频率特性的等幅值轨迹为 G 平面上的一族圆，通常称之为等 M 圆，如图 5.28 所示。

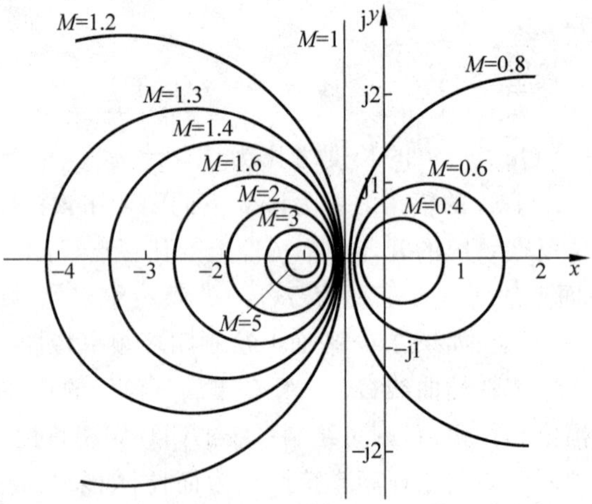

图 5.28 等 M 圆图

等 M 圆的圆心位于实轴的 $\left(-\dfrac{M^2}{M^2-1},\mathrm{j}0\right)$ 处，圆的半径为 $\left|\dfrac{M}{M^2-1}\right|$。

当 $M>1$ 时，圆心位于 $(-1,\mathrm{j}0)$ 点的左侧，而且随着 M 值的增加，圆的半径单调地减小，等 M 圆越来越小，最后缩小到 $(-1,\mathrm{j}0)$ 点上。

当 $M<1$ 时，圆心位于原点的右侧，而且随着 M 值的减小，圆的半径也单调地减小，等 M 圆越来越小，最后缩小到原点上。

当 $M=1$ 时，等幅值轨迹为 $x=-1/2$ 的一条直线，它也可视为圆心位于无穷远处、圆的半径为无穷大的圆。

由图 5.28 可见,这些等 M 圆对称于实轴与 $x=-1/2$ 的直线。

2. 等 N 圆图

在 G 平面上的某一点,由式(5.31)可得单位反馈系统的闭环频率特性的相角为

$$\alpha=\arctan\frac{y}{x}-\arctan\frac{y}{x+1} \tag{5.33}$$

若令 $N=\tan\alpha$,将上式展开并经整理后则可化为

$$\left(x+\frac{1}{2}\right)^2+\left(y-\frac{1}{2N}\right)^2=\frac{N^2+1}{4N^2} \tag{5.34}$$

式(5.34)表明,若取相角 α(或 N)为不同常数时,则闭环频率特性的等相角轨迹为 G 平面上的一族圆,通常称之为等 N 圆,其圆心位于$\left(-\frac{1}{2},\mathrm{j}\frac{1}{2N}\right)$处,圆的半径为$\sqrt{\frac{1}{4}+\left(\frac{1}{2N}\right)^2}$。而且,无论 N 为何值,当 $x=y=0$ 或 $x=-1$ 和 $y=0$ 时,式(5.34)总是成立的,故所有的等 N 圆均通过坐标原点(0,j0)和(−1,j0)点。

当开环幅相曲线 $G(\mathrm{j}\omega)$ 位于下半平面时,对应的相角 $\alpha(\omega)$ 为负的,当 $G(\mathrm{j}\omega)$ 位于上半平面时,对应的相角 $\alpha(\omega)$ 为正的,于是可绘制系统的等 N 圆图,如图 5.29 所示。

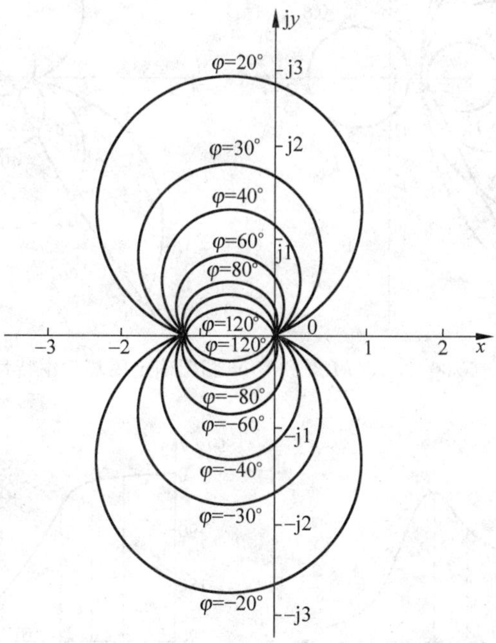

图 5.29　等 N 圆图

由于 $\tan\alpha=\tan(\alpha\pm k\pi)$,$k=1,2,\cdots$,即相角 α 与 $\alpha\pm k\pi$ 所对应的等 N 圆是相同的,例如 $\alpha=30°$、$\alpha=-150°$与 $\alpha=210°$等均对应于同一等 N 圆图,从这个意义上说,等 N 圆是多值的。因此在用等 N 圆图确定闭环频率特性的相角时,必须选择合适的 α 值,使得 $\omega=0$ 时 $\alpha=0°$,并从低频段开始逐渐地提高频率和逐点地判断 α 值,以保证闭环相频特性曲线是连续的。

3. 应用等 M 圆图和等 N 圆图绘制闭环频率特性曲线

将系统的开环幅相曲线 $G(j\omega)$ 按相同的比例尺分别绘制在等 M 圆图和等 N 圆图上。读取 $G(j\omega)$ 曲线与各个等 M 圆图或等 N 圆图的交点所对应的 ω 与 M 或 ω 与 α 的值，根据这些数据，便可绘制系统的闭环幅频曲线和闭环相频曲线。

以图 5.30 所示的系统为例，当 $\omega=\omega_1$ 时，$G(j\omega)$ 曲线与 $M=1.1$ 的等 M 圆相交，这说明在该频率时，闭环频率特性的幅值为 1.1，当 $\omega=\omega_4$ 时，$G(j\omega)$ 曲线与 $M=2$ 的等 M 圆相切，且不再进入更深的区域，这说明 $M=2$ 为闭环幅频特性的最大值，即谐振峰值 $M_r=2$，切点的频率便是谐振频率，即 $\omega_r=\omega_4$；而且 $M(\omega_2)=1.2$，$M(\omega_3)=1.4$，$M(\omega_5)=0.6$，根据这些数据便可绘制系统的闭环幅频曲线，如图 5.31(a)所示。同理，由图 5.30 可读取 $G(j\omega)$ 曲线与各个等 N 圆交点所对应的 ω 与 α 的值，根据这些数据则可绘制系统的闭环相频特性曲线，如图 5.31(b)所示。

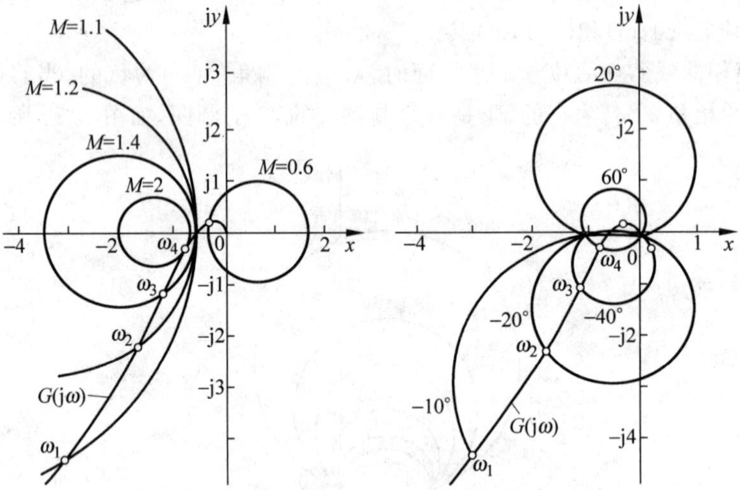

图 5.30 由等 M 圆和等 N 圆图确定闭环频率特性

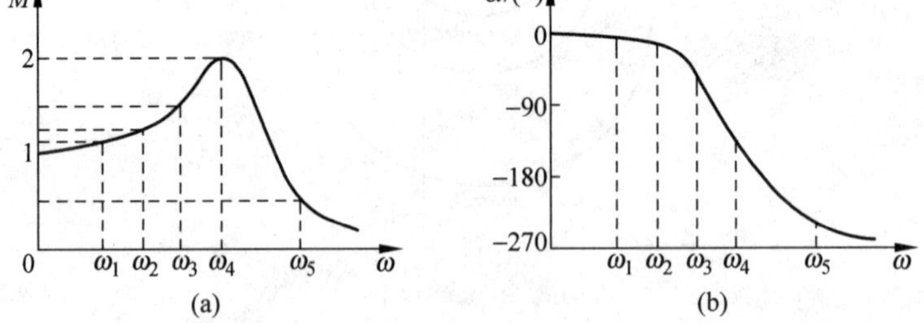

图 5.31 闭环频率特性图

(a) 闭环幅频特性曲线；(b) 闭环相频特性曲线

5.4.3 尼科尔斯图

尼科尔斯图是画在以开环频率特性的对数幅值为纵坐标，以开环相角值为横坐标的图上，这样所得到的图叫做对数幅相图，又称为尼科尔斯图，如图 5.32 所示。由闭环频率特性的等 M(实际上是等 $20\lg M$)曲线和等 α 曲线构成了尼科尔斯图上的网格线，称为尼科尔斯图线。

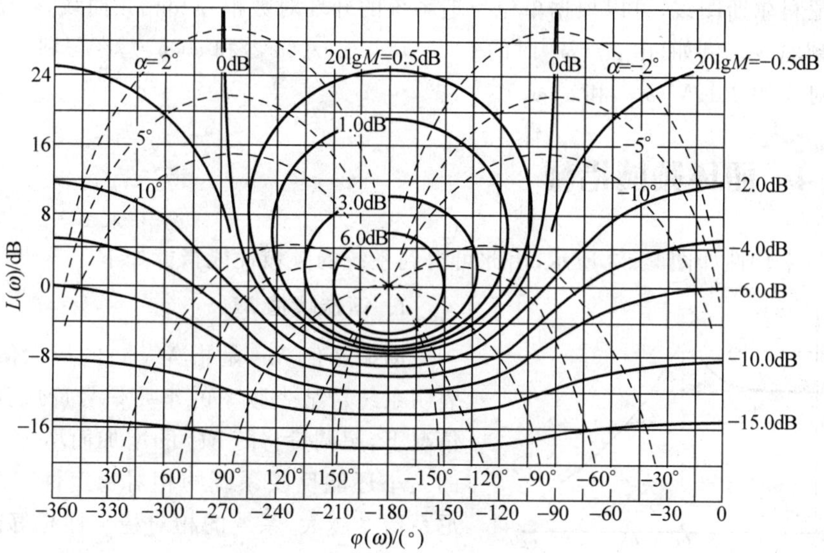

图 5.32 尼科尔斯图

设系统的开环频率特性为 $G(\mathrm{j}\omega)=A(\omega)\mathrm{e}^{\mathrm{j}\varphi(\omega)}$，则单位反馈系统的闭环频率特性为

$$\Phi(\mathrm{j}\omega)=\frac{G(\mathrm{j}\omega)}{1+G(\mathrm{j}\omega)}=\frac{A(\omega)\mathrm{e}^{\mathrm{j}\varphi(\omega)}}{1+A(\omega)\mathrm{e}^{\mathrm{j}\varphi(\omega)}}=M(\omega)\mathrm{e}^{\mathrm{j}\alpha(\omega)} \tag{5.35}$$

将上式展开得

$$M(\omega)\mathrm{e}^{\mathrm{j}\alpha(\omega)}(1+A(\omega)\mathrm{e}^{\mathrm{j}\varphi(\omega)})=A(\omega)\mathrm{e}^{\mathrm{j}\varphi(\omega)}$$

化简整理后得

$$M(\omega)\mathrm{e}^{\mathrm{j}(\alpha-\varphi)}+M(\omega)\cdot A(\omega)\mathrm{e}^{\mathrm{j}\alpha}=A(\omega)$$

根据欧拉公式将上式中的指数项展开，得

$$M(\omega)\cos(\alpha-\varphi)+\mathrm{j}M(\omega)\sin(\alpha-\varphi)+M(\omega)\cdot A(\omega)\cos\alpha+\mathrm{j}M(\omega)\cdot A(\omega)\sin\alpha=A(\omega)$$

令上式两边的虚数部分相等，有

$$\sin(\alpha-\varphi)+A(\omega)\sin\alpha=0$$

由此可得

$$A(\omega)=\frac{\sin[\varphi(\omega)-\alpha(\omega)]}{\sin\alpha(\omega)}$$

$$L(\omega)=20\lg A(\omega)=20\lg\frac{\sin[\varphi(\omega)-\alpha(\omega)]}{\sin\alpha(\omega)} \tag{5.36}$$

如令上式中的 α 为常数，就可得到 $L(\omega)$ 和 $\varphi(\omega)$ 之间的一个单值方程。给定不同的 α 值，可得一组等 α 线，如图 5.32 虚线所示。

同理由式(5.35)可导出下列关系式

$$L(\omega)=20\lg A(\omega)=20\lg\frac{\cos\varphi\pm\sqrt{\cos^2\varphi+M^{-2}-1}}{M^{-2}-1} \tag{5.37}$$

如令 M 为常数，φ 为变量，依次计算每一 φ 值相对应的 $L(\omega)$ 值，就可得到一条等 M 线。设定不同的 M 值，就可得到一组等 M 曲线。将等 M 线和等 α 线组合在对数幅相图上，就构成尼科尔斯图线，如图 5.32 实线所示。

应用尼科尔斯图线，可以根据单位反馈系统的开环对数幅频和相频曲线，确定闭环对数幅频和相频曲线。例如，由 $\omega=\omega_1$ 时的 $L(\omega_1)=20\lg A(\omega_1)$ 和 $\varphi(\omega_1)$，在尼科尔斯图线上，就可查得对应的 $20\lg M(\omega_1)$ 和 $\alpha(\omega_1)$。

5.4.4 闭环频域指标

闭环频率特性如图 5.33 所示，由此可得到系统的频域性能指标如下。

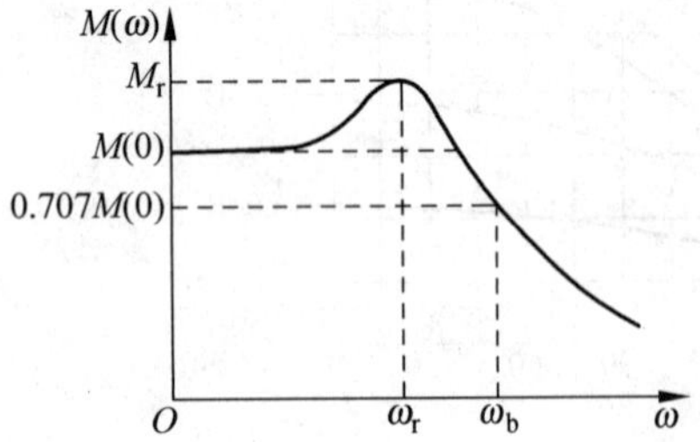

图 5.33 闭环频率特性图及其性能指标

1. 谐振峰值 M_r

谐振峰值 M_r 是指 $M(\omega)$ 的最大值。M_r 大，表明系统对某个频率的正弦信号反应强烈。通常情况下，超调量将随 M_r 的增加而增加。此外，M_r 的大小还能反映系统的相对稳定性，M_r 越小，阻尼系数 ζ 越大，系统的相对稳定性越好。如果 M_r 的值在 $1.0<M_r<1.4$（即 $0\text{dB}<M_r<3\text{dB}$）范围内，相当于阻尼系数 ζ 在 $0.4<\zeta<0.7$ 范围内，这时可获得满意的动态响应。当 $M_r>1.5$ 时，阶跃响应将出现较大的超调。

2. 谐振频率 ω_r

谐振频率 ω_r 是指出现谐振峰值 M_r 时对应的角频率。对 $M(\omega)$ 求导，并令其导数等于零，则可求得谐振频率 $\omega_r=\omega_n\sqrt{1-2\zeta^2}$，将它代入 $M(\omega)$ 中得到 $M_r=M(\omega_r)=\dfrac{1}{2\zeta\sqrt{1-\zeta^2}}$。

当 $\zeta=0.707$ 时，$M(\omega_r)=1$，$M_r=0\text{dB}$。因此在 $\zeta\geqslant0.707$ 时，系统不会出现谐振峰值。谐振频率 ω_r 的大小，表征了瞬态响应的速度。ω_r 的值越大，时间响应越快。换句话说，上升时间随 ω_r 成反比变化。对于欠阻尼系统，谐振频率 ω_r 与阶跃响应的阻尼振荡频率 ω_d 很接近。

3. 零频幅值 $M(0)$

零频幅值 $M(0)$ 是指 $\omega=0$ 的振幅比。输入一定幅值的零频信号，即直流或常值信号，若 $M(0)=1$，则表明系统响应的终值等于输入，静差为零。如 $M(0)\neq1$，表明系统有静差。所以 $M(0)$ 与 1 相差之大小，反映了系统的稳态精度，$M(0)$ 越接近 1，系统的精度越高。

4. 带宽频率 ω_b

带宽频率 ω_b 是指系统闭环对数幅频特性的增益下降到零频幅值以下 3dB 时所对应的频率，或闭环频率特性的幅值衰减到 $0.707M(0)$ 时所对应的频率，通常把 $0\leqslant\omega\leqslant\omega_b$ 的频率范围称为系统带宽。ω_b 是系统的重要参数，它度量了系统具有一定信号复现能力的频率范围。

根据上面的分析，为了满足时域性能指标设计的要求，对频域性能指标通常有以下要求：①谐振峰值相对较小，例如，可要求 $M_r<1.5$；②系统带宽相对较大，从而使系统有较小的时间常数。

5.5　频率响应分析法

应用系统的频率特性，不仅可以简便地判断闭环系统的稳定性（通常称为系统的绝对稳定性问题）和确定系统的稳定裕量（称为系统的相对稳定性问题），而且还可以方便地分析控制系统的动态与稳态性能。

5.5.1　稳定性分析

系统首要是稳定的，频率法的稳定性判别方法，是利用系统的开环频率特性来判断闭环系统的稳定性，而不需要求出系统的闭环频率特性。它由奈奎斯特于 1932 年首先提出，故命名为奈奎斯特稳定判据，简称奈氏判据。奈氏判据对时滞系统的稳定性分析很方便，并且还具有两个独特的优点：首先，它不要求系统的数学模型是已知的，也就是说，它可以通过实验来测取系统的开环频率特性曲线，这对于难以建模的复杂系统是很有意义；另外，它不仅能够回答闭环系统是否稳定，以及稳定的程度，而且还可以提示改善系统特性的方法。奈氏判据不仅适用于单变量系统，也可推广至多变量系统；不仅适用于线性系统，也可推广用来分析某类非线性系统，所以从 20 世纪 30 年代至今，它一直是频率域控制理论的基石。

1. 奈奎斯特稳定判据

奈奎斯特稳定判据的理论基础是复变函数理论中的辐角定理，也称映射定理。

(1) 映射定理

一个复变函数 $F(s)$，可视为从复数域到复数域的映射，如果复数 $s=\sigma+\mathrm{j}\omega$ 用 S 平面来表示，复变函数 $F(s)$用复平面（简称 F 平面）上的图形来表示，则 $F(s)$就是从 S 平面到 F 平面的映射。当在 S 平面取某一值 s_1 时，只要它不是 $F(s)$的奇点，则在 F 平面上必有一点 $F(s_1)$与之对应；当 s 按某一方向沿一封闭曲线 C 变化时，只要 C 不经过 $F(s)$的奇点，则在 F 平面上将有一有向封闭曲线 C'与之对应。映射定理叙述的是：F 平面的有向闭曲线 C'包围坐标原点的周数和方向，与封闭曲线 C 内所包含的 $F(s)$的零极点数目之间的关系。下面以 $F(s)$是 s 的有理函数为例进行说明。

设 $F(s)$为 s 的有理函数，于是 $F(s)$可以表示成下列一般的形式：

$$F(s)=\frac{b_k s^k+b_{k-1}s^{k-1}+\cdots+b_0}{s^l+a_{l-1}s^{l-1}+\cdots+a_0}=\frac{b_k\prod_{i=1}^{k}(s-z_i)}{\prod_{j=1}^{l}(s-p_j)} \tag{5.38}$$

式中，z_i 和 p_j 分别为 $F(s)$的零点和极点，它们可以是实数或共轭复数。

如果在封闭曲线 C 内只包含 $F(s)$的一个零点，而其余的零极点均分布在 C 的外面，如

图 5.34(a)所示。当点 s 沿封闭曲线 C 顺时针方向变化一周时，则向量 $\boldsymbol{s}-\boldsymbol{z}_1$ 的角度变化 -2π，而其余零极点到点 s 所引向量的角度变化均为零，故 $F(s)$ 的辐角变化为 $\angle F(s)=\sum_{i=1}^{k}\angle(s-z_i)-\sum_{j=1}^{l}\angle(s-p_j)=-2\pi$。

这就是说，若封闭曲线 C 只包围一个零点，当点 s 沿 C 顺时针方向绕行一周时，则对应的 F 平面的封闭曲线 C' 就沿顺时针方向包围坐标原点一周，如图 5.34(b)所示；以此类推，若封闭曲线 C 包围 $F(s)$ Z 个零点时，则 F 平面的封闭曲线 C' 就沿顺时针方向包围原点 Z 周。

如果在 C 内只包含 $F(s)$ 的一个极点，而其余的零极点均分布在 C 的外面，如图 5.34(c)所示。当点 s 沿 C 顺时针方向绕行一周时，则只有向量 $\boldsymbol{s}-\boldsymbol{p}_1$ 的角度变化 -2π，而其余零极点到点 s 所引向量的角度变化均为零，故 $F(s)$ 的辐角变化为 $\angle F(s)=\sum_{i=1}^{k}\angle(\boldsymbol{s}-\boldsymbol{z}_i)-\sum_{j=1}^{l}\angle(\boldsymbol{s}-\boldsymbol{p}_j)=2\pi$。

这就是说，若封闭曲线 C 只包围一个极点，当点 s 沿 C 顺时针方向绕行一周时，则对应的 F 平面的封闭曲线 C' 就沿逆时针方向包围原点一周，如图 5.34(d)所示；以此类推，若 C 包围 P 个极点，则对应的 F 平面的封闭曲线 C' 就沿逆时针方向包围原点 P 周。

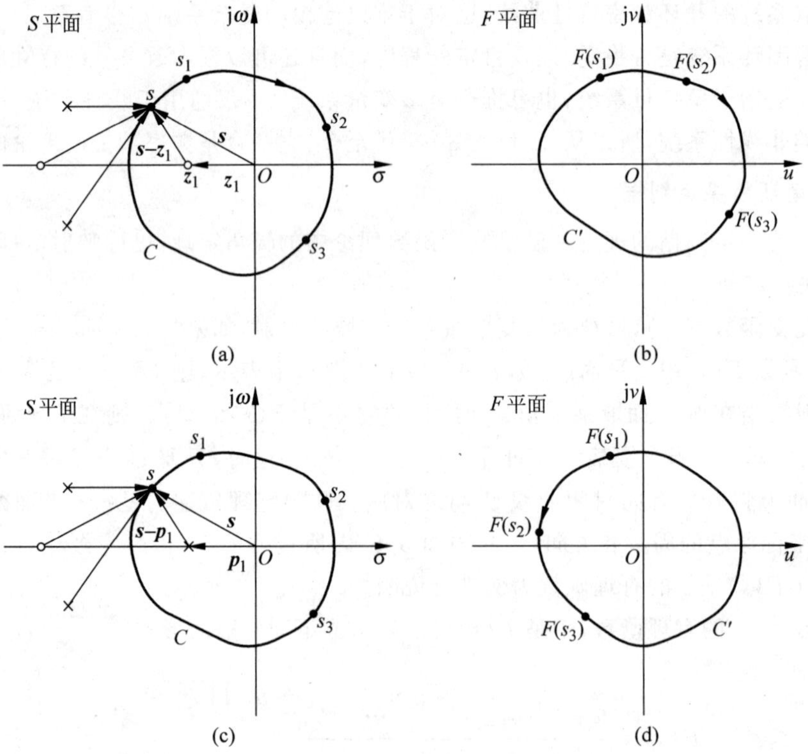

图 5.34　映射定理示意图

因此如果在 S 平面上的某一封闭曲线 C 内包含有 $F(s)$ 的 P 个极点和 Z 个零点，且该封闭曲线不通过 $F(s)$ 的任一零点或极点，当 s 沿封闭曲线 C 顺时针方向连续变化一周时，

则 $F(s)$对应的封闭曲线 C'沿逆时针方向包围坐标原点的周数 N 为

$$N=P-Z \tag{5.39}$$

这就是映射定理。当 $F(s)$含有时滞环节时,可以证明上述定理仍然成立。

(2) 复变函数 $F(s)$的选择

控制系统的开环传递函数 $G_k(s)$是有理分式,其表达式为

$$G_k(s)=\frac{B(s)}{A(s)} \tag{5.40}$$

其对应的闭环传递函数为

$$\Phi(s)=\frac{G(s)}{1+G_k(s)}=\frac{G(s)}{1+\dfrac{B(s)}{A(s)}}=\frac{G(s)A(s)}{A(s)+B(s)} \tag{5.41}$$

选取 $F(s)$为

$$F(s)=1+G_k(s)=1+\frac{B(s)}{A(s)}=\frac{A(s)+B(s)}{A(s)} \tag{5.42}$$

比较式(5.40)～式(5.42)可知,$F(s)$的分子为闭环传递函数 $\Phi(s)$的特征多项式,其零点就是闭环传递函数 $\Phi(s)$的极点,而 $F(s)$的分母为开环传递函数的分母多项式,其极点就是开环传递函数 $G_k(s)$的极点,也就是说,通过选择的 $F(s)$函数,它把开环传递函数的极点和闭环传递函数的极点联系起来了。

函数 $F(s)=1+G_k(s)$,即 $F(s)$和开环传递函数 $G_k(s)$只相差实数 1,在坐标图上仅需向左平移 1 个单位即可得到,如图 5.35 所示。所以函数 $F(s)$的图像包围坐标原点的周数等于 $G_k(s)$的图像包围$(-1,j0)$点的周数,这就为奈氏判据奠定了基础。

(3) 封闭曲线的选择

系统稳定的充分必要条件是所有的闭环根全部在 S 的左半平面,也就是说右半平面不能有闭环极点,因此可以取闭曲线 C 为包围整个右半 S 平面并沿顺时针方向变化,如图 5.36 所示。它由两部分组成:一部分为整个虚轴,即 $s=j\omega$,ω 从$-\infty$变化至$+\infty$;另一部分为虚轴右侧的半径为无穷大的半圆。封闭曲线的形状像英文字母 D,通常称之为 D 形围线。

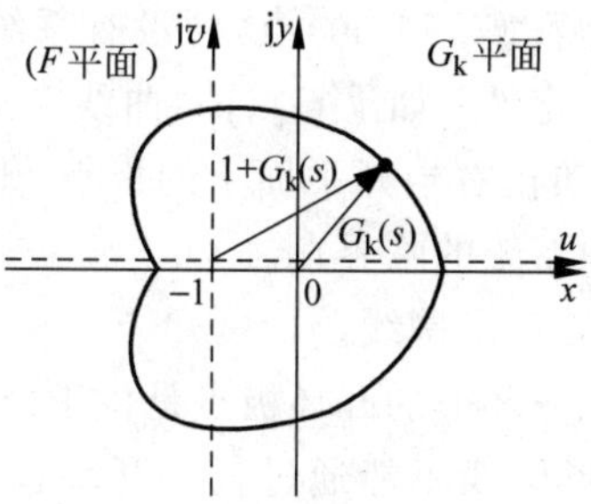

图 5.35　F 平面与 G_k 平面

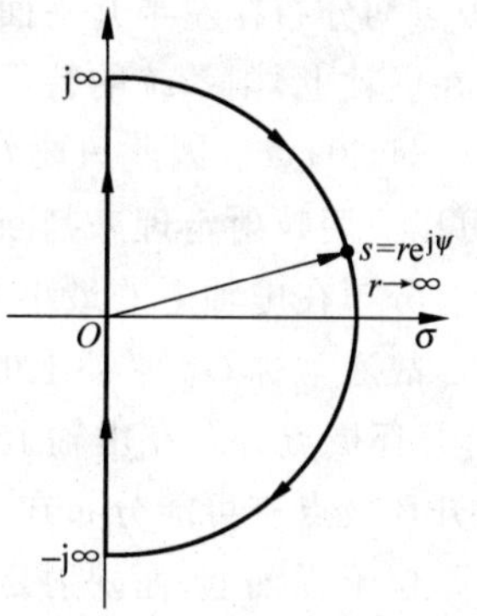

图 5.36　S 平面的 D 形围线

要使系统稳定,则 D 形围线内就不能有闭环极点,而由前面的分析可知,闭环极点是 $F(s)$的零点,又由映射定理知可以通过观察 $F(s)$曲线围绕原点变化的情况来知晓 D 形围

线中的零极点情况，而 $F(s)=1+G_k(s)$，所以通过观察 $G_k(s)$ 围绕 $(-1,\mathrm{j}0)$ 变化的情况就可以知晓D形围线的零极点情况了，可见 $F(s)$ 通过映射定理将开环传递函数的极点 P、闭环传递函数的极点 Z 和奈奎斯特图 $G_k(s)$ 围绕 $(-1,\mathrm{j}0)$ 旋转情况和系统稳定性判据联系起来了。根据以上分析现总结如下。

① 函数 $F(s)=1+G_k(s)$ 的图像包围坐标原点的周数等于 $G_k(s)$ 的图像包围 $(-1,\mathrm{j}0)$ 点的周数。

因为 $1+G_k(s)$ 平面(简称 F 平面)可从 $G_k(s)$ 平面向左平移来得到，如图5.34所示。故当 s 沿D形围线顺时针方向绕行一周时，函数 $F(s)=1+G_k(s)$ 的图像对 F 平面坐标原点包围的周数就等于 $G_k(s)$ 的图像对 $(-1,\mathrm{j}0)$ 点的包围周数。这样一来，闭环系统的稳定性，可在 G_k 平面上根据开环传递函数 $G_k(s)$ 的图像包围 $(-1,\mathrm{j}0)$ 点的周数来判断，从而使稳定性判据更加简便。

② 可用开环频率特性曲线 $G_k(\mathrm{j}\omega)$ 取代 $G_k(s)$ 的图像来判断闭环系统的稳定性。

实际系统的开环传递函数 $G_k(s)$，其分母多项式的次数总是大于或等于分子多项式的次数(即 $n\geqslant m$)，于是当 $s\to\infty$ 时，$G_k(s)$ 就趋于零($n>m$ 时)或某一实数($n=m$ 时)。这说明，当 s 沿D形围线的半径为无穷大的半圆变化时，通过 $G_k(s)$ 映射到 G_k 平面的坐标原点(当 $n>m$ 时)或实轴上某一点(当 $n=m$ 时)，而这些点可通过开环频率特性 $G_k(\mathrm{j}\omega)$ 当 $\omega\to\infty$ 的值来得到。因此当 s 沿D形围线顺时针方向变化一周时 $G_k(s)$ 的映射图像，实际上只需考虑 s 沿虚轴变化(即 $s=\mathrm{j}\omega$，$-\infty<\omega<+\infty$)这一部分图像，即系统的开环频率特性曲线 $G_k(\mathrm{j}\omega)$。这就是说，可以用 $G_k(\mathrm{j}\omega)$ 曲线取代 $G_k(s)$ 的图像来判断闭环系统的稳定性。而 $G_k(\mathrm{j}\omega)$ 与 $G_k(-\mathrm{j}\omega)$ $(0<\omega<\infty)$ 是复共轭的，它们的图像是关于实轴对称的，故在实际应用时只需绘制 $0\leqslant\omega<\infty$ 的 $G_k(\mathrm{j}\omega)$ 曲线，而 $G_k(-\mathrm{j}\omega)$ 曲线可利用镜像对称原理补上，便可判断闭环系统的稳定性。

③ 若有系统极点分布在虚轴上，则 $G_k(\mathrm{j}\omega)$ 曲线将穿过 $(-1,\mathrm{j}0)$ 点。

前面已指出，映射定理成立的前提条件是D形围线不能通过 $1+G_k(s)$ 的任一零点和极点。而由式(5.42)可知，$1+G_k(s)$ 的零点就是系统的闭环极点，$1+G_k(s)$ 的极点就是系统的开环极点，故D形围线不能通过系统的任一开环极点和闭环极点。若(闭环)系统稳定，则系统极点均分布在左半开平面上，这时D形围线肯定不会通过任一闭环极点；若有闭环极点分布在虚轴上，则系统的特征方程可以写成 $1+G_k(\mathrm{j}\omega)=0$ 的形式，这意味着 $G_k(\mathrm{j}\omega)$ 曲线将穿过 $(-1,\mathrm{j}0)$ 点。因此只要 $G_k(\mathrm{j}\omega)$ 曲线不穿过 $(-1,\mathrm{j}0)$ 点，便没有系统极点分布在虚轴上，就可以应用映射定理来判断闭环系统的稳定性；如果 $G_k(\mathrm{j}\omega)$ 曲线穿过 $(-1,\mathrm{j}0)$ 点而系统又没有分布在虚轴上的最小多项式的重根和在右半开平面上的极点，则闭环系统为临界稳定的。故通常称 G_k 平面上的 $(-1,\mathrm{j}0)$ 点为系统的临界点。

④ 若有开环极点分布在虚轴上，则应采用广义D形围线。

系统的开环极点有可能分布在虚轴上，例如积分环节的开环极点是位于坐标原点上，开环的纯虚根是位于虚轴上，而映射定理又要求D形围线不能通过任一开环极点，因此若有开环极点分布在虚轴上，必须修改D形围线，使它既能避开虚轴上的这些开环极点，又能包围整个右半 S 平面，经修改后的围线称为广义D形围线。修改的方法是：在位于虚轴上的那些开环极点的右侧画一个具有无穷小半径 ε 的半圆，使广义D形围线从这些半圆弧绕过去，如图5.37所示。经这样修改后所回避的面积很小，当半径 ε 趋于零时，该面积也趋近于零,因而仍可认为广义D形围线包围了整个右半平面。这时位于虚轴上的开环极点(包括位于原点上的开环极点)均作为分布在左半平面上看待。

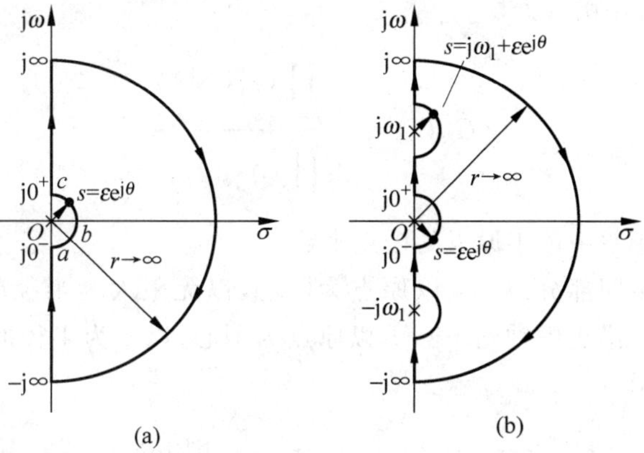

图 5.37 广义D形曲线

(a) 开环极点在原点处;(b) 开环极点为纯虚根

(4) 奈奎斯特稳定判据

判别系统的稳定性,实际上就是判别系统的特征方程在右半 S 平面有没有极点。

① 当系统的开环传递函数 $G_k(s)$ 在 S 平面的原点及虚轴上无极点时,应采用D形围线来判别稳定性。

奈奎斯特稳定判据可表示为:当 ω 为 $-\infty\to+\infty$ 变化时,$G_k(j\omega)$ 的奈奎斯特曲线逆时针包围 $(-1,j0)$ 点的周数 N,应等于系统 $G_k(s)$ 位于右半 S 平面的极点数 P,即 $N=P$,则闭环系统稳定;若 $N\neq P$,则闭环系统不稳定,分布在右半平面上的闭环极点个数为 $Z=P-N$(其中 N 的符号:逆时针包围临界点的取为正,顺时针包围的则取为负)。

由于绘制的奈奎斯特曲线一般是 ω 为 $0\to+\infty$ 变化的,而 $G_k(j\omega)$ 与 $G_k(-j\omega)$ $(0<\omega<\infty)$ 是复共轭的,它们的图形是关于实轴对称的,所以可以根据对称性补全另一半图像后再来判别稳定性;或者直接利用奈奎斯特曲线(ω:$0\to+\infty$),将围绕 $(-1,j0)$ 的周数 N 乘以2;或者将极点数 P 除以2。

例 5.9 单位反馈系统的开环传递函数为 $G(s)=\dfrac{K}{Ts-1}$,试判断闭环系统的稳定性。

解 系统开环频率特性为

$$G(j\omega)=\frac{K}{j\omega T-1}=-\frac{K}{1+(\omega T)^2}-j\frac{K\omega T}{1+(\omega T)^2}$$

作出 ω 为 $0\to+\infty$ 变化时 $G_k(j\omega)$ 曲线如图5.38实线所示,镜像对称得 ω 为 $-\infty\to0$ 变化时 $G_k(j\omega)$ 曲线如图5.38虚线所示。

系统开环不稳定,有一个位于 s 平面的右极点,即 $P=1$。

从奈奎斯特曲线看出:

当 $K>1$ 时,奈奎斯特曲线逆时针包围 $(-1,j0)$ 点一周,即 $N=1$,$Z=N-P=0$,所以闭环系统是稳定的。

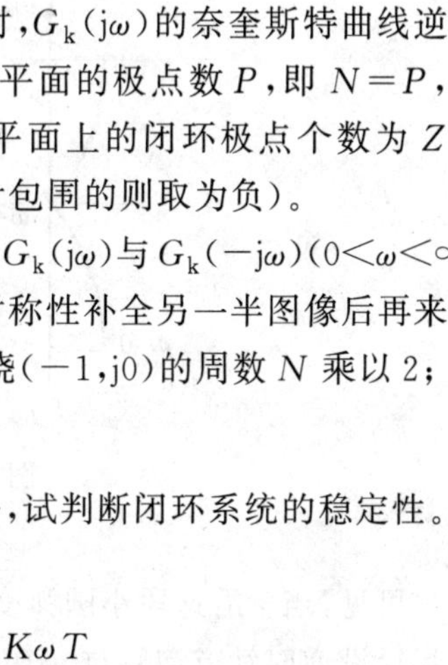

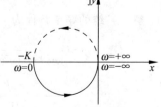

图 5.38 例5.9的奈奎斯特曲线

当 $K<1$ 时,奈奎斯特曲线不包围 $(-1,j0)$ 点,$N=0$,

$Z=N-P=1$,所以闭环系统不稳定,闭环系统有一个右极点。

② 当系统的开环传递函数 $G_k(s)$ 含有 ν 重积分时,则应采用广义 D 形围线来判别稳定性。

设系统的开环传递函数为

$$G_k(s)=\frac{K\prod_{j=1}^{m}(\tau_j s+1)}{s^{\nu}\prod_{i=1}^{n-\nu}(T_i s+1)}$$

式中,ν 为开环传递函数中位于原点的极点个数。

广义 D 形围线由四部分组成:以原点为圆心,以无限大为半径的大半圆;由 $-\mathrm{j}\infty$ 到 $\mathrm{j}0^-$ 的负虚轴;由 $\mathrm{j}0^+$ 沿正虚轴到 $+\mathrm{j}\infty$;以原点为圆心,以 ε 为半径的从 $\mathrm{j}0^-$ 到 $\mathrm{j}0^+$ 的小半圆,如图 5.39(a)所示。

在小半圆上,令 $s=\varepsilon e^{\mathrm{j}\theta}$,$\varepsilon\to 0$,$\theta$:$-\frac{\pi}{2}\to 0\to +\frac{\pi}{2}$,则 $\lim\limits_{s\to 0}G_k(s)=\lim\limits_{\varepsilon\to 0}\frac{K}{\varepsilon^{\nu}}e^{-\mathrm{j}\nu\theta}$

当 $\nu=1$ 时,s 为 $0^-\to 0\to 0^+$ 变化,分别对应 $G_k(s)$ 平面 $-\nu\theta$:$+\frac{\pi}{2}\to 0\to -\frac{\pi}{2}$,如图 5.39(a)所示;

当 $\nu=2$ 时,s 为 $0^-\to 0\to 0^+$ 变化,分别对应 $G_k(s)$ 平面 $-\nu\theta$:$+\pi\to 0\to -\pi$,如图 5.39(b)所示。

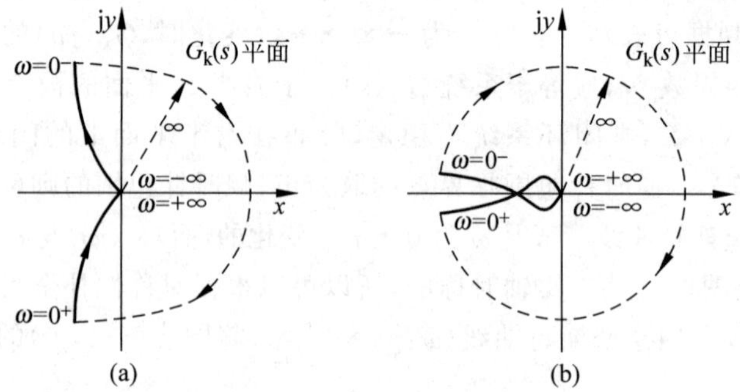

图 5.39 含有积分环节的奈奎斯特曲线

(a) $\nu=1$;(b) $\nu=2$

可见,当 s 沿这段小圆弧变化时,其对应的 $G_k(s)$ 轨迹是一段从 $G_k(\mathrm{j}0^+)$ 出发以无穷大的半径沿逆时针方向转过 $\nu 90°$ 到达 $G_k(\mathrm{j}0)$ 点的圆弧。用虚线补画这一段后就可使用奈奎斯特判据了。

例 5.10 系统开环传递函数为 $G_k(s)=\frac{K}{s(T_1 s+1)(T_2 s+1)}$,试判断闭环系统的稳定性。

解 系统的频率特性为

$$G_k(\mathrm{j}\omega)=\frac{K}{\mathrm{j}\omega(1+\mathrm{j}\omega T_1)(1+\mathrm{j}\omega T_2)}$$

$$=\frac{-K(T_1+T_2)}{[1+(\omega T_1)^2][1+(\omega T_2)^2]}-\mathrm{j}\frac{K(1-T_1T_2\omega^2)}{\omega[1+(\omega T_1)^2][1+(\omega T_2)^2]}$$

作出 $\omega=0^+\to+\infty$ 变化时 $G_k(j\omega)$ 的奈奎斯特曲线，根据镜像对称得 $\omega=-\infty\to0^-$ 变化时 $G_k(j\omega)$ 的曲线，从 $\omega=0^-$ 到 $\omega=0^+$ 以无限大为半径顺时针转过 π，得封闭曲线，如图 5.40 所示。

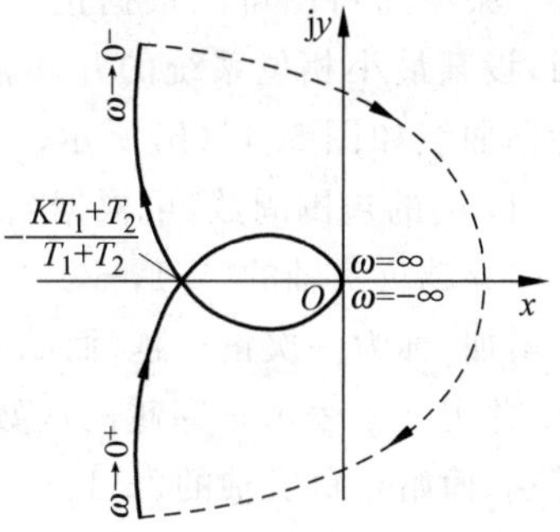

图 5.40　例 5.10 的奈奎斯特曲线

从图 5.40 可以看出，当 ω 为 $-\infty\to+\infty$ 变化时，当 $\frac{KT_1T_2}{T_1+T_2}>1$ 时，$G_k(j\omega)$ $(\omega=-\infty\to+\infty)$ 曲线顺时针包围 $(-1,j0)$ 点两周，即 $N=-2$，而开环系统稳定，即 $P=0$，所以闭环系统右极点个数 $Z=P-N=2$，闭环系统不稳定，有两个闭环右极点。

当 $\frac{KT_1T_2}{T_1+T_2}<1$ 时，$G_k(j\omega)$ $(\omega=-\infty\to+\infty)$ 曲线不包围 $(-1,j0)$ 点，闭环系统稳定。

当 $\frac{KT_1T_2}{T_1+T_2}=1$ 时，$G_k(j\omega)$ $(\omega=-\infty\to+\infty)$ 曲线穿越 $(-1,j0)$ 点，系统处于临界状态。

应用奈奎斯特稳定判据判别闭环系统稳定性的实用方法，就是看开环频率特性曲线对负实轴上 $(-1,-\infty)$ 区段的穿越情况。由于 $G_k(j\omega)$ 在 $(-\infty,0)$ 和 $(0,+\infty)$ 是复共轭的，它们的图形是关于实轴对称的，所以只需要绘制 $0\leqslant\omega<\infty$ 的开环频率特性，并根据它对临界点 $(-1,j0)$ 的包围周数 N_h 来判别系统的稳定性。一般规定：穿越伴随着相角增加，称之为正穿越，记作 N_+；穿越伴随着相角减小，称为负穿越，记作 N_-，如图 5.41 所示，则 $N_h=N_+-N_-$，故由式(5.39)得出

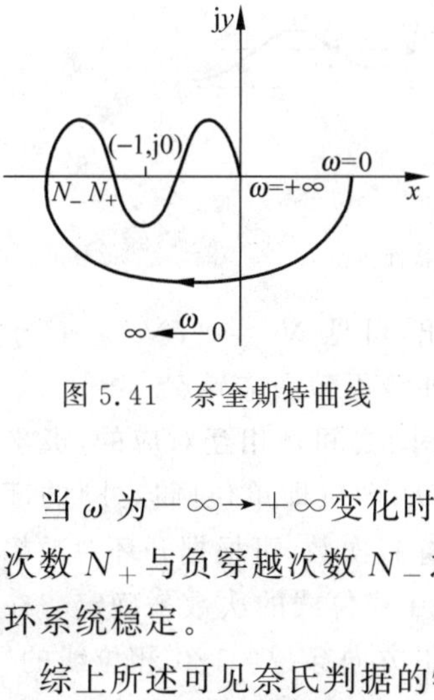

图 5.41　奈奎斯特曲线

$$Z=P-2N_h \tag{5.43}$$

因此奈奎斯特稳定判据又可描述为：

当 ω 为 $-\infty\to+\infty$ 变化时，系统开环频率特性曲线在负实轴上 $(-1,-\infty)$ 区段的正穿越次数 N_+ 与负穿越次数 N_- 之差等于开环系统右极点个数 P 时，即 $N_+-N_-=P$ 时，则闭环系统稳定。

综上所述可见奈氏判据的特点是：利用开环频率特性曲线 $G_k(j\omega)$ 和图解的方法来判断闭环系统的稳定性，并不要求将 $G_k(j\omega)$ 曲线画得很精确，所关心的只是 $G_k(j\omega)$ 曲线与临界点的相对位置和对临界点的包围情况，而不是曲线本身的形状；曲线既可根据开环传递函数或应用 MATLAB 等软件来绘制，也可通过实验来测取，这对于难以建模的复杂系统的稳定性分析更具有重要的意义，故该判据在工程上得到了广泛的应用。

2. 奈奎斯特稳定判据的对数坐标图形式

前面我们是在极坐标图上讨论控制系统的奈奎斯特稳定判据，实际上它既可以根据系统的开环幅相曲线（极坐标图），也可以根据开环对数频率特性曲线（伯德图）或开环对数幅相频率特性曲线（尼科尔斯图）来判断闭环系统的稳定性，虽然所使用的开环频率特性图不同，但是奈氏判据的实质是一样的，只是表达的形式有所不同而已。

奈奎斯特图可以根据正负穿越次数来确定开环频率特性曲线包围临界点的周数。例如，设某最小相位系统的开环幅相频率特性曲线如图 5.42(a)所示，相应的开环对数频率特性曲线如图 5.42(b)所示。由图 5.42(a)可见，在极坐标图上开环幅相曲线对临界点(−1,j0)的包围周数，可根据当 ω 从 0 增大至∞时，奈奎斯特曲线自下向上和自上向下两个方向穿越负实轴的(−1,−∞)区间的次数来确定。若将自上向下方向的穿越(对应于相角的增加)称为一次正穿越，而始自负实轴的(−1,−∞)区间向下方向的穿越称为半次正穿越，并用 N_+ 表示正穿越的次数；将自下向上方向的穿越(对应于相角的减小)称为一次负穿越，而始自负实轴的(−1,−∞)区间向上方向的穿越称为半次负穿越，并用 N_- 表示负穿越的次数。则当 ω 从 0 变化至∞时，开环幅相曲线包围临界点的周数 N_h 等于该曲线穿越负实轴的(−1,−∞)区间的正负穿越次数之差，即

$$N_h = N_+ - N_- \tag{5.44}$$

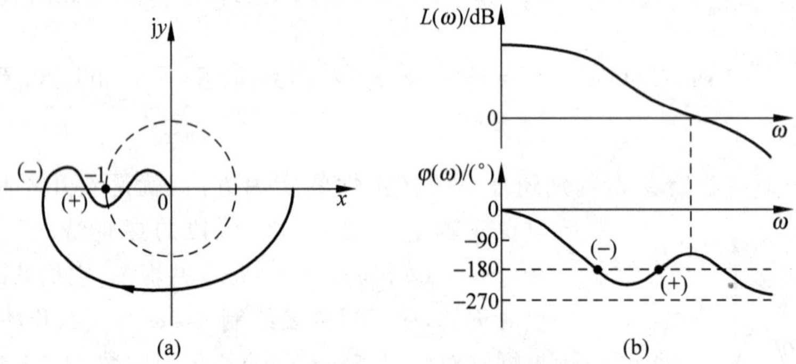

图 5.42 控制系统的开环频率特性

(a) 开环幅相频率特性曲线；(b) 开环对数频率特性曲线

例如，在图 5.42(a)上，正负穿越分别以(+)和(−)标出，可见 $N_+=1$，$N_-=1$，于是 $N=N_+-N_-=1-1=0$，同样地可确定该系统的开环幅相曲线不包围临界点。

在伯德图上使用奈氏判据：控制系统的伯德图与极坐标图之间是相互对应的，极坐标图的负实轴对应于伯德图的−180°相位线，极坐标图上幅值大于 1(即单位圆以外)的部分对应于伯德图上零分贝线以上的部分，因此在伯德图上正负穿越次数，可根据开环对数幅频曲线在大于零分贝的频率范围内开环对数相频曲线穿越−180°相位线的次数来确定。在开环对数幅频曲线大于零分贝的频率范围内，相频曲线自上向下方向穿越−180°相位线的(对应于相角的减小)称为一次负穿越，而始自−180°相位线向下的穿越称为半次负穿越；相频曲线自下向上方向穿越−180°相位线的(对应于相角的增加)称为一次正穿越，而从−180°相位线开始向上的穿越称为半次正穿越。于是根据式(5.43)和式(5.44)便可在伯德图上利用开环对数频率特性曲线来判断闭环系统的稳定性。

例如，由图 5.42(b)所示的最小相位系统伯德图可知 $N_+=1$，$N_-=1$，于是 $N_h=N_+-N_-=1-1=0$，而 $P=0$，则 $Z=P-N=P-2N_h=0$，故根据奈氏判据可确定该闭环系统为稳定的。

对于 ν 型系统，系统的开环传递函数含有 ν 重积分环节，上面已指出，这时必须采用广义 D 形围线，用无穷小的半圆弧绕过原点，如图 5.39 所示，如果开环频率特性图只画 $0\leqslant\omega<\infty$ 正频率部分的曲线，在极坐标图上，则当 s 沿这段小圆弧变化时，其对应的 $G_k(s)$

轨迹是一段从 $G_k(j0^+)$ 出发以无穷大的半径沿逆时针方向转过 $\nu 90°$（即相角增大 $\nu 90°$）到达 $G_k(j0)$ 点的圆弧。在伯德图上反映这段轨迹，应在低频区从开环相频曲线上从 $\varphi(0^+)$ 出发朝低频方向补画一段虚线使相角增加 $\nu 90°$，并将它视为开环相频曲线的一部分，然后按这条"延伸"的开环相频曲线来计算正负穿越的次数。

例 5.11 设某反馈控制系统的开环传递函数为 $G_k(s)=\dfrac{K}{s^2(1+Ts)}$，试判断系统的稳定性，并分析 K 在什么范围内取值时可使系统闭环后稳定。

解 由 $G_k(s)=\dfrac{K}{s^2(1+Ts)}$ 可绘制系统的开环对数频率特性曲线，如图 5.37 中的实线所示。由于系统为Ⅱ型的，故应在对数相频曲线上从 $\varphi(0^+)$ 出发朝低频方向补画一段虚线使相角增加 $2\times 90°$，如图 5.43 所示。由图可见，在开环对数幅频曲线大于 0dB 的频率范围内，相频曲线对 $-180°$ 相位线有一次负穿越，即 $N_-=1$。而 $P=0$，于是由式(5.43)和式(5.44)可得 $N_h=N_+-N_-=-1$，$Z=P-2N_h=2$，故可确定该闭环系统不稳定，且在右半平面上有 2 个系统极点。

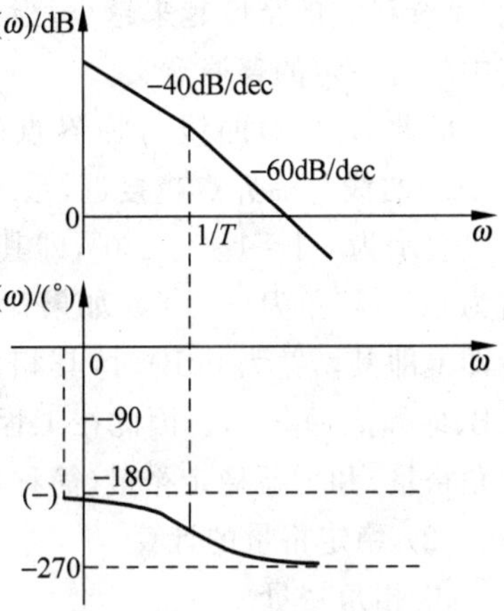

图 5.43 例 5.11 的伯德图

分析图 5.43 可以看到，无论开环增益 K 或时间常数 T 如何取值，以上关系式都不会改变，这就是说该系统的不稳定并非系统参数配置不当，而是由于系统结构的原因所造成的，通常称这样的系统为结构性不稳定系统。

3. 控制系统的稳定裕量与鲁棒性

线性控制系统的结构和参数一旦确定，就可方便地应用上述方法分析系统的稳定性，然而实际系统不可避免地存在着许多不确定性因素（例如元件参数实际值与公称值的偏差，随着运行条件的改变而引起的系统特性和参数的变化，测量的误差，以及为了简化系统的数学模型有意地忽略了某些次要因素并做了某些近似处理等），使得系统的数学模型，不可能是精确的，它与所描述系统的特性之间存在偏差。因此对系统的要求是：不仅它必须是稳定的，而且还应具有鲁棒性，即当系统的参数发生变化时，控制系统仍然能够稳定，而且还具有较好的性能。

在控制系统中引入"稳定裕量"的概念，就提供了一种解决单变量系统鲁棒性问题的有效方法。一个工程上实际可用的系统，不仅要求它必须是稳定的，而且还应具有一定的稳定裕量，使得当参数或结构发生变化时，系统仍能稳定地工作。下面以工程上常用的最小相位系统为例，讨论控制系统稳定裕量的定义及其计算方法。

(1) 稳定裕量的定义

首先考察例 5.10 中系统的稳定性。该系统的开环频率特性为

$$G_k(j\omega)=\frac{K}{j\omega(1+j\omega T_1)(1+j\omega T_2)}=\frac{-K(T_1+T_2)-jK(1-\omega^2T_1T_2)/\omega}{(1+\omega^2T_1^2)(1+\omega^2T_2^2)}=u+jv$$

$G_k(j\omega)$ 曲线与负实轴交点的横坐标为

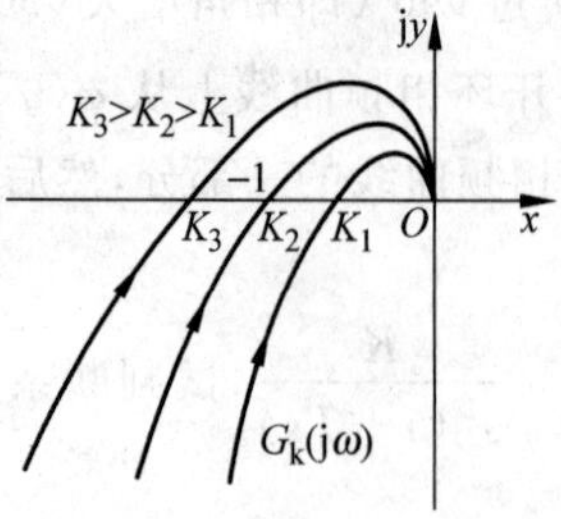

图 5.44　K 为不同值时的奈奎斯特图

$$u=\frac{-K(T_1+T_2)}{(1+\omega^2T_1^2)(1+\omega^2T_2^2)}$$

当开环增益 K 取为三个不同值时系统的开环奈奎斯特曲线如图 5.44 所示。当 K 较小即 $K=K_1$ 时，$G_k(j\omega)$曲线与负实轴的交点位于临界点$(-1,j0)$的右侧，奈奎斯特曲线不包围临界点$(-1,j0)$，闭环系统是稳定的；随着 K 值的增大，$G_k(j\omega)$曲线离临界点越来越近，当 K 增大至 K_2 时，$G_k(j\omega)$曲线通过临界点，系统处于不稳定的边缘(即临界稳定状态)；当 K 再继续增大至 K_3 时，交点就位于临界点的左侧，于是 $G_k(j\omega)$曲线包围临界点，系统便失去稳定。这种随着开环增益 K 的增大，系统稳定的裕度越来越小，当 K 大于某一值后，系统便失去稳定的现象，在最小相位系统中具有一定的普遍意义。

因此 $G_k(j\omega)$曲线与临界点的接近程度，可以用来表征闭环系统稳定的裕度。显然 $G_k(j\omega)$曲线与临界点越接近，系统稳定的裕度就越小。而复平面上的临界点，在极坐标图上可表示为$-1=1\angle-180°$，即其模为 1，相角为$-180°$；在对数坐标图上则可表示为其幅值为 0dB，相角为$-180°$。如果开环频率特性曲线远离临界点，则当它的幅值为 1(在对数坐标图上即其增益为 0dB)时，其相角必远离$-180°$；当它的相角为$-180°$时，其增益必远离 0dB(即幅值远离 1)。因此在工程上通常把控制系统的稳定裕量表示为相角稳定裕量(简称相角裕量)和增益稳定裕量(简称增益裕量)两部分。

(2) 稳定裕量的计算

① 相角裕量

当开环频率特性的幅值等于 1 时，其相角与$-180°$之差称为系统的相角裕量，即

$$\gamma=\angle G_k(j\omega)-(-180°)=180°+\varphi(\omega_c) \tag{5.45}$$

式中，γ 为系统的相角裕量(°)；ω_c 为开环频率特性的幅值$|G_k(j\omega)|=1$(或增益为 0dB)时的频率，称为增益穿越频率或幅值穿越频率，简称幅穿频率；$\varphi(\omega_c)=\angle G_k(j\omega_c)$为开环相频特性在 ω_c 处的相角值。

相角裕量的物理含义是：当幅值$|G_k(j\omega)|=1$ 时，使系统到达不稳定边缘所需附加的相角迟后量。可见 γ 反映了系统在相角方面所具有的稳定裕量。由图 5.45 可见，最小相位系统稳定时，其相角裕量必须为正值，即 γ 越大，在相角上系统稳定的裕度就越大；若 $\gamma<0$，则系统必为不稳定的。

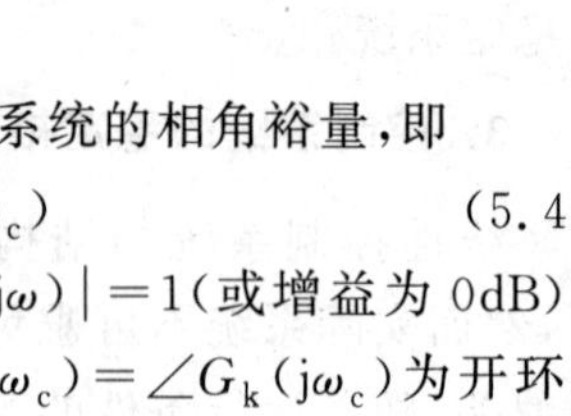

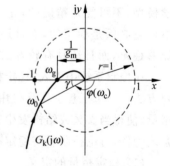

图 5.45　相角裕量和增益裕量

② 增益裕量

当开环相角$\angle G_k(j\omega)=-180°$时，开环频率特性幅值的倒数称为系统的增益裕量，即 $g_m=\dfrac{1}{|G_k(j\omega)|}$，在工程上增益裕量通常用 dB 来表示，则有

$$g_m=20\lg\frac{1}{|G_k(j\omega_g)|}=-20\lg|G_k(j\omega_g)| \tag{5.46}$$

式中，ω_g 为开环频率特性的相角$\angle G_k(j\omega)=-180°$时的频率，称为相位交界频率或相位穿

越频率，简称相穿频率。

增益裕量的物理含义是：当开环频率特性的相角为-180°时，若将开环增益增大到原来的g_m倍，系统才会到达不稳定的边缘。可见g_m反映了系统在增益方面所具有的稳定裕量，故称其为系统的增益裕量。由图5.45可见：最小相位系统稳定时，其增益裕量$g_m>1$；g_m越大，系统在增益上的稳定裕度就越大，若$g_m<1$，则系统必为不稳定的。

(3) 最小相位系统的稳定裕量在常用频率特性图上的表示

系统的开环频率特性既可以用奈奎斯特图表示，也可以用伯德图表示，图5.46所示分别为最小相位系统稳定和不稳定时，相角裕量和增益裕量在两种常用频率特性图上的表示。在奈奎斯特图中，由原点到$G_k(j\omega)$曲线与单位圆的交点画一条直线，从负实轴到该条直线的夹角就是相角裕量，逆时针方向的夹角为正的(即$\gamma>0$)，顺时针方向的夹角为负的(即$\gamma<0$)。在伯德图上表示稳定裕量很方便，在开环对数幅频曲线穿过0dB线的频率ω_c上，开环对数相频曲线$\varphi(\omega)$高于-180°相位线的距离，就是系统的正相角裕量值；若是低于-180°相位线的，则其低的数值便是负的相角裕量值。在$\varphi(\omega)$穿过-180°相位线的频率ω_g上，开环对数幅频曲线低于0dB线的距离，就是正的增益裕量值(单位为dB)；若是高于0dB线的，则其高出的数值便是负的增益裕量值。

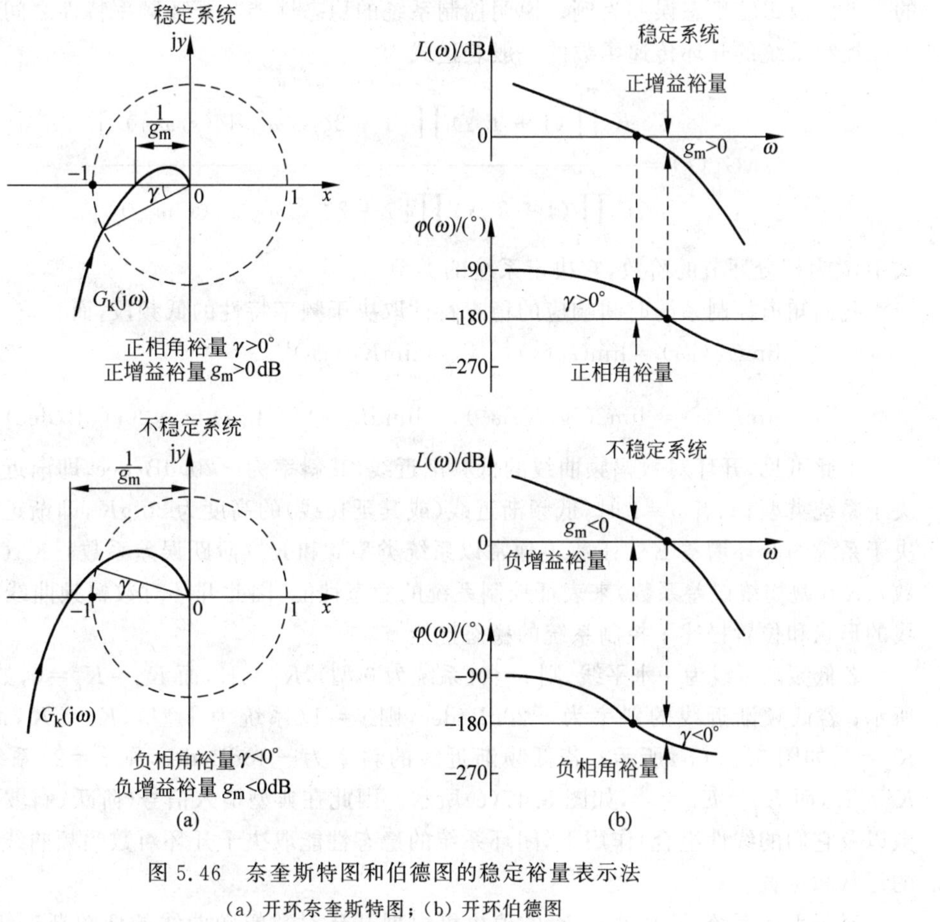

图5.46 奈奎斯特图和伯德图的稳定裕量表示法

(a) 开环奈奎斯特图；(b) 开环伯德图

对于不稳定的最小相位系统，相角裕量和增益裕量的含义是指：为了使系统稳定，在相位上应当减少的相角迟后量，和在增益上应当衰减的倍数。在工程上为了使系统具有满意的特性，通常要求系统的相角裕量在 30°～60°之间，增益裕量应大于 6dB。

5.5.2 稳态特性和动态特性分析

应用系统的频率特性，不仅可以简便地判断闭环系统的稳定性，确定系统的稳定裕量，而且还可以有效地分析估算控制系统的动态与稳态性能。由于闭环频率特性的绘制相当费事，而开环频率特性易于绘制，或者可通过实验测取，因而在工程上广泛使用开环频率特性来估算闭环系统的性能，即利用伯德图的三频段概念来分析系统的动态和稳态性能，并可分析系统参数对系统性能的影响。

1. 稳态特性分析——低频段

控制系统的稳态性能，可用在输入信号作用下系统响应的稳态误差来表示，而稳态误差的大小取决于系统的类型、开环增益以及输入信号的形式和大小。根据输入信号形式的不同，系统的稳定误差可分为跟踪稳态误差和扰动稳态误差两部分，它们的分析方法是相类似的。下面以跟踪稳态误差为例。说明控制系统的稳态性能与开环频率特性之间的关系。

控制系统的开环传递函数的一般表达式为

$$G_{\mathrm{k}}(s)=\frac{K\prod_{i=1}^{m_1}(1+T_i s)\prod_{l=1}^{m_2}[1+2\zeta_l s/\omega_{\mathrm{n}l}+(s/\omega_{\mathrm{n}l})^2]}{s^{\nu}\prod_{k=1}^{n_1}(1+T_k s)\prod_{r=1}^{n_2}[1+2\zeta_r s/\omega_{\mathrm{n}r}+(s/\omega_{\mathrm{n}r})^2]}\mathrm{e}^{-\tau s} \tag{5.47}$$

式中，ν 为积分环节的阶数，它决定系统的类型。

我们知道控制系统时间响应的稳态特性取决于频率特性的低频段，而

$$\lim_{\omega\to 0}G_{\mathrm{k}}(\mathrm{j}\omega)=\lim_{\omega\to 0}G_{\mathrm{k}}(s)\big|_{s=\mathrm{j}\omega}=\lim_{\omega\to 0}K/(\mathrm{j}\omega)^{\nu}$$

$$\lim_{\omega\to 0}L(\omega)=\lim_{\omega\to 0}20\lg(K/\omega^{\nu}),\quad \lim_{\omega\to 0}\mathrm{d}L(\omega)/\mathrm{d}(\lg\omega)=-20\nu(\mathrm{dB/dec}) \tag{5.48}$$

由此可见，开环对数幅频曲线的低频渐近线，其斜率为 -20νdB/dec，即渐近线的斜率取决于系统类型 ν；当 $\omega=1$ 时，低频渐近线(或其延长线)的高度为 $20\lg K$，即渐近线的高度取决于系统的开环增益 K。工程上通常以系统类型 ν 和 K_{p}(阶跃误差系数)、K_{v}(斜坡误差系数)、K_{a}(抛物线误差系数)来表征控制系统的稳态性能，因此开环对数幅频曲线的低频渐近线的形状和位置描述了控制系统的稳态性能。

若低频渐近线为一水平线，则 $\nu=0$(系统为 0 型)，$K_{\mathrm{p}}=K$，而 $K_{\mathrm{v}}=K_{\mathrm{a}}=0$，如图 5.47(a)所示；若低频渐近线的斜率为 -20dB/dec，则 $\nu=1$(系统为 Ⅰ 型)，$K_{\mathrm{v}}=K$，而 $K_{\mathrm{p}}=\infty$，$K_{\mathrm{a}}=0$，如图 5.47(b)所示；若低频渐近线的斜率为 -40dB/dec，则 $\nu=2$(系统为 Ⅱ 型)，$K_{\mathrm{a}}=K$，而 $K_{\mathrm{p}}=K_{\mathrm{v}}=\infty$，如图 5.47(c)所示。因此在典型输入信号(阶跃、斜坡或抛物线函数以及它们的线性组合)作用下，闭环系统的稳态性能取决于开环对数幅频曲线低频渐近线的形状和位置。

对于无差系统，开环增益 K 的值也可根据开环对数幅频曲线的低频渐近线(或其延长线)与零分贝线交点的频率值来确定。

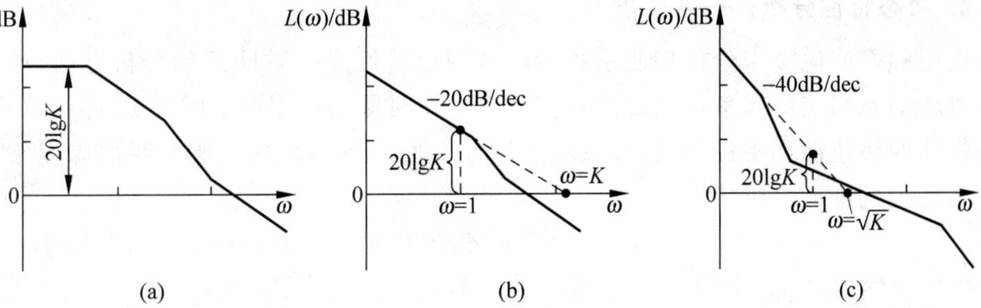

图 5.47 低频渐近线与稳态性能之间的关系

(a) 0 型系统；(b) Ⅰ型系统；(c) Ⅱ型系统

例 5.12 已知系统的开环对数渐近幅频曲线如图 5.48 所示，其中低频段有三种形状 a、b、c，而 $\omega_1=2$，$\omega_2=8$，$\omega_3=50$，$\omega_c=20$。试分别对每种形状确定系统的开环增益 K 以及 K_p、K_v、K_a 值，并分析闭环系统的稳态误差与转折频率和 ω_c 的关系。

解 (1) 形状 a：其低频渐近线为一水平线，故 $\nu=0$，系统为 0 型。由图 5.48 应用式可得 $20\lg K=40\lg\dfrac{\omega_2}{\omega_1}+20\lg\dfrac{\omega_c}{\omega_2}$，即

$$K=K_p=\left(\frac{\omega_2}{\omega_1}\right)^2\frac{\omega_c}{\omega_2}=\frac{\omega_2}{\omega_1^2}\omega_c \quad (5.49)$$

代入已知的频率值则可求得 $K=K_p=40$，而 $K_v=K_a=0$。

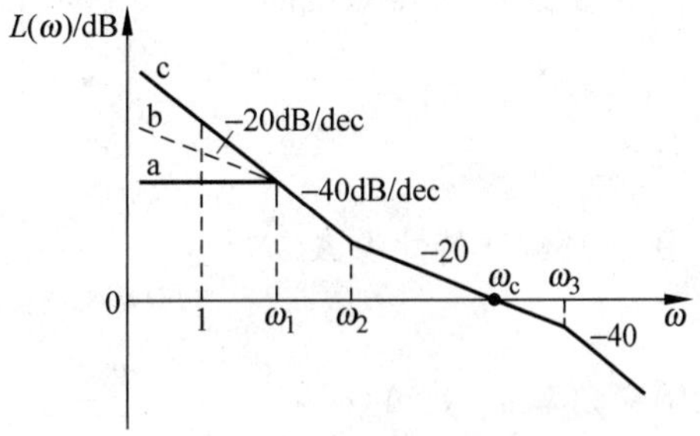

图 5.48 例 5.12 系统的伯德图

(2) 形状 b：其低频渐近线的斜率为 -20dB/dec，故 $\nu=1$，系统为Ⅰ型。由图 5.48 应用式可得 $20\lg K=20\lg\dfrac{\omega_1}{1}+40\lg\dfrac{\omega_2}{\omega_1}+20\lg\dfrac{\omega_c}{\omega_2}$，即

$$K=K_v=\omega_1\left(\frac{\omega_2}{\omega_1}\right)^2\frac{\omega_c}{\omega_2}=\frac{\omega_2}{\omega_1}\omega_c \tag{5.50}$$

代入已知的频率值则可求得 $K=K_v=80$，而 $K_p=\infty$，$K_a=0$。

(3) 形状 c：其低频渐近线的斜率为 -40dB/dec，故 $\nu=2$，系统为Ⅱ型。由图 5.48 应用式可得 $20\lg K=40\lg\dfrac{\omega_2}{1}+20\lg\dfrac{\omega_c}{\omega_2}$，即

$$K=K_a=\omega_2^2\frac{\omega_c}{\omega_2}=\omega_2\omega_c \tag{5.51}$$

代入已知的频率值则可求得 $K=K_a=160$，而 $K_p=K_\nu=\infty$。

分析式(5.49)～式(5.51)可知：提高幅穿频率 ω_c 和转折频率 ω_2，或降低转折频率 ω_1，可以抬高开环对数幅频曲线的低频渐近线，从而增大相应的误差系数值，使对应的稳态误差减小；然而改变 ω_c 右侧的转折频率(如 ω_3)，并不影响低频渐近线的位置，故 ω_c 右侧转折频率的高低与系统的稳态误差无关。

2. 动态特性分析——中频段

应用频率响应法来分析控制系统的时域响应特性是一种间接的分析方法，所以首先应了解时域动态响应与频率响应之间有何关系。在时域法中用调节时间 t_s 和超调量 σ_p 表示动态特性的快速性和平稳性，在频域法中用什么性能指标来描述呢？我们先以常用的二阶典型系统为例进行分析研究。

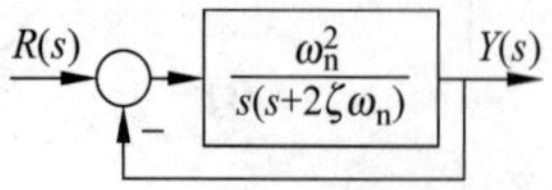

图 5.49 二阶典型系统结构图

(1) 二阶典型系统的时域动态响应与频率响应之间的关系

二阶典型系统的结构图如图 5.49 所示，该系统在单位阶跃输入信号作用下的时间响应特性已在时域法中进行了讨论，其基本结论是：动态响应的基本特性取决于系统零极点的分布，从而取决于阻尼比 ζ 和无阻尼自然振荡频率 ω_n 这两个特征参数，通常以超调量 σ_p 来表征系统动态响应的平稳性，或称响应的相对稳定性；以调节时间 t_s 来表征动态响应的快速性。下面要着重讨论的是二阶规范系统的动态响应与频率响应之间的关系。

由图 5.49 可得系统的开环频率特性为

$$G(j\omega)=\left.\frac{\omega_n^2}{s(s+2\zeta\omega_n)}\right|_{s=j\omega}=\frac{\omega_n^2}{\omega\sqrt{\omega^2+4\zeta^2\omega_n^2}}\angle G(j\omega)=A(\omega)e^{j\varphi(\omega)}$$

式中，开环幅频特性为 $A(\omega)=\frac{\omega_n^2}{\omega\sqrt{\omega^2+4\zeta^2\omega_n^2}}$；开环相频特性为 $\varphi(\omega)=-90°-\arctan\frac{\omega}{2\zeta\omega_n}$。

在幅穿频率 ω_c 处 $A(\omega_c)=\frac{\omega_n^2}{\omega_c\sqrt{\omega_c^2+4\zeta^2\omega_n^2}}=1$，可解得

$$\omega_c=\omega_n\sqrt{-2\zeta^2+\sqrt{4\zeta^2+1}} \tag{5.52}$$

将 ω_c 代入 $\varphi(\omega)$ 中可求得相角裕量 γ 为

$$\begin{aligned}\gamma&=180°+\varphi(\omega_c)=180°-90°-\arctan\frac{\omega_c}{2\zeta\omega_n}\\&=\arctan\frac{2\zeta\omega_n}{\omega_c}\\&=\arctan\frac{2\zeta}{\sqrt{-2\zeta^2+\sqrt{4\zeta^4+1}}}\end{aligned} \tag{5.53}$$

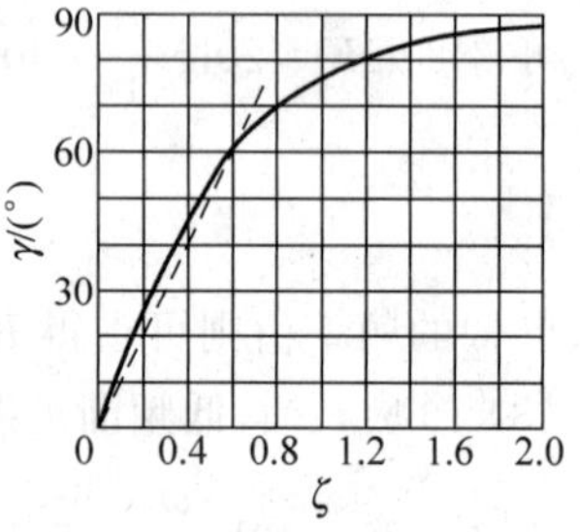

图 5.50 二阶规范系统的 γ 与 ζ 的关系曲线

由上式可知，系统的相角裕量 γ 是阻尼比 ζ 的单值函数，其关系曲线如图 5.50 中实线所示。由图可知，在 $0\leqslant\zeta\leqslant0.7$ 范围内，可近似地线性化为 $\zeta=0.01\gamma$，如图 5.50 中虚线所示，例如当相角裕量 $\gamma=60°$时，相应的阻尼比约为 $\zeta=0.01\gamma=0.01\times60=0.6$。

将式(5.52)和式(5.53)代入式(3.27)，则可导出二阶典型系统单位阶跃响应的调节时间 t_s 与幅穿频率 ω_c、相角裕量 γ 之间的关系为

$$t_s=\frac{3\sim4}{\zeta\omega_n}=\frac{3\sim4}{\omega_c}\times\frac{\sqrt{-2\zeta^2+\sqrt{4\zeta^4+1}}}{\zeta}=\frac{6\sim8}{\omega_c}\cdot\frac{1}{\tan\gamma} \tag{5.54}$$

综上可知：

① 动态响应的平稳性指标——相角裕量 γ。因为超调量 σ_p 是 ζ 的单值函数，而由式(5.53)可知，相角裕量 γ 也是 ζ 的单值函数，故超调量与相角裕量之间具有单值的对应关系。相角裕量 γ 越小，阻尼比 ζ 便越小，阶跃响应的超调量也就越大，暂态响应的相对稳定性就越差。所以可用相角裕量 γ 来表征系统暂态响应的相对稳定性。

② 动态响应的快速性指标——幅穿频率 ω_c。因为调节时间 t_s 与幅穿频率 ω_c 具有确定的对应关系。根据频率尺度与时间尺度的反比性质或由式(5.54)可知，如果两个系统具有类似的相对稳定性，则动态响应的调节时间 t_s 与幅穿频率 ω_c 成反比，即 ω_c 越高，t_s 便越短，暂态响应的快速性就越好，所以可用幅穿频率 ω_c 来表征系统暂态响应的快速性。

综上可知，二阶典型系统的时域动态性能指标 σ_p 和 t_s，与开环频域指标 γ 和 ω_c 之间具有确定的对应关系，因此可以应用开环频率特性来分析研究闭环系统的动态响应性能。

必须指出，由于二阶系统的开环频率特性曲线与负实轴相切，于是其增益裕量为无穷大，故在上述讨论中未涉及增益裕量，这就是说，增益裕量只对高阶系统和非最小相位系统才有意义，一般来说，对于这类系统必须同时考虑相角裕量和增益裕量才能对暂态性能作出正确的估计。

(2) 一般控制系统的时域动态响应与频率响应之间的关系

综上所述可以看到二阶典型系统的频域指标与时域暂态性能指标之间具有确定的对应关系，因而应用频率响应法分析低阶系统是准确的，但是对于一般控制系统，它往往是高阶的，其时域暂态性能指标与频域指标之间的关系较为复杂，要建立它们之间精确的解析表达式是很困难的，因此应用频率响应法只能对一般高阶控制系统的动态性能作出近似的估算。然而从工程的观点，这种既能反映系统的基本特性又简便的估算方法正是实际所需要的，它将给控制系统的初步分析或综合工作带来很大的方便，很有实用价值。估算的基本方法有：对于许多实际系统往往存在闭环主导极点，借助主导极点法可将高阶系统转化为等效的低阶系统来处理，于是5.5.1节所得到的结论和关系式可推广用来估算高阶系统的动态性能；对于专门的工程领域(例如电气传动控制领域，化工过程控制领域等)或从工程实际需要出发，不少学者做了大量的分析研究和仿真实验，总结归纳出一些经验公式、计算图表或近似关系式，在实际工作中可查阅采用。

3. 抗干扰性能分析——高频段

开环幅频曲线的高频段是指比幅穿频率 ω_c 高许多倍，使其对系统的稳定性已经没有明显影响的频率段。在该频率段内开环幅值 $|G(j\omega)|$ 总是小于1。开环频率特性的高频段主要影响系统的抗干扰性能，以及暂态响应过程的起始段特性。

综上所述，一个性能良好的系统，应使低频段的斜率陡、增益高，这样系统的稳态精度就好；应使中频段的幅穿频率越高，则系统的快速性就越好；为了使系统有较好的稳定性，应该以斜率为-20dB/dec穿过零分贝线，且有只够的宽度，使相角裕度达到$30°\sim70°$，幅值裕度达到 $h>6$dB；应使高频段衰减得越快，系统抗高频噪声干扰的能力就越强。

5.5.3 应用 MATLAB 进行频域分析

频域分析有三种工具：伯德图、奈奎斯特图和尼科尔斯图。控制系统的频域分析，就是用 MATLAB 函数命令精确绘制伯德图等三种曲线，并计算系统的频域性能指标：剪切频率 ω_c、$-180°$穿越频率 ω_g、相角稳定裕度 γ、幅值稳定裕度 g_m 等，来研究系统控制过程的稳定性、快速性和准确性。

MATLAB 控制系统工具箱在频率响应法方面提供了许多函数支持，使用它们可以很方便地绘制控制系统的频率特性图并对系统进行频域分析或设计，其中绘制频率特性图的 bode 函数和 nyquist 函数，既适用于单变量系统也适用于多变量系统，既适用于连续时间系统也适用于离散时间系统。

1. 频域响应伯德图

bode 函数的功能是：计算线性定常系统的对数频率特性，或绘制其伯德图。

函数的调用格式为：

```
bode(sys)
bode(sys, w)
bode(sys1, sys2, … , sysN)
bode(sys1, sys2, … , sysN, w)
[mag, phase, w] = bode(sys)
[mag, phase] = bode(sys, w)
bode(sys1, 'plotstyle1', … , sysN, 'plotstyleN')
```

其中，sys 为所讨论系统的数学模型，它可以是传递函数(tf 模型或 zpk 模型)，也可以是状态空间表达式(ss 模型)。如果所讨论的为多变量系统时，则该函数将产生一组对数频率特性曲线，每个输入输出通道均对应一条曲线。

频率响应法的基本函数具有两个一般的功能。

(1) 自动频率选择功能

若函数的输入变量部分未给出频率的范围，如上面左边的调用格式所示，则该函数能根据系统模型的特性自动地选择频率的变化范围。

若需要人为地指定频率范围或频率点 w，可以在函数的输入变量部分包含所定义的 w，w 的定义可以采用如下格式：

```
w=[频率最小值,频率最大值]   或   w=频率最小值:步长:频率最大值
```

也可以使用下列命令：

```
w=logspace(p, q, n)
```

则该命令执行后可以在 10^p 至 10^q (rad/s)之间生成 n 个在对数上等距离的频率点。

(2) 自动屏幕绘图功能

若函数调用不带输出变量时，如 bode(sys)，则可在当前图形窗口中直接画出系统的伯德图。

若带有输出变量时，如[mag, phase, w]＝bode(sys)和[mag, phase]＝bode(sys, w)，则可得到频率特性的数据而不绘制其图形。其中频率特性的幅值 mag 和相角 phase 均为三维数组，其大小为(输出维数)*(输入维数)*(w 的长度)。

对于多变量系统，设第 p 个输入量与第 q 个输出量之间的传递函数为 $G_{qp}(s)$，当频率为 $\omega_k = w(k)$时则有 mag(q, p, k)＝$|G_{qp}(j\omega_k)|$，phase(q, p, k)＝$\underline{/G_{pg}(j\omega_k)}$；

对于单变量系统，其输入和输出均为一维的，于是有 mag(1,1,k)=$|G_{qp}(j\omega_k)|$，phase(1,1,k)=$\angle G(j\omega_k)$。

在绘制伯德图时通常需要将幅值化为以 dB 为单位，这可使用 MATLAB 命令 magdB=20 * log10(mag)来转换。

bode(sys1,sys2,…,sysN)和 bode(sys1,sys2,…,sysN,w)可以在一个窗口同时绘制多个系统的伯德图，以便对它们进行比较。这些系统必须具有相同的输入维数和输出维数，而系统的类型(连续时间系统或离散时间系统)则不限。bode(sys1,'plotstyle1',…,sysN,'plotstyleN')可以对所绘制的每个系统的对数频率特性曲线的绘制属性进行定义，其中 plotstyle1,…,plotstyleN 为 MATLAB 绘图命令 plot 所支持的各种属性标识字符串。

应用 MATLAB 计算，只要使用 margin 函数，则可根据线性定常系统的开环模型 sys(传递函数或状态空间表达式)，或者由伯德图所得到的开环频率特性数据：幅值(mag)、相角(pha)以及对应的频率值(w)，则可方便地计算单输入单输出系统的相角裕量(Pm)、增益裕量(Gm)以及对应的幅穿频率(Wc)和相穿频率(Wg)。函数的调用格式为

```
[Gm, Pm, Wg, Wc] = margin(sys)
margin(sys)
[Gm, Pm, Wg, Wc] = margin(mag, pha, w)
```

其中，带有输出变量调用时，可以得到闭环系统的增益裕量、相角裕量以及对应的幅穿频率和相穿频率值；若不带输出变量调用时，如 margin(sys)，则可在当前图形窗口中绘制出标有稳定裕量和对应频率值的伯德图。

例 5.13 设某系统的传递函数为 $G(s)=\dfrac{5(0.1s+1)}{s(0.5s+1)\left(\dfrac{1}{50^2}s^2+\dfrac{0.6}{50}s+1\right)}$，试绘制其伯德图。

解 MATLAB 程序如下：

```
num=5 * [0.1, 1];
f1=[1 0];
f2=[0.5 1];
f3=[1/2500,0.6/50, 1];
den=conv(f1,conv(f2,f3));
bode(num,den);
grid
```

或

```
sys=tf(num,den);
bode(sys);
grid
```

运行程序，显示的伯德图如图 5.51 所示。

例 5.14 设某系统的传递函数为 $G(s)=\dfrac{0.5}{s^3+2s^2+s+0.5}$，试计算其增益裕量和相位裕量。

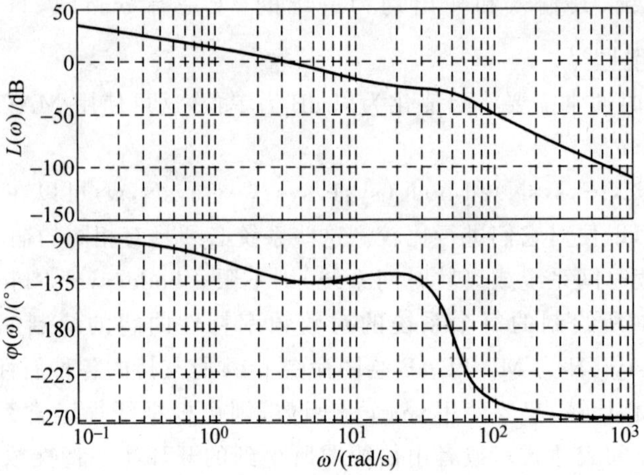

图 5.51 例 5.13 的精确伯德图

解 程序如下：

```
num=[0.5];den=[1 2 1 0.5];
sys=tf(num,den);
margin(sys)
```

执行程序，显示该系统的伯德图及相对稳定裕度如图 5.52 所示。

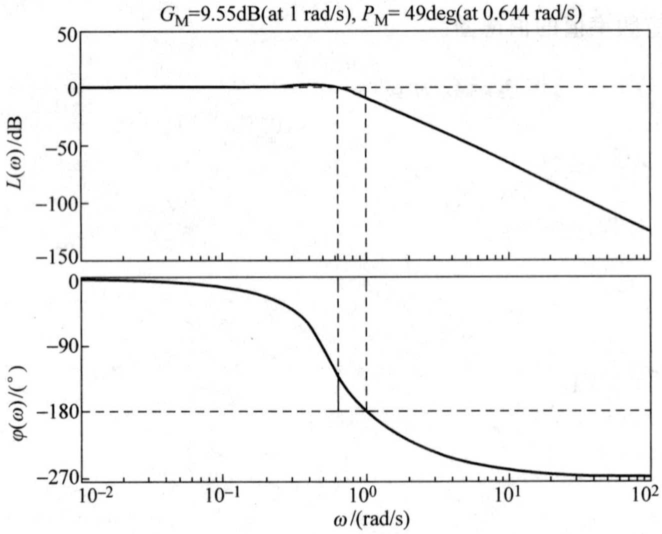

图 5.52 例 5.14 系统伯德图及相对稳定裕度

若执行

```
[Gm,Pm, Wcg, Wcp]=margin(sys)
```

则可得

Gm=3.0035; Pm=48.9534; Wcg=1.0004; Wcp=0.6435。

因此该系统的相角裕度为 48.95°，幅值裕度为 3dB。

2. 频域响应奈奎斯特图

该函数的功能是：计算线性定常系统的幅相频率特性，或绘制其奈奎斯特曲线，函数的调用格式为

```
nyquist (sys)
nyquist (sys, w)
nyquist (sys1, sys2, … , sysN)
nyquist (sys1, sys2, … , sysN, w)
[re, im, w]= nyquist (sys)
[re, im]= nyquist (sys, w)
nyquist (sys1, 'plotstyle1', … , sysN, 'plotstyleN')
```

与上述的 bode 函数相比较可以看到：它们的调用格式是相类似的，上面关于 bode 函数调用格式的说明对于 nyquist 函数仍然适用，所不同的是：带有输出变量时其调用格式为[re,im,w]= nyquist (sys)或[re,im]= nyquist (sys,w)，这时返回的输出变量为频率特性的实部 re 和虚部 im，与 bode 函数相类似，re 和 im 均为三维数组。对于多变量系统，设第 p 个输入量与第 q 输出量之间的传递函数为 $G_{qp}(s)$，当频率为 $\omega_k = w(k)$ 时则有 $re(q,p,k)=Re[G_{qp}(j\omega_k)]$，$im(q,p,k)= Im[G_{qp}(j\omega_k)]$；对于单变量系统，其输入和输出均为一维的，于是有 $re(1,1,k)=Re[G(j\omega_k)]$，$im(1,1,k)= Im[G(j\omega_k)]$。

例 5.15 设系统的传递函数为 $G(s)=\dfrac{1}{s^2+2s+2}$，绘制其奈奎斯特图。

解 MATLAB 程序如下：

```
num=[1];den=[1,2,2];
nyquist(num,den)
```

运行程序，显示奈奎斯特曲线如图 5.53 所示。

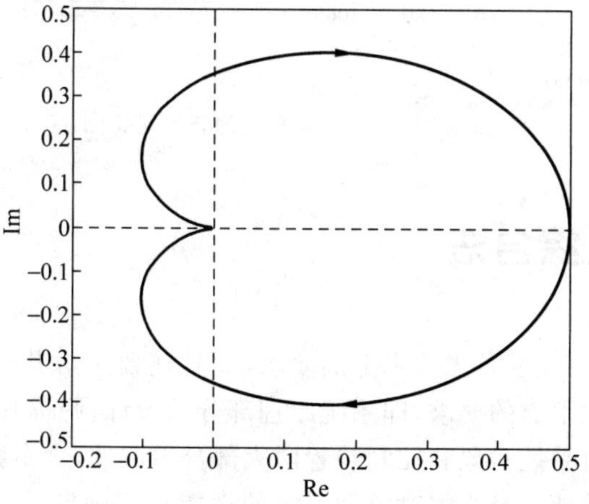

图 5.53 例 5.15 系统的奈奎斯特图

例 5.16 设某系统的传递函数为 $G(s)=\dfrac{10(s+2)^2}{(s+1)(s^2-2s+9)}$，试绘制其奈奎斯特图。

解　MATLAB 程序如下：

```
num=[1000];den=[1,8,17,10];
nyquist (num,den);
grid
```

或

```
num=[1000];den=[1,8,17,10];
sys=tf(num,den);
nyquist (sys);
grid
```

运行程序，显示奈奎斯特曲线如图 5.54(a)所示。

可以看出在点(−1,j0)附近，奈奎斯特图很不清楚，可利用放大镜对得出的奈奎斯特图进行局部放大，或利用如下 MATLAB 命令：

```
v=[-10,0,-1.5,1.5];
axis(v)
```

结果如图 5.54(b)所示。

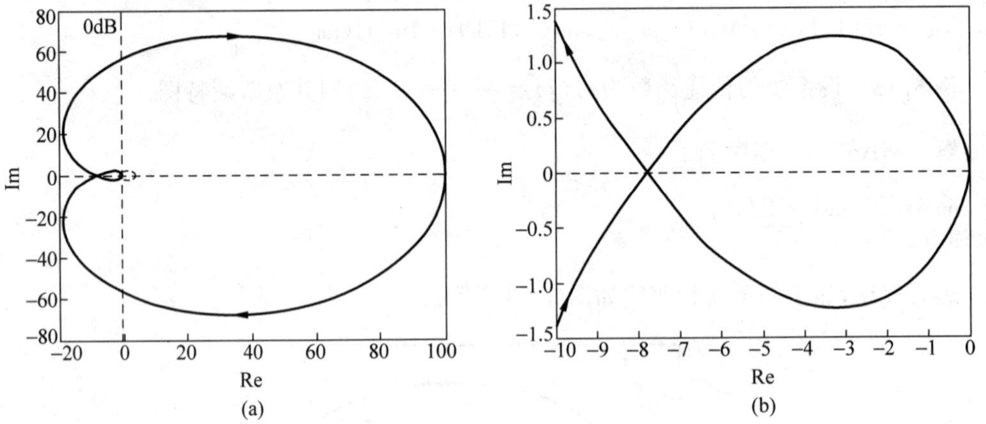

图 5.54　例 5.16 系统的奈奎斯特图

5.6　频率响应综合法

控制系统的设计，不仅要考虑技术上的要求，而且还要考虑其经济性、维护性等方面的要求。如果仅仅考虑技术上的要求，即系统原理部分的设计，则称其为系统的综合。

我们知道系统是由受控对象和控制装置两大部分组成的，大多数情况是先有受控对象，然后进行控制系统的设计。当受控对象和系统的性能指标确定后，就开始进行系统的初步设计。初步设计时，首先根据受控对象的特性选择合适的执行元件，然后根据受控量的性质选择合适的测量元件，最后选择给定元件和比较元件，就构成了一个控制系统不可变部分，完成了系统的初步设计。一般情况下这样设计出来的系统，仅依靠调节放大器的增益是很难同时满足各项性能指标的要求的，因此需要在系统中加入一些易变易调的装置来改变原有系统的特性，使其满足各项性能指标的要求。附加的装置称为校正装置，根据其在系统中的连接方式，分为串联校正和反馈校正。

5.6.1　串联校正

串联校正是控制系统的一种主要校正方式，它是在控制系统的前向通道上引入适当的校正装置 $G_c(s)$，如图 5.55 所示，通过校正装置 $G_c(s)$ 来调整转折频率的分布和开环增益的大小，以改变系统的开环频率特性，使它具有性能指标所要求的形状，从而使校正后的系统达到期望的性能。由于它综合容易、结构简单、易于实现且成本较低，因而在工程上得到了广泛的应用。

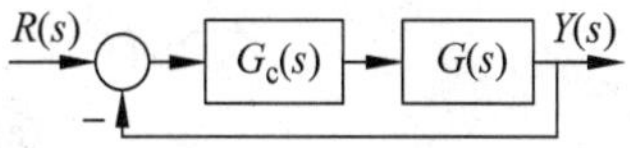

图 5.55　串联校正

串联校正有两种方法：分析法和综合法。

1. 串联校正分析法

串联校正分析法是先根据未校正系统的特性和要求的性能指标，选择校正装置的结构，然后确定校正装置的参数。校正装置的结构常常采用超前校正、迟后校正和迟后-超前校正，也就是工程上常用的 PID 调节器。这种方法是带有试探性的，所以又称为试探法。

1）超前校正

在系统中引入超前校正装置可以有效地改善系统的动态特性，既提高动态响应的平稳性，又加快系统响应的快速性。

（1）超前校正的传递函数及其特性

超前校正就是在前向通道中串联传递函数为

$$G_c(s)=\frac{\alpha T_d s+1}{T_d s+1},\quad \alpha>1 \tag{5.55}$$

的校正装置，其中的两个参数 α 和 T_d 可调节，其结构图如图 5.56 所示。

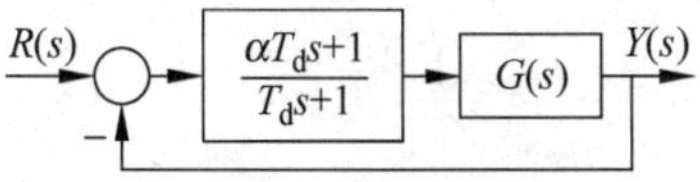

图 5.56　超前校正

由图 5.56 可见，校正装置的结构是确定的，但参数可调，所以用校正装置来改善系统，使其满足性能指标的关键是确定两个参数 α 和 T_d。α 为超前校正装置的分度系数，它表征了超前校正的强度；T_d 为校正装置的时间常数。将式(5.55)化成零极点形式为

$$G_c(s)=\frac{\alpha T_d s+1}{T_d s+1}=\alpha\frac{s+\dfrac{1}{\alpha T_d}}{s+\dfrac{1}{T_d}},\quad \alpha>1 \tag{5.56}$$

可见校正装置的零点 $z_d=-\dfrac{1}{\alpha T_d}$，极点 $p_d=-\dfrac{1}{T_d}$。零极点之间的关系为

$$p_d=\alpha z_d \tag{5.57}$$

其零极点分布如图 5.57(a)所示。

由图 5.57(a)可见，校正装置零极点之间的距离取决于分度系数 α，由于 $\alpha>1$，故极点

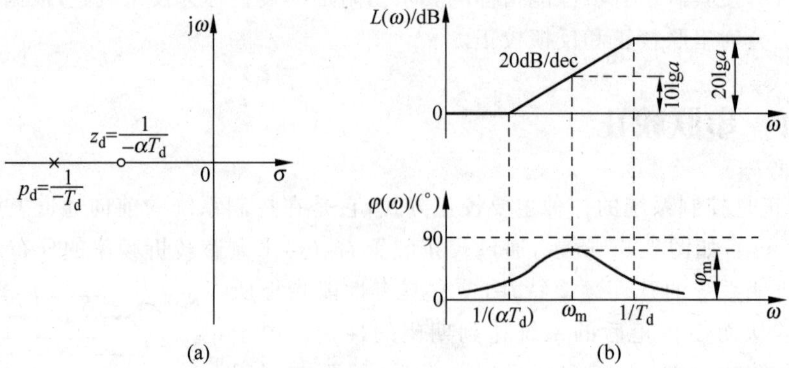

图 5.57　超前校正装置的零极点分布和伯德图

(a) 零极点分布图；(b) 伯德图

总是位于零点的左侧，即超前校正装置起主导作用的是零点，α 越大，零点的主导作用便越强，超前校正的强度也就越大。

通常 α 较大，而 $T_d \ll 1$，于是式(5.55)可进一步简化为

$$G_c(s) \approx 1+\alpha T_d s \tag{5.58}$$

可见，以式(5.58)校正装置为主体的控制器是一个比例微分(PD)控制器，而以式(5.55)超前校正装置为主体的控制器则可视为具有滤波环节的 PD 控制器。

由式(5.55)得到其频率特性为 $G_c(j\omega)=\dfrac{j\alpha T_d\omega+1}{j\omega T_d+1}$，可绘制超前校正装置 $G_c(s)$ 的对数频率特性，如图 5.57(b)所示，其相频特性为

$$\varphi_d(\omega)=\arctan\alpha T_d\omega-\arctan T_d\omega=\arctan\frac{(\alpha-1)T_d\omega}{1+\alpha T_d^2\omega^2} \tag{5.59}$$

由式(5.59)可见，超前校正装置能够产生超前相角，这正是该装置名称的由来。将式(5.59)对 ω 求导并令其导数 $\dfrac{d\varphi_d}{d\omega}=0$，则可求得该装置产生最大超前角时对应的频率为

$$\omega_m=\frac{1}{\sqrt{\alpha}T_d}=\sqrt{\frac{1}{\alpha T_d}\cdot\frac{1}{T_d}}=\sqrt{z_d p_d}\quad 或\quad \lg\omega_m=\frac{1}{2}\left(\lg\frac{1}{\alpha T_d}+\lg\frac{1}{T_d}\right) \tag{5.60}$$

式(5.60)表明，最大超前角频率 ω_m 位于 $\dfrac{1}{T_d}$ 和 $\dfrac{1}{\alpha T_d}$ 两个转折频率的几何中心。

将式(5.60)代入式(5.59)，则可求得超前校正装置所能产生的最大超前角为

$$\varphi_m=\arctan\frac{\alpha-1}{2\sqrt{\alpha}}=\arcsin\frac{\alpha-1}{\alpha+1}\quad 或\quad \alpha=\frac{1+\sin\varphi_m}{1-\sin\varphi_m} \tag{5.61}$$

相应的校正装置在 ω_m 处的对数幅值为

$$L_c(\omega_m)=20\lg|G_c(j\omega_m)|=10\lg\alpha \tag{5.62}$$

式(5.61)表明，最大超前角 φ_m 仅与 α 有关，α 越大，φ_m 便越大，超前校正的强度也就越大，故 α 的大小表征了超前校正的强度。

在串联超前校正中，正是利用了超前校正装置的超前相角特性和在校正段(即两个转折频率之间的区域)上正的幅频曲线斜率，来改善系统的动态特性。

（2）确定超前校正参数

超前校正主要是利用超前校正装置所提供的超前相角来补偿原系统在幅穿频率 ω_c 附近的相位迟后，以满足相角裕量的要求；同时校正装置的幅频特性将抬高校正后系统伯德图的中、高频段，它一方面使幅穿频率 ω_c 提高，从而增加系统的带宽和提高响应的快速性，但另一方面却降低了系统对高频噪声的抑制能力。因此在实际应用中，单个超前校正装置的 α 值不宜过大，一般以 $\alpha<15$（最大不超过 20）为宜。为了充分利用校正装置的相角超前特性，通常选择校正装置的最大超前角频率 ω_m 等于系统的幅穿频率 ω_c，即令 $\omega_m=\omega_c$。这样校正装置在 ω_c 处所提供的超前角 φ_d，就是它所能提供的最大值（即 $\varphi_d=\varphi_m$），于是由式（5.61）所确定的分度系数 α 将是动态性能指标所允许的最小值，从而校正网络的增益衰减也降至最低程度。然后由式（5.60）则可确定超前校正装置的两个转折频率分别为

$$\frac{1}{\alpha T_d}=|z_d|=\frac{\omega_c}{\sqrt{\alpha}},\quad \frac{1}{T_d}=|p_d|=\sqrt{\alpha}\,\omega_c \tag{5.63}$$

如果确有必要使用很大的超前角（$\varphi_d>60°$），可采用两级超前校正装置串联的方案。这样每级所需提供的超前角就只有原来的一半，相应的 α 值就不至于过大。

应用开环对数频率特性对系统进行超前校正的步骤如下。

① 根据稳态指标要求确定系统的开环增益 K，并按此增益值绘制校正前系统的伯德图 $L_o(\omega)$。

② 根据动态响应的快速性指标要求预选幅穿频率 ω_c'，并计算校正前系统在 ω_c' 处的相角裕量值 $\gamma_o(\omega_c')$。

③ 根据动态指标要求的相角裕量 γ，确定在幅穿频率处是否需要提供超前相角，若不需要就无需进行超前校正，若需要则可计算出应由超前校正装置提供的超前角为 $\phi_d=\gamma-\gamma_o(\omega_c')+\varepsilon$。其中，$\varepsilon$ 为预留量，用来补偿经校正后幅穿频率提高所造成的迟后相角增加量，其值可根据原系统的开环对数渐近幅频曲线在 ω_c' 附近的斜率来确定。当斜率为 -40dB/dec 时，可取 $\varepsilon=5°\sim10°$；当斜率为 -60dB/dec 时，应取 $\varepsilon=15°\sim20°$。

④ 从充分利用校正装置的超前相角特性出发，令 $\varphi_d=\varphi_m$，由式（5.61）计算超前校正的分度系数 α；令 $\omega_c'=\omega_m$，由式（5.60）确定校正装置的两个转折频率 $\frac{1}{\alpha T_d}$ 和 $\frac{1}{T_d}$。

⑤ 确定校正后系统实际的幅穿频率值 ω_c。

⑥ 校验经校正后系统的实际性能是否均满足指标的要求，若不满足，则修改校正装置的参数或结构，重复以上综合过程，直至取得满意的结果为止。

例 5.17　设随动系统的结构图如图 5.58 所示，试对它进行串联校正，使校正后系统具有下列性能指标：$\gamma\geqslant30°$，$\omega_c\geqslant45$rad/s，$K_v\geqslant100$。

解　由 $G_o(s)$ 可知该系统为最小相位系统，故综合时只需绘制其对数幅频特性曲线。

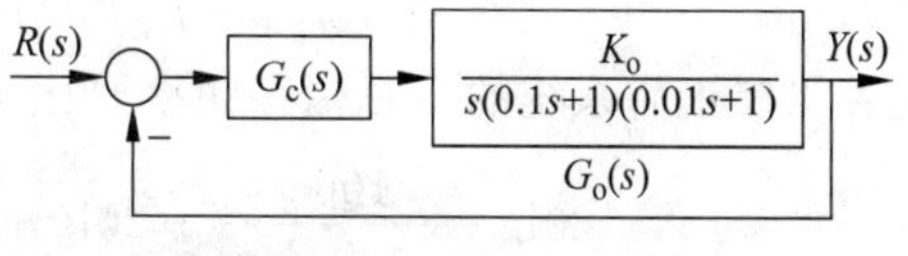

图 5.58　例 5.17 系统的结构图

（1）根据稳态指标确定开环增益的要求值，并按此值绘制校正前系统的开环对数幅频曲线。

由于系统为Ⅰ型，根据对斜坡误差系数 K_v 的要求，则可确定开环增益的要求值为 $K=K_v=100$，按此 K 值绘制校正前系统的开环对数渐近幅频曲线，如图 5.59 中的虚线所示。

(2) 根据暂态指标要求，确定校正的方式和综合校正装置。

由图 5.59 的 $L_o(\omega)$ 曲线可得 $20\lg(K/10)=40\lg(\omega_{co}/10)$，即 $K/10=(\omega_{co}/10)^2$，于是可求得校正前系统的幅穿频率为 $\omega_{co}=\sqrt{10K}=31.6\text{rad/s}$，则系统未校正时的相角裕量为

$$\gamma_o(\omega_{co})=180^\circ+\angle G_o(j\omega_{co})=180^\circ-90^\circ-\arctan 0.1\omega_{co}-\arctan 0.01\omega_{co}=0.02^\circ$$

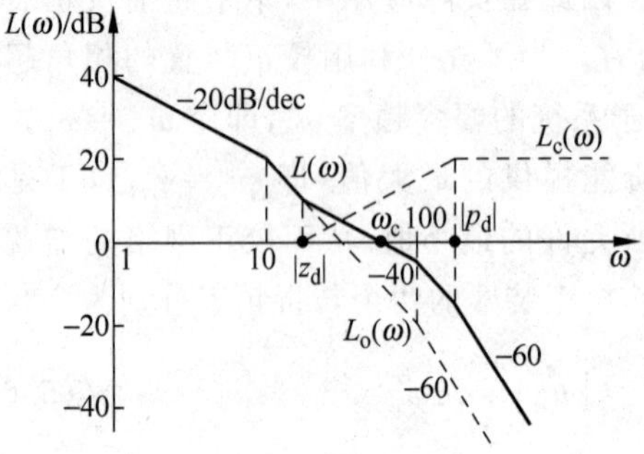

图 5.59　例 5.17 系统的渐近线伯德图

可见校正前系统的幅穿频率和相角裕量均低于指标的要求值，故应对系统进行超前校正。

根据对幅穿频率的指标要求，初选 $\omega_c'=50\text{rad/s}$，于是校正前系统在 ω_c' 处所能提供的相角裕量为

$$\begin{aligned}\gamma_o(\omega_c')&=180^\circ+\angle G_o(j\omega_c')\\&=90^\circ-\arctan 0.1\omega_c'-\arctan 0.01\omega_c'\\&=-15.26^\circ\end{aligned}$$

为了满足相角裕量的指标要求值 γ，则超前校正装置在 ω_c' 处所应提供的超前角为

$$\varphi_d=\gamma-\gamma_o(\omega_c')+\varepsilon=30^\circ+15.26^\circ+9.74^\circ=55^\circ$$

考虑到在 ω_c' 附近开环幅频曲线的斜率为 -40dB/dec，故暂取 $\varepsilon=9.74^\circ$。

令 $\omega_m=\omega_c'=50\text{rad/s}$，$\varphi_m=\varphi_d=55^\circ$，于是由式(5.61)可求得超前校正的分度系数为

$$\alpha=\frac{1+\sin\varphi_m}{1-\sin\varphi_m}=\frac{1+\sin 55^\circ}{1-\sin 55^\circ}=10.05$$

由式(5.63)则可求得校正装置的两个转折频率为

$$1/(\alpha T_d)=|z_d|=\omega_c'/\sqrt{\alpha}=15.77\text{rad/s}$$

$$1/T_d=|p_d|=\sqrt{\alpha}\,\omega_c'=158.51\text{rad/s}$$

$$T_d=1/|p_d|=0.0063\text{s}$$

故超前校正装置的传递函数为

$$G_c(s)=K_c\frac{1+s/15.77}{1+s/158.51}$$

由式(5.62)可得校正装置在 ω_c' 处的对数幅值为

$$L_c(\omega_c')=L_c(\omega_m)=10\lg\alpha=10.02\text{dB}$$

而原系统在 ω_c' 处的对数幅值为

$$L_o(\omega_c')=20\lg|G_o(j\omega_c')|\approx 20\lg\frac{K}{\omega_c'\times 0.1\omega_c'}=20\lg\frac{100}{50\times 5}=-7.96(\text{dB})$$

于是，有

$$L_c(\omega_c')+L_o(\omega_c')=10.02-7.96=2.04(\text{dB})$$

这表明校正后系统的实际幅穿频率要比预选值 ω_c' 高，于是由 $L_o(\omega_c)+L_c(\omega_c)=0$，即

$$20\lg\frac{100}{\omega_c\times 0.1\omega_c}+20\lg\frac{\omega_c}{|z_d|}=0\quad 或\quad \frac{100}{0.1\omega_c^2}\cdot\frac{\omega_c}{15.77}=1$$

则可求得校正后系统的实际幅穿频率为

$$\omega_c=\frac{100}{0.1\times 15.77}=63.4(\text{rad/s})$$

(3) 校验。

经超前校正后系统的开环传递函数为

$$G_k(s)=G_c(s)G_o(s)=\frac{K(1+s/15.77)}{s(1+0.1s)(1+0.01s)(1+s/158.51)}$$

式中，$K=K_cK_o=100$。

根据受控系统的增益值 K_o，则可确定该校正装置的增益为 $K_c=100/K_o$。

校验的常用方法有两种：计算法和 MATLAB 仿真法。

计算法：根据 $G_k(s)$和已知的 ω_c，通过计算则可求得校正后系统的相角裕量为

$$\begin{aligned}\gamma(\omega_c)&=180^\circ+\angle G_k(\mathrm{j}\omega_c)\\&=90^\circ+\arctan\frac{\omega_c}{15.77}-\arctan 0.1\omega_c-\arctan 0.01\omega_c-\arctan\frac{\omega_c}{158.51}\\&=30.82^\circ\end{aligned}$$

可见，各项指标均满足要求，故以上综合的结果是可行的。

MATLAB 仿真法：MATLAB 仿真法是工程上常用的校验方法，它根据校正后系统的开环传递函数，应用 MATLAB 程序，则可求得系统的实际频域性能为 $\gamma=36.982^\circ$，$\omega_c=54.072\text{rad/s}$。

MATLAB 程序如下：

```
Gk=zpk([-15.77],[0;-10;-100;-158.51],1005136.34);margin(Gk)
```

可见，各项指标均满足要求，故以上综合的结果是可行的。

2) 迟后校正

迟后校正可以使系统在维持原有较满意的动态性能的同时，提高开环增益，有效地改善系统的稳态性能；或者使系统的开环增益调整到稳态指标要求值的同时，有效地改善动态响应的相对稳定性。

(1) 迟后校正的传递函数及其特性

迟后校正就是在前向通道中串联传递函数为

$$G_c(s)=\frac{\beta T_i s+1}{T_i s+1},\quad \beta<1 \tag{5.64}$$

的校正装置，其中的两个参数 β 和 T_i 可调节，其结构图如图 5.60 所示。

由图 5.60 可见，校正装置的结构是确定的，但参数可调，所以用校正装置来改善系统，使其满足性能指标的关键是确定两个参数 β 和 T_i。β 为迟后校正装置的分度系数，它表征了迟后校正的强度，β 越小，迟后校正的强度就越大；T_i 为校正装置的时间常数。

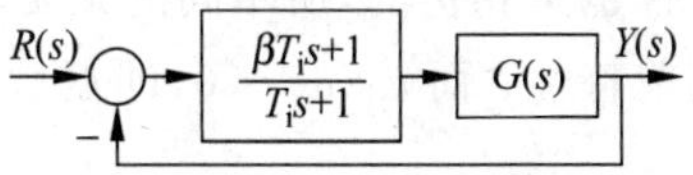

图 5.60 迟后校正

将式(5.64)化成零极点形式为

$$G_c(s)=\frac{\beta T_i s+1}{T_i s+1}=\beta\frac{s+\dfrac{1}{\beta T_i}}{s+\dfrac{1}{T_i}},\quad \beta<1 \tag{5.65}$$

校正装置的零点为 $z_i=-\dfrac{1}{\beta T_i}$，极点为 $p_i=-\dfrac{1}{T_i}$，相应的迟后校正装置的零极点分布如图 5.61(a)所示。由于 $\beta=\dfrac{p_i}{z_i}<1$，故极点 p_i 总是位于零点 z_i 的右侧，而且零极点之间的距离取决于 β，β 越小，零极点之间的距离拉得就越开。通常 β 很小，而且 $T_i\gg1$，于是式(5.64)可改写为

$$G_c(s)\approx\frac{\beta T_i s+1}{T_i s}=\beta+\frac{1}{T_i s} \tag{5.66}$$

可见，以式(5.66)校正装置为主体的控制器，是一个比例-积分(PI)控制器；而以式(5.64)迟后校正装置为主体的控制器，则可视为近似的 PI 控制器。

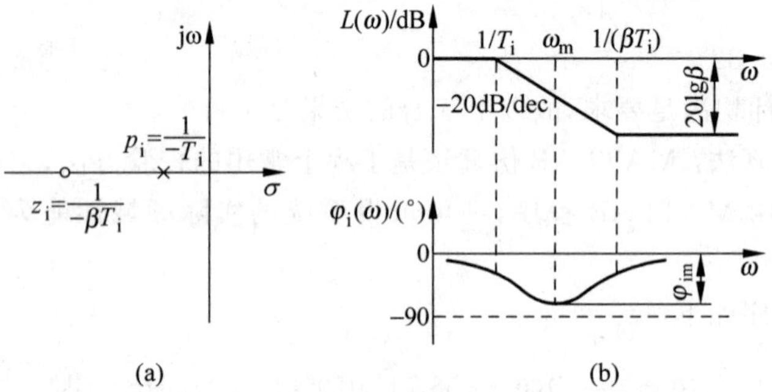

图 5.61 迟后校正装置的零极点分布和伯德图
(a) 零极点分布图；(b) 伯德图

由式(5.64)可得到其频率特性为 $G_c(j\omega)=\dfrac{j\omega\beta T_i+1}{j\omega T_i+1}$，绘制迟后校正装置的对数频率特性曲线如图 5.61(b)所示，其相频特性为

$$\varphi_i(\omega)=\arctan\beta\omega T_i-\arctan\omega T_i \tag{5.67}$$

由图 5.61(b)可见，迟后校正装置具有高频幅值衰减特性，在高频段其对数幅值为 $20\lg\beta$，β 越小，高频幅值衰减得就越厉害；而其相角 $\varphi_i(\omega)$ 为负的，即校正装置的稳态输出在相位上迟后于输入，故称这类校正装置为迟后校正装置。

分析对比式(5.67)与式(5.59)可以看到，它们的表示形式相似，因而相角随 ω 变化的特性也是相仿的，所不同的是 $\alpha>1$，而 $\beta<1$，故 $\varphi_d(\omega)>0$，即超前校正装置的相频特性呈现超前特性；而 $\varphi_i(\omega)<0$，即迟后校正装置的相频特性呈现迟后的特性。与超前校正装置进行类似的推导可得，产生最大迟后角的频率 ω_{im} 正好位于迟后校正装置的两个转折频率 $\dfrac{1}{T_i}$ 和 $\dfrac{1}{\beta T_i}$ 的几何中心，即 $\omega_{im}=\sqrt{z_i p_i}=1/(\sqrt{\beta}T_i)$。将 ω_{im} 的值代入式(5.67)可得最大迟后角为

$$\varphi_{im}=\arcsin\frac{\beta-1}{\beta+1} \tag{5.68}$$

上式表明，迟后校正装置的 φ_{im} 为负的(即迟后相角)，其值仅与 β 有关，而且式(5.68)与式(5.61)在形式上相似，故 φ_{im} 随 β 变化的关系与超前校正装置的 φ_m 随 α 变化的关系是

相仿的，所不同的是：$\alpha>1$，φ_m 为正的(即超前相角)；而 $0<\beta<1$，φ_{im} 为负的(即迟后相角)。

(2) 确定迟后校正参数

迟后校正是利用其高频幅值衰减特性，将迟后校正装置的两个转折频率设置在系统开环频率特性的低频段，这样就可使校正后系统的开环幅频特性的中频段和高频段的增益降低，致使其幅穿频率 ω_c 下降，来获得较大的稳定裕量，以改善动态响应的相对稳定性，同时又提高了系统的抗干扰能力，而低频段的开环增益不受影响，故不会影响系统的稳态性能，所以较好地兼顾了系统的稳态性能与动态响应的相对稳定性。其不足之处是由于 ω_c 的下降，使得系统动态响应的快速性受到一定的限制。

从图5.61(b)的相频特性曲线可以看到，在两个转折频率之间具有相位迟后，相角迟后会给系统特性带来不良影响。解决这一问题的措施之一是使迟后校正装置的零极点靠得很近，使之产生的迟后相角很小；措施之二是使迟后校正装置的零极点靠近原点，尽量不影响中频段。

应用开环对数幅频特性对系统进行串联迟后校正的步骤可概括如下。

① 根据稳态指标要求确定系统的开环增益，并按此增益值绘制校正前系统的开环对数幅频曲线。

② 根据动态指标要求确定系统的幅穿频率 ω_c。设校正前系统的相角裕量为 $\gamma_o(\omega_{co})$，若它低于动态指标的要求值，则可在原系统的开环频率特性上寻找满足动态指标要求且具有下列相角裕量的频率点 ω_c：

$$\gamma_o(\omega_c)=\gamma+|\varphi_i(\omega_c)| \tag{5.69}$$

式中，γ 为动态指标要求的相角裕量值；$\varphi_i(\omega_c)$ 为迟后校正装置在 ω_c 处所造成的相角迟后量，通常取为 $5°\sim12°$，视校正装置的转折频率远离 ω_c 的程度而定。若上式有解，则可取该频率 ω_c 为校正后系统的幅穿频率；若上式无解，则说明纯粹的迟后校正不可行，应考虑采用后面将要介绍的迟后-超前校正方式。

③ 确定迟后校正装置的分度系数 β。在 ω_c 处校正装置的幅值衰减量应等于原系统的开环幅值，即 $L_o(\omega_c)+20\lg\beta=0$，于是可确定迟后校正装置的分度系数为

$$\beta=10^{-L_o(\omega_c)/20} \tag{5.70}$$

④ 确定迟后校正装置的转折频率。为了尽可能地减少校正装置在 ω_c 处所造成的迟后相角，同时又考虑到物理实现的方便性，通常选取迟后校正装置的最大转折频率为

$$1/(\beta T_i)=|z_i|=\omega_c/(5\sim10) \tag{5.71}$$

而校正装置的最小转折频率则为

$$1/T_i=|p_i|=\beta|z_i| \tag{5.72}$$

⑤ 校验经校正后系统的实际性能是否满足指标的要求。若不满足，则应修改校正装置的参数或结构并重复以上综合过程，直至取得满意的结果为止。

例5.18　设某单位反馈系统的受控对象传递函数为 $G(s)=\dfrac{K_o}{s(1+0.1s)(1+0.2s)}$，试对该系统进行串联校正，使之具有下列性能指标：斜坡误差系数 $K_v=30$，相角裕量 $\gamma\geqslant40°$，增益裕量 $g_m\geqslant10\text{dB}$，幅穿频率不低于 2.3rad/s。

解　(1) 根据稳态指标要求的开环增益值绘制原系统的开环频率特性并确定校正的

方式。

由 $G(s)$ 可知该系统为Ⅰ型的最小相位系统，于是根据稳态指标要求可确定系统的开环增益为 $K=K_v=30$，按此 K 值绘制校正前系统的开环对数渐近幅频曲线如图 5.62 中的虚线所示。由图可得

$$20\lg K=20\lg\frac{5}{1}+40\lg\frac{10}{5}+60\lg\frac{\omega_{co}}{10}$$

即

$$K=5\left(\frac{10}{5}\right)^2\left(\frac{\omega_{co}}{10}\right)^3$$

于是可求得校正前系统的幅穿频率 ω_{co} 和相角裕量 $\gamma_o(\omega_{co})$ 分别为

$$\omega_{co}=\sqrt[3]{50K}=11.45\text{rad/s}$$

$$\gamma_o(\omega_{co})=180^\circ+\angle G(j\omega_{co})=90^\circ-\arctan0.1\omega_{co}-\arctan0.2\omega_{co}=-25.28^\circ$$

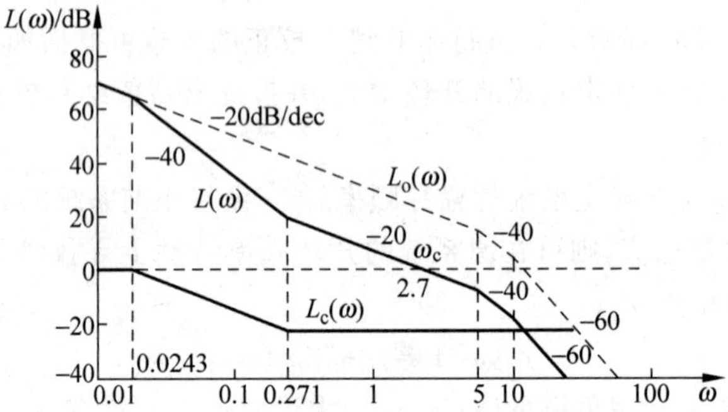

图 5.62 例 5.18 系统的伯德图

可见，当将开环增益调整到稳态指标要求值后，校正前系统成为不稳定的，其幅穿频率 ω_{co} 大于指标要求值；若采用超前校正，由于原系统的开环对数幅频曲线在 ω_{co} 附近的斜率达 -60dB/dec，即使 α 取至 100，校正后系统的相角裕量仍不到 30°，而幅穿频率则高达 26rad/s，显然采用超前校正是不合适的。由于对系统响应的快速性要求不高，故决定采用迟后校正的方式。

(2) 根据暂态指标要求确定校正后系统的幅穿频率 ω_c。

取 $|\varphi_i(\omega_c)|=6.5^\circ$，于是可得

$$\gamma_o(\omega_c)=\gamma+|\varphi_i(\omega_c)|=40^\circ+6.5^\circ=46.5^\circ$$

由 $G(s)$ 则可得校正前系统的相角裕量方程为

$$\gamma_o(\omega_c)=180^\circ+\angle G(j\omega_c)=90^\circ-\arctan0.1\omega_c-\arctan0.2\omega_c=46.5^\circ$$

将上式加以整理并取正切后可得

$$\frac{0.1\omega_c+0.2\omega_c}{1-0.02\omega_c^2}=\tan(90^\circ-46.5^\circ)\quad 或\quad 0.019\omega_c^2+0.3\omega_c-0.95=0$$

从而可解得 $\omega_c=2.71$rad/s，可见能够满足性能指标的要求。

(3) 综合迟后校正装置。

由图 5.62 可得原系统在 ω_c 处的开环对数幅值为

$$L_o(\omega_c) \approx 20\lg\frac{30}{\omega_c} = 20.88\text{dB}$$

于是由式(5.70)可求得迟后校正装置的分度系数为

$$\beta = 10^{-20.88/20} = 0.09$$

由式(5.71)得到校正装置的最大转折频率为

$$1/(\beta T_i) = |z_i| = \omega_c/10 = 0.271\text{rad/s}$$

于是由式(5.72)得到校正装置的另一转折频率为

$$1/T_i = |p_i| = \beta|z_i| = 0.0244\text{rad/s}$$

则迟后校正装置的传递函数为

$$G_c(s) = K_i\frac{1+s/0.271}{1+s/0.0244} = K_i\frac{1+3.69s}{1+40.98s}$$

故经校正后系统的开环传递函数为

$$G_k(s) = G_c(s)G(s) = \frac{30(1+3.69s)}{s(1+0.1s)(1+0.2s)(1+40.98s)}$$

式中，$K_iK_o=30$。根据受控对象的增益值 K_o，便可确定校正装置的增益为 $K_i=30/K_o$。由 $G_k(s)$则可绘制校正后系统的开环对数渐近幅频曲线如图 5.62 中的实线所示。

(4) 校验。

由综合所得 $G_k(s)$，应用 MATLAB 仿真则可求得校正后系统的实际稳定裕量和相应的穿越频率为 $\gamma=45.172°$，$\omega_c=2.3864\text{rad/s}$，$g_m=14.221\text{dB}$，$\omega_g=6.8044\text{rad/s}$，可见各项性能均满足指标的要求，故以上综合的结果是可行的。

3) 迟后-超前校正

由前述分析可知，单纯采用超前校正或迟后校正都只能改善系统动态或稳态一个方面的性能，如果将上述超前校正装置与迟后校正装置组合在一起，优势互补，就可构成功能更加完善的校正装置，称为迟后-超前校正装置。应用它对系统进行串联迟后-超前校正时，可以利用其中的超前校正部分所提供的超前角，来补偿原系统在幅穿频率附近的相角迟后，提高相角裕量，以改善系统的动态性能；利用其中的迟后校正部分在维持较满意的动态性能的同时，可以有效地改善系统的稳态性能。使校正后系统在稳态性能与动态性能两方面都得到改善，因而在实际工程中得到了广泛的应用。

(1) 迟后-超前校正装置

迟后-超前校正装置的传递函数一般可以表示为

$$G_c(s) = \underbrace{\frac{s-z_i}{s-p_i}}_{\text{迟后部分}}\cdot\underbrace{\frac{s-z_d}{s-p_d}}_{\text{超前部分}} = \underbrace{\frac{\beta T_i s+1}{T_i s+1}}_{\text{迟后部分}}\cdot\underbrace{\frac{\alpha T_d s+1}{T_d s+1}}_{\text{超前部分}} \tag{5.73}$$

式中，$\alpha>1$，$\beta<1$，而且 $T_i \gg T_d$。相应的迟后-超前校正装置的零极点分布图如图 5.63(a) 所示，伯德图如图 5.63(b) 所示。通常将迟后校正部分的零极点 z_i 和 p_i 设置为一对靠近坐标原点的偶极子，即有 $T_i\gg 1$，$T_d \ll T_i$，$\alpha>1$，$\beta<1$。于是式(5.73)可以近似地改写为

$$G_c(s) \approx \frac{\beta T_i s+1}{T_i s}(\alpha T_d s+1) = \left(\beta+\alpha\frac{T_d}{T_i}\right)+\frac{1}{T_i s}+\alpha\beta T_d s \tag{5.74}$$

由式(5.74)校正装置所构成的控制器，是一个比例-积分-微分(PID)控制器；而由

式(5.73)迟后-超前校正装置所构成的控制器,则可视为具有滤波环节(以抑制噪声影响)的PID控制器。

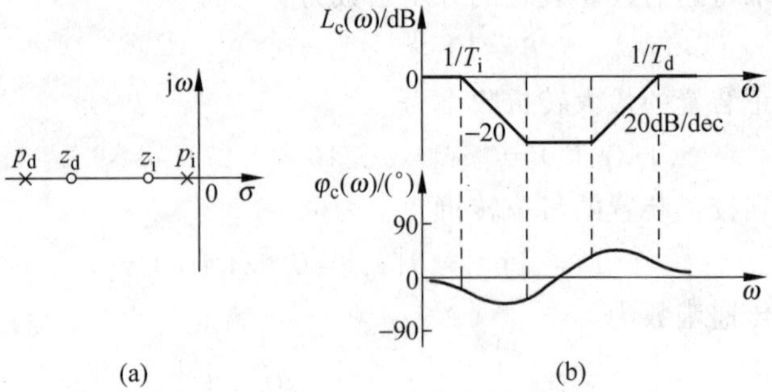

图 5.63 迟后-超前校正装置
(a) 零极点分布图;(b) 伯德图

(2) 确定迟后-超前校正的参数

迟后-超前校正的基本思路是将迟后校正部分的两个转折频率设置在开环频率特性的低频段,超前校正部分的两个转折频率设置在中频段,以便利用超前校正来改善系统的动态性能,利用迟后校正在维持较满意的动态性能的同时,提高系统的稳态性能,从而使校正后系统的动态和稳态性能都得到改善。

前面介绍了串联校正的三种基本方式:超前校正、迟后校正和迟后-超前校正,在对系统进行串联校正时,究竟应采用何种校正方式往往一时难以判断,需要分析原系统特性与性能指标要求之间的差距才能确定,然而在这三种基本校正方式中,迟后校正和超前校正可视为迟后-超前校正的一种特殊情况,因此在综合时,不妨先按一般的校正方式,即迟后-超前校正来对待。在综合的过程中,自然会发觉哪些步骤是不必要的,所需的校正方式也就可以确定下来了。综合时,既可先综合超前校正部分,后综合迟后校正部分,也可反过来,先综合超前后综合迟后。下面按前一顺序,将应用开环频率特性对系统进行串联校正综合的一般步骤归纳如下。

① 根据稳态指标要求确定系统的开环增益,并按此增益值绘制校正前系统的开环对数幅频曲线 $L_o(\omega)$。

② 根据动态指标要求确定幅穿频率 ω_c 和校正方式。如果校正前系统的开环对数渐近幅频曲线在 ω_c 附近的斜率为−40dB/dec且相位迟后较大,无法满足相角裕量指标要求时,则应对系统进行超前校正;如果在 ω_c 处不仅需要添加超前相角,而且在该处 $L_o(\omega_c)>$ 0dB,则应对系统进行迟后-超前校正,并转入步骤③;如果在 ω_c 附近原系统的开环对数渐近幅频曲线的斜率为−20dB/dec,且保持一定的频率宽度,可以满足相角裕量的要求,但是 $L_o(\omega_c)>0$dB,则应对系统进行迟后校正。

③ 按照综合超前校正的步骤③和步骤④综合超前校正部分。在计算它在 ω_c 处所应提供的超前角时,应考虑到迟后校正部分将在该处造成的5°~12°相角迟后量。

④ 根据校正后系统的开环对数幅频曲线在 ω_c 处应通过零分贝线,即 $L_{ci}(\omega_c)+L_{cd}(\omega_c)+L_o(\omega_c)=0$(其中 L_{ci} 和 L_{cd} 分别为迟后校正部分和超前校正部分的对数渐近幅频特性),则可确定迟后校正部分的分度系数为

$$\beta = 10^{-[L_o(\omega_c)+L_{cd}(\omega_c)]/20} \tag{5.75}$$

然后按照前面介绍的综合迟后校正的步骤④综合迟后校正部分。

⑤ 校验经迟后-超前校正后系统的实际性能是否满足指标要求。若不满足，则应修改校正装置的参数或结构并重复以上综合过程，直至取得满意的结果为止。

例 5.19　对于例 5.17 所讨论的随动系统，若要求经串联校正后系统具有下列性能指标：$K_v \geqslant 100$，相角裕量 $\gamma \geqslant 40°$，增益裕量 $g_m \geqslant 10\text{dB}$，$\omega_c \geqslant 20\text{rad/s}$，试综合一个合适的校正装置。

解　(1) 根据稳态指标要求确定开环增益并按此增益值绘制校正前系统的开环伯德图。

由图 5.58 可知该系统为Ⅰ型的最小相位系统，根据稳态指标要求，则可确定系统的开环增益为 $K=K_v=100$，于是由 $G_o(s)=\dfrac{100}{s(0.1s+1)(0.01s+1)}$ 便可绘制校正前系统的开环对数渐近幅频曲线，如图 5.64 的虚线所示。

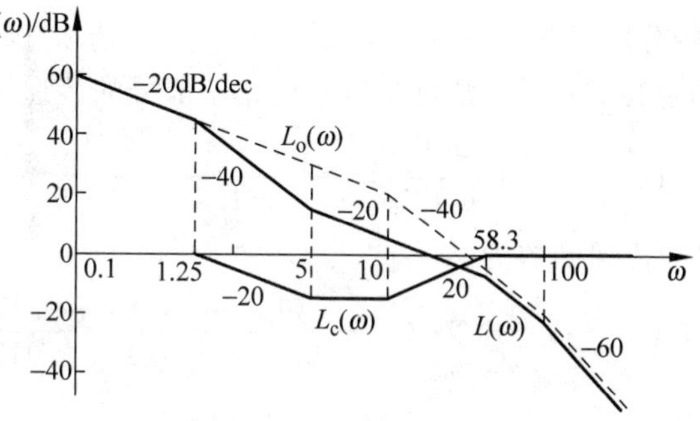

图 5.64　例 5.19 系统的伯德图

(2) 根据动态指标要求确定串联校正的方式。

根据动态指标要求并考虑到可能引入的迟后校正部分将使系统的幅穿频率有所下降，取系统的幅穿频率为 $\omega_c=25\text{rad/s}$。由图 5.64 可知原系统的开环对数渐近幅频曲线在 ω_c 附近的斜率为 -40dB/dec。而且校正前系统的相角裕量为

$$\gamma_o(\omega_c)=180°+\angle G(\mathrm{j}\omega_c)=90°-\arctan 0.1\omega_c-\arctan 0.01\omega_c=7.76°$$

可见未校正时系统在 ω_c 处的相角迟后偏大，为了满足相角裕量指标的要求，必须引入超前校正。此外由图 5.64 可求得 $L_o(\omega_c)=20\lg(K/10)-40\lg(25/10)=4.08\text{dB}$，为了使校正后系统的开环对数幅频曲线在 ω_c 处通过零分贝线，需将中频段垂直下移 4.08dB；而低频段的开环增益是根据稳态指标要求确定的，又不能降低，因此还需引入迟后校正。故系统的串联校正应采用迟后-超前校正的方式。

(3) 综合超前校正部分。

根据相角裕量的要求并考虑到迟后校正部分将在 ω_c 处产生迟后相角 $\varphi_i(\omega_c)$，于是超前校正部分在 ω_c 处所应提供的超前角为

$$\varphi_d=\gamma-\gamma_o(\omega_c)-\varphi_i(\omega_c)=40°-7.76°+(5°\sim 12°)=37.24°\sim 44.24°$$

取 $\varphi_d=45°$。令 $\varphi_d=\varphi_m$，由式(5.61)则可求得超前校正的强度为

$$\alpha=\frac{1+\sin\varphi_m}{1-\sin\varphi_m}=\frac{1+\sin 45°}{1-\sin 45°}=5.83$$

由式(5.63)可得

$$1/(\alpha T_{\mathrm{d}})=|z_{\mathrm{d}}|=\omega_{\mathrm{c}}/\sqrt{\alpha}=10.35\mathrm{rad/s}$$

$$1/T_{\mathrm{d}}=|p_{\mathrm{d}}|=\sqrt{\alpha}\,\omega_{\mathrm{c}}=60.36$$

考虑到在零点 $z_{\mathrm{d}}=-10.35$ 的附近有一个受控对象的极点 $p_{\mathrm{o}}=-10$，为了简化校正后系统的开环传递函数，取 $z_{\mathrm{d}}=p_{\mathrm{o}}=-10$，于是超前校正部分的两个转角频率为

$$1/(\alpha T_{\mathrm{d}})=|z_{\mathrm{d}}|=10\mathrm{rad/s}$$

$$1/T_{\mathrm{d}}=|p_{\mathrm{d}}|=\alpha\cdot 1/(\alpha T_{\mathrm{d}})=10\alpha=58.3\mathrm{rad/s}$$

故超前校正部分的传递函数为

$$G_{\mathrm{cd}}(s)=\frac{1+\alpha T_{\mathrm{d}}s}{1+T_{\mathrm{d}}s}=\frac{1+s/10}{1+s/58.3}=\frac{1+0.1s}{1+0.017s}$$

(4) 综合迟后校正部分。

由式(5.75)可得

$$20\lg\beta=-L_{\mathrm{o}}(\omega_{\mathrm{c}})-L_{\mathrm{cd}}(\omega_{\mathrm{c}})=-4.08-20\lg(\omega_{\mathrm{c}}/10)=-12.04\mathrm{dB}$$

于是可确定迟后校正的分度系数为 $\beta=10^{-12.04/20}=0.25$。选取 $1/(\beta T_{\mathrm{i}})=\omega_{\mathrm{c}}/5=5\mathrm{rad/s}$，而 $1/T_{\mathrm{i}}=\beta\cdot 1/(\beta T_{\mathrm{i}})=1.25\mathrm{rad/s}$，则可求得迟后校正部分的传递函数为

$$G_{\mathrm{ci}}(s)=\frac{1+\beta T_{\mathrm{i}}s}{1+T_{\mathrm{i}}s}=\frac{1+s/5}{1+s/1.25}=\frac{1+0.2s}{1+0.8s}$$

故迟后-超前校正装置的传递函数为

$$G_{\mathrm{c}}(s)=G_{\mathrm{ci}}(s)G_{\mathrm{cd}}(s)=\frac{(1+0.2s)(1+0.1s)}{(1+0.8s)(1+0.017s)}$$

(5) 校验。

经校正后系统的开环传递函数为

$$G_{\mathrm{k}}(s)=G_{\mathrm{c}}(s)G(s)=\frac{100(1+0.2s)}{s(1+0.8s)(1+0.017s)(1+0.01s)}$$

于是可绘制校正后系统的开环对数渐近幅频曲线如图 5.64 中的实线所示。

应用 MATLAB 仿真则可求得校正后系统的实际性能为：相角裕量 $\gamma=46.4°$，$\omega_{\mathrm{c}}=23.2\mathrm{rad/s}$，可见各项性能均满足指标要求，故以上综合的结果是可行的。

2. 串联校正综合法

前面介绍的串联校正分析法是根据要求的性能指标和原系统的特性，先选择串联校正装置的结构，然后再确定校正装置的参数，最后进行验证，如果还没有达到性能指标要求，则还要重新设置参数，直到满意为止，所以这种方法是带有试探性的。而工程上常常采用综合法，也就是期望特性法，它首先根据给定的性能指标求出系统期望的开环频率特性，然后与原系统的频率特性进行比较，最后确定校正装置的结构及参数，使校正后的开环传递函数等于期望的开环传递函数。

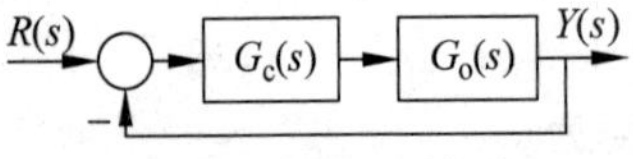

图 5.65 串联校正综合法示意图

设系统的结构图如图 5.65 所示，$G_{\mathrm{o}}(s)$为校正前系统的传递函数，$G_{\mathrm{c}}(s)$为校正装置的传递函数，$G(s)$为期望的开环传递函数，则校正装置的传递函数应为

$$G_c(s)=\frac{G(s)}{G_o(s)} \tag{5.76}$$

由式(5.76)可得校正装置的对数幅频特性为

$$L_c(\omega)=L(\omega)-L_o(\omega) \tag{5.77}$$

综上可知，若根据给定的性能指标绘制出了系统期望的特性曲线 $L(\omega)$，则由期望特性曲线减去校正前系统的开环幅频特性曲线 $L_o(\omega)$，就得到了校正装置的对数幅频特性曲线 $L_c(\omega)$，这样就很容易由 $L_c(\omega)$ 写出校正装置的传递函数了。因此期望特性法的关键是绘制系统期望的特性曲线 $L(\omega)$，工程上常常采用按最佳二阶系统或者按最佳三阶系统进行校正装置的设计，即

最佳二阶系统

$$G(s)=G_c(s)G_o(s)=\frac{K}{s(Ts+1)} \tag{5.78}$$

最佳三阶系统

$$G(s)=G_c(s)G_o(s)=\frac{K(T_1s+1)}{s^2(T_2s+1)}(\text{其中 } T_1>T_2) \tag{5.79}$$

(1) 按最佳二阶系统校正

将系统综合成二阶的闭环控制系统，其结构图如图 5.66 所示，其期望的开环传递函数为 $G(s)=\dfrac{K}{s(Ts+1)}$，由此绘制的伯德图如图 5.67 所示。

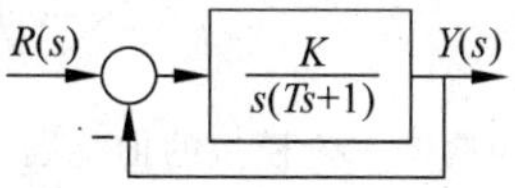

图 5.66　典型二阶模型的结构图

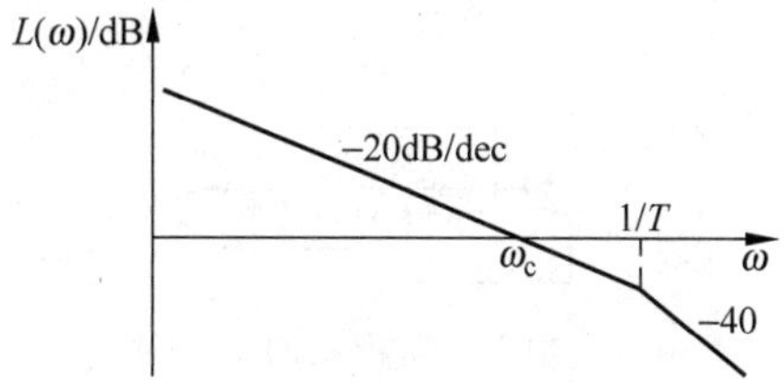

图 5.67　典型二阶模型的伯德图

由图 5.67 可见，幅穿频率 $\omega_c=K$，与典型二阶系统 $G(s)=\dfrac{\omega_n^2}{s(s+2\zeta\omega_n)}$ 比较得出

$$\begin{cases} K=\dfrac{\omega_n}{2\zeta} \\ T=\dfrac{1}{2\zeta\omega_n} \end{cases} \tag{5.80}$$

在典型二阶系统中，当 $\zeta=0.707$ 时，系统的性能指标为超调量 $\sigma_p=4.3\%$，由式(5.53)可求出对应的频域指标相角裕量 $\gamma=65.5°$，此时系统响应的快速性和平稳性都比较好，所以通常把阻尼比 $\zeta=0.707$ 定义为最佳二阶系统。

对于最佳二阶系统，由式(5.80)可得出 $K=\dfrac{1}{2T}$，故期望的开环传递函数为

$$G(s)=\frac{1}{2Ts(Ts+1)} \tag{5.81}$$

例 5.20 假设受控对象的传递函数为两个惯性环节相串联，即 $G_o(s)=\dfrac{K_1K_2}{(T_1s+1)(T_2s+1)}$，$T_2>T_1$，采用综合校正法进行校正。

解 按最佳二阶系统校正，期望模型的传递函数为式(5.81)，取其时间常数 T 与受控对象中较小的时间常数 T_1 相同，即 $T=T_1$，则校正装置的传递函数为

$$G_c(s)=\frac{G(s)}{G_o(s)}=\frac{T_2s+1}{2K_1K_2T_1s}=\frac{T_2}{2K_1K_2T_1}\left(1+\frac{1}{T_2s}\right)$$

可见校正装置应采用 PI 调节器，其参数应整定为比例(P)的放大倍数为 $K_p=\dfrac{T_2}{2K_1K_2T_1}$，积分(I)的时间常数 $T_i=T_2$。

(2) 按最佳三阶系统校正

① 典型三阶模型

将系统综合成三阶的闭环控制系统，其结构图如图 5.68 所示，期望的开环传递函数为 $G(s)=\dfrac{K(T_1s+1)}{s^2(T_2s+1)}$，由此绘制的期望的开环频率特性如图 5.69 所示，由图 5.69 可知 ω_1 和 ω_2 为伯德图的两个转折频率，其中频宽度 h 为

$$h=\frac{\omega_2}{\omega_1}=\frac{T_1}{T_2} \tag{5.82}$$

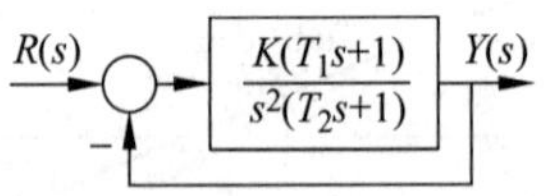

图 5.68 典型三阶模型的结构图

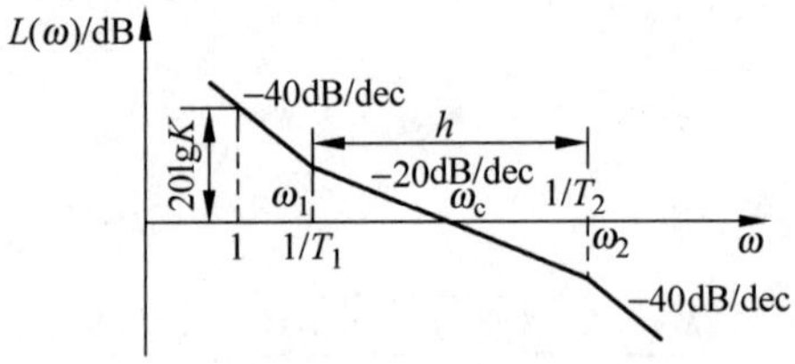

图 5.69 典型三阶模型的伯德图

② 具有最小谐振峰值的典型三阶模型

由图 5.68 可得系统的开环相频特性为

$$\varphi(\omega)=-180^\circ+\arctan\frac{\omega}{\omega_1}-\arctan\frac{\omega}{\omega_2}$$

令 $\dfrac{d\varphi(\omega)}{d\omega}=0$，则可得到最大相角所对应的频率为 $\omega_m=\sqrt{\omega_1\omega_2}$，即 $\lg\omega_m=\dfrac{1}{2}(\lg\omega_1+\lg\omega_2)$ 表示 ω_m 位于 ω_1 和 ω_2 的几何中心。如果调整系统的开环增益 K，使 $\omega_r=\omega_m$，则闭环谐振峰值将是最小的，此时

$$\frac{\omega_2}{\omega_c}=\frac{2h}{h+1} \quad 或 \quad \frac{\omega_c}{\omega_1}=\frac{h+1}{2} \tag{5.83}$$

如果系统满足式(5.83)时，所对应的闭环谐振值最小，故称其为最佳频比。

具有最佳频比的典型三阶模型为

$$G(s)=\frac{h+1}{2h^2T_2^2}\cdot\frac{hT_2s+1}{s^2(T_2s+1)} \tag{5.84}$$

考虑到参考输入和扰动输入两方面的性能指标,通常取中频宽度 $h=5$。

例 5.21　设系统的受控对象为 $G_o(s)=\dfrac{K_2}{s(T_2s+1)}$,采用综合校正法进行校正。

解　按最佳频比校正为典型的三阶模型,期望模型的传递函数为式(5.84),则校正装置的传递函数为

$$G_c(s)=\frac{G(s)}{G_o(s)}=\frac{h+1}{2K_2hT_2}\left(1+\frac{1}{hT_2s}\right)$$

可见应采用 PI 调节器,其参数整定为 $K_p=\dfrac{h+1}{2hK_2T_2}$,$T_i=hT_2$。

例 5.22　设系统的受控对象为 $G_o(s)=\dfrac{K_2}{s(T_2s+1)(T_3s+1)}$,$T_2<T_3$,采用综合校正法进行校正。

解　按最佳频比校正为典型的三阶模型,期望模型的传递函数为式(5.84),则校正装置的传递函数为

$$G_c(s)=\frac{G(s)}{G_o(s)}=\frac{(h+1)(hT_2+T_3)}{2h^2T_2^2K_2}\left[1+\frac{1}{(hT_2+T_3)s}+\frac{hT_2T_3}{hT_2+T_3}s\right]$$

可见应采用 PID 调节器,其参数整定为 $K_p=\dfrac{(h+1)(hT_2+T_3)}{2h^2K_2T_2^2}$,$T_i=hT_2+T_3$,$T_d=\dfrac{hT_2T_3}{hT_2+T_3}$。

③ 具有最大相位裕度的典型三阶模型

典型三阶模型的传递函数为 $G(s)=\dfrac{K(T_1s+1)}{s^2(T_2s+1)}$,相频特性为 $\varphi(\omega)=-180°+\arctan(\omega T_1)-\arctan(\omega T_2)$,由此得出相角裕度为

$$\gamma=180°+\varphi(\omega_c)=\arctan(\omega_cT_1)-\arctan(\omega_cT_2) \tag{5.85}$$

由图 5.69 可知,调整 K 的大小,可使幅频特性上下移动,即可改变 ω_c 的大小,从而使相角裕度 γ 取得最大值。将式(5.85)对 ω_c 求导,并令其等于 0,可求出 γ 的最大值。

设当 $\omega_c=\omega_0$ 时,γ 取得最大值,则

$$\omega_0=\sqrt{\omega_1\omega_2}=\frac{1}{\sqrt{T_1T_2}}=\frac{1}{\sqrt{h}T_2} \tag{5.86}$$

$$\gamma_{max}=\arctan\frac{h-1}{2\sqrt{h}} \tag{5.87}$$

$$K=\omega_0\omega_1=\frac{1}{h\sqrt{h}T_2^2}=\frac{\omega_2^2}{h\sqrt{h}} \tag{5.88}$$

所以具有最大相位裕度的典型三阶模型为

$$G(s)=\frac{hT_2s+1}{h\sqrt{h}T_2^2s^2(T_2s+1)} \tag{5.89}$$

实际应用时,根据系统的传递函数,由式(5.76)~式(5.79)即可得出校正装置的传递函数了,方程方便快捷,因此在工程上得到了广泛的应用。

5.6.2 反馈校正

局部反馈校正(简称反馈校正)是工程上广泛应用的另一种基本校正方法,具有反馈校正系统的典型结构图如图 5.70 所示,图中 $G_2(s)$为受控系统中参数变化较大或特性不够理想,是影响系统性能提高的主要环节,如果其输出是可测的,则可从它的输出端引出反馈信号并将校正装置 $G_c(s)$设置在反馈通道上,从而构成一个局部反馈回路,简称内环;而 $G_1(s)$和内环以及主反馈通道所构成的外部反馈回路,称为主反馈回路或外环。本节将着重讨论反馈校正的作用及其综合的基本方法。

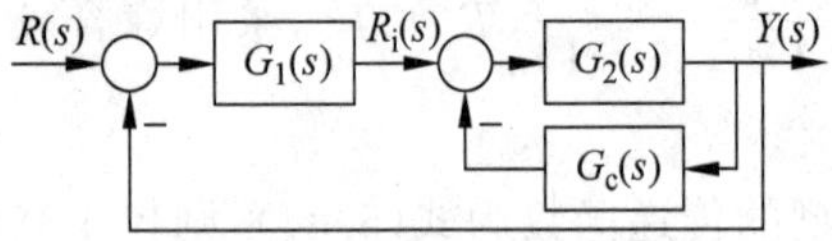

图 5.70 反馈校正装置

反馈校正系统的开环传递函数为

$$G_k(s)=G_1(s)\frac{G_2(s)}{1+G_2(s)G_c(s)}=G_1(s)\cdot\Phi_i(s)$$

式中,$\Phi_i(s)=\dfrac{G_2(s)}{1+G_2(s)G_c(s)}$,为内环的等效传递函数。假设内环本身是稳定的,当$|G_2(s)G_c(s)|\ll 1$时,有

$$\Phi_i(s)\approx G_2(s),\quad G_k(s)\approx G_1(s)G_2(s)=G_o(s) \tag{5.90}$$

当$|G_2(s)G_c(s)|\gg 1$时,有

$$\Phi_i(s)\approx\frac{1}{G_c(s)},\quad G_k(s)\approx\frac{G_o(s)}{G_2(s)G_c(s)} \tag{5.91}$$

式中,$G_o(s)=G_1(s)G_2(s)$,为校正前系统的开环传递函数。

式(5.90)和式(5.91)表明:当内环的开环增益远小于 1 时,反馈校正作用很弱,则可认为反馈校正不起作用(即内环是开路的),于是内环的等效传递函数等于原环节的传递函数 $G_2(s)$;当内环的开环增益远大于 1 时,反馈校正作用很强,则可认为内环的等效传递函数等于反馈校正装置传递函数的倒数,而与原环节的传递函数 $G_2(s)$几乎无关。因此反馈校正综合的基本思路是,将原系统中特性较差并阻碍系统性能提高的某些环节选作 $G_2(s)$,并构成一局部反馈回路,通过适当地选择反馈校正装置 $G_c(s)$的形式、参数及其精确度,就可在反馈校正起作用的一定频率范围内将系统的原有特性 $G_2(s)$改造成$\dfrac{1}{G_c(s)}$的特性,而 $G_c(s)$是人为设计的,可以做得比较理想,从而可以有效地克服原系统 $G_2(s)$的特性缺陷和作用在其上的扰动等不确定性因素所造成的不良影响,使校正后的系统满足给定的性能指标要求。

在综合时应注意以下两点。

(1) 应使内环稳定。虽然从理论上讲,内环可以不稳定,而依靠外环的校正装置也可确保系统是稳定的,但从工程上考虑,不稳定的内环是不可取的,因为在系统的安装调试过程中,总是先调试内环然后再调试外环,若内环不稳定,调试就无法进行。

(2) 应检验在反馈校正起作用的主要频率范围内,条件$|G_2(j\omega)G_c(j\omega)|\gg 1$是否成立。只有当该条件成立时,才能将系统的原有特性 $G_2(s)$改造成$\dfrac{1}{G_c(s)}$。为了简化在伯德图上的分析(尤其是在对系统进行初步设计时),通常将条件放宽为:当$|G_2(j\omega)G_c(j\omega)|<1$时,

式(5.90)成立；当$|G_2(j\omega)G_c(j\omega)|>1$时，式(5.91)成立。在这两个频率区间(即反馈校正起与不起作用)的交接点，就产生在$|G_2(j\omega)G_c(j\omega)|=1$的频率处，即$G_2(j\omega)$与$\frac{1}{G_c(j\omega)}$这两条曲线的相交处，可见将条件放宽所带来的误差主要发生在相交处及其附近的频率段上，而影响系统暂态性能的，主要是幅穿频率ω_c及其附近的频率段。故在综合时应使ω_c远离相交点频率，并使在ω_c处$|G_2(j\omega)G_c(j\omega)|$足够大。工程上通常认为$|G_2(j\omega)G_c(j\omega)|>5$，则可认为条件$|G_2(j\omega)G_c(j\omega)|\gg 1$得到满足。

5.7 频域法的应用

机床导轨伺服控制系统如图5.71所示，其中$G_o(s)$是系统的固有部分，试设计一个校正网络$G_c(s)$，使系统在单位阶跃输入下(≤150mm)的性能指标达到：超调量$\sigma\%\leqslant 5\%$，调节时间$t_s\leqslant 1s$，振荡次数$N<1$，且在10mm/s斜坡信号输入时的跟踪误差<0.05mm。

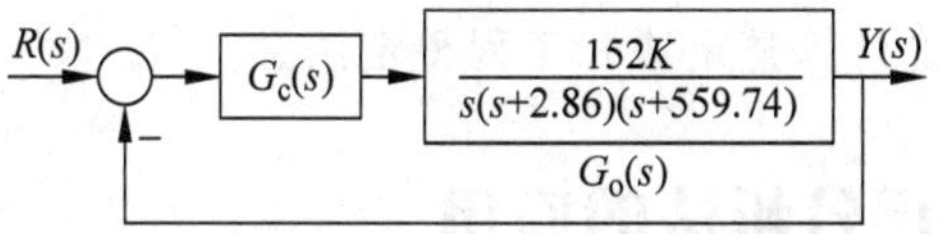

图5.71　机床导轨伺服控制系统结构图

5.7.1 频域法的实例分析

1. 频域指标的提出

要采用频域法进行系统设计，首先应将时域指标转换为频率指标。由于开环极点$s_3=-559.74$远离虚轴，故在3.5节中我们曾讨论了系统可由二阶系统来近似等效，其等效的传递函数为

$$G_k(s)\approx\frac{0.095K}{s(0.35s+1)}=\frac{0.27K}{s(s+2.68)}$$

因此可由二阶系统时域和频域的精确关系计算出频域指标，并进行适当地调整，即留有余量。由式(3.26)和式(5.52)～式(5.54)换算出对应的频域设计指标为：系统的幅穿频率$\omega_c>10\text{rad/s}$，相角裕量$\gamma(\omega_c)>40°$，振荡次数$N<1$，在10mm/s斜坡信号输入时跟踪误差<0.05mm。

频域性能指标确定后，首先应该对固有的系统进行分析，计算出它们的性能指标，然后再根据其原有的性能指标分析来选择合适的校正方式。

2. 固有系统的分析

机床导轨伺服控制系统的开环传递函数为

$$G_o(s)=\frac{152K}{s(s+2.86)(s+559.74)}$$

将其转换为时间常数形式为

$$G_o(s)=\frac{0.095K}{s(0.35s+1)(0.00178s+1)}$$

则其斜坡误差系数为

$$K_v=\lim_{s\to 0}sG_o(s)=0.095K$$

要求系统在10mm/s斜坡信号输入时，跟踪误差<0.05mm，则$K>2105$，取$K=2500$，故满足稳态精度要求的开环传递函数为

$$G_o(s)=\frac{237.5}{s(0.35s+1)(0.00178s+1)}$$

在此基础上分别求得系统的幅穿频率、相穿频率、相角裕量以及幅值裕量分别为：$\omega_c=26\text{rad/s}$，$\omega_g=40\text{rad/s}$，$\gamma(\omega_c)=3.63°$，$g_m=7.5\text{dB}$。

3. 校正装置的选择

由上分析结果可见，当K取2500时，可以满足稳态精度的要求，但相角裕量$\gamma(\omega_c)=3.63°$，远远没有达到$\gamma(\omega_c)>40°$的动态性能指标要求，所以必须进行校正，校正装置的参数整定方法有两类，即理论计算整定法和工程整定法。

5.7.2 串联校正分析法的应用

根据前面的分析我们知道，加超前校正装置可以使中频段相角迟后变慢，又因幅穿频率$\omega_c=26\text{rad/s}$已较大，就不能盲目地加大超前角来补偿相角滞后，这样会导致系统抗干扰能力下降。所以应保持固有的幅穿频率不增加或变小，加入迟后校正，因此必须采用迟后-超前校正网络。

1. 迟后-超前校正的设计

设系统的固有开环传递函数为$G_o(s)$，超前校正传递函数为$G_{cd}(s)$，迟后校正传递函数为$G_{ci}(s)$，校正后的开环传递函数为$G_d(s)$，则校正后的开环传递函数应满足：

$$G_d(s)=G_{ci}(s)G_{cd}(s)G_o(s) \tag{5.92}$$

幅频特性应满足：

$$L_d(\omega)=L_{ci}(\omega)+L_{cd}(\omega)+L_o(\omega) \tag{5.93}$$

相频特性应满足：

$$\varphi_d(\omega)=\varphi_{ci}(\omega)+\varphi_{cd}(\omega)+\varphi_o(\omega) \tag{5.94}$$

(1) 绘制满足稳态指标要求的固有开环对数幅频特性(见图5.72中的虚线)

由图5.72可知，系统的幅穿频率ω_c已满足设计要求，但相角裕量γ还远远未达到要求，所以必须采用超前校正使中频段相角迟后变慢。因幅穿频率已较大，不能盲目地加大超前角补偿相角滞后，这样会导致系统抗干扰能力下降。所以应保持固有的幅穿频率不增加或变小，加入迟后校正。因为在ω_c处，$L_o(\omega)$和$L_{cd}(\omega)$大于零，只有加入一个小于零的$L_{ci}(\omega)$才能使$L_d(\omega)=0$成立。加入迟后校正后，虽牺牲了一定的动态性能，但系统由于超前校正的作用仍具有足够的相角裕量，同时有较大的幅值裕量(这是因为迟后校正放在低频段其主要影响的是开环对数幅频特性，而对中频段相角影响很小)。综上所述，为了保证系

统有良好的动态和稳态性能，应选择迟后-超前校正。

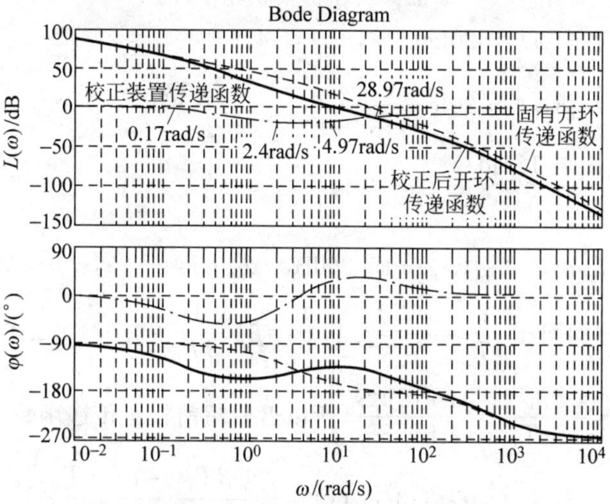

图 5.72 机床导轨伺服控制系统伯德图

实线表示校正后系统；虚线表示固有系统；点划线表示校正装置

(2) 根据动态指标确定校正后的幅穿频率

综合考虑迟后校正减小了幅穿频率，取校正后的幅穿频率为 12rad/s。

(3) 超前校正部分

固有系统的相角裕量为 $\gamma_o(\omega_c)=180°+\varphi_o(\omega_c)$，校正后的相角裕量为 $\gamma_d(\omega_c)=180°+\varphi_o(\omega_c)+\varphi_{ci}(\omega_c)+\varphi_{cd}(\omega_c)$，超前相角 $\varphi_{cd}(\omega_c)=\gamma_d(\omega_c)-\gamma_o(\omega_c)-\varphi_{ci}(\omega_c)=\gamma_d(\omega_c)-\gamma_o(\omega_c)-(5°\sim12°)$，计算取 $\varphi_{cd}(\omega_c)=45°$，令 $\varphi_{cd}(\omega_c)=\varphi_m=45°$。由式(5.61)～式(5.63)可得

$$\alpha=\frac{1+\sin\varphi_m}{1-\sin\varphi_m}=5.83$$

$$\frac{1}{\alpha T_d}=\frac{\omega_c}{\sqrt{\alpha}}=\frac{12}{\sqrt{5.83}}=4.97$$

$$\frac{1}{T_d}=\sqrt{\alpha}\,\omega_c=\sqrt{5.83}\times12=28.97$$

故超前校正部分的传递函数为

$$G_{cd}(s)=\frac{1+\alpha T_d s}{1+T_d s}=\frac{1+0.2s}{1+0.0345s}$$

(4) 迟后校正部分

由 $L_d(\omega_c)=L_{ci}(\omega_c)+L_{cd}(\omega_c)+L_o(\omega_c)=0$ 和式(5.68)可知，$20\lg\beta=-L_{cd}(\omega_c)-L_o(\omega_c)$，又有

$$L_o(\omega)\approx20\lg\frac{123.5}{\omega},\quad \omega\leqslant2.86$$

$$L_o(\omega)\approx20\lg\frac{123.5}{\omega\times0.35\omega},\quad 2.86<\omega\leqslant562$$

$$L_o(\omega) \approx 20\lg \frac{123.5}{\omega \times 0.35\omega \times 0.001\,78\omega}, \quad \omega > 562$$

$$L_{cd}(\omega) \approx 20\lg 0.2\omega, \quad \omega \leqslant 4.97$$

$$L_{cd}(\omega) \approx 20\lg \frac{0.2\omega}{0.034\,5\omega}, \quad \omega > 4.97$$

$$\omega_c = 12\text{rad/s}$$

代入计算得

$$L_o(\omega) = 7.78\text{db}, \quad L_{cd}(\omega) = 15.26\text{dB}, \quad 20\lg\beta = -23, \quad \beta = 10^{\frac{-23}{20}} = 0.071$$

由式(5.62)～式(5.63)可得$\frac{1}{\beta T_i} = \frac{\omega_c}{5} = 2.4$，$\frac{1}{T_i} = \beta \times \frac{1}{\beta T_i} = 0.071 \times 2.4 = 0.17$，则迟后校正传递函数为$G_{ci}(s) = \frac{1+\beta T_i s}{1+T_i s} = \frac{1+0.42s}{1+5.88s}$，所以迟后超前校正传递函数为

$$G_c(s) = G_{ci}(s)G_{cd}(s) = \frac{1+\beta T_i s}{1+T_i s} \cdot \frac{1+\alpha T_d s}{1+T_d s}$$

$$= \frac{(1+0.42s)}{(1+5.88s)} \cdot \frac{(1+0.2s)}{(1+0.034\,5s)} \tag{5.95}$$

2. 用 MATLAB 校验

校正后的开环传递函数为

$$G_d(s) = \frac{(1+0.42s)}{(1+5.88s)} \cdot \frac{(1+0.2s)}{(1+0.034\,5s)} \cdot \frac{237.5}{s(0.35s+1)(0.001\,78s+1)}$$

$$= \frac{(0.084s^2+0.62s+1)}{(0.2s^2+5.91s+1)} \cdot \frac{237.5}{s(0.35s+1)(0.001\,78s+1)} \tag{5.96}$$

仿真程序如下：

```
Gc=tf([0.084,0.62,1],[0.2,5.91,1])        %校正装置传递函数
G1=tf([237.5],[1,0])
G2=tf([1],[0.35,1])
G3=tf([1],[0.00178,1])
Gk=G1*G2*G3                                %固有开环传递函数
G=Gc*G1*G2*G3                              %校正后开环传递函数
figure(1);
bode(Gc)                                   %作各传递函数的伯德图
hold on;
bode(Gk)
hold on;
bode(G)
grid on;
figure(2)
M=G/(1+G)                                  %求闭环阶跃响应
[y,t]=step(M)
plot(t,y)
[Gm,Pm,Wg,Wc]=margin(G)
```

运行结果：

```
Gm=51.4348
Pm=47.1581
Wg=118.0346
Wc=10.1130
```

应用仿真程序可求得校正后的相角裕量为 47.158 1°，增益裕量为 51.434 8dB，相穿频率为 118.034 6rad/s，幅穿频率为 12.8rad/s，单位阶跃响应如图 5.73 所示也符合要求，故校正装置可行。

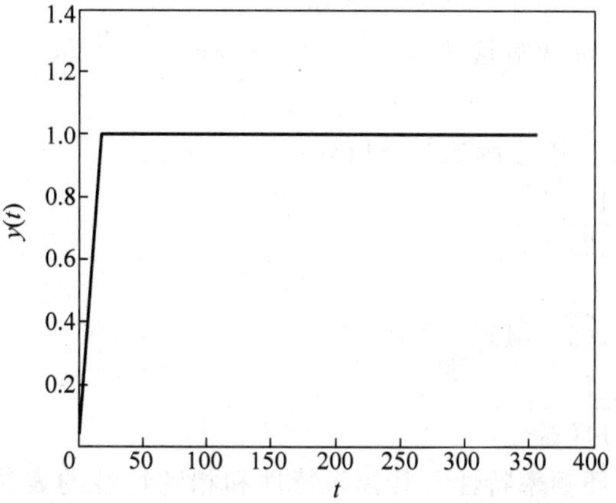

图 5.73　采用串联校正后系统的阶跃响应曲线

本章小结

频域法是研究系统在正弦信号作用下的稳态响应。首先，从频域法的数学模型——频率特性入手，介绍了频率特性的基本概念、频率特性的求解以及频率特性的两种图示法：奈奎斯特图、伯德图。其次，在典型环节频率特性绘制的基础上重点介绍了开环系统伯德图的幅频特性和相频特性的绘制方法，奈奎斯特图的起点、终点和特殊点的简略绘图法，以及闭环频率特性和开环频率特性之间的关系。在此基础上，从频率响应分析法和频率响应综合法两大部分对系统进行了分析和综合研究，其中频率分析法从系统的稳定性、稳态特性和动态特性三个方面进行了分析，重点介绍了奈奎斯特稳定判据及其应用，以及稳定裕量的问题；结合伯德图的三段频率特性阐述了低频段和稳态特性之间的关系，中频段和动态特性之间的关系，以及高频段和系统抗干扰能力之间的关系等，对系统有了一个比较全面的分析和评价。然后，利用 MATLAB 软件，通过它的命令绘制精确的频率特性曲线和性能指标的求解，从而验证了理论分析设计的正确性和合理性。频率响应综合法则是为了改善控制系统的性能，附加校正装置的设计法，它从理论分析计算和工程应用两个方面阐述了综合法的基本原理、步骤和参数的计算。最后，以一个实际的机床导轨运动控制系统为例，阐述了采用频域法进行分析和设计的实施过程。

习题

5-1 设单位反馈系统的开环传递函数为$G(s)=\dfrac{10}{s+1}$,当输入信号为下列函数时,求系统的稳态输出。

(1) $r(t)=\sin(t+30°)$;

(2) $r(t)=0.2\sin(t+30°)-2\cos(2t-45°)$。

5-2 设系统的单位阶跃响应为$h(t)=1-1.8\mathrm{e}^{-4t}+0.8\mathrm{e}^{-9t}\ (t\geqslant 0)$,求系统的频率特性。

5-3 已知系统的开环传递函数如下所列:

(1) $G(s)=\dfrac{1}{(s+1)(2s+1)}$;

(2) $G(s)=\dfrac{1}{s(s+1)(2s+1)}$;

(3) $G(s)=\dfrac{1}{s^2(s+1)(2s+1)}$。

试写出各系统的开环频率特性及其幅频特性和相频特性的表达式,并分别绘制其奈奎斯特曲线。若曲线穿越坐标轴,求出穿越点的频率及相应的坐标值。

5-4 绘制下列开环传递函数的对数幅频渐近特性曲线和对数相频特性曲线。

(1) $G(s)=\dfrac{1}{(s+1)(2s+1)}$; (2) $G(s)=\dfrac{1}{s(s+1)(2s+1)}$;

(3) $G(s)=\dfrac{10(s+0.2)}{s^2(s+0.1)}$; (4) $G(s)=\dfrac{1}{s^2(s+1)(2s+1)}$;

(5) $G(s)=\dfrac{40(s+0.5)}{s(s+0.2)(s^2+s+1)}$。

5-5 已知最小相位系统的对数幅频渐近曲线如图 5.74 所示,试确定系统的开环传递函数。

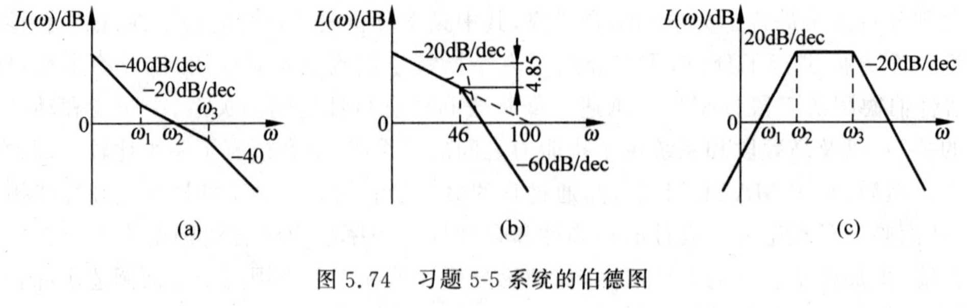

图 5.74 习题 5-5 系统的伯德图

5-6 设$G_1(\mathrm{j}\omega)$、$G_2(\mathrm{j}\omega)$和$G_1(\mathrm{j}\omega)\cdot G_2(\mathrm{j}\omega)$的对数幅频曲线如图 5.75 所示,且已知$\lim\limits_{s\to 0}sG_1(s)=400$,$\lim\limits_{s\to 0}G_2(s)/s=10$,$\omega_1=0.05\text{rad/s}$。求$\omega_2$、$\omega_3$和$\omega_4$的值。

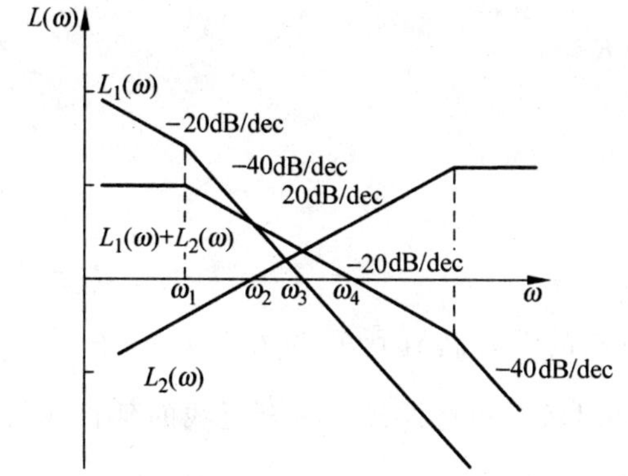

图 5.75 习题 5-6 系统的伯德图

5-7 已知系统的开环传递函数及其对应的开环奈奎斯特曲线如图 5.76 所示，试判断各闭环系统的稳定性。

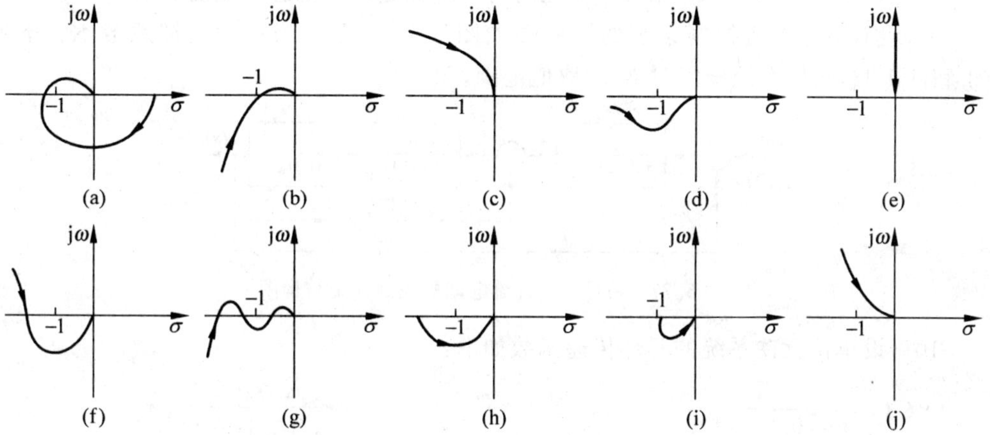

图 5.76 习题 5-7 系统的开环极坐标图

(a) $G(s)=\dfrac{K}{(T_1s+1)(T_2s+1)(T_3s+1)}$；

(b) $G(s)=\dfrac{K}{s(T_1s+1)(T_2s+1)}$；

(c) $G(s)=\dfrac{K}{s^2(Ts+1)}$；

(d) $G(s)=\dfrac{K(T_1s+1)}{s^2(T_2s+1)}(T_1>T_2)$；

(e) $G(s)=\dfrac{K}{s^3}$；

(f) $G(s)=\dfrac{K(T_1s+1)(T_2s+1)}{s^3}$；

(g) $G(s)=\dfrac{K(T_5s+1)(T_6s+1)}{s(T_1s+1)(T_2s+1)(T_3s+1)(T_4s+1)}$；

(h) $G(s)=\dfrac{K}{T_1s-1}(K>1)$；

(i) $G(s)=\dfrac{K}{T_1s-1}(K<1)$；

(j) $G(s)=\dfrac{K}{s(Ts-1)}$。

5-8 设单位反馈系统的开环传递函数为 $G(s)=\dfrac{K}{s(T_1s+1)(T_2s+1)}$，其中 $T_1=0.1\text{s}$，$T_2=10\text{s}$。如果开环对数幅频特性最左端渐近线的延长线与零分贝线交点处的角频率为 10rad/s，试问：

(1) 系统的开环放大倍数 K 等于多少？

(2) 系统的截止频率 ω_c 等于多少？

(3) 系统是否稳定？

(4) 分析系统参数 K、T_1 和 T_2 变化时对系统稳定性和稳态性能的影响。

5-9 设直流电动机控制系统的结构图如图 5.77 所示。当速度反馈系数 K_t 分别为 0.01 和 0.1 时，求使系统稳定时 K 的取值范围。

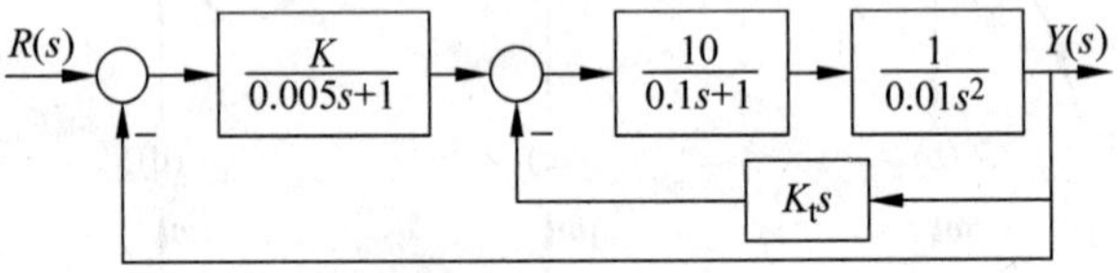

图 5.77 习题 5-9 直流电动机控制系统结构图

5-10 设单位反馈系统的开环传递函数如下：

(1) $G(s)=\dfrac{K}{s(0.2s+1)}$；　　(2) $G(s)=\dfrac{K(s+1)}{s^2(0.1s+1)}$。

试确定使 $A(\omega)=1$ 和 $\varphi(\omega)=-135^\circ$ 的 K 值。

5-11 已知单位反馈系统开环传递函数 $G(s)=\dfrac{K}{s(Ts+1)}$。若要求将截止频率提高 a 倍，相角裕量保持不变，问 K、T 应如何变化？

5-12 确定使如图 5.78 所示系统稳定时 K_h 的临界值。

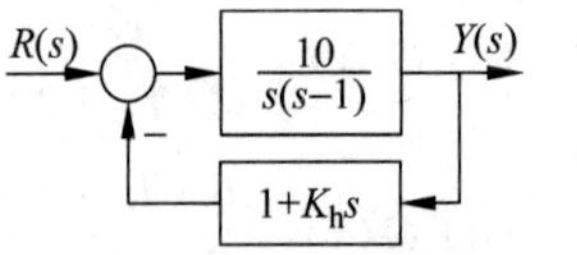

图 5.78 习题 5-12 系统结构图

5-13 已知控制系统的开环传递函数为

$$G_k(s)=\frac{(s+5)}{s(s+1)(s+50)(s+200)}$$

试判断闭环系统是否稳定。若稳定，求系统的稳定裕量。

5-14 设系统的开环传递函数为

$$G_k(s)=\frac{K}{s(s+1)(0.2s+1)}$$

试求：(1)当 $K=1$ 时系统的相角裕量；(2)当 $K=10$ 时系统的相角裕量；(3)分析讨论开环增益的高低对系统响应相对稳定性的影响。

5-15　已知反馈控制系统的开环传递函数为

$$G(s)H(s)=\frac{90(s+2)}{s(s+0.5)(s+10)}$$

试求：(1)绘制系统的开环伯德图并求系统的相角裕量；(2)若引入一个积分环节使系统成为Ⅱ型的，绘制此时的开环伯德图并求系统的相角裕量；(3)说明积分环节对系统性能的影响。

5-16　设闭环控制系统的开环传递函数为

$$G_{\mathrm{k}}(s)=\frac{20}{s^2(s+5)}$$

试求：(1)绘制开环伯德图并求系统的相角裕量；(2)若引入一个比例微分环节$(s+1)$，绘制此时的开环伯德图并求系统的相角裕量；(3)分析说明比例微分环节对系统性能的影响。

5-17　设二阶规范系统的闭环幅频曲线如图5.79所示，试求该系统的单位阶跃响应。

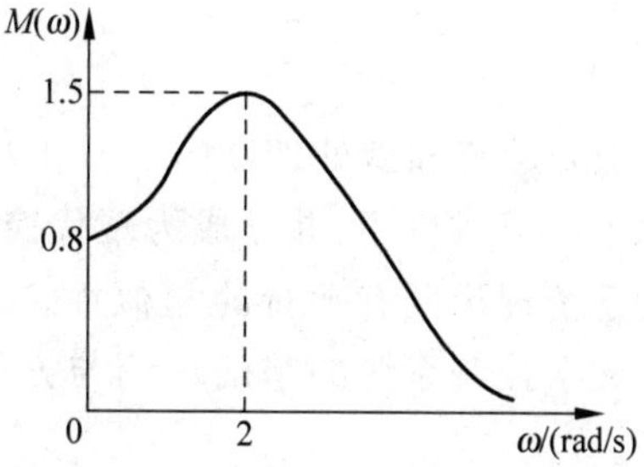

图5.79　习题5-17系统的闭环幅频曲线

5-18　设单位反馈系统的开环传递函数为$G(s)=\frac{K}{s(s+1)}$，试设计一串联超前校正装置，使系统满足如下指标：

(1) 在单位斜坡输入下的稳态误差$e_{ss}\leqslant\frac{1}{15}$；

(2) 截止频率$\omega_c\geqslant 7.5\text{rad/s}$；

(3) 相角裕度$\gamma\geqslant 45°$。

5-19　设单位反馈系统的开环传递函数为$G(s)=\frac{K}{s(s+1)(0.25s+1)}$，要求校正后系统的静态斜坡误差系数率$K_v\geqslant 5$，相角裕度$\gamma\geqslant 45°$。试设计串联迟后校正装置。

第6章

离散控制系统

随着计算和微处理器的日益普及，以数字控制系统为主要应用形式的离散控制系统得到了广泛的应用，并已成为现代控制系统的一种重要形式。线性离散系统理论与线性连续系统理论既有平行的相似性，又有本质上的差异。研究离散控制理论，掌握分析与综合数字控制系统的基础理论与方法对现今的控制系统的分析与设计有着非常重要的意义。

6.1　采样过程

把连续信号转换为离散信号的过程称为采样过程，实现这一过程的装置叫做采样器或采样开关。

6.1.1　信号的采样

1. 采样过程

典型的计算机控制系统如图 6.1 所示。图中的 $r(t)$、$e(t)$和 $y(t)$分别为系统的输入信号、误差信号和输出信号，它们均为连续信号。连续误差信号 $e(t)$经过采样开关后，变成一系列离散的误差信号，以 $e^*(t)$表示，它作为数字计算机的输入，数字计算机输出仍然为离散的控制量信号 $u^*(t)$。如果控制系统有一处或几处的信号是离散的，则称为离散时间系统，简称为离散系统。

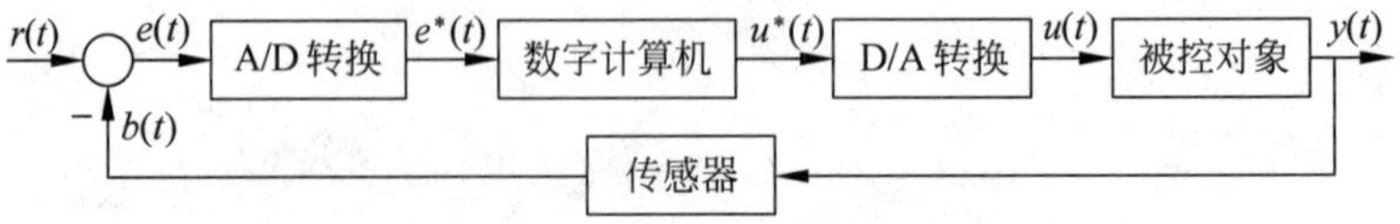

图 6.1　计算机控制系统结构图

为了对离散系统进行定性、定量分析，就必须用数字表达式描述信号的采样过程，研究离散信号的性质。下面就信号的采样过程进行描述并推导出采样信号的数学表达式。

信号采样就是将连续的模拟信号，通过采样开关按一定时间间隔的闭合和断开，将其抽样成一连串离散脉冲信号的过程，如图 6.2 所示，这一过程也称为离散化过程。

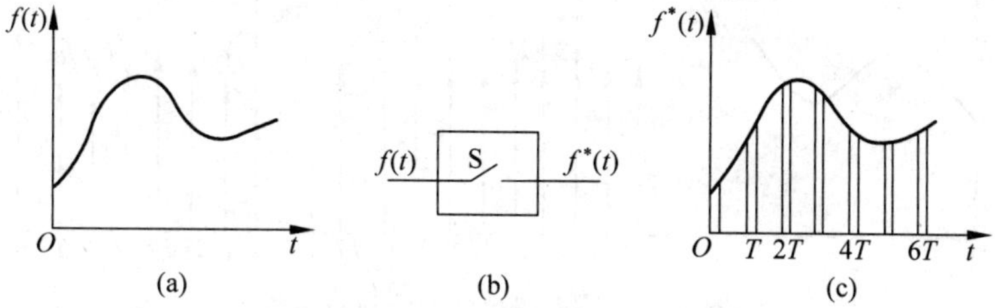

图 6.2　信号的采样过程

(a) 被采样信号；(b) 采样开关；(c) 采样信号

图 6.2(a)中 $f(t)$是被采样的模拟信号，它是时间和幅值都连续的函数。采样后 $f(t)$被以时间间隔 T 为周期闭合、断开的采样开关 S 分割成图 6.2(c)中所示的时间上离散而幅值上连续的离散模拟信号 $f^*(t)$。离散模拟信号 $f^*(t)$是一连串的脉冲信号，又称为采样信号。采样开关两次采样(闭合)的间隔时间 T 称为采样周期，采样开关的闭合时间 τ 称为采样时间，0、T、$2T$，…各时间点称为采样时刻。采样信号 $f^*(t)$的每个采样值 $f(kT)$都看作是一个权重(又称冲量或强度)为 $f(kT)$的脉冲函数，即 $f(kT)\delta(t-kT)$，所以每个瞬时采样值 $f(kT)$也叫采样脉冲。整个采样信号 $f^*(t)$就看作是一个加权脉冲序列，即

$$\begin{aligned} f^*(t) &= f(t)\delta_T(t) \\ &= f(0)\delta(t) + f(T)\delta(t-T) + f(2T)\delta(t-2T) + \cdots \\ &= \sum_{k=0}^{+\infty} f(kT)\delta(t-kT) = f(t)\sum_{k=0}^{+\infty}\delta(t-kT) \end{aligned} \tag{6.1}$$

其中，$\delta_T(t)$为理想采样开关的数学模型，按下式计算：

$$\delta_T(t) = \sum_{k=0}^{+\infty}\delta(t-kT) \tag{6.2}$$

可以把采样开关看作为脉冲调制器，把采样过程看成是脉冲调制过程，连续信号 $f(t)$是调制信号，单位脉冲序列 $\delta_T(t)$为载波信号，理想采样开关就是单位脉冲发生器，每个采样瞬时接通一次，采样信号 $f^*(t)$由理想脉冲序列组成，其幅值由 $f(t)$在 $t=kT$ 时刻的值确定，如图 6.3 所示。

2. 采样信号的频谱分析

由式(6.2)可知

$$\delta_T(t) = \sum_{k=0}^{+\infty}\delta(t-kT)$$

可以将它展开成傅里叶级数，其复数形式为

$$\delta_T(t) = \sum_{k=-\infty}^{+\infty} c_k e^{jk\omega_s t} \tag{6.3}$$

式中，$\omega_s = \dfrac{2\pi}{T}$为采样角频率；$c_k$ 为傅里叶系数，其值为

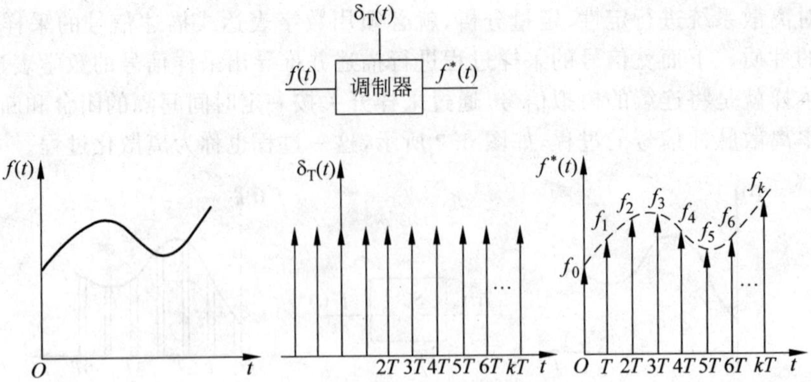

图 6.3　f^* 对单位脉冲序列的调制

$$c_k=\frac{1}{T}\int_{-\frac{T}{2}}^{\frac{T}{2}}\delta_T(t)e^{-jk\omega_s t}\,dt=\frac{1}{T}\int_{-\frac{T}{2}}^{\frac{T}{2}}\delta(t)e^{-jk\omega_s t}\,dt=\frac{1}{T}\tag{6.4}$$

于是 $\delta_T(t)=\sum\limits_{k=-\infty}^{+\infty}\frac{1}{T}e^{jk\omega_s t}$，代入式(6.1)得

$$f^*(t)=f(t)\sum_{k=-\infty}^{+\infty}\frac{1}{T}e^{jk\omega_s t}=\frac{1}{T}\sum_{k=-\infty}^{+\infty}f(t)e^{jk\omega_s t}\tag{6.5}$$

对式(6.5)取拉氏变换，并应用其的复数位移性质，可得采样信号的拉氏变换为

$$F^*(s)=\frac{1}{T}\sum_{k=-\infty}^{+\infty}L[f(t)e^{jk\omega_s t}]=\frac{1}{T}\sum_{k=-\infty}^{+\infty}F(s-jk\omega_s)\tag{6.6}$$

令式(6.6)中 $s=j\omega$ 则可得到，采样信号的傅里叶变换为

$$F^*(j\omega)=\frac{1}{T}\sum_{k=-\infty}^{+\infty}F(j\omega-jk\omega_s)\tag{6.7}$$

由以上分析可得出以下结论：采样信号的频谱 $F^*(j\omega)$是以采样频率 ω_s 为周期的周期函数，它由无穷多个移位的原连续信号 $f(t)$的频谱 $F(j\omega)$叠加而成，在幅度上变化了 $1/T$ 倍。按间隔进行采样后，信号的傅里叶变换是原函数傅里叶变换的 $1/T$ 按周期所进行的周期延拓。等间隔离散化的函数的傅里叶变换是周期频谱。理想及实际采样信号的频谱图如图 6.4 所示。

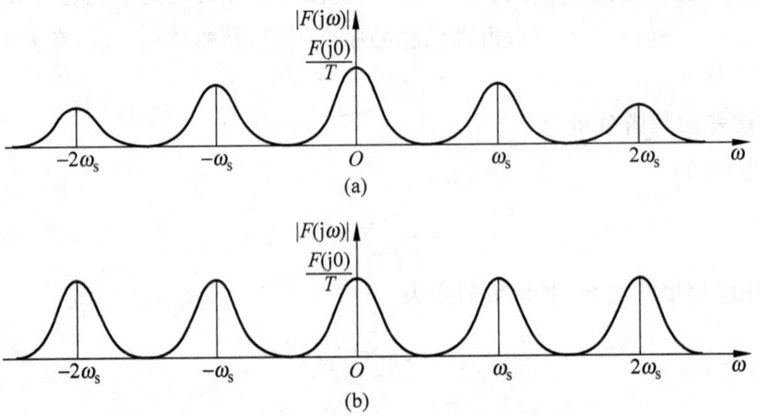

图 6.4　采样信号的频谱

(a) 实际采样器所得采样信号的频谱；(b) 理想采样器所得采样信号的频谱

分析式(6.7)可得，采样信号的频谱与原连续信号的频谱之间的关系为：当 $n=0$ 时，$F^*(\mathrm{j}\omega)=F(\mathrm{j}\omega)/T$。这说明，采样信号的基本频谱正比于原连续信号的频谱，如果连续信号的频谱带宽有限(设最高带宽频率为 $\omega_{\max}$)，而采样频率又足够高，使 $\omega_{\max}\leqslant\omega_s-\omega_{\max}$，即 $\omega_s\geqslant 2\omega_{\max}$，则采样后所派生的高频频谱分量与基本频谱不会重叠，否则，将会发生信号重叠现象，如图 6.5 所示。

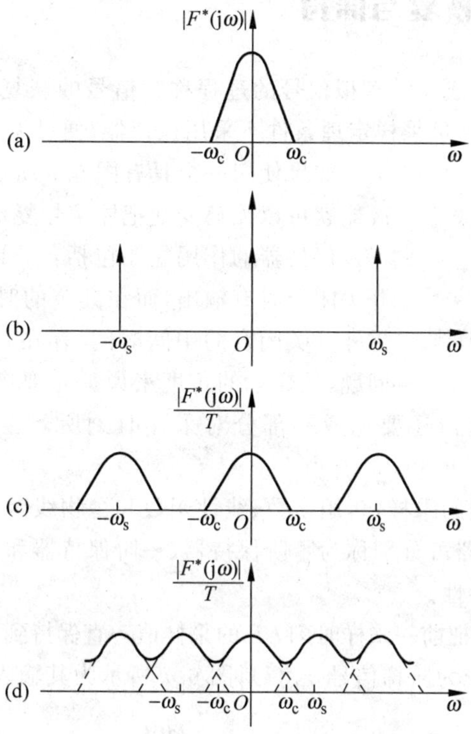

图 6.5　连续信号与采样信号频谱图

图 6.5(a)为连续信号频谱图，图 6.5(b)为采样信号频谱图，图 6.5(c)为当 $\omega_s>2\omega_{\max}$ 时采样信号频谱，图 6.5(d)为当 $\omega_s<2\omega_{\max}$ 时采样信号频谱。

由图 6.5(d)可见，如果不满足 $\omega_s\geqslant 2\omega_{\max}$，采样信号的频谱中各波形会相互重叠，这就是频谱混叠现象。

3. 采样定理

由于采样以后的信号仅为时间上离散的信号值，那么，采样后的信号能否包含连续信号的全部信息？显然，采样周期 T 的合理选取是非常关键的，采样周期 T 越短，采样信号 $f^*(t)$就越接近连续信号 $f(t)$。但是如果采样周期太短，就会把许多时间用于采样，而失去了实时控制的机会。因此，采样过程需要满足采样定理，下面给出香农采样定理。

香农(Shannon)采样定理：如果 $f(t)$是一个有限带宽的连续信号，仅当采样角频率 $\omega_s\geqslant 2\omega_{\max}\left(\omega_s=2\pi f_s=\dfrac{2\pi}{T}\right)$时，采样后的离散信号 $f^*(t)$才能不失真地复现原信号 $f(t)$。其中，$\omega_{\max}$ 为原信号 $f(t)$频谱中的最高角频率。

当采样周期满足采样定理时，采样信号的频谱就不会发生混叠现象，这时就可以通过理想的低通滤波器从采样信号 $f^*(t)$中完全恢复出 $f(t)$来。

由于被控对象的物理过程及参数变化比较复杂,系统有用信号的最高频率 ω_{max} 是很难确定的。采样定理仅从理论上给出了采样周期的上限,实际采样周期要受多方面因素的制约。在实际中,采样频率 ω_s 通常取 $\omega_s \geqslant (5\sim10)\omega_{max}$,或者更高。

6.1.2 信号的恢复与保持

把离散模拟信号转换成连续模拟信号的过程称为信号的恢复,这一过程是由保持器来完成的。从理论上说,在满足采样定理条件下采用保持器,便可无失真地重构原连续信号。

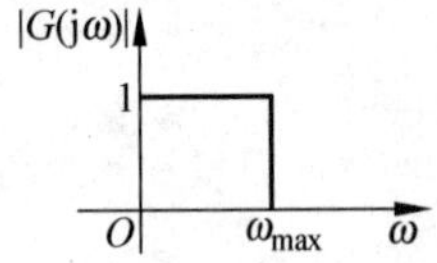

图 6.6 理想保持器幅频特性

如果使用一个具有图 6.6 所示幅频特性的理想低通滤波器就可以无畸变地把原信号复现出来。

保持器的作用主要包括:一是由于采样信号仅在采样开关闭合时有输出,而在其余的时间输出为 0,所以在两次采样开关闭合的中间时间,存在一个采样信号如何保持的问题,从数学的角度来说就是要解决在两个采样点之间进行插值的问题;二是保持器还要完成一部分对采样时刻所产生的高频分量进行滤波的工作。

根据现在或过去时刻的采样值,用常数、线性函数和抛物线函数去逼近两个采样时刻之间的原函数,相应的保持器可分别称为零阶保持器、一阶保持器和二阶保持器。下面分析较为常见的零阶保持器的特性。

零阶保持器的作用是把前一采样时刻 kT 的采样值一直保持到下一个采样时刻$(k+1)T$,从而使采样信号 $f^*(t)$变为阶梯信号 $f_h(t)$,图 6.7 所示为其输入、输出特性。

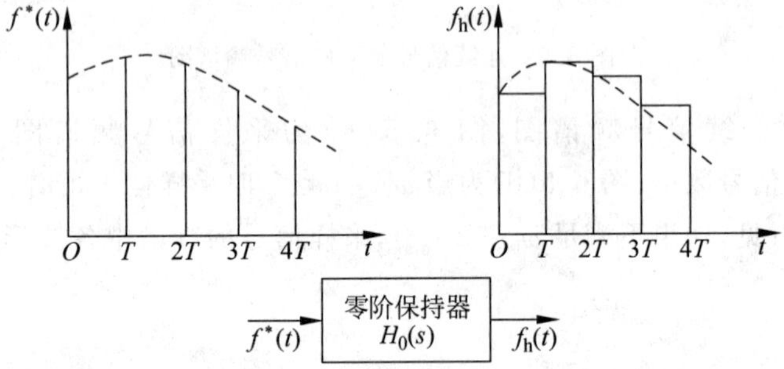

图 6.7 零阶保持器的输入、输出信号

当给零阶保持器输入一个理想单位脉冲 $\delta(t)$,则可得系统的单位脉冲响应如图 6.8 所示,其输出为

$$g_h(t)=1(t)-1(t-T) \tag{6.8}$$

进行拉氏变换,得零阶保持器的传递函数为

$$H_0(s)=\frac{1-e^{-Ts}}{s} \tag{6.9}$$

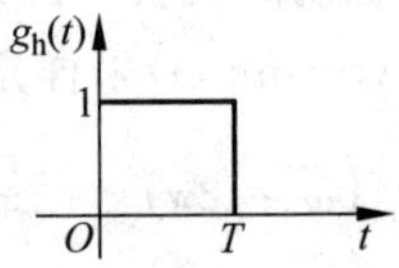

图 6.8 零阶保持器的单位脉冲响应

其频率特性为

$$H_0(\mathrm{j}\omega)=\frac{1-\mathrm{e}^{-\mathrm{j}T\omega}}{\mathrm{j}\omega}=T\frac{\sin\frac{\omega T}{2}}{\frac{\omega T}{2}}\mathrm{e}^{-\mathrm{j}\frac{T\omega}{2}} \tag{6.10}$$

其幅频特性为

$$|H_0(\mathrm{j}\omega)|=\left|\frac{T\sin\frac{\pi\omega}{\omega_s}}{\frac{\pi\omega}{\omega_s}}\right| \tag{6.11}$$

相频特性为

$$\angle H_0(\mathrm{j}\omega)=-\frac{T\omega}{2}+k\pi \tag{6.12}$$

零阶保持器的幅频和相频特性如图 6.9 所示。从幅频特性可知，零阶保持器具有低通滤波特性，但不是理想的低通滤波器，由零阶保持器恢复的信号与原信号相比有一定的畸变。此外，零阶保持器会带来大小为$\frac{T\omega}{2}$的附加相移，即相位滞后，它的引入可能影响闭环系统的稳定性和暂态性能。不过，由零阶保持器引入的相位滞后量比一阶保持器和二阶保持器都要小，且其结构简单，易于实现，因而在控制系统中被广泛采用。

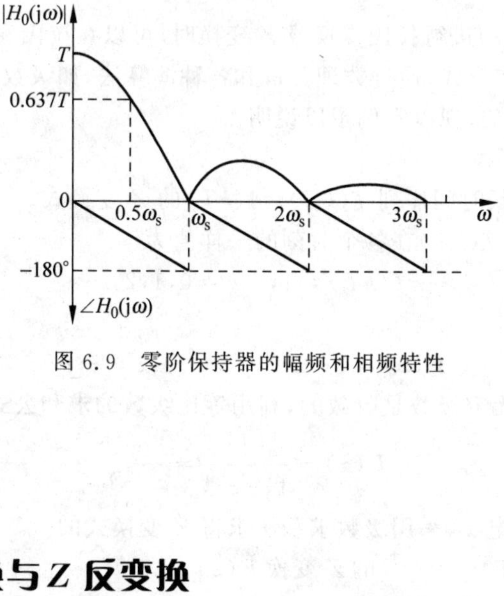

图 6.9　零阶保持器的幅频和相频特性

6.2　Z 变换

6.2.1　Z 变换与 Z 反变换

Z 变换分析方法是分析线性离散系统的重要方法之一，利用 Z 变换可以很方便地分析离散系统的稳定性、稳态特性和动态特性，Z 变换分析法还可以用来设计线性离散系统。

1. Z 变换的定义

设离散控制系统中某处的离散信号为 $f^*(t)$，可用

$$f^*(t)=\sum_{k=0}^{\infty}f(kT)\delta(t-kT) \tag{6.13}$$

来表示，若对它进行拉氏变换，得

$$F^{*}(s)=L[f^{*}(t)]=\sum_{k=0}^{\infty}f(kT)e^{-kTs} \tag{6.14}$$

式(6.14)中含有无穷多项，且每一项均含有 e^{-kTs}，它是一个超越函数，为了运算方便，令 $z=e^{Ts}$，则式(6.14)可写为

$$F(z)=\sum_{k=0}^{\infty}f(kT)z^{-k} \tag{6.15}$$

在式(6.15)中，$F(z)$称为 $f^{*}(t)$的 Z 变换式，并表示为

$$\begin{aligned}F(z)&=Z[f^{*}(t)]=\sum_{k=0}^{\infty}f(kT)z^{-k}\\&=f(0)+f(T)z^{-1}+f(2T)z^{-2}+f(3T)z^{-3}+\cdots\end{aligned} \tag{6.16}$$

式(6.16)是 Z 变换的定义，它是在 $f^{*}(t)$的拉氏变换中，令 $z=e^{Ts}$ 而得到的变换式。变量 z 是一个复数，且 $z=e^{Ts}=e^{T(\sigma+j\omega)}=e^{\sigma T}e^{j\omega T}$。

$f^{*}(t)$是 Z 变换的原函数。由式(6.16)可以看出，离散函数 $f^{*}(t)$的 Z 变换 $F(z)$与采样点上的采样值有关。所以当已知 $F(z)$时，便可以求出时间序列 $f(kT)$；或者已知时间序列 $f(kT)$，$k=0,1,2,\cdots$时，便可以求得 $F(z)$。

2. Z 变换的求法

对某时域函数 $f^{*}(t)$进行拉氏变换或 Z 变换时，可以在拉氏变换或 Z 变换定义的基础上，根据函数给定条件和形式，通过数理分析和各种演算法，如级数求和法、部分分式法和留数计算法等求得其结果的，现以实例予以说明。

(1) 级数求和法

例 6.1 求单位阶跃时间序列 $f(kT)=1(kT)$的 Z 变换式。

解 单位阶跃函数 $f(kT)$在各个时刻的采样值为

$$f(kT)=1,\quad k=0,1,2,\cdots \tag{6.17}$$

根据式(6.16)可写出

$$F(z)=1+z^{-1}+z^{-2}+z^{-3}+\cdots \tag{6.18}$$

若$|z|>1$，式(6.18)的无穷级数是收敛的，利用等比级数的求和公式可将式(6.18)化简为

$$F(z)=\frac{1}{1-z^{-1}}=\frac{z}{z-1} \tag{6.19}$$

显然，这是根据 Z 变换定义，采用级数求和法求得 Z 变换式的。

例 6.2 试求 $f(kT)=e^{-akT}$ 的 Z 变换 $F(z)$。

解 $F(z)=Z[e^{-akT}]=\sum_{k=0}^{\infty}e^{-akT}z^{-k}=1+e^{-aT}z^{-1}+e^{-2aT}z^{-2}+e^{-3aT}z^{-3}+\cdots$

$$=\frac{1}{1-e^{-aT}z^{-1}}$$

或

$$F(z)=\frac{z}{z-e^{-aT}}$$

这里也是采用了等比级数求和法求得 Z 变换式的。

例 6.3　试求 $f(kT)=a^k$ 的 Z 变换 $F(z)$。

解　$F(z)=Z[a^k]=\sum_{k=0}^{\infty}a^k z^{-k}=1+az^{-1}+a^2z^{-2}+a^3z^{-3}+\cdots=\frac{1}{1-az^{-1}}$

或

$$F(z)=\frac{z}{z-a}$$

(2) 部分分式(查表)法

工程上已经根据拉氏变换和 Z 变换的定义,将一些常见的典型时域函数转换成该函数对应的拉氏变换式和 Z 变换式,因此,也可以在将时域函数 $f(t)$或传递函数 $G(s)$分解成若干典型函数的组合式的基础上,通过查表方法,求出 $f(t)$的拉氏变换式和 Z 变换式。这种求拉氏变换和 Z 变换的方法,称为部分分式(查表)法。表 6.1 列出了常见的典型的时间函数、拉氏变换和 Z 变换之间的直接互换关系式。

表 6.1　常用函数的 Z 变换对照表

时间函数 $f(t)$	拉氏变换 $F(s)$	Z 变换 $F(z)$
$\delta(t)$	1	1
$\delta(t-kT)$	e^{-kTs}	z^{-k}
$1(t)$	$\frac{1}{s}$	$\frac{z}{z-1}$
t	$\frac{1}{s^2}$	$\frac{Tz}{(z-1)^2}$
$\frac{1}{2}t^2$	$\frac{1}{s^3}$	$\frac{T^2z(z+1)}{2(z-1)^3}$
e^{-at}	$\frac{1}{s+a}$	$\frac{z}{z-e^{-aT}}$
te^{-at}	$\frac{1}{(s+a)^2}$	$\frac{Tze^{-aT}}{(z-e^{-aT})^2}$
$1-e^{-at}$	$\frac{a}{s(s+a)}$	$\frac{z(1-e^{-aT})}{(z-1)(z-e^{-aT})}$
$t-\frac{1}{a}(1-e^{-at})$	$\frac{a}{s^2(s+a)}$	$\frac{Tz}{(z-1)}-\frac{z(1-e^{-aT})}{a(z-1)(z-e^{-aT})}$
$e^{-at}-e^{-bt}$	$\frac{b-a}{(s+a)(s+b)}$	$\frac{z(e^{-aT}-e^{-bT})}{(z-e^{-aT})(z-e^{-bT})}$
$\sin\omega t$	$\frac{\omega}{s^2+\omega^2}$	$\frac{z\sin\omega T}{z^2-2z\cos\omega T+1}$
$\cos\omega t$	$\frac{s}{s^2+\omega^2}$	$\frac{z(z-\cos\omega T)}{z^2-2z\cos\omega T+1}$
a^n	$\frac{a}{s^n}$	$\frac{z}{z-a}$

例 6.4　已知 $F(s)=\frac{a}{s(s+a)}$,求它的 Z 变换 $F(z)$。

解　先对 $F(z)$进行分解,将它写成部分分式形式:

$$F(s)=\frac{a}{s(s+a)}=\frac{(s+a)-s}{s(s+a)}=F_1(s)+F_2(s)=\frac{1}{s}-\frac{1}{s+a}$$

查表6.1有

$$F(z)=Z[F(s)]=Z[F_1(s)+F_2(s)]=Z\left[\frac{1}{s}-\frac{1}{s+a}\right]$$
$$=\frac{z}{z-1}-\frac{z}{z-e^{-aT}}=\frac{z(1-e^{-aT})}{z^2-(1+e^{-aT})z+e^{-aT}}$$

(3) 留数法

数学中的留数算法为

$$F(z)=\sum_{i=1}^{n}\text{Res}\left[F(p_i)\frac{z}{z-e^{Tp_i}}\right]$$
$$=\sum_{i=1}^{n}\left\{\frac{1}{(r_i-1)!}\frac{d^{r_i-1}}{ds^{r_i-1}}\left[(s-p_i)^{r_i}F(s)\frac{z}{z-e^{Ts}}\right]\right\}_{s=p_i} \tag{6.20}$$

式中，r_i 为极点阶数；T 为采样周期；Res[·]为极点 $s=p_i$ 处的留数。

在已知连续函数 $x(t)$ 的拉氏变换式 $X(s)$ 及全部极点 s_i 的条件下，可采用式(6.20)所述的留数计算法求 $x(t)$ 的 Z 变换式。

例6.5 已知某控制系统的传递函数为 $X(s)=\frac{1}{(s+1)(s+4)}$，试求其 Z 变换式。

解 由传递函数求出的极点为

$$\begin{cases} s_1=-1, & r_1=1 \\ s_2=-4, & r_2=1 \end{cases}$$

根据式(6.20)计算其 Z 变换如下：

$$X(z)=(s+1)\frac{1}{(s+1)(s+4)}\frac{z}{z-e^{sT}}\bigg|_{s=-1}+(s+4)\frac{1}{(s+1)(s+4)}\frac{z}{z-e^{sT}}\bigg|_{s=-4}$$
$$=\frac{z}{3(z-e^{-T})}-\frac{z}{3(z-e^{-4T})}$$

例6.6 求连续时间函数

$$x(t)=\begin{cases} 0, & t<0 \\ te^{-at}, & t\geqslant 0 \end{cases}$$

对应的 Z 变换。

解 $x(t)$ 的拉氏变换为

$$X(s)=\frac{1}{(s+a)^2}$$

上式的双重极点是

$$s_{1,2}=-a, \quad r_{1,2}=2$$

用式(6.20)对它变换后，得

$$X(z)=\frac{1}{(2-1)!}\cdot\frac{d}{ds}\left[(s+a)^2\frac{1}{(s+a)^2}\cdot\frac{z}{z-e^{sT}}\right]_{s=-a}$$

$$=\frac{T\cdot z\mathrm{e}^{sT}}{(z-\mathrm{e}^{sT})^2}\bigg|_{s=-a}=\frac{Tz\mathrm{e}^{-aT}}{(z-\mathrm{e}^{-aT})^2}$$

在这三种求 Z 变换的方法中，部分分式法再配合查 Z 变换表是在实际中求 Z 变换的一种常用方法。其中，由表 6.1 可见，这些函数的 Z 变换都是 z 的有理分式，其分母的阶次大于或等于分子的阶次，而且分母中 z 的阶次，与对应拉氏变换分母中 s 的阶次相等。

3. Z 变换性质及其基本定理

Z 变换的性质和原理与拉氏变换的性质和原理是很相似的，本书不加证明介绍常用的几种性质和原理，以帮助读者进一步熟悉和掌握 Z 变换的计算。

(1) 线性定理

设有 $Z[f_1(kT)]=F_1(z)$，$Z[f_2(kT)]=F_2(z)$，且 a、b 为常数，则有

$$Z[af_1(kT)]=aF_1(z),\quad Z[bf_2(kT)]=bF_2(z)$$

$$Z[af_1(kT)+bf_2(kT)]=aF_1(z)+bF_2(z)$$

由于这个性质，Z 变换是一种线性变换，或者说是一种线性算子。

(2) 右移(滞后)定理

设 $Z[f(kT)]=F(z)$，且 $kT<0$ 时，$f(kT)=0$，则有

$$Z[f(kT-nT)]=z^{-n}F(z)$$

这就是离散信号的滞后性质，z^{-n} 代表滞后环节，它表明 $f(kT-nT)$ 与 $f(kT)$ 两信号形状相同，只是前者比后者沿时间轴向右平移了(或滞后了)nT 个采样周期。

(3) 左移(超前)定理

设 $Z[f(kT)]=F(z)$，且 $kT<0$ 时，$f(kT)=0$，则有

$$Z[f(kT+nT)]=z^nF(z)-\sum_{j=0}^{n-1}z^{n-j}f(jT)=z^n\left[F(z)-\sum_{j=0}^{n-1}z^{-j}f(jT)\right]$$

这就是离散信号的超前性质，z^n 代表超前环节，表示输出信号超前输入信号 nT 个采样周期。z^n 在运算中是有用的，但实际上是不存在超前环节的。

当 $n=1$ 时，有 $Z[f(kT+T)]=zF(z)-zf(0)$。

(4) 初值定理

设有 $Z[f(kT)]=F(z)$，则有

$$f(0)=\lim_{k\to 0}f(kT)=\lim_{z\to+\infty}F(z)$$

例 6.7 求单位阶跃序列 $u(kT)$ 的初值 $u(0)$。

解 因为

$$Z[u(kT)]=\frac{1}{1-z^{-1}}$$

由初值定理，有

$$u(0)=\lim_{z\to+\infty}\frac{1}{1-z^{-1}}=1$$

(5) 终值定理

设有 $Z[f(kT)]=F(z)$，且 $\lim\limits_{z\to 1}(1-z^{-1})F(z)$ 存在，$(1-z^{-1})F(z)$ 在单位圆上及单位

圆外无极点,则有

$$f(\infty)=\lim_{k\to\infty}f(kT)=\lim_{z\to1}(z-1)F(z)$$

例 6.8 求单位阶跃序列 $u(kT)$ 的终值 $u(\infty)$。

解 由终值定理,可得

$$u(\infty)=\lim_{z\to1}(z-1)\frac{z}{z-1}=1$$

(6) 卷积定理

设有 $Z[f_1(kT)]=F_1(z)$,$Z[f_2(kT)]=F_2(z)$,且当 $t<0$ 时,$f_1(kT)=f_2(kT)=0$,若定义

$$f_1(kT)*f_2(kT)=\sum_{i=0}^{k}f_1(iT)f_2(kT-iT)=\sum_{i=0}^{k}f_1(kT-iT)f_2(iT)$$

则卷积的 Z 变换为

$$Z[f_1(kT)*f_2(kT)]=F_1(z)F_2(z)$$

该定理表明,如果两个时间序列在时间域上是卷积关系,则在 Z 域中是乘积关系。

(7) 复位移定理

设 a 为任意常数,且 $Z[f(kT)]=F(z)$,则有

$$Z[e^{\pm at}f(kT)]=F(e^{\mp aT}z)$$

(8) 复数微分定理

设 $Z[f(kT)]=F(z)$,则有

$$Z[tf(kT)]=-Tz\frac{dF(z)}{dz}$$

(9) 复域积分定理

设 $Z[f(kT)]=F(z)$,且极限 $\lim\limits_{t\to0}\dfrac{f(t)}{t}$ 存在,则有

$$Z\left[\frac{f(t)}{t}\right]=\int_z^{\infty}\frac{F(\lambda)}{T\lambda}d\lambda+\lim_{k\to0}\frac{f(kT)}{kT}$$

(10) Z 变换与原函数的非一一对应性

由 Z 变换的定义式可以看到,时间函数 $f(t)$ 的 Z 变换只包含函数在采样时刻的值 $f(kT)$,而在采样时刻之间的值并未被反映。如果两个不同的函数仅仅在各个采样时刻的值相等而在其他时刻并不相等,根据定义则这两个函数具有相同的 Z 变换,这说明,同一个 Z 变换与采样信号是一一对应的,但可以对应许多个只在采样时刻具有相同值但互不相同的原函数。因此,表 6.1 给出的离散信号是唯一的,但由其给出的原函数 $f(t)$ 并非唯一,而只是许多可能答案中的一种表达式。

4. Z 反变换

Z 变换把离散变换时间函数 $f(kT)$(原函数)变成 $F(z)$,反之,Z 反变换是把 $F(z)$ 变成 $f(kT)$,所得时间函数 $f(kT)$ 是离散的。Z 反变换常用 $Z^{-1}[F(z)]$ 来表示,即

$$f(kT)=Z^{-1}[F(z)] \tag{6.21}$$

计算 Z 反变换的常用方法与 6.2 节计算 Z 变换的方法相似,也有留数计算法、长除法和部分分式法等,现举例介绍如下。

(1) 留数计算法

函数 $F(z)$可以看成是复数平面上的劳伦级数,级数的各项系数可利用积分

$$Z^{-1}[F(z)]=f(kT)=\frac{1}{2\pi j}\oint_c F(z)z^{k-1}dz \tag{6.22}$$

关系求得。积分路径 c 应包括被积式中的全部极点。根据留数定理,有

$$f(kT)=\sum_{i=1}^{n}\mathrm{Res}[F(z)z^{k-1}]_{z=p_i} \tag{6.23}$$

因为

$$\mathrm{Res}F(z)\mid_{z\to p_i}=\lim_{z\to p_i}(z-p_i)F(z) \tag{6.24}$$

所以

$$f(kT)=\sum_{i=1}^{n}\lim_{z\to p_i}[(z-p_i)F(z)z^{k-1}] \tag{6.25}$$

注:式(6.23)~式(6.25)仅适用于 p_i 为 $F(z)$的一阶极点的情况。

(2) 长除法

设 $F(z)$是 z^{-1} 或 z 的有理函数,即

$$F(z)=\frac{N(z)}{D(z)}=\frac{b_0+b_1z^{-1}+\cdots+b_nz^{-m}}{a_0+a_1z^{-1}+\cdots+a_nz^{-n}},\quad n\geqslant m \tag{6.26}$$

用长除法展开成按 z^{-1} 升幂排列的幂级数,即

$$F(z)=f_0+f_1z^{-1}+\cdots+f_kz^{-k}+\cdots \tag{6.27}$$

由 Z 变换的定义得

$$F(z)=f(0)+f(T)z^{-1}+\cdots+f(kT)z^{-k}+\cdots \tag{6.28}$$

比较两式得

$$f_k=f(kT),\quad k=0,1,2,\cdots \tag{6.29}$$

所以有

$$f(kT)=f_0+f_1\delta(t-T)+\cdots+f_k\delta(t-kT)+\cdots$$

例 6.9　设 $F(z)=\dfrac{10z}{(z-1)(z-2)}$,求它的原函数 $f(kT)$。

解　运用长除法,先将 $F(z)$变换式写成式(6.26)的形式,即

$$F(z)=\frac{10z}{(z-1)(z-2)}=\frac{10z^{-1}}{1-3z^{-1}+2z^{-2}}$$

再进行如下演算,得

$$\begin{array}{r|l}
 & 10z^{-1}+30z^{-2}+70z^{-3}+150z^{-4}+\cdots \\
1-3z^{-1}+2z^{-2} & 10z^{-1} \\
 & \underline{10z^{-1}-30z^{-2}+20z^{-3}} \\
 & \qquad 30z^{-2}-20z^{-3} \\
 & \qquad \underline{30z^{-2}-90z^{-3}+60z^{-4}} \\
 & \qquad\qquad 70z^{-3}-60z^{-4} \\
 & \qquad\qquad \vdots
\end{array}$$

对照式(6.28),得 $f(0)=0,f(T)=10,f(2T)=30,f(3T)=70,f(4T)=150\cdots$从而求得 $F(z)$的 Z 反变换 $Z^{-1}[F(z)]$,即原函数 $f(kT)$为

$$Z^{-1}[F(z)]=f(kT)=0+10\delta(t-T)+30\delta(t-2T)+$$
$$70\delta(t-3T)+150\delta(t-4T)+\cdots$$

长除法又称为幂级数展开法，如果只需要求出该级数的有限项而不必求得其通项时，应用这种方法非常简便，长除法的演算过程虽简明，但当它的分子和分母的项数较多时，用它求 Z 反变换就失去其优点而显得麻烦。

(3) 部分分式法

在求原函数 $f(kT)$ 的 Z 变换 $F(z)$ 时，我们曾阐述过这种方法，当我们要求 $F(z)$ 的 Z 反变换 $Z^{-1}[F(z)]$，即原函数 $f(kT)$ 时，也可以采用部分分式法求出 $F(z)$ 的 Z 反变换式 $Z^{-1}[F(z)]$。两者的变换过程是十分相似的。

从变换对照表 6.1 可见，所有 Z 变换函数 $F(z)$ 的分子上都有因子 Z。因此，先将 $F(z)$ 除以 Z，然后将 $\frac{F(z)}{z}$ 展开成部分分式，展开后再乘以 Z，即得 $F(z)$ 的部分分式展开式。

设

$$F(z)=\frac{b_0 z^m+b_1 z^{m-1}+\cdots+b_m}{a_0\prod_{i=1}^{n}(z-p_i)} \tag{6.30}$$

展开成

$$\frac{F(z)}{z}=\sum_{i=1}^{n}\frac{A_i}{z-p_i} \tag{6.31}$$

式中

$$A_i=\left[(z-p_i)\frac{F(z)}{z}\right]_{z=p_i} \tag{6.32}$$

则其 Z 反变换为

$$f(kT)=Z^{-1}\left[\sum_{i=1}^{n}\frac{zA_i}{z-p_i}\right] \tag{6.33}$$

例 6.10 已知 $F(z)=\frac{z}{(z-2)(z-1)}$，求 $F(z)$ 的 Z 反变换式 $Z^{-1}[F(z)]$。

解 先将 $F(z)$ 展成部分分式，即

$$\frac{F(z)}{z}=\frac{1}{(z-2)(z-1)}=\frac{1}{z-2}-\frac{1}{z-1}$$

$$F(z)=\frac{z}{z-2}-\frac{z}{z-1}$$

查表 6.1 知

$$Z^{-1}\left[\frac{z}{z-2}\right]=2^k,\quad Z^{-1}\left[\frac{z}{z-1}\right]=1$$

故有

$$f(kT)=(2^k-1),\quad k=0,1,2,\cdots$$

$$f(0)=0,\quad f(T)=1,\quad f(2T)=3,\quad f(3T)=7,\quad f(4T)=15,\quad \cdots$$

从而求得 $F(z)$ 的 Z 反变换式，即原函数 $f(kT)$ 为

$$Z^{-1}[F(z)]=f(kT)=0\delta(t)+\delta(t-T)+3\delta(t-2T)+$$
$$7\delta(t-3T)+15\delta(t-4T)+\cdots$$

6.2.2 线性定常离散系统的差分方程及其求解

描述线性连续控制系统的动态方程为微分方程，而拉氏变换是其主要的数学工具。与此相对应的，描述线性离散控制系统的动态方程为差分方程，而 Z 变换正是其主要的数学工具。

1. 差分方程的定义

与线性定常连续系统用常系数线性微分方程或传递函数来描述相类似，线性定常离散系统可以通过常系数线性差分方程或脉冲传递函数来描述。

设连续函数 $f(t)$的采样信号 $f^*(t)$在 kT 时刻的采样值为 $f(kT)$，为简便表示，通常写作 $f(k)$。差分方程由未知序列 $f(k)$及其移位序列 $f(k+1)$、$f(k+2)$，…或 $f(k-1)$、$f(k-2)$，…，以及激励 $u(k)$及其移位序列 $u(k+1)$、$u(k+2)$，…或 $u(k-1)$、$u(k-2)$，…构成。

计算差分的方法有前向差分和后向差分两种。若差分方程中的未知序列的序号是递增方式，称为前向差分方程，即由 $f(k)$、$f(k+1)$、$f(k+2)$，…，$u(k+1)$、$u(k+2)$，…组成的差分方程。若差分方程中的未知序列的序号是递减方式，称为后向差分方程，即由 $f(k)$、$f(k-1)$、$f(k-2)$，…，$u(k-1)$、$u(k-2)$，…组成的差分方程。一般来说，前向差分多用于描述非零初始值的系统，而后向差分方程多用于描述零初始值系统，实际中常用后向差分方程。

差分方程的阶数定义为出现在差分方程中的未知序列的自变量序号中最高值与最低值之差。

一阶前向差分定义为

$$\Delta f(k)=f(k+1)-f(k),\quad f'(k)=\frac{f(k+1)-f(k)}{T}$$

n 阶前向差分定义为

$$\Delta^n f(k)=\Delta^{n-1}f(k+1)-\Delta^{n-1}f(k),\quad n=2,3,\cdots$$

同理，一阶后向差分定义为

$$\nabla f(k)=f(k)-f(k-1),\quad f'(k)=\frac{f(k)-f(k-1)}{T}$$

n 阶后向差分定义为

$$\nabla^n f(k)=\nabla^{n-1}f(k)-\nabla^{n-1}f(k-1),\quad n=2,3,\cdots$$

与线性连续系统类似，线性离散系统的输入 $r(k)$与输出 $y(k)$之间用线性常系数差分方程来描述，即

$$\begin{aligned}&y(k)+a_1y(k-1)+a_2y(k-2)+\cdots+a_{n-1}y(k-n+1)+a_ny(k-n)\\&=b_0r(k)+b_1r(k-1)+b_2r(k-2)+\cdots+b_{m-1}r(k-m+1)+b_mr(k-m)\end{aligned}$$

上述分析表明，输出的第 n 个采样时刻的值，可由第 n 个输入值、已输出的 n 个过去值和已输入的 m 个过去值计算出来。这样，差分方程不仅从数学上描述了数学离散控制系统，而且亦为用计算机实现系统提供了简便方法。因为，所得的差分方程的解析式是一种代数运算的形式，这就为我们直接利用各种单片微机指令系统，编写控制程序，实施有效控制

提供了基础。

2. 用 Z 变换求解差分方程

在连续系统中用拉氏变换求解微分方程，使得复杂的微积分运算变成简单的代数运算。同样，在离散系统中用 Z 变换求解差分方程，使得求解运算变成了代数运算，大大简化和方便了离散系统的分析和综合。

这是一种在给定初始条件下，采用 Z 变换的方法，先求出差分方程的、以 z 为变量的代数方程，再通过 Z 反变换，求出它的时间响应。用 Z 变换法去求解差分方程的一般步骤为：

(1) 对差分方程作 Z 变换；

(2) 将初始条件或求出的 $y(0), y(T), \cdots$ 代入 Z 变换式；

(3) 运用 Z 变换法，将差分方程变为以 z 为变量的代数方程，即 $Y(z)=\dfrac{b_0 z^m+b_1 z^{m-1}+\cdots+b_m}{a_0 z^n+a_1 z^{n-1}+\cdots+a_n}$；

(4) 根据 $y(kT)=Z^{-1}[Y(z)]$，运用 Z 反变换法，求解出它的时间响应 $y(kT)$。

例 6.11 已知差分方程

$$y(k+2)+3y(k+1)+2y(k)=0$$

的初始条件为 $y(0)=0, y(1)=1$，试求其时间响应式。

解 对差分方程作 Z 变换，并使用 Z 变换左移定理，其差分方程的 Z 变换式为

$$z^2 Y(z)-z^2 y(0)-z y(1)+3z Y(z)-3z y(0)+2Y(z)=0$$

整理后，得

$$Y(z)=\frac{(z^2+3z)y(0)+zy(1)}{z^2+3z+2}$$

代入初始条件，得

$$Y(z)=\frac{z}{z^2+3z+2}$$

展开成部分分式

$$\frac{Y(z)}{z}=\frac{1}{z^2+3z+2}=\frac{1}{(z+1)(z+2)}=\frac{1}{z+1}-\frac{1}{z+2}$$

$$Y(z)=\frac{z}{z+1}-\frac{z}{z+2}$$

这样，对上式进行 Z 反变换后，得其时间响应为

$$y(k)=(-1)^k-(-2)^k, \quad k=0,1,2,\cdots$$

6.2.3 离散控制系统的脉冲传递函数

脉冲传递函数是分析离散控制系统最重要的数学工具，它的作用与分析连续系统的数学工具传递函数相当，是分析与设计系统的前提。

数字离散控制系统的脉冲传递函数 $G(z)$ 的定义为：在系统的零初始条件下，输出信号脉冲序列的 Z 变换与输入信号脉冲序列的 Z 变换之比。

如图 6.10 所示，若 $R(z)$ 和 $Y(z)$ 分别为初始静止条件下的输入脉冲序列和输出脉冲序列的 Z 变换，则该环节的脉冲传递函数为

$$G(z)=\frac{Y(z)}{R(z)} \tag{6.34}$$

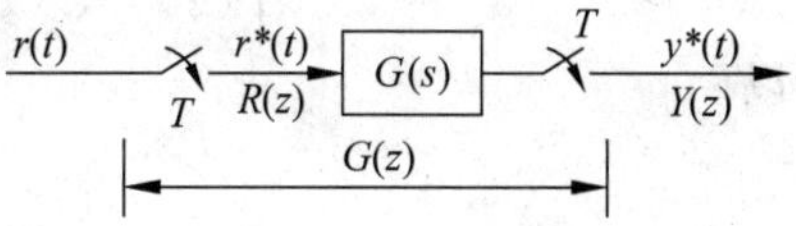

图 6.10　环节或系统的脉冲传递函数

在连续系统中传递函数 $G(s)$ 反映了环节或系统的物理特性，$G(s)$ 与描述系统的微分方程密切相关。同样，离散控制系统中，脉冲传递函数 $G(z)$ 也反映了环节或系统的物理特性，$G(z)$ 与描述线性离散系统的差分方程密切相关。$G(z)$ 是一个重要模型，为我们研究分析和设计数字离散控制系统提供了有效的途径与方法。

6.2.4　开环和闭环脉冲传递函数

1. 采样拉氏变换的两个重要性质

(1) 采样函数的拉氏变换具有周期性，即

$$G^{*}(s)=G^{*}(s+\mathrm{j}k\omega_{\mathrm{s}})$$

(2) 若采样函数的拉氏变换 $E^{*}(s)$ 与连续函数的拉氏变换 $G(s)$ 相乘后再离散化，则 $E^{*}(s)$ 可以从离散符号中提出来，即

$$[G(s)E^{*}(s)]^{*}=G^{*}(s)E^{*}(s)$$

2. 开环脉冲传递函数

线性离散系统的开环脉冲传递函数与连续系统的开环传递函数有着类似的特性。在求系统脉冲传递函数时，因实际情况和分析问题的着眼点不同，可画出不同的系统的结构图。尽管如此，但是它们是有一定规律的，它们总可以用串联、并联、带或不带采样开关的结构形式来描述，下面讨论几种典型的开环脉冲传递函数的结构。

(1) 串联环节的脉冲传递函数

应该指出，多数实际采样系统的输出信号是连续信号，如图 6.11 所示，在这种情况下，可以在输出端虚设一个采样开关，并设它与输入采样开关以相同的采样周期 T 同步工作，这样即可使用脉冲传递函数的概念。

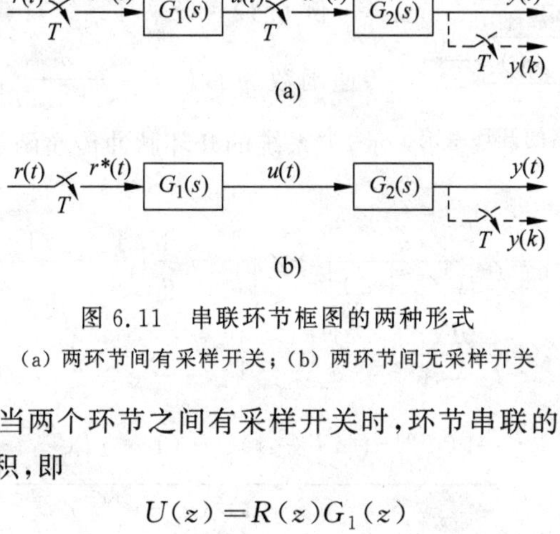

图 6.11　串联环节框图的两种形式

(a) 两环节间有采样开关；(b) 两环节间无采样开关

如图 6.11(a)所示，当两个环节之间有采样开关时，环节串联的等效脉冲函数为两个环节的脉冲传递函数的乘积，即

$$U(z)=R(z)G_1(z) \tag{6.35}$$

$$Y(z)=U(z)G_2(z)=R(z)G_1(z)G_2(z) \tag{6.36}$$

所以

$$G(z)=\frac{Y(z)}{R(z)}=G_1(z)G_2(z) \tag{6.37}$$

同理,几个串联环节之间都有采样开关隔开时,等效的脉冲传递函数等于几个环节的脉冲传递函数之积,即

$$G(z)=Z[G_1(s)]\cdot Z[G_2(s)]\cdot\cdots\cdot Z[G_n(s)]=G_1(z)G_2(z)\cdots G_n(z) \tag{6.38}$$

如图 6.11(b)所示,当两个环节之间没有采样开关隔开时,需要将这两个环节串联后看成是一个整体 $G_1(s)G_2(s)$,再求出 $G_1(s)G_2(s)$经采样后的 Z 变换,即

$$Y(z)=R(z)Z[G_1(s)G_2(s)]=R(z)G_1G_2(z) \tag{6.39}$$

$$G(z)=\frac{Y(z)}{R(z)}=G_1G_2(z) \tag{6.40}$$

显然,有

$$G_1(z)G_2(z)\neq G_1G_2(z)$$

同理,此结论也适用于多个环节串联而无采样开关隔开的情况,即

$$G(z)=Z[G_1(s)G_2(s)\cdots G_n(s)]=G_1(z)G_2(z)\cdots G_n(z) \tag{6.41}$$

(2) 带有零阶保持器的开环系统的脉冲传递函数

带有零阶保持器的开环离散控制系统结构如图 6.12 所示,其开环脉冲传递函数为

$$\begin{aligned}G(z)&=Z\left[\frac{1-\mathrm{e}^{-Ts}}{s}\cdot G(s)\right]=Z\left[(1-\mathrm{e}^{-Ts})\cdot\frac{G(s)}{s}\right]\\&=Z\left[\frac{1}{s}\cdot G(s)\right]-Z\left[\frac{1}{s}\cdot G(s)\cdot\mathrm{e}^{-Ts}\right]\\&=Z[G_2(s)]-Z[G_2(s)\cdot\mathrm{e}^{-Ts}]\end{aligned} \tag{6.42}$$

式(6.42)第二项可以写为

$$Z[G_2(s)\cdot\mathrm{e}^{-Ts}]=Z[g_2(t-T)]=z^{-1}\cdot Z[G_2(s)] \tag{6.43}$$

故采样后带有零阶保持器的系统的脉冲传递函数为

$$G(z)=Z[G_2(s)]-z^{-1}\cdot Z[G_2(s)]=(1-z^{-1})\cdot Z\left[\frac{1}{s}\cdot G(s)\right] \tag{6.44}$$

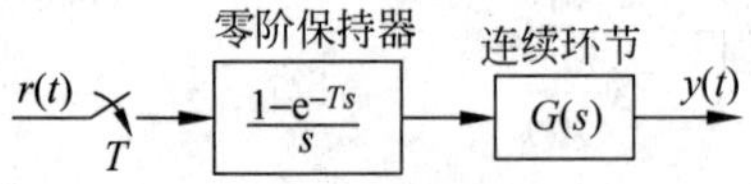

图 6.12 带有零阶保持器的开环系统

例 6.12 设采样系统具有零阶保持器的开环系统传递函数为 $G(s)=\dfrac{a}{s(s+a)}$,结构如前面图 6.12 所示,求系统的开环脉冲传递函数 $G(z)$。

解 因为

$$\begin{aligned}Z\left[\frac{G(s)}{s}\right]&=Z\left[\frac{a}{s^2(s+a)}\right]=Z\left[\frac{1}{s^2}-\frac{1}{a}\left(\frac{1}{s}-\frac{1}{s+a}\right)\right]\\&=\frac{Tz}{(z-1)^2}-\frac{1}{a}\left(\frac{z}{z-1}-\frac{z}{z-\mathrm{e}^{-aT}}\right)\\&=\frac{\frac{1}{a}[(\mathrm{e}^{-aT}+aT-1)z+(1-aT\mathrm{e}^{-aT}-\mathrm{e}^{-aT})]}{(z-1)^2(z-\mathrm{e}^{-aT})}\end{aligned}$$

所以

$$G(z)=(1-z^{-1})Z\left[\frac{G(s)}{s}\right]=\frac{\frac{1}{a}[(e^{-aT}+aT-1)z+(1-aTe^{-aT}-e^{-aT})]}{(z-1)(z-e^{-aT})}$$

(3) 连续信号直接进入连续环节时的脉冲传递函数

如图 6.13 所示,连续环节 $G_1(s)$的输入信号为连续信号 $r(t)$,输出的连续信号为 $e(t)$,即

$$E(s)=R(s)G_1(s) \tag{6.45}$$

$e(t)$经采样开关后得到离散信号 $e^*(t)$,Z 变换为

$$E(z)=Z\{L^{-1}[R(s)G_1(s)]\}=RG_1(z) \tag{6.46}$$

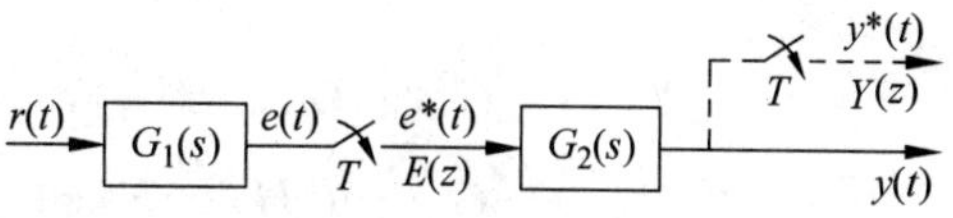

图 6.13 连续信号直接进入连续环节的开环系统

而连续环节 $G_2(s)$输入采样信号为 $e^*(t)$,其输出序列的 Z 变换为

$$Y(z)=G_2(z)E(z)=G_2(z)RG_1(z) \tag{6.47}$$

对于某离散系统,当连续信号首先进入连续环节时,该系统无法写出脉冲传递函数的形式,只能求出输出序列 $Y(z)$的表达式。

3. 闭环脉冲传递函数

为了提高控制精度和效果,大多数自动生产系统都采用闭环控制方式,其对应的系统结构图也是含闭环的结构图。在这种情况下,只有针对具体的系统结构图,采取边分析边列出相应解析式的方法,才能正确求出它的脉冲传递函数或系统输出量的 Z 变换式,现举两个典型例子予以说明。

(1) 离散控制系统的典型结构 1

离散控制系统的一个典型结构如图 6.14 所示。

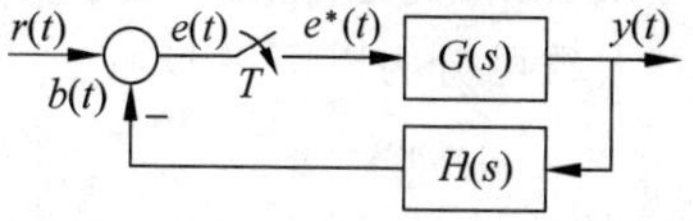

图 6.14 离散控制系统的典型结构 1

由图 6.14 可知

$$B(s)=Y(s)H(s)=E^*(s)G(s)H(s)$$

$$E(s)=R(s)-B(s)=R(s)-E^*(s)G(s)H(s)$$

考虑到离散信号拉氏变换的相关性质,则偏差信号离散化后的 S 变换为

$$E^*(s)=R^*(s)-E^*(s)GH^*(s)$$

即

$$E(z)=R(z)-E(z)GH(z)$$

离散系统误差脉冲传递函数的定义为

$$\Phi_e(z)=\frac{E(z)}{R(z)}=\frac{1}{1+GH(z)}$$

$$E(z)=\frac{1}{1+GH(z)}R(z)$$

得

$$Y(z)=\frac{G(z)}{1+GH(z)}R(z)$$

则线性离散系统闭环脉冲传递函数为

$$\Phi(z)=\frac{Y(z)}{R(z)}=\frac{G(z)}{1+GH(z)}$$

即

$$\Phi(z)\neq Z[\Phi(s)]$$

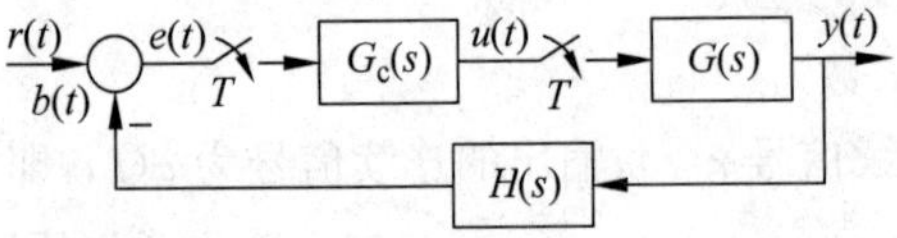

图 6.15　离散控制系统的典型结构 2

(2) 离散控制系统的典型结构 2

另一个典型的离散控制系统的结构如图 6.15 所示。

由图 6.15 可知

$$Y(z)=G_c(z)G(z)E(z),\quad E(z)=R(z)-B(z)$$

$$B(z)=G_c(z)GH(z)E(z),\quad GH(z)=Z\{L^{-1}[G(s)H(s)]\}$$

有

$$E(z)=R(z)-G_c(z)GH(z)E(z)$$

离散系统误差脉冲传递函数为

$$\Phi_e(z)=\frac{E(z)}{R(z)}=\frac{1}{1+G_c(z)GH(z)}$$

故

$$E(z)=\frac{1}{1+G_c(z)GH(z)}R(z),\quad Y(z)=\frac{G_c(z)G(z)}{1+G_c(z)GH(z)}R(z)$$

则线性离散闭环脉冲函数为

$$\Phi(z)=\frac{Y(z)}{R(z)}=\frac{G_c(z)G(z)}{1+G_c(z)GH(z)}$$

应当注意：离散系统的闭环脉冲传递函数不能从对应的连续系统传递函数的 Z 变换直接得到。

从上述两例典型离散系统闭环传递函数的推导过程可以看出，建立线性离散系统的闭环脉冲传递函数 $\Phi(z)$ 或输出量的 Z 变换 $Y(z)$ 的推导步骤大致可分为以下三步：

(1) 在主通道上建立与中间变量 $E(z)$ 的关系；

(2) 在闭环回路中建立中间变量 $E(z)$ 与 $R(z)$ 或 $R(s)$ 的关系；

(3) 消去中间变量 $E(z)$，建立 $Y(z)$ 与 $R(z)$ 或 $R(s)$ 的关系。

表 6.2 列出了一些典型的线性闭环系统输出量的 Z 变换。

表 6.2　典型的线性离散系统输出量 Z 变换

序号	结构图	$Y(z)$
1	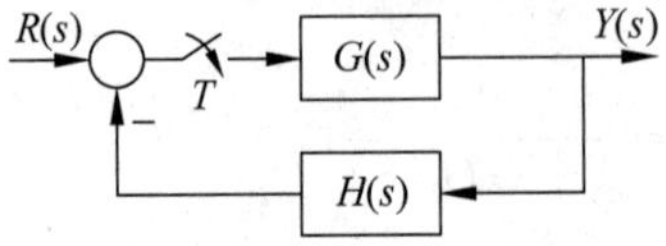	$\frac{G(z)R(z)}{1+GH(z)}$
2	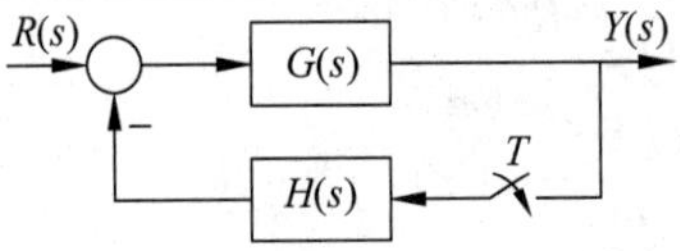	$\frac{GR(z)}{1+GH(z)}$

续表

<table>
<tr><th>序号</th><th>结构图</th><th>Y(z)</th></tr>
<tr><td>3</td><td>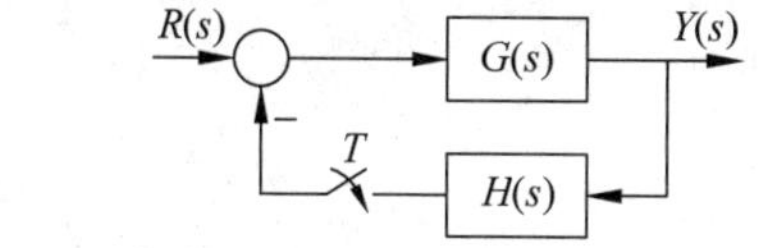
</td><td>$RG(z)-\dfrac{G(z)RGH(z)}{1+GH(z)}$</td></tr>
<tr><td>4</td><td>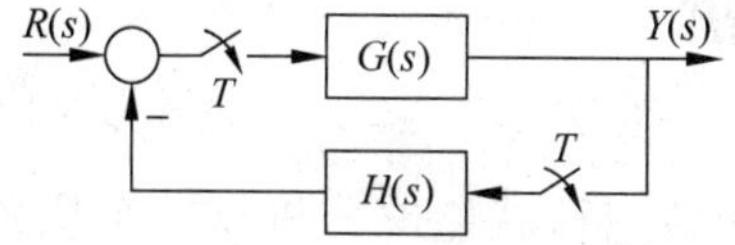
</td><td>$\dfrac{G(z)R(z)}{1+G(z)H(z)}$</td></tr>
<tr><td>5</td><td>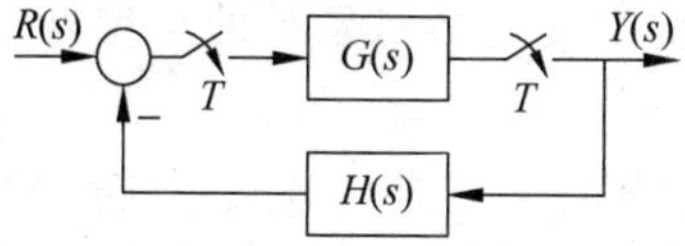
</td><td>$\dfrac{G(z)R(z)}{1+G(z)H(z)}$</td></tr>
<tr><td>6</td><td>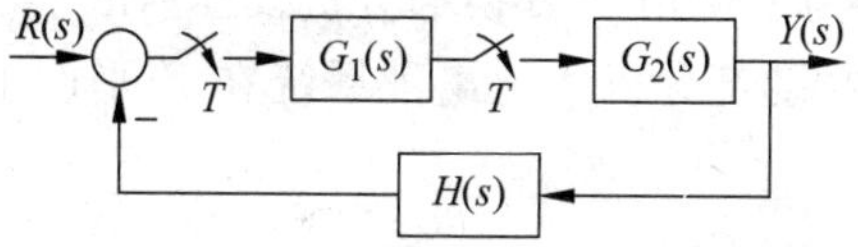
</td><td>$\dfrac{G_1(z)G_2(z)R(z)}{1+G_1(z)G_2H(z)}$</td></tr>
<tr><td>7</td><td>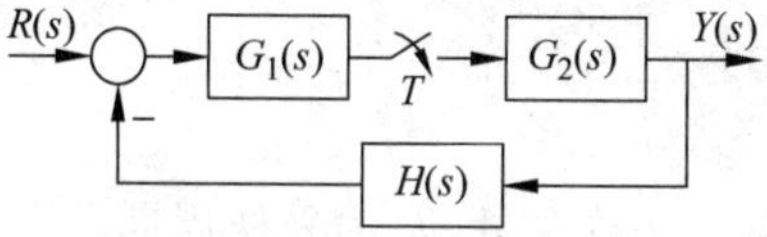
</td><td>$\dfrac{RG_1(z)G_2(z)}{1+G_1G_2H(z)}$</td></tr>
</table>

6.2.5 应用 MATLAB 建立离散系统的数学模型

在 MATLAB 软件中，对连续系统的离散化主要是利用 c2dm()函数来实现的，c2dm()函数的一般格式为

```
[numd,dend]=c2dm(num,den,T,'method')
```

其中，num 为连续系统传递函数分子多项式系数。den 为连续系统传递函数分母多项式系数。numd 为离散系统脉冲传递函数分子多项式系数。dend 为离散系统脉冲传递函数分母多项式系数。T 为系统采样周期。method 为转换方法，允许用户采用的转换方法有五种，包括：zoh 输入端采用零阶保持器，即在采样时间 T 上假定控制输入为分段常数；foh 输入端采用一阶保持器，即在采样时间 T 上假定控制输入为分段线性，这种变换不可逆；tustin 采用双线性逼近导数；prewarp 利用频率预变的双线性来进行逼近；matched 利用匹配零极点方法将 SISO 系统变换为离散时间系统。缺省状态下，默认为 zoh。

例 6.13　已知采样系统的结构如图 6.16 所示，求开环脉冲传递函数(采样周期 $T=0.1$s)。

解　用 MATLAB 可以方便求得结果，程序如下：

```
>>num=10;
>>den=conv([1 2],[1 5]);
>> T=0.1
>>[numz,denz]=c2dm(num,den,T,'zoh');
>> printsys(numz,denz,'z')
```

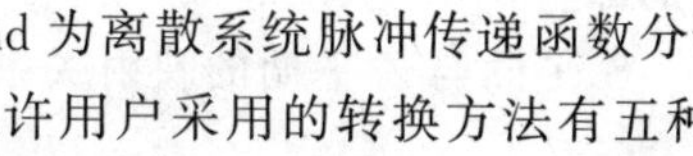

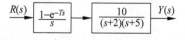

图 6.16　某开环离散系统

运行结果如下

```
numz/denz=
        0.0398z+0.0315
    ---------------------
    z^2-1.4253z+0.4966
```

6.3 离散控制系统的特性分析

建立起离散系统的数学模型(脉冲传递函数)后,就能够分析离散系统各方面的性能。与连续系统的性能分析类似,分析离散控制系统主要包括对系统的稳定性、稳态性能、动态性能的分析。

由于离散系统的拉氏变换是 s 的超越函数,不能直接使用连续系统的相关分析方法,离散系统分析必须在 Z 变换的基础上进行。为了使用 Z 变换法分析线性离散系统的稳定性,本节首先介绍 S 平面与 Z 平面的映射关系,接着分析线性离散系统在 Z 平面上的稳定域,最后介绍线性离散系统的稳定判据。

6.3.1 S 平面到 Z 平面的映射

在定义 Z 变换时,令 $z=e^{Ts}$,其中 s,z 均为复数变量,T 为采样周期。设 $s=\sigma+j\omega$,则有

$$z=e^{(\sigma+j\omega)T}=e^{\sigma T}e^{j\omega T}$$

z 的模 $|z|=e^{\sigma T}$,z 的相角 $\angle z=\omega T$。

当 $\sigma=0$ 时,$|z|=1$,即 S 平面上的虚轴映射到 Z 平面上,是以原点为圆心的单位圆周。

当 $\sigma<0$ 时,$|z|<1$,即 S 平面的左半部映射到 Z 平面上,是以原点为圆心的单位圆以内的部分。

当 $\sigma>0$ 时,$|z|>1$,即 S 平面的右半部映射到 Z 平面上,是以原点为圆心的单位圆以外的部分。

S 平面与 Z 平面的映射关系如图 6.17 所示。

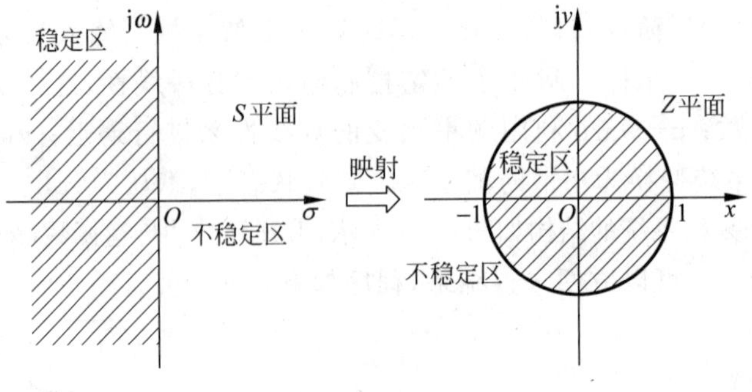

图 6.17 S 平面与 Z 平面的映射关系

注意：z 是采样频率 ω_s 的周期函数，当 S 平面上 σ 不变，角频率 ω 由 0 变到无穷大时，z 的模不变，只是相角作周期性变化。在离散系统的采样角频率比系统的通频带高许多时，主要讨论的是主频区，即 ω 为 $-\frac{\omega_s}{2} \sim \frac{\omega_s}{2}$，其余部分则称为通频区。

6.3.2　离散控制系统稳定的充要条件

由线性连续系统稳定性理论可知，线性连续系统稳定的充分必要条件是系统的所有特征根全部位于 S 平面的左半平面。由 S 平面到 Z 平面的映射关系可以看出，欲使线性离散控制系统稳定，离散系统的特征根必须位于 Z 平面上以原点为圆心的单位圆以内。

线性离散系统稳定的充分必要条件是它的特征方程的全部根或闭环脉冲传递函数全部极点都位于 Z 平面上以原点为圆心的单位圆内，或者说所有的极点的模都小于 1。若有一个或一个以上的闭环特征根在单位圆外，系统就不稳定；若有一个或一个以上的闭环特征根在单位圆上时，系统就处于临界稳定。

例 6.14　设离散系统如图 6.18 所示，其中 $T=0.07\text{s}$，试分析该系统的稳定性。

解　由已知的 $G(s)$ 可求出开环脉冲传递函数为

$$G(z)=\frac{10z(1-e^{-10T})}{(z-1)(z-e^{-10T})}$$

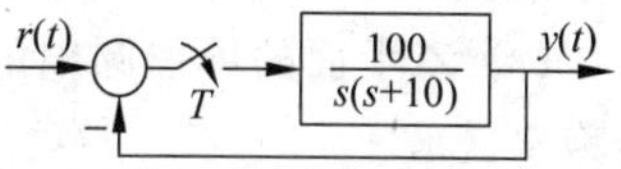

图 6.18　离散系统结构图

闭环特征方程为

$$1+G(z)=1+\frac{10z(1-e^{-10T})}{(z-1)(z-e^{-10T})}=0$$

将 $T=0.07\text{s}$ 代入化简即得特征方程为

$$z^2+3.5z+0.5=0$$

其特征根为

$$z_1=0.15,\quad z_2=3.73$$

因为 $|z_2|>1$，位于 Z 平面上原点为圆心的单位圆以外，所以该系统是不稳定的。

6.3.3　线性离散系统的稳定判据

对于低阶离散系统的稳定性，通常可以通过直接求取特征方程的根进行判别，但是对于三阶以上系统的特征方程的求解比较困难。离散系统稳定性判别方法有很多，如劳斯稳定判据、朱利稳定判据与雷伯尔(Raibel)稳定判据等，下面介绍最常用的劳斯稳定判别法。

在连续系统中，劳斯稳定判据是通过判别闭环特征根是否均位于 S 左半平面，从而确定系统的稳定性。在采样系统中，由于稳定性取决于根是否全在单位圆内，所以不能直接引用劳斯判据，必须寻求一种变换，使 Z 平面上单位圆内映射到一个新平面的虚轴以左，我们称该新平面为 W 平面。经过 Z-W 变换，便可直接应用劳斯稳定判据了。

Z-W 变换称为双线性变换，定义为

$$z=\frac{w+1}{w-1}\quad\left(\text{或 } z=\frac{1+w}{1-w}\right)$$

式中，z 与 w 分别为 Z 平面和 W 平面的复数。设 $z=x+\mathrm{j}y$，$w=u+\mathrm{j}v$，将 z 代入 w 的表达式，并将实部、虚部分解可得

$$\begin{aligned}w=u+\mathrm{j}v&=\frac{z+1}{z-1}=\frac{x+\mathrm{j}y+1}{x+\mathrm{j}y-1}=\frac{[(x+1)+\mathrm{j}y][(x-1)-\mathrm{j}y]}{(x-1)^2+y^2}\\&=\frac{x^2+y^2-1}{(x-1)^2+y^2}-\mathrm{j}\frac{2y}{(x-1)^2+y^2}\end{aligned}\tag{6.48}$$

W 平面的实部 $u=\frac{x^2+y^2-1}{(x-1)^2+y^2}$。对于 W 平面的虚轴 $u=0$，有 $x^2+y^2-1=0$，即 $x^2+y^2=1$ 为 Z 平面中的单位圆方程。

可见，Z 平面与 W 平面有如下映射关系：

(1) Z 平面的单位圆映射为 W 平面的虚轴，即 $u=0$(实部等于 0)，为临界稳定区域；

(2) Z 平面的单位圆外的区域映射为 W 平面的右半平面，即 $u>0$(实部大于 0)，为不稳定区域；

(3) Z 平面的单位圆内的区域映射为 W 平面的左半平面，即实部 $u<0$(实部小于 0)，为稳定区域。

其映射关系如图 6.19 所示。

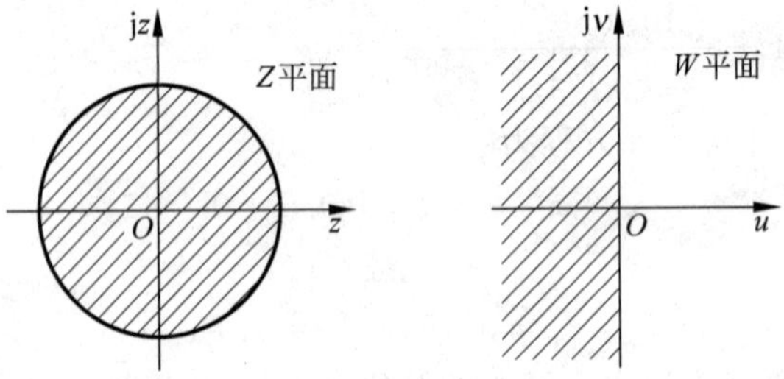

图 6.19　Z 平面和 W 平面的对应关系

利用 Z-W 平面变换，可以将 Z 平面的特征方程 $A_nz^n+A_{n-1}z^{n-1}+A_{n-2}z^{n-2}+\cdots+A_0=0$ 变成 W 平面的特征方程 $a_nw^n+a_{n-1}w^{n-1}+a_{n-2}w^{n-2}+\cdots+a_0=0$，然后即可直接应用连续系统中劳斯稳定判据来进行离散控制系统的稳定性判别。

应用劳斯稳定判据进行离散系统稳定性判别的步骤如下。

(1) 求离散系统的特征方程 $D(z)=A_nz^n+A_{n-1}z^{n-1}+A_{n-2}z^{n-2}+\cdots+A_0=0$。

(2) 将 $z=\frac{w+1}{w-1}\left(\text{或 } z=\frac{1+w}{1-w}\right)$ 代入特征方程 $D(z)$，得 W 平面特征方程 $a_nw^n+a_{n-1}w^{n-1}+a_{n-2}w^{n-2}+\cdots+a_0=0$。

(3) 若系数 $a_n,a_{n-1},a_{n-2},\cdots,a_0$ 的符号不相同，则系统不稳定。

(4) 建立劳斯表，判断劳斯阵列第一列元素是否全为正，如是，则所有特征根均分布于 W 左半平面，系统稳定；若第一列元素出现负数，表示系统不稳定。第一列元素符号变化的次数，表示 W 右半平面上特征根的个数。

例 6.15　设某离散系统的特征方程为 $D(z)=45z^3-117z^2+119z-39=0$，试用 W 平面的劳斯稳定判据判别系统稳定性。

解　将 $z=\dfrac{w+1}{w-1}$ 代入特征方程，得

$$45\left(\frac{w+1}{w-1}\right)^3-117\left(\frac{w+1}{w-1}\right)^2+119\left(\frac{w+1}{w-1}\right)z-39=0$$

化简得

$$D(w)=w^3+2w^2+2w+40=0$$

列劳斯表为

$$\begin{array}{llll} w^3 & 1 & 2 & 0 \\ w^2 & 2 & 40 & \\ w^1 & -18 & 0 & \\ w^0 & 40 & & \end{array}$$

可见，劳斯阵列第一列元素出现负号，所以系统是不稳定的。且第一列元素符号改变两次，可以判定系统有两个不稳定的特征根根位于 W 平面右半部，即位于 Z 平面上以原点为圆心的单位圆外。

例 6.16　设线性离散系统如图 6.20 所示，试确定使系统稳定的 K 值的取值范围。

解　离散系统开环脉冲传递函数为

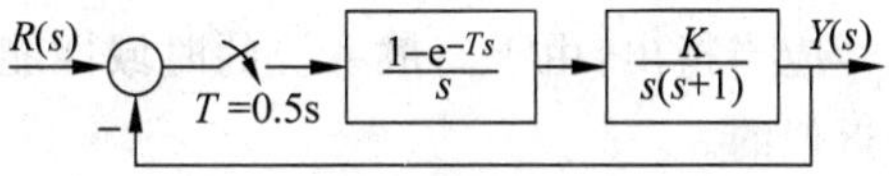

图 6.20　线性离散系统的稳定性

$$G(z)=\frac{z-1}{z}\cdot Z\left[\frac{K}{s^2(s+1)}\right]$$
$$=\frac{z-1}{z}\cdot Z\left[K\left(\frac{1}{s^2}-\frac{1}{s}+\frac{1}{s+1}\right)\right]$$
$$=K\cdot\frac{0.106z+0.091}{z^2-1.606z+0.606}$$

系统的闭脉冲传递函数为

$$\Phi(z)=\frac{G(z)}{1+G(z)}=\frac{K(0.106z+0.091)}{z^2-1.606z+0.606+K(0.106z+0.091)}$$

系统的特征方程为

$$D(z)=z^2+(0.106K-1.606)z+(0.091K+0.606)=0$$

将 $z=\dfrac{w+1}{w-1}$ 代入特征方程 $D(z)$，得

$$0.197Kw^2+(0.788-0.182K)w+(3.212-0.015K)=0$$

由三阶系统的劳斯稳定判据可知，使系统稳定的 K 值的取值条件是

$$\begin{cases} K>0 \\ 0.788-0.182K>0 \\ 3.212K-0.015K>0 \end{cases}$$

即

$$0<K<4.33$$

6.3.4 离散控制系统的过渡过程分析

应用 Z 变换法分析线性定常离散控制系统的动态性能，通常有时域法、根轨迹法和频域法，其中时域法最简便。本节主要介绍在时域中如何求取离散系统的时间响应，以及在 Z 平面上定性分析离散系统闭环极点与其动态性能之间的关系。

1. 离散系统时间响应

因为离散系统闭环脉冲传递函数为

$$\Phi(z)=\frac{Y(z)}{R(z)}$$

故系统输出为

$$Y(z)=\Phi(z)R(z)$$

在已知离散系统结构和参数情况下，便可求出相应的脉冲传递函数，在输入信号给定的情况下，便可以得到系统输出量的 Z 变换，经过 Z 反变换，便可求出系统输出的时间序列 $y(kT)$或 $y^*(t)$。根据过渡过程曲线，可以分析系统的动态特性。由于离散系统时域指标的定义与连续系统相同，故根据单位阶跃响应曲线可以方便地分析离散系统的动态特性，如超调量 σ_p、调节时间 t_s，以及稳态性能，如稳态误差 e_{ss}。

应当指出，由于离散系统的时域性能指标只能按采样周期整数倍的采样值来计算，所以是近似的。

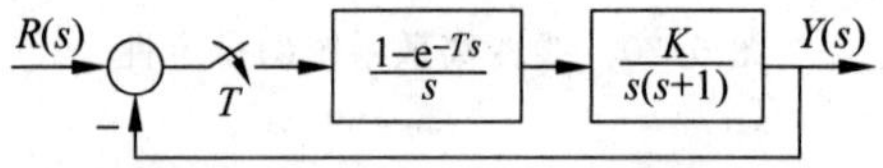

图 6.21 例 6.17 系统结构图

例 6.17 设有零阶保持器的离散系统如图 6.21 所示，其中输入为单位阶跃信号，采样周期 $T=1s$，增益值 $K=1$。试分析该系统的动态性能。

解 先求开环脉冲传递函数与闭环传递函数分别为

$$G(z)=(1-z^{-1})\cdot Z\left[\frac{1}{s^2(s+1)}\right]=\frac{0.368z+0.264}{(z-1)(z-0.368)}$$

$$\Phi(z)=\frac{G(z)}{1+G(z)}=\frac{0.368z+0.264}{z^2-z+0.632}$$

输入为单位阶跃序列时，$R(z)=\frac{z}{z-1}$，求出单位阶跃响应的 Z 变换为

$$Y(z)=\Phi(z)R(z)=\frac{0.368z^{-1}+0.264z^{-2}}{1-2z^{-1}+1.632z^{-2}-0.632z^{-3}}$$

用长除法展开成幂级数为

$$\begin{aligned}Y(z)=&0.368z^{-1}+z^{-2}+1.4z^{-3}+1.4z^{-4}+1.147z^{-5}+0.895z^{-6}+\\&0.802z^{-7}+0.868z^{-8}+0.993z^{-9}+1.077z^{-10}+1.081z^{-11}+\\&1.032z^{-12}+0.981z^{-13}+0.961z^{-14}+\cdots\end{aligned}$$

Z 反变换得到

$$\begin{aligned}y^*(t)=&0.368\delta(t-T)+\delta(t-2T)+1.4\delta(t-3T)+1.4\delta(t-4T)+\\&1.147\delta(t-5T)+0.895\delta(t-6T)+0.802\delta(t-7T)+\end{aligned}$$

$$0.868\delta(t-8T)+0.993\delta(t-9T)+\cdots$$

系统的输出时间序列如图 6.22 所示。

由图 6.22 可看出，线性离散系统在单位阶跃输入作用下，超调量 $\sigma_p \approx 40\%$，峰值时间 $t_p = 3s$，振荡次数 $N=1.5$ 次，调节时间 $t_s \approx 12s$（12个采样周期），稳态误差 $e_{ss}=0$。

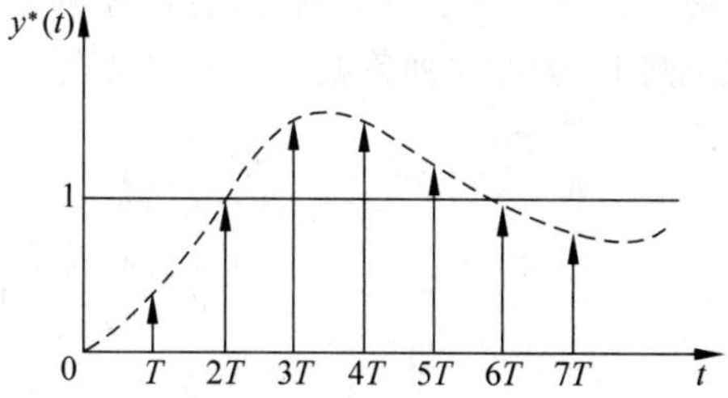

图 6.22　离散系统输出的脉冲序列

2. 闭环极点与动态响应的关系

与连续系统类似，离散系统的结构参数决定了闭环脉冲传递函数的极点在 Z 平面上单位圆内的分布，对系统的动态响应具有重要的影响。

设线性离散系统的闭环脉冲传递函数为

$$\Phi(z)=\frac{Y(z)}{R(z)}=K\frac{B(z)}{A(z)}=K\frac{\prod_{i=1}^{m}(z-z_i)}{\prod_{i=1}^{n}(z-p_i)} \tag{6.49}$$

式中，z_i、p_i 分别为闭环零点和闭环极点，它们为实数或共轭复数。通常 $n \geqslant m$，并设系统无重极点。

当输入为单位阶跃序列时，系统输出为

$$Y(z)=K\frac{\prod_{i=1}^{m}(z-z_i)}{\prod_{i=1}^{n}(z-p_i)}\cdot\frac{z}{z-1} \tag{6.50}$$

应用留数定理求出系统输出 $Y(z)$ 的反变换，可得

$$y(kT)=K\frac{B(1)}{A(1)}+\sum_{p_r}\frac{KB(p_r)(p_r)}{(p_r-1)\dot{A}(p_r)}(p_r)^k+\sum_{p_i}2\left|\frac{KB(p_i)(p_i)}{(p_i-1)\dot{A}(p_i)}\right||p_i|^k\cos(k\theta_i+\varphi_i) \tag{6.51}$$

式中，p_r 为实数极点；p_i 为复数极点。

$$\dot{A}(p_r)=\left.\frac{dA(z)}{dz}\right|_{z=p_r},\quad \dot{A}(p_i)=\left.\frac{dA(z)}{dz}\right|_{z=p_i},\quad p_i=\alpha_i+j\beta_i,$$

$$\theta_i=\arctan\left(\frac{\beta_i}{\alpha_i}\right),\quad \varphi_i=\angle B(p_i)-\angle(p_i-1)-\angle\dot{A}(p_i)$$

由式(6.51)可见，输出 $y(kT)$ 由三部分组成：第一项 $K\frac{B(1)}{A(1)}$ 为常数项，为输出 $y(kT)$ 的稳态响应分量；第二项 $\sum_{p_r}\frac{KB(p_r)(p_r)}{(p_r-1)\dot{A}(p_r)}(p_r)^k$ 对应于闭环系统各个实极点暂态响应分量，如图 6.21 所示；第三项 $\sum_{p_i}2\left|\frac{KB(p_i)(p_i)}{(p_i-1)\dot{A}(p_i)}\right||p_i|^k\cos(k\theta_i+\varphi_i)$ 对应于闭环各复

数极点暂态响应分量，如图 6.22 所示。

由图 6.23 可见，若闭环实数极点位于右半 Z 平面，则输出动态响应形式为单向正脉冲序列。实极点位于单位圆内，脉冲序列收敛，且实极点越接近原点，收敛越快；实极点位于单位圆上，脉冲序列等幅变化；实极点位于单位圆外，脉冲序列发散。

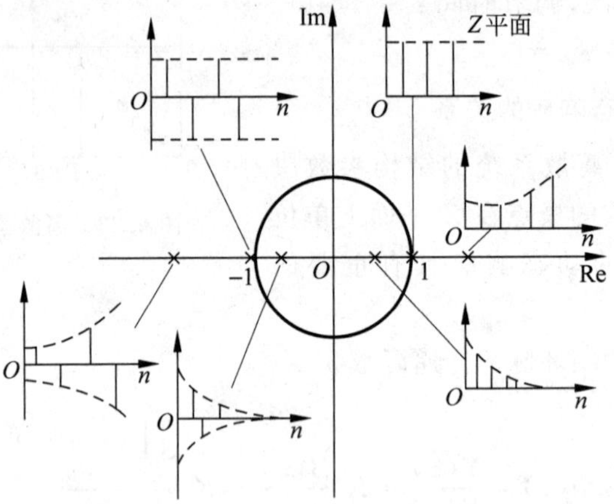

图 6.23 实数极点对应的暂态响应形式

若闭环实数极点位于左半 Z 平面，则输出动态响应形式为双向交替脉冲序列。实极点位于单位圆内，双向脉冲序列收敛；实极点位于单位圆上，双向脉冲序列等幅变化；实极点位于单位圆外，双向脉冲序列发散。

由图 6.24 可知：若 $|p_i|>1$，闭环复数极点位于 Z 平面上的单位圆外，动态响应为振荡脉冲序列；若 $|p_i|=1$，闭环复数极点位于 Z 平面上的单位圆上，动态响应为等幅振荡脉冲序列；若 $|p_i|<1$，闭环复数极点位于 Z 平面上的单位圆内，动态响应为振荡收敛脉冲序列，且 $|p_i|$ 越小，即复数极点越靠近原点，振荡收敛越快。

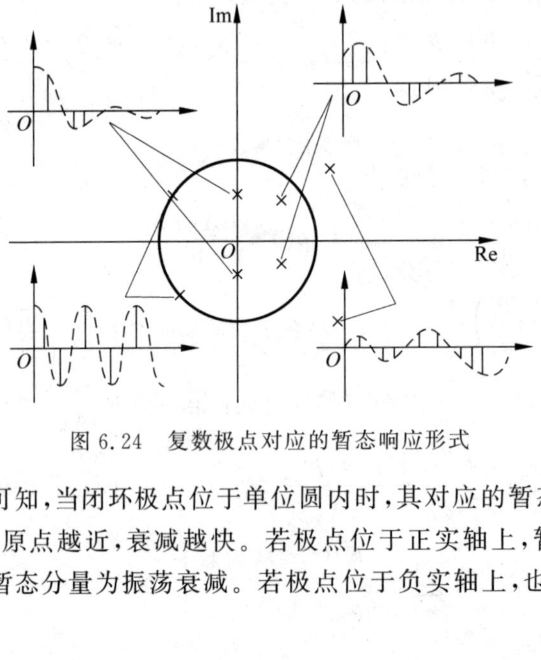

图 6.24 复数极点对应的暂态响应形式

综合以上的分析可知，当闭环极点位于单位圆内时，其对应的暂态分量是收敛的，故系统是稳定的，且极点离原点越近，衰减越快。若极点位于正实轴上，暂态分量按指数衰减。一对共轭复数极点的暂态分量为振荡衰减。若极点位于负实轴上，也将出现衰减振荡。为了使采样系统具有较为满意的暂态响应,其脉冲传递函数的极点最好分布在单位圆内的右半部靠近原点的位置。当闭环极点位于单位圆上或单位圆外时,对应的瞬态分量均不收敛,产生持续等幅脉冲或发散脉冲,系统不稳定。为了使离散系统具有较满意的动态过程,极点应尽量避免在左半圆内,尤其不要靠近负实轴,以免产生较强烈的振荡。闭环极点最好分布在 Z 平面的右半单位圆内,理想的是分布在靠近原点的地方。这样系统反应迅速,过渡过程进行得较快。

可见,离散系统的动态特性与闭环极点的分布密切相关。当闭环实极点位于 Z 平面上左半单位圆内时,由于输出衰减脉冲交替变号,故动态过程质量很差;当闭环复数极点位于左半单位圆内时,由于输出衰减高频振荡脉冲,故动态过程性能欠佳。

因此,在离散系统设计时,应把闭环极点安置在 Z 平面的右半单位圆内,且尽量靠近极点。

6.3.5　离散控制系统的稳态误差分析

与连续系统一样,离散控制系统的稳态误差也是分析、设计系统的重要指标。系统存在稳态误差的前提是该系统是稳定的。当系统存在稳态误差时,稳态误差的大小取决于系统的类型、开环放大系数和输入信号,并与采样周期 T 有关。离散控制系统的稳态误差可以从 Z 变换的终值定理求出。

在典型输入信号作用下,计算机控制系统在采样时刻的稳态误差可由图 6.25 所示的典型计算机控制系统结构图求出。图中,$e(t)$为连续误差信号,$e^*(t)$为采样误差信号。系统采样周期为 T。

定义系统误差的脉冲传递函数为

$$\Phi_e(z)=\frac{E(z)}{R(z)}=\frac{1}{1+GH(z)}=\frac{1}{1+G(z)} \tag{6.52}$$

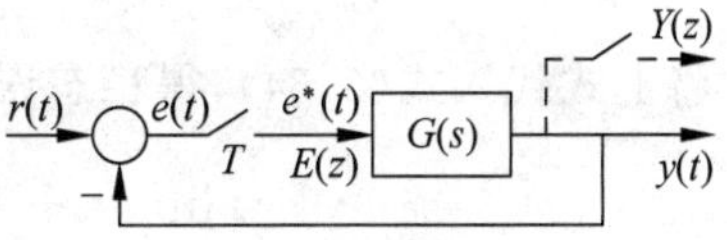

图 6.25　典型计算机控制系统结构图

误差信号的 Z 变换为

$$\begin{aligned}E(z)&=\Phi_e(z)R(z)=\frac{1}{1+G(z)}R(z)\\&=e(0)+e(T)z^{-1}+e(2T)z^{-2}+e(3T)z^{-3}+\cdots+e(kT)z^{-k}+\cdots\end{aligned} \tag{6.53}$$

由式(6.53)可知:

(1) 系统的误差除了与系统的结构、环节的参数有关外,还与系统的输入形式有关。

(2) 系统在各采样时刻 $kT(k=1,2,3,\cdots)$的误差值可以由 $E(z)$展开式的各项系数 $e(kT)$来确定。

(3) 当 $e(kT)$中的 $k\to\infty$时,即可得到系统的稳态特性。因此,为了分析稳态特性可以对误差的 Z 变换 $E(z)$使用终值定理以求得 e_{ss}。

当系统是稳定的,可由终值定理获得系统的稳态误差为

$$e_{ss}=e(\infty)=\lim_{t\to\infty}e(nT)=\lim_{z\to 1}(z-1)E(z)=\lim_{z\to 1}(z-1)\frac{R(z)}{1+G(z)} \tag{6.54}$$

与线性连续系统稳态误差分析类似，引出离散系统型别的概念，由于 $z=e^{sT}$ 的关系，原线性连续系统开环传递函数 $G(s)$ 在 $s=0$ 处极点的个数 v 作为划分系统型别的标准，可推广为将离散系统开环脉冲传递函数 $G(z)$ 在 $z=1$ 处极点的数目 v 作为离散系统的型别，称 $v=0,1,2,\cdots$ 的系统分别为 0 型、Ⅰ型、Ⅱ型离散系统。

下面分别讨论三种典型输入信号作用下系统的稳态误差。

(1) 单位阶跃输入时的稳态误差

对于单位阶跃输入信号 $r(t)=1(t)$，有

$$R(z)=\frac{z}{z-1}$$

将上式代入式(6.54)，得稳态误差为

$$\begin{aligned}e_{ss}=e(\infty)&=\lim_{z\to 1}(z-1)E(z)=\lim_{z\to 1}(z-1)\frac{1}{1+G(z)}\cdot\frac{z}{z-1}\\&=\frac{1}{\lim\limits_{z\to 1}[1+G(z)]}=\frac{1}{K_p}\end{aligned}$$

式中，$K_p=\lim\limits_{z\to 1}[1+G(z)]$，称为静态位置误差系数。

可见，对于 0 型离散系统(即系统开环脉冲传递函数没有 $z=1$ 的极点)，则 $K_p\neq\infty$，从而 $e_{ss}\neq 0$；对Ⅰ型、Ⅱ型以上的离散系统(即系统开环脉冲传递函数有一个或一个以上 $z=1$ 的极点)，则 $K_p=\infty$，从而稳态误差 $e_{ss}=0$。

(2) 单位速度输入时的稳态误差

对于单位速度输入信号 $r(t)=t$，有

$$R(z)=\frac{Tz}{(z-1)^2}$$

将上式代入式(6.54)，得稳态误差为

$$\begin{aligned}e_{ss}=e(\infty)&=\lim_{z\to 1}(z-1)E(z)=\lim_{z\to 1}(z-1)\frac{1}{1+G(z)}\cdot\frac{Tz}{(z-1)^2}\\&=\frac{T}{\lim\limits_{z\to 1}[(z-1)G(z)]}=\frac{T}{K_v}\end{aligned}$$

式中，$K_v=\lim\limits_{z\to 1}[(z-1)G(z)]$，称为静态速度误差系数。

可见，对于 0 型离散系统(即系统开环脉冲传递函数没有 $z=1$ 的极点)，则 $K_v=0$，从而稳态误差 $e_{ss}=\infty$；对于Ⅰ型离散系统(即系统开环脉冲传递函数有一个 $z=1$ 的极点)，则 K_v 为一个有限值且 $K_v\neq 0$，从而误差为一有限值；对于Ⅱ型以上的离散系统(即系统开环脉冲传递函数有两个或两个以上 $z=1$ 的极点)，则 $K_v=\infty$，从而稳态误差 $e_{ss}=0$。

(3) 单位加速度输入时的稳态误差

对于单位加速度输入信号 $r(t)=\frac{1}{2}t^2$，有

$$R(z)=\frac{T^2z(z+1)}{2(z-1)^3}$$

$$e(\infty)=\lim_{z\to 1}(z-1)E(z)=\lim_{z\to 1}\frac{(z-1)}{1+G(z)}\cdot\frac{T^2z(z+1)}{2(z-1)^3}$$

$$=\frac{T^2}{\lim\limits_{z\to1}[(z-1)^2G(z)]}=\frac{T^2}{K_a}$$

式中，$K_a=\lim\limits_{z\to1}[(z-1)^2G(z)]$，称为静态加速度误差系数。

可见，由于0型及Ⅰ型系统的 $K_a=0$，Ⅱ型系统的 K_a 为常值，Ⅲ型以及Ⅲ型以上系统的 $K_a=\infty$。因此有如下结论成立：0型及Ⅰ型离散系统不能跟踪单位加速度信号，Ⅱ型离散系统在单位加速度信号作用下存在加速度误差，只有Ⅲ型以及Ⅲ型以上的离散系统在单位加速度信号作用下，才不存在采样瞬时的稳态位置误差，能实现系统的无差跟踪。

由上述分析结果可知，采样系统采样时刻处的稳态误差与输入信号的形式及开环脉冲函数 $G(z)$ 中 $z=1$ 的极点数目相关。表6.3给出了四种型别系统在几种典型输入下的稳态误差。

表6.3　不同输入时各类系统的稳态误差

系统类型	$u(t)=1(t)$	$u(t)=t$	$u(t)=\frac{1}{2}t^2$
0型系统	$1/K_p$	∞	∞
Ⅰ型系统	0	T/K_v	∞
Ⅱ型系统	0	0	T^2/K_a
Ⅲ型系统	0	0	0

例6.18　设线性离散系统如图6.25所示，且系统开环脉冲传递函数为 $G(z)=\frac{0.368z+0.264}{(z-1)(z-0.368)}$，采样周期 $T=1\text{s}$。试求系统分别在单位阶跃信号、单位速度和单位加速度信号作用下的稳态误差。

解　由式(6.54)可得系统的稳态误差为

$$e_{ss}=\lim_{z\to1}(z-1)E(z)=\lim_{z\to1}(z-1)\frac{R(z)}{1+G(z)}$$

(1) 单位阶跃输入时，$R(z)=\frac{z}{z-1}$，所以稳态误差为

$$e_{ss}=\lim_{z\to1}(z-1)\frac{z^2-1.368z+0.368}{z^2-z+0.632}\cdot\frac{z}{z-1}=0$$

(2) 单位速度输入时，$R(z)=\frac{Tz}{(z-1)^2}=\frac{z}{(z-1)^2}(T=1\text{s})$，所以稳态误差为

$$\begin{aligned}e_{ss}&=\lim_{z\to1}(z-1)\frac{z^2-1.368z+0.368}{z^2-z+0.632}\cdot\frac{z}{(z-1)^2}\\&=\lim_{z\to1}\left\{\frac{\frac{\mathrm{d}}{\mathrm{d}z}(z^2-1.368z+0.368)}{\frac{\mathrm{d}}{\mathrm{d}z}[(z-1)(z^2-z+0.632)]}\right\}\\&=\lim_{z\to1}\frac{3z^2-2.736z+0.368}{3z^2-4z+1.632}=1\end{aligned}$$

(3) 单位加速度输入时，$R(z)=\dfrac{z(1+z)}{2(z-1)^3}(T=1\text{s})$，所以稳态误差为

$$
\begin{aligned}
e_{ss} &= \lim_{z\to 1}(z-1)\frac{z^2-1.368z+0.368}{z^2-z+0.632}\cdot\frac{z(1+z)}{2(z-1)^3}\\
&= \lim_{z\to 1}\left\{\frac{\dfrac{d}{dz}[(z^2-1.368z+0.368)z(1+z)]}{2\dfrac{d}{dz}[(z-1)^2(z^2-z+0.632)]}\right\}\\
&= \infty
\end{aligned}
$$

上述结论也可以查表 6.3 获得，由系统的开环脉冲传递函数 $G(z)=\dfrac{0.368z+0.264}{(z-1)(z-0.368)}$可知，系统开环传递函数包含有一个 $z=1$ 的极点，即 $v=1$，所以是Ⅰ型系统。由表 6.3 可知，对于单位阶跃信号输入时，$e_{ss}=0$；单位速度输入时 $e_{ss}=T/K_v$，而 $K_v=\lim\limits_{z\to 1}(z-1)\cdot\left[1+\dfrac{0.368+0.264}{(z-1)(z-0.368)}\right]=1$，则 $e_{ss}=1$；单位加速度输入时，$e_{ss}=\infty$。结论与直接由定义求取时一致。

需要说明的是，典型离散系统在不同信号作用下采样瞬时的稳态误差，当离散系统为图 6.25 所示的典型系统时，可以直接由表 6.3 根据系统的开环脉冲传递函数直接求取在给定信号作用下的稳态误差。如果是其他结构的离散系统，则可先求出 $E(z)$，再根据终值定理求取相应的稳态误差。

6.3.6 利用 MATLAB 进行离散系统分析

在 MATLAB 中，求采样系统的响应可运用 dstep()、dimpulse()、dlsim()函数来实现，可分别用于求取采样系统的阶跃、脉冲、零输入及任意输入时的响应，其中 dstep()的一般格式如下：

```
dstep(num,den,n),
```

其中，num 为传递函数分子多项式系数；den 为传递函数分母多项式系数；n 为采样点数。

当带有输出变量引用函数时，可以得到系统阶跃响应的输出数据，否则直接绘出响应曲线。

例 6.19 已知离散系统结构图如图 6.26 所示，输入为单位阶跃响应，增益值为 $K=6$，采样周期 $T=0.5\text{s}$。试求输出响应。

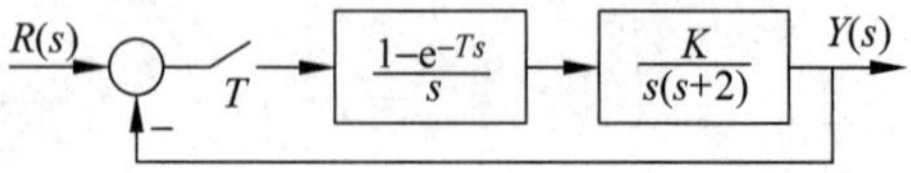

图 6.26 例 6.19 离散闭环系统

解 下面取 $G(s)$和 $G(z)$的阶跃响应，首先将 $G(s)$离散化，然后用 dstep 命令求取离散系统的阶跃响应，MATLAB 程序清单为：

```
>>num=6;den=[1 2 0];sys=tf(num,den);
>>T=0.5;
>>sysd=c2d(sys,T);
>> [numz,denz]=c2dm(num,den,T,'zoh');
>>dstep(numz,denz);
```

运行结果如图 6.27 所示。

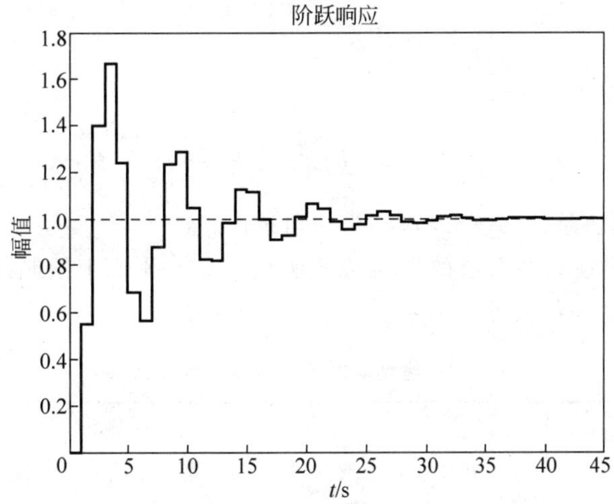

图 6.27　例 6.19 离散系统阶跃响应曲线

6.4　离散控制系统的根轨迹设计法

连续系统可以使用 S 平面的根轨迹分析设计系统，同样，对于线性离散系统也可以用 Z 平面上的根轨迹分析线性离散系统的性能。

设典型的线性离散系统如图 6.28 所示。

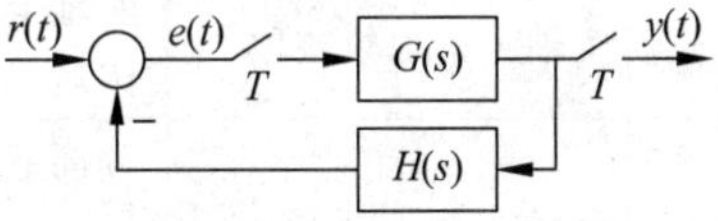

图 6.28　线性离散系统方框图

设系统的开环脉冲传递函数为

$$G_k(z)=G(z)H(z)=K\frac{(z-z_1)(z-z_2)\cdots(z-z_m)}{(z-p_1)(z-p_2)\cdots(z-p_n)}=K\frac{\prod\limits_{i=1}^{m}(z-z_i)}{\prod\limits_{i=1}^{n}(z-p_i)}$$

式中，$z_1,z_2,\cdots,z_m$ 为线性离散系统的开环零点；$p_1,p_2,\cdots,p_n$ 为线性离散系统的开环极点；K 为线性离散系统的开环放大系数。

系统的闭环特征方程为

$$1+G(z)H(z)=0$$

与连续系统的根轨迹定义相类似，Z 平面上的根轨迹是控制系统开环脉冲传递函数中，当某一参数(如开环放大系数)连续变化时，系统闭环特征根连续变化的轨迹。

因此，系统的根轨迹方程为 $G(z)H(z)=-1$，即

$$K\frac{\prod\limits_{i=1}^{m}(z-z_i)}{\prod\limits_{i=1}^{n}(z-p_i)}=-1 \tag{6.55}$$

式(6.55)可由两个方程来表示，即

$$K\frac{\prod_{i=1}^{m}|z-z_i|}{\prod_{i=1}^{n}|z-p_i|}=1 \tag{6.56}$$

$$\sum_{i=1}^{m}\angle(z-z_i)-\sum_{i=1}^{n}\angle(z-p_i)=(2k+1)\pi,\quad k=0,\pm1,\pm2 \tag{6.57}$$

式(6.56)称为幅值条件,式(6.57)称为相角条件。

在Z平面绘制线性离散系统的根轨迹的法则与在S平面上绘制线性连续系统的根轨迹法则类似,其基本法则如表6.4所示。

表6.4 线性离散系统根轨迹绘制法则

序号	内 容	法 则
1	分支数 对称性	等于开环极点个数$n(n>m)$或等于开环零点个数$m(m>n)$ 根轨迹对称于实轴
2	起点与终点	起始于开环极点,终止于开环零点(包括无穷远处的零点)
3	渐近线与实轴的交点 渐近线与实轴的夹角	$\sigma_a=\frac{\sum_{i=1}^{n}p_i-\sum_{i=1}^{m}z_i}{n-m}$ $\varphi_a=\frac{(2k+1)\pi}{n-m},\quad k=0,1,\cdots,n-m-1$
4	实轴上的根轨迹段	实轴上某一区域,若其右方开环实数零点和极点个数之和为奇数时,则该区域必为根轨迹段
5	根轨迹的分离点	分离点坐标d由下式决定: $\sum_{i=1}^{m}\frac{1}{d-z_i}=\sum_{i=1}^{n}\frac{1}{d-p_i}$
6	根轨迹的起始角 根轨迹的终止角	起始角 $\theta_{p_i}=180°+\left(\sum_{j=1}^{m}\varphi_{z_jp_i}-\sum_{j=1,j\neq i}^{n}\theta_{p_jp_i}\right)$ 终止角 $\theta_{\varphi_i}=180°-\left(\sum_{j=1,j\neq i}^{m}\varphi_{z_jz_i}-\sum_{j=1}^{n}\theta_{p_jp_i}\right)$
7	与单位圆的交点	根轨迹与单位圆的交点可由劳斯稳定判据来确定(需经过Z-W变换)
8	闭环极点之和 闭环极点之积	特征方程为$a_0z^n+a_1z^{n-1}+a_2z^{n-2}+\cdots+a_n=0$ $-\sum_{i=1}^{n}p_i=a_1$,当$n-m\geqslant2$时(a_1与K无关) $(-1)^n\prod_{i=1}^{n}p_i=a_n$

离散系统一般都有附加零点,即使连续系统是最小相位系统,离散化后往往变成非最小相位系统,也就是说,离散化后系统的稳定性变差了,在系统设计时需要注意增益不可太大。

因此,Z平面根轨迹具有如下几个特点。

(1) Z平面极点的密集度很高,Z平面上两个很接近的极点,其对应的系统性能有较大的差别。在用根轨迹分析系统性能时,要求根轨迹的计算精度较高。

(2) Z 平面的临界放大系数由根轨迹与单位圆的交点求得。

(3) 离散系统脉冲传递函数的零点多于相应的连续系统,只考虑闭环极点位置对系统动态性能的影响是不够的,还需考虑零点对动态响应的影响。

(4) Z 平面根轨迹与采样周期 T 有关。

例 6.20 已知线性离散系统如图 6.29 所示,试绘制当采样周期 $T=1\text{s},0.1\text{s},5\text{s}$ 的根轨迹,并求出相应的临界增益。

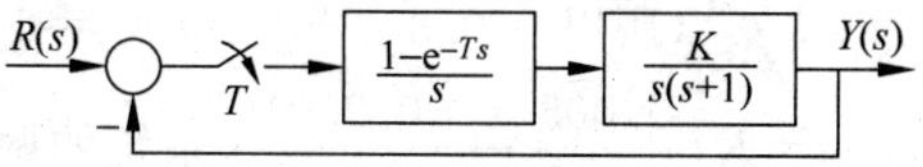

图 6.29 加零阶保持器的离散系统结构图

解 系统的开环传递函数为

$$G(z)=Z\left[\frac{1-e^{-Ts}}{s}\cdot\frac{K}{s(s+1)}\right]=K(1-z^{-1})Z\left[\frac{1}{s^2}-\frac{1}{s}+\frac{1}{s+1}\right]$$

$$=K(1-z^{-1})\left[\frac{Tz}{(z-1)^2}-\frac{z}{z-1}+\frac{z}{z-e^{-T}}\right]$$

$$=\frac{K[(T-1+e^{-T})z-Te^{-T}+1-e^{-T}]}{(z-1)(z-e^{-T})}$$

(1) 当 $T=1\text{s}$ 时,$G(z)=K\dfrac{0.368(z+0.722)}{(z-1)(z-0.368)}$,系统有两个开环极点 $p_1=1$,$p_2=0.368$ 和一个开环零点 $z=-0.722$。由根轨迹绘制法则可知,根轨迹起始于开环极点 $p_1=1$,$p_2=0.368$,终止于开环零点 $z=-0.722$ 和无穷远处。实轴上的根轨迹段为 $(0.368,1)\cup(-0.722,\infty)$。

分离点坐标(令分离点坐标为 d)为

$$\frac{1}{d+0.722}=\frac{1}{d+1}+\frac{1}{d+0.368}$$

得 $d_1=-2.09$,$d_2=0.648$。

根据上述法则,可得如图 6.30 所示的根轨迹。

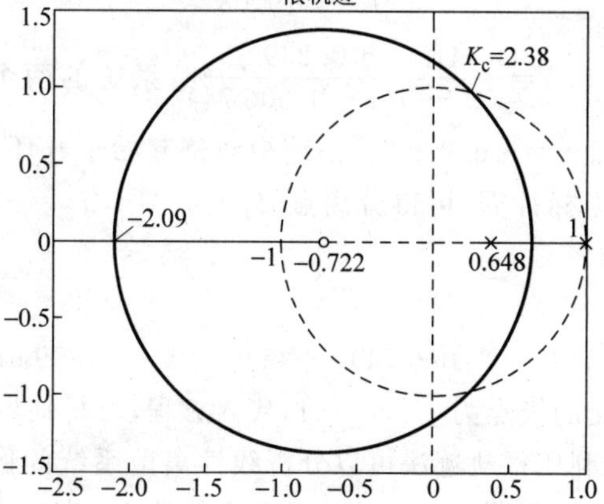

图 6.30 $T=1\text{s}$ 时的根轨迹图

为了求临界放大倍数 K_c，可列出特征方程

$$(z-1)(z-0.368)+0.368K(z+0.722)=0$$

即

$$z^2+(0.368K-1.368)z+0.368+0.266K=0$$

临界放大倍数 K_c 即是根轨迹与单位圆周相交时的 K 值。设临界点的闭环极点为 $p_{1c}=e^{j\theta}$，$\bar{p}_{1c}=e^{-j\theta}$，即 $p_{1c}\bar{p}_{1c}$ 共轭，模为 1，所以 $p_{1c}\bar{p}_{1c}=e^{j\theta}e^{-j\theta}=1$。

特征方程的常数项即为 $p_{1c}\bar{p}_{1c}$，所以有 $0.368+0.266K_c=1$，即得 $K_c=2.38$。

(2) 当 $T=0.1\text{s}$ 时，$G(z)=K\dfrac{0.005(z+0.995)}{(z-1)(z-0.905)}$，系统的两个开环极点 $p_1=1$，$p_2=0.905$ 和一个开环零点 $z=-0.995$。系统根轨迹起始于开环极点，终止于此开环零点和无穷远处。由分离点坐标计算，可得分离点 $d_1=0.952$，$d_2=-2.942$，可作出根轨迹如图 6.31 所示。

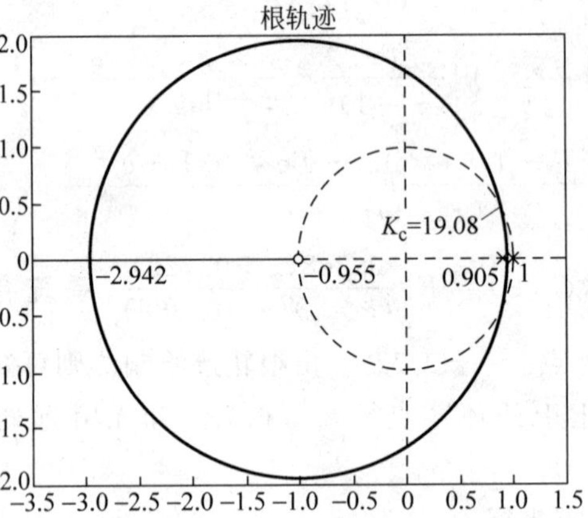

图 6.31　$T=0.1\text{s}$ 时的根轨迹图

同理，由特征方程

$$z^2+(0.005K-1.905)z+0.905+0.00498K=0$$

可得临界放大倍数为

$$K_c=19.08$$

(3) 当 $T=5\text{s}$ 时，$G(z)=\dfrac{4K(z+0.2399)}{(z-1)(z-0.00674)}$，系统的两个开环极点 $p_1=1$，$p_2=0.00674$ 和一个开环零点 $z=-0.2399$。系统根轨迹起始于开环极点，终止于此开环零点和无穷远处。由分离点坐标计算，可得分离点 $d_1=0.313$，$d_2=-0.791$，可作出根轨迹如图 6.32 所示。

同理，由特征方程

$$z^2+(4K-1.00674)z+0.00674+0.9596K=0$$

可得根轨迹与单位圆相交的极点为 $p_{-1}=-1$，代入方程，可得临界放大倍数 $K_c=0.66$。

由例 6.20 可以看出利用根轨迹法可以分析线性离散系统的稳定性以及参数变化对系统稳定性的影响。同时采样周期对系统的临界放大倍数 K_c 有影响，通常采样周期加长，临界放大倍数降低。

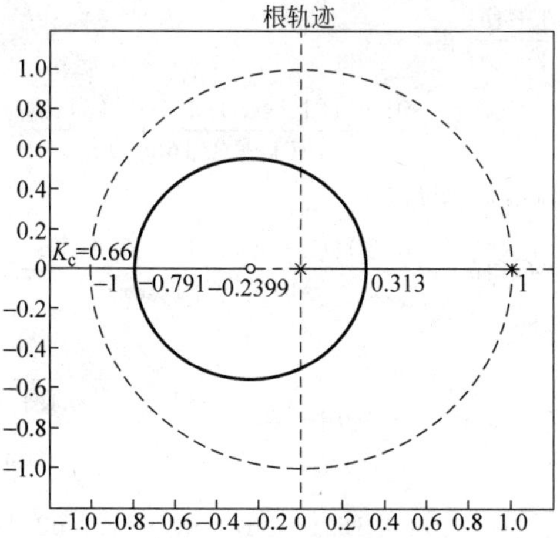

图 6.32　$T=5\mathrm{s}$ 时的根轨迹图

6.5　离散控制系统的频域设计法

与线性离散系统相类似，线性离散系统也能用频率特性法分析系统的性能。

在线性离散系统的脉冲传递函数中，如以 $e^{j\omega T}$ 代替复数变量 z，便可以得到线性离散系统的频率特性，即

$$G(e^{j\omega T})=G(z)\big|_{z=e^{j\omega T}} \tag{6.58}$$

离散系统的频率特性是系统的输出信号各正弦分量的幅值和相位与输入正弦信号的幅值之比、相位之差之间的函数关系。同样地，线性离散系统的频率特性可以在直角平面上绘制出来，也可以画出对数频率特性和相频特性，即伯德图。线性离散系统的频率设计法常见的有极坐标法和对数频率特性法，这里仅介绍对数频率特性法。

若已知线性离散系统的开环脉冲传递函数为 $G(z)$，作 Z-W 变换，令 $z=\dfrac{1+w}{1-w}$，得

$$G(w)=G(z)\big|_{z=\frac{1+w}{1-w}=e^{j\omega T}} \tag{6.59}$$

为得到线性离散系统的开环频率特性，令复数变量沿着 W 平面的虚轴由 $v=-\infty$ 变到 $v=+\infty$，其中 $v=\mathrm{Im}w$ 称为虚拟频率或伪频率。再令 $w=jv$，可得开环频率特性为

$$G(jv)=G(w)\big|_{w=jv} \tag{6.60}$$

由变换关系 $v=\tan\dfrac{\omega T}{2}$，可得

$$\omega=\frac{2}{T}\arctan v$$

例 6.21　设线性离散系统如图 6.33 所示，其中 $K=1,T=1\mathrm{s}$。设绘制开环对数频率特性。

解　系统的开环脉冲传递函数为

$$G(z)=K\,\frac{0.368(z+0.722)}{(z-1)(z-0.368)}$$

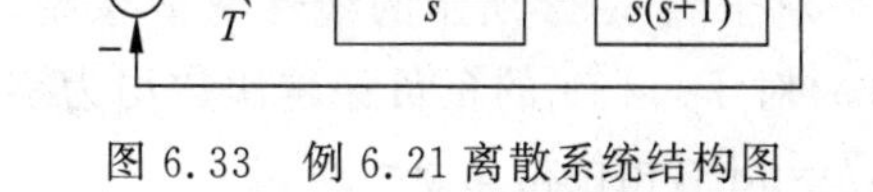

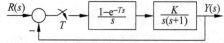

图 6.33　例 6.21 离散系统结构图

作 Z-W 变换，令 $z=\frac{1+w}{1-w}$，得

$$G(w)=\frac{0.504(1-w)(1+0.161w)}{w(1+2.165w)}$$

令 $w=\mathrm{j}v$，可得开环频率特性为

$$G(\mathrm{j}v)=\frac{0.504(1-\mathrm{j}v)(1+\mathrm{j}0.161v)}{\mathrm{j}v(1+\mathrm{j}2.165v)}$$

对数幅频特性为

$$L(v)=20\lg|G(\mathrm{j}v)|=20\lg\frac{0.504\sqrt{1+v^2}\sqrt{1+(0.161v)^2}}{v\sqrt{1+(2.165v)^2}}$$

$$\varphi(v)=-\frac{\pi}{2}+\arctan 0.161v-\arctan v-\arctan 2.165v$$

根据幅频特性和相频特性，可以得到对数特性图，即伯德图，如图 6.34 所示。

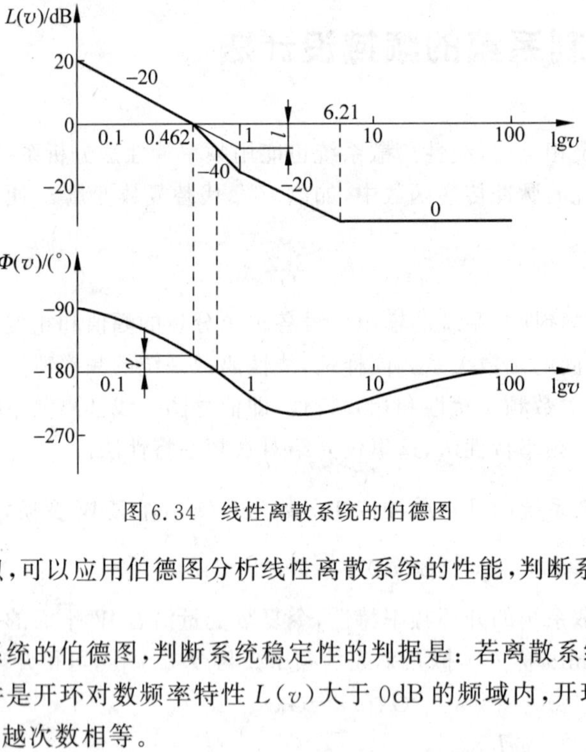

图 6.34　线性离散系统的伯德图

与连续系统类似，可以应用伯德图分析线性离散系统的性能，判断系统的稳定性及相对稳定性。

利用线性离散系统的伯德图，判断系统稳定性的判据是：若离散系统开环稳定，则闭环稳定的充分必要条件是开环对数频率特性 $L(v)$ 大于 0dB 的频域内，开环相频特性 $\Phi(v)$ 对于 $-180°$ 线的正负穿越次数相等。

若离散系统开环不稳定，不稳定极点数为 N，在开环对数频率特性 $L(v)$ 大于 0dB 的频域内，开环相频特性 $\Phi(v)$ 对于 $-180°$ 线的正穿越次数大于负穿越次数 $\frac{N}{2}$，则线性离散系统稳定；否则为不稳定。与连续系统的定义相似，在伯德图上也可以求取系统的幅值裕量和相角裕量。

对于图 6.33 所示的线性离散系统，由上述稳定判据可知，开环 $L(v)>0\mathrm{dB}$ 的频域内 $\Phi(v)$ 对于 $-180°$ 的正负穿越次数均为零，所以系统稳定。由图 6.34 还可得，系统的幅值裕量 $l=6\mathrm{dB}$，相位裕量 $\gamma=34°$。

6.6 等效模拟控制器综合法与数字 PID 控制器

6.6.1 等效模拟控制器综合法的基本思路

等效模拟控制器综合法的实质是，当离散控制系统的采样周期足够小(足以满足香农采样定理的要求)时，先将离散系统视为等效的连续系统，根据性能指标的要求按连续系统来综合设计控制器，然后采用适当的数字方法将设计出的模拟控制器离散化，进而得到控制器输入和输出的差分方程以供计算机编程使用。

离散控制系统中计算机输出通道上的 D/A 转换器一般可视为一个零阶保持器，其传递函数为 $G_h(s)=(1-e^{-Ts})/s$，其中 e^{-Ts} 为超越函数。为了简化计算，可将零阶保持器的传递函数近似为

$$G_h(s)=\frac{T}{1+\frac{Ts}{2}}$$

等效模拟校正的系统结构图，如图 6.35 所示，图中，$G_c(s)$为控制器传递函数，$G_h(s)$为零阶保持器传递函数，$G_p(s)$为被控对象的传递函数。

等效模拟控制器综合步骤大致如下：

(1) 根据图 6.35 所示的等效系统结构图，用时域或频域分析法，根据性能指标设计出 $G_c(s)$；

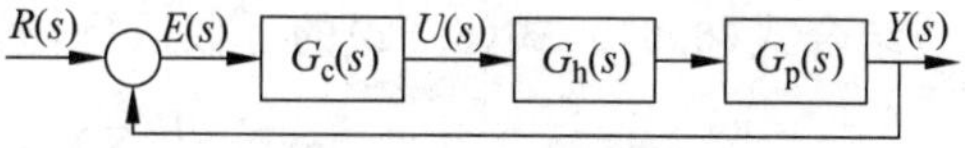

图 6.35 等效模拟校正的系统结构图

(2) 采用数学变换方法将模拟控制器的传递函数 $G_c(s)$变换为等效数字控制器的脉冲传递函数；

(3) 通过理论分析和仿真实践，论证控制器的可靠性；

(4) 根据选用的计算机硬件系统，编写相应的软件；

(5) 联机调试。

6.6.2 控制器传递函数离散化的方法

控制器传递函数离散化的实质是，寻找一个等效的数字控制器脉冲传递函数 $D(z)$，使之能够最佳地与模拟控制器的响应相匹配，其中较常采用的有后向差分法、双线性 Z 变换法，以及零极点匹配法。下面以最简单的后向差分法讨论 $G_c(s)$变换为 $D(z)$的方法。这种变换法的特点是用一阶后向差分来近似表示连续微分，以矩形积分法近似代替积分。

若设连续系统控制器的输入为 $e(t)$，输出为 $u(t)$。离散控制器的第 k 次采样时偏差为 $e(kT)$，$k=0,1,2,\cdots$，输出为 $u(kT)$。

(1) 微分的表示

对于连续系统，其微分控制器可表示为

$$u(t)=\frac{\mathrm{d}e(t)}{\mathrm{d}t}\approx\frac{e(kT)-e((k-1)T)}{T} \tag{6.61}$$

式中，$e(kT)$为本次采样后的偏差；$e((k-1)T)$为上次采样后的偏差；T 为采样周期。

(2) 积分的表示

对于连续系统，其积分控制器可表示为

$$u(t)=\int_0^t e(\tau)\mathrm{d}\tau$$

对离散系统的积分可近似用相邻采样点间的矩形面积来代替曲边梯形的面积，即有

$$\int_{(k-1)T}^{kT} e(\tau)\mathrm{d}\tau \approx (kT-(k-1)T)\cdot e(kT)=Te(kT)$$

进而可得

$$\begin{aligned}\int_0^t e(\tau)\mathrm{d}\tau &= Te(0T)+Te(T)+Te(2T)+\cdots+Te(iT)+\cdots \\ &= \sum_{i=0}^{kT} Te(iT)\end{aligned} \tag{6.62}$$

6.6.3　数字 PID 算法

已知连续系统的 PID 算式为

$$u(t)=\dddot{K}_{\mathrm{p}}\left[e(t)+\frac{1}{T_i}\int_0^t e(\tau)\mathrm{d}\tau+T_{\mathrm{d}}\frac{\mathrm{d}e(t)}{\mathrm{d}t}\right]$$

结合式(6.61)、式(6.62)的近似运算，离散化后为系统的数字 PID 算式，即

$$u(kT)=\dddot{K}_{\mathrm{p}}\left[e(kT)+\frac{T}{T_{\mathrm{i}}}\sum_{i=0}^{kT}e(iT)+\frac{T_{\mathrm{d}}}{T}(e(kT)-e((k-1)T))\right] \tag{6.63}$$

为了简化书写，将等周期采样的序号 kT 简记为 k，由此偏差可表示为

$$E(k)=R(k)-Y(k)$$

式(6.63)可简写为

$$u(k)=\dddot{K}_{\mathrm{p}}E(k)+K_{\mathrm{i}}\sum_{i=0}^{k}E(i)+K_{\mathrm{d}}[E(k)-E(k-1)] \tag{6.64}$$

式(6.64)称为系统位置式数字 PID 算式。

6.6.4　机床导轨伺服系统的等效模拟控制器综合

1. 模型建立法

针对模拟系统结构在系统的前向通道中加入 A/D、D/A 转换器和计算机，则可构成机床导轨的数字伺服控制系统，其结构图如图 6.36 所示。

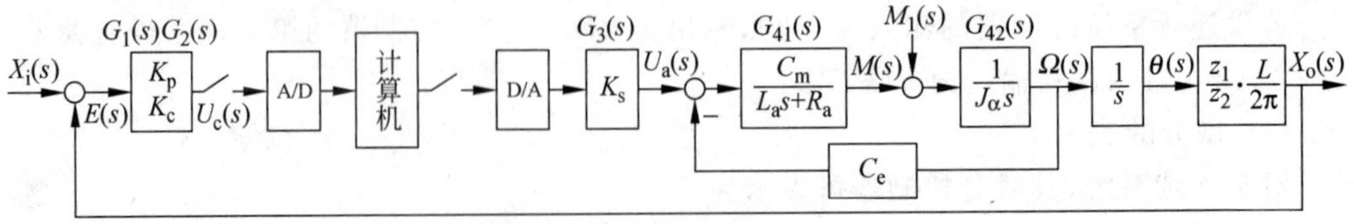

图 6.36　机床导轨的数字伺服控制系统结构图

2. 系统性能指标要求

系统性能指标要求如下：

(1) 在单位阶跃输入下，幅度不大于 150mm；

(2) 系统输出的超调量 $\sigma\%<5\%$；

(3) 调节时间 $t_s<4s$；

(4) 振荡次数 $N<1$；

(5) 在 10mm/s 的速度信号输入时，跟踪误差小于 0.1mm。

3. 脉冲传递函数

由前面模拟控制系统的分析可知，从控制输出 $u(k)$ 到系统输出 $y(k)$ 之间的传递函数为

$$\frac{Y(s)}{U(s)}=\frac{7.448}{0.49s^3+27.57s^2+78.4s}=\frac{152}{s(s^2+562.6s+1\,600)}$$

在采样周期为 0.002s 时，离散化后的传递函数为

$$\begin{aligned}\frac{Y(z)}{U(z)}&=\frac{1.564\times10^{-7}z^2+4.838\times10^{-7}z+8.935\times10^{-8}}{z^3-2.321z^2+1.645z-0.3246}\\&=\frac{1.564\times10^{-7}z^{-1}+4.838\times10^{-7}z^{-2}+8.935\times10^{-8}z^{-3}}{1-2.321z^{-1}+1.645z^{-2}-0.324\,6z^{-3}}\end{aligned}$$

4. 位置式数字 PID 的 MATLAB 仿真算法程序

位置式数字 PID 的 MATLAB 仿真算法程序如下：

```
clear all;
close all;
ts=0.002;                                   %采样周期取为2ms
sys=tf(152,[1,562.6,1600,0])                %建立被控对象传递函数
dsys=c2d(sys,ts,'z');                       %把传递函数离散化
[num,den]=tfdata(dsys,'v');                 %离散化后提取分子、分母
e_1=0                                       %上一偏差
Ee=0;                                       %偏差累计
u_1=0.0;                                    %上一状态电压
u_2=0.0;u_3=0;
y_1=0;                                      %上一状态输出
y_2=0;y_3=0;
kp=50; ki=0.02;kd=233;                      %PID参数
for k=1:1000
 time(k)=k*ts;                              %时间参数
 r(k)=500;                                  %给定值
y(k)=-1*den(2)*y_1-den(3)*y_2-den(4)*y_3+num(2)*u_1+num(3)*u_2+num(4)*u_3;
 e(k)=r(k)-y(k);                            %偏差
u(k)=kp*e(k)+ki*Ee+kd*(e(k)-e_1);
if u(k)>10
u(k)=10;
end
if u(k)<=0
```

```
u(k)=0;
end
Ee=Ee+e(k); u_3=u_2;u_2=u_1;u_1=u(k); y_3=y_2;
 y_2=y_1; y_1=y(k);e_2=e_1; e_1=e(k);
end
hold on;
plot(time,r,'r',time,y,'b',time,u,'r');%
[kp,ki,kd]
```

根据模拟系统扩充临界比例方法折算关系和对象放大系数采样周期的分配关系，计算出当采样周期 $T=2\text{ms}$ 时，由模拟 PID 综合出 $\ddot{K}_p=3\,552.7$，$K_i=44\,408.75(T_i=0.08)$，$K_d=71.05(T_d=0.02)$。

综合对象和采样周期参数，在数字系统中取 $K_p=23$，$K_i=0.02$，$K_d=233$ 时的阶跃响应如图 6.37 所示。

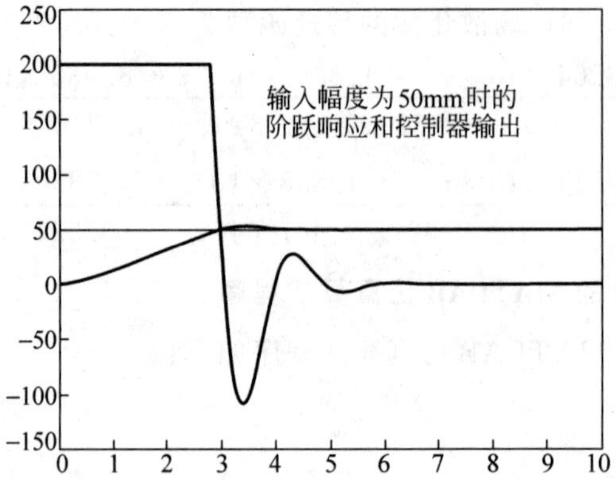

图 6.37 数字系统仿真图(给定 $R(k)=50\text{mm}$)

本章小结

计算机控制系统属于离散控制系统，本章主要介绍离散控制的基础理论。主要以基于脉冲传递函数的经典控制理论为主，着重介绍离散控制系统的基本概念，脉冲传递函数的求法和稳定性、暂态特性与稳态特性的分析方法以及系统综合的基本思路，而对于离散系统的根轨迹分析及频域分析方法也作了相应介绍。具体内容主要包括：离散控制系统的基本组成和信号的形式及其相互转换关系、采样周期的选取、Z 变换的定义和基本性质及其在离散系统分析中的应用、零阶保持器的传递函数及其基本特性、系统脉冲传递函数的定义及求取方法、离散系统稳定的条件及稳定性判据、离散系统暂态与稳态特性的基本分析方法、离散系统极点分布与暂态特性之间的关系、离散系统稳态误差的求取方法、离散系统的根轨迹绘制方法及分析、离散系统的频域分析方法、数字 PID 控制以及基于 MATLAB 的机床导轨伺服控制系统的数字 PID 控制实现。

习题

6-1　试求下列函数的 Z 变换：

(1) $f(t)=t^2\mathrm{e}^{-5t}$；　(2) $f(t)=1-\mathrm{e}^{-akT}$；　(3) $f(t)=t\sin\omega t$；

(4) $F(s)=\dfrac{1}{(s+2)^2}$；　(5) $F(s)=\dfrac{K}{s(s+a)}$；　(6) $F(s)=\dfrac{s+1}{s(s+2)}$。

6-2　试求下列函数的 Z 反变换：

(1) $F(z)=\dfrac{z}{z-0.1}$；　(2) $F(z)=\dfrac{z(1-\mathrm{e}^{-T})}{(z-1)(z-\mathrm{e}^{-T})}$；

(3) $F(z)=\dfrac{z(z+2)}{(z-1)^2}$；　(4) $F(z)=\dfrac{-3z^2+z}{z^2-2z+1}$；

(5) $F(z)=\dfrac{6z}{(z+1)(z+5)}$。

6-3　求下列函数的终值：

(1) $F(z)=\dfrac{0.792z^2}{(z-1)(z^2-0.416z+0.208)}$；　(2) $F(z)=\dfrac{z^2}{(z-0.1)(z-0.8)}$。

6-4　用 Z 变换法求解下列差分方程：

(1) $y(k+2)-4y(k+1)+y(k)=0$

系统输出的初始条件为 $y(0)=0, y(1)=1$。

(2) $0.2y(k+2)-1.2y(k+1)+0.32y(k)=1.2u(k+1)$

式中，$u(k)$为单位阶跃序列，系统输出的初始条件为 $y(0)=1, y(1)=2.4$。

6-5　已知线性离散系统如图 6.38 所示：

(1) 求系统的闭环脉冲传递函数；

(2) 写出系统的差分方程。

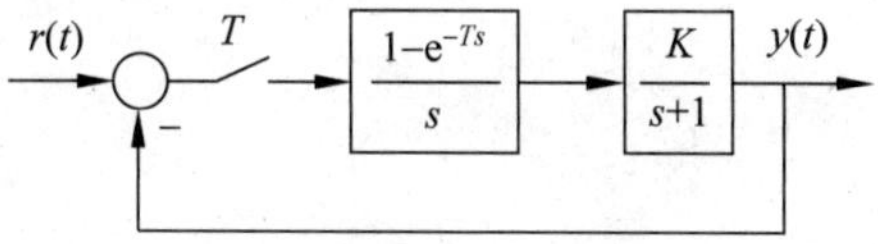

图 6.38　习题 6-5 离散系统结构图

6-6　已知线性离散系统的方框图如图 6.39 所示，试求系统的闭环脉冲传递函数。

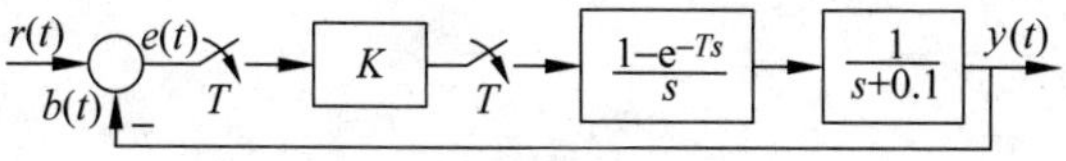

图 6.39　习题 6-6 离散系统结构图

6-7　已知离散控制系统的结构如图 6.40 所示，当求当 $T=1\mathrm{s}$ 时，能使系统稳定的 K 值的范围。

6-8　已知闭环离散系统的特征方程为 $D(z)=z^4+0.2z^3+z^2+0.36z+0.8=0$，试判

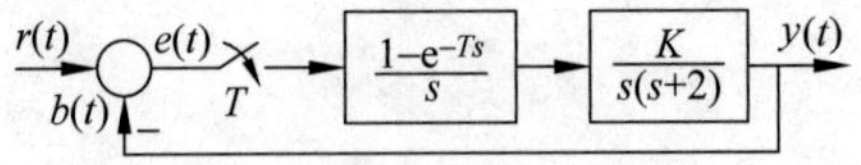

图 6.40　习题 6-7 离散系统结构图

断系统的稳定性。

6-9　已知线性离散系统如图 6.41 所示，采样周期 $T=0.5\mathrm{s}$。

(1) 试判断系统的稳定性；

(2) 当 $r(t)=1(t)+t$ 时，求系统的稳态误差。

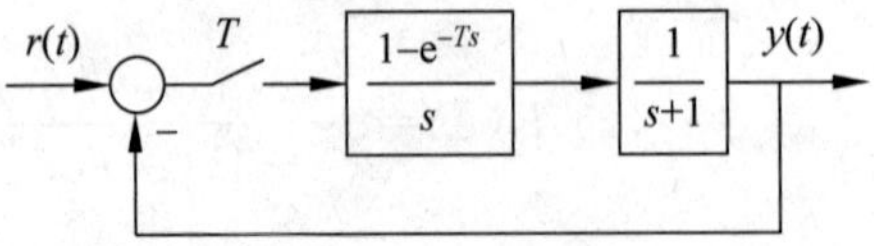

图 6.41　习题 6-9 离散系统结构图

6-10　设有单位反馈误差离散系统，连续部分传递函数为

$$G(s)=\frac{1}{s^2(s+5)}$$

输入 $r(t)=1(t)$，采样周期 $T=1\mathrm{s}$，试求：

(1) 输出 Z 变换 $Y(z)$；

(2) 采样瞬时的输出响应 $y^*(t)$；

(3) 输出响应的终值 $y(\infty)$。

6-11　已知连续系统的闭环传递函数为

$$\Phi(s)=\frac{10}{s(s+5)}$$

试用 dstep( )函数计算系统的单位阶跃响应，并用 step( )函数计算连续系统的单位阶跃响应。

第7章

线性系统的状态空间分析方法

经典控制理论的数学模型以传递函数的形式来表示，这对于线性定常单输入单输出系统的分析和设计非常有效，但对于时变系统和多变量系统就很困难。现代控制理论采用状态空间表达式为数学模型，由此产生的状态空间法是一种系统化的分析和设计方法，比经典控制理论具有更广泛的适用性。

7.1 系统的状态空间描述

7.1.1 状态与状态空间

在用状态空间法分析设计控制系统时，常常会涉及以下一些概念。

1. 状态和状态变量

一般把表征系统在时域中过去、现在和将来时刻的运动信息称为状态。系统状态的定义为：能够完全描述系统时域行为的一个最小变量组，称为系统的状态。而上述这个最小变量组中的每个变量称为系统的状态变量。何为完全描述呢？一般来说，若给定 $t=t_0$ 时刻这组变量的值(初始状态)，又已知 $t\geqslant t_0$ 时系统的输入 $u(t)$，则系统在 $t\geqslant t_0$ 时，任何瞬时的行为均能完全且唯一地被确定，则称此为对系统行为的完全描述。

最小变量组即这组变量应是线性独立的。

一个用 n 阶微分方程描述的 n 阶系统，状态变量的个数为 n。对于物理系统，状态变量的个数就是系统中独立储能元件的个数。状态变量的选取方法有很多，因此对于同一个系统，状态变量并不是唯一的。

2. 状态空间

由系统的 n 个状态变量 $x_1(t),x_2(t),\cdots,x_n(t)$ 为坐标轴，构成的 n 维欧氏空间，称为 n 维状态空间。引入状态空间，即可把描述系统的 n 个状态变量 $x_i(t)$ 用向量的形式表示

出来,称为系统的状态向量,记为 $\boldsymbol{x}(t)$,

$$\boldsymbol{x}(t)=\begin{bmatrix}x_1(t)\\x_2(t)\\\vdots\\x_n(t)\end{bmatrix}_{n\times1}$$

又表示为 $\boldsymbol{x}(t)\in\mathbb{R}^n$,$\boldsymbol{x}(t)$属于 n 维状态空间。

引入状态向量后,则状态向量的端点就表征了系统在某时刻的状态。

3. 状态轨线

系统状态向量的端点在状态空间中所移动的路径,称为系统的状态轨线,代表了状态随时间变化的规律。

7.1.2 状态空间表达式

1. 状态空间表达式的定义

假设受控系统为 n 阶的,它有 r 个输入、q 个输出。控制系统状态空间描述法的特点是:考虑了系统运动的全过程:输入—状态—输出,即外部输入信号作用于系统引起系统状态的变化,状态的变化和输入量决定了输出量变化的特性,相应的控制系统方块图如图 7.1 所示。

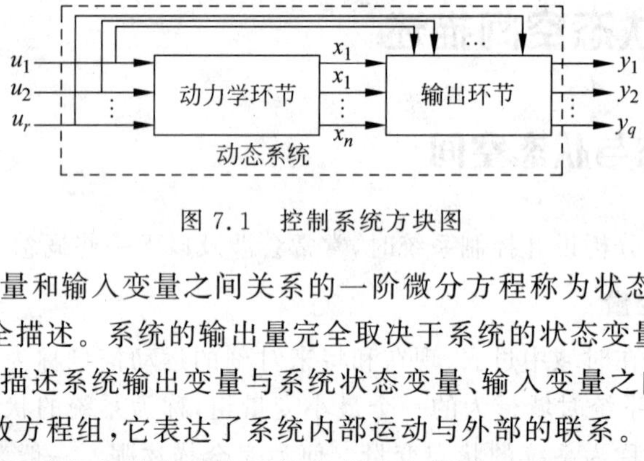

图 7.1 控制系统方块图

描述系统状态变量和输入变量之间关系的一阶微分方程称为状态方程,它表示系统的内部行为,是一种完全描述。系统的输出量完全取决于系统的状态变量和输入变量,可以用一个关系式来描述。描述系统输出变量与系统状态变量、输入变量之间关系的方程称为输出方程,常为一个代数方程组,它表达了系统内部运动与外部的联系。

系统的状态方程和输出方程合称为系统的状态空间表达式。

状态空间表达式是现代控制理论分析、设计控制系统所采用的数学模型,它完整地描述了系统内部状态对系统动态特性的影响,是现代控制理论分析与设计的基础。

2. 状态空间表达式的建立

(1) 由系统的物理模型建立状态空间表达式

建立状态空间表达式的一般步骤如下。

① 选择状态变量,状态变量选取的个数为系统中独立元件的个数,即系统的阶次。状态变量的选取要符合状态的定义。

② 根据基本规则列写基本方程。

③ 列写系统的状态方程和输出方程，即得状态空间表达式。

对于一般的 n 阶线性定常系统（n 个状态，r 个输入，q 个输出），状态空间表达式的一般形式为

$$\begin{cases}\dot{\boldsymbol{X}}=\boldsymbol{AX}+\boldsymbol{Bu}\\ \boldsymbol{Y}=\boldsymbol{CX}+\boldsymbol{Du}\end{cases} \tag{7.1}$$

式中，$\boldsymbol{A}$ 称为系统矩阵；$\boldsymbol{B}$ 称为控制矩阵或输入矩阵；$\boldsymbol{C}$ 称为输出矩阵；$\boldsymbol{D}$ 称为直连矩阵或前馈矩阵。

相应地，采用状态空间描述线性定常系统的结构图如图 7.2 所示。

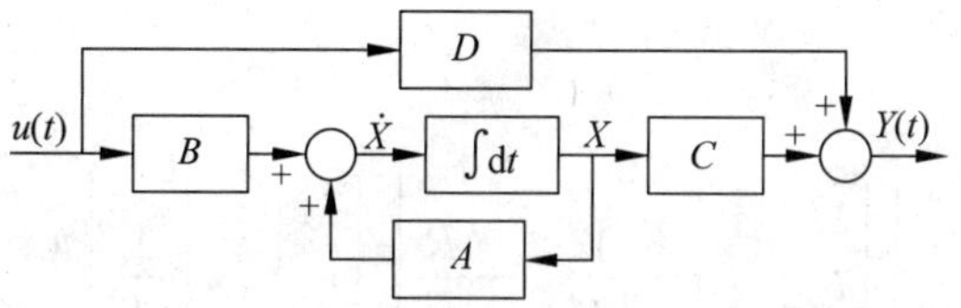

图 7.2　状态空间描述的线性定常系统结构图

例 7.1　建立图 7.3 所示系统的状态空间表达式。

解　根据基尔霍夫定律，可列写该系统的微分方程为

$$\begin{cases}u(t)=Ri(t)+L\dfrac{\mathrm{d}i(t)}{\mathrm{d}t}+u_C(t)\\ i(t)=C\dfrac{\mathrm{d}u_C(t)}{\mathrm{d}t}\end{cases} \tag{7.2}$$

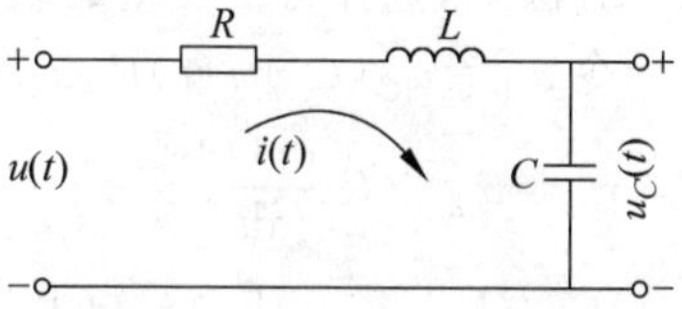

图 7.3　RLC 串联网络

选取不同的状态变量，可得系统的状态空间表达式。

方法一，选取储能元件的特征变量作为系统的状态变量。

令 $x_1=i(t)$，$x_2=u_C(t)$，并取电容器电压作为输出量，则可得到系统的状态空间表达式为

$$\dot{x}_1=C\ddot{u}=-\frac{R}{L}x_1-\frac{1}{L}x_2+\frac{1}{L}u$$

$$\dot{x}_2=\frac{1}{C}i(t)=\frac{1}{C}x_1$$

$$y=x_2$$

改写成向量表达形式为

$$\begin{cases}\begin{bmatrix}\dot{x}_1\\ \dot{x}_2\end{bmatrix}=\begin{bmatrix}-\dfrac{R}{L} & -\dfrac{1}{L}\\ \dfrac{1}{C} & 0\end{bmatrix}\begin{bmatrix}x_1\\ x_2\end{bmatrix}+\begin{bmatrix}\dfrac{1}{L}\\ 0\end{bmatrix}u\\ y=\begin{bmatrix}0 & 1\end{bmatrix}\begin{bmatrix}x_1\\ x_2\end{bmatrix}\end{cases} \tag{7.3}$$

方法二，选取微分方程初始条件对应的变量作为状态变量。

由上述微分方程式(7.2)可知，系统的初始条件为 $u_C(t_0)$ 和 $\dot{u}_C(t_0)$，于是选取状态变量为

$$x_1 = u_C(t_0),\quad x_2 = \dot{u}_C(t_0) = \frac{\mathrm{d}u_C(t)}{\mathrm{d}t}$$

将式(7.2)整理为系统输入输出微分方程形式，即

$$LC\frac{\mathrm{d}^2 u_C(t)}{\mathrm{d}t^2} + RC\frac{\mathrm{d}u_C(t)}{\mathrm{d}t} + u_C(t) = u(t)$$

则可得系统状态空间表达式的另一种形式为

$$\dot{x}_1 = x_2$$

$$\dot{x}_2 = -\frac{1}{LC}x_1 - \frac{R}{L}x_2 + \frac{1}{LC}u$$

$$y = x_1$$

改写成向量表达形式为

$$\begin{cases} \begin{bmatrix} \dot{x}_1 \\ \dot{x}_2 \end{bmatrix} = \begin{bmatrix} 0 & 1 \\ -\dfrac{1}{LC} & -\dfrac{R}{L} \end{bmatrix} \begin{bmatrix} x_1 \\ x_2 \end{bmatrix} + \begin{bmatrix} 0 \\ \dfrac{1}{LC} \end{bmatrix} u \\ y = \begin{bmatrix} 1 & 0 \end{bmatrix} \begin{bmatrix} x_1 \\ x_2 \end{bmatrix} \end{cases} \tag{7.4}$$

方法三，选择特征变量的线性组合作为状态变量。

令 $x_1 = u_C(t) + i(t)R$，$x_2 = u_C(t)$，因此可得到系统状态空间表达式的第三种形式为

$$\dot{x}_1 = \dot{x}_2 + R\frac{\mathrm{d}i(t)}{\mathrm{d}t} = \frac{1}{RC}(x_1 - x_2) + \frac{R}{L}(u - x_1) = \left(\frac{1}{RC} - \frac{R}{L}\right)x_1 - \frac{1}{RC}x_2 + \frac{R}{L}u$$

$$\dot{x}_2 = \frac{1}{C}i(t) = \frac{1}{RC}x_1 - \frac{1}{RC}x_2$$

$$y = x_2$$

改写成向量表达形式为

$$\begin{cases} \begin{bmatrix} \dot{x}_1 \\ \dot{x}_2 \end{bmatrix} = \begin{bmatrix} \dfrac{1}{RC} - \dfrac{R}{L} & -\dfrac{1}{RC} \\ \dfrac{1}{RC} & -\dfrac{1}{RC} \end{bmatrix} \begin{bmatrix} x_1 \\ x_2 \end{bmatrix} + \begin{bmatrix} \dfrac{R}{L} \\ 0 \end{bmatrix} u \\ y = \begin{bmatrix} 0 & 1 \end{bmatrix} \begin{bmatrix} x_1 \\ x_2 \end{bmatrix} \end{cases} \tag{7.5}$$

以上三种状态空间表达式均可以表示为状态空间的一般形式，即式(7.1)。

例 7.1 结果表明，同一个系统，由于选取的状态变量不同，可得到不同形式的状态空间表达式，即系统的状态变量的选取及状态空间表达式形式并不唯一。但状态变量选取的个数是一定的。状态变量可以是有明显物理意义的量，也可以是没有明显物理意义的量；状态变量可以是可测量的量，也可以是不可测量的量。对于同一个系统，可通过线性变换，实现一种形式的状态空间表达式向另一种形式的状态空间表达式的转换。

对于一个多输入多输出的线性定常系统，系统的状态空间表达式一般为

$$\begin{cases} \underset{n\times 1}{\dot{\boldsymbol{X}}(t)} = \underset{n\times n}{\boldsymbol{A}}\,\underset{n\times 1}{\boldsymbol{X}(t)} + \underset{n\times r}{\boldsymbol{B}}\,\underset{r\times 1}{\boldsymbol{u}(t)} \\ \underset{q\times 1}{\boldsymbol{Y}(t)} = \underset{q\times n}{\boldsymbol{C}}\,\underset{n\times 1}{\boldsymbol{X}(t)} + \underset{q\times r}{\boldsymbol{D}}\,\underset{r\times 1}{\boldsymbol{u}(t)} \end{cases} \tag{7.6}$$

对于一个多输入多输出的线性时变系统，系统的状态空间表达式一般为

$$\begin{cases}\dot{\boldsymbol{X}}(t)=\boldsymbol{A}(t)\boldsymbol{X}(t)+\boldsymbol{B}(t)\boldsymbol{u}(t)\\ \boldsymbol{Y}(t)=\boldsymbol{C}(t)\boldsymbol{X}(t)+\boldsymbol{D}(t)\boldsymbol{u}(t)\end{cases}\tag{7.7}$$

对于一个多输入多输出的非线性定常系统，系统的状态空间表达式可表示为

$$\begin{cases}\dot{\boldsymbol{X}}(t)=f\,[\boldsymbol{X}(t)\quad \boldsymbol{u}(t)]\\ \boldsymbol{Y}(t)=g\,[\boldsymbol{X}(t)\quad \boldsymbol{u}(t)]\end{cases}\tag{7.8}$$

对于一个多输入多输出的非线性时变系统，系统的状态空间表达式可表示为

$$\begin{cases}\dot{\boldsymbol{X}}(t)=f\,[\boldsymbol{X}(t),\boldsymbol{u}(t),t]\\ \boldsymbol{Y}(t)=g\,[\boldsymbol{X}(t),\boldsymbol{u}(t),t]\end{cases}\tag{7.9}$$

可见，对任意阶次的线性系统，其状态空间表达式的基本形式是一样的，区别在于四个矩阵不同，故可用四联矩阵来简单表示：

$$\sum(\boldsymbol{A},\boldsymbol{B},\boldsymbol{C},\boldsymbol{D})\text{------------------------ 定常}$$

$$\sum(\boldsymbol{A}(t),\boldsymbol{B}(t),\boldsymbol{C}(t),\boldsymbol{D}(t))\text{----- 时变}$$

(2) 由系统的微分方程建立状态空间表达式

线性定常系统输入输出微分方程的一般形式为

$$y^{(n)}+a_{n-1}y^{(n-1)}+\cdots+a_1\dot{y}+a_0y=b_mu^{(m)}+b_{m-1}u^{(m-1)}+\cdots+b_1\dot{u}+b_0u\tag{7.10}$$

① 系统输入量不含导数项

由式(7.10)可得，此时系统的输入输出微分方程的一般形式为

$$y^{(n)}+a_{n-1}y^{(n-1)}+\cdots+a_1\dot{y}+a_0y=b_0u\tag{7.11}$$

可选取系统 n 个初始条件对应的变量作为系统的状态变量(称为相变量法)，即令

$$\begin{cases}x_1=y\\ x_2=\dot{y}\\ \quad\vdots\\ x_{n-1}=y^{(n-2)}\\ x_n=y^{(n-1)}\end{cases}$$

可得

$$\begin{cases}\dot{x}_1=x_2\\ \dot{x}_2=x_3\\ \quad\vdots\\ \dot{x}_{n-1}=x_n\\ \dot{x}_n=y^{(n)}=-a_{n-1}y^{(n-1)}-\cdots-a_1\dot{y}-a_0y+b_0u\\ \quad\;=-a_0x_1-a_1x_2-\cdots-a_{n-1}x_n+b_0u\end{cases}$$

写成向量方程的简洁形式为

$$
\begin{cases}
\dot{\boldsymbol{x}}=\begin{bmatrix}0 & 1 & & 0\\ \vdots & & \ddots & \\ 0 & 0 & & 1\\ -a_0 & -a_1 & \cdots & -a_{n-1}\end{bmatrix}\begin{bmatrix}x_1\\ x_2\\ \vdots\\ x_n\end{bmatrix}+\begin{bmatrix}0\\ 0\\ \vdots\\ 0\\ b_0\end{bmatrix}u \\
\boldsymbol{y}=[1\quad 0\quad \cdots\quad 0]\,\boldsymbol{x}
\end{cases}
\tag{7.12}
$$

其中,矩阵 $\boldsymbol{A}$ 为一种规范形式,称为友矩阵或伴随矩阵。友矩阵的特点是:其最后一行元素为微分方程左侧相关系数的相反数,对角线上方元素为 1,而其余元素均为零。

② 系统输入量含有导数项。

系统输入输出微分方程的一般形式如式(7.10)所示,其中 $m\leqslant n$,为使讨论具有一般性,假设 $m=n$,即当 $m<n$ 时,只需将高于 m 阶的各导数项系数设置为零即可,于是系统输入输出方程的一般形式可表示为

$$
y^{(n)}+a_{n-1}y^{(n-1)}+\cdots+a_1\dot{y}+a_0y=b_nu^{(n)}+b_{n-1}u^{(n-1)}+\cdots+b_1\dot{u}+b_0u
\tag{7.13}
$$

由于在系统输入量中含有导数项,导致系统的运动在所选状态空间中会出现无穷大跳变,从而不能唯一确定系统的状态,故不能按相变量的方法选取状态变量,可选取输出和输入以及它们各阶导数的下列组合作为系统的状态变量,即令

$$
\begin{cases}
x_1=y-h_0u\\
x_2=\dot{x}_1-h_1u=\dot{y}-h_0\dot{u}-h_1u\\
x_3=\dot{x}_2-h_2u=\ddot{y}-h_0\ddot{u}-h_1\dot{u}-h_2u\\
\qquad\vdots\\
x_n=\dot{x}_{n-1}-h_{n-1}u=y^{(n-1)}-h_0u^{(n-1)}-h_1u^{(n-2)}-\cdots-h_{n-1}u
\end{cases}
\tag{7.14}
$$

式中,$h_0,h_1,\cdots,h_{n-1}$ 为 n 个待定常数。由式(7.14)可得系统的输出方程和 $n-1$ 个状态方程如下。

输出方程为

$$
y=x_1+h_0u
\tag{7.15}
$$

状态方程为

$$
\begin{aligned}
\dot{x}_1&=x_2+h_1u\\
\dot{x}_2&=x_3+h_2u\\
&\ \ \vdots\\
\dot{x}_{n-1}&=x_n+h_{n-1}u
\end{aligned}
$$

对式(7.14)的最后一个方程两边求导并考虑到式(7.13),则有

$$
\begin{aligned}
\dot{x}_n&=y^{(n)}-h_0u^{(n)}-h_1u^{(n-1)}-\cdots-h_{n-1}\dot{u}\\
&=(-a_{n-1}y^{(n-1)}-a_{n-2}y^{(n-2)}-\cdots-a_1\dot{y}-a_0y+b_nu^{(n)}+\cdots+\\
&\quad b_1\dot{u}+bu)-h_0u^{(n)}-h_1u^{(n-1)}-\cdots-h_{n-1}\dot{u}
\end{aligned}
\tag{7.16}
$$

将式(7.16)中的 $y,\dot{y},\cdots,y^{(n-1)}$ 均表示为状态变量和输入的函数,整理可得

$$
\begin{aligned}
\dot{x}_n=&-a_0x_1-a_1x_2-\cdots-a_{n-1}x_n+(b_0-h_0)u^{(n)}+(b_{n-1}-a_{n-1}h_0-h_1)u^{(n-1)}+\\
&(b_{n-2}-a_{n-2}h_0-a_{n-1}h_1-h_2)u^{(n-2)}+\cdots+
\end{aligned}
$$

$$(b_1-a_1h_0-a_2h_1-a_3h_2\cdots-a_{n-2}h_{n-3}-a_{n-1}h_{n-2}-h_{n-1})\dot{u}+$$
$$(b_0-a_0h_0-a_1h_1-a_2h_2-\cdots-a_{n-2}h_{n-2}-a_{n-1}h_{n-1})u \tag{7.17}$$

令式(7.17)中各阶输入量导数项的系数为零，并记输入量 u 那项的系数为 h_n，使得该式具有状态方程的规范形式，即

$$\begin{cases} h_0=b_n \\ h_1=b_{n-1}-a_{n-1}h_0 \\ h_2=b_{n-2}-a_{n-2}h_0-a_{n-1}h_1 \\ \quad\vdots \\ h_n=b_n-a_0h_0-a_1h_1-a_2h_2-\cdots-a_{n-2}h_{n-2}-a_{n-1}h_{n-1} \end{cases}$$

写成向量表示形式为

$$\begin{cases} \dot{\boldsymbol{x}}=\begin{bmatrix} 0 & 1 & 0 & \cdots & 0 \\ 0 & 0 & 1 & \cdots & 0 \\ \vdots & \vdots & \vdots & & \vdots \\ 0 & 0 & 0 & \cdots & 1 \\ -a_0 & -a_1 & -a_2 & \cdots & -a_{n-1} \end{bmatrix}\boldsymbol{x}+\begin{bmatrix} h_1 \\ h_2 \\ \vdots \\ h_{n-1} \\ h_n \end{bmatrix}\boldsymbol{u} \\ \boldsymbol{y}=\begin{bmatrix} 1 & 0 & 0 & \cdots & 0 \end{bmatrix}\boldsymbol{x}+b_n\boldsymbol{u} \end{cases} \tag{7.18}$$

对比分析微分方程包含和不包含输入的各阶导数项所建立的状态空间表达式，可见若系统的特征多项式相同(输入输出微分方程左边的齐次方程相同)，则状态方程的状态矩阵 $\boldsymbol{A}$ 就相同；而微分方程的右边是否含有输入量的导数项，仅影响状态方程的输入矩阵。

(3) 由系统的传递函数建立状态空间表达式

① 直接分解法

根据系统输入输出微分方程的一般形式，如式(7.13)，两端进行拉氏变换，得线性定常系统传递函数的一般表达式为

$$G(s)=\frac{b_ns^n+b_{n-1}s^{n-1}+\cdots+b_1s+b_0}{s^n+a_{n-1}s^{n-1}+\cdots+a_1s+a_0} \tag{7.19}$$

将传递函数分子分母同除以 s 的最高次幂，并在所得的分子、分母中同乘以中间变量 $M(s)$，即

$$G(s)=\frac{Y(s)}{U(s)}=\frac{b_n+b_{n-1}s^{-1}+\cdots+b_1s^{-(n-1)}+b_0s^{-n}}{1+a_{n-1}s^{-1}+\cdots+a_1s^{-(n-1)}+a_0s^{-n}}\cdot\frac{M(s)}{M(s)} \tag{7.20}$$

其分子分母分别可表示为

$$Y(s)=(b_n+b_{n-1}s^{-1}+\cdots+b_1s^{-(n-1)}+b_0s^{-n})M(s)$$
$$U(s)=(1+a_{n-1}s^{-1}+\cdots+a_1s^{-(n-1)}+a_0s^{-n})M(s)$$

因此可得

$$M(s)=U(s)-a_{n-1}s^{-1}M(s)-\cdots-a_1s^{-(n-1)}M(s)-a_0s^{-n}M(s)$$

根据上式的因果关系，可得系统的状态变量图如图 7.4 所示。

状态变量图是系统信号流图的引申和推广，反映了系统各状态变量之间的信息传递关系，应用状态变量图可直接列写系统的状态方程，有利于系统状态空间模型的建立和进行系统仿真。

建立如图 7.4 所示线性定常系统的状态空间表达式，一般来说，选取独立积分器的输出

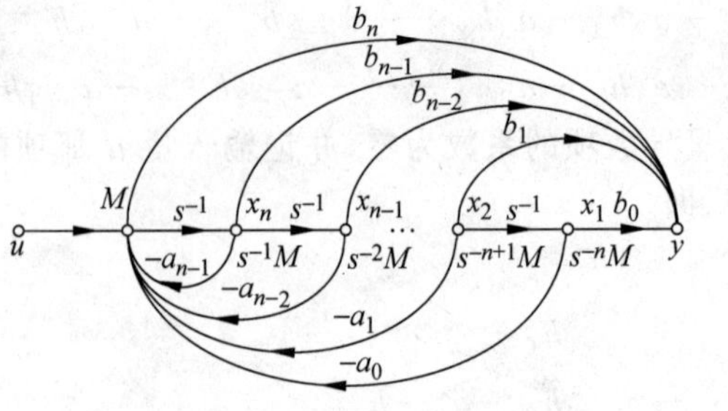

图 7.4　线性定常系统状态变量图

变量作为系统的状态变量，列写积分器入口端的节点方程和输出方程为

$$\begin{cases}\dot{x}_1=x_2\\ \dot{x}_2=x_3\\ \quad\vdots\\ \dot{x}_{n-1}=x_n\\ \dot{x}_n=-a_0x_1-a_1x_2-\cdots-a_{n-1}x_n+b_0u\end{cases}$$

$$\begin{aligned}y&=b_0x_1+b_1x_2+\cdots+b_{n-1}x_n+b_n\dot{x}_n\\&=b_0x_1+b_1x_2+\cdots+b_{n-1}x_n+b_n(-a_0x_1-a_1x_2-\cdots-a_{n-1}x_n+u)\\&=(b_0-b_na_0)x_1+(b_1-b_na_1)x_2+\cdots+(b_{n-1}-b_na_{n-1})x_n+b_nu\end{aligned}$$

写成向量表示形式为

$$\begin{cases}\dot{\boldsymbol{x}}=\begin{bmatrix}0&1&0&\cdots&0\\0&0&1&\cdots&0\\\vdots&\vdots&\vdots&&\vdots\\0&0&0&\cdots&1\\-a_0&-a_1&-a_2&\cdots&-a_{n-1}\end{bmatrix}\boldsymbol{x}+\begin{bmatrix}0\\0\\\vdots\\0\\1\end{bmatrix}\boldsymbol{u}\\ \boldsymbol{y}=[(b_0-b_na_0)\quad(b_1-b_na_1)\quad(b_2-b_na_2)\quad\cdots\quad(b_{n-1}-b_na_{n-1})\boldsymbol{x}+b_n\boldsymbol{u}]\end{cases}\tag{7.21}$$

由式(7.21)可知，系统的 **A** 矩阵为友矩阵，**B** 矩阵除了最后一行的元素不为零，其他元素都为零。这种将系统某些方面的特性以简洁而集中的方式，表现在系数矩阵的规范结构上的特殊形式的状态空间表达式称为规范型，在后面的学习里我们会看到，具有 **A**、**B** 特殊形式的状态方程称为系统的可控规范型。

② 并联分解

按极点对传递函数进行分解，分解的基本单元为单个极点，根据是否包含有零极点，一阶传递函数具有下列两种基本形式。

无零点：

$$G_i(s)=\frac{k_i}{s-p_i}$$

有零点：

$$G_i(s)=\frac{s-z_j}{s-p_i}=1+\frac{p_i-z_j}{s-p_i}$$

应用上述直接分解法可绘制出一阶子系统的状态变量图，如图 7.5 所示。

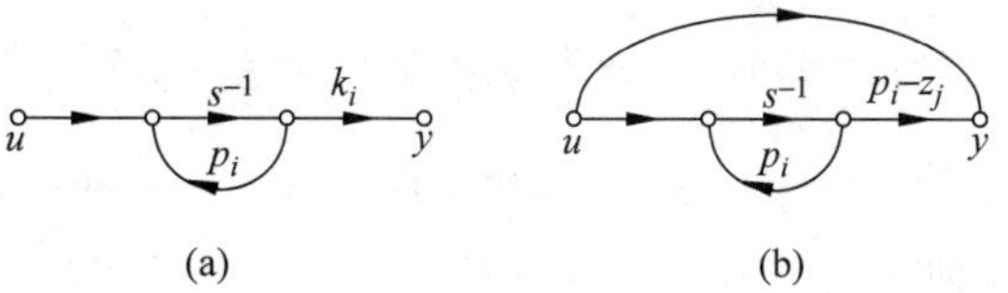

图 7.5 一阶子系统的状态变量图

(a) $G_i(s)=\dfrac{k_i}{s-p_i}$；(b) $G_i(s)=\dfrac{s-z_j}{s-p_i}$

应用部分分式展开法将给定传递函数化为若干个一阶子系统的传递函数之和，于是系统的状态变量图就变为这些子系统状态变量图的并联。由状态变量图即可列写系统的状态空间模型。

当系统极点均为单根时，为了分析方便又不失一般性，不妨设系统的传递函数为严格的真有理分式，由于所有的极点均为单根，于是应用部分分式展开法可将传递函数分解为 n 个一阶子系统传递函数之和，即

$$G(s)=\sum_{i=1}^{n}\frac{k_i}{s-p_i}$$

或

$$Y(s)=G(s)U(s)=\sum_{i=1}^{n}\frac{k_i}{s-p_i}U(s)$$

式中，$k_i=\lim\limits_{s\to p_i}(s-p_i)G(s)$ 为 $G(s)$ 在极点 p_i 处的留数。从而可将系统分解为 n 个一阶子系统的并联，而每个一阶子系统的状态变量图如图 7.5 所示，把这些子系统的状态变量图并联起来便可得到系统的状态变量图，如图 7.6 所示。

由图 7.6 可直接列写系统的状态空间表达式为

$$\begin{cases}\dot{\boldsymbol{x}}=\begin{bmatrix}p_1 & 0 & \cdots & 0\\ 0 & p_2 & \cdots & 0\\ \vdots & \vdots & & \vdots\\ 0 & 0 & \cdots & p_n\end{bmatrix}\boldsymbol{x}+\begin{bmatrix}1\\1\\1\\1\end{bmatrix}\boldsymbol{u}\\ \boldsymbol{y}=[k_1\quad k_2\quad\cdots\quad k_n]\boldsymbol{x}\end{cases}\tag{7.22}$$

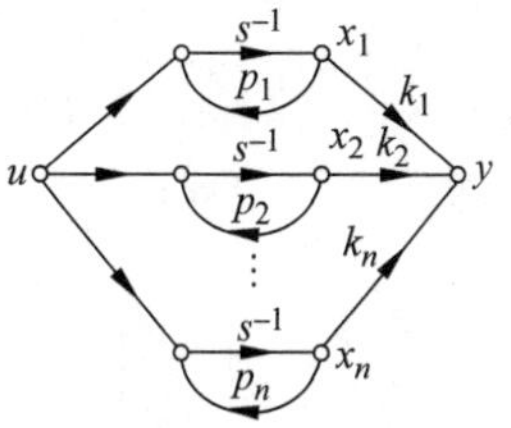

图 7.6 极点均为单根时系统的状态变量图

由式(7.22)可见，当传递函数的极点互异时，通过并联分解所得的 $\boldsymbol{A}$ 矩阵为对角线矩阵，且对角线上的元素即为传递函数的互异单极点，相应的状态方程称为对角线规范型。

当系统极点含有重根时，这时传递函数的极点既可能有单根，也包含有重根。因此在进行部分分式展开时，单根的情况如前述所示方法一致，而对于重根的情况应单独考虑。不失一般性，不妨设极点 p_1 为三重根，而其余的极点均为单根，于是传递函数可展开为

$$G(s)=\frac{k_{11}}{(s-p_1)^3}+\frac{k_{12}}{(s-p_1)^2}+\frac{k_{13}}{s-p_1}+\sum_{i=4}^{n}\frac{k_i}{s-p_i}\tag{7.23}$$

或

$$G(s)=\frac{1}{s-p_1}\left[k_{13}+\frac{1}{s-p_1}\left(k_{12}+\frac{k_{11}}{s-p_1}\right)\right]+\sum_{i=4}^{n}\frac{k_i}{s-p_i}\tag{7.24}$$

式中，$k_i=\lim\limits_{s\to p_i}(s-p_i)G(s)(i=4,5,\cdots,n)$为$G(s)$在单根$p_i$处的留数；$k_{1j}=\dfrac{1}{(j-1)!}\dfrac{\mathrm{d}^{j-1}}{\mathrm{d}s^{j-1}}\cdot$ $[(s-p_1)^3G(s)](j=1,2,3)$为与重极点p_1相对应的各部分分式的系数值。

由式(7.24)可见，n阶系统只有n个线性独立的积分器，若按式(7.23)状态变量图，与极点p_1相对应的共有六个积分器(其中第一项含三个，第二项含两个，第三项含一个)，而该极点为三重根只能对应三个独立的积分器，因而其中必有三个不是独立的。为了使状态变量图的积分器均为独立的，当极点含重根时不能按式(7.23)进行分解，而应按式(7.24)进行串联分解。其中每个一阶子系统的状态变量图如图7.5所示，于是由式(7.24)可绘制系统的状态变量图，如图7.7所示。

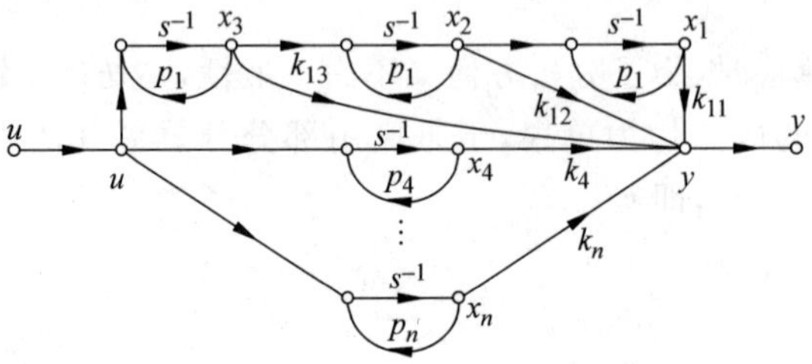

图7.7　含有重根时系统的状态变量图

由图7.7可直接列写系统的状态空间表达式为

$$\begin{cases}\dot{x}_1=p_1x_1+x_2\\ \dot{x}_2=p_1x_2+x_3\\ \dot{x}_3=p_1x_3+u\\ \dot{x}_i=p_ix_i+u,\quad i=4,5,\cdots,n\\ y=k_{11}x_1+k_{12}x_2+k_{13}x_3+k_4x_4+\cdots+k_nx_n\end{cases}\tag{7.25}$$

式(7.25)写成向量的形式为

$$\begin{cases}\dot{\boldsymbol{x}}=\left[\begin{array}{ccc|ccc}p_1&1&0&&&\\0&p_1&1&&0&\\0&0&p_1&&&\\\hline&&&p_4&&\\&0&&&\ddots&\\&&&&&p_n\end{array}\right]\begin{bmatrix}x_1\\x_2\\x_3\\\hline x_4\\\vdots\\x_n\end{bmatrix}+\begin{bmatrix}0\\0\\1\\\hline 1\\\vdots\\1\end{bmatrix}\boldsymbol{u}\\ \boldsymbol{y}=[k_{11}\quad k_{12}\quad k_{13}\quad k_4\quad\cdots\quad k_n]\boldsymbol{x}\end{cases}\tag{7.26}$$

由式(7.26)可见，将矩阵$\boldsymbol{A}$进行分块，在状态矩阵中与重极点p_1对应的部分，其特点是分块对角线上元素为重极点，对角线上方元素为1，其余元素为零，称为约当形分块矩阵；而单根对应的为对角线分块矩阵，它也可视为特殊的约当形分块矩阵(约当块均为1阶)，故统称$\boldsymbol{A}$矩阵为约当型。具有约当型系统矩阵的状态方程称为约当规范型。

③ 串联分解

将n阶系统的传递函数分解成n个一阶子系统传递函数的乘积为

$$G(s)=\frac{b_{n-1}s^{n-1}+\cdots+b_1s+b_0}{s^n+a_{n-1}s^{n-1}+\cdots+a_1s+a_0}=b_{n-1}\frac{1}{s-p_n}\prod_{i=1}^{n-1}\frac{s-z_i}{s-p_i}\tag{7.27}$$

一阶子系统的状态变量图如图 7.5 所示，将它们串联起来便可得到系统的状态变量图，从而可直接根据状态变量图列写系统的状态空间表达式。以二阶系统为例，设系统的传递函数为

$$G(s)=\frac{b_1s+b_0}{s^2+a_1s+a_0}=b_1\frac{1}{s-p_2}\cdot\frac{s-z}{s-p_1}\tag{7.28}$$

可见，该二阶系统可看作两个一阶子系统的串联，绘制系统的状态变量图如图 7.8 所示。由图 7.8 直接列写系统的状态空间表达式为

$$\begin{cases}\dot{\boldsymbol{x}}=\begin{bmatrix}p_1 & 0\\ p_1-z & p_2\end{bmatrix}\boldsymbol{x}+\begin{bmatrix}b_1\\ b_1\end{bmatrix}\boldsymbol{u}\\ \boldsymbol{y}=\begin{bmatrix}0 & 1\end{bmatrix}\boldsymbol{x}\end{cases}\tag{7.29}$$

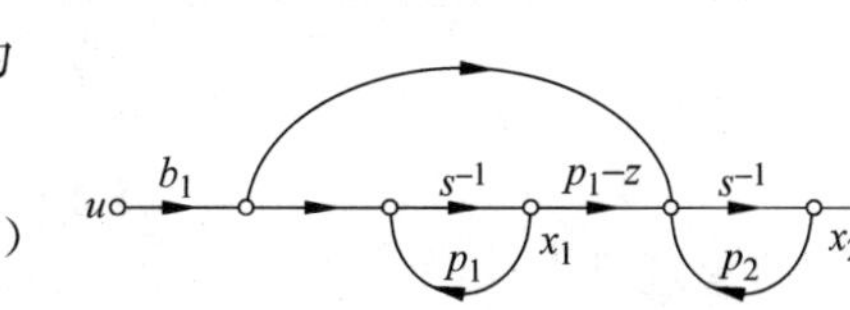

图 7.8　二阶系统串联分解状态变量图

串联分解所得的状态方程的系统矩阵直接用系统的零极点来表示，这有助于分析研究零极点变化对系统特性的影响。

例 7.2　设系统的传递函数为

$$G(s)=\frac{2s^2+6s+5}{(s+1)^2(s+2)}$$

试用不同的分解法建立系统的状态空间表达式。

解　(1) 直接分解法

将传递函数改写成下列形式：

$$G(s)=\frac{2s^2+6s+5}{(s+1)^2(s+2)}=\frac{2s^2+6s+5}{s^3+4s^2+5s+2}=\frac{2s^{-1}+6s^{-2}+5s^{-3}}{1+4s^{-1}+5s^{-2}+2s^{-3}}$$

应用直接分解法，可绘制如图 7.9 所示的系统状态变量图。

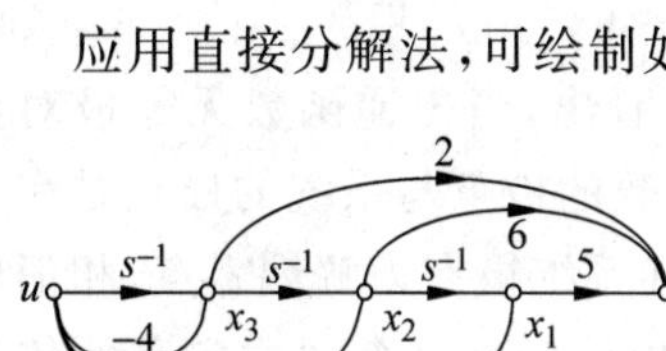

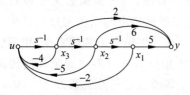

图 7.9　直接分解法状态变量图

由图 7.9 可直接列写系统的状态空间表达式为

$$\begin{cases}\dot{\boldsymbol{x}}=\begin{bmatrix}0 & 1 & 0\\ 0 & 0 & 1\\ -2 & -5 & -4\end{bmatrix}\boldsymbol{x}+\begin{bmatrix}0\\ 0\\ 1\end{bmatrix}\boldsymbol{u}\\ \boldsymbol{y}=\begin{bmatrix}5 & 6 & 2\end{bmatrix}\boldsymbol{x}\end{cases}$$

(2) 并联分解法

将传递函数进行部分分式展开为

$$G(s)=\frac{2s^2+6s+5}{(s+1)^2(s+2)}=\frac{1}{(s+1)^2}+\frac{1}{s+1}+\frac{1}{s+2}$$

绘制其状态变量图如图 7.10 所示。

根据状态变量图可列写系统的状态空间表达式为

$$\begin{cases}\dot{\boldsymbol{x}}=\begin{bmatrix}-1 & 1 & 0\\ 0 & -1 & 0\\ 0 & 0 & -2\end{bmatrix}\boldsymbol{x}+\begin{bmatrix}0\\ 1\\ 1\end{bmatrix}\boldsymbol{u}\\ \boldsymbol{y}=\begin{bmatrix}1 & 1 & 1\end{bmatrix}\boldsymbol{x}\end{cases}$$

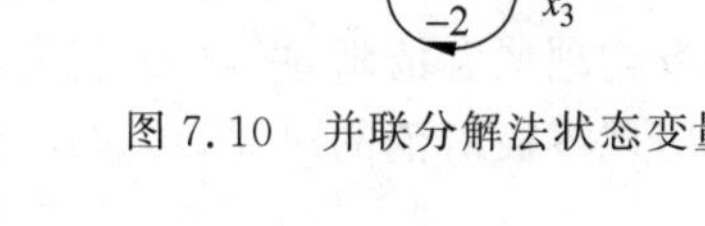

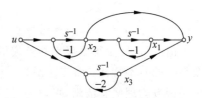

图 7.10　并联分解法状态变量图

7.2 状态空间表达式与传递函数之间的关系

设线性定常系统的状态空间表达式的一般形式为

$$\begin{cases}\dot{\boldsymbol{x}}=\boldsymbol{A}\boldsymbol{x}+\boldsymbol{B}\boldsymbol{u}\\ \boldsymbol{y}=\boldsymbol{C}\boldsymbol{x}+\boldsymbol{D}\boldsymbol{u}\end{cases} \tag{7.30}$$

设 $x(t_0)=x_0$ 为状态的初始值，对式(7.30)两端取拉氏变换，得

$$\begin{cases}s\boldsymbol{X}(s)=x_0+\boldsymbol{A}\boldsymbol{X}(s)+\boldsymbol{B}\boldsymbol{U}(s)\\ \boldsymbol{Y}(s)=\boldsymbol{C}\boldsymbol{X}(s)+\boldsymbol{D}\boldsymbol{U}(s)\end{cases} \tag{7.31}$$

对上式进行整理可得

$$\begin{cases}\boldsymbol{X}(s)=(s\boldsymbol{I}-\boldsymbol{A})^{-1}x_0+(s\boldsymbol{I}-\boldsymbol{A})^{-1}\boldsymbol{B}\boldsymbol{U}(s)\\ \boldsymbol{Y}(s)=\boldsymbol{C}(s\boldsymbol{I}-\boldsymbol{A})^{-1}x_0+[\boldsymbol{C}(s\boldsymbol{I}-\boldsymbol{A})^{-1}\boldsymbol{B}+\boldsymbol{D}]\boldsymbol{U}(s)\end{cases} \tag{7.32}$$

令初始状态为零，即 $x(t_0)=0$，即可导出系统的传递函数(阵)为

$$G(s)=\boldsymbol{C}(s\boldsymbol{I}-\boldsymbol{A})^{-1}\boldsymbol{B}+\boldsymbol{D}=\frac{\boldsymbol{C}\cdot\mathrm{adj}(s\boldsymbol{I}-\boldsymbol{A})\cdot\boldsymbol{B}+\boldsymbol{D}\det(s\boldsymbol{I}-\boldsymbol{A})}{\det(s\boldsymbol{I}-\boldsymbol{A})} \tag{7.33}$$

式中，$(s\boldsymbol{I}-\boldsymbol{A})^{-1}=\mathrm{adj}(s\boldsymbol{I}-\boldsymbol{A})/\det(s\boldsymbol{I}-\boldsymbol{A})$；$\mathrm{adj}(s\boldsymbol{I}-\boldsymbol{A})$为特征矩阵 $sI-\boldsymbol{A}$ 的伴随矩阵；$\det(s\boldsymbol{I}-\boldsymbol{A})$为特征矩阵 $s\boldsymbol{I}-\boldsymbol{A}$ 的行列式，又称为系统的特征多项式。

由上面的讨论可知，线性定常系统的状态空间表达式是对系统的一种完全描述，所以式(7.32)也是对系统的一种完全描述。系统的基本特性与 **A** 矩阵有关。所以可定义系统极点为状态矩阵 **A** 的特征值，即

系统极点＝**A** 的特征值＝特征方程 $\det(s\boldsymbol{I}-\boldsymbol{A})=0$ 的根

并将 **A** 矩阵的维数称为系统的阶数。由式(7.33)可以看出，当传递函数无零极对消时，传递函数的分母多项式等于系统的特征多项式，故传递函数的极点与系统的极点是完全相同的。当传递函数存在零极对消时，互相抵消的系统零点和系统极点为解耦零点，相消后传递函数的分母多项式只是系统特征多项式的一部分，因此相消后分母多项式定义的传递函数的极点只是系统极点的一个子集，故系统极点与传递函数极点之间的关系为

{系统极点}＝{传递函数极点}∪{解耦零点}

当传递函数式(7.33)的分母以特征多项式 $\det(s\boldsymbol{I}-\boldsymbol{A})$表示时，称其分子多项式的根为系统零点。同样地，当传递函数无零极对消时，传递函数零点与系统零点完全相同，当传递函数的分子与分母出现零极对消时，被消去的系统零点称为解耦零点，因此根据相消后分子多项式定义的传递函数的零点只是系统零点的一个子集，故系统零点与传递函数零点之间的关系为

{系统零点}＝{传递函数零点}∪{解耦零点}

由此可见，系统零极点与传递函数零极点是两个不同的概念：系统零极点反映的是整个系统的基本特性；而传递函数零极点反映的是系统的外部特性，即系统的输入输出特性。传递函数物理概念清晰，可以通过实验的方法测取，具有工程的实用性，仅当系统的传递函数没有出现零极对消的时候，传递函数零极点表现出来的系统的特性才是系统基本特性的

完整体现。因为绝大多数控制系统不存在零极对消现象,因此相应的用传递函数描述系统也作为一种有效的方法在实际的工程中得到广泛应用。

7.3 状态方程的线性变换

7.3.1 线性变换

从前面的讨论我们可以看出,状态变量的选择并不是唯一的,由此得到的状态空间表达式也不唯一。由于描述同一系统的状态空间表达式的状态方程本质上应该是相同的,所以它们之间可以通过线性变换相互转换,换句话说,状态方程在相似意义下是唯一的。通过线性变换,将系统的状态空间表达式转换为特殊形式的规范型,从而使系统的分析与设计大为简化。

设一个线性定常系统,状态变量选取为 $\boldsymbol{x}$,其状态空间表达式为

$$\begin{cases}\dot{\boldsymbol{x}}=\boldsymbol{A}\boldsymbol{x}+\boldsymbol{B}\boldsymbol{u}\\ \boldsymbol{y}=\boldsymbol{C}\boldsymbol{x}+\boldsymbol{D}\boldsymbol{u}\end{cases} \tag{7.34}$$

对同一个系统,选取另一组状态变量为 $\tilde{\boldsymbol{x}}$,且 $\boldsymbol{x}$ 与 $\tilde{\boldsymbol{x}}$ 之间存在线性变换关系,即

$$\boldsymbol{x}=\boldsymbol{P}\tilde{\boldsymbol{x}} \tag{7.35}$$

式中,$\boldsymbol{P}$ 为非奇异变换矩阵,则可得变换后系统的状态空间表达式为

$$\begin{cases}\dot{\tilde{\boldsymbol{x}}}=\tilde{\boldsymbol{A}}\tilde{\boldsymbol{x}}+\tilde{\boldsymbol{B}}\boldsymbol{u}\\ \boldsymbol{y}=\tilde{\boldsymbol{C}}\tilde{\boldsymbol{x}}+\tilde{\boldsymbol{D}}\boldsymbol{u}\end{cases} \tag{7.36}$$

将式(7.35)代入式(7.34)可得

$$\begin{cases}\boldsymbol{P}\dot{\tilde{\boldsymbol{x}}}=\boldsymbol{A}\boldsymbol{P}\tilde{\boldsymbol{x}}+\boldsymbol{B}\boldsymbol{u} \xrightarrow{\text{左乘}\boldsymbol{P}^{-1}} \dot{\tilde{\boldsymbol{x}}}=\boldsymbol{P}^{-1}\boldsymbol{A}\boldsymbol{P}\tilde{\boldsymbol{x}}+\boldsymbol{P}^{-1}\boldsymbol{B}\boldsymbol{u}=\tilde{\boldsymbol{A}}\tilde{\boldsymbol{x}}+\tilde{\boldsymbol{B}}u\\ \boldsymbol{y}=\boldsymbol{C}\boldsymbol{P}\tilde{\boldsymbol{x}}+\boldsymbol{D}\boldsymbol{u} \longrightarrow \boldsymbol{y}=\tilde{\boldsymbol{C}}\tilde{\boldsymbol{x}}+\tilde{\boldsymbol{D}}\boldsymbol{u}\end{cases}$$

比较变换前后系统的状态空间表达式可得系数矩阵和状态转移矩阵之间的变换关系为

$$\begin{cases}\tilde{\boldsymbol{A}}=\boldsymbol{P}^{-1}\boldsymbol{A}\boldsymbol{P}\\ \tilde{\boldsymbol{B}}=\boldsymbol{P}^{-1}\boldsymbol{B}\\ \tilde{\boldsymbol{C}}=\boldsymbol{C}\boldsymbol{P}\\ \tilde{\boldsymbol{D}}=\boldsymbol{D}\end{cases} \tag{7.37}$$

下面考察经过线性变换以后,矩阵 $\boldsymbol{A}$ 与 $\tilde{\boldsymbol{A}}$ 的特征值的变换情况。

$$\begin{aligned}|\lambda\boldsymbol{I}-\tilde{\boldsymbol{A}}| &= |\lambda\boldsymbol{P}^{-1}\boldsymbol{P}-\boldsymbol{P}^{-1}\boldsymbol{A}\boldsymbol{P}|\\ &= |\boldsymbol{P}^{-1}(\lambda\boldsymbol{I}-\boldsymbol{A})\boldsymbol{P}| = |\boldsymbol{P}^{-1}|\,|(\lambda\boldsymbol{I}-\boldsymbol{A})|\,|\boldsymbol{P}| = |\boldsymbol{P}^{-1}|\,|\boldsymbol{P}|\,|(\lambda\boldsymbol{I}-\boldsymbol{A})|\\ &= |\boldsymbol{P}^{-1}\boldsymbol{P}|\,|(\lambda\boldsymbol{I}-\boldsymbol{A})| = |(\lambda\boldsymbol{I}-\boldsymbol{A})|\end{aligned}$$

由此可见,矩阵 $\boldsymbol{A}$ 与 $\tilde{\boldsymbol{A}}$ 具有相同的特征多项式,即具有相同的特征值。因此,经过线性变换后,虽然状态变量变了,状态方程的参数也变了,但是状态方程的特征值不变。由于线性定常系统的特征值决定了系统的基本特性,因此,线性变换不能改变系统的基本特性。

7.3.2 系统矩阵的对角化

1. 系统矩阵的类型

(1) 对角线规范型

形如 $\widetilde{\boldsymbol{A}}=\begin{bmatrix}\lambda_1 & 0 & \cdots & 0\\ 0 & \lambda_2 & \cdots & 0\\ \vdots & \vdots & & \vdots\\ 0 & 0 & \cdots & \lambda_n\end{bmatrix}$ 这样的系统矩阵称为对角型矩阵,其特点是:只有对角线上有元素,且对角线上的元素为 $\boldsymbol{A}$ 的特征值。将 $\boldsymbol{A}$ 矩阵化为对角线规范型时,系统的状态空间表达式的一般形式为

$$\begin{cases}\dot{\tilde{\boldsymbol{x}}}=\widetilde{\boldsymbol{A}}\tilde{\boldsymbol{x}}+\widetilde{\boldsymbol{B}}\boldsymbol{u}=\begin{bmatrix}\lambda_1 & 0 & \cdots & 0\\ 0 & \lambda_2 & \cdots & 0\\ \vdots & \vdots & & \vdots\\ 0 & 0 & \cdots & \lambda_n\end{bmatrix}\tilde{\boldsymbol{x}}+\begin{bmatrix}\tilde{b}_1\\ \tilde{b}_2\\ \vdots\\ \tilde{b}_n\end{bmatrix}\boldsymbol{u}\\ \boldsymbol{y}=\widetilde{\boldsymbol{C}}\tilde{\boldsymbol{x}}=\begin{bmatrix}\tilde{c}_1 & \tilde{c}_2 & \cdots & \tilde{c}_n\end{bmatrix}\tilde{\boldsymbol{x}}\end{cases}$$

对角线规范型的结构特点是:由于 $\widetilde{\boldsymbol{A}}$ 为对角阵,因而各个状态变量之间的耦合被解除了,实现了状态变量间的解耦(简称状态解耦)。

(2) 约当规范型

如果系统特征方程中出现了重根,且至少有一个特征值 λ_i 的几何重数小于其代数重数,则系统的状态空间描述 $\sum(\boldsymbol{A},\boldsymbol{B},\boldsymbol{C},\boldsymbol{D})$ 经线性变换后只能化为约当规范型。

形如 $\boldsymbol{J}_i=\begin{bmatrix}\lambda_i & 1 & \cdots & 0\\ & \lambda_i & \ddots & \vdots\\ & & \ddots & 1\\ 0 & & & \lambda_i\end{bmatrix}$ 的矩阵称为约当块,其特点是:$\boldsymbol{J}_i$ 的对角线元素全为相同特征值,对角线上斜线的元素全为 1,而其余元素全为零。

而系统矩阵 $\boldsymbol{A}$ 为由若干个约当块 $\boldsymbol{J}_i\,(i=1,2,\cdots,l)$ 所组成的对角分块矩阵,即

$$\boldsymbol{A}=\begin{bmatrix}J_1 & & & 0\\ & J_2 & & \\ & & \ddots & \\ 0 & & & J_l\end{bmatrix}$$

当系统矩阵为约当规范型时,各状态变量之间虽然未能完全解耦,但实现了所能达到的最弱耦合形式。

可见,将 $\boldsymbol{A}$ 矩阵化为对角线规范型或约当规范型的关键就是求转化矩阵 $\boldsymbol{P}$。

2. 求转化矩阵的方法

(1) $\boldsymbol{A}$ 矩阵只有相异特征根

定理 线性定常系统,若其特征值为 $\lambda_1,\lambda_2,\cdots,\lambda_n$,且 $\lambda_1,\lambda_2,\cdots,\lambda_n$ 互不相同,则必存

在一非奇异矩阵 $\boldsymbol{P}$,通过线性变换,能将 $\boldsymbol{A}$ 矩阵化为对角线规范型,即

$$\widetilde{\boldsymbol{A}}=\boldsymbol{P}^{-1}\boldsymbol{A}\boldsymbol{P}=\begin{bmatrix}\lambda_1 & 0 & 0 & 0\\ 0 & \lambda_2 & 0 & 0\\ 0 & 0 & \ddots & 0\\ 0 & 0 & 0 & \lambda_n\end{bmatrix}$$

并且,变换矩阵为

$$\boldsymbol{P}=\begin{bmatrix}p_{11} & p_{12} & \cdots & p_{1n}\\ p_{21} & p_{22} & \cdots & p_{2n}\\ \vdots & \vdots & & \vdots\\ p_{n1} & p_{n2} & \cdots & p_{nn}\end{bmatrix}=[p_1\quad p_2\quad \cdots\quad p_n]$$

式中,$p_1,p_2,\cdots,p_n$ 分别为 $\lambda_1,\lambda_2,\cdots,\lambda_n$ 的特征向量。

特征向量:设 λ 是矩阵 $\boldsymbol{A}$ 的一个特征值,则至少存在一个非零列向量 $\boldsymbol{v}$ 满足下列关系式:

$$(\lambda\boldsymbol{I}-\boldsymbol{A})\boldsymbol{v}=\boldsymbol{0}$$

则 $\boldsymbol{v}$ 为矩阵 $\boldsymbol{A}$ 的相对应于 λ 的特征向量。

证明　若齐次方程组 $(\lambda\boldsymbol{I}-\boldsymbol{A})\boldsymbol{X}=\boldsymbol{0}$ 的特征值 $\lambda_1,\lambda_2,\cdots,\lambda_n$ 互异,则对应的 n 个特征向量 $\boldsymbol{P}_i\ (i=1,2,\cdots,n)$ 都满足方程:

$$(\lambda_i\boldsymbol{I}-\boldsymbol{A})\boldsymbol{P}_i=\boldsymbol{0}\tag{7.38}$$

于是,有

$$\boldsymbol{A}\boldsymbol{P}_i=\lambda_i\boldsymbol{P}_i,\quad i=1,2,\cdots,n\tag{7.39}$$

故

$$\boldsymbol{A}[\boldsymbol{P}_1\quad \boldsymbol{P}_2\quad \cdots\quad \boldsymbol{P}_n]=[\lambda_1\boldsymbol{P}_1\quad \lambda_2\boldsymbol{P}_2\quad \cdots\quad \lambda_n\boldsymbol{P}_n]\tag{7.40}$$

$$\boldsymbol{A}\boldsymbol{P}=[\boldsymbol{P}_1\quad \boldsymbol{P}_2\quad \cdots\quad \boldsymbol{P}_n]\begin{bmatrix}\lambda_1 & 0 & 0 & 0\\ 0 & \lambda_2 & 0 & 0\\ 0 & 0 & \ddots & 0\\ 0 & 0 & 0 & \lambda_n\end{bmatrix}=\boldsymbol{P}\begin{bmatrix}\lambda_1 & 0 & 0 & 0\\ 0 & \lambda_2 & 0 & 0\\ 0 & 0 & \ddots & 0\\ 0 & 0 & 0 & \lambda_n\end{bmatrix}\tag{7.41}$$

将式(7.41)两边左乘 $\boldsymbol{P}^{-1}$(因为 λ_i 互异,$\boldsymbol{P}_i$ 为 n 个无关解,故 $\boldsymbol{P}^{-1}$ 存在),可得

$$\widetilde{\boldsymbol{A}}=\boldsymbol{P}^{-1}\boldsymbol{A}\boldsymbol{P}=\begin{bmatrix}\lambda_1 & 0 & 0 & 0\\ 0 & \lambda_2 & 0 & 0\\ 0 & 0 & \ddots & 0\\ 0 & 0 & 0 & \lambda_n\end{bmatrix}\tag{7.42}$$

为对角型。

(2) $\boldsymbol{A}$ 矩阵有相重特征值

若 $\boldsymbol{A}$ 矩阵具有重特征值,又可分为两种情况来讨论。

① $\boldsymbol{A}$ 矩阵有重特征值,但矩阵 $\boldsymbol{A}$ 仍有 n 个独立的特征向量,此时仍可把 $\boldsymbol{A}$ 矩阵化为对角线规范型,方法同情形(1)。

例 7.3　已知矩阵 $\boldsymbol{A}=\begin{bmatrix}1 & 0 & -1\\ 0 & 1 & 0\\ 0 & 0 & 2\end{bmatrix}$,将 $\boldsymbol{A}$ 矩阵化为对角线规范型或约当规范型。

解 由$|\lambda \boldsymbol{I}-\boldsymbol{A}|=\begin{vmatrix}\lambda-1 & 0 & 1\\ 0 & \lambda-1 & 0\\ 0 & 0 & \lambda-2\end{vmatrix}=(\lambda-1)^2(\lambda-2)=0$，得$\lambda_1=\lambda_2=1,\lambda_3=2$。

由$(\lambda_i\boldsymbol{I}-\boldsymbol{A})\boldsymbol{P}_i=0$寻找非奇异变换阵$\boldsymbol{P}$。

对于$\lambda_{1,2}=1$，由

$$(\lambda_1\boldsymbol{I}-\boldsymbol{A})\boldsymbol{P}_1=\begin{bmatrix}0 & 0 & 1\\ 0 & 0 & 0\\ 0 & 0 & -1\end{bmatrix}\begin{bmatrix}P_{11}\\ P_{21}\\ P_{31}\end{bmatrix}=0$$

可等效为如下方程组：

$$\begin{cases}0P_{11}+0P_{21}+P_{31}=0\\ 0P_{11}+0P_{21}+0P_{31}=0\\ 0P_{11}+0P_{21}-P_{31}=0\end{cases}$$

可得$P_{31}=0$，P_{11}和P_{21}任取，故令

$$\begin{cases}P_{31}=0\\ P_{11}=1\\ P_{21}=0\end{cases}\quad 和 \quad\begin{cases}P_{31}=0\\ P_{11}=0\\ P_{21}=0\end{cases}$$

可得

$$\boldsymbol{P}_1=\begin{bmatrix}1\\ 0\\ 0\end{bmatrix},\quad \boldsymbol{P}_2=\begin{bmatrix}0\\ 1\\ 0\end{bmatrix}$$

则两向量线性无关。

再由$\lambda_3=2$，$(\lambda_3\boldsymbol{I}-\boldsymbol{A})\boldsymbol{P}_3=0$，可得

$$\boldsymbol{P}_3=\begin{bmatrix}-1\\ 0\\ 1\end{bmatrix}$$

显然$\boldsymbol{P}_1$、$\boldsymbol{P}_2$、$\boldsymbol{P}_3$，线性无关，所以

$$\boldsymbol{P}=\begin{bmatrix}1 & 0 & -1\\ 0 & 1 & 0\\ 0 & 0 & 1\end{bmatrix}$$

是可逆的，即

$$\widetilde{\boldsymbol{A}}=\boldsymbol{P}^{-1}\boldsymbol{A}\boldsymbol{P}=\begin{bmatrix}1 & 0 & 0\\ 0 & 1 & 0\\ 0 & 0 & 2\end{bmatrix}$$

为对角型矩阵。

② $\boldsymbol{A}$矩阵有重特征值，但$\boldsymbol{A}$矩阵的独立特征向量个数小于系统的阶数n，此时$\boldsymbol{A}$矩阵不能转化为对角型，但一定可以转化为以下约当规范型：

$$\boldsymbol{J}=\boldsymbol{Q}^{-1}\boldsymbol{A}\boldsymbol{Q}=\begin{bmatrix}\boldsymbol{J}_1 & 0 & \cdots & 0\\ 0 & \boldsymbol{J}_2 & \ddots & \vdots\\ \vdots & \ddots & \ddots & 0\\ 0 & \cdots & 0 & \boldsymbol{J}_L\end{bmatrix}$$

化为约当规范型的问题比较复杂,下面只讨论一种最简单的情况。

定理 若$\boldsymbol{A}$矩阵具有特征值,且对应于每个互异的特征值的独立特征向量的个数为1时,则必存在一非奇异矩阵$\boldsymbol{P}$,可使$\boldsymbol{A}$矩阵化为约当规范型,即

$$\boldsymbol{A}=\begin{bmatrix}\boldsymbol{J}_1 & & & 0\\ & \boldsymbol{J}_2 & & \\ & & \ddots & \\ 0 & & & \boldsymbol{J}_l\end{bmatrix}$$

式中,$\boldsymbol{J}_i=\begin{bmatrix}\lambda_i & 1 & \cdots & 0\\ & \lambda_i & \ddots & \vdots\\ & & \ddots & 1\\ 0 & & & \lambda_i\end{bmatrix}$为约当块。

而变换矩阵$\boldsymbol{P}$可构造如下:与约当型矩阵$\widetilde{\boldsymbol{A}}$的分块情况相对应,$\boldsymbol{P}$矩阵也是由$l$个分块所组成,即

$$\boldsymbol{P}=[\boldsymbol{P}_1 \quad \boldsymbol{P}_2 \quad \cdots \quad \boldsymbol{P}_l]$$

式中,$\boldsymbol{P}_i=[v_{i1} \quad v_{i2} \quad \cdots \quad v_{im_i}]$。由变换关系$\widetilde{\boldsymbol{A}}=\boldsymbol{P}^{-1}\boldsymbol{A}\boldsymbol{P}$或$\boldsymbol{A}\boldsymbol{P}=\boldsymbol{P}\widetilde{\boldsymbol{A}}$即

$$\boldsymbol{A}[\boldsymbol{P}_1 \quad \boldsymbol{P}_2 \quad \cdots \quad \boldsymbol{P}_l]=[\boldsymbol{P}_1 \quad \boldsymbol{P}_2 \quad \cdots \quad \boldsymbol{P}_l]\begin{bmatrix}\boldsymbol{J}_1 & 0 & 0 & 0\\ 0 & \boldsymbol{J}_2 & 0 & 0\\ 0 & 0 & \ddots & 0\\ 0 & 0 & 0 & \boldsymbol{J}_l\end{bmatrix} \tag{7.43}$$

可得l个等式$\boldsymbol{A}\boldsymbol{P}_i=\boldsymbol{P}_i\boldsymbol{J}_i(i=1,2,\cdots,l)$,即

$$\boldsymbol{A}[\boldsymbol{v}_{i1} \quad \boldsymbol{v}_{i2} \quad \cdots \quad \boldsymbol{v}_{im_i}]=[\boldsymbol{v}_{i1} \quad \boldsymbol{v}_{i2} \quad \cdots \quad \boldsymbol{v}_{im_i}]\begin{bmatrix}\lambda_i & 1 & \cdots & 0\\ & \lambda_i & \ddots & \vdots\\ & & \ddots & 1\\ 0 & & & \lambda_i\end{bmatrix} \tag{7.44}$$

从而可导出下列递推关系式:

$$\begin{cases}\boldsymbol{A}\boldsymbol{v}_{i1}=\lambda_i\boldsymbol{v}_{i1}\\ \boldsymbol{A}\boldsymbol{v}_{i2}=\lambda_i\boldsymbol{v}_{i2}+\boldsymbol{v}_{i1}\\ \boldsymbol{A}\boldsymbol{v}_{i3}=\lambda_i\boldsymbol{v}_{i3}+\boldsymbol{v}_{i2}\\ \qquad\vdots\\ \boldsymbol{A}\boldsymbol{v}_{im_i}=\lambda_i\boldsymbol{v}_{im_i}+\boldsymbol{v}_{i(m_i-1)}\end{cases}$$

或

$$\begin{cases}(\lambda_i\boldsymbol{I}-\boldsymbol{A})\boldsymbol{v}_{i1}=0\\ (\lambda_i\boldsymbol{I}-\boldsymbol{A})\boldsymbol{v}_{i2}=-\boldsymbol{v}_{i1}\\ (\lambda_i\boldsymbol{I}-\boldsymbol{A})\boldsymbol{v}_{i3}=-\boldsymbol{v}_{i2}\\ \qquad\vdots\\ (\lambda_i\boldsymbol{I}-\boldsymbol{A})\boldsymbol{v}_{im_i}=-\boldsymbol{v}_{i(m_i-1)}\end{cases} \tag{7.45}$$

式(7.45)中，第一个等式$(\lambda_i \boldsymbol{I}-\boldsymbol{A})v_{i1}=0$说明，变换矩阵的每个分块$\boldsymbol{P}_i$的第一个列向量$\boldsymbol{v}_{i1}$是矩阵$\boldsymbol{A}$的属于特征值$\lambda_i$的特征向量；而每个分块$\boldsymbol{P}_i$的后$m_i-1$个列向量$\boldsymbol{v}_{i1}$，$\boldsymbol{v}_{i2},\cdots,\boldsymbol{v}_{im_i}$均可由前一个序号的列向量递推而得，它们是矩阵$\boldsymbol{A}$的属于特征值$\lambda_i$的广义特征向量。

例 7.4 设系统的状态空间表达式为

$$\begin{cases}\dot{\boldsymbol{x}}=\begin{bmatrix}0&1&0\\0&0&1\\2&3&0\end{bmatrix}\boldsymbol{x}+\begin{bmatrix}0\\0\\1\end{bmatrix}\boldsymbol{u}=\boldsymbol{A}\boldsymbol{x}+\boldsymbol{B}\boldsymbol{u}\\ \boldsymbol{y}=\begin{bmatrix}1&0&0\end{bmatrix}\boldsymbol{x}=\boldsymbol{C}\boldsymbol{x}\end{cases}$$

试将其化为对角线规范型。

解 由状态方程，系统的特征方程为

$$\det(s\boldsymbol{I}-\boldsymbol{A})=s^3-3s-2=(s-2)(s+1)^2=0$$

求解可得系统的特征值为$\lambda_1=2,\lambda_2=\lambda_3=-1$(二重根)。

当$\lambda_1=2$时，由方程$(\lambda_1\boldsymbol{I}-\boldsymbol{A})\boldsymbol{v}_1=\boldsymbol{0}$可求得

$$\boldsymbol{v}_1=\begin{bmatrix}1\\2\\4\end{bmatrix}$$

对于重特征值$\lambda_2=\lambda_3=-1$，$\text{rank}(\lambda_2\boldsymbol{I}-\boldsymbol{A})=2$，则$\lambda_2=\lambda_3=-1$的几何重数为1，即$\lambda_2$、$\lambda_3$为非独立的特征向量。通过线性变换系统的状态方程只能化为约当规范型。由方程$(\lambda_2\boldsymbol{I}-\boldsymbol{A})\boldsymbol{v}_2=\boldsymbol{0}$可解得，属于$\lambda_2$的线性独立特征向量为

$$\boldsymbol{v}_{21}=\begin{bmatrix}1\\-1\\1\end{bmatrix}$$

属于λ_2的另一个广义特征向量$\boldsymbol{v}_{22}$可由下式求得：

$$(\lambda_2\boldsymbol{I}-\boldsymbol{A})\boldsymbol{v}_{22}=-\boldsymbol{v}_{21}$$

即

$$\begin{bmatrix}-1&-1&0\\0&-1&-1\\-2&-3&-1\end{bmatrix}\boldsymbol{v}_{22}=-\begin{bmatrix}1\\-1\\1\end{bmatrix}$$

解之，得

$$\boldsymbol{v}_{22}=\begin{bmatrix}1\\0\\-1\end{bmatrix}$$

于是，可构建变换矩阵为

$$\boldsymbol{P}=\begin{bmatrix}\boldsymbol{v}_1&\boldsymbol{v}_{21}&\boldsymbol{v}_{22}\end{bmatrix}=\begin{bmatrix}1&1&1\\2&-1&0\\4&1&-1\end{bmatrix},\quad \boldsymbol{P}^{-1}=\frac{\text{adj}\boldsymbol{P}}{\det\boldsymbol{P}}=\frac{1}{9}\begin{bmatrix}1&2&1\\2&-5&2\\6&3&-3\end{bmatrix}$$

线性变换后,可将系统的状态空间表达式化为下列约当规范型:

$$\begin{cases}\dot{\tilde{\boldsymbol{x}}}=\boldsymbol{P}^{-1}\boldsymbol{A}\boldsymbol{P}+\boldsymbol{P}^{-1}\boldsymbol{B}\boldsymbol{u}=\begin{bmatrix}2&0&0\\0&-1&1\\0&0&-1\end{bmatrix}\tilde{\boldsymbol{x}}+\dfrac{1}{9}\begin{bmatrix}1\\2\\-3\end{bmatrix}\boldsymbol{u}\\ \boldsymbol{y}=\boldsymbol{C}\boldsymbol{P}\tilde{\boldsymbol{x}}=[1\quad 1\quad 1]\tilde{\boldsymbol{x}}\end{cases}$$

(3) 对正则形式下矩阵 $\boldsymbol{A}$ 的变换阵

定理 线性定常系统,若矩阵 $\boldsymbol{A}$ 具有以下形式

$$\boldsymbol{A}=\begin{bmatrix}0&1&\cdots&0\\ \vdots&\vdots&&\vdots\\0&0&\cdots&1\\-a_n&-a_{n-1}&\cdots&-a_1\end{bmatrix}$$

其中,$a_n,a_{n-1},\cdots,a_1$ 为矩阵 $\boldsymbol{A}$ 的特征多项式的系数,即 $|\lambda\boldsymbol{I}-\boldsymbol{A}|=\lambda^n+a_1\lambda^{n-1}+\cdots+a_{n-1}\lambda+a_n$。

且矩阵 $\boldsymbol{A}$ 的特性值互异,则使矩阵 $\boldsymbol{A}$ 化为对角线规范型的变换阵为

$$\boldsymbol{P}=\begin{bmatrix}1&1&\cdots&1\\ \lambda_1&\lambda_2&\cdots&\lambda_n\\ \lambda_1^2&\lambda_2^2&\cdots&\lambda_n^2\\ \vdots&\vdots&&\vdots\\ \lambda_1^{n-1}&\lambda_2^{n-1}&\cdots&\lambda_n^{n-1}\end{bmatrix}\tag{7.46}$$

$\boldsymbol{P}$ 称为范德蒙阵。

例 7.5 系统状态空间表达式为

$$\begin{bmatrix}\dot{x}_1\\ \dot{x}_2\\ \dot{x}_3\end{bmatrix}=\begin{bmatrix}0&1&0\\0&0&1\\-6&-11&-6\end{bmatrix}\begin{bmatrix}x_1\\x_2\\x_3\end{bmatrix}+\begin{bmatrix}0\\0\\6\end{bmatrix}\boldsymbol{u}$$

$$\boldsymbol{y}=[1\quad 0\quad 0]\begin{bmatrix}x_1\\x_2\\x_3\end{bmatrix}$$

试将其变换为对角线规范型。

解法一 系统特征方程为

$$|\lambda\boldsymbol{I}-\boldsymbol{A}|=\begin{vmatrix}\lambda&-1&0\\0&\lambda&-1\\6&11&\lambda+6\end{vmatrix}=(\lambda+1)(\lambda+2)(\lambda+3)=0$$

特征值为 $\lambda_1=-1,\lambda_2=-2,\lambda_3=-3$。

系统矩阵 $\boldsymbol{A}$ 为友矩阵,则变换阵 $\boldsymbol{P}$ 可取范德蒙阵,即

$$\boldsymbol{P}=\begin{bmatrix}1&1&1\\\lambda_1&\lambda_2&\lambda_3\\\lambda_1^2&\lambda_2^2&\lambda_3^2\end{bmatrix}=\begin{bmatrix}1&1&1\\-1&-2&-3\\1&4&9\end{bmatrix},\quad \boldsymbol{P}^{-1}=\begin{bmatrix}3&2.5&0.5\\-3&-4&-1\\1&1.5&0.5\end{bmatrix}$$

$$\widetilde{\boldsymbol{A}}=\boldsymbol{P}^{-1}\boldsymbol{A}\boldsymbol{P}=\begin{bmatrix}3&2.5&0.5\\-3&-4&-1\\1&1.5&0.5\end{bmatrix}\begin{bmatrix}0&1&0\\0&0&1\\-6&-11&-6\end{bmatrix}\begin{bmatrix}1&1&1\\-1&-2&-3\\1&4&9\end{bmatrix}$$

$$=\begin{bmatrix}-1&0&0\\0&-2&0\\0&0&-3\end{bmatrix}$$

$$\widetilde{\boldsymbol{B}}=\boldsymbol{P}^{-1}\boldsymbol{B}=\begin{bmatrix}3&2.5&0.5\\-3&-4&-1\\1&1.5&0.5\end{bmatrix}\begin{bmatrix}0\\0\\6\end{bmatrix}=\begin{bmatrix}3\\-6\\3\end{bmatrix}$$

$$\widetilde{\boldsymbol{C}}=\boldsymbol{C}\boldsymbol{P}=[1\quad 0\quad 0]\begin{bmatrix}1&1&1\\-1&-2&-3\\1&4&9\end{bmatrix}=[1\quad 1\quad 1]$$

经线性变换后系统状态空间表达式为

$$\begin{cases}\begin{bmatrix}\dot{\tilde{x}}_1\\\dot{\tilde{x}}_2\\\dot{\tilde{x}}_3\end{bmatrix}=\begin{bmatrix}-1&0&0\\0&-2&0\\0&0&-3\end{bmatrix}\begin{bmatrix}\tilde{x}_1\\\tilde{x}_2\\\tilde{x}_3\end{bmatrix}+\begin{bmatrix}3\\-6\\3\end{bmatrix}\boldsymbol{u}\\ \boldsymbol{y}=[1\quad 1\quad 1]\begin{bmatrix}\tilde{x}_1\\\tilde{x}_2\\\tilde{x}_3\end{bmatrix}\end{cases}$$

解法二 若 $\boldsymbol{A}$ 矩阵具有如下标准式:

$$\boldsymbol{A}=\begin{bmatrix}0&1&&&0\\0&0&\ddots&&\\\vdots&\vdots&&\ddots&\\0&0&&&1\\-a_n&-a_{n-1}&\cdots&\cdots&-a_1\end{bmatrix}$$

并且对应于重特征值只能求得一个独立的特征向量,则化为约当规范型的变换为

$$\boldsymbol{Q}=\begin{bmatrix}1&0&0&\cdots&1&\cdots\\\lambda_1&1&0&\cdots&\lambda_2&\cdots\\\lambda_1^2&2\lambda_1&1&&\lambda_2^2&\cdots\\\vdots&\vdots&\vdots&&\vdots&\\\lambda_1^{n-1}&(n-1)\lambda_1^{n-2}&&\cdots&\lambda_2^{n-1}&\cdots\end{bmatrix}\tag{7.47}$$

$\boldsymbol{Q}$ 矩阵的规律可表示为

$$\boldsymbol{Q}=[\boldsymbol{Q}_{11}\quad\boldsymbol{Q}_{12}\quad\boldsymbol{Q}_{13}\quad\cdots\quad\boldsymbol{Q}_{1m}\quad\boldsymbol{Q}_{21}\quad\cdots]$$

$$
=\begin{bmatrix} Q_{11} & \frac{dQ_{11}}{d\lambda_1} & \frac{1}{2!}\cdot\frac{d^2Q_{11}}{d\lambda_1^2} & \cdots & \frac{1}{(m-1)!}\cdot\frac{d^{m-1}Q_{11}}{d\lambda_1^{m-1}} & Q_{21} & \cdots \end{bmatrix} \tag{7.48}
$$

例 7.6 已知系统矩阵

$$
\boldsymbol{A}=\begin{bmatrix} 0 & 1 & 0 \\ 0 & 0 & 1 \\ -1 & -3 & -3 \end{bmatrix}
$$

试化 $\boldsymbol{A}$ 矩阵为约当规范型。

解 求特征值为

$$
|\lambda \boldsymbol{I}-\boldsymbol{A}|=\begin{vmatrix} \lambda & -1 & 0 \\ 0 & \lambda & -1 \\ 1 & 3 & \lambda+3 \end{vmatrix}=(\lambda+1)^3
$$

解得 $\lambda_1=\lambda_2=\lambda_3=-1$，取 $\boldsymbol{Q}$ 矩阵为

$$
\boldsymbol{Q}=[\boldsymbol{Q}_1 \quad \boldsymbol{Q}_2 \quad \boldsymbol{Q}_3]=\begin{bmatrix} \boldsymbol{Q}_1 & \frac{d\boldsymbol{Q}_1}{d\lambda_1} & \frac{1}{2!}\cdot\frac{d^2\boldsymbol{Q}_1}{d\lambda_1^2} \end{bmatrix}
$$

$$
=\begin{bmatrix} 1 & 0 & 0 \\ \lambda_1 & 1 & 0 \\ \lambda_1^2 & 2\lambda_1 & 1 \end{bmatrix}=\begin{bmatrix} 1 & 0 & 0 \\ -1 & 1 & 0 \\ 1 & -2 & 1 \end{bmatrix}
$$

$$
\boldsymbol{Q}^{-1}=\begin{bmatrix} 1 & 0 & 0 \\ 1 & 1 & 0 \\ 1 & 2 & 1 \end{bmatrix}
$$

所以，$\boldsymbol{A}$ 矩阵的约当规范型为

$$
\boldsymbol{J}=\boldsymbol{Q}^{-1}\boldsymbol{A}\boldsymbol{Q}=\begin{bmatrix} 1 & 0 & 0 \\ 1 & 1 & 0 \\ 1 & 2 & 1 \end{bmatrix}\begin{bmatrix} 0 & 1 & 0 \\ 0 & 0 & 1 \\ -1 & -3 & -3 \end{bmatrix}\begin{bmatrix} 1 & 0 & 0 \\ -1 & 1 & 0 \\ 1 & -2 & 1 \end{bmatrix}=\begin{bmatrix} -1 & 1 & 0 \\ 0 & -1 & 1 \\ 0 & 0 & -1 \end{bmatrix}
$$

7.4 线性定常系统状态方程的解

系统状态空间模型的建立为分析系统的行为和特性提供了可能性。对系统进行分析的目的是要揭示系统状态的运动规律和基本特性，为此需要求解状态方程。

7.4.1 线性定常连续系统状态方程的求解

设有线性定常连续时间系统为

$$
\begin{cases} \dot{\boldsymbol{x}}(t)=\boldsymbol{A}\boldsymbol{x}(t)+\boldsymbol{B}\boldsymbol{u}(t) \\ \boldsymbol{y}(t)=\boldsymbol{C}\boldsymbol{x}(t)+\boldsymbol{D}\boldsymbol{u}(t) \end{cases} \tag{7.49}
$$

设其初始状态值为

$$\boldsymbol{x}(t_0)=\boldsymbol{x}_0,\quad t\geqslant t_0$$

考虑当 $u(t)=0$,状态方程为

$$\dot{\boldsymbol{x}}(t)=\boldsymbol{A}\boldsymbol{x}(t) \tag{7.50}$$

称为状态齐次方程。

1. 齐次状态方程的解

$$\begin{aligned}\boldsymbol{x}(t)&=\boldsymbol{b}_0+\boldsymbol{b}_1(t-t_0)+\boldsymbol{b}_2(t-t_0)^2+\cdots+\boldsymbol{b}_i(t-t_0)^i+\cdots\\&=\sum_{i=0}^{\infty}\boldsymbol{b}_i(t-t_0)^i,\quad t\geqslant t_0\end{aligned} \tag{7.51}$$

当 $t=t_0$ 时,$b_0=\boldsymbol{x}(t_0)$,$\boldsymbol{x}(t_0)$为状态变量 $\boldsymbol{x}(t)$的初始值,有

$$\dot{\boldsymbol{x}}(t)=\boldsymbol{b}_1+2\boldsymbol{b}_2(t-t_0)+\cdots+i\boldsymbol{b}_i(t-t_0)^{i-1}+\cdots,\quad t\geqslant t_0 \tag{7.52}$$

于是式(7.52)就变为

$$\begin{aligned}&\boldsymbol{b}_1+2\boldsymbol{b}_2(t-t_0)+\cdots+i\boldsymbol{b}_i(t-t_0)^{i-1}+\cdots\\&=\boldsymbol{A}[\boldsymbol{b}_0+2\boldsymbol{b}_1(t-t_0)+\boldsymbol{b}_2(t-t_0)^2+\cdots+\boldsymbol{b}_i(t-t_0)^{i-1}+\cdots]\end{aligned} \tag{7.53}$$

根据两幂函数相等必须是对应的系统相等的原则,可以得到

$$\begin{cases}\boldsymbol{b}_1=\boldsymbol{A}\boldsymbol{b}_0\\ \boldsymbol{b}_2=\dfrac{1}{2}\boldsymbol{A}\boldsymbol{b}_1=\dfrac{1}{2}\boldsymbol{A}^2\boldsymbol{b}_0\\ \qquad\vdots\\ \boldsymbol{b}_i=\dfrac{1}{i}\boldsymbol{A}\boldsymbol{b}_{i-1}=\dfrac{1}{i\,!}\boldsymbol{A}^i\boldsymbol{b}_0\\ \qquad\vdots\end{cases} \tag{7.54}$$

于是,有

$$\begin{aligned}\boldsymbol{x}(t)&=\boldsymbol{b}_0+\boldsymbol{A}\boldsymbol{b}_0(t-t_0)+\frac{1}{2!}\boldsymbol{A}^2\boldsymbol{b}_0(t-t_0)^2+\cdots+\frac{1}{i\,!}\boldsymbol{A}^i\boldsymbol{b}_0(t-t_0)^i+\cdots\\&=\left[\boldsymbol{I}+\boldsymbol{A}(t-t_0)+\frac{1}{2!}\boldsymbol{A}^2(t-t_0)^2+\cdots+\frac{1}{i\,!}\boldsymbol{A}^i(t-t_0)^i+\cdots\right]\boldsymbol{x}(t_0)\\&=\sum_{i=0}^{\infty}\frac{1}{i\,!}\boldsymbol{A}^i(t-t_0)^i\boldsymbol{x}(t_0),\quad t\geqslant t_0\end{aligned} \tag{7.55}$$

定义

$$\begin{aligned}\mathrm{e}^{\boldsymbol{A}(t-t_0)}&=\boldsymbol{I}+\boldsymbol{A}(t-t_0)+\frac{1}{2!}\boldsymbol{A}^2(t-t_0)^2+\cdots+\frac{1}{i\,!}\boldsymbol{A}^i(t-t_0)^i+\cdots\\&=\sum_{i=0}^{\infty}\frac{1}{i\,!}\boldsymbol{A}^it^i\end{aligned} \tag{7.56}$$

当 $t=0$,式(7.56)变为

$$\mathrm{e}^{\boldsymbol{A}t}=\boldsymbol{I}+\boldsymbol{A}t+\frac{1}{2!}\boldsymbol{A}^2t^2+\cdots+\frac{1}{i\,!}\boldsymbol{A}^it^i+\cdots=\sum_{i=0}^{\infty}\frac{1}{i\,!}\boldsymbol{A}^it^i \tag{7.57}$$

$\mathrm{e}^{\boldsymbol{A}(t-t_0)}$和 $\mathrm{e}^{\boldsymbol{A}t}$ 都是矩阵指数函数,均为 n 阶方阵,都是一个无穷级数之和,后者是前者的特殊情况。

根据矩阵指数函数的定义，齐次状态方程式(7.50)的解可表示为

$$\boldsymbol{x}(t)=\mathrm{e}^{\boldsymbol{A}(t-t_0)}\boldsymbol{x}(0),\quad t\geqslant t_0$$

矩阵指数函数的意义在于，它将系统在状态空间中给定的初始状态 $\boldsymbol{x}(t_0)$ 转移到任意时刻 t 的状态 $\boldsymbol{x}(t)$，因此矩阵指数函数 $\mathrm{e}^{\boldsymbol{A}(t-t_0)}$ 称为系统由初始时刻 t_0 和 t 的状态转移矩阵，记为 $\boldsymbol{\Phi}(t-t_0)=\mathrm{e}^{\boldsymbol{A}(t-t_0)}$，则齐次状态方程的解可表示为

$$\boldsymbol{x}(t)=\boldsymbol{\Phi}(t-t_0)\boldsymbol{x}(t_0)\tag{7.58}$$

式(7.58)表明，在初始状态确定的情况下，齐次状态方程的解由状态转移矩阵唯一确定，即状态转移矩阵 $\boldsymbol{\Phi}(t-t_0)$ 包含了系统自由运动的全部信息，完全表征了系统的动态特性。

当 $t_0=0$ 时，$\boldsymbol{x}(t)=\mathrm{e}^{\boldsymbol{A}t}\boldsymbol{x}(0)=\boldsymbol{\Phi}(t)\boldsymbol{x}(0)$。

对于 $\dot{\boldsymbol{x}}(t)=\boldsymbol{A}\boldsymbol{x}(t)$，$\boldsymbol{x}(0)=\boldsymbol{x}_0$，$t\geqslant 0$，取拉氏变换有

$$s\boldsymbol{X}(s)-\boldsymbol{x}(0)=\boldsymbol{A}\boldsymbol{X}(s)$$

即

$$\boldsymbol{X}(s)=(s\boldsymbol{I}-\boldsymbol{A})^{-1}\boldsymbol{x}(0)$$

进行拉氏反变换得

$$\boldsymbol{x}(t)=L^{-1}[(s\boldsymbol{I}-\boldsymbol{A})^{-1}]\boldsymbol{x}(0)$$

于是，有

$$\mathrm{e}^{\boldsymbol{A}t}=L^{-1}[(s\boldsymbol{I}-\boldsymbol{A})^{-1}]\tag{7.59}$$

式(7.59)是矩阵指数函数 $\mathrm{e}^{\boldsymbol{A}t}$ 的闭合形式。

例 7.7 试求齐次状态方程 $\dot{\boldsymbol{x}}=\boldsymbol{A}\boldsymbol{x}$ 的解，其中 $\boldsymbol{A}=\begin{bmatrix}0 & 1\\ -2 & -3\end{bmatrix}$。

解法一 因为

$$\begin{aligned}\mathrm{e}^{\boldsymbol{A}t}&=\boldsymbol{I}+\boldsymbol{A}t+\frac{1}{2!}\boldsymbol{A}^2t^2+\cdots\\ &=\begin{bmatrix}1 & 0\\ 0 & 1\end{bmatrix}+\begin{bmatrix}0 & 1\\ -2 & -3\end{bmatrix}t+\begin{bmatrix}0 & 1\\ -2 & -3\end{bmatrix}^2\frac{t^2}{2!}+\cdots\\ &=\begin{bmatrix}1+0t-2\dfrac{t^2}{2!}+\cdots & 0+t-3\dfrac{t^2}{2!}+\cdots\\ 0-2t+6\dfrac{t^2}{2!}+\cdots & 1-3t+7\dfrac{t^2}{2!}+\cdots\end{bmatrix}\end{aligned}$$

所以

$$\boldsymbol{x}(t)=\mathrm{e}^{\boldsymbol{A}t}\boldsymbol{x}_0=\begin{bmatrix}1+0t-2\dfrac{t^2}{2!}+\cdots & 0+t-3\dfrac{t^2}{2!}+\cdots\\ 0-2t+6\dfrac{t^2}{2!}+\cdots & 1-3t+7\dfrac{t^2}{2!}+\cdots\end{bmatrix}\boldsymbol{x}_0$$

解法二 因为

$$(s\boldsymbol{I}-\boldsymbol{A})=\begin{bmatrix}s & -1\\ 2 & s+3\end{bmatrix}$$

$$(s\boldsymbol{I}-\boldsymbol{A})^{-1}=\begin{bmatrix}s & -1\\ 2 & s+3\end{bmatrix}^{-1}=\frac{1}{s(s+3)+2}\begin{bmatrix}s+3 & 1\\ -2 & s\end{bmatrix}$$

$$=\begin{bmatrix}\dfrac{s+3}{(s+1)(s+2)} & \dfrac{1}{(s+1)(s+2)}\\ \dfrac{-2}{(s+1)(s+2)} & \dfrac{s}{(s+1)(s+2)}\end{bmatrix}$$

所以

$$e^{\boldsymbol{A}t}=L^{-1}[(s\boldsymbol{I}-\boldsymbol{A})^{-1}]=\begin{bmatrix}2e^{-t}-e^{-2t} & e^{-t}-e^{-2t}\\ -2e^{-t}+2e^{-2t} & -e^{-t}+2e^{-2t}\end{bmatrix}$$

$$\boldsymbol{x}(t)=e^{\boldsymbol{A}t}\boldsymbol{x}_0=\begin{bmatrix}2e^{-t}-e^{-2t} & e^{-t}-e^{-2t}\\ -2e^{-t}+2e^{-2t} & -e^{-t}+2e^{-2t}\end{bmatrix}\boldsymbol{x}_0$$

2. 状态转移矩阵

对于线性定常系统，满足 $\begin{cases}\dot{\boldsymbol{\Phi}}(t-t_0)=\boldsymbol{A}\boldsymbol{\Phi}(t-t_0)\\ \boldsymbol{\Phi}(0)=I\end{cases}$ 的解，定义为系统的状态转移矩阵。

显然，$e^{\boldsymbol{A}(t-t_0)}$ 是满足上述的解，是系统的状态转移矩阵 $\boldsymbol{\Phi}(t)$。

(1) 状态转移矩阵的性质

性质 1 $\lim\limits_{t\to 0}\boldsymbol{\Phi}(t)=\boldsymbol{I}$。

性质 2 $\dot{\boldsymbol{\Phi}}(t)=\boldsymbol{A}\boldsymbol{\Phi}(t)=\boldsymbol{\Phi}(t)\boldsymbol{A}$。

证明 因为

$$\begin{aligned}\dot{\boldsymbol{\Phi}}(t)&=\frac{d}{dt}e^{\boldsymbol{A}t}=\frac{d}{dt}\left(\boldsymbol{I}+\boldsymbol{A}t+\frac{1}{2!}\boldsymbol{A}^2t^2+\frac{1}{3!}\boldsymbol{A}^3t^3+\cdots\right)\\&=\boldsymbol{A}+\boldsymbol{A}^2t+\frac{1}{2!}\boldsymbol{A}^3t^2+\cdots\\&=\boldsymbol{A}\left(\boldsymbol{I}+\boldsymbol{A}t+\frac{1}{2!}\boldsymbol{A}^2t^2+\cdots\right)\\&=\boldsymbol{A}e^{\boldsymbol{A}t}=e^{\boldsymbol{A}t}\boldsymbol{A}\end{aligned}$$

可见，状态转移矩阵 $\boldsymbol{\Phi}(t)$ 与系统矩阵 $\boldsymbol{A}$ 满足交换律，并且有

$$\dot{\boldsymbol{\Phi}}(t)\big|_{t=0}=\boldsymbol{\Phi}(0)\boldsymbol{A}=\boldsymbol{A}$$

因此在已知状态转移矩阵的情况下，可以反推出系统矩阵 $\boldsymbol{A}$。

例 7.8 设系统的状态转移矩阵为 $\boldsymbol{\Phi}(t)=e^{\boldsymbol{A}t}=\begin{bmatrix}2e^{-t}-e^{-2t} & e^{-t}-e^{-2t}\\ -2e^{-t}+2e^{-2t} & -e^{-t}+2e^{-2t}\end{bmatrix}$，求系统矩阵 $\boldsymbol{A}$。

解

$$\begin{aligned}\frac{d}{dt}e^{\boldsymbol{A}t}\big|_{t=0}&=\frac{d}{dt}\begin{bmatrix}2e^{-t}-e^{-2t} & e^{-t}-e^{-2t}\\ -2e^{-t}+2e^{-2t} & -e^{-t}+2e^{-2t}\end{bmatrix}_{t=0}\\&=\begin{bmatrix}-2e^{-t}+2e^{-2t} & -e^{-t}+2e^{-2t}\\ 2e^{-t}-4e^{-2t} & e^{-t}-4e^{-2t}\end{bmatrix}_{t=0}\\&=\begin{bmatrix}0 & 1\\ -2 & -3\end{bmatrix}=\boldsymbol{A}\end{aligned}$$

性质 3　$\boldsymbol{\Phi}(t_1+t_2)=\boldsymbol{\Phi}(t_1)\boldsymbol{\Phi}(t_2)$。

性质 4　$[\boldsymbol{\Phi}(t)]^n=\boldsymbol{\Phi}(nt)$。

证明

$$\boldsymbol{\Phi}(nt)=\boldsymbol{\Phi}(\underbrace{t+t+\cdots+t}_{n\text{个}t})=\mathrm{e}^{\boldsymbol{A}(t+\cdots+t)}=\underbrace{\mathrm{e}^{\boldsymbol{A}t}\cdots\mathrm{e}^{\boldsymbol{A}t}}_{n\text{项相乘}}$$

$$=\mathrm{e}^{n\boldsymbol{A}t}=[\mathrm{e}^{\boldsymbol{A}t}]^n=[\boldsymbol{\Phi}(t)]^n$$

性质 5　$\boldsymbol{\Phi}(t-t_0)$是非奇异阵，且$\boldsymbol{\Phi}^{-1}(t-t_0)=\boldsymbol{\Phi}(t_0-t)$。

证明　因为

$$\boldsymbol{\Phi}(t-t_0)\boldsymbol{\Phi}(t_0-t)=\mathrm{e}^{\boldsymbol{A}(t-t_0)}\mathrm{e}^{\boldsymbol{A}(t_0-t)}=\mathrm{e}^{\boldsymbol{A}0}=\boldsymbol{I}$$

$$\boldsymbol{\Phi}(t_0-t)\boldsymbol{\Phi}(t-t_0)=\mathrm{e}^{\boldsymbol{A}(t_0-t)}\mathrm{e}^{\boldsymbol{A}(t-t_0)}=\mathrm{e}^{\boldsymbol{A}0}=\boldsymbol{I}$$

所以

$$\boldsymbol{\Phi}^{-1}(t-t_0)=\boldsymbol{\Phi}(t_0-t)$$

特别地，对于$t_0=0$，有

$$\boldsymbol{\Phi}^{-1}(t)=\boldsymbol{\Phi}(-t)$$

性质 6　$\boldsymbol{\Phi}(t_2-t_1)\boldsymbol{\Phi}(t_1-t_0)=\boldsymbol{\Phi}(t_2-t_0)$。

证明　$\mathrm{e}^{\boldsymbol{A}(t_2-t_1)}\mathrm{e}^{\boldsymbol{A}(t_1-t_0)}=\mathrm{e}^{\boldsymbol{A}(t_2-t_0)}=\boldsymbol{\Phi}(t_2-t_0)$

性质 7　如果方阵$\boldsymbol{A}$和$\boldsymbol{B}$是可交换的，则$\mathrm{e}^{(\boldsymbol{A}+\boldsymbol{B})t}=\mathrm{e}^{\boldsymbol{A}t}\mathrm{e}^{\boldsymbol{B}t}=\mathrm{e}^{\boldsymbol{B}t}\mathrm{e}^{\boldsymbol{A}t}$。

性质 8　若$\boldsymbol{A}=\begin{bmatrix}\lambda_1 & & & \\ & \lambda_2 & & \\ & & \ddots & \\ & & & \lambda_n\end{bmatrix}$，则$\boldsymbol{\Phi}(t)=\mathrm{e}^{\boldsymbol{A}t}=\begin{bmatrix}\mathrm{e}^{\lambda_1 t} & & & \\ & \mathrm{e}^{\lambda_2 t} & & \\ & & \ddots & \\ & & & \mathrm{e}^{\lambda_n t}\end{bmatrix}$。

证明

$$\boldsymbol{\Phi}(t)=\mathrm{e}^{\boldsymbol{A}t}=\boldsymbol{I}+\boldsymbol{A}t+\frac{\boldsymbol{A}^2t^2}{2!}+\cdots$$

$$=\begin{bmatrix}1 & & & \\ & 1 & & \\ & & \ddots & \\ & & & 1\end{bmatrix}+\begin{bmatrix}\lambda_1 & & & \\ & \lambda_2 & & \\ & & \ddots & \\ & & & \lambda_n\end{bmatrix}t+\frac{t^2}{2!}\begin{bmatrix}\lambda_1^2 & & & \\ & \lambda_2^2 & & \\ & & \ddots & \\ & & & \lambda_n^2\end{bmatrix}+\cdots$$

$$=\begin{bmatrix}1+\lambda_1 t+\frac{\lambda_1^2}{2!}t+\cdots & 0 & \cdots & 0 \\ 0 & 1+\lambda_2 t+\frac{\lambda_2^2}{2!}t^2+\cdots & \cdots & 0 \\ \vdots & \vdots & & \vdots \\ 0 & 0 & \cdots & 1+\lambda_n t+\frac{\lambda_n^2}{2!}t^2+\cdots\end{bmatrix}$$

$$=\begin{bmatrix} e^{\lambda_1 t} & & & \\ & e^{\lambda_2 t} & & \\ & & \ddots & \\ & & & e^{\lambda_n t} \end{bmatrix}$$

性质 9　若矩阵 $\boldsymbol{A}$ 通过非奇异变换矩阵 $\boldsymbol{P}$ 化为对角型矩阵，即 $\boldsymbol{P}^{-1}\boldsymbol{AP}=\boldsymbol{\Lambda}=\mathrm{diag}(\lambda_1,\lambda_2,\cdots,\lambda_n)$，则

$$e^{\boldsymbol{A}t}=\boldsymbol{P}e^{\boldsymbol{\Lambda}t}\boldsymbol{P}^{-1} \tag{7.60}$$

(2) 状态转移矩阵的计算

计算状态转移矩阵的方法有很多种，这里介绍以下四种。

① 直接法(幂级数展开法)

由矩阵指数函数的定义直接计算

$$e^{\boldsymbol{A}t}=\boldsymbol{I}+\boldsymbol{A}t+\frac{1}{2!}\boldsymbol{A}^2t^2+\cdots+\frac{1}{i!}\boldsymbol{A}^it^i+\cdots=\sum_{i=0}^{\infty}\frac{1}{i!}\boldsymbol{A}^it^i \tag{7.61}$$

直接法由定义直接推出，方法简便，特别适合于在计算机上编程求解，在给定时间 t 的情况下，可以计算出满足用户精度要求的值。其缺点是不能得到收敛的解析式，不利于手工计算。

② 拉氏变换法

$$e^{\boldsymbol{A}t}=L^{-1}[(s\boldsymbol{I}-\boldsymbol{A})^{-1}] \tag{7.62}$$

拉氏变换法可求得状态转移矩阵的闭合形式，适合于低阶系统矩阵 $\boldsymbol{A}$ 的状态转移矩阵求解，对于三阶以上的系统矩阵 $\boldsymbol{A}$，因为求相应的状态矩阵时存在求逆问题，计算工作量会随着矩阵 $\boldsymbol{A}$ 的阶次增加而增大。

③ 对角型法与约当规范型法

矩阵 $\boldsymbol{A}$ 的特征值 $\lambda_1,\lambda_2,\cdots,\lambda_n$ 互不相同，其状态转移矩阵可由下式求得：

$$e^{\boldsymbol{A}t}=\boldsymbol{P}\begin{bmatrix} e^{\lambda_1 t} & & & 0 \\ & e^{\lambda_2 t} & & \\ & & \ddots & \\ 0 & & & e^{\lambda_n t} \end{bmatrix}\boldsymbol{P}^{-1} \tag{7.63}$$

式中，$\boldsymbol{P}$ 是使矩阵 $\boldsymbol{A}$ 化成对角型的线性变换。

④ 化 $e^{\boldsymbol{A}t}$ 为矩阵 $\boldsymbol{A}$ 的有限项之和来计算

设系统的系统矩阵为 $\boldsymbol{A}$，描述该系统的特征方程为

$$\lambda^n+a_1\lambda^{n-1}+\cdots+a_{n-1}\lambda+a_n\boldsymbol{I}=0 \tag{7.64}$$

根据凯莱-哈密尔顿(Cayley-Hamilton)定理：矩阵 $\boldsymbol{A}$ 的特征多项式是 $\boldsymbol{A}$ 的零化多项式，即 $\boldsymbol{A}$ 矩阵满足该特征方程：

$$\boldsymbol{A}^n+a_1\boldsymbol{A}^{n-1}+\cdots+a_{n-1}\boldsymbol{A}+a_n\boldsymbol{I}=0 \tag{7.65}$$

于是，在 $e^{\boldsymbol{A}t}$ 的无穷级数表达式中，当 $k\geqslant n$ 时，$\boldsymbol{A}$ 的乘幂项 $\boldsymbol{A}^k$ 完全可用前 n 项(即 $\boldsymbol{A}^0,\boldsymbol{A},\boldsymbol{A}^2,\cdots,\boldsymbol{A}^{n-1}$)来线性表示，故可将 $e^{\boldsymbol{A}t}$ 化为下列 $\boldsymbol{A}$ 的有限项之和来计算：

$$e^{\boldsymbol{A}t}=\sum_{i=0}^{n-1}a_i(t)\boldsymbol{A}^i \tag{7.66}$$

例 7.9　试求齐次状态方程 $\dot{\boldsymbol{x}}=\boldsymbol{A}\boldsymbol{x}$ 的解，其中

$$\boldsymbol{A}=\begin{bmatrix}0 & 1\\ -2 & -3\end{bmatrix}。$$

按方法③，由 $\det(s\boldsymbol{I}-\boldsymbol{A})=(s+1)(s+2)=0$，可得 $\boldsymbol{A}$ 的特征值为 $\lambda_1=-1,\lambda_2=-2$。由 $(\lambda_1\boldsymbol{I}-\boldsymbol{A})p_1=0$，可得

$$\boldsymbol{p}_1=\begin{bmatrix}1\\ -1\end{bmatrix}$$

由 $(\lambda_2\boldsymbol{I}-\boldsymbol{A})p_2=0$，可得

$$\boldsymbol{p}_2=\begin{bmatrix}1\\ -2\end{bmatrix}$$

由 p_1 和 p_2 为列向量构造变换矩阵为

$$\boldsymbol{P}=[\boldsymbol{p}_1\quad \boldsymbol{p}_2]=\begin{bmatrix}1 & 1\\ -1 & -2\end{bmatrix},\quad \boldsymbol{P}^{-1}=\frac{\mathrm{adj}\boldsymbol{P}}{\det\boldsymbol{P}}=\begin{bmatrix}2 & 1\\ -1 & -1\end{bmatrix}$$

经线性变换可将 $\boldsymbol{A}$ 阵对角化为

$$\begin{aligned}e^{\boldsymbol{A}t}&=\boldsymbol{P}\boldsymbol{e}^{(\boldsymbol{p}^{-1}\boldsymbol{A}\boldsymbol{P})t}\boldsymbol{P}^{-1}=\boldsymbol{P}\begin{bmatrix}e^{\lambda_1 t} & 0\\ 0 & e^{\lambda_2 t}\end{bmatrix}\boldsymbol{P}^{-1}\\ &=\begin{bmatrix}1 & 1\\ -1 & -2\end{bmatrix}\begin{bmatrix}e^{-t} & 0\\ 0 & e^{-2t}\end{bmatrix}\begin{bmatrix}2 & 1\\ -1 & -1\end{bmatrix}\\ &=\begin{bmatrix}2e^{-t}-e^{-2t} & e^{-t}-e^{-2t}\\ -2e^{-t}+2e^{-2t} & -e^{-t}+2e^{-2t}\end{bmatrix}\end{aligned}$$

按方法④，由凯莱-哈密尔顿定理，式(7.65)将矩阵 $\boldsymbol{A}$ 用系统极点 λ_k 取代后仍然成立，即

$$e^{\lambda_k t}=\sum_{i=0}^{n-1}a_i(t)\lambda_k^i,\quad k=1,2$$

即

$$\begin{bmatrix}e^{\lambda_1 t}\\ e^{\lambda_2 t}\end{bmatrix}=\begin{bmatrix}1 & \lambda_1\\ 1 & \lambda_2\end{bmatrix}\begin{bmatrix}a_0(t)\\ a_1(t)\end{bmatrix}$$

所以有

$$\begin{bmatrix}a_0(t)\\ a_1(t)\end{bmatrix}=\begin{bmatrix}1 & \lambda_1\\ 1 & \lambda_2\end{bmatrix}^{-1}\begin{bmatrix}e^{\lambda_1 t}\\ e^{\lambda_2 t}\end{bmatrix}$$

将系统极点值代入可得

$$\begin{aligned}\begin{bmatrix}a_0(t)\\ a_1(t)\end{bmatrix}&=\begin{bmatrix}1 & \lambda_1\\ 1 & \lambda_2\end{bmatrix}^{-1}\begin{bmatrix}e^{\lambda_1 t}\\ e^{\lambda_2 t}\end{bmatrix}=\begin{bmatrix}2 & -1\\ 1 & -1\end{bmatrix}\begin{bmatrix}e^{\lambda_1 t}\\ e^{\lambda_2 t}\end{bmatrix}\\ &=\begin{bmatrix}2e^{-t}-e^{-2t}\\ e^{-t}-e^{-2t}\end{bmatrix}\end{aligned}$$

故

$$
\begin{aligned}
\mathrm{e}^{\boldsymbol{A}t} &= \sum_{i=0}^{n-1} a_i(t)\boldsymbol{A}^i = a_0(t)\boldsymbol{I} + a_1(t)\boldsymbol{A} \\
&= (2\mathrm{e}^{-t} - \mathrm{e}^{-2t})\begin{bmatrix}1 & 0\\0 & 1\end{bmatrix} + (\mathrm{e}^{-t} - \mathrm{e}^{-2t})\begin{bmatrix}0 & 1\\-2 & -3\end{bmatrix} \\
&= \begin{bmatrix}2\mathrm{e}^{-t} - \mathrm{e}^{-2t} & \mathrm{e}^{-t} - \mathrm{e}^{-2t}\\ -2\mathrm{e}^{-t} + 2\mathrm{e}^{-2t} & -\mathrm{e}^{-t} + 2\mathrm{e}^{-2t}\end{bmatrix}
\end{aligned}
$$

7.4.2 非齐次状态方程的解

当系统输入 $u \neq 0$ 时,有

$$\dot{\boldsymbol{x}} = \boldsymbol{A}\boldsymbol{x} + \boldsymbol{B}\boldsymbol{u} \tag{7.67}$$

移项,得

$$\dot{\boldsymbol{x}} - \boldsymbol{A}\boldsymbol{x} = \boldsymbol{B}\boldsymbol{u} \tag{7.68}$$

将式(7.68)两边同时左乘 $\mathrm{e}^{-\boldsymbol{A}t}$,有

$$\mathrm{e}^{-\boldsymbol{A}t}[\dot{\boldsymbol{x}} - \boldsymbol{A}\boldsymbol{x}] = \mathrm{e}^{-\boldsymbol{A}t}\boldsymbol{B}\boldsymbol{u} \tag{7.69}$$

即

$$\mathrm{e}^{-\boldsymbol{A}t}\dot{\boldsymbol{x}} - \mathrm{e}^{-\boldsymbol{A}t}\boldsymbol{A}\boldsymbol{x} = \frac{\mathrm{d}}{\mathrm{d}t}[\mathrm{e}^{-\boldsymbol{A}t}\boldsymbol{x}(t)] = \mathrm{e}^{-\boldsymbol{A}t}\boldsymbol{B}\boldsymbol{u} \tag{7.70}$$

式(7.70)两端在区间$[t_0, t]$上积分,得

$$\mathrm{e}^{-\boldsymbol{A}t}\boldsymbol{x}(t)\Big|_{t_0}^{t} = \int_{t_0}^{t} \mathrm{e}^{-\boldsymbol{A}\tau}\boldsymbol{B}\boldsymbol{u}(\tau)\mathrm{d}\tau \tag{7.71}$$

即

$$\mathrm{e}^{-\boldsymbol{A}t}\boldsymbol{x}(t) - \mathrm{e}^{-\boldsymbol{A}t_0}\boldsymbol{x}(t_0) = \int_{t_0}^{t} \mathrm{e}^{-\boldsymbol{A}\tau}\boldsymbol{B}\boldsymbol{u}(\tau)\mathrm{d}\tau$$

$$\mathrm{e}^{-\boldsymbol{A}t}\boldsymbol{x}(t) = \mathrm{e}^{-\boldsymbol{A}t_0}\boldsymbol{x}(t_0) + \int_{t_0}^{t} \mathrm{e}^{-\boldsymbol{A}\tau}\boldsymbol{B}\boldsymbol{u}(\tau)\mathrm{d}\tau \tag{7.72}$$

将式(7.72)两端同时左乘 $\mathrm{e}^{\boldsymbol{A}t}$,并移项整理得

$$\boldsymbol{x}(t) = \mathrm{e}^{\boldsymbol{A}(t-t_0)}\boldsymbol{x}(t_0) + \int_{t_0}^{t} \mathrm{e}^{\boldsymbol{A}(t-\tau)}\boldsymbol{B}\boldsymbol{u}(\tau)\mathrm{d}\tau$$

或

$$\boldsymbol{x}(t) = \boldsymbol{\Phi}(t-t_0)\boldsymbol{x}(t_0) + \int_{t_0}^{t} \boldsymbol{\Phi}(t-\tau)\boldsymbol{B}\boldsymbol{u}(\tau)\mathrm{d}\tau \tag{7.73}$$

式(7.73)为非齐次状态方程(7.67)的解。由式(7.73)可见,非齐次状态方程的解由两部分组成:$\boldsymbol{\Phi}(t-t_0)\boldsymbol{x}(t_0)$是由初始状态产生的自由分量,为系统的零输入解;$\int_{t_0}^{t}\boldsymbol{\Phi}(t-\tau)\boldsymbol{B}\boldsymbol{u}(\tau)\mathrm{d}\tau$ 是控制输入下所引起的强迫分量,为系统的零状态解。也就是说,系统的解是由零输入响应和零状态响应叠加而成的。

例 7.10 设线性定常系统的非齐次状态方程为

$$\dot{\boldsymbol{x}} = \begin{bmatrix}0 & 1\\-2 & -3\end{bmatrix}\boldsymbol{x} + \begin{bmatrix}0\\1\end{bmatrix}\boldsymbol{u}$$

试求当初始条件为0,输入 $u(t)=1(t)$ 时的非齐次状态方程的解。

解　由例7.9可得,系统的状态转移矩阵为

$$e^{\boldsymbol{A}t}=\begin{bmatrix}2e^{-t}-e^{-2t} & e^{-t}-e^{-2t}\\ -2e^{-t}+2e^{-2t} & -e^{-t}+2e^{-2t}\end{bmatrix}$$

$$\begin{aligned}\boldsymbol{x}(t)&=e^{\boldsymbol{A}t}\boldsymbol{x}_0+\int_0^t e^{\boldsymbol{A}(t-\tau)}\boldsymbol{Bu}(\tau)d\tau\\ &=\begin{bmatrix}2e^{-t}-e^{-2t} & e^{-t}-e^{-2t}\\ -2e^{-t}+2e^{-2t} & -e^{-t}+2e^{-2t}\end{bmatrix}\begin{bmatrix}0\\0\end{bmatrix}+\\ &\quad\int_0^t\begin{bmatrix}2e^{-(t-\tau)}-e^{-2(t-\tau)} & e^{-(t-\tau)}-e^{-2(t-\tau)}\\ -2e^{-(t-\tau)}+2e^{-2(t-\tau)} & -e^{-(t-\tau)}+2e^{-2(t-\tau)}\end{bmatrix}\begin{bmatrix}0\\1\end{bmatrix}1(\tau)d\tau\\ &=\begin{bmatrix}\int_0^t e^{-(t-\tau)}d\tau-\int_0^t e^{-2(t-\tau)}d\tau\\ -\int_0^t e^{-(t-\tau)}d\tau+2\int_0^t e^{-2(t-\tau)}d\tau\end{bmatrix}\\ &=\begin{bmatrix}-\frac{1}{2}e^{-t}+\frac{1}{2}e^{-2t}\\ e^{-t}-e^{-2t}\end{bmatrix}\end{aligned}$$

即在零初始条件下有

$$x_1(t)=-\frac{1}{2}e^{-t}+\frac{1}{2}e^{-2t},\quad x_2(t)=e^{-t}-e^{-2t}$$

本章小结

状态空间分析法是现代控制理论分析控制系统的基础,状态空间模型是状态空间方法的基础。本章主要介绍了状态空间数学模型的建立及其与控制系统其他模型之间的相互转换,以及线性定常系统的运动分析。具体内容主要包括:状态空间的基本概念、状态变量的选取,状态空间表达式的形式及建立;状态空间表达式与传递函数模型的相互转换;状态变量图的概念及建立;系统极点的概念;系统矩阵的对角化;状态方程的解;齐次状态方程的解;状态转移矩阵的概念、性质以及求取方法;非齐次状态方程的解等。

习题

7-1　在图7.11所示电路图中,选取状态变量,并建立系统的状态空间表达式。其中,电压 u_i 作为输入信号,u_o 作为输出信号。

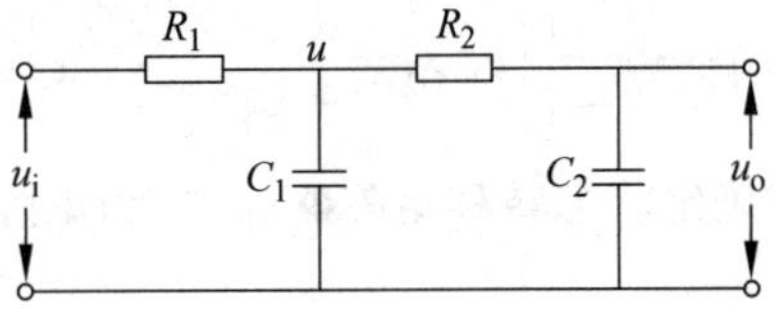

图7.11　习题7-1电路原理图

7-2　已知系统的微分方程为

(1) $\dddot{y}+\ddot{y}+4\dot{y}+5y=3u$;

(2) $2\dddot{y}+3\dot{y}=\ddot{u}-u$;

(3) $\dddot{y}+2\ddot{y}+3\dot{y}+5y=5\dddot{u}+7u$。

试列写出它们的状态空间表达式。

7-3 已知下列传递函数：

(1) $G(s)=\dfrac{s^3+s+1}{s^3+6s^2+11s+6}$； (2) $G(s)=\dfrac{s^2+2s+3}{s^3+2s^2+3s+1}$。

试用直接分解法建立其状态空间表达式，并画出状态变量图。

7-4 已知下列传递函数：

(1) $G(s)=\dfrac{s+1}{s(s+2)(s+5)}$； (2) $G(s)=\dfrac{2(s+3)}{s(s+1)(s+2)^2}$。

试用并联分解法建立其状态空间表达式，并画出状态变量图。

7-5 已知下列传递函数：

(1) $G(s)=\dfrac{s^2+3s+2}{s(s+4)^2(s+5)}$； (2) $G(s)=\dfrac{10(s+1)}{s(s+2)(s+5)}$。

试用串联分解法建立其状态空间表达式，并画出状态变量图。

7-6 求系统 $\begin{bmatrix}\dot{x}_1\\ \dot{x}_2\end{bmatrix}=\begin{bmatrix}1 & 0\\ 1 & 2\end{bmatrix}\begin{bmatrix}x_1\\ x_2\end{bmatrix}+\begin{bmatrix}2\\ 1\end{bmatrix}u, y=[1\quad 1]\begin{bmatrix}x_1\\ x_2\end{bmatrix}$ 的传递函数 $G(s)$。

7-7 已知系统的状态空间表达式为

$$\dot{\boldsymbol{x}}=\begin{bmatrix}-5 & -1\\ 3 & -1\end{bmatrix}\boldsymbol{x}+\begin{bmatrix}2\\ 5\end{bmatrix}u$$

$$\boldsymbol{y}=[1\quad 2]\,\boldsymbol{x}+4u$$

求其对应的传递函数 $G(s)$。

7-8 试将下列状态方程化为对角标准型：

(1) $\begin{bmatrix}\dot{x}_1\\ \dot{x}_2\end{bmatrix}=\begin{bmatrix}0 & 1\\ -5 & -6\end{bmatrix}\begin{bmatrix}x_1\\ x_2\end{bmatrix}+\begin{bmatrix}0\\ 1\end{bmatrix}u$；

(2) $\begin{bmatrix}\dot{x}_1\\ \dot{x}_2\\ \dot{x}_3\end{bmatrix}=\begin{bmatrix}0 & 1 & 0\\ 3 & 0 & 2\\ -12 & -7 & -6\end{bmatrix}\begin{bmatrix}x_1\\ x_2\\ x_3\end{bmatrix}+\begin{bmatrix}2 & 3\\ 1 & 5\\ 7 & 1\end{bmatrix}\begin{bmatrix}u_1\\ u_2\end{bmatrix}$。

7-9 试将下列状态方程化为约当标准型：

$$\begin{bmatrix}\dot{x}_1\\ \dot{x}_2\\ \dot{x}_3\end{bmatrix}=\begin{bmatrix}4 & 1 & -2\\ 1 & 0 & 2\\ 1 & -1 & 3\end{bmatrix}\begin{bmatrix}x_1\\ x_2\\ x_3\end{bmatrix}+\begin{bmatrix}3 & 1\\ 2 & 7\\ 5 & 3\end{bmatrix}\begin{bmatrix}u_1\\ u_2\end{bmatrix}。$$

7-10 已知系统矩阵 $\boldsymbol{A}$ 是 2×2 的常数矩阵。关于系统的状态方程式 $\dot{\boldsymbol{x}}=\boldsymbol{A}\boldsymbol{x}$，当 $\boldsymbol{x}(0)=\begin{bmatrix}1\\ -1\end{bmatrix}$ 时，$\boldsymbol{x}=\begin{bmatrix}e^{-2t}\\ -e^{-2t}\end{bmatrix}$；$\boldsymbol{x}(0)=\begin{bmatrix}2\\ -1\end{bmatrix}$ 时，$\boldsymbol{x}=\begin{bmatrix}2e^{-t}\\ -e^{-t}\end{bmatrix}$。

试确定状态转移矩阵 $\boldsymbol{\Phi}(t,0)$ 和矩阵 $\boldsymbol{A}$。

7-11　设系统为

$$\dot{\boldsymbol{x}}(t)=\begin{bmatrix}-a & 0\\ 0 & -b\end{bmatrix}\boldsymbol{x}(t)+\begin{bmatrix}1\\1\end{bmatrix}u(t),\quad \boldsymbol{x}(0)=\begin{bmatrix}1\\1\end{bmatrix}$$

试求出在输入为 $u(t)=t(t\geqslant 0)$ 时系统的状态响应。

7-12　已知系统的状态空间表达式为

$$\dot{\boldsymbol{x}}=\begin{pmatrix}0 & 0\\ t & 0\end{pmatrix}\boldsymbol{x}+\begin{bmatrix}0\\1\end{bmatrix}u,\quad \boldsymbol{y}=\begin{bmatrix}1 & 0\end{bmatrix}\boldsymbol{x},\quad \boldsymbol{x}(0)=\begin{bmatrix}1\\1\end{bmatrix}$$

试求当 $u=t,t\geqslant 0$ 时,系统的输出 $y(t)$。

第8章

线性系统的状态空间综合法

建立好状态空间表达式为数学模型以后，由此产生的现代控制理论状态空间分析及状态空间设计方法是一种系统化的方法，比经典控制理论具有更加广泛的适用性。

8.1 系统的能控性与能观测性

在控制工程中，设计者常常会关心两个问题：一是加入适当的控制作用以后，能否在有限的时间内，将系统从任意的初始状态转移到希望的状态上去，这是系统的能控性问题；二是通过对系统输出的观测，能否得出系统的初始状态的信息，即系统是否具有从输出的观测数据中估计状态的能力，这是系统的能观测性问题。

线性系统的能控性和能观测性是现代控制理论中很重要的两个概念，它们反映了对状态的控制能力和测辨能力，揭示了控制系统构成中的两个基本问题，它是由卡尔曼在1960年首先提出来的，在最优控制理论中占有重要的一席之地。

8.1.1 线性定常连续系统的能控性

1. 状态能控性的定义

假设线性系统 $\Sigma(\boldsymbol{A},\boldsymbol{B},\boldsymbol{C},\boldsymbol{D})$ 对任意的初始时刻 t_0，存在另一时刻 $t_f(t_f>t_0)$，可以找到一个分段连续的控制信号 $\boldsymbol{u}(t)$，能在有限时间$[t_0,t_f]$内把系统从初态 $\boldsymbol{x}(t_0)$转移至任意指定的终态 $\boldsymbol{x}(t_f)$，则称系统在 t_0 时刻的状态是能控的。若线性系统在状态空间中的每一个状态都能控，则称此系统在$[t_0,t_f]$时间间隔内是状态完全能控的，简称状态能控或能控系统。若线性系统中，存在某一个状态不满足上述条件，则此系统称为不完全能控系统，简称不能控系统。

能控性表明了系统所具有的受控制作用支配，在有限时间内从任意初始状态往任意期望状态转移的能力。

2. 状态能控性的判据

定理 8.1　对于线性定常连续系统 $\begin{cases}\dot{\boldsymbol{x}}(t)=\boldsymbol{A}\boldsymbol{x}(t)+\boldsymbol{B}\boldsymbol{u}(t)\\ \boldsymbol{y}(t)=\boldsymbol{C}\boldsymbol{x}(t)+\boldsymbol{D}\boldsymbol{u}(t)\end{cases}$，系统状态完全能控的充分必要条件是状态能控性矩阵 $\boldsymbol{Q}_{\mathrm{c}}=[\boldsymbol{B}\quad \boldsymbol{AB}\quad \boldsymbol{A}^2\boldsymbol{B}\quad \cdots\quad \boldsymbol{A}^{n-1}\boldsymbol{B}]$ 的秩为 n，即

$$\mathrm{rank}\boldsymbol{Q}_{\mathrm{c}}=\mathrm{rank}[\boldsymbol{B}\quad \boldsymbol{AB}\quad \boldsymbol{A}^2\boldsymbol{B}\quad \cdots\quad \boldsymbol{A}^{n-1}\boldsymbol{B}]=n \tag{8.1}$$

证明　因为状态方程的解为

$$\boldsymbol{x}(t_{\mathrm{f}})=\boldsymbol{e}^{\boldsymbol{A}(t_{\mathrm{f}}-t_0)}\boldsymbol{x}(t_0)+\int_{t_0}^{t_{\mathrm{f}}}\mathrm{e}^{\mathrm{A}(t_{\mathrm{f}}-\tau)}\boldsymbol{B}\boldsymbol{u}(\tau)\mathrm{d}\tau \tag{8.2}$$

设初始时刻 $\boldsymbol{x}(t_0)=\boldsymbol{x}_0$，为简单起见，不失一般性，可设系统的终端状态为状态空间的原点，即 $\boldsymbol{x}(t_{\mathrm{f}})=0$，则有

$$\boldsymbol{x}_0=-\int_{t_0}^{t_{\mathrm{f}}}\mathrm{e}^{\mathrm{A}(t_0-\tau)}\boldsymbol{B}\boldsymbol{u}(\tau)\mathrm{d}\tau \tag{8.3}$$

利用凯莱-哈密尔顿定理可得 $\mathrm{e}^{\boldsymbol{A}(t_0-\tau)}=\sum_{k=0}^{n-1}\boldsymbol{a}_k(t_0-\tau)\boldsymbol{A}^k$ 代入式(8.3)得

$$\boldsymbol{x}_0=-\sum_{k=0}^{n-1}\boldsymbol{A}^k\boldsymbol{B}\int_{t_0}^{t_{\mathrm{f}}}\boldsymbol{a}_k(t_0-\tau)\boldsymbol{u}(\tau)\mathrm{d}\tau \tag{8.4}$$

令 $\int_{t_0}^{t_{\mathrm{f}}}\boldsymbol{a}_k(t_0-\tau)\boldsymbol{u}(\tau)\mathrm{d}\tau=\beta_k$，则式(8.4)可改写成

$$\boldsymbol{x}_0=-\sum_{k=0}^{n-1}\boldsymbol{A}^k\boldsymbol{B}\cdot\beta_k=-[\boldsymbol{B}\quad \boldsymbol{AB}\quad \boldsymbol{A}^2\boldsymbol{B}\quad \cdots\quad \boldsymbol{A}^{n-1}\boldsymbol{B}]\begin{bmatrix}\beta_0\\ \beta_1\\ \vdots\\ \beta_{n-1}\end{bmatrix} \tag{8.5}$$

若系统是能控的，那么对于任意给定的初始状态 x_0，都应能从方程(8.5)中解出 β_0，β_1，…，β_{n-1}，这就要求系统能控性矩阵的秩为 n，即

$$\mathrm{rank}[\boldsymbol{B}\quad \boldsymbol{AB}\quad \boldsymbol{A}^2\boldsymbol{B}\quad \cdots\quad \boldsymbol{A}^{n-1}\boldsymbol{B}]=n \tag{8.6}$$

证毕。

能控性矩阵 $\boldsymbol{Q}_{\mathrm{c}}$ 的秩的求法如下。

(1) 对于单输入系统，能控性判别阵 $\boldsymbol{Q}_{\mathrm{c}}$ 为 n 阶方阵。满秩意味着 $\boldsymbol{Q}_{\mathrm{c}}$ 阵为非奇异矩阵，其行列式 $\det\boldsymbol{Q}_{\mathrm{c}}\neq 0$；它不满秩意味着 $\boldsymbol{Q}_{\mathrm{c}}$ 阵为奇异的，其行列式 $\det\boldsymbol{Q}_{\mathrm{c}}=0$。因此单输入系统 $\boldsymbol{Q}_{\mathrm{c}}$ 阵是否满秩，可转化为判断其行列式是否为零的问题来处理。

(2) 对于多输入系统，$\boldsymbol{Q}_{\mathrm{c}}$ 不为方阵，可以通过直接判断其最大线性无关的行或列数来计算矩阵的秩，也可以根据矩阵秩的性质：$\mathrm{rank}\boldsymbol{Q}_{\mathrm{c}}=\mathrm{rank}\boldsymbol{Q}_{\mathrm{c}}^{\mathrm{T}}=\mathrm{rank}\boldsymbol{Q}_{\mathrm{c}}\boldsymbol{Q}_{\mathrm{c}}^{\mathrm{T}}$，将其转化为计算方阵 $\boldsymbol{Q}_{\mathrm{c}}\boldsymbol{Q}_{\mathrm{c}}^{\mathrm{T}}$ 的行列式是否为零的问题来处理。若 $\det\boldsymbol{Q}_{\mathrm{c}}\boldsymbol{Q}_{\mathrm{c}}^{\mathrm{T}}\neq 0$，则能控性判别矩阵 $\boldsymbol{Q}_{\mathrm{c}}$ 满秩，否则不满秩。

例 8.1　若系统的状态方程为 $\begin{bmatrix}\dot{x}_1\\ \dot{x}_2\\ \dot{x}_3\end{bmatrix}=\begin{bmatrix}1&2&1\\0&1&0\\1&0&3\end{bmatrix}\begin{bmatrix}x_1\\x_2\\x_3\end{bmatrix}+\begin{bmatrix}1&0\\0&1\\0&0\end{bmatrix}\begin{bmatrix}u_1\\u_2\end{bmatrix}$，试判断系统的状

态能控性。

解 由

$$\boldsymbol{AB}=\begin{bmatrix}1&2&1\\0&1&0\\1&0&3\end{bmatrix}\begin{bmatrix}1&0\\0&1\\0&0\end{bmatrix}=\begin{bmatrix}1&2\\0&1\\1&0\end{bmatrix}$$

$$\boldsymbol{A}^2\boldsymbol{B}=\begin{bmatrix}1&2&1\\0&1&0\\1&0&3\end{bmatrix}\begin{bmatrix}1&2\\0&1\\1&0\end{bmatrix}=\begin{bmatrix}2&4\\0&1\\4&2\end{bmatrix}$$

$$\boldsymbol{Q}_{\mathrm{c}}=[\boldsymbol{B}\quad \boldsymbol{AB}\quad \boldsymbol{A}^2\boldsymbol{B}]=\begin{bmatrix}1&0&1&2&2&4\\0&1&0&1&0&1\\0&0&1&0&4&2\end{bmatrix}$$

$$\boldsymbol{Q}_{\mathrm{c}}\boldsymbol{Q}_{\mathrm{c}}^{\mathrm{T}}=\begin{bmatrix}26&6&17\\6&3&2\\17&2&21\end{bmatrix}$$

可知 $\det\boldsymbol{Q}_{\mathrm{c}}\boldsymbol{Q}_{\mathrm{c}}^{\mathrm{T}}\neq 0$，故 $\mathrm{rank}\boldsymbol{Q}_{\mathrm{c}}=3$，系统状态完全能控。

另外，也可直接观测 $\boldsymbol{Q}_{\mathrm{c}}$ 矩阵的前三列 $\boldsymbol{Q}_{\mathrm{c}}=[\boldsymbol{B}\quad \boldsymbol{AB}\quad \boldsymbol{A}^2\boldsymbol{B}]=\begin{bmatrix}1&0&1&*\\0&1&0&*\\0&0&1&*\end{bmatrix}$ 已经线性无关，故 $\boldsymbol{Q}_{\mathrm{c}}$ 矩阵满秩，后面就没有必要再计算了，故该系统状态完全可控。

定理 8.2 设线性定常连续系统 $(\boldsymbol{A},\boldsymbol{B})$ 具有两两相异的特征值，则其状态完全能控的充分必要条件是系统经线性变换后的对角线规范型的状态方程

$$\dot{\tilde{\boldsymbol{x}}}(t)=\tilde{\boldsymbol{A}}\tilde{\boldsymbol{x}}(t)+\tilde{\boldsymbol{B}}\boldsymbol{u}(t)=\begin{bmatrix}\lambda_1&&&\\&\lambda_2&&\\&&\ddots&\\&&&\lambda_n\end{bmatrix}\tilde{\boldsymbol{x}}(t)+\begin{bmatrix}\tilde{b}_1\\\tilde{b}_2\\\vdots\\\tilde{b}_n\end{bmatrix}\boldsymbol{u}(t)$$

中，$\tilde{\boldsymbol{B}}$ 不包含元素全为零的行。

证明略。

对角线规范型状态方程能控性判别矩阵 $\boldsymbol{Q}_{\mathrm{c}}$ 满秩的条件是其控制矩阵中不包含元素全为 0 的行，又因为线性非奇异变换不改变系统的能控性，故可推及原状态方程的能控性，例如：

$$\dot{\boldsymbol{x}}(t)=\begin{bmatrix}-7&&\\&-5&\\&&-1\end{bmatrix}\boldsymbol{x}(t)+\begin{bmatrix}2\\5\\7\end{bmatrix}\boldsymbol{u}(t)$$，系统完全能控；

$$\dot{\boldsymbol{x}}(t)=\begin{bmatrix}-7&&\\&-5&\\&&-1\end{bmatrix}\boldsymbol{x}(t)+\begin{bmatrix}2\\0\\9\end{bmatrix}\boldsymbol{u}(t)$$，系统不完全能控；

$$\dot{\boldsymbol{x}}(t)=\begin{bmatrix}-7&&\\&-5&\\&&-1\end{bmatrix}\boldsymbol{x}(t)+\begin{bmatrix}0&1\\4&0\\7&5\end{bmatrix}\boldsymbol{u}(t)$$，系统完全能控；

$$\dot{\boldsymbol{x}}(t)=\begin{bmatrix}-7 & & \\ & -5 & \\ & & -1\end{bmatrix}\boldsymbol{x}(t)+\begin{bmatrix}0 & 0\\ 4 & 0\\ 7 & 5\end{bmatrix}\boldsymbol{u}(t)$$，系统不完全能控。

定理 8.3　若线性连续系统 $\Sigma(\boldsymbol{A},\boldsymbol{B})$ 中包含有相重的特征值，即 $\boldsymbol{A}$ 为约当规范型时，即

$$\dot{\tilde{\boldsymbol{x}}}(t)=\begin{bmatrix}\boldsymbol{J}_1 & & & \\ & \boldsymbol{J}_2 & & \\ & & \ddots & \\ & & & \boldsymbol{J}_n\end{bmatrix}\tilde{\boldsymbol{x}}(t)+\begin{bmatrix}\widetilde{\boldsymbol{B}}_1\\ \widetilde{\boldsymbol{B}}_2\\ \vdots\\ \widetilde{\boldsymbol{B}}_n\end{bmatrix}\boldsymbol{u}(t)$$

则系统能控的充要条件是：其等特征值的各约当块末行所对应的 $\widetilde{\boldsymbol{B}}$ 矩阵的那些行，应线性无关。

需要指出的是，当系统矩阵 $\boldsymbol{A}$ 为对角线规范型，但在含有相同的对角元素情况下，定理 8.2 不成立；或系统矩阵 $\boldsymbol{A}$ 为约当规范型，但有两个或两个以上的约当块的特征值相同时，定理 8.3 不成立。

例如：

$$\dot{\boldsymbol{x}}(t)=\begin{bmatrix}-4 & 1 & 0\\ 0 & -4 & 0\\ 0 & 0 & -3\end{bmatrix}\boldsymbol{x}(t)+\begin{bmatrix}0\\ 2\\ 1\end{bmatrix}\boldsymbol{u}(t)$$，系统完全能控；

$$\dot{\boldsymbol{x}}(t)=\begin{bmatrix}-4 & 1 & 0\\ 0 & -4 & 0\\ 0 & 0 & -3\end{bmatrix}\boldsymbol{x}(t)+\begin{bmatrix}1 & 2\\ 0 & 0\\ 2 & 0\end{bmatrix}\boldsymbol{u}(t)$$，系统不完全能控。

3. 输出能控性

在分析和设计控制系统的许多情况下，系统的被控制量往往不是系统的状态，而是系统的输出，因此有必要研究系统的输出是否能控的问题。

输出能控性的定义：对于系统 $\Sigma(\boldsymbol{A},\boldsymbol{B},\boldsymbol{C},\boldsymbol{D})$，如果存在一个无约束的控制向量 $\boldsymbol{u}(t)$，在有限时间间隔 $[t_0,t_f]$ 内，能将任意给定的初始输出 $\boldsymbol{y}(t_0)$ 转移到任意指定的最终输出 $\boldsymbol{y}(t_f)$，则称系统 $\Sigma(\boldsymbol{A},\boldsymbol{B},\boldsymbol{C},\boldsymbol{D})$ 是输出完全能控的，简称输出是能控的。

定理 8.4　线性定常系统 $\Sigma(\boldsymbol{A},\boldsymbol{B},\boldsymbol{C},\boldsymbol{D})$，其输出完全能控的充分必要条件是输出能控性矩阵 $[\boldsymbol{CB}\quad \boldsymbol{CAB}\quad \boldsymbol{CA}^2\boldsymbol{B}\quad \cdots\quad \boldsymbol{CA}^{n-1}\boldsymbol{B}\quad \boldsymbol{D}]$ 满秩，即

$$\operatorname{rank}\boldsymbol{Q}=[\boldsymbol{CB}\quad \boldsymbol{CAB}\quad \boldsymbol{CA}^2\boldsymbol{B}\quad \cdots\quad \boldsymbol{CA}^{n-1}\boldsymbol{B}\quad \boldsymbol{D}]=q \tag{8.7}$$

式中，q 为系统的输出的维数。

例 8.2　若系统为

$$\begin{cases}\dot{\boldsymbol{x}}(t)=\begin{bmatrix}-4 & 5\\ 1 & 0\end{bmatrix}\boldsymbol{x}(t)+\begin{bmatrix}-5\\ 1\end{bmatrix}\boldsymbol{u}(t)\\ \boldsymbol{y}(t)=[1\quad -1]\boldsymbol{x}(t)\end{cases}$$

试分析系统的状态能控性和输出能控性。

解 因为 $\text{rank}\boldsymbol{Q}_c=\text{rank}[\boldsymbol{B}\quad \boldsymbol{AB}]=\text{rank}\begin{bmatrix}-5 & 25\\ 1 & -5\end{bmatrix}=1<n$，所以该系统状态不完全能控。

因为 $\text{rank}\boldsymbol{Q}=\text{rank}[\boldsymbol{CB}\quad \boldsymbol{CAB}\quad \boldsymbol{D}]=\text{rank}[-6\quad 30\quad 0]=1=q$，所以该系统输出完全能控。

可见，系统的输出能控性与状态能控性不等价，两者没有必然的联系，输出能控的系统不一定状态能控，反之亦然。

8.1.2 线性定常连续系统的能观测性

1. 状态能观测性的定义

假设线性系统 $\Sigma(\boldsymbol{A},\boldsymbol{B},\boldsymbol{C},\boldsymbol{D})$ 对任意给定的输入信号 $\boldsymbol{u}(t)$，在有限时间$[t_0,t_f]$ $(t_f>t_0)$内，能根据系统的输出量 $\boldsymbol{y}(t)$在$[t_0,t_f]$内的测量值，唯一地确定系统在 t_0 时刻的初始状态 $\boldsymbol{x}(t_0)$，则称此系统的状态是完全能观测的，简称系统能观测。

能观测性表明了系统输出 $\boldsymbol{y}(t)$反映系统状态向量 $\boldsymbol{x}(t)$的能力。

值得注意的是，在讨论系统的能观测性时，只需考虑系统的自由运动即可。

2. 状态能观性的判据

定理 8.5 对于线性定常连续系统$\begin{cases}\dot{\boldsymbol{x}}(t)=\boldsymbol{Ax}(t)+\boldsymbol{Bu}(t)\\ \boldsymbol{y}(t)=\boldsymbol{Cx}(t)+\boldsymbol{Du}(t)\end{cases}$，状态完全能观测的充分必要条件是系统能观测性矩阵 $\boldsymbol{Q}_o=[\boldsymbol{C}\quad \boldsymbol{CA}\quad \boldsymbol{CA}^2\quad \cdots\quad \boldsymbol{CA}^{n-1}]^{\text{T}}$ 满秩，即

$$\text{rank}\boldsymbol{Q}_o=\text{rank}\begin{bmatrix}\boldsymbol{C}\\ \boldsymbol{CA}\\ \boldsymbol{CA}^2\\ \vdots\\ \boldsymbol{CA}^{n-1}\end{bmatrix}=n \tag{8.8}$$

证明 不失一般性，假设 $t_0=0$，则齐次状态方程的解为 $\boldsymbol{x}(t)=\text{e}^{\boldsymbol{A}t}x(0)$，系统的输出为 $\boldsymbol{y}(t)=\boldsymbol{C}\text{e}^{\boldsymbol{A}t}x(0)$。代入状态转移矩阵

$$\text{e}^{\boldsymbol{A}t}=\sum_{k=0}^{n-1}\boldsymbol{a}_k(t)\boldsymbol{A}^k$$

因为一般情况下，系统输出的维数低于系统状态变量的个数，即 $q<n$，此时，方程无唯一解。要使方程有唯一解，可以在不同时刻进行观测，得到 $y(t_1),y(t_2),\cdots,y(t_f)$，此时把方程个数扩展到 n 个，即

$$\begin{bmatrix}y(t_1)\\ y(t_2)\\ \vdots\\ y(t_f)\end{bmatrix}=\begin{bmatrix}a_0(t_1)\boldsymbol{I}_q & a_1(t_1)\boldsymbol{I}_q & \cdots & a_{n-1}(t_1)\boldsymbol{I}_q\\ a_0(t_2)\boldsymbol{I}_q & a_1(t_2)\boldsymbol{I}_q & \cdots & a_{n-1}(t_2)\boldsymbol{I}_q\\ \vdots & \vdots & & \vdots\\ a_0(t_f)\boldsymbol{I}_q & a_1(t_f)\boldsymbol{I}_q & \cdots & a_{n-1}(t_f)\boldsymbol{I}_q\end{bmatrix}\begin{bmatrix}\boldsymbol{C}\\ \boldsymbol{CA}\\ \vdots\\ \boldsymbol{CA}^{n-1}\end{bmatrix}\boldsymbol{x}(0) \tag{8.9}$$

即可写成

$$y(t)=C\sum_{k=0}^{n-1}a_k(t)A^k\cdot x(0)$$

$$=\begin{bmatrix}a_0(t)I_q & a_1(t)I_q & \cdots & a_{n-1}(t)I_q\end{bmatrix}\begin{bmatrix}C\\ CA\\ \vdots\\ CA^{n-1}\end{bmatrix}x(0) \tag{8.10}$$

式中，I_q 为 q 阶单位矩阵。

式(8.10)表明，根据在$[0,t_f]$时间间隔的量测值 $y(t_1),y(t_2),\cdots,y(t_f)$，能将初始状态 $x(0)$唯一地确定下来的充要条件是能观测性矩阵 Q_o 满秩。

证毕。

例 8.3 若系统的状态方程为$\begin{cases}\begin{bmatrix}\dot{x}_1\\ \dot{x}_2\\ \dot{x}_3\end{bmatrix}=\begin{bmatrix}1 & 0 & -1\\ 0 & -2 & 1\\ 3 & 0 & 2\end{bmatrix}\begin{bmatrix}x_1\\ x_2\\ x_3\end{bmatrix}+\begin{bmatrix}2\\ -1\\ 1\end{bmatrix}u(t)\\ y(t)=\begin{bmatrix}0 & 0 & 1\\ 1 & 0 & 0\end{bmatrix}x(t)\end{cases}$，试判断系统的状态能观测性。

解 由状态能观测性矩阵 $\text{rank}Q_o=\text{rank}\begin{bmatrix}C\\ CA\\ CA^2\end{bmatrix}=\text{rank}\begin{bmatrix}0 & 0 & 1\\ 1 & 0 & 0\\ 3 & 0 & 2\\ 1 & 0 & -1\\ 9 & 0 & 1\\ -2 & 0 & -3\end{bmatrix}=2<3=n$ 可知，系统不完全能观测。

定理 8.6 设线性定常连续系统 $\sum(A,B,C,D)$ 具有两两互不相同的特征值，则其状态完全能观测的充分必要条件是系统经线性非奇异变换后的对角线规范型

$$\begin{cases}\dot{\tilde{x}}(t)=\begin{bmatrix}\lambda_1 & & & \\ & \lambda_2 & & \\ & & \ddots & \\ & & & \lambda_n\end{bmatrix}\tilde{x}(t)+\tilde{B}u(t)\\ y(t)=\tilde{C}\tilde{x}(t)\end{cases}$$

表达式中，$\tilde{C}$ 不包含全为零的列。

定理 8.7 设线性定常连续系统 $\sum(A,B,C,D)$ 具有重特征值，则其状态完全能观测的充分必要条件是系统经线性非奇异变换后的约当规范型

$$\begin{cases}\dot{\tilde{x}}(t)=\begin{bmatrix}J_1 & & & \\ & J_2 & & \\ & & \ddots & \\ & & & J_k\end{bmatrix}\tilde{x}(t)+\tilde{B}u(t)\\ y(t)=\tilde{C}\tilde{x}(t)\end{cases}$$

中,等特征值的各约当块 $\boldsymbol{J}_i, i=1,2,\cdots,k$ 首列相对应的 $\widetilde{\boldsymbol{C}}$ 的所有那些列,应线性无关。

例如:

$$\dot{\boldsymbol{x}}(t)=\begin{bmatrix}-7 & & \\ & -5 & \\ & & -1\end{bmatrix}\boldsymbol{x}(t),\boldsymbol{y}(t)=\begin{bmatrix}0 & 4 & 5\end{bmatrix}\boldsymbol{x}(t),\text{系统不完全能观测};$$

$$\dot{\boldsymbol{x}}(t)=\begin{bmatrix}-7 & & \\ & -5 & \\ & & -1\end{bmatrix}\boldsymbol{x}(t),\boldsymbol{y}(t)=\begin{bmatrix}3 & 2 & 0\\ 0 & 3 & 1\end{bmatrix}\boldsymbol{x}(t),\text{系统完全能观测};$$

$$\dot{\boldsymbol{x}}(t)=\begin{bmatrix}3 & 1 & 0 & & \\ 0 & 3 & 1 & & \\ 0 & 0 & 3 & & \\ & & & -2 & 1\\ & & & 0 & -2\end{bmatrix}\boldsymbol{x}(t),\boldsymbol{y}(t)=\begin{bmatrix}1 & 1 & 1 & 1 & 0\\ 0 & 1 & 1 & 0 & 0\end{bmatrix}\boldsymbol{x}(t),\text{系统完全能观测};$$

$$\dot{\boldsymbol{x}}(t)=\begin{bmatrix}2 & 1 & & \\ 0 & 2 & & \\ & & 3 & 1\\ & & 0 & 3\end{bmatrix}\boldsymbol{x}(t),\boldsymbol{y}(t)=\begin{bmatrix}0 & 1 & 1 & 0\\ 0 & 1 & 1 & 1\end{bmatrix}\boldsymbol{x}(t),\text{系统不完全能观测。}$$

8.1.3 对偶性原理

从线性定常系统的能控性与能观测性可以看出,其状态完全能控性与能观测性,无论从定义或其判据的充分必要条件等方面都是很相似的。这种相似关系绝非偶然的巧合,而是有着内在的必然联系,这种必然的联系即为卡尔曼(Kalman)给出的对偶性原理。

1. 对偶系统

设系统 $\Sigma_1(\boldsymbol{A},\boldsymbol{B},\boldsymbol{C})$ 的状态空间表达式为 $\begin{cases}\dot{\boldsymbol{x}}_1(t)=\boldsymbol{A}\boldsymbol{x}_1(t)+\boldsymbol{B}\boldsymbol{u}_1(t)\\ \boldsymbol{y}_1(t)=\boldsymbol{C}\boldsymbol{x}_1(t)\end{cases}$,设系统 $\Sigma_2(\boldsymbol{A}',\boldsymbol{B}',\boldsymbol{C}')$ 的状态空间表达式为 $\begin{cases}\dot{\boldsymbol{x}}_2(t)=\boldsymbol{A}^{\mathrm{T}}\boldsymbol{x}_2(t)+\boldsymbol{C}^{\mathrm{T}}\boldsymbol{u}_2(t)\\ \boldsymbol{y}_2(t)=\boldsymbol{B}^{\mathrm{T}}\boldsymbol{x}_2(t)\end{cases}$,则称系统 Σ_1 和系统 Σ_2 是互为对偶的,即系统 Σ_2 是系统 Σ_1 的对偶系统;同样地,系统 Σ_1 是系统 Σ_2 的对偶系统。即线性对偶系统满足如下的对偶关系:$\boldsymbol{A}'=\boldsymbol{A}^{\mathrm{T}},\boldsymbol{B}'=\boldsymbol{C}^{\mathrm{T}},\boldsymbol{C}'=\boldsymbol{B}^{\mathrm{T}}$。

2. 对偶性原理

一个系统的能控性等价于其对偶系统的能观测性,一个系统的能观测性等价于其对偶系统的能控性,称为对偶性原理。

对偶性原理即系统 Σ_1 状态完全能控的判据可用于其对偶系统 Σ_2 的状态完全能观测性判定;同样地,系统 Σ_1 状态完全能观测判据可用来对其对偶系统 Σ_2 状态完全能控性判定。

证明　系统 Σ_1 的能控性和能观测性矩阵分别为

$$\boldsymbol{Q}_{c1}=[\boldsymbol{B}\quad \boldsymbol{AB}\quad \boldsymbol{A}^2\boldsymbol{B}\quad \cdots\quad \boldsymbol{A}^{n-1}\boldsymbol{B}],\quad \boldsymbol{Q}_{o1}=\begin{bmatrix}\boldsymbol{C}\\ \boldsymbol{CA}\\ \vdots\\ \boldsymbol{CA}^{n-1}\end{bmatrix}$$

系统 Σ_2 的能控性和能观测性矩阵分别为

$$\boldsymbol{Q}_{c2}=[\boldsymbol{C}^{\mathrm{T}}\quad \boldsymbol{AC}^{\mathrm{T}}\quad \boldsymbol{A}^2\boldsymbol{C}^{\mathrm{T}}\quad \cdots\quad \boldsymbol{A}^{n-1}\boldsymbol{C}^{\mathrm{T}}]=\begin{bmatrix}\boldsymbol{C}\\ \boldsymbol{CA}\\ \vdots\\ \boldsymbol{CA}^{n-1}\end{bmatrix}^{\mathrm{T}}$$

$$\boldsymbol{Q}_{o2}=\begin{bmatrix}\boldsymbol{B}^{\mathrm{T}}\\ \boldsymbol{B}^{\mathrm{T}}\boldsymbol{A}^{\mathrm{T}}\\ \vdots\\ \boldsymbol{B}^{\mathrm{T}}(\boldsymbol{A}^{\mathrm{T}})^{n-1}\end{bmatrix}=[\boldsymbol{B}\quad \boldsymbol{AB}\quad \boldsymbol{A}^2\boldsymbol{B}\quad \cdots\quad \boldsymbol{A}^{n-1}\boldsymbol{B}]^{\mathrm{T}}$$

所以有

$$\mathrm{rank}\boldsymbol{Q}_{c1}=\mathrm{rank}\boldsymbol{Q}_{o2}$$
$$\mathrm{rank}\boldsymbol{Q}_{o1}=\mathrm{rank}\boldsymbol{Q}_{c2}$$

利用对偶性原理，可以把系统的能观测性分析转化为其对偶系统的能控性分析，反之亦然。这在很多情况下可以简化问题。对偶性原理不仅沟通了系统能控性和对偶系统的能观测性的内在联系，也建立了系统最优控制问题和最优状态估计问题之间的联系。

根据对偶系统的定义，容易证明，互为对偶的系统 Σ_1 和系统 Σ_2，具有相同的特征方程，即 $|s\boldsymbol{I}-\boldsymbol{A}|=|s\boldsymbol{I}-\boldsymbol{A}^{\mathrm{T}}|=0$。

8.1.4　能控规范型与能观规范型

选取不同的状态变量，系统状态空间表达式便具有不同的形式，某些特定的形式称为规范型或标准型。建立状态空间表达式的规范型，有利于系统进行分析以及设计。

定义 8.1　若单输入单输出系统的传递函数 $G(s)$ 为

$$G(s)=\frac{b_1s^{n-1}+\cdots+b_{n-1}s+b_n}{s^n+a_1s^{n-1}+\cdots+a_{n-1}s+a_n}=\frac{Y(s)}{U(s)}$$

式中，a_i、b_i $(i=1,2,\cdots,n)$ 为实常数。

单输入系统具有下列形式的状态方程称为第一能控规范型：

$$\boldsymbol{A}=\begin{bmatrix}0 & \cdots & 0 & -a_n\\ 1 & \cdots & 0 & -a_{n-1}\\ \vdots & & \vdots & \vdots\\ 0 & \cdots & 1 & -a_1\end{bmatrix},\quad \boldsymbol{B}=\begin{bmatrix}1\\ 0\\ \vdots\\ 0\end{bmatrix}$$

单输入系统具有下列形式的状态方程称为第二能控规范型：

$$\boldsymbol{A}=\begin{bmatrix}0 & 1 & \cdots & 0\\ \vdots & \vdots & & \vdots\\ 0 & 0 & \cdots & 1\\ -a_n & -a_{n-1} & \cdots & -a_1\end{bmatrix},\quad \boldsymbol{B}=\begin{bmatrix}0\\ \vdots\\ 0\\ 1\end{bmatrix}$$

能控规范型中 $\boldsymbol{A}$、$\boldsymbol{B}$ 矩阵具有特定的形式，$\boldsymbol{C}$ 矩阵可以是任意的。

定理 8.8 设单输入单输出系统 $\Sigma(\boldsymbol{A},\boldsymbol{B},\boldsymbol{C})$，其中

$$\boldsymbol{A}=\begin{bmatrix}0 & 1 & \cdots & 0\\ \vdots & \vdots & & \vdots\\ 0 & 0 & \cdots & 1\\ -a_n & -a_{n-1} & \cdots & -a_1\end{bmatrix},\quad \boldsymbol{B}=\begin{bmatrix}0\\ \vdots\\ 0\\ 1\end{bmatrix}$$

则此系统为能控规范型，那么该系统一定是完全能控的。

证明 因为

$$\boldsymbol{AB}=\begin{bmatrix}0\\0\\ \vdots\\0\\1\\-a_1\end{bmatrix},\quad \boldsymbol{A}^2\boldsymbol{B}=\begin{bmatrix}0\\ \vdots\\0\\1\\-a_1\\-a_2+a_1^2\end{bmatrix},\quad \boldsymbol{A}^{n-1}\boldsymbol{B}=\begin{bmatrix}1\\-a_1\\ *\\ *\\ \vdots\\ *\end{bmatrix}$$

则能控性矩阵的秩

$$\mathrm{rank}\boldsymbol{Q}_{\mathrm{c}}=\mathrm{rank}\begin{bmatrix}\boldsymbol{B} & \boldsymbol{AB} & \boldsymbol{A}^2\boldsymbol{B} & \cdots & \boldsymbol{A}^{n-1}\boldsymbol{B}\end{bmatrix}=\mathrm{rank}\begin{bmatrix}0 & 0 & \cdots & 1\\ \vdots & \vdots & & \vdots\\ 0 & 1 & \cdots & *\\ 1 & * & \cdots & *\end{bmatrix}$$

则 $\boldsymbol{Q}_{\mathrm{c}}$ 满秩。所以该系统是状态完全能控的。

定理 8.9 设线性定常系统 $\Sigma(\boldsymbol{A},\boldsymbol{B},\boldsymbol{C})$，如果系统是能控的，那么，就一定存在一个非奇异变换，能将上述系统 $\Sigma(\boldsymbol{A},\boldsymbol{B},\boldsymbol{C})$ 变换成能控规范型。变换矩阵 $\boldsymbol{P}$ 由下式确定：

$$\boldsymbol{P}^{-1}=\begin{bmatrix}\boldsymbol{P}_1\\ \boldsymbol{P}_1\boldsymbol{A}\\ \vdots\\ \boldsymbol{P}_1\boldsymbol{A}^{n-1}\end{bmatrix}\tag{8.11}$$

式中

$$\boldsymbol{P}_1=[0\ \ \cdots\ \ 0\ \ 1]\begin{bmatrix}\boldsymbol{B} & \boldsymbol{AB} & \cdots & \boldsymbol{A}^{n-1}\boldsymbol{B}\end{bmatrix}^{-1}=[0\ \ \cdots\ \ 0\ \ 1]\boldsymbol{Q}_{\mathrm{c}}^{-1}\tag{8.12}$$

证明略。

例 8.4 将状态方程 $\dot{\boldsymbol{x}}=\begin{bmatrix}1 & 0\\-1 & 2\end{bmatrix}\boldsymbol{x}+\begin{bmatrix}-1\\1\end{bmatrix}\boldsymbol{u}$ 转换成能控规范型。

解 首先判断系统的能控性。

$$\mathrm{rank}\boldsymbol{Q}_{\mathrm{c}}=\mathrm{rank}\begin{bmatrix}-1 & -1\\1 & 3\end{bmatrix}=2$$

可知系统是能控的，由定理 8.9 可知，一定存在非奇异变换，能将系统状态方程变成能控规范型，且

$$\boldsymbol{P}^{-1}=\begin{bmatrix}\boldsymbol{P}_1\\ \boldsymbol{P}_1\boldsymbol{A}\end{bmatrix}$$

$$\boldsymbol{P}_1=[0\quad 1]\boldsymbol{Q}_c^{-1}=[0\quad 1]\begin{bmatrix}-\frac{3}{2} & -\frac{1}{2}\\ \frac{1}{2} & \frac{1}{2}\end{bmatrix}=\begin{bmatrix}\frac{1}{2} & \frac{1}{2}\end{bmatrix}$$

$$\boldsymbol{P}^{-1}=\begin{bmatrix}\boldsymbol{P}_1\\ \boldsymbol{P}_1\boldsymbol{A}\end{bmatrix}=\begin{bmatrix}\frac{1}{2} & \frac{1}{2}\\ 0 & 1\end{bmatrix}$$

由此可得

$$\boldsymbol{P}=\begin{bmatrix}2 & -1\\ 0 & 1\end{bmatrix}$$

$$\widetilde{\boldsymbol{A}}=\boldsymbol{P}^{-1}\boldsymbol{A}\boldsymbol{P}=\begin{bmatrix}\frac{1}{2} & \frac{1}{2}\\ 0 & 1\end{bmatrix}\begin{bmatrix}1 & 0\\ -1 & 2\end{bmatrix}\begin{bmatrix}2 & -1\\ 0 & 1\end{bmatrix}=\begin{bmatrix}0 & 1\\ -2 & 3\end{bmatrix},$$

$$\widetilde{\boldsymbol{B}}=\boldsymbol{P}^{-1}\boldsymbol{B}=\begin{bmatrix}\frac{1}{2} & \frac{1}{2}\\ 0 & 1\end{bmatrix}\begin{bmatrix}-1\\ 1\end{bmatrix}=\begin{bmatrix}0\\ 1\end{bmatrix}$$

即为第二能控规范型。

定义 8.2　若单输入单输出系统的传递函数 $G(s)$ 为

$$G(s)=\frac{b_1s^{n-1}+\cdots+b_{n-1}s+b_n}{s^n+a_1s^{n-1}+\cdots+a_{n-1}s+a_n}=\frac{Y(s)}{U(s)}$$

式中，a_i、b_i $(i=1,2,\cdots,n)$ 为实常数。

若单输入系统具有下列形式的状态方程称为第一能观规范型：

$$\boldsymbol{A}=\begin{bmatrix}0 & 1 & \cdots & 0\\ \vdots & \vdots & & \vdots\\ 0 & 0 & \cdots & 1\\ -a_n & -a_{n-1} & \cdots & -a_1\end{bmatrix},\quad \boldsymbol{C}=[1\quad 0\quad \cdots\quad 0]$$

若单输入系统具有下列形式的状态方程称为第二能观规范型：

$$\boldsymbol{A}=\begin{bmatrix}0 & \cdots & 0 & -a_n\\ 1 & \cdots & 0 & -a_{n-1}\\ \vdots & & \vdots & \vdots\\ 0 & \cdots & 1 & -a_1\end{bmatrix},\quad \boldsymbol{C}=[0\quad \cdots\quad 0\quad 1]$$

能观规范型中 $\boldsymbol{A}$、$\boldsymbol{C}$ 矩阵具有特定的形式，$\boldsymbol{B}$ 矩阵可以是任意的。

定理 8.10　设单输入单输出系统 $\Sigma(\boldsymbol{A},\boldsymbol{B},\boldsymbol{C})$，其中

$$\boldsymbol{A}=\begin{bmatrix}0 & \cdots & 0 & -a_n\\ 1 & \cdots & 0 & -a_{n-1}\\ \vdots & & \vdots & \vdots\\ 0 & \cdots & 1 & -a_1\end{bmatrix},\quad \boldsymbol{C}=[0\quad \cdots\quad 0\quad 1]$$

则此系统为能观规范型，那么该系统一定是完全能观测的。

反之，如果系统是能观测的，那么，就一定存在一个非奇异变换，能将上述系统 $\Sigma(\boldsymbol{A},\boldsymbol{C})$ 变换成该能观规范型。且能观规范型的系统矩阵中，$a_1,a_2,\cdots,a_n$ 为系统特征多项式

$|sI-A|=s^n+a_1s^{n-1}+\cdots+a_{n-1}s+a_n=0$ 的系数；变换矩阵 T 为

$$T=\begin{bmatrix}T_1 & AT_1 & \cdots & A^{n-1}T_1\end{bmatrix} \tag{8.13}$$

式中

$$T_1=\begin{bmatrix}C\\CA\\\vdots\\CA^{n-1}\end{bmatrix}^{-1}\begin{bmatrix}0\\\vdots\\0\\1\end{bmatrix}=Q_o^{-1}\begin{bmatrix}0\\\vdots\\0\\1\end{bmatrix} \tag{8.14}$$

证明略。

例 8.5 若系统的状态空间表达式为 $\begin{cases}\dot{x}(t)=\begin{bmatrix}1 & -1\\0 & 2\end{bmatrix}x(t)\\ y(t)=\begin{bmatrix}-1 & -0.5\end{bmatrix}x(t)\end{cases}$，试将其变换为能观规范型。

解 因为

$$\text{rank}Q_o=\text{rank}\begin{bmatrix}-1 & -0.5\\-1 & 0\end{bmatrix}=2$$

所以系统是能观测的。

根据

$$T_1=\begin{bmatrix}C\\CA\end{bmatrix}^{-1}\begin{bmatrix}0\\1\end{bmatrix}=\begin{bmatrix}-1 & -0.5\\-1 & 0\end{bmatrix}^{-1}\begin{bmatrix}0\\1\end{bmatrix}=\begin{bmatrix}-1\\2\end{bmatrix}$$

所以变换矩阵

$$T=\begin{bmatrix}T_1 & AT_1\end{bmatrix}=\begin{bmatrix}-1 & -3\\2 & 4\end{bmatrix}$$

得

$$\tilde{A}=T^{-1}AT=\begin{bmatrix}0 & -2\\1 & 3\end{bmatrix},\quad \tilde{C}=CT=\begin{bmatrix}0 & 1\end{bmatrix}$$

即为能观规范型。

8.2 线性系统的结构分解

为了更深入地了解系统的线性结构，揭示状态空间描述与系统输入输出描述之间的关系，根据状态变量的能控、能观测性能可将系统的变量分解为能控能观测部分、能控不能观测部分、能观测不能控部分以及既不能控也不能观测部分。卡尔曼分解可实现这类变量的分解，称为线性系统的结构分解。结构分解的基本手段是引入特定的线性变换，从系统的能控性及能观测性的基本属性出发，将系统的状态空间表达式化为结构上分解的特定规范形式。

8.2.1 系统按能控性分解

线性定常系统按能控性分解的方法是，先将系统化为对角线规范型，以将状态变量按能控分量和不能控分量分开，进而进行相应的线性变换，将系统的能控部分和不能控部分分开。

定理 8.11　设有 n 维状态不完全能控线性定常系统 $\Sigma(\boldsymbol{A},\boldsymbol{B},\boldsymbol{C})$，$\text{rank}\boldsymbol{Q}_c=k<n$，则必存在一个非奇异矩阵 $\boldsymbol{T}_c$，令 $x(t)=\boldsymbol{T}_c\tilde{x}(t)$，能将系统分解为上三角分块规范型：

$$\begin{cases}\begin{bmatrix}\dot{\tilde{\boldsymbol{x}}}_1(t)\\ \dot{\tilde{\boldsymbol{x}}}_2(t)\end{bmatrix}=\begin{bmatrix}\tilde{\boldsymbol{A}}_{11} & \tilde{\boldsymbol{A}}_{12}\\ 0 & \tilde{\boldsymbol{A}}_{22}\end{bmatrix}\begin{bmatrix}\tilde{\boldsymbol{x}}_1(t)\\ \tilde{\boldsymbol{x}}_2(t)\end{bmatrix}+\begin{bmatrix}\tilde{\boldsymbol{B}}_1\\ 0\end{bmatrix}\boldsymbol{u}(t)\\ \boldsymbol{y}(t)=\begin{bmatrix}\tilde{\boldsymbol{C}}_1 & \tilde{\boldsymbol{C}}_2\end{bmatrix}\begin{bmatrix}\tilde{\boldsymbol{x}}_1(t)\\ \tilde{\boldsymbol{x}}_2(t)\end{bmatrix}\end{cases}\tag{8.15}$$

式中，$\tilde{\boldsymbol{x}}_1(t)$是系统 k 维能控分状态；$\tilde{\boldsymbol{x}}_2$ 是系统 $n-k$ 维不能控分状态。

变换矩阵 $\boldsymbol{T}_c=[\boldsymbol{q}_1\ \ \cdots\ \ \boldsymbol{q}_k\ \ \boldsymbol{q}_{k+1}\ \ \cdots\ \ \boldsymbol{q}_n]$，其中，列向量$\boldsymbol{q}_1\ \ \boldsymbol{q}_2\ \ \cdots\ \ \boldsymbol{q}_k$是能控性矩阵$\boldsymbol{Q}_c$ 中 k 个线性无关的列，另外 $n-k$ 个列向量$\boldsymbol{q}_{k+1}\ \ \cdots\ \ \boldsymbol{q}_n$是在确保 $\boldsymbol{T}_c$ 为非奇异的情况下任意选取的。

由定理 8.11 可看出，结构分解以后，k 维能控部分

$$\begin{cases}\dot{\tilde{\boldsymbol{x}}}_1(t)=\tilde{\boldsymbol{A}}_{11}\tilde{\boldsymbol{x}}_1(t)+\tilde{\boldsymbol{A}}_{12}\tilde{\boldsymbol{x}}_2(t)+\tilde{\boldsymbol{B}}_1\boldsymbol{u}(t)\\ \boldsymbol{y}_1(t)=\tilde{\boldsymbol{C}}_1\tilde{\boldsymbol{x}}_1(t)\end{cases}$$

是系统的一个子系统，称为能控子系统，它具有 k 个能控模态；而 $n-k$ 维不能控部分

$$\begin{cases}\dot{\tilde{\boldsymbol{x}}}_2(t)=\tilde{\boldsymbol{A}}_{22}\tilde{\boldsymbol{x}}_2(t)\\ \boldsymbol{y}_2(t)=\tilde{\boldsymbol{C}}_2\tilde{\boldsymbol{x}}_2(t)\end{cases}$$

称为系统的不能控子系统，它具有 $n-k$ 个不能控模态。系统按能控性结构分解后的结构图如图 8.1 所示。

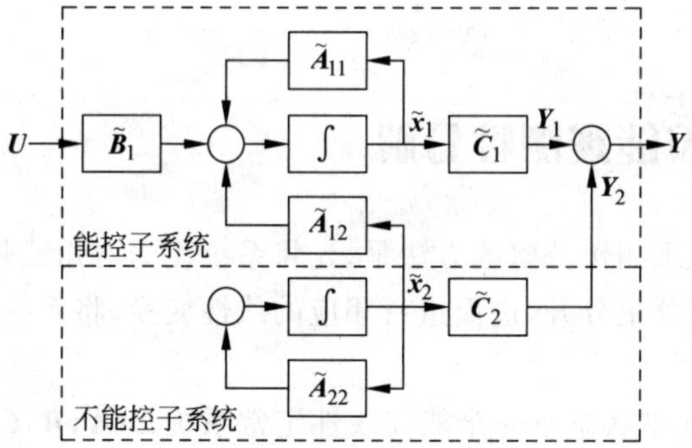

图 8.1　系统结构按能控性分解的结构图

例 8.6　线性定常系统状态空间表达式为

$$\begin{cases}\dot{\boldsymbol{x}}(t)=\begin{bmatrix}0 & 0 & -1\\ 1 & 0 & -3\\ 0 & 1 & -3\end{bmatrix}\boldsymbol{x}(t)+\begin{bmatrix}1\\ 1\\ 0\end{bmatrix}\boldsymbol{u}(t)\\ \boldsymbol{y}(t)=\begin{bmatrix}0 & 1 & -2\end{bmatrix}\boldsymbol{x}(t)\end{cases}$$

试判断系统的能控性，如果不完全能控，找出系统的能控子系统。

解 (1) 判断系统是否完全能控。

$$Q_c=[B\quad AB\quad A^2B]=\begin{bmatrix}1&0&-1\\1&1&-3\\0&1&-2\end{bmatrix}$$

得 $\text{rank}Q_c=2<3$，所以原系统是状态不完全能控的。

(2) 结构分解。取

$$T_c=\begin{bmatrix}1&0&0\\1&1&0\\0&1&1\end{bmatrix}$$

坐标变换后规范型的系统矩阵为

$$\widetilde{A}=T_c^{-1}AT_c=\begin{bmatrix}1&0&0\\1&1&0\\0&1&1\end{bmatrix}^{-1}\begin{bmatrix}0&0&-1\\1&0&-3\\0&1&-3\end{bmatrix}\begin{bmatrix}1&0&0\\1&1&0\\0&1&1\end{bmatrix}=\begin{bmatrix}0&-1&-1\\1&-2&-2\\0&0&-1\end{bmatrix}$$

$$\widetilde{B}=T_c^{-1}B=\begin{bmatrix}1&0&0\\1&1&0\\0&1&1\end{bmatrix}^{-1}\begin{bmatrix}1\\1\\0\end{bmatrix}=\begin{bmatrix}1\\0\\0\end{bmatrix}$$

$$\widetilde{C}=CT_c=[0\quad 1\quad -2]\begin{bmatrix}1&0&0\\1&1&0\\0&1&1\end{bmatrix}=[1\quad -1\quad -2]$$

能控子系统为

$$\begin{cases}\begin{bmatrix}\dot{\tilde{x}}_1(t)\\\dot{\tilde{x}}_2(t)\end{bmatrix}=\begin{bmatrix}0&-1\\1&-2\end{bmatrix}\begin{bmatrix}\tilde{x}_1(t)\\\tilde{x}_2(t)\end{bmatrix}+\begin{bmatrix}-1\\-2\end{bmatrix}\tilde{x}_3(t)+\begin{bmatrix}1\\0\end{bmatrix}u(t)\\ y(t)=[1\quad -1]\begin{bmatrix}\tilde{x}_1(t)\\\tilde{x}_2(t)\end{bmatrix}\end{cases}$$

8.2.2 系统按能观测性分解

线性定常系统按可观测性分解的方法是，先将系统化为对角线规范型，以将状态变量按能观测分量和不能观测分量分开，进而进行相应的线性变换，将系统的能观测部分和不能观测部分分开。

定理 8.12 设有 n 维状态不完全能控线性定常系统 $\Sigma(A,B,C)$，$\text{rank}Q_o=k<n$，则必存在一个非奇异矩阵 T_o，令 $x(t)=T_o\tilde{x}(t)$，能将系统变为下三角分块规范型：

$$\begin{cases}\begin{bmatrix}\dot{\tilde{x}}_1(t)\\\dot{\tilde{x}}_2(t)\end{bmatrix}=\begin{bmatrix}\widetilde{A}_{11}&0\\\widetilde{A}_{21}&\widetilde{A}_{22}\end{bmatrix}\begin{bmatrix}\tilde{x}_1(t)\\\tilde{x}_2(t)\end{bmatrix}+\begin{bmatrix}\widetilde{B}_1\\\widetilde{B}_2\end{bmatrix}u(t)\\ y(t)=[\widetilde{C}_1\quad 0]\begin{bmatrix}\tilde{x}_1(t)\\\tilde{x}_2(t)\end{bmatrix}\end{cases}\tag{8.16}$$

变换矩阵的逆矩阵为

$$T_o^{-1} = \begin{bmatrix} T_1 \\ \vdots \\ T_k \\ T_{k+1} \\ \vdots \\ T_n \end{bmatrix}$$

式中，行向量 $T_1, T_2, \cdots, T_k$ 是能观测性矩阵 Q_o 中 k 个线性无关的行，另外 $n-k$ 个行向量 $T_{k+1} \quad \cdots \quad T_n$ 是在确保 T_o 为非奇异的情况下任意选取的。

由定理 8.12 可看出，结构分解以后，k 维能观测部分

$$\begin{cases} \dot{\tilde{x}}_1(t) = \tilde{A}_{11}\tilde{x}_1(t) + \tilde{B}_1 u(t) \\ y_1(t) = \tilde{C}_1 \tilde{x}_1(t) \end{cases}$$

是系统的一个子系统，称为能观测子系统，它具有 k 个能观测模态；而 $n-k$ 维不能观测部分

$$\begin{cases} \dot{\tilde{x}}_2(t) = \tilde{A}_{21}\tilde{x}_1(t) + \tilde{A}_{22}\tilde{x}_2(t) + \tilde{B}_2 u(t) \\ y_2(t) = 0 \end{cases}$$

称为不能观测子系统，具有 $n-k$ 个不能观测模态。系统按能观测性结构分解后的结构图如图 8.2 所示。

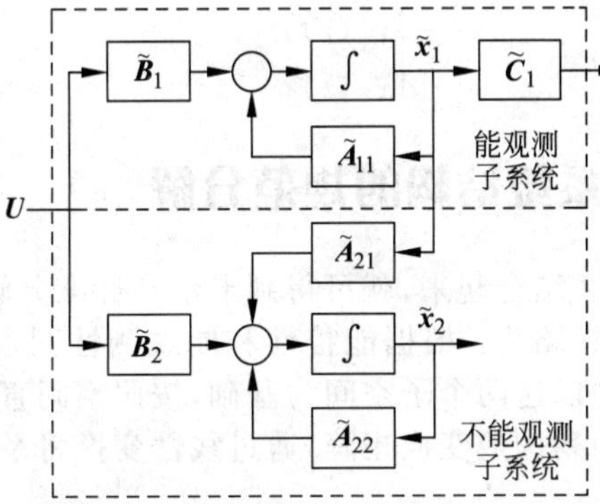

图 8.2　系统结构按能观测性分解的结构图

例 8.7　线性定常系统状态空间表达式为

$$\begin{cases} \dot{x}(t) = \begin{bmatrix} 1 & 2 & -1 \\ 0 & 1 & 0 \\ 1 & -4 & 3 \end{bmatrix} x(t) + \begin{bmatrix} 0 \\ 0 \\ 1 \end{bmatrix} u(t) \\ y(t) = \begin{bmatrix} 1 & -1 & 1 \end{bmatrix} x(t) \end{cases}$$

试判断系统的能观测性，如果是不完全能观测，找出系统的能观测子系统。

解　(1) 判断系统是否完全能观测。因为

$$Q_o = \begin{bmatrix} C \\ CA \\ CA^2 \end{bmatrix} = \begin{bmatrix} 1 & -1 & 1 \\ 2 & -3 & 2 \\ 4 & -7 & 4 \end{bmatrix}$$

得 rank$\boldsymbol{Q}_{\mathrm{o}}=2<3$，所以原系统是状态不完全能观测的。

（2）由结构分解

$$\boldsymbol{T}_{\mathrm{o}}^{-1}=\begin{bmatrix}1 & -1 & 1\\ 2 & -3 & 2\\ 0 & 0 & 1\end{bmatrix}$$

则

$$\boldsymbol{T}_{\mathrm{o}}=\begin{bmatrix}3 & -1 & -1\\ 2 & -1 & 0\\ 0 & 0 & 1\end{bmatrix}$$

$$\widetilde{\boldsymbol{A}}=\boldsymbol{T}_{\mathrm{o}}^{-1}\boldsymbol{A}\boldsymbol{T}_{\mathrm{o}}=\begin{bmatrix}1 & -1 & 1\\ 2 & -3 & 2\\ 0 & 0 & 1\end{bmatrix}\begin{bmatrix}1 & 2 & -1\\ 0 & 1 & 0\\ 1 & -4 & 3\end{bmatrix}\begin{bmatrix}3 & -1 & -1\\ 2 & -1 & 0\\ 0 & 0 & 1\end{bmatrix}=\begin{bmatrix}0 & 1 & 0\\ -2 & -3 & 0\\ -5 & 3 & 2\end{bmatrix}$$

$$\widetilde{\boldsymbol{B}}=\boldsymbol{T}_{\mathrm{o}}^{-1}\boldsymbol{B}=\begin{bmatrix}1 & -1 & 1\\ 2 & -3 & 2\\ 0 & 0 & 1\end{bmatrix}\begin{bmatrix}0\\ 0\\ 1\end{bmatrix}=\begin{bmatrix}1\\ 2\\ 1\end{bmatrix}$$

$$\widetilde{\boldsymbol{C}}=\boldsymbol{C}\boldsymbol{T}_{\mathrm{o}}=\begin{bmatrix}1 & -1 & 1\end{bmatrix}\begin{bmatrix}3 & -1 & -1\\ 2 & -1 & 0\\ 0 & 0 & 1\end{bmatrix}=\begin{bmatrix}1 & 0 & 0\end{bmatrix}$$

能观测子系统为

$$\begin{cases}\begin{bmatrix}\dot{\tilde{x}}_1(t)\\ \dot{\tilde{x}}_2(t)\end{bmatrix}=\begin{bmatrix}0 & 1\\ -2 & -3\end{bmatrix}\begin{bmatrix}\tilde{x}_1(t)\\ \tilde{x}_2(t)\end{bmatrix}+\begin{bmatrix}1\\ 2\end{bmatrix}\boldsymbol{u}(t)\\ \boldsymbol{y}(t)=\begin{bmatrix}1 & 0\end{bmatrix}\begin{bmatrix}\tilde{x}_1(t)\\ \tilde{x}_2(t)\end{bmatrix}\end{cases}$$

8.2.3 线性定常系统结构的规范分解

将定理 8.11 和定理 8.12 结合起来，就可得到卡尔曼标准分解定理，即对线性定常系统结构的规范性分解。分解的思路为：根据能控性和能观测性判别阵，可分别确定系统的能控子空间和能观测子空间，并以这两个子空间为基础，按照空间直接分解法对状态空间进行分解，然后以各子空间的基为列构造变换矩阵，通过线性变换将系统的状态空间表达式化为结构上分解的特有规范型。

定理 8.13 设有 n 维线性定常系统 $\Sigma(\boldsymbol{A},\boldsymbol{B},\boldsymbol{C})$，若系统既不完全能控，也不完全能观测，那么必定存在一个非奇异矩阵，经线性变换可使系统变换为如下的规范形式：

$$\begin{cases}\dot{\tilde{\boldsymbol{x}}}(t)=\begin{bmatrix}\widetilde{\boldsymbol{A}}_{11} & 0 & \widetilde{\boldsymbol{A}}_{13} & 0\\ \widetilde{\boldsymbol{A}}_{21} & \widetilde{\boldsymbol{A}}_{22} & \widetilde{\boldsymbol{A}}_{23} & \widetilde{\boldsymbol{A}}_{24}\\ 0 & 0 & \widetilde{\boldsymbol{A}}_{33} & 0\\ 0 & 0 & \widetilde{\boldsymbol{A}}_{43} & \widetilde{\boldsymbol{A}}_{44}\end{bmatrix}\begin{bmatrix}\tilde{\boldsymbol{x}}_{\mathrm{co}}\\ \tilde{\boldsymbol{x}}_{\mathrm{c\hat{o}}}\\ \tilde{\boldsymbol{x}}_{\mathrm{\hat{c}o}}\\ \tilde{\boldsymbol{x}}_{\mathrm{\hat{c}\hat{o}}}\end{bmatrix}+\begin{bmatrix}\widetilde{\boldsymbol{B}}_1\\ \widetilde{\boldsymbol{B}}_2\\ 0\\ 0\end{bmatrix}\boldsymbol{u}(t)\\ \boldsymbol{y}(t)=\begin{bmatrix}\widetilde{\boldsymbol{C}}_1 & 0 & \widetilde{\boldsymbol{C}}_2 & 0\end{bmatrix}\begin{bmatrix}\tilde{\boldsymbol{x}}_{\mathrm{co}}\\ \tilde{\boldsymbol{x}}_{\mathrm{c\hat{o}}}\\ \tilde{\boldsymbol{x}}_{\mathrm{\hat{c}o}}\\ \tilde{\boldsymbol{x}}_{\mathrm{\hat{c}\hat{o}}}\end{bmatrix}\end{cases}\tag{8.17}$$

式中，$\tilde{\boldsymbol{x}}_{co}$ 为能控能观测分状态；$\tilde{\boldsymbol{x}}_{c\hat{o}}$ 为能控不能观测分状态；$\tilde{\boldsymbol{x}}_{\hat{c}o}$ 为不能控能观测分状态；$\tilde{x}_{\hat{c}\hat{o}}$ 为既不能控也不能观测分状态。其中，$\Sigma_c\left\{\begin{bmatrix}\tilde{\boldsymbol{A}}_{11} & 0\\ \tilde{\boldsymbol{A}}_{21} & \tilde{\boldsymbol{A}}_{22}\end{bmatrix}\quad\begin{bmatrix}\tilde{\boldsymbol{B}}_1\\ \tilde{\boldsymbol{B}}_2\end{bmatrix}\quad\begin{bmatrix}\tilde{\boldsymbol{C}}_1 & 0\end{bmatrix}\right\}$为完全能控子系统；$\Sigma_o\left\{\begin{bmatrix}\tilde{\boldsymbol{A}}_{11} & \tilde{\boldsymbol{A}}_{13}\\ 0 & \tilde{\boldsymbol{A}}_{33}\end{bmatrix}\quad\begin{bmatrix}\tilde{\boldsymbol{B}}_1\\ 0\end{bmatrix}\quad\begin{bmatrix}\tilde{\boldsymbol{C}}_1 & \tilde{\boldsymbol{C}}_2\end{bmatrix}\right\}$为系统完全能观测子系统。

可见，经过结构分解，根据状态变量的能控能观测性能，将系统分为能控能观测子系统 $\Sigma_{co}(\tilde{\boldsymbol{A}}_{11},\tilde{\boldsymbol{B}}_1,\tilde{\boldsymbol{C}}_1)$、能控但不能观测子系统 $\Sigma_{c\hat{o}}(\tilde{\boldsymbol{A}}_{22},\tilde{\boldsymbol{B}}_2,0)$、不能控但能观测子系统 $\Sigma_{\hat{c}o}(\tilde{\boldsymbol{A}}_{33},0,\tilde{\boldsymbol{C}}_2)$ 以及既不能控也不能观测子系统 $\Sigma_{\hat{c}\hat{o}}(\tilde{\boldsymbol{A}}_{44},0,0)$，如图 8.3 所示。

由图 8.3 可见，只有子系统 Σ_{co} 才实现了从控制量到输出量之间的信息传递，该子系统为既能控也能观测，其余子系统或者不能控或者不能观测。这也揭示了状态空间描述法与传递函数之间的关系。

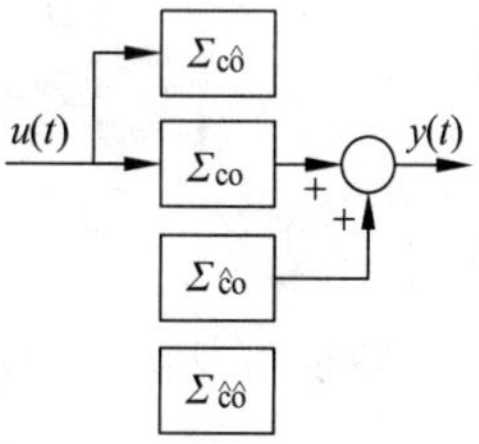

图 8.3　线性系统结构规范分解图

在前面的讨论中，我们已知，系统的传递函数矩阵与状态空间表达式的关系为

$$\begin{aligned}G(s)&=\boldsymbol{C}(s\boldsymbol{I}-\boldsymbol{A})^{-1}\boldsymbol{B}\\&=\tilde{\boldsymbol{C}}_1(s\boldsymbol{I}_{n1}-\tilde{\boldsymbol{A}}_{11})^{-1}\tilde{\boldsymbol{B}}_1\end{aligned}\tag{8.18}$$

式中，n_1 是子系统 Σ_{co} 的维数。可见，传递函数矩阵只反映系统能控能观测部分 Σ_{co}，这一性质被称为卡尔曼-吉尔伯特定理。传递函数矩阵是系统的一种不完全描述，只有当系统既能控也能观测时，传递函数矩阵才是系统的完全描述。而状态空间描述既可以反映系统能控又能观测部分，也能对系统能控不能观测、不能控能观测以及既不能控也不能观测部分进行描述，所以，状态空间描述法较传递函数是更为全面、更为完善的方法，是对系统的一种完全描述。

8.2.4　传递函数中的零极对消

由 8.2.3 节可以看出，系统的输入输出模型(传递函数矩阵)描述的只是系统能控能观测子系统的特性，而对于其余的含有不能控或不能观测系统的特性则无法反映。

系统的传递函数阵 $G(s)=\boldsymbol{C}(s\boldsymbol{I}-\boldsymbol{A})^{-1}\boldsymbol{B}$，其分母为 n 次多项式，而系统能控与能观测部分才能反映系统的输入输出模型，其传递函数阵 $G(s)=\tilde{\boldsymbol{C}}_1(s\boldsymbol{I}_{n1}-\tilde{\boldsymbol{A}}_{11})^{-1}\tilde{\boldsymbol{B}}_1$，分母是 n_1 次多项式，且 $n_1\leqslant n$。当 $n_1<n$ 时，表明系统存在不能控或不能观测部分，由系统的传递函数可见，在计算传递函数矩阵时，必然发生了零点和极点相消的情况(简称零极对消)，被消去的就是不能控或者不能观测部分的极点，而保留下来的就是系统既能控也能观测部分的极点。

前面已经定义，方程 $\det(s\boldsymbol{I}-\boldsymbol{A})=0$ 的解，称为系统的特征根，即系统极点。而系统的能控性与能观测性与零极点之间的关系由定理 8.14 来给出。

定理 8.14 一个单输入单输出线性定常系统 $\Sigma(\boldsymbol{A},\boldsymbol{B},\boldsymbol{C})$，若其传递函数 $G(s)=\boldsymbol{C}(s\boldsymbol{I}-\boldsymbol{A})^{-1}\boldsymbol{B}=\boldsymbol{C}\dfrac{\mathrm{adj}(s\boldsymbol{I}-\boldsymbol{A})}{\det(s\boldsymbol{I}-\boldsymbol{A})}\boldsymbol{B}$ 中没有零点和极点相消现象，那么系统一定是既能控又能观测的。若有零、极点相消现象，则系统视状态变量的选择不同，它将是不完全能控的，或者是不完全能观测的，或者是既不完全能控也不完全能观测的。

证明 不失一般性，设任意形式的单输入单输出系统经过线性非奇异变换，其状态方程可对角化为

$$\begin{cases}\dot{\tilde{\boldsymbol{x}}}(t)=\tilde{\boldsymbol{A}}\tilde{\boldsymbol{x}}(t)+\tilde{\boldsymbol{B}}\boldsymbol{u}(t)\\ \boldsymbol{y}(t)=\tilde{\boldsymbol{C}}\tilde{\boldsymbol{x}}(t)\end{cases}$$

式中

$$\tilde{\boldsymbol{A}}=\begin{bmatrix}\lambda_1 & & & \\ & \lambda_2 & & \\ & & \ddots & \\ & & & \lambda_n\end{bmatrix},\quad \tilde{\boldsymbol{B}}=\begin{bmatrix}b_1\\ b_2\\ \vdots\\ b_n\end{bmatrix},\quad \tilde{\boldsymbol{C}}=\begin{bmatrix}c_1 & c_2 & \cdots & c_n\end{bmatrix}$$

其中，特征值 $\{\lambda_1 \quad \lambda_2 \quad \cdots \quad \lambda_n\}$ 两两互异，由此可得此系统的传递函数为

$$G(s)=\tilde{\boldsymbol{C}}(s\boldsymbol{I}-\tilde{\boldsymbol{A}})^{-1}\tilde{\boldsymbol{B}}=\sum_{i=1}^{n}\frac{b_ic_i}{s-\lambda_i} \tag{8.19}$$

另一方面，特征值各不相同的 n 阶单输入单输出线性定常系统，其传递函数为

$$\frac{Y(s)}{U(s)}=\frac{k(s-z_1)(s-z_2)\cdots(s-z_m)}{(s-\lambda_1)(s-\lambda_2)\cdots(s-\lambda_n)}=\sum_{i=1}^{n}\frac{\tilde{a}_i}{s-\lambda_i} \tag{8.20}$$

对比式(8.19)和式(8.20)可得

$$\tilde{a}_i=b_ic_i \tag{8.21}$$

可见，基于式(8.20)和式(8.21)可得出如下的结论。

(1) 若单输入单输出线性定常系统的传递函数无零极对消现象，则系数 $a_i(i=1,2,\cdots,n)$ 将不为零，这时 $b_ic_i\neq 0$，即 b_i 及 c_i 也不等于零，此时系统完全能控且完全能观测。

(2) 若单输入单输出线性定常系统的传递函数有零极对消现象，比如消去极点 λ_i，则式(8.21)中 $\tilde{a}_i=0$，相当于 $b_ic_i=0$。而如果是 $b_i=0$，说明系统不完全能控，如果是 $c_i=0$，说明系统不完全能观测。

当系统具有重根时，通过线性非奇异变换，可将系统化为约当规范型，为简单起见，设相同特征根只对应一个约当块，假定四阶系统有三重特征根 λ_1 和单特征根 λ_2，规范的系统矩阵为

$$\tilde{\boldsymbol{A}}=\begin{bmatrix}\lambda_1 & 1 & 0 & 0\\ 0 & \lambda_1 & 1 & 0\\ 0 & 0 & \lambda_1 & 0\\ 0 & 0 & 0 & \lambda_2\end{bmatrix},\quad \tilde{\boldsymbol{B}}=\begin{bmatrix}b_1\\ b_2\\ b_3\\ b_4\end{bmatrix},\quad \tilde{\boldsymbol{C}}=\begin{bmatrix}c_1 & c_2 & c_3 & c_4\end{bmatrix}$$

系统状态完全可控的充分必要条件是 $b_3\neq 0$ 和 $b_4\neq 0$，状态完全可观测的充分必要条件是 $c_1\neq 0$ 和 $c_4\neq 0$。

该系统的传递函数为

$$G(s)=\frac{b_1c_1+b_2c_2+b_3c_3}{s-\lambda_1}+\frac{b_2c_3+b_3c_2}{(s-\lambda_1)^2}+\frac{b_3c_1}{(s-\lambda_1)^3}+\frac{b_4c_4}{s-\lambda_2}$$

所以，传递函数没有零极对消的充分必要条件是 $b_3c_1\neq 0$ 和 $b_4c_4\neq 0$。

证毕。

事实上，在预解矩阵 $(s\boldsymbol{I}-\boldsymbol{A})^{-1}=\dfrac{\mathrm{adj}(s\boldsymbol{I}-\boldsymbol{A})}{\det(s\boldsymbol{I}-\boldsymbol{A})}$ 中，如果出现了零极相消，则对于单输入系统必是不完全能控；对于单输出系统必是不完全能观测；对于单输入单输出系统必是既不完全能控也不完全能观测；对于多输入多输出系统的能控性及能观测性，则需要依据状态变量的选取来判断。

8.3　稳定性与李雅普诺夫稳定判据

控制系统的稳定性分析是研究与设计系统的前提条件，因此，如何判别一个系统是否稳定以及如何改善系统的稳定性问题是研究控制问题的关键。在经典控制理论中，对于线性定常单输入单输出系统，应用劳斯稳定判据、赫尔维茨稳定判据、奈奎斯特稳定判据、根轨迹判据等，不仅可以判定系统的稳定性，还可以确定改善系统稳定性的方法。但这些方法对于线性时变及非线性系统就不适用了。

俄国数学家李雅普诺夫在 1982 年归纳的李雅普诺夫第一法和李雅普诺夫第二法是判定系统稳定性更为普遍的方法。

李雅普诺夫第一法是通过求解系统微分方程，根据根的性质来判定系统的稳定性，它的思路与奈奎斯特稳定判据及劳斯判据、赫尔维茨稳定判据等方法一致，该方法又称为间接法。

李雅普诺夫第二法，它不需要求解系统方程，而是通过构造一个类似于能量函数的李雅普诺夫函数，然后再根据李雅普诺夫函数的性质直接判断系统的稳定性。因此，它特别适用于那些难以求解的线性时变系统和非线性系统。本节重点研究李雅普诺夫第二法关于稳定性分析的理论与应用，该方法又称为李雅普诺夫直接法。李雅普诺夫第二法除了用于系统的稳定性分析以外，在系统的优化问题上，比如现代控制理论的最优系统设计、最优估值、最优滤波以及自适应控制系统设计等方面都有广泛的应用。

8.3.1　与稳定性相关的基本概念

稳定性是指系统在平衡状态下受到扰动后，系统自由运动的性质。因此，系统的稳定性是相对于系统的平衡状态而言的。对于线性定常系统，由于通常只存在唯一的一个平衡状态，所以，只有线性定常系统才能笼统地将平衡点的稳定性视为整个系统的稳定性。而对于其他系统，平衡点不止一个，系统中不同的平衡点有着不同的稳定性，我们只能讨论某一平衡状态的稳定性。为此，下面给出关于平衡状态的定义。

1. 平衡状态

由于稳定性考察的是系统的自由运动，故令系统的输入为零，此时设系统的状态方程为

$$\dot{\boldsymbol{x}}=f(\boldsymbol{x},t),\quad \boldsymbol{x}\in\mathbb{R}^n$$

式中，$\boldsymbol{x}$ 为 n 维状态向量；f 为与 $\boldsymbol{x}$ 同维的向量函数，它是 $\boldsymbol{x}$ 的各元素 x_i 和时间 t 的函数；初始状态为 $\boldsymbol{x}(t_0)=\boldsymbol{x}_0$。对于上述系统，若对所有的 t，状态 $\boldsymbol{x}$ 满足 $\dot{\boldsymbol{x}}=0$，则称该状态 $\boldsymbol{x}$ 为平衡状态，记为 $\boldsymbol{x}_e$。故有

$$f(\boldsymbol{x}_e,t)=0 \tag{8.22}$$

由平衡状态 $\boldsymbol{x}_e$ 在状态空间中所确定的点，称为平衡点。

对于线性定常系统，其状态方程为 $\dot{\boldsymbol{x}}=\boldsymbol{A}\boldsymbol{x}$ 系统的平衡状态应满足 $\boldsymbol{A}\boldsymbol{x}_e\equiv 0$。当 $\boldsymbol{A}$ 是非奇异的，则系统存在唯一的一个平衡状态 $\boldsymbol{x}_e=0$；当 $\boldsymbol{A}$ 是奇异的，则系统有无穷多个平衡状态。

对于非线性系统，方程 $f(\boldsymbol{x}_e,t)=0$ 的解可能有多个，即可能有多个平衡状态。例如非线性系统 $\begin{cases}\dot{x}_1=-x_1\\ \dot{x}_2=x_1+x_2-x_2^3\end{cases}$，由 $\begin{cases}-x_1=0\\ x_1+x_2-x_2^3=0\end{cases}$ 解得 $\begin{cases}x_1=0\\ x_2=0,1,-1\end{cases}$。因此该系统有三个平衡状态，即

$$\boldsymbol{x}_{e1}=\begin{bmatrix}0\\0\end{bmatrix},\quad \boldsymbol{x}_{e2}=\begin{bmatrix}0\\1\end{bmatrix},\quad \boldsymbol{x}_{e3}=\begin{bmatrix}0\\-1\end{bmatrix}$$

由于可以通过坐标变换将已知的平衡状态转移到坐标原点 $\boldsymbol{x}_e=0$ 处，所以一般只讨论系统在坐标原点的稳定性。

2. 范数的概念

李雅普诺夫稳定性定义中采用了范数的概念。

范数的定义　在 n 维状态空间中，向量 $\boldsymbol{x}$ 的长度称为向量 $\boldsymbol{x}$ 的范数，用 $\|\boldsymbol{x}\|$ 表示，则

$$\|\boldsymbol{x}\|=\sqrt{x_1^2+x_2^2+\cdots+x_n^2}=(\boldsymbol{x}^{\mathrm{T}}\boldsymbol{x})^{\frac{1}{2}} \tag{8.23}$$

向量 $\boldsymbol{x}-\boldsymbol{x}_e$ 的范数可写成

$$\|\boldsymbol{x}-\boldsymbol{x}_e\|=\sqrt{(x_1-x_{e1})^2+\cdots+(x_n-x_{en})^2} \tag{8.24}$$

通常又将 $\|\boldsymbol{x}-\boldsymbol{x}_e\|$ 称为 $\boldsymbol{x}$ 与 $\boldsymbol{x}_e$ 的距离。当向量 $\boldsymbol{x}-\boldsymbol{x}_e$ 的范数限定在某一范围之内时，则记为 $\|\boldsymbol{x}-\boldsymbol{x}_e\|\leqslant\varepsilon$，其几何意义为，在状态空间中以 $\boldsymbol{x}_e$ 为球心，以 ε 为半径的一个球域，记为 $S(\varepsilon)$。

8.3.2　李雅普诺夫稳定性的定义

1. 稳定和一致稳定

定义　对于系统 $\dot{\boldsymbol{x}}=f(\boldsymbol{x},t)$，若对任意给定的实数 $\varepsilon>0$，都对应存在另一个实数 $\delta(\varepsilon,t_0)>0$，使得一切满足 $\|\boldsymbol{x}_0-\boldsymbol{x}_e\|\leqslant\delta(\varepsilon,t_0)$ 的任意初始状态 $\boldsymbol{x}_0$ 所对应的解 $\boldsymbol{x}$，在所有时间内都满足

$$\|\boldsymbol{x}-\boldsymbol{x}_e\|\leqslant\varepsilon,\quad t\geqslant t_0 \tag{8.25}$$

则称系统的平衡状态 $\boldsymbol{x}_e$ 为李雅普诺夫意义下的稳定。若 δ 与 t_0 无关，则称平衡状态 $\boldsymbol{x}_e$ 是一致稳定的，如图 8.4 所示。

2. 渐近稳定

定义　对于系统 $\dot{\boldsymbol{x}}=f(\boldsymbol{x},t)$，若对任意给定的实数 $\varepsilon>0$，都对应存在另一个实数 $\delta(\varepsilon,t_0)>0$，使得一切满足 $\|\boldsymbol{x}_0-\boldsymbol{x}_e\|\leqslant\delta(\varepsilon,t_0)$ 的任意初始状态 x_0 所对应的解 x，在所有时间内都满足 $\|\boldsymbol{x}-\boldsymbol{x}_e\|\leqslant\varepsilon(t\geqslant t_0)$，且对于任意小量 $\mu>0$，总有

$$\lim_{t\to\infty}\|\boldsymbol{x}-\boldsymbol{x}_e\|\leqslant\mu \tag{8.26}$$

则称平衡状态 $\boldsymbol{x}_e$ 是渐近稳定的，如图 8.5 所示。

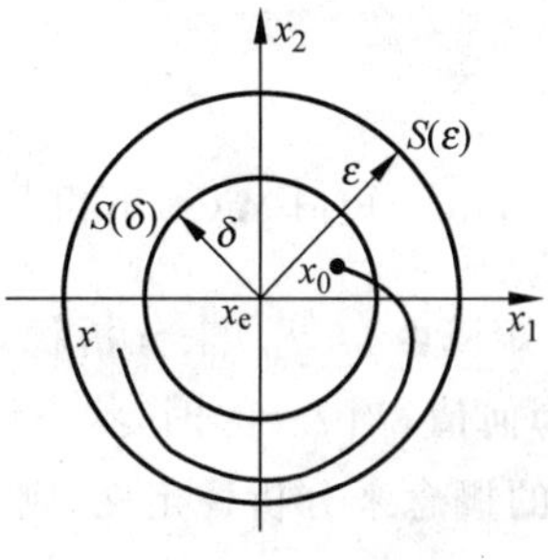

图 8.4　稳定的平衡状态 $\boldsymbol{x}_e$

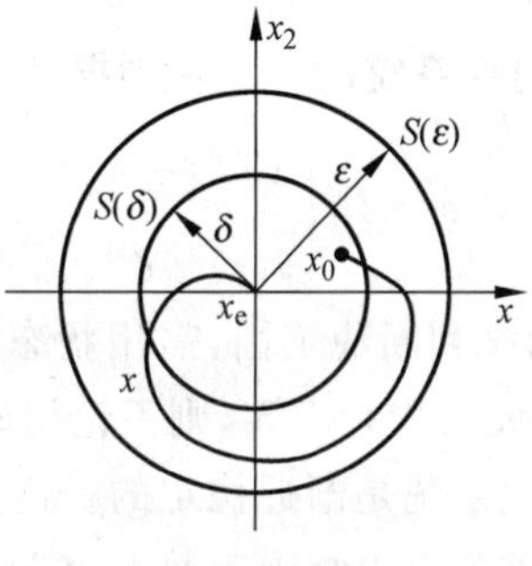

图 8.5　渐近稳定的平衡状态

经典理论中的稳定，就是这里所说的渐近稳定。渐近稳定只是一个局部概念，因此对于整个系统而言，只确定某个平衡状态的渐近性还不行，还应该确定渐近稳定的最大区域，并尽量扩大渐近稳定区域的范围。

3. 大范围渐近稳定

定义　如果系统 $\dot{\boldsymbol{x}}=f(\boldsymbol{x},t)$ 对整个状态空间中的任意初始状态 $\boldsymbol{x}_0$ 的每一个解，当 $t\to\infty$ 时，都收敛于 $\boldsymbol{x}_e$，则称系统的平衡状态 $\boldsymbol{x}_e$ 是大范围渐近稳定的。

显然，由于从状态空间中的所有点出发的轨迹都要收敛于 $\boldsymbol{x}_e$，因此这类系统只能有一个平衡状态，这也是大范围渐近稳定的必要条件。对于线性定常系统，当 $\boldsymbol{A}$ 为非奇异的，系统只有一个唯一的平衡状态 $\boldsymbol{x}_e=0$。所以若线性定常系统是渐近稳定的，则一定是大范围渐近稳定的。而对于非线性系统，由于系统通常有多个平衡点，因此非线性系统通常只能在小范围内渐近稳定。在实际工程问题中，人们总是希望系统是大范围渐近稳定的。

4. 不稳定

定义　如果对于某个实数 $\varepsilon>0$ 和任一实数 $\delta>0$，不管这两个实数有多么小，在球域 $S(\delta)$ 内总存在一个初始状态 $\boldsymbol{x}_0$，使得从这一初始状态出发的轨迹最终将超出球域 $S(\varepsilon)$，则称该平衡状态是不稳定的。

8.3.3 李雅普诺夫第一法

李雅普诺夫第一法是一种间接判断系统稳定性的方法，其基本思想是利用系统的特征值或微分方程及状态方程的解的性质来判断系统的稳定性。它适用于线性定常系统、线性时变系统及非线性系统可以线性化的情况。

1. 线性定常系统的稳定性判据

定理 8.15 线性定常系统$\begin{cases}\dot{\boldsymbol{x}}(t)=\boldsymbol{A}\boldsymbol{x}(t)+\boldsymbol{B}\boldsymbol{u}(t)\\ \boldsymbol{y}(t)=\boldsymbol{C}\boldsymbol{x}(t)+\boldsymbol{D}\boldsymbol{u}(t)\end{cases}$渐近稳定的充分必要条件是系统矩阵 $\boldsymbol{A}$ 的特征值均具有负实部，即

$$\mathrm{Re}\lambda_i < 0,\quad i=1,2,\cdots,n$$

这里的渐近稳定就是经典理论中的稳定。显然，这与经典理论中判别系统稳定性的结论是完全相同的。

2. 线性时变系统的稳定性判据

对于线性时变系统$\begin{cases}\dot{\boldsymbol{x}}(t)=\boldsymbol{A}(t)\boldsymbol{x}(t)+\boldsymbol{B}(t)\boldsymbol{u}(t)\\ \boldsymbol{y}(t)=\boldsymbol{C}(t)\boldsymbol{x}(t)+\boldsymbol{D}(t)\boldsymbol{u}(t)\end{cases}$，由于矩阵 $\boldsymbol{A}(t)$ 不再是常数阵，故不能应用特征值来判断稳定性，需用状态解或状态转移矩阵 $\boldsymbol{\Phi}(t,t_0)$ 来分析稳定性。若矩阵 $\boldsymbol{\Phi}(t,t_0)$ 中各元素均趋于零，则不论初始状态 $\boldsymbol{x}(t_0)$ 为何值，当 $t\to\infty$ 时，状态解 $\boldsymbol{x}(t)$ 中各项均趋于零，因此系统是渐近稳定的。这里若采用范数的概念来分析稳定性，则将带来极大的方便。为此，首先引出矩阵范数的定义。

定义 矩阵 $\boldsymbol{A}$ 的范数定义为 $\|\boldsymbol{A}\|=\left[\sum_{j=1}^{n}\sum_{i=1}^{m}a_{ij}^2\right]^{\frac{1}{2}}$，如果 $\lim\limits_{t\to\infty}\|\boldsymbol{\Phi}(t,t_0)\|$ 趋于零，即矩阵 $\boldsymbol{\Phi}(t,t_0)$ 中各元素均趋于零，则系统在原点处是渐近稳定的。

定理 8.16 线性时变系统，其状态解为 $\boldsymbol{x}(t)=\boldsymbol{\Phi}(t,t_0)\boldsymbol{x}(t_0)$，$t_0$ 为其初始时刻，则系统在平衡状态 $\boldsymbol{x}_e=0$ 稳定的充分必要条件是：若存在一个实数 $N(t_0)$，对于任意 t_0 和 $t\geqslant t_0$，有 $\|\boldsymbol{\Phi}(t,t_0)-\boldsymbol{x}_e\|\leqslant N(t_0)$，则系统的平衡状态 $\boldsymbol{x}_e$ 是稳定的；若实数 N 与 t_0 无关，即 $\|\boldsymbol{\Phi}(t,t_0)-\boldsymbol{x}_e\|\leqslant N$，则系统的平衡状态 $\boldsymbol{x}_e$ 是一致稳定的；若 $\lim\limits_{t\to\infty}\|\boldsymbol{\Phi}(t,t_0)-\boldsymbol{x}_e\|=0$，则系统的平衡状态 $\boldsymbol{x}_e$ 是渐近稳定的。

若存在某常数 $N>0,C>0$，对任意 t_0 和 $t\geqslant t_0$，有 $\|\boldsymbol{\Phi}(t,t_0)-\boldsymbol{x}_e\|\leqslant N\mathrm{e}^{-C(t-t_0)}$，则系统的平衡状态 $\boldsymbol{x}_e$ 是一致渐近稳定的。

3. 非线性系统的稳定性判定

设非线性系统的状态方程为 $\dot{\boldsymbol{x}}=f(\boldsymbol{x},t)$，$f(\boldsymbol{x},t)$ 对状态向量 $\boldsymbol{x}$ 有连续的偏导数。设系统的平衡状态为 $\boldsymbol{x}_e=0$，则在平衡状态 $\boldsymbol{x}_e=0$ 处可将 $f(\boldsymbol{x},t)$ 展开成泰勒级数，得

$$\dot{\boldsymbol{x}}=\boldsymbol{A}\boldsymbol{x}+R(\boldsymbol{x}) \tag{8.27}$$

其中

$$\boldsymbol{A}=\frac{\partial f(\boldsymbol{x},t)}{\partial \boldsymbol{x}^{\mathrm{T}}}=\begin{bmatrix}\dfrac{\partial f_1}{\partial x_1} & \dfrac{\partial f_1}{\partial x_2} & \cdots & \dfrac{\partial f_1}{\partial x_n}\\ \dfrac{\partial f_2}{\partial x_1} & \dfrac{\partial f_2}{\partial x_2} & \cdots & \dfrac{\partial f_2}{\partial x_n}\\ \vdots & \vdots & & \vdots\\ \dfrac{\partial f_n}{\partial x_1} & \dfrac{\partial f_n}{\partial x_2} & \cdots & \dfrac{\partial f_n}{\partial x_n}\end{bmatrix} \tag{8.28}$$

$R(\boldsymbol{x})$包含对 $\boldsymbol{x}$ 的二次及二次以上的高阶导数项。取一次近似，可得线性化方程为

$$\dot{\boldsymbol{x}}=\boldsymbol{A}\boldsymbol{x} \tag{8.29}$$

定理 8.17　(1) 若线性化方程中的系数矩阵 $\boldsymbol{A}$ 的特征值均具有负实部，则系统的平衡状态 $\boldsymbol{x}_e$ 是渐近稳定的，系统的稳定性与被忽略的高阶项 $R(\boldsymbol{x})$无关。

(2) 若线性化方程中的系数矩阵 $\boldsymbol{A}$ 的特征值中，至少有一个具有正的实部，则不论高阶导数项 $R(\boldsymbol{x})$情况如何，系统的平衡状态 $\boldsymbol{x}_e$ 总是不稳定的。

(3) 若线性化方程中的系数矩阵 $\boldsymbol{A}$ 的特征值中，至少有一个实部为零，则原非线性系统的稳定性不能用线性化方程来判断，系统的稳定性与被忽略的高次项有关。若要研究原系统的稳定性，必须分析原非线性方程。

8.3.4　李雅普诺夫第二法

李雅普诺夫第二法的基本思路是从能量观点出发，进行系统的稳定性分析，借助李雅普诺夫函数(标量函数)，直接对系统平衡状态的稳定性做出判断。如果一个系统被激励后，其储存的能量不仅随着时间的推移逐渐衰减，而且到达平衡状态时，能量会衰减到最小值，那么这个平衡状态就是渐近稳定的。反之，如果系统被激励后，还能够不断地从外界吸收能量，使储能越来越大，那么这个平衡状态就是不稳定的。如果系统被激励后，储能既不增加，也不消耗，那么这个平衡状态就是李雅普诺夫意义下的稳定。

由于系统的形式是多种多样的，不可能找到一种能量函数的统一表达形式。因此，为克服这一困难，李雅普诺夫引入了一个虚构的广义能量函数，称为李雅普诺夫函数，记为 $v(\boldsymbol{x},t)$或 $v(\boldsymbol{x})$。由于 $v(\boldsymbol{x})$是表示能量的函数，所以 $v(\boldsymbol{x})>0$。这样就可以根据 $\dot{v}(\boldsymbol{x})=\dfrac{\mathrm{d}v(\boldsymbol{x})}{\mathrm{d}t}$的符号特征来判断系统的稳定性。对于一个给定的系统，如果能找到一个正定的标量函数 $v(\boldsymbol{x})>0$，并且 $\dot{v}(\boldsymbol{x})<0$，则系统就是渐近稳定的。应用李雅普诺夫第二法的关键就是寻找李雅普诺夫函数 $v(\boldsymbol{x})$的问题。

1. 标量函数$\boldsymbol{v}(\boldsymbol{x})$的符号性质

标量函数 $v(x)$的符号性质：设 $\boldsymbol{x}$ 是欧氏状态空间中的非零向量，$v(\boldsymbol{x})$是向量 $\boldsymbol{x}$ 的标量函数。

(1) 若$\begin{cases} v(\boldsymbol{x})>0, & \boldsymbol{x}\neq 0 \\ v(\boldsymbol{x})=0, & \boldsymbol{x}=0 \end{cases}$，称 $v(\boldsymbol{x})$为正定的。例如，$v(\boldsymbol{x})=x_1^2+2x_2^2>0$。

(2) 若$\begin{cases} v(\boldsymbol{x})\geqslant 0, & \boldsymbol{x}\neq 0 \\ v(\boldsymbol{x})=0, & \boldsymbol{x}=0 \end{cases}$，称 $v(\boldsymbol{x})$为正半定的。例如，$v(\boldsymbol{x})=(x_1+x_2)^2\geqslant 0$。

(3) 如果$-v(\boldsymbol{x})$是正定的，则 $v(\boldsymbol{x})$称为负定的，即$\begin{cases} v(\boldsymbol{x})<0, & \boldsymbol{x}\neq 0 \\ v(\boldsymbol{x})=0, & \boldsymbol{x}=0 \end{cases}$。例如，$v(\boldsymbol{x})=-(x_1^2+2x_2^2)<0$。

(4) 如果$-v(\boldsymbol{x})$是正半定的，则称 $v(\boldsymbol{x})$为负半定的，即$\begin{cases} v(\boldsymbol{x})\leqslant 0, & \boldsymbol{x}\neq 0 \\ v(\boldsymbol{x})=0, & \boldsymbol{x}=0 \end{cases}$。例如，$v(\boldsymbol{x})=$

$-(x_1+x_2)^2\leqslant 0$。

(5) 若 $v(\boldsymbol{x})$既可正也可负，则 $v(\boldsymbol{x})$称为不定的。例如，$v(\boldsymbol{x})=x_1x_2+x_2^2$。

2. 二次型标量函数

定义 设 $\boldsymbol{x}$ 是 n 维列向量，称标量函数

$$v(\boldsymbol{x})=\boldsymbol{x}^{\mathrm{T}}\boldsymbol{P}\boldsymbol{x}=\begin{bmatrix}x_1 & x_2 & \cdots & x_n\end{bmatrix}\begin{bmatrix}p_{11} & p_{12} & \cdots & p_{1n}\\ p_{21} & p_{22} & \cdots & p_{2n}\\ \vdots & \vdots & & \vdots\\ p_{n1} & p_{n2} & \cdots & p_{nn}\end{bmatrix}\begin{bmatrix}x_1\\ x_2\\ \cdots\\ x_n\end{bmatrix}$$

$$=\sum_{i,j=1}^{n}p_{ij}x_ix_j \tag{8.30}$$

为二次型函数，并将 $\boldsymbol{P}$ 称为二次型的矩阵。式(8.30)又可展开为

$$v(\boldsymbol{x})=\sum_{i,j=1}^{n}p_{ij}x_ix_j=p_{11}x_1^2+p_{12}x_1x_2+\cdots+p_{nn}x_n^2 \tag{8.31}$$

二次型函数的符号性质判别准则为：对于 $\boldsymbol{P}$ 为实对称矩阵的二次型函数 $v(\boldsymbol{x})$的符号性质，可以用希尔维斯特(Sylvester)准则来判定。

(1) 正定：二次型函数 $v(\boldsymbol{x})$为正定的充分必要条件是，$\boldsymbol{P}$ 阵的所有各阶主子行列式均大于零，即

$$\Delta_1=p_{11}>0,\quad \Delta_2=\begin{vmatrix}p_{11} & p_{12}\\ p_{21} & p_{22}\end{vmatrix}>0,\quad \cdots,\quad \Delta_n=\begin{vmatrix}p_{11} & \cdots & p_{1n}\\ \vdots & & \vdots\\ p_{n1} & \cdots & p_{nn}\end{vmatrix}>0$$

(2) 负定：二次型函数 $v(\boldsymbol{x})$为负定的充分必要条件是，$\boldsymbol{P}$ 阵的各阶主子式满足

$$(-1)^k\Delta_k>0,\quad k=1,2,\cdots,n$$

即

$$\begin{cases}\Delta_k>0, & k\text{ 为偶数},\\ \Delta_k<0, & k\text{ 为奇数},\end{cases}\quad k=1,2,\cdots,n$$

(3) 正半定：二次型函数 $v(\boldsymbol{x})$为正半定的充分必要条件是，$\boldsymbol{P}$ 的各阶主子式满足

$$\begin{cases}\Delta_k\geqslant 0, \\ \Delta_n=0,\end{cases}\quad k=1,2,\cdots,(n-1)$$

(4) 负半定：二次型函数 $v(\boldsymbol{x})$为负半定的充分必要条件是，$\boldsymbol{P}$ 的各阶主子式满足

$$\begin{cases}\Delta_k\geqslant 0, & k\text{ 为偶数}, & k=1,2,\cdots,(n-1)\\ \Delta_k\leqslant 0, & k\text{ 为奇数},\\ \Delta_n=0\end{cases}$$

二次型矩阵 $\boldsymbol{P}$ 的符号性质：二次型函数 $v(\boldsymbol{x})$和它的二次型矩阵 $\boldsymbol{P}$ 是一一对应的。这样，可以把二次型函数的符号性质扩展到二次型矩阵 $\boldsymbol{P}$ 的符号性质。设二次型函数 $v(\boldsymbol{x})=\boldsymbol{x}^{\mathrm{T}}\boldsymbol{P}\boldsymbol{x}$，$\boldsymbol{P}$ 为实对称矩阵，则定义如下：

当 $v(\boldsymbol{x})$是正定的，称 $\boldsymbol{P}$ 是正定的，记为 $\boldsymbol{P}>0$；

当 $v(\boldsymbol{x})$ 是负定的，称 $\boldsymbol{P}$ 是负定的，记为 $\boldsymbol{P}<0$；

当 $v(\boldsymbol{x})$ 是正半定的，称 $\boldsymbol{P}$ 是正半定的，记为 $\boldsymbol{P}\geqslant 0$；

当 $v(\boldsymbol{x})$ 是负半定的，称 $\boldsymbol{P}$ 是负半定的，记为 $\boldsymbol{P}\leqslant 0$。

例 8.8　已知 $v(x)=10x_1^2+4x_2^2+2x_1x_2$，试判定 $v(\boldsymbol{x})$ 是否正定。

解　因为

$$v(\boldsymbol{x})=10x_1^2+4x_2^2+2x_1x_2=\begin{bmatrix}x_1 & x_2\end{bmatrix}\begin{bmatrix}10 & 1\\1 & 4\end{bmatrix}\begin{bmatrix}x_1\\x_2\end{bmatrix}$$

得

$$\Delta_1=p_{11}=10>0,\quad \Delta_2=\begin{vmatrix}p_{11} & p_{12}\\p_{21} & p_{22}\end{vmatrix}=\begin{vmatrix}10 & 1\\1 & 4\end{vmatrix}=39>0$$

所以，$v(\boldsymbol{x})$ 是正定的。

3. 李雅普诺夫第二法稳定判据

定理 8.18　设系统的状态方程为 $\dot{\boldsymbol{x}}=f(\boldsymbol{x},t)$ 其平衡状态为 $\boldsymbol{x}_e=0$，如果存在一个具有连续一阶偏导数的标量函数 $v(\boldsymbol{x},t)$，并且满足 $v(\boldsymbol{x},t)$ 是正定的，则有以下结论。

(1) 当 $\dot{v}(\boldsymbol{x},t)$ 是负定的，则系统在原点处的平衡状态是渐近稳定的；又当 $x\to\infty$，有 $v(\boldsymbol{x},t)\to\infty$，则在原点处的平衡状态是大范围渐近稳定的。

(2) 当 $\dot{v}(\boldsymbol{x},t)$ 是负半定的，且 $\dot{v}(\boldsymbol{x},t)$ 在原点处存在某一 $\boldsymbol{x}$ 值使 $\dot{v}(\boldsymbol{x},t)$ 恒为零，则系统在平衡点 $\boldsymbol{x}_e=0$ 处是李雅普诺夫意义下稳定的，但非渐近稳定的。

(3) 当 $\dot{v}(\boldsymbol{x},t)$ 是负半定的，且 $\dot{v}(\boldsymbol{x},t)$ 在 $\boldsymbol{x}\neq 0$ 时不恒等于零，则在平衡点 $\boldsymbol{x}_e=0$ 处是大范围渐近稳定的。

(4) 当 $\dot{v}(\boldsymbol{x},t)$ 是正定的，则系统在原点处的平衡状态是不稳定的。

物理意义：李雅普诺夫函数 $v(\boldsymbol{x},t)$ 是一个能量函数，能量总是大于零的，即 $v(\boldsymbol{x})>0$。若随系统的运动，能量在连续地减小，则 $\dot{v}(\boldsymbol{x},t)<0$。当能量最终耗尽，此时系统又回到平衡状态。符合渐近稳定的定义，所以是渐近稳定的。

几何意义：以二维状态空间为例，设李雅普诺夫函数为二次型函数，即

$$v(\boldsymbol{x})=x_1^2+x_2^2$$

若系统轨线 $\mathrm{d}v(\boldsymbol{x})/\mathrm{d}t$ 为负定，则表明系统状态运动时，能量是减小的。令 $v(\boldsymbol{x})=x_1^2+x_2^2=C$，其几何图形是在 x_1x_2 平面上以原点为中心的一簇同心圆(以 $\sqrt{C}$ 为半径)，随时间推移，C 不断减小，从而状态不断趋向于零。这些圆可以表示系统储能的多少，圆的半径越大储能越多。当系统状态沿着状态轨线从圆的外侧趋向内侧的运动过程中，能量会随着时间的推移而逐渐衰减，并最终收敛于原点，如图 8.6 所示。

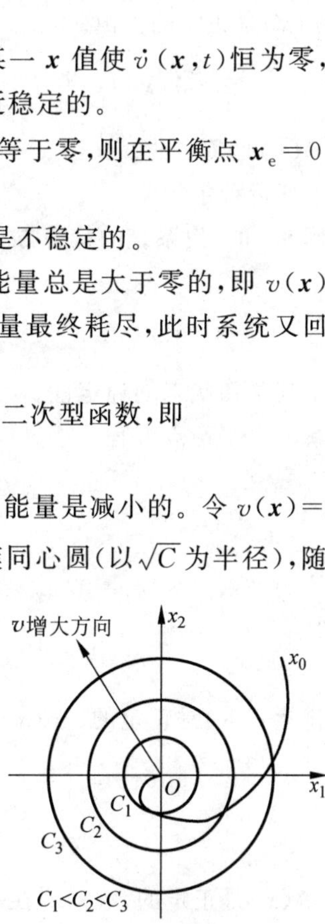

图 8.6　$\dot{v}(\boldsymbol{x})$ 负定时状态 x 的收敛

同样地，以 $v(\boldsymbol{x})=x_1^2+x_2^2$ 为例，则有以下结论。

(1) 若 $\dot{v}(\boldsymbol{x},t)$ 恒等于零，即 $v(\boldsymbol{x})=x_1^2+x_2^2\equiv C$，表示系统的能量是个常数，不会再减小。另外又表示系统的状态 $\boldsymbol{x}$ 距原点的距离也是一个常数，不会再减小

而趋向原点。显然,此时系统一定不是渐近稳定的。非线性系统中的极限环便属于这种情况。

(2) 若 $\dot{v}(\boldsymbol{x},t)$不恒等于零,即只在某个时刻暂时为零,而其他时刻均为负值,这表示能量的衰减不会终止。另一方面也表示状态 $\boldsymbol{x}$ 到原点的距离的平方也不会停留在某一定值 $v(\boldsymbol{x})=x_1^2+x_2^2=C$ 上,其他时刻这个距离的变化率均为负值。因此状态 $\boldsymbol{x}$ 必然要趋向原点,所以系统一定是渐近稳定的。

例 8.9 设系统的状态方程为

$$\begin{cases}\dot{x}_1=x_2-x_1(x_1^2+x_2^2)\\ \dot{x}_2=-x_1-x_2(x_1^2+x_2^2)\end{cases}$$

试确定其平衡状态的稳定性。

解 由平衡点方程得

$$\begin{cases}x_2-x_1(x_1^2+x_2^2)=0\\ -x_1-x_2(x_1^2+x_2^2)=0\end{cases}$$

解得唯一的平衡点为 $x_1=0,x_2=0$,即 $\boldsymbol{x}_\mathrm{e}=0$,为坐标原点。

选取李雅普诺夫函数为二次型函数,即

$$v(\boldsymbol{x})=x_1^2+x_2^2$$

显然 $v(\boldsymbol{x})$是正定的。$v(\boldsymbol{x})$的一阶全导数为

$$\dot{v}(\boldsymbol{x})=\frac{\partial v}{\partial x_1}\dot{x}_1+\frac{\partial v}{\partial x_2}\dot{x}_2=2x_1\dot{x}_1+2x_2\dot{x}_2=-2(x_1^2+x_2^2)^2$$

因此 $\dot{v}(\boldsymbol{x})$是负定的。又当 $x\to\infty$时,有 $v(\boldsymbol{x})\to\infty$,故由定理 8.18 可知,平衡点 $\boldsymbol{x}_\mathrm{e}=0$ 处是大范围渐近稳定的。

例 8.10 设系统的状态方程为

$$\begin{cases}\dot{x}_1=x_1+x_2\\ \dot{x}_2=-x_1+x_2\end{cases}$$

试确定其平衡状态的稳定性。

解 由平衡点方程

$$\begin{cases}x_1+x_2=0\\ -x_1+x_2=0\end{cases}$$

得系统的平衡点为 $x_1=0,x_2=0$,即 $\boldsymbol{x}_\mathrm{e}=0$,为坐标原点。选取李雅普诺夫函数为二次型函数,即

$$v(\boldsymbol{x})=x_1^2+x_2^2$$

显然 $v(\boldsymbol{x})$是正定的。$v(\boldsymbol{x})$的一阶全导数为

$$\begin{aligned}\dot{v}(\boldsymbol{x})&=\frac{\partial v}{\partial x_1}\dot{x}_1+\frac{\partial v}{\partial x_2}\dot{x}_2=2x_1\dot{x}_1+2x_2\dot{x}_2\\&=2x_1(x_1+x_2)+2x_2(-x_1+x_2)=2(x_1^2+x_2^2)\end{aligned}$$

显然,$\dot{v}(\boldsymbol{x})$是正定的,故系统在平衡点是不稳定的。

定理 8.18 给出的是渐近稳定的充分条件,即如果能找到满足定理条件的李雅普诺夫函数 $v(\boldsymbol{x})$,则系统一定是渐近稳定的。但如果找不到这样的 $v(\boldsymbol{x})$,并不意味着系统是不稳定

的。如果系统的原点是稳定的或渐近稳定的，那么具有所要求性质的 $v(\boldsymbol{x})$ 一定是存在的。李雅普诺夫函数只能判断其定义域内平衡状态的稳定性。

但是定理本身并没有指明 $v(\boldsymbol{x})$ 的建立方法。一般情况下，$v(\boldsymbol{x})$ 不是唯一的。许多情况下，李雅普诺夫函数可以取为二次型函数，即 $v(\boldsymbol{x})=\boldsymbol{x}^{\mathrm{T}}\boldsymbol{P}\boldsymbol{x}$ 的形式，其中 $\boldsymbol{P}$ 阵的元素可以是时变的，也可以是定常的。但在一般情况下，$v(\boldsymbol{x})$ 不一定都是这种简单的二次型的形式。

该定理对于线性系统、非线性系统、时变系统及定常系统都是适用的，是一个最基本的稳定性判别定理。

4. 线性定常连续系统渐近稳定判据

定理 8.19　线性定常系统 $\dot{\boldsymbol{x}}=\boldsymbol{A}\boldsymbol{x}$ 中，$\boldsymbol{x}$ 是 n 维状态向量，$\boldsymbol{A}$ 是 $n\times n$ 维常数矩阵，且是非奇异的。在平衡状态 $\boldsymbol{x}_{\mathrm{e}}=0$ 处，系统渐近稳定的充分必要条件是：对任意给定的一个正定对称矩阵 $\boldsymbol{Q}$，存在一个正定对称矩阵 $\boldsymbol{P}$，满足矩阵方程

$$\boldsymbol{A}^{\mathrm{T}}\boldsymbol{P}+\boldsymbol{P}\boldsymbol{A}=-\boldsymbol{Q} \tag{8.32}$$

而标量函数 $v(\boldsymbol{x})=\boldsymbol{x}^{\mathrm{T}}\boldsymbol{P}\boldsymbol{x}$ 是这个系统的一个二次型形式的李雅普诺夫函数。

在进行线性定常系统稳定性判定时，应先取一个正定的实对称矩阵，然后由式(8.32)解出 $\boldsymbol{P}$，最后检验 $\boldsymbol{P}$ 的正定性，即可确定系统的稳定性。由于 $\boldsymbol{Q}$ 阵可任意指定，而判断结果与 $\boldsymbol{Q}$ 阵的具体选择无关，故为简化计算，通常可取 $\boldsymbol{Q}=\boldsymbol{I}$。

例 8.11　设系统定常系统的状态方程为 $\begin{cases}\dot{x}_1=x_2\\ \dot{x}_2=-x_1-x_2\end{cases}$，试分析系统平衡状态的稳定性。

解　由给定的状态方程求得系统矩阵为

$$\boldsymbol{A}=\begin{bmatrix}0 & 1\\ -1 & -1\end{bmatrix}$$

若选取矩阵 $\boldsymbol{Q}=\boldsymbol{I}$，并设矩阵 $\boldsymbol{P}$ 具有如下对称形式，即 $\boldsymbol{P}=\begin{bmatrix}P_{11} & P_{12}\\ P_{12} & P_{22}\end{bmatrix}$，代入 $\boldsymbol{A}^{\mathrm{T}}\boldsymbol{P}+\boldsymbol{P}\boldsymbol{A}=-\boldsymbol{Q}$ 得

$$\begin{bmatrix}0 & 1\\ -1 & -1\end{bmatrix}\begin{bmatrix}P_{11} & P_{12}\\ P_{12} & P_{22}\end{bmatrix}+\begin{bmatrix}P_{11} & P_{12}\\ P_{12} & P_{22}\end{bmatrix}\begin{bmatrix}0 & 1\\ -1 & -1\end{bmatrix}=-\begin{bmatrix}1 & 0\\ 0 & 1\end{bmatrix}$$

即

$$\begin{cases}-2P_{12}=-1\\ P_{11}-P_{12}-P_{22}=0\\ 2P_{12}-2P_{22}=-1\end{cases}$$

解得

$$P_{11}=\frac{3}{2},\quad P_{12}=\frac{1}{2},\quad P_{22}=1,$$

则

$$\boldsymbol{P}=\begin{bmatrix}\dfrac{3}{2} & \dfrac{1}{2}\\ \dfrac{1}{2} & 1\end{bmatrix}$$

因为

$$P_{11}=\frac{3}{2}>0,\quad \begin{vmatrix} P_{11} & P_{12} \\ P_{12} & P_{22} \end{vmatrix}=\begin{bmatrix} \frac{3}{2} & \frac{1}{2} \\ \frac{1}{2} & 1 \end{bmatrix}=\frac{5}{4}>0$$

所以,$\boldsymbol{P}$ 是正定的。因此,系统是大范围渐近稳定的,李雅普诺夫函数为

$$v(x)=\boldsymbol{x}^{\mathrm{T}}\boldsymbol{P}\boldsymbol{x}=\frac{3}{2}x_1^2+x_1x_2+x_2^2$$

8.4 线性定常系统的极点配置

前面的章节已经就控制系统的状态空间的性能进行了各类分析。所谓分析,就是对给定系统的性能或特性进行定性或定量的分析,如系统的动态性能分析、稳定性能分析以及系统的能控及能观测性能分析。而与之对应的是系统的综合与设计,主要是指对给定受控对象或受控系统的控制器的结构和参数进行综合、设计,以满足预期的性能指标要求。

8.4.1 反馈控制系统的基本结构及设计

在自动控制系统中,反馈控制是很重要的。通过反馈能在稳态和动态等多方面改善系统的控制性能。应用状态空间法解决控制系统的综合问题时,反馈原理仍然极为重要,通常有两种常见的反馈形式,分别为状态反馈和输出反馈。

1. 状态反馈

状态反馈是将系统的每个状态 $x_i(i=1,2,\cdots,n)$ 按照一定的比例反馈到输入端,与系统的参考输入进行综合形成控制律,作为被控系统的控制输入。状态反馈控制系统的基本结构形式如图 8.7 所示。

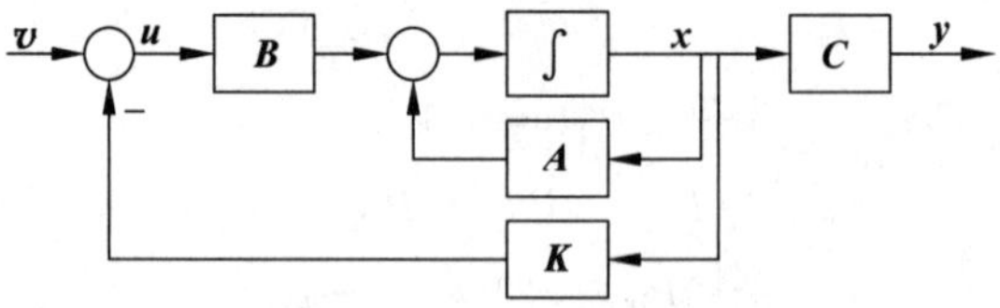

图 8.7 状态反馈示意图

对于线性定常系统

$$\begin{cases} \dot{\boldsymbol{x}}=\boldsymbol{A}\boldsymbol{x}+\boldsymbol{B}\boldsymbol{u} \\ \boldsymbol{y}=\boldsymbol{C}\boldsymbol{x} \end{cases} \tag{8.33}$$

若将受控系统的控制 $\boldsymbol{u}$ 取为状态的线性函数,即状态反馈控制器的输出

$$\boldsymbol{u}=-\boldsymbol{K}\boldsymbol{x}+\boldsymbol{v}$$

式(8.33)中,$\boldsymbol{v}$ 为 r 维参考输入;$\boldsymbol{K}$ 为 $r\times n$ 维状态反馈增益矩阵,经简单推导可导出状态

反馈系统的状态空间表达式为

$$\begin{cases}\dot{\boldsymbol{x}}=(\boldsymbol{A}-\boldsymbol{BK})\boldsymbol{x}+\boldsymbol{B}\boldsymbol{v}\\ \boldsymbol{y}=\boldsymbol{C}\boldsymbol{x}\end{cases} \tag{8.34}$$

在零初始条件下对式(8.34)取拉氏变换，则可导出输出反馈系统的传递函数矩阵为

$$G_K(s)=\boldsymbol{C}(s\boldsymbol{I}-\boldsymbol{A}+\boldsymbol{BK})^{-1}\boldsymbol{B} \tag{8.35}$$

式(8.33)和式(8.34)表明，线性系统引入状态反馈以后，使系统矩阵由 $\boldsymbol{A}$ 变成 $\boldsymbol{A}-\boldsymbol{BK}$，相应的闭环系统特征方程为 $\det(s\boldsymbol{I}-\boldsymbol{A}+\boldsymbol{BK})=0$。系统综合的实质就是通过引入适当的状态反馈增益矩阵 $\boldsymbol{K}$ 使闭环系统极点位于复平面的期望位置上，从而满足性能指标的要求。

2. 输出反馈

输出反馈将系统的每个输出 $y_i(i=1,2,\cdots,q)$ 按照一定的比例反馈到输入端，与系统的参考输入进行综合形成控制律，作为被控系统的控制输入。输出反馈如图 8.8 所示。

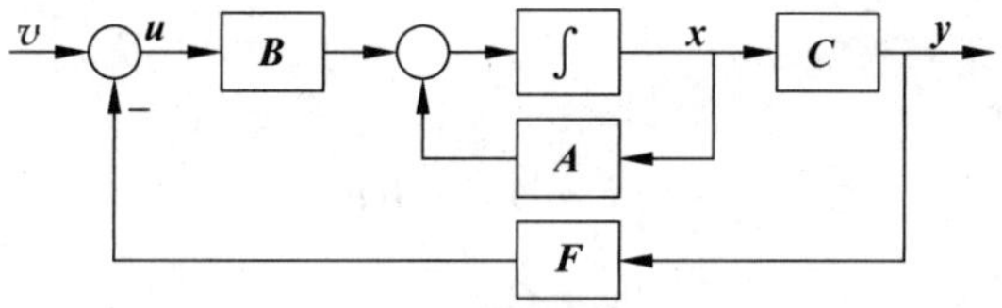

图 8.8　输出反馈示意图

对于线性定常系统，即式(8.33)，若取控制 $\boldsymbol{u}$ 为输出量的一次函数，即

$$\boldsymbol{u}=-\boldsymbol{F}\boldsymbol{y}+\boldsymbol{v} \tag{8.36}$$

式中，$\boldsymbol{F}$ 为 $r\times q$ 输出反馈增益矩阵。将式(8.36)代入式(8.33)并经简单推导，可得输出反馈系统的状态空间表达式为

$$\begin{cases}\dot{\boldsymbol{x}}=(\boldsymbol{A}-\boldsymbol{BFC})\boldsymbol{x}+\boldsymbol{B}\boldsymbol{v}\\ \boldsymbol{y}=\boldsymbol{C}\boldsymbol{x}\end{cases} \tag{8.37}$$

在零初始条件下对式(8.37)取拉氏变换，则可导出输出反馈系统的传递函数矩阵为

$$G_F(s)=\boldsymbol{C}(s\boldsymbol{I}-\boldsymbol{A}+\boldsymbol{BFC})^{-1}\boldsymbol{B} \tag{8.38}$$

式(8.33)和式(8.37)表明，线性系统引入状态反馈以后，使系统矩阵由 $\boldsymbol{A}$ 变成 $\boldsymbol{A}-\boldsymbol{BFC}$，相应的闭环系统特征方程为 $\det(s\boldsymbol{I}-\boldsymbol{A}+\boldsymbol{BFC})=0$。故可引入适当的输出反馈增益矩阵 $\boldsymbol{F}$ 来改变闭环系统极点的位置，以满足性能指标的要求。

3. 两种反馈的比较

综上分析可见，控制系统引入状态反馈和输出反馈都可以改变系统极点的分布，因此在控制工程中都得到了广泛的应用。且状态反馈系统和输出反馈系统均通过线性反馈矩阵来实现闭环控制，因此它们都具有不增加系统阶次的优点。然而状态反馈与输出反馈毕竟是两种不同形式的反馈，它们之间的主要差别如下。

(1) 在反馈的功能方面，状态反馈为系统结构信息的完全反馈，而输出反馈一般是系统结构信息的不完全反馈。引入状态反馈和引入输出反馈，虽然都可以改变系统的系统矩阵和传递函数阵以及系统极点的分布，但它们的功能并不是等同的。由式(8.35)和式(8.38)

可知,若要使它们等同,则方程 $\boldsymbol{FC}=\boldsymbol{K}$ 应恒有解,而事实上,对给定 $\boldsymbol{K}$ 的方程的解,$\boldsymbol{F}$ 不一定存在。这就是说,输出反馈系统能达到的性能,必定可以找到对应的状态反馈系统来实现;而状态反馈系统能达到的性能,输出反馈系统未必能达到。

(2) 使用系统能控及能观测性能判据,可得:状态反馈不改变原系统的能控性,但却不一定能保证原系统的能观测性能不发生变化;而输出反馈既不改变原系统的能控性也不改变系统的能观测性能。

(3) 在工程实现的某些方面,两种反馈形式常常遇到一定的困难,因此,在某些情况下还需要将它们推广到更一般的形式。

由此可见,一般来说输出反馈可视为状态反馈的一种特殊情况,输出反馈可以达到的功能利用状态反馈也可达到,但反之则不然。输出反馈的突出优点主要是工程上易于实现,而状态反馈能达到更好的控制效果。

8.4.2 极点配置

对于线性定常系统

$$\begin{cases}\dot{\boldsymbol{x}}=\boldsymbol{Ax}+\boldsymbol{Bu}\\ \boldsymbol{y}=\boldsymbol{Cx}\end{cases}\tag{8.39}$$

极点配置即为通过状态反馈矩阵 $\boldsymbol{K}$ 的选择,使反馈系统的系统矩阵 $\boldsymbol{A}-\boldsymbol{BK}$ 的特征值,即反馈系统

$$\begin{cases}\dot{\boldsymbol{x}}=(\boldsymbol{A}-\boldsymbol{BK})\boldsymbol{x}+\boldsymbol{B}\boldsymbol{v}\\ \boldsymbol{y}=\boldsymbol{Cx}\end{cases}\tag{8.40}$$

的极点能恰好处于所希望的位置上,以便使系统具有设计要求的性能。希望的极点应具有任意性,极点的配置也就应具有任意性。

1. 单输入单输出系统的极点配置

定理 8.20 用状态反馈任意配置闭环极点的充分必要条件是原系统状态完全能控。

证明 充分性:因为给定系统 $\Sigma(\boldsymbol{A},\boldsymbol{B},\boldsymbol{C})$ 状态完全能控,故通过等价变换 $\tilde{\boldsymbol{x}}=\boldsymbol{Px}$,必能将它变为能控标准型 $\widetilde{\Sigma}(\widetilde{\boldsymbol{A}},\widetilde{\boldsymbol{B}},\widetilde{\boldsymbol{C}})$:

$$\begin{cases}\dot{\tilde{\boldsymbol{x}}}=\widetilde{\boldsymbol{A}}\tilde{\boldsymbol{x}}+\widetilde{\boldsymbol{B}}\boldsymbol{u}\\ \boldsymbol{y}=\widetilde{\boldsymbol{C}}\tilde{\boldsymbol{x}}\end{cases}\tag{8.41}$$

这里,$\boldsymbol{P}$ 为非奇异的实常量等价变换矩阵,且有

$$\widetilde{\boldsymbol{A}}=\boldsymbol{P}^{-1}\boldsymbol{AP}=\begin{bmatrix}0 & 1 & & \\ & & \ddots & \\ & & & 1\\ -a_n & -a_{n-1} & \cdots & -a_1\end{bmatrix},\quad \widetilde{\boldsymbol{B}}=\boldsymbol{P}^{-1}\boldsymbol{B}=\begin{bmatrix}0\\ \vdots\\ 0\\ 1\end{bmatrix}\tag{8.42}$$

引入状态反馈

$$\boldsymbol{u}=\boldsymbol{v}-\widetilde{\boldsymbol{K}}\tilde{\boldsymbol{x}}\tag{8.43}$$

式中，$\widetilde{\boldsymbol{K}}=[\tilde{k}_1 \quad \tilde{k}_2 \quad \cdots \quad \tilde{k}_n]$。

则闭环系统的状态空间表达式为 $\widetilde{\sum}\boldsymbol{K}$：

$$\begin{cases}\dot{\tilde{\boldsymbol{x}}}=(\widetilde{\boldsymbol{A}}-\widetilde{\boldsymbol{B}}\widetilde{\boldsymbol{K}})\tilde{\boldsymbol{x}}+\widetilde{\boldsymbol{B}}\boldsymbol{v} \\ \boldsymbol{y}=\widetilde{\boldsymbol{C}}\tilde{\boldsymbol{x}}\end{cases} \tag{8.44}$$

其中，显然有

$$\widetilde{\boldsymbol{A}}-\widetilde{\boldsymbol{B}}\widetilde{\boldsymbol{K}}=\begin{bmatrix} 0 & 1 & & \\ & & \ddots & \\ & & & 1 \\ -a_n-\tilde{k}_1 & -a_{n-1}-\tilde{k}_2 & \cdots & -a_1-\tilde{k}_n \end{bmatrix} \tag{8.45}$$

系统的闭环特征方程为

$$s^n+(a_1+\tilde{k}_n)s^{n-1}+(a_2+\tilde{k}_{n-1})s^{n-2}+\cdots+(a_n+\tilde{k}_1)=0 \tag{8.46}$$

同时，由指定的任意 n 个期望闭环极点 $\lambda_1^*,\lambda_2^*,\cdots,\lambda_n^*$，可求得期望的闭环特征方程为

$$(s-\lambda_1^*)(s-\lambda_2^*)\cdots(s-\lambda_n^*)=s^n+a_1^*s^{n-1}+\cdots+a_{n-1}^*s+a_n^*=0 \tag{8.47}$$

通过比较式(8.46)和式(8.47)系数，可知

$$\begin{cases}a_1+\tilde{k}_n=a_1^* \\ a_2+\tilde{k}_{n-1}=a_2^* \\ \vdots \\ a_n+\tilde{k}_1=a_n^*\end{cases}$$

由此即有

$$\begin{cases}\tilde{k}_1=a_n^*-a_n \\ \tilde{k}_2=a_{n-1}^*-a_{n-1} \\ \vdots \\ \tilde{k}_n=a_1^*-a_1\end{cases} \tag{8.48}$$

又因为

$$\boldsymbol{u}=\boldsymbol{v}-\boldsymbol{K}\boldsymbol{x}=\boldsymbol{v}-\boldsymbol{K}\boldsymbol{P}^{-1}\tilde{\boldsymbol{x}}=\boldsymbol{v}-\widetilde{\boldsymbol{K}}\tilde{\boldsymbol{x}} \tag{8.49}$$

所以

$$\boldsymbol{K}=\widetilde{\boldsymbol{K}}\boldsymbol{P}$$

必要性：采用反证法，设 $\sum(\boldsymbol{A},\boldsymbol{B},\boldsymbol{C})$ 不完全能控，则必存在一个非奇异变换阵 $\boldsymbol{T}$，使系统结构分解后 $\widetilde{\boldsymbol{A}}=\boldsymbol{T}^{-1}\boldsymbol{A}\boldsymbol{T}=\begin{bmatrix}\widetilde{A}_c & \widetilde{A}_{12} \\ 0 & \widetilde{A}_{\bar{c}}\end{bmatrix}$，$\widetilde{\boldsymbol{B}}=\boldsymbol{T}^{-1}\boldsymbol{B}=\begin{bmatrix}\widetilde{B}_c \\ 0\end{bmatrix}$，且对任意 $\boldsymbol{K}=[k_1,k_2]$，有

$$\det(s\boldsymbol{I}-\boldsymbol{A}+\boldsymbol{B}\boldsymbol{K})=\det(s\boldsymbol{I}-\widetilde{\boldsymbol{A}}+\widetilde{\boldsymbol{B}}\boldsymbol{K}\boldsymbol{T})=\det(s\boldsymbol{I}-\widetilde{\boldsymbol{A}}+\widetilde{\boldsymbol{B}}\widetilde{\boldsymbol{K}}) \tag{8.50}$$

即闭环状态矩阵 $\boldsymbol{A}-\boldsymbol{B}\boldsymbol{K}$ 与 $\widetilde{\boldsymbol{A}}-\widetilde{\boldsymbol{B}}\widetilde{\boldsymbol{K}}$ 具有相同的特征值，因此，由式(8.39)所描述的原系统经式(8.43)规定的状态反馈后，也同样具有期望的特征值，且原系统的反馈矩阵 $\boldsymbol{K}$ 可求得。

于是定理得证。

例 8.12 已知线性定常系统的传递函数为

$$\frac{Y(s)}{U(s)}=\frac{1}{s(s+1)(s+2)}$$

试确定状态反馈矩阵 $\boldsymbol{K}$，要求将系统极点配置在 $s_1=-2, s_{2,3}=-1\pm \mathrm{j}$ 位置上。

解 选状态变量 $x_1=y, x_2=\dot{x}_1=\dot{y}, x_3=\dot{x}_2=\ddot{y}$，由给定的传递函数写出给定系统的状态方程为

$$\dot{\boldsymbol{x}}=\begin{bmatrix}0 & 1 & 0\\ 0 & 0 & 1\\ 0 & -2 & -3\end{bmatrix}\boldsymbol{x}+\begin{bmatrix}0\\0\\1\end{bmatrix}u,\quad y=\begin{bmatrix}1 & 0 & 0\end{bmatrix}\boldsymbol{x}$$

由上式可以看出，系统矩阵及输入矩阵具有能控标准形，这表明给定系统的状态完全能控。因此，通过状态反馈可以任意配置系统的极点，当然也完全可以将极点配置在指定的位置上。

设待定的状态反馈矩阵为 $\boldsymbol{K}=[K_0 \quad K_1 \quad K_2]$，根据已知的系统矩阵 $\boldsymbol{A}$、输入矩阵 $\boldsymbol{B}$ 及状态反馈矩阵 $\boldsymbol{K}$，求得反馈系统的系统矩阵为

$$\boldsymbol{A}-\boldsymbol{BK}=\begin{bmatrix}0 & 1 & 0\\ 0 & 0 & 1\\ -K_0 & -2-K_1 & -3-K_2\end{bmatrix}$$

$$|s\boldsymbol{I}-(\boldsymbol{A}-\boldsymbol{BK})|=\begin{bmatrix}s & -1 & 0\\ 0 & s & -1\\ K_0 & 2+K_1 & s+3+K_2\end{bmatrix}=0$$

求得具有状态反馈的系统的特征方程式为

$$a(s)=|s\boldsymbol{I}-(\boldsymbol{A}-\boldsymbol{BK})|=s^3+(3+K_2)s^2+(2+K_1)s+K_0=0$$

由指定的极点 $s_1=-2, s_{2,3}=-1\pm \mathrm{j}$ 确定的系统特征方程式为

$$a^*(s)=(s+2)(s+1-\mathrm{j})(s+1+\mathrm{j})=s^3+4s^2+6s+4=0$$

对比 $a(s)$ 及 $a^*(s)$ 的对应项系数，即有

$$K_0=4,\quad K_1=4,\quad K_2=1$$

即状态反馈矩阵 $\boldsymbol{K}=[4 \quad 4 \quad 1]$。

具有上述状态反馈的系统方框图如图 8.9 所示。

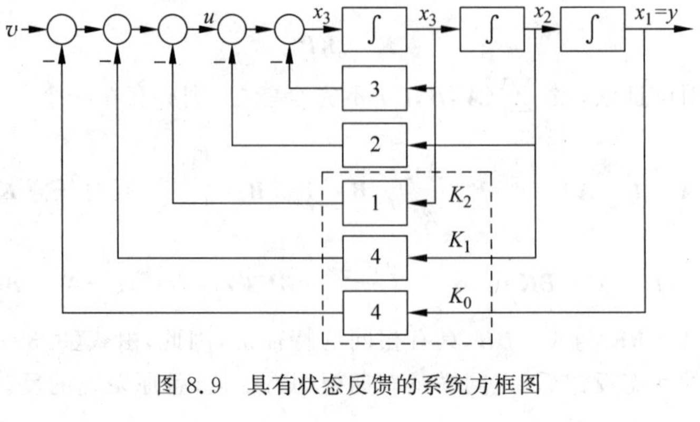

图 8.9 具有状态反馈的系统方框图

2. 多输入多输出系统的极点配置

对于多输入多输出系统 $\begin{cases}\dot{\boldsymbol{x}}=\boldsymbol{A}\boldsymbol{x}+\boldsymbol{B}\boldsymbol{u}\\ \boldsymbol{y}=\boldsymbol{C}\boldsymbol{x}\end{cases}$，如果设系统具有能控性，则可根据状态反馈方程 $\boldsymbol{u}=-\boldsymbol{K}\boldsymbol{x}+\boldsymbol{v}$，通过状态反馈矩阵 $\boldsymbol{K}$ 的适当选取，任意配置多输入系统的极点，即任意配置反馈系统的系统矩阵 $\boldsymbol{A}-\boldsymbol{B}\boldsymbol{K}$ 的特征值。其中，设 $\boldsymbol{x}$ 为 n 维的状态向量，是 $n\times1$ 矩阵；$\boldsymbol{u}$ 为 $r\times1$ 的输入矩阵；$\boldsymbol{y}$ 为 $q\times1$ 的输出矩阵；$\boldsymbol{v}$ 为系统的输入向量，是 $r\times1$ 矩阵；$\boldsymbol{K}$ 为 $r\times n$ 维的常数矩阵。

需要指出的是，如果系统的状态完全能控，则该系统的极点可由全体状态变量实施的全状态反馈得到任意配置。因此，通过全状态反馈可使具有能控性的任何不稳定系统成为稳定。这是因为能控系统的极点总是可以通过全状态反馈配置到 S 平面的左半平面。对于状态不完全能控的系统，只要不能控的状态是稳定的，整个系统仍可通过能控状态变量的反馈成为稳定，这个性质称为控制系统的能镇定性。

8.5　状态观测器及其实现

前面关于利用状态反馈进行极点配置的讨论中，只有当状态变量全部能够被测量来供所需的反馈之用时，才能直接被工程所使用。但在实际系统中，并不是所有的状态变量都是可以测量出来的，这就要求利用系统可以测量获取的输入量 $\boldsymbol{u}$ 和输出量 $\boldsymbol{y}$ 能重新构造出全部的状态。即利用系统易于测量的输入和输出变量，去推动一个装置，使得该装置的输出能够近似代替真正的状态变量，供状态反馈之用，这就是所谓的状态重构问题。

状态重构的基本思想是：通过理论分析和对应的算法人为地构造一个系统，利用原受控系统可直接测量的输出（向量）$\boldsymbol{y}$ 和输入（向量）$\boldsymbol{u}$ 作为它的输入信号，并使其输出信号 $\hat{\boldsymbol{x}}(t)$ 渐近地趋向原受控系统的状态微量 $\boldsymbol{x}(t)$，即

$$\lim_{t\to\infty}\hat{\boldsymbol{x}}(t)=\lim_{t\to\infty}\boldsymbol{x}(t) \tag{8.51}$$

式(8.51)表明，在稳态时重构状态 $\hat{\boldsymbol{x}}$ 将完全与受控状态 $\boldsymbol{x}$ 一致，而在过渡过程中允许它们之间存在一定的误差。通常称 $\hat{\boldsymbol{x}}(t)$ 为受控系统状态 $\boldsymbol{x}(t)$ 的重构状态或估计状态，而将实现状态重构的系统称为原系统的状态观测器，这样就能够以观测器输出的状态估计值代替实际状态进行状态反馈。状态重构的结构示意图如图 8.10 所示。

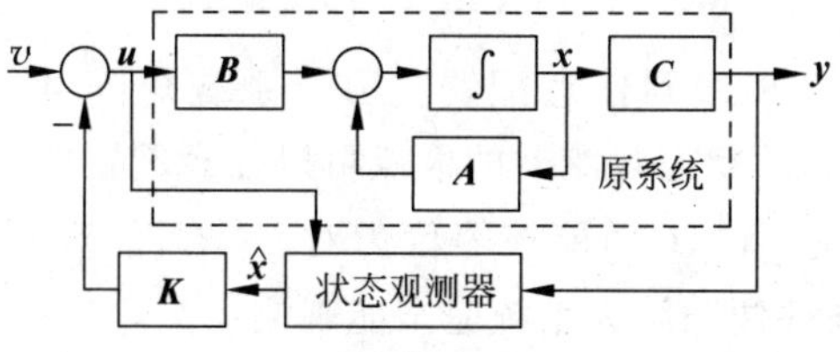

图 8.10　带观测器的闭环系统示意图

若状态观测器的维数等于受控系统的维数，则称为全维状态观测器；若维数低于受控系统的维数，则称为降维状态观测器。在结构上降维观测器较全维观测器简单些，在抗噪声性能上全维观测器较降维观测器优越一些。现仅对全维观测器进行讨论。

8.5.1 全维观测器的设计思想

如图 8.11 所示，为一个全维状态观测器系统结构图，其中 $\boldsymbol{L}$ 为误差加权矩阵。

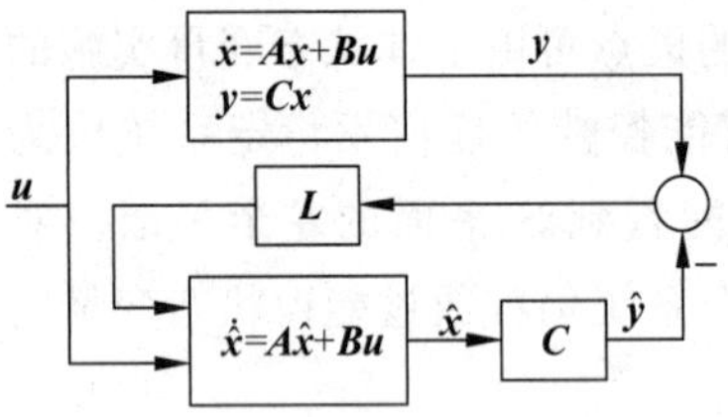

图 8.11 全维状态观测器结构图

由状态观测器模型，可得观测器的运动方程为

$$\begin{cases}\dot{\hat{\boldsymbol{x}}}=\boldsymbol{A}\hat{\boldsymbol{x}}+\boldsymbol{B}\boldsymbol{u}+\boldsymbol{L}(\boldsymbol{y}-\hat{\boldsymbol{y}})\\ \hat{\boldsymbol{y}}=\boldsymbol{C}\hat{\boldsymbol{x}}\end{cases} \tag{8.52}$$

式中，$\boldsymbol{L}$ 称为观测器增益矩阵。

将观测器输出方程代入状态方程可得观测器的状态方程为

$$\dot{\hat{\boldsymbol{x}}}=\boldsymbol{A}\hat{\boldsymbol{x}}+\boldsymbol{B}\boldsymbol{u}+\boldsymbol{L}(\boldsymbol{y}-\boldsymbol{C}\hat{\boldsymbol{x}})=(\boldsymbol{A}-\boldsymbol{L}\boldsymbol{C})\hat{\boldsymbol{x}}+\boldsymbol{B}\boldsymbol{u}+\boldsymbol{L}\boldsymbol{y} \tag{8.53}$$

8.5.2 反馈矩阵的确定

真实状态和估计状态的误差向量 $\boldsymbol{e}=\boldsymbol{x}-\hat{\boldsymbol{x}}$，观测误差的动态行为

$$\begin{aligned}\dot{\boldsymbol{x}}_{\mathrm{e}}&=\dot{\boldsymbol{x}}-\dot{\hat{\boldsymbol{x}}}=\boldsymbol{A}\boldsymbol{x}+\boldsymbol{B}\boldsymbol{u}-(\boldsymbol{A}-\boldsymbol{L}\boldsymbol{C})\hat{\boldsymbol{x}}-\boldsymbol{B}\boldsymbol{u}-\boldsymbol{L}\boldsymbol{y}\\&=\boldsymbol{A}\boldsymbol{x}-(\boldsymbol{A}-\boldsymbol{L}\boldsymbol{C})\hat{\boldsymbol{x}}-\boldsymbol{L}\boldsymbol{C}\boldsymbol{x}\\&=(\boldsymbol{A}-\boldsymbol{L}\boldsymbol{C})\boldsymbol{e}\end{aligned} \tag{8.54}$$

由线性系统零输入响应关系式则可导出观测器的观测误差响应为

$$\boldsymbol{x}_{\mathrm{e}}(t)=\mathrm{e}^{(\boldsymbol{A}-\boldsymbol{L}\boldsymbol{C})(t-t_0)}\boldsymbol{x}_{\mathrm{e}}(t_0) \tag{8.55}$$

由式(8.55)也可以看出，若状态观测器与系统具有相同的初始状态，即 $\hat{\boldsymbol{x}}(t_0)=\boldsymbol{x}(t_0)$，则由状态观测器估计的状态 $\hat{\boldsymbol{x}}$ 与系统的状态 $\boldsymbol{x}$ 相同，即 $\hat{\boldsymbol{x}}(t)=\boldsymbol{x}(t)$。当状态观测器与系统具有相同的输入，但初始状态不同，即 $\hat{\boldsymbol{x}}(t_0)\neq\boldsymbol{x}(t_0)$时，从式(8.55)可以看出只要系统具有渐近稳定性，并且适当选择反馈矩阵 $\boldsymbol{L}$，将状态观测器的系统矩阵 $\boldsymbol{A}-\boldsymbol{L}\boldsymbol{C}$ 构成稳定矩阵，便可使状态观测器的状态 $\hat{\boldsymbol{x}}$ 最终能以要求的速率趋向系统的真实状态 $\boldsymbol{x}$，即有

$$\lim_{t\to\infty}\boldsymbol{x}_{\mathrm{e}}(t)=\lim_{t\to\infty}(\boldsymbol{x}(t)-\hat{\boldsymbol{x}}(t))=0 \tag{8.56}$$

为此，状态观测器的极点必须做到任意配置。由于系统矩阵 $\boldsymbol{A}-\boldsymbol{L}\boldsymbol{C}$ 的特征值与其转置 $\boldsymbol{A}^{\mathrm{T}}-\boldsymbol{C}^{\mathrm{T}}\boldsymbol{L}^{\mathrm{T}}$ 的特征值相同，故状态观测器的极点可以任意配置的条件是矩阵对 $[\boldsymbol{A}^{\mathrm{T}},\boldsymbol{C}^{\mathrm{T}}]$ 能控。根据对偶原理，矩阵对 $[\boldsymbol{A}^{\mathrm{T}},\boldsymbol{C}^{\mathrm{T}}]$ 能控等价为对 $[\boldsymbol{A},\boldsymbol{C}]$ 能观测，因此，$\boldsymbol{x}(t)$ 与 $\hat{\boldsymbol{x}}(t)$ 以一定的速率差衰减到零的条件便归结为系统完全能观测。

由 8.4 节我们可以看出，完全能观测系统可保证通过适当选择反馈矩阵 $\boldsymbol{L}$ 按状态差 $\boldsymbol{x}-\hat{\boldsymbol{x}}$ 的衰减速率要求配置状态观测器的极点，但需指出，状态观测器的状态 $\hat{\boldsymbol{x}}$ 趋向系统的真实状态 $\boldsymbol{x}$ 的速率不宜选得过高。这是因为如果要求 $\hat{\boldsymbol{x}}$ 过快地趋向系统的状态 $\boldsymbol{x}$，则设计

出来的状态观测器的带宽必将过宽，从而降低状态观测器抗高频干扰的性能。因此，设计状态观测器的主要任务是，在全面考虑各项性能指标的基础上，根据状态差 $\boldsymbol{e}=\boldsymbol{x}-\hat{\boldsymbol{x}}$ 应具有的衰减速率所规定的极点配置 $\lambda_1^*,\lambda_2^*,\cdots,\lambda_n^*$，由其特征方程式

$$|s\boldsymbol{I}-(\boldsymbol{A}-\boldsymbol{LC})|=(s-\lambda_1^*)(s-\lambda_2^*)\cdots(s-\lambda_n^*)=0 \tag{8.57}$$

来确定反馈矩阵 $\boldsymbol{L}$。

例 8.13　对给定的系统 $\dot{\boldsymbol{x}}=\begin{bmatrix}0 & 0 & 0\\1 & -1 & 0\\0 & 1 & -1\end{bmatrix}\boldsymbol{x}+\begin{bmatrix}1\\0\\0\end{bmatrix}\boldsymbol{u}$，$\boldsymbol{y}=\begin{bmatrix}0 & 1 & 1\end{bmatrix}\boldsymbol{x}$，设计一个全维状态观测器，使观测器的极点为 $\lambda_1^*=-5$，$\lambda_{2,3}^*=-4\pm \mathrm{j}4$。

解　系统的能观测性矩阵的秩为

$$\operatorname{rank}\begin{bmatrix}\boldsymbol{C}\\\boldsymbol{CA}\\\boldsymbol{CA}^2\end{bmatrix}=\operatorname{rank}\begin{bmatrix}0 & 1 & 1\\1 & 0 & -1\\0 & -1 & 1\end{bmatrix}=3$$

因此，系统完全能观测，可通过对反馈矩阵 $\boldsymbol{L}$ 的适当选择，构造能满足状态观测器极点配置的要求，选反馈矩阵 $\boldsymbol{L}=\begin{bmatrix}l_1\\l_2\\l_3\end{bmatrix}$，则有

$$\boldsymbol{A}-\boldsymbol{LC}=\begin{bmatrix}0 & 0 & 0\\1 & -1 & 0\\0 & 1 & -1\end{bmatrix}-\begin{bmatrix}l_1\\l_2\\l_3\end{bmatrix}\begin{bmatrix}0 & 1 & 1\end{bmatrix}=\begin{bmatrix}0 & -l_1 & -l_1\\1 & -1-l_2 & -l_2\\0 & 1-l_3 & -1-l_3\end{bmatrix}$$

由

$$\begin{aligned}|s\boldsymbol{I}-(\boldsymbol{A}-\boldsymbol{LC})|&=\begin{vmatrix}s & l_1 & l_1\\-1 & s+1+l_2 & l_2\\0 & -1+l_3 & s+1+l_3\end{vmatrix}\\&=s^3+(2+l_2+l_3)s^2+(1+l_1+2l_2+l_3)s+2l_1\\&=0\end{aligned}$$

根据极点配置要求，观测器的期望特征多项式为

$$\begin{aligned}(s-\lambda_1^*)(s-\lambda_2^*)(s-\lambda_2^*)&=(s+5)(s+4+\mathrm{j}4)(s+4-\mathrm{j}4)\\&=s^3+13s^2+72s+160\end{aligned}$$

根据对比系统结构和极点配置要求所得的特征方程式，s 同次幂的系数应相等，求得

$$\begin{cases}2l_1=160\\1+l_1+2l_2+l_3=72\\2+l_2+l_3=13\end{cases}$$

由方程组解出反馈矩阵 $\boldsymbol{L}$ 的待定元素为 $l_1=80$，$l_2=-20$，$l_3=31$，即

$$L=\begin{bmatrix}80\\-20\\31\end{bmatrix}$$

得全维状态观测器为

$$\begin{aligned}\dot{\hat{x}}&=(A-LC)\hat{x}+Bu+Ly\\&=\left\{\begin{bmatrix}0&0&0\\1&-1&0\\0&1&-1\end{bmatrix}-\begin{bmatrix}80\\-20\\31\end{bmatrix}\begin{bmatrix}0&1&1\end{bmatrix}\right\}\hat{x}+\begin{bmatrix}1\\0\\0\end{bmatrix}u+\begin{bmatrix}80\\-20\\31\end{bmatrix}y\\&=\begin{bmatrix}0&-80&-80\\1&19&20\\0&-30&-32\end{bmatrix}\hat{x}+\begin{bmatrix}1\\0\\0\end{bmatrix}u+\begin{bmatrix}80\\-20\\31\end{bmatrix}y\end{aligned}$$

8.6 带观测器的状态反馈系统

8.6.1 带观测器的状态反馈系统结构

虽然系统的状态不能直接测量，但是观测器的引入使受控系统状态反馈的物理实现成为可能。如果使用状态观测器的渐近估计值 $\hat{x}$ 代替真实状态 x 进行反馈，即反馈规律取为 $u=r-K\hat{x}$，这个反馈规律表示，在闭环系统中引入了状态观测器，这样构成的系统称为带观测器的状态反馈系统，其闭环系统的结构图如图 8.12 所示。

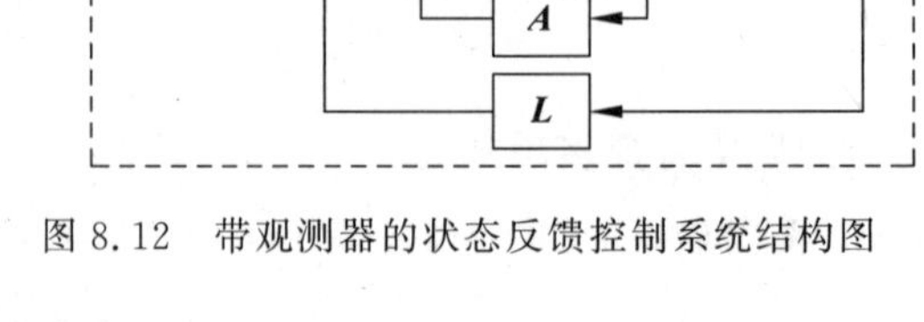

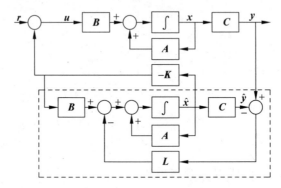

图 8.12 带观测器的状态反馈控制系统结构图

8.6.2 分离性原理

当受控系统的状态全部能测量时，可直接引入状态反馈律 $u=r-Kx$，而当受控系统的状态不能或不完全能测量时，就要引入观测器对系统状态进行重构，以重构状态 $\hat{x}$ 代替系统状态 x 进行状态反馈，相应的重构状态反馈控制律为 $u=r-K\hat{x}$。同样，状态观测器的基本类型包括全维状态观测器及降维状态观测器。下面以全维状态观测器来加以说明。

观测器的状态方程为

$$\dot{\hat{\boldsymbol{x}}}=(\boldsymbol{A}-\boldsymbol{LC})\hat{\boldsymbol{x}}+\boldsymbol{Bu}+\boldsymbol{Ly} \tag{8.58}$$

将式(8.58)代入系统方程式$\begin{cases}\dot{\boldsymbol{x}}=\boldsymbol{Ax}+\boldsymbol{Bu}\\ \boldsymbol{y}=\boldsymbol{Cx}\end{cases}$，建立带有观测器的状态反馈系统的状态空间表达式，因为增加了积分器，闭环系统的阶次变为 $2n$ 阶，选择$[\boldsymbol{x}\quad \hat{\boldsymbol{x}}]$为闭环系统状态，闭环系统的状态方程为

$$\begin{cases}\dot{\boldsymbol{x}}=\boldsymbol{Ax}+\boldsymbol{Bu}=\boldsymbol{Ax}-\boldsymbol{BK}\hat{\boldsymbol{x}}+\boldsymbol{Br}\\ \dot{\hat{\boldsymbol{x}}}=(\boldsymbol{A}-\boldsymbol{LC}-\boldsymbol{BK})\hat{\boldsymbol{x}}+\boldsymbol{LCx}+\boldsymbol{Br}\end{cases} \tag{8.59}$$

写成矩阵向量形式为

$$\begin{bmatrix}\dot{\boldsymbol{x}}\\ \dot{\hat{\boldsymbol{x}}}\end{bmatrix}=\begin{bmatrix}\boldsymbol{A} & -\boldsymbol{BK}\\ \boldsymbol{LC} & \boldsymbol{A}-\boldsymbol{LC}-\boldsymbol{BK}\end{bmatrix}\begin{bmatrix}\boldsymbol{x}\\ \hat{\boldsymbol{x}}\end{bmatrix}+\begin{bmatrix}\boldsymbol{B}\\ \boldsymbol{B}\end{bmatrix}\boldsymbol{r} \tag{8.60}$$

定义误差向量为

$$\boldsymbol{x}_{\mathrm{e}}(t)=\boldsymbol{x}(t)-\hat{\boldsymbol{x}}(t) \tag{8.61}$$

得

$$\begin{aligned}\dot{\boldsymbol{x}}_{\mathrm{e}}(t)&=\dot{\boldsymbol{x}}(t)-\dot{\hat{\boldsymbol{x}}}(t)\\ &=\boldsymbol{Ax}(t)-\boldsymbol{BK}\hat{\boldsymbol{x}}(t)-\boldsymbol{LCx}(t)-(\boldsymbol{A}-\boldsymbol{LC}-\boldsymbol{BK})\hat{\boldsymbol{x}}(t)\\ &=(\boldsymbol{A}-\boldsymbol{LC})\boldsymbol{x}(t)-(\boldsymbol{A}-\boldsymbol{LC})\hat{\boldsymbol{x}}(t)\\ &=(\boldsymbol{A}-\boldsymbol{LC})\boldsymbol{x}_{\mathrm{e}}(t)\end{aligned} \tag{8.62}$$

重新选取$[\boldsymbol{x}\quad \boldsymbol{x}_{\mathrm{e}}]$为闭环系统状态，则原系统的状态方程可写为

$$\begin{bmatrix}\dot{\boldsymbol{x}}\\ \dot{\boldsymbol{x}}_{\mathrm{e}}\end{bmatrix}=\begin{bmatrix}\boldsymbol{A}-\boldsymbol{BK} & \boldsymbol{BK}\\ 0 & \boldsymbol{A}-\boldsymbol{LC}\end{bmatrix}\begin{bmatrix}\boldsymbol{x}\\ \boldsymbol{x}_{\mathrm{e}}\end{bmatrix} \tag{8.63}$$

其特征多项式为

$$\det\begin{bmatrix}s\boldsymbol{I}-(\boldsymbol{A}-\boldsymbol{BK}) & -\boldsymbol{BK}\\ 0 & s\boldsymbol{I}-(\boldsymbol{A}-\boldsymbol{LC})\end{bmatrix}=\det(s\boldsymbol{I}-\boldsymbol{A}+\boldsymbol{BK})\det(s\boldsymbol{I}-\boldsymbol{A}+\boldsymbol{LC}) \tag{8.64}$$

式(8.64)表明，带观测器的状态反馈系统极点可分离为两部分：一部分是特征方程 $\det(s\boldsymbol{I}-\boldsymbol{A}+\boldsymbol{BK})=0$ 的 n 个根，它与直接状态反馈系统极点是一致的；另一部分是特征方程 $\det(s\boldsymbol{I}-\boldsymbol{A}+\boldsymbol{LC})=0$ 的根，即状态观测器极点。而且状态反馈的引入不影响观测器极点，观测器的引入不影响状态反馈的极点，这两部分极点可以分开独立地进行配置。带有观测器的状态反馈系统极点的这个性质通常称为分离性原理。可以证明，当引入的观测器不是全维而是降维观测器时，分离性原理仍然成立，因此它具有普遍的意义。

设计带观测器的状态反馈闭环控制系统，可根据分离性原理按照状态反馈器设计和观测器设计方法独立进行。首先根据对闭环系统暂态特性的要求，确定 $\boldsymbol{A}-\boldsymbol{BK}$ 的期望极点并综合出状态反馈矩阵 $\boldsymbol{K}$，然后根据对观测器观测误差衰减速度的要求，确定观测器 $\boldsymbol{A}-\boldsymbol{LC}$ 的期望极点，并综合出观测器增益矩阵 $\boldsymbol{L}$。一般来说，为了尽快消除观测误差 $\boldsymbol{x}_{\mathrm{e}}(t)$ 对系统特性的影响，要求观测器的暂态响应速度较快，使 $\boldsymbol{x}_{\mathrm{e}}(t)$ 较快地衰减至零。工程上通常取观测器极点的负实部为状态反馈系统极点负实部的 2～3 倍。

例 8.14 已知二阶受控系统的传递函数为

$$G(s)=\frac{Y(s)}{U(s)}=\frac{100}{s(s+5)}$$

要求将系统综合成带有全维观测器的状态反馈系统，使其具有阻尼比 $\zeta=0.707$，无阻尼自然振荡频率 $\omega_n=10\mathrm{rad/s}$。

解 （1）推导受控系统的状态方程并判断其状态的可控性和可观测性。若取状态变量 $x_1=y,x_2=\dot{x}_1=\dot{y}$，由传递函数可导出受控系统的状态方程为

$$\begin{cases}\dot{\boldsymbol{x}}=\begin{bmatrix}0 & 1\\0 & -5\end{bmatrix}\boldsymbol{x}+\begin{bmatrix}0\\100\end{bmatrix}u=\boldsymbol{A}\boldsymbol{x}+\boldsymbol{B}u\\ y=\begin{bmatrix}1 & 0\end{bmatrix}\boldsymbol{x}=\boldsymbol{C}\boldsymbol{x}\end{cases}$$

由传递函数的无零极相消可知，受控系统状态为完全可控和完全可观测的，于是待求的带观测器的状态反馈系统存在。根据分离性原理，该系统的状态反馈律和观测器的综合可分别独立进行。

（2）状态反馈律的综合。根据性能指标要求可确定闭环期望极点为

$$\lambda_{1,2}=-\zeta\omega_n\pm\mathrm{j}\omega_n\sqrt{1-\zeta^2}=-7.07\pm\mathrm{j}7.07$$

相应的希望闭环系统特征多项式为

$$a^*(s)=(s-\lambda_1)(s-\lambda_2)=s^2+14.14s+100$$

设状态反馈矩阵 $\boldsymbol{K}=[k_1\quad k_2]$，则闭环系统的实际特征多项式为

$$\det(s\boldsymbol{I}-\boldsymbol{A}+\boldsymbol{BK})=\det\begin{bmatrix}s & -1\\100k_1 & s+5+100k_2\end{bmatrix}=s^2+(5+100k_2)s+100k_1$$

令 $\det(s\boldsymbol{I}-\boldsymbol{A}+\boldsymbol{BK})=a^*(s)$，于是有

$$\begin{cases}5+100k_2=14.14\\100k_1=100\end{cases}$$

联立求解，得 $k_1=1,k_2=0.0914$，即

$$\boldsymbol{K}=[1\quad 0.0914]$$

（3）全维状态观测器的设计。根据系统极点设计要求，可将观测器极点配置为 $\lambda_{g1}=\lambda_{g2}=-20\approx3\mathrm{Re}\lambda\{\boldsymbol{A}-\boldsymbol{BK}\}$，相应的观测器的希望特征多项式为

$$f^*(s)=(s-\lambda_{g1})(s-\lambda_{g2})=(s+20)^2=s^2+40s+400$$

设观测器的增益矩阵 $\boldsymbol{L}=\begin{bmatrix}l_1\\l_2\end{bmatrix}$，则观测器的实际特征多项式为

$$\det(s\boldsymbol{I}-\boldsymbol{A}+\boldsymbol{LC})=\det\begin{bmatrix}s+l_1 & -1\\l_2 & s+5\end{bmatrix}=s^2+(5+l_1)s+5l_1+l_2$$

令 $\det(s\boldsymbol{I}-\boldsymbol{A}+\boldsymbol{LC})=f^*(s)$，可解得 $l_1=35,l_2=225$，于是全维观测器的状态方程为

$$\dot{\hat{\boldsymbol{x}}}=(\boldsymbol{A}-\boldsymbol{LC})\hat{\boldsymbol{x}}+\boldsymbol{B}\boldsymbol{u}+\boldsymbol{L}\boldsymbol{y}=\begin{bmatrix}-35 & 1\\-225 & -5\end{bmatrix}\hat{\boldsymbol{x}}+\begin{bmatrix}0\\100\end{bmatrix}\boldsymbol{u}+\begin{bmatrix}35\\225\end{bmatrix}\boldsymbol{y}$$

则系统的重构状态反馈控制律为

$$\boldsymbol{u}=-\boldsymbol{K}\hat{\boldsymbol{x}}+\boldsymbol{r}=-\hat{\boldsymbol{x}}_1-0.0914\hat{\boldsymbol{x}}_2+\boldsymbol{r}$$

于是可推得带观测器的状态反馈系统的状态方程为

$$\begin{bmatrix}\dot{x}\\ \dot{x}_{\mathrm{e}}\end{bmatrix}=\begin{bmatrix}\boldsymbol{A}-\boldsymbol{BK} & \boldsymbol{BK}\\ \boldsymbol{0} & \boldsymbol{A}-\boldsymbol{LC}\end{bmatrix}\begin{bmatrix}x\\ x_{\mathrm{e}}\end{bmatrix}+\begin{bmatrix}\boldsymbol{B}\\ \boldsymbol{0}\end{bmatrix}\boldsymbol{r}$$

本章小结

本章主要介绍了状态空间的分析与综合方法以及李雅普诺夫稳定判据。具体内容主要包括：系统的状态能控、能观测性能的概念及判据；对偶系统的概念以及对偶原理；状态空间按能控、能观测性能进行的结构分解；状态空间能控、能观测标准形；系统能控、能观测性能与传递函数零极点对消的关系；李雅普诺夫稳定的基本概念、李雅普诺夫第一法、李雅普诺夫第二法；线性定常系统的稳定判据；系统状态反馈器的综合；系统状态观测器的综合、分离原理以及带观测器的状态反馈系统设计等。

习题

8-1　判断下列系统的状态能控性：

(1) $\begin{bmatrix}\dot{x}_1\\ \dot{x}_2\end{bmatrix}=\begin{bmatrix}1 & 1\\ 1 & 0\end{bmatrix}\begin{bmatrix}x_1\\ x_2\end{bmatrix}+\begin{bmatrix}0\\ 1\end{bmatrix}\boldsymbol{u}$；

(2) $\begin{bmatrix}\dot{x}_1\\ \dot{x}_2\\ \dot{x}_3\end{bmatrix}=\begin{bmatrix}0 & 1 & 0\\ 0 & 0 & 1\\ -2 & -4 & -3\end{bmatrix}\begin{bmatrix}x_1\\ x_2\\ x_3\end{bmatrix}+\begin{bmatrix}1 & 0\\ 0 & 1\\ -1 & 1\end{bmatrix}\begin{bmatrix}u_1\\ u_2\end{bmatrix}$；

(3) $\begin{bmatrix}\dot{x}_1\\ \dot{x}_2\\ \dot{x}_3\end{bmatrix}=\begin{bmatrix}-3 & 1 & 0\\ 0 & -3 & 0\\ 0 & 0 & -1\end{bmatrix}\begin{bmatrix}x_1\\ x_2\\ x_3\end{bmatrix}+\begin{bmatrix}1 & -1\\ 0 & 0\\ 2 & 0\end{bmatrix}\begin{bmatrix}u_1\\ u_2\end{bmatrix}$。

8-2　判断下列系统的输出能控性：

(1) $\begin{bmatrix}\dot{x}_1\\ \dot{x}_2\\ \dot{x}_3\end{bmatrix}=\begin{bmatrix}-3 & 1 & 0\\ 0 & -3 & 0\\ 0 & 0 & -1\end{bmatrix}\begin{bmatrix}x_1\\ x_2\\ x_3\end{bmatrix}+\begin{bmatrix}1 & -1\\ 0 & 0\\ 2 & 0\end{bmatrix}\begin{bmatrix}u_1\\ u_2\end{bmatrix}, \begin{bmatrix}y_1\\ y_2\end{bmatrix}=\begin{bmatrix}1 & 0 & 1\\ -1 & 1 & 0\end{bmatrix}\begin{bmatrix}x_1\\ x_2\\ x_3\end{bmatrix}$；

(2) $\begin{bmatrix}\dot{x}_1\\ \dot{x}_2\\ \dot{x}_3\end{bmatrix}=\begin{bmatrix}0 & 1 & 0\\ 0 & 0 & 1\\ -6 & -11 & -6\end{bmatrix}\begin{bmatrix}x_1\\ x_2\\ x_3\end{bmatrix}+\begin{bmatrix}0\\ 0\\ 1\end{bmatrix}\boldsymbol{u}, y=\begin{bmatrix}1 & 0 & 0\end{bmatrix}\begin{bmatrix}x_1\\ x_2\\ x_3\end{bmatrix}$。

8-3　判断下列系统的状态能观测性：

(1) $\begin{bmatrix}\dot{x}_1\\ \dot{x}_2\end{bmatrix}=\begin{bmatrix}1 & 1\\ 1 & 0\end{bmatrix}\begin{bmatrix}x_1\\ x_2\end{bmatrix}, y=\begin{bmatrix}1 & 1\end{bmatrix}\begin{bmatrix}x_1\\ x_2\end{bmatrix}$；

(2) $\begin{bmatrix}\dot{x}_1\\ \dot{x}_2\\ \dot{x}_3\end{bmatrix}=\begin{bmatrix}0 & 1 & 0\\ 0 & 0 & 1\\ -2 & -4 & -3\end{bmatrix}\begin{bmatrix}x_1\\ x_2\\ x_3\end{bmatrix},\ \begin{bmatrix}y_1\\ y_2\end{bmatrix}=\begin{bmatrix}0 & 1 & -1\\ 1 & 2 & 1\end{bmatrix}\begin{bmatrix}x_1\\ x_2\\ x_3\end{bmatrix}$；

(3) $\begin{bmatrix}\dot{x}_1\\ \dot{x}_2\\ \dot{x}_3\end{bmatrix}=\begin{bmatrix}0 & 4 & 3\\ 0 & 20 & 16\\ 0 & -25 & -20\end{bmatrix}\begin{bmatrix}x_1\\ x_2\\ x_3\end{bmatrix},y=\begin{bmatrix}-1 & 3 & 0\end{bmatrix}\begin{bmatrix}x_1\\ x_2\\ x_3\end{bmatrix}$。

8-4　实数 a,b 满足什么条件时系统 $\dot{\boldsymbol{x}}=\begin{bmatrix}0 & 1\\ -3 & 2\end{bmatrix}\boldsymbol{x}+\begin{bmatrix}a\\ b\end{bmatrix}\boldsymbol{u}$ 状态完全能控？

8-5　系统的状态方程为

$$\begin{bmatrix}\dot{x}_1\\ \dot{x}_2\\ \dot{x}_3\end{bmatrix}=\begin{bmatrix}\lambda & 1 & 0\\ 0 & \lambda & 0\\ 0 & 0 & \lambda\end{bmatrix}\begin{bmatrix}x_1\\ x_2\\ x_3\end{bmatrix}+\begin{bmatrix}a\\ b\\ c\end{bmatrix}\boldsymbol{u}$$

$$y=\begin{bmatrix}d & e & f\end{bmatrix}\begin{bmatrix}x_1\\ x_2\\ x_3\end{bmatrix}$$

试讨论下列问题：

(1) 能否通过选择 a、b、c 使系统状态完全可控？

(2) 能否通过选择 d、e、f 使系统状态完全可观测？

8-6　利用李雅普诺夫第一方法判定系统 $\dot{\boldsymbol{x}}=\begin{bmatrix}-1 & 2\\ -1 & -1\end{bmatrix}\boldsymbol{x}$ 的稳定性。

8-7　利用李雅普诺夫第二方法判断下列系统是否为大范围渐近稳定：

$$\dot{\boldsymbol{x}}=\begin{bmatrix}-1 & 1\\ 2 & -3\end{bmatrix}\boldsymbol{x}$$

8-8　给定连续时间的定常系统为

$$\dot{x}_1=x_2$$

$$\dot{x}_2=-x_1-(1+x_2)^2x_2$$

试用李雅普诺夫第二方法判断其在平衡状态的稳定性。

8-9　已知系统为

$$\dot{x}_1=x_2$$

$$\dot{x}_2=x_3$$

$$\dot{x}_3=-x_1-x_2-x_3+3u$$

试确定线性状态反馈控制律，使闭环极点都是-3，并画出闭环系统的结构图。

8-10　已知给定系统的传递函数为 $G(s)=\dfrac{1}{s(s+4)(s+8)}$，试确定线性状态反馈律，使闭环极点为$-2$，$-4$，$-7$。

8-11　给定单输入线性定常系统为

$$\dot{\boldsymbol{x}}=\begin{bmatrix}0 & 0 & 0\\ 1 & -6 & 0\\ 0 & 1 & -12\end{bmatrix}\boldsymbol{x}+\begin{bmatrix}1\\ 0\\ 0\end{bmatrix}u$$

试求出状态反馈 $\boldsymbol{u}=-\boldsymbol{K}\boldsymbol{x}$ 使得闭环系统的特征值为 $\lambda_1^*=-2,\lambda_2^*=-1+\mathrm{j},\lambda_3^*=-1-\mathrm{j}$。

8-12　已知给定系统的状态空间表达式为

$$\dot{\boldsymbol{x}}=\begin{bmatrix}-1 & -2 & -3\\ 0 & -1 & 1\\ 1 & 0 & -1\end{bmatrix}\boldsymbol{x}+\begin{bmatrix}2\\0\\1\end{bmatrix}u$$

$$\boldsymbol{y}=\begin{bmatrix}1 & 1 & 0\end{bmatrix}\boldsymbol{x}$$

试回答下列问题：

(1) 设计一个具有特征值为 $-3,-4,-5$ 的全维状态观测器；

(2) 画出系统结构图。

第9章

非线性系统的分析

在前面各章中，已经研究了线性控制系统分析及设计的各种问题。实际上，线性是相对的，非线性才是绝对的，现实生活、生产中的控制系统都具有不同程度的非线性。对于一般非典型的非线性问题，如果系统的输入输出变量仅在平衡工作点附近小范围变化时，可以采用小偏差法进行线性化处理，然后即可按线性问题加以解决。但是对于典型的非线性问题，或是系统的输入输出变量在平衡工作点附近大范围变化时，小偏差线性化的方法会给系统带来较大的误差，因此需要专门就此类问题进一步地加以研究。

所谓非线性是指元件或是环节的静特性不是按线性规律变化的，如果一个系统中包含有一个或一个以上非线性元件，则称此系统为非线性系统，其特性不能使用线性微分方程来加以描述。

非线性系统的分析

拉普拉斯变换与反变换

1. 拉普拉斯变换的定义

拉普拉斯变换是一种积分变换，它把时域中的常系数线性微分方程变换为复频域中的常系数线性代数方程。因此，进行计算比较简单，这正是拉普拉斯变换（简称拉氏变换）法的优点所在。拉氏变换可用于求解常系数线性微分方程，是研究线性系统的一种有效而重要的工具。

如果有一个以时间 t 为自变量的函数 $f(t)$，它的定义域 $t>0$，在定义区间内，其拉氏变换定义为

$$L[f(t)]=F(s)=\int_0^{\infty} f(t)\mathrm{e}^{-st}\,\mathrm{d}t \tag{A.1}$$

式中，$s=\sigma+\mathrm{j}\omega$ 为复数，有时称变量 s 为复频域；$F(s)$称为象函数；$f(t)$称为原函数。

2. 拉氏变换的基本性质

附表 A.1 拉氏变换基本性质

1	线性定理	齐次性	$L[af(t)]=aF(s)$
		叠加性	$L[f_1(t)\pm f_2(t)]=F_1(s)\pm F_2(s)$
2	微分定理	一般形式	$L\left[\dfrac{\mathrm{d}f(t)}{\mathrm{d}t}\right]=sF(s)-f(0)$ $L\left[\dfrac{\mathrm{d}^2 f(t)}{\mathrm{d}t^2}\right]=s^2F(s)-sf(0)-f'(0)$ $\vdots$ $L\left[\dfrac{\mathrm{d}^n f(t)}{\mathrm{d}t^n}\right]=s^nF(s)-\sum\limits_{k=1}^{n}s^{n-k}f^{(k-1)}(0)$ $f^{(k-1)}(t)=\dfrac{\mathrm{d}^{k-1}f(t)}{\mathrm{d}t^{k-1}}$
		初始条件为0时	$L\left[\dfrac{\mathrm{d}^n f(t)}{\mathrm{d}t^n}\right]=s^nF(s)$

续表

3	积分定理	一般形式	$L\left[\int f(t)\mathrm{d}t\right]=\frac{F(s)}{s}+\frac{\left[\int f(t)\mathrm{d}t\right]_{t=0}}{s}$ $L\left[\iint f(t)(\mathrm{d}t)^2\right]=\frac{F(s)}{s^2}+\frac{\left[\int f(t)\mathrm{d}t\right]_{t=0}}{s^2}+\frac{\left[\iint f(t)(\mathrm{d}t)^2\right]_{t=0}}{s}$ $\vdots$ $L\left[\overbrace{\int\cdots\int}^{\text{共}n\text{个}} f(t)(\mathrm{d}t)^n\right]=\frac{F(s)}{s^n}+\sum_{k=1}^{n}\frac{1}{s^{n-k+1}}\left[\overbrace{\int\cdots\int}^{\text{共}n\text{个}} f(t)(\mathrm{d}t)^n\right]_{t=0}$
		初始条件为0时	$L\left[\overbrace{\int\cdots\int}^{\text{共}n\text{个}} f(t)(\mathrm{d}t)^n\right]=\frac{F(s)}{s^n}$
4	延迟定理(或称 t 域平移定理)		$L[f(t-T)1(t-T)]=\mathrm{e}^{-Ts}F(s)$
5	衰减定理(或称 s 域平移定理)		$L[f(t)\mathrm{e}^{-at}]=F(s+a)$
6	终值定理		$\lim\limits_{t\to\infty}f(t)=\lim\limits_{s\to 0}sF(s)$
7	初值定理		$\lim\limits_{t\to 0}f(t)=\lim\limits_{s\to\infty}sF(s)$
8	卷积定理		$L\left[\int_0^t f_1(t-\tau)f_2(\tau)\mathrm{d}\tau\right]=L\left[\int_0^t f_1(t)f_2(t-\tau)\mathrm{d}\tau\right]=F_1(s)F_2(s)$

3. 常用拉氏变换对

附表 A.2 常用函数的拉氏变换和 Z 变换表

序号	拉氏变换 $E(s)$	时间函数 $e(t)$	Z 变换 $E(z)$
1	1	$\delta(t)$	1
2	$\frac{1}{1-\mathrm{e}^{-Ts}}$	$\delta_{\mathrm{T}}(t)=\sum_{n=0}^{\infty}\delta(t-nT)$	$\frac{z}{z-1}$
3	$\frac{1}{s}$	$1(t)$	$\frac{z}{z-1}$
4	$\frac{1}{s^2}$	t	$\frac{Tz}{(z-1)^2}$
5	$\frac{1}{s^3}$	$\frac{t^2}{2}$	$\frac{T^2z(z+1)}{2(z-1)^3}$
6	$\frac{1}{s^{n+1}}$	$\frac{t^n}{n!}$	$\lim\limits_{a\to 0}\frac{(-1)^n}{n!}\frac{\partial^n}{\partial a^n}\cdot\frac{z}{z-\mathrm{e}^{-aT}}$
7	$\frac{1}{s+a}$	e^{-at}	$\frac{z}{z-\mathrm{e}^{-aT}}$
8	$\frac{1}{(s+a)^2}$	$t\mathrm{e}^{-at}$	$\frac{Tz\mathrm{e}^{-aT}}{(z-\mathrm{e}^{-aT})^2}$
9	$\frac{a}{s(s+a)}$	$1-\mathrm{e}^{-at}$	$\frac{(1-\mathrm{e}^{-aT})z}{(z-1)(z-\mathrm{e}^{-aT})}$

续表

序号	拉氏变换 $E(s)$	时间函数 $e(t)$	Z 变换 $E(z)$
10	$\dfrac{b-a}{(s+a)(s+b)}$	$e^{-at}-e^{-bt}$	$\dfrac{z}{z-e^{-aT}}-\dfrac{z}{z-e^{-bT}}$
11	$\dfrac{\omega}{s^2+\omega^2}$	$\sin\omega t$	$\dfrac{z\sin\omega T}{z^2-2z\cos\omega T+1}$
12	$\dfrac{s}{s^2+\omega^2}$	$\cos\omega t$	$\dfrac{z(z-\cos\omega T)}{z^2-2z\cos\omega T+1}$
13	$\dfrac{\omega}{(s+a)^2+\omega^2}$	$e^{-at}\sin\omega t$	$\dfrac{ze^{-aT}\sin\omega T}{z^2-2ze^{-aT}\cos\omega T+e^{-2aT}}$
14	$\dfrac{s+a}{(s+a)^2+\omega^2}$	$e^{-at}\cos\omega t$	$\dfrac{z^2-ze^{-aT}\cos\omega T}{z^2-2ze^{-aT}\cos\omega T+e^{-2aT}}$
15	$\dfrac{1}{s-(1/T)\ln a}$	$a^{t/T}$	$\dfrac{z}{z-a}$

4. 拉氏反变换及部分分式展开法求拉氏反变换

已知一个函数 $f(t)$的拉氏变换 $F(s)$，求原函数 $f(t)$的过程叫做求取系统的拉氏反变换，记为 $f(t)=L^{-1}[F(s)]$，由拉氏变换的定义可得

$$L^{-1}[F(s)]=f(t)=\frac{1}{2\pi j}\int_{c-j\infty}^{c+j\infty}F(s)e^{st}ds,\quad t>0 \tag{A.2}$$

拉氏反变换的求取方法主要是对原式进行部分分式展开，然后逐项查表进行反变换。设 $F(s)$是 s 的有理真分式

$$F(s)=\frac{B(s)}{A(s)}=\frac{b_m s^m+b_{m-1}s^{m-1}+\cdots+b_1 s+b_0}{a_n s^n+a_{n-1}s^{n-1}+\cdots+a_1 s+a_0},\quad n>m$$

式中，系数 $a_0,a_1,\cdots,a_{n-1},a_n,b_0,b_1,\cdots,b_{m-1},b_m$ 都是实常数；m、n 是正整数。按代数定理可将 $F(s)$展开为部分分式，分以下两种情况讨论。

(1) $A(s)=0$ 无重根

这时，$F(s)$可展开为 n 个简单的部分分式之和的形式，即

$$F(s)=\frac{c_1}{s-s_1}+\frac{c_2}{s-s_2}+\cdots+\frac{c_i}{s-s_i}+\cdots+\frac{c_n}{s-s_n}=\sum_{i=1}^{n}\frac{c_i}{s-s_i} \tag{A.3}$$

式中，$s_1,s_2,\cdots,s_n$ 是特征方程 $A(s)=0$ 的根；c_i 为待定常数，称为 $F(s)$在 s_i 处的留数，可按下式计算：

$$c_i=\lim_{s\to s_i}(s-s_i)F(s) \tag{A.4}$$

或

$$c_i=\left.\frac{B(s)}{A'(s)}\right|_{s=s_i} \tag{A.5}$$

式中，$A'(s)$为 $A(s)$对 s 的一阶导数。根据拉氏变换的性质，可求得原函数为

$$f(t)=L^{-1}[F(s)]=L^{-1}\left[\sum_{i=1}^{n}\frac{c_i}{s-s_i}\right]=\sum_{i=1}^{n}c_i e^{-s_i t} \tag{A.6}$$

(2) $A(s)=0$ 有重根

设 $A(s)=0$ 有 r 重根 s_1，$F(s)$可写为

$$F(s)=\frac{B(s)}{(s-s_1)^r(s-s_{r+1})\cdots(s-s_n)}$$

$$=\frac{c_r}{(s-s_1)^r}+\frac{c_{r-1}}{(s-s_1)^{r-1}}+\cdots+\frac{c_1}{(s-s_1)}+\frac{c_{r+1}}{s-s_{r+1}}+\cdots+\frac{c_i}{s-s_i}+\cdots+\frac{c_n}{s-s_n}$$

式中，s_1 为 $F(s)$的 r 重根；$s_{r+1},\cdots,s_n$ 为 $F(s)$的 $n-r$ 个单根；$c_{r+1},\cdots,c_n$ 仍按式(A.4)或式(A.5)计算，$c_r,c_{r-1},\cdots,c_1$ 则按式(A.6)计算，即

$$\begin{cases}c_r=\lim\limits_{s\to s_1}(s-s_1)^rF(s)\\ c_{r-1}=\lim\limits_{s\to s_1}\dfrac{\mathrm{d}}{\mathrm{d}s}[(s-s_1)^rF(s)]\\ \vdots\\ c_{r-j}=\dfrac{1}{j!}\lim\limits_{s\to s_1}\dfrac{\mathrm{d}^{(j)}}{\mathrm{d}s^{(j)}}(s-s_1)^rF(s)\\ \vdots\\ c_1=\dfrac{1}{(r-1)!}\lim\limits_{s\to s_1}\dfrac{\mathrm{d}^{(r-1)}}{\mathrm{d}s^{(r-1)}}(s-s_1)^rF(s)\end{cases}\tag{A.7}$$

原函数 $f(t)$为

$$f(t)=L^{-1}[F(s)]$$

$$=L^{-1}\left[\frac{c_r}{(s-s_1)^r}+\frac{c_{r-1}}{(s-s_1)^{r-1}}+\cdots+\frac{c_1}{(s-s_1)}+\frac{c_{r+1}}{s-s_{r+1}}+\cdots+\frac{c_i}{s-s_i}+\cdots+\frac{c_n}{s-s_n}\right]$$

$$=\left[\frac{c_r}{(r-1)!}t^{r-1}+\frac{c_{r-1}}{(r-2)!}t^{r-2}+\cdots+c_2t+c_1\right]\mathrm{e}^{s_1t}+\sum_{i=r+1}^{n}c_i\mathrm{e}^{s_it}\tag{A.8}$$

(3) $A(s)=0$ 有共轭复数根

设 $A(s)=0$ 含有一对共轭复数极点 s_1、s_2，其余为单极点展开为

$$F(s)=\frac{B(s)}{(s-s_1)(s-s_2)\cdots(s-s_r)\cdots(s-s_n)}$$

$$=\frac{c_1s+c_2}{(s-s_1)(s-s_2)}+\cdots+\frac{c_r}{s-s_r}+\cdots+\frac{c_n}{s-s_n}\tag{A.9}$$

式中，c_1、c_2 可按下式确定：

$$[F(s)(s-s_1)(s-s_2)]_{s=s_1}=[c_1s+c_2]_{s=s_1}\tag{A.10}$$

或

$$[F(s)(s-s_1)(s-s_2)]_{s=s_2}=[c_1s+c_2]_{s=s_2}\tag{A.11}$$

c_1、c_2 也可通过分别求解复数方程的实部方程和虚部方程得到。

机床导轨的伺服控制系统实验平台

附图 B.1　机床导轨的伺服控制系统实验平台

参考文献

[1] 黄家英.自动控制原理[M].2版.北京：高等教育出版社,2012.
[2] 李友善.自动控制原理[M].3版.北京：国防工业出版社,2014.
[3] 邱德润,张绪红,陈日新,等.自动控制原理[M].北京：机械工业出版社,2012.
[4] 王万良.自动控制原理[M].3版.北京：高等教育出版社,2020.
[5] Dorf R C. Modern control systems(11th ed)[M].北京：电子工业出版社,2009.
[6] Katsuhiko Ogata. Modern control engineering(5th ed)[M].北京：电子工业出版社,2011.
[7] 吴麒,王诗宓.自动控制原理[M].北京：清华大学出版社,2006.
[8] 谢克明,王柏林.自动控制原理[M].北京：电子工业出版社,2005.
[9] 宋乐鹏,胡皓.自动控制原理[M].北京：清华大学出版社,2012.
[10] 刘丁.自动控制原理[M].北京：机械工业出版社,2014.
[11] 何克忠,李伟.计算机控制系统[M].2版.北京：清华大学出版社,2015.
[12] 方红,唐毅谦.计算机控制技术[M].北京：电子工业出版社,2020.
[13] 宋永端.自动控制原理(下)[M].北京：机械工业出版社,2020.
[14] 孟华.自动控制原理[M].2版.北京：机械工业出版社,2013.
[15] 陈复扬.自动控制原理[M].2版.北京：国防工业出版社,2013.
[16] 葛一楠,等.自动控制原理[M].北京：清华大学出版社,2016.